세계를 창조하는 뇌
뇌를 창조하는 세계

세계를 창조하는 뇌
뇌를 창조하는 세계

뇌과학으로 인간과 세상을 읽는 방법

디크 스왑 지음 전대호 옮김 김영보 감수

ONS CREATIEVE BREIN
by DICK SWAAB

Copyright (C) 2016 by Dick Swaab
Originally published by Uitgeverij Atlas Contact, Amsterdam
Korean Translation Copyright (C) 2021 by The Open Books Co.
All rights reserved.

This Korean language edition is published by arrangement with Uitgeverij Atlas Contact through
MOMO Agency, Seoul.

이 책은 실로 꿰매어 제본하는 정통적인 사철 방식으로 만들어졌습니다.
사철 방식으로 제본된 책은 오랫동안 보관해도 손상되지 않습니다.

사람들이 신비에 대해서 조금 더 알게 되더라도,

신비에 해가 될 것은 없다.

— 리처드 파인만, 물리학자, 노벨상 수상자

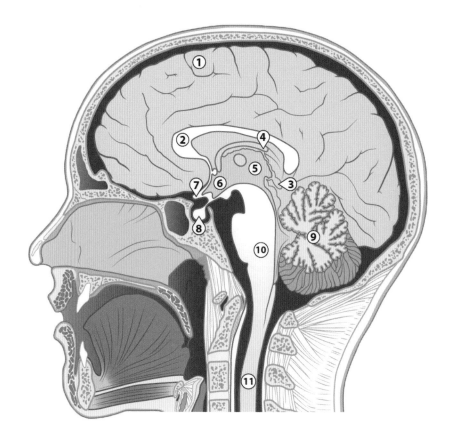

그림 A1 뇌의 수직 단면도

① 대뇌cerebrum의 주름진 피질cortex

② 뇌들보corpus callosum(좌뇌와 우뇌의 연결부)

③ 솔방울샘pineal gland(밤에 수면 호르몬인 멜라토닌을 분비함. 비교적 어린 아동의 몸에서 멜라토닌은 성적 성숙을 막는 기능도 함)

④ 뇌활fornix(해마로부터 시상하부 뒷부분에 위치한 유두체corpus mamillare로 기억 정보를 운반함. 이어서 기억 정보는 시상과 피질로 전달됨)

⑤ 시상thalamus(감각기관들과 기억에서 유래한 정보가 도달하는 장소)

⑥ 시상하부hypothalamus(개체와 종의 생존에 근본적으로 중요함)

⑦ 시신경교차optic chiasm

⑧ 뇌하수체hypophysis

⑨ 소뇌cerebellum

⑩ 뇌줄기brainstem

⑪ 척수spinal cord

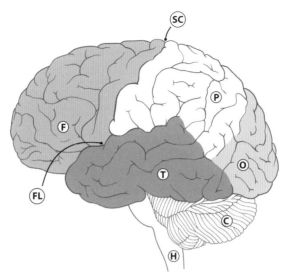

그림 A2.a 피질의 다양한 부분들

(F) 이마엽 피질frontal cortex, (P) 마루엽 피질parietal cortex, (O) 뒤통수엽 피질occipital cortex, (T) 관자엽 피질temporal cortex, (C) 소뇌, (H) 뇌줄기, (SC) 중심고랑sulcus centralis, (FL) 가쪽 틈lateral fissure(=가쪽 고랑)

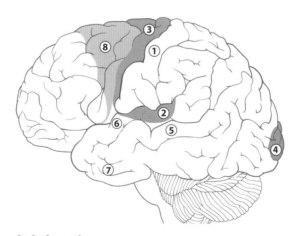

그림 A2.b 피질의 구역들

① 일차감각피질primary sensory cortex, ② 청각피질auditory cortex, ③ 운동피질motor cortex, ④ 시각 피질visual cortex. 기타: ⑤ 중간 관자이랑middle temporal gyrus, ⑥ 위 관자이랑superior temporal gyrus, ⑦ 전운동피질premotor cortex

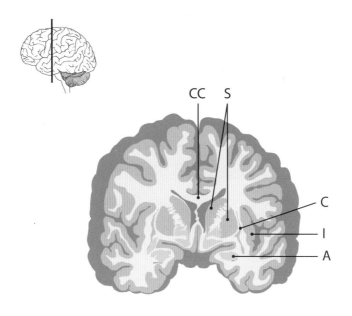

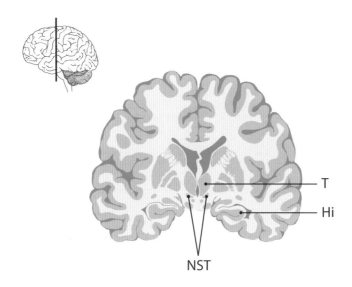

그림 A3 뇌의 단면

(CC) 뇌들보, (S) 선조체, (C) 전장(前障)claustrum, (I) 섬엽insula, (A) 편도체amygdala, (T) 시상,
(Hi) 해마hippocampus, (NST) 시상하핵nucleus subthalamicus,

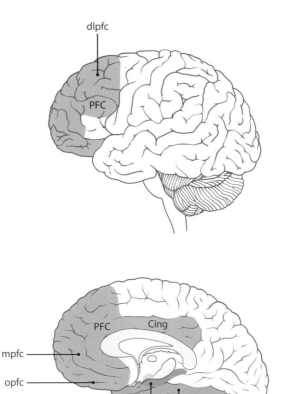

그림 A4 (PFC) 앞이마엽 피질

(dlPFC) 등쪽 가쪽dorsolateral 앞이마엽 피질, (Cing) 대상 피질cingulate cortex, (mPFC) 안쪽 앞이
마엽 피질medial prefrontal cortex, (oPFC) 안와orbital 앞이마엽 피질, (Parah) 해마곁이랑
parahippocampal gyrus, (Fu) 방추형이랑fusiform gyrus,

감수자의 글

『세계를 창조하는 뇌 뇌를 창조하는 세계』는 창조성의 중요성을 뇌과학을 기반으로 재조명하고 있다. 4차 산업혁명 이후 부상하는 디지털 융합 시대에 매우 시의 적절한 주제로서, 모든 분야를 막론하고 창조성의 비밀에 한 발짝 더 다가가고자 하는 분들에게 이 책을 추천하고 싶다.

창조성에 대해 이토록 폭넓고 깊이 있게 접근한 과학책은 많지 않다. 유전자와 문화, 뇌의 발달, 신경생물학, 신경발생학, 미술, 음악, 사회학, 직업, 미래 의학, 철학, 신학 등 창조성과 관련된 이야기가 다채롭고 흥미롭게 펼쳐진다. 인지신경과학자인 저자의 지적 호기심이 얼마나 강하고 독서량이 방대한지, 마치 한 편의 거대한 장편 소설을 읽는 듯한 기분이 든다.

이 책의 주제인 창조성은 인간 의식처럼 그 정의가 간단하게 드러나지는 않는다. 그러나 최근 떠오르는 복잡계 이론, 프랙털 이론, 그리고 방대한 데이터 속에서 새로운 규칙이나 원리를 찾으며 스스로 진화하고 있는 인공 지능이 그렇듯, 이제 우리는 (진정 다다를 수는 없겠지만) 실체라고 부르는 것들의 윤곽을 파악해 가는 듯한 시대에 진입하고 있다.

예를 들어, 점은 실체는 없지만, 우리는 우리의 뇌가 1차원 선을 점들의 연결이라고 인지함에 따라 점을 지각한다. 창조성도 명확하게 그 실체를 찾을 수는 없지만, 우리가 생각하는 〈현실〉이 뇌의 지각을 통해 구성되는 것이라고 인지함으로써 그 비밀에 조금씩 다가가고 있다는 것을 이 책을 통해 느낄 수 있다. 특히 다양한 사례와 믿음 구조가 형성되는 방식을 통해 이러한 점을 보여 주는 것이 매우 흥미롭다.

이 책은 부제가 말하듯이 〈뇌과학으로 인간과 세상을 읽는 방법〉에 대한 해설서라고 보면 좋을 것 같다. 뇌과학의 급속한 발전 덕분에 이제는 첨단 과학을 도구로 창조성의 본질에 한 발짝 더 다가갈 수 있는 시기가 온 것이다. 〈유전자냐 환경이냐〉의 문제, 국소화localizaion와 기능주의 functionalism의 균형적 발전, 서양의 존재론과 동양의 연기론(緣起論)에 대한 재해석 등 오래된 논쟁들이 뇌과학적 방법론으로 다시 논의가 되고 있는 상황에서, 이에 대한 논의와 균형 감각을 책의 전체적인 흐름 속에서 지속적으로 음미할 수 있다.

한편, 〈교육〉의 라틴어 어원은 〈educare〉로, 〈이끌어 내다〉라는 의미를 가지고 있다. 즉 교육은 타고난 소질을 밖으로 끌어내 주는 것이다. 최근 인간의 뇌 발달 단계와 뇌세포들의 연결망 구축의 관점에서 교육 방식을 연구하는 것이 대세인 점을 감안하면, 이 책은 교육학 분야에서도 관심을 가질 만하다. 그래야 인생 전 주기에 걸쳐서 창조성을 발휘할 수 있는 교육을 함께 이루어 나갈 수 있을 것이다. 이러한 우리의 노력에 인류의 미래가 달려 있다.

2021년 3월
김영보

들어가는 말

사람은 저마다 다르다.
— 한스 갈리아드 교수

뇌와 환경

뇌과학자들은 〈뇌 말고도 많은 것들이 있어야 한다〉라는 반론을 자주 듣는다. 이 생각은 새로운 것이 아니다. 초대 파리 주교 성 디오니시우스(프랑스어로 생 드니Saint Denis)에 관한 오래된 전설은 이 생각에 기대어 존속해 왔다. 교황 클레멘스 1세는 성 디오니시우스를 갈리아에 선교사로 파견했다. 그러나 기원후 250년경, 로마 권력자들의 지시로 그 성자는 오늘날 몽마르트로 불리는 곳에서 참수되었다. 그런데 그는 자신이 참수된 장소가 마음에 들지 않았다. 그래서 잘린 머리를 주워 샘물에 씻어서 들고 북쪽으로 10킬로미터 이동하여 일찍이 자신의 최종 안식처로 정해 놓은 곳으로 갔다. 오늘날 그곳의 지명은 〈생 드니〉다. 그렇다, 이 전설이 말해 주듯이, 뇌가 없더라도 여전히 많은 것이 가능할 듯하다.

〈뇌 말고도 많은 것들이 있어야 한다〉는 말이 정확히 무슨 뜻이냐고 물으면, 우리 뇌과학자들은 인간의 행동이 속한 맥락을 등한시한다는 대답이 돌아온다. 그러나 뇌과학자라면 누구나 뇌가 환경과 끊임없이 상호작용하면서 활동한다는 점을 잘 안다. 이 상호작용은 뇌과학에서도 중요한 주제다.

요컨대 뇌과학이 뇌와 환경의 상호작용을 등한시한다는 비난은 터무니없다. 우리 인간은 외부 세계에서 우리 내부로 들어오거나 뇌에서 솟아오르는 엄청난 정보의 흐름에 끊임없이 노출된다. 창조란 그 정보를 새로 조합하는 것을 의미한다. 그 조합에서 나오는 새로운 발상들은 예술, 과학, 기술 분야의 새로운 발전들의 토대를 이룬다. 이 책에서 말하는 〈예술〉이란 실용적 효용이 없으며 미적인 즐거움을 일으키는 창조적 표현 형태들을 뜻한다. 나는 이 정의에 문제점이 많다는 것을 안다. 〈예술〉 하면 우리는 곧바로 아름다움이나 쾌감을 연상하지만, 예술은 충격적이고 추할 수도 있다. 일찍이 아리스토텔레스가 지적했듯이, 사람들은 두렵거나 역겨운 것들에 대한 묘사에 매료되며, 이 현상은 예술에서도 나타난다.

『세계를 창조하는 뇌 뇌를 창조하는 세계』는 우리가 사는 복잡한 세계를 가능케 한 우리 뇌의 엄청난 창조력을 강조한다. 우리가 창조한 문화적 환경은 거꾸로 우리 뇌와 행동의 발달을 촉진해 왔다. 이 책은 뇌와 우리의 문화적·직업적 환경 사이의 상호작용에 대한 많은 예들을 제시할 것이다. 하지만 그 상호작용을 감안하더라도, 우리의 직업들이 계속 발전한 것, 물감과 돌이 미술품으로 된 것, 파동이 음악과 정보로 바뀌고 과학적 지식이 생겨나고 새로운 치료법

그림 1 많은 성당에서 성 디오니시우스(생 드니)는 머리를 손에 든 모습으로 묘사된다. 예컨대 파리 노트르담 성당 박공에 그린 조각상이 있다.

들이 개발된 것은 오롯이 우리의 창조적인 뇌 덕분이다. 따라서 우리 뇌를 중심에 놓는 것은 논리적으로 합당하다.

> 몸의 가장 중요한 임무는 뇌를 싣고 다니는 것이다.
> ─ 토머스 에디슨

중심에 뇌가 있다

일부 철학자들은 내가 지난번에 출판한 저서『우리는 우리 뇌다』의 제목을 마뜩지 않아 했다. 그들은 그 제목에서 〈부분과 전체를 혼동하는 오류〉를 올바로 발견했다. 즉, 그 제목이 전체의 한 부분을 전체와 동일시한다고 지적했다. 이것은 논리적 오류라고 할 만하다. 그러나 그 제목은 뇌가 우리 자신에 미치는 본질적인 영향을 강조하기 위해 의도적으로 선택한 것이다. 우리의 성격, 우리의 유일무이한 가능성들과 한계들을 결정하는 것은 뇌다. 이식 외과의학의 성과 덕분에 우리는 심장, 간, 신장 등의 장기를 이식하더라도 환자가 다른 개인으로 되지 않는다는 것을 안다. 반면에 전략적으로 중요한 뇌 부위의 손상은 우리를 전혀 다른 개인으로 바꿔 놓을 수 있다. 시상하부에서 종양이 생기면, 이성애자가 소아 성애 욕구를 갖게 될 수 있고, 시상에서 혈관이 막히면 치매가 발생할 수 있다.

그러나『우리는 우리 뇌다』가 전하는 중대한 메시지 하나는 우리가 제각각 다르다는 것이다. 왜냐하면 우리 각자는 유일무이한 뇌를 보유하고 있기 때문이다. 사람들 사이의 차이는 우리가 부모로부터 물려받은 DNA의 작은 변이들에서 시작된다. 그뿐만 아니라 새로운 변이들이 끊임없이 생겨난다. 우리가 발달하며 환경과 상호작용하는 과정에서 우리 사이의 차이는 점점 더 커진다. 〈본성이냐, 양육이냐?〉라는 양자택일적 관점은 이미 낡은 것이 되었다. 뇌의 발달은 처음부터 온전히 유전과 환경 사이의 상호작용

그림 2 살바도르 달리, 「갈라시달라시데속시리보핵산Galacidalacidesoxyribonucleicacid: 1953년에 DNA의 이중나선 구조를 발견한 왓슨과 크릭에게 바침」. 살바도르 달리가 그린 이 회화(1963)의 제목은 달리의 아내 갈라의 이름, 달리 본인의 이름, 그리고 디옥시리보핵산DNA이라는 과학 개념을 합쳐서 만든 것이다. 이 작품은 1945년 히로시마 원자폭탄 투하를 기점으로 시작된 달리의 〈핵신비주의 시대nuclear mysticism period〉에 제작되었다. 더 나중에 달리는 생명의 토대로서의 DNA에 매혹되었다. 그 자신의 DNA의 절반이 그의 아내 갈라와 연결되어 있는 것처럼 모든 DNA의 절반은 타인과 연결되어 있다고 달리는 말했다.

에 기초를 둔다.

> 창조란 선생과 학생이 동일한 개인인 학습 과정이다.
> ─ 아서 쾨슬러

소통과 창조성

인간은 사회적 존재다. 인간이 사회 속에 내장되지 않으면, 스트레스가 큰 조건 아래에서 (예컨대 부상을 당하거나 병에 걸렸을 때) 생존이 어렵게 된다. 따라서 사회적으로 추방되거나 고립되면 뇌에서 온갖 경보 시스템들이 작동하고, 거꾸로 사회적으로 인정받으면 강력한 보상 효과를 일으킨다.

인간의 진화 과정에서 뇌의 크기 증가를 유발한 중요한 자극 하나는 사회의 복잡성 증가였다. 누구나 알다시피 대단히 복잡한 사회 속에서 가정을 이루고 어느 정도 일부일처제에 맞게 살려면 우리의 능력들을 모두 동원할 필요가 있다. 인간에게 가장 가혹한 형벌은 독방 감금이며, 정신병 환자들에게도 격리 병실은 매우 부정적인 작용을 한다. 반대로, 엄청나게 복잡하고 정교한 우리 사회에서 뇌의 질병들이 사회적 과정들에 어떤 영향을 미치는가라는 질문은 점점 더 중요해지고 있다.

우리의 복잡한 사회에서 함께 살기 위해서는 사람들 사이의 효율성 높은 소통이 결정적으로 중요하다. 진화 과정에서 언어, 문화와 더불어 인간적 소통의 특별한 형태들이 생겨났다. 우리의 창조적인 뇌는 음악과 춤, 미술, 건축, 문학에서 항상 새로운 형태들이 등장하게 만든다. 과학뿐 아니라 예술도 우리 뇌에서 비롯되는 창조적 발전의 선봉이다. 모든 창조 과정은 독창적인 발상에서, 상상력에서 시작된다. 자연과학자들은 생각의 과정을 화학적·물리학적으로 연구하는 반면, 예술가들은 정신, 생각, 느낌을 예술적인 방식으로 탐구한다. 이 두 세계의 만남에 쏠리는 관심은 점점 더 증가하고 있다.

> 인간 뇌는 요란하게 장식한 원숭이 뇌보다 더 나을 것이
> 거의 없다.
> ─ 프란스 드 발

창조성의 진화

개인으로서 또 종으로서 우리의 존속에 결정적으로 중요한 모든 것 ─ 영

양 섭취와 섹스 — 은 진화가 이루어지는 동안 우리 뇌의 보상 및 감정 시스템들과 연결되어 있었다. 또한 우리의 미술적·음악적 창작과 체험, 그리고 기술과 과학의 발전을 위한 우리의 기여도 우리에게 쾌감을 선사한다. 영양 섭취, 섹스, 과학, 기술, 미술, 음악은 진화론적으로 볼 때 이롭다. 하지만 우리가 이 활동들을 추구하는 이유는 그 이로움에 있지 않다. 우리가 그 활동들을 하는 이유는, 그것들이 맛깔나거나 쾌적하거나 재미있거나 행복감을 일으키기 때문이다. 하지만 우리가 그렇게 스스로 자신에게 보상하는 동안, 우리의 활동은 사회에 영향을 미치고 우리 종의 존속과 개체의 생존을 지원한다. 과학과 기술은 사회를 바꿔 왔다. 음악과 춤은 사람들을 불러 모으고 집단의 결속을 강화한다. 공동 활동에서 음악은 범상치 않은 효과를 낼 수 있다. 스코틀랜드 사람들의 전투에서 백파이프 연주자들이 선봉에 서는 것은 우연이 아니다.

시각 예술은 약 3만 년 전에 세계의 다양한 장소들에서, 짐작하건대 각각 독립적으로 발생했다. 당시 우리 뇌의 무게는 1.5킬로그램에 달했다. 언어와 음악은 훨씬 더 전에 생겨났다. 비록 가장 오래된 악기(슬로바키아에서 발견됨)는 약 5만 년 전에야 제작되었지만 말이다. 조형 예술의 최초 증거들은 약 3만 년 전에, 주로 생존에 중요한 분야들을 위해서 제작된 것들이다. 즉, 번식에 관한 소통, 먹을거리 구하기 — 특히 사냥 — 에 관한 소통, 그리고 어쩌면 종교적 느낌에 관한 소통을 위해서 말이다.

200년 전까지만 해도 교회 미술은 여전히 이 같은 서사적 소통적 기능을 했다. 문맹인 신자들에게 성서의 이야기들을 전달하는 기능을 말이다. 중세 미술은 신자들에게 설령 그들 자신의 삶이 힘겹고 시험들로 가득 차 있더라도 그리스도는 그들보다 무한히 더 많은 고난을 겪었다는 것을, 그리고 믿음과 기도와 인내가, 또한 무엇보다도 교회의 규칙들을 따르는 삶이 사후에 그들에게 천국에서의 영원한 삶을 보상으로 안겨 준다는 것을 직관적으로 보여 주었다.

교회의 규칙들을 지키지 않는 사람은 정반대의 미래를 눈앞에 떠올리면서 심각해질 수밖에 없었다. 저주받은 자들을 기다리는 것은 끔찍한 형벌들이었다. 게다가 죄를 지은 자는 사후에만 벌을 받는 것이 아니었다. 많은 문화와 종교에서는 광기와 뇌전증 같은 병들도 규칙 위반에 대한 신의 형벌로 간주되었다. 이 같은 통념은 뇌의 병들을 금기와 낙인찍기의 대상으로 삼는 관행으로서 여전히 살아남아 우리 사회에 해를 끼치고 있다.

창조성 혁명

우리의 창조성 혁명은 약 1만 4,000년 전에 사람들이 중동에서 농업과 가축 사육을 시작하면서 본격적인 추진력을 얻었다. 먹을거리 공급이 더 원활해진 결과로 점점 더 많은 사람들이 다른 임무들에 종사할 수 있게 되었다. 최초의 한자(漢字)와 설형문자는 약 5,000년 전에야 각각 독립적으로 개발되었다. 설형문자는 90퍼센트가 대추야자, 곡물, 양(羊)의 거래 장부에 쓰였지만, 해독된 설형문자 기록들 중에는 문학적인 글, 종교적인 글, 과학적인 글도 있다. 심지어 2,000년 전보다 더 과거에 어느 바빌로니아 천문학자는 목성이 하늘에 그리는 궤적을 기하학적 방법으로 계산했다.

점점 더 커지는 공동체 안에서 점점 더 많은 사람들이 서로 접촉했고, 새 정보들이 더 효율적으로 교환될 수 있었으며, 우리의 집단적 창조성은 경쟁과 협동을 통해 기술적 발전을 급격히 추진했다. 사람들은 그 모든 정보를 저장하기 위해 기술들을 개발했고, 그 기술들 덕분에 다음 세대는 현 세대의 지식 위에 추가로 새 지식을 쌓을 수 있었다.

더 나중에는 대다수 사람들이 전문화되고 교통 및 통신의 수단이 점점 더 개량되어 국제적인 협동과 경쟁도 가능해졌다. 이를 통해 우리의 창조성 발전은 뚜렷이 가속되었다. 18세기 후반에 시작되는 산업혁명과 그에 따른 급속한 경제성장은 일차적으로 비교적 소수의 사람들이 이뤄 낸 업적이다. 과학적·기술적 창조성이 뛰어난 그들의 발명품들은 인구 전체의 생활 형편을 개선했다.

> 아이들은 놀면서 배운다. 가장 중요한 것은, 노는 아이들이
> 어른이 학습할 때와 마찬가지로 학습한다는 점이다.
> ― 오 프레드 도널드슨

우리의 뇌는 특이하다. 뇌의 기본 메커니즘은 동일한데도, 우리는 다른 동물보다 더 많이, 더 잘 배운다. 유인원에게도 문화적 학습은 본질적으로 중요하다. 유인원은 부모가 나뭇가지로 흰개미들을 잡고 돌멩이로 견과를 깨뜨리는 것을 흉내 내면서 그 기술들을 학습한다. 원숭이가 흉내를 잘 낸다는 것은 빈말이 아니다. 사회적 학습(다른 개체들로부터 배우기)의 신경생물학적 토대는 우리 뇌 속의 거울 뉴런들이다. 인도계 미국 신경학자 빌라야누르 라마찬드란은 거울 뉴런을 〈우리 문명의 토대〉라고 칭했다.

우리를 인간으로 만드는 것은 우리의 특별한 인간적 뇌다. 인간 뇌는 우리의 문화와 자기 성찰을 가능케 한다. 우리의 엄청난 창조성은 새로운 기술과 과학의 끊임없는 발전뿐 아니라 ― 기술, 창조성, 감정의 종합인 ― 미술과 음악에서도 표출된다. 크고 창조적인 뇌와 풍부한 뇌세포들 및 그것들 간의 연결을 갖춘 인간은 변화하는 환경에 다른 종들보다 더 잘 적응할 수 있다. 더 나아가 인간은 특별한 도구들을 창조하고 또 다른 복잡한 문화적·사회적·언어적 환경을 창조한다. 그리고 거꾸로 그 환경은 고유한 방식으로 뇌의 발달에 영향을 미친다. 약 5만 년 전에 우리 조상들이 그런 문

그림 3 지옥. 「일곱 가지 대죄와 네 가지 종말」의 부분. 현재 마드리드 프라도 미술관이 소장하고 있다. 이 작품의 작가가 히에로니무스 보스인지 여부에 대해서는 논란이 있다. 위 사진은 스페인 왕 펠리페 2세의 의뢰로 테이블 상판에 그린 이 작품의 한 귀퉁이를 보여 준다. 펠리페 2세는 아마도 1574년에 이 작품을 〈엘 에스코리알El Escorial〉로 가져오게 했을 것이다. 흉측한 악마들이 죄인들을 고문하고 사지를 뜯어 먹고 꼬챙이에 꿰고 지옥으로 데려간다. 이 행위들이 영원히 계속된다. 보스가 맥각ergot을 섭취하여 경험한 환각에서 악마의 모습에 관한 영감을 얻었다고 사람들은 추측한다. 습기 있는 곡물에서 발생하는 곰팡이의 일종인 맥각은 환각, 뇌전증 발작, 망상을 유발할 수 있다. 히에로니무스 보스는 아마도 그런 중독 증상을 직접 경험했을 것이다.

화적·사회적·언어적 환경을 창조하기 시작했을 때, 인간은 현대인이 되었다. 우리는 우리의 창조적인 뇌다.

이 책의 구성

> 뇌과학자 디크 스왑은 〈우리는 우리 뇌다〉라고 쓴다. 나의
> 동료 프랑크 쾨르셀만의 훌륭한 비유에 따르면, 저 문장은
> 모든 회화가 물감으로 이루어졌다는 말과 그리 다르지 않다.
> ─르네 칸 교수

그렇다, 모든 것의 출발점은 화폭에 칠한 물감과 그것을 바라보는 개인이다. 그러나 위 인용문이 암시하는 바와 달리, 나는 전적으로 회화는 물감 그 이상이라는 입장이다. 회화는 미술가 자신의 뇌, 기술적 솜씨, 감정들을 집어넣어서 만든 작품, 우리에게 무언가를 전달하고 우리 뇌에서도 감정들을 일으키기 위해서 만든 작품이다. 미술가의 창작을 통해서 물감은 아름다운 작품으로, 경탄스럽거나 감동적인 무언가로 된다. 미술가는 물감에 생명을 불어넣은 것이고, 미술 경험은 그림과 관람자의 대화로부터 산출된다. 회화가 화폭에 칠한 물감 얼룩 몇 개 그 이상인 것과 마찬가지로, 뇌는 죽은 분자들로 가득 찬 주머니 그 이상이다. 뇌는 살아서 제 기능을 하는 세포들로 이루어진 매우 섬세한 구조물이며, 그 세포들은 엄청나게 복잡한 방식으로 서로 소통하고 또한 환경과 소통한다.

이 책은 우리의 창조적인 뇌가 미술, 음악, 과학, 기술을 통해 우리의 환경을 창조하고 변화시킨 사례들을 제공한다. 또한 환경이 우리 뇌의 발달과 기능에 영향을 미친 사례들도 제공한다. 이 상호작용 안에서 우리 뇌가 발달하는 복잡한 방식 때문에, 우리는 저마다 유일무이하게 되고 다른 관심을 가지며 우리의 환경에 다르게 반응한다. 이 책 곳곳에서 나는 적극적인 일반인으로서 나의 개인적인 관심사들을 추구하고 간간이 옆길로 빠질 것이며, 예술은 개인적 경험이며 다행스럽게도 영원히 그러할 것이라는, 안

심을 주는 확신에 기대어 때로는 옹호할 수 없는 입장들을 옹호할 것이다.

맨 먼저 다룰 내용은 〈문화적 환경 안에서의 뇌 발달〉(1장~5장)이다. 주요 주제는 한편으로 개인의 성격, 지능지수, 창조적 능력들, 뇌의 성적인 분화를 결정하는 신경생물학적 발달 메커니즘들, 유전학, 뇌의 자기조직화, 그리고 다른 한편으로 후성유전학 — 발달 과정에서 환경이 우리의 기능에 지속적으로 영향을 미치는 방식 — 이다.

2부 〈미술과 뇌〉(6장~10장)에서는 진화 과정에서 현대인의 뇌가 미술을 창조할 수 있을 만큼의 용량에 도달한 과정을 서술한다. 미술을 보고 체험하고 미술이 일으키는 느낌과 감정을 가질 때 우리가 사용하는 뇌 시스템들은 우리의 일상생활에서 사용되는 것들과 똑같다. 미술가들은 무의식적으로 그 뇌 시스템들의 작동 원리에 맞게 작품을 창조하는 것으로 보인다. 세미르 제키 교수는 이렇게 말했다. 「어떤 의미에서 미술가는 뇌의 가능성들과 속성들을 탐구하는 신경과학자다. 다만, 탐구의 도구가 다를 뿐이다.」

제키 교수는 신경미학이라는 연구 분야의 창시자다. 신경미학은, 우리가 무언가 혹은 누군가를 〈아름답다〉고 느끼는 것에 결정적으로 관여하는 뇌 메커니즘들을 연구한다. 일부 사람들은 이 접근법을 〈환원론적〉이라고 평가한다. 하지만 그것은 터무니없는 평가다. 다른 모든 사람과 마찬가지로 뇌과학자도 예술을 즐기고 깊이 사랑할 수 있다. 뇌과학은 뇌의 일상적인 활동에 동반되는 감정들을 하찮게 보지 않는다. 그 감정들에 관여하는 뇌 메커니즘들을 알면, 오히려 미술이 일으키는 감정들을 진지하게 다루게 될 뿐더러, 그 감정들에 더해서 이례적으로 복잡하고 경이로운 기계에 대한 경탄까지 갖게 된다.

미술은 뇌 질병의 치료에 쓰일 수 있으며, 거꾸로 뇌 질병은 미술가의 작품에 심층적인 영향을 미칠 수 있다. 나는 항저우에 있는 중국미술학원

China Academy of Art과 저장 대학교에서 뇌와 미술에 관한 강의를 한 뒤에 다음과 같은 질문을 가장 많이 받았다. 「뛰어난 미술을 창작하려면 미쳐야 하나요?」 나의 대답은 이러했다. 「반드시 미쳐야 하는 것은 아니지만, 때때로 광기는 미술 창작에 도움이 되었습니다.」 이 대답은 늘 학생들 사이에서 상당한 소란과 토론을 유발했다.

3부 〈음악과 뇌〉(11장~14장)는 우리 삶의 모든 단계에서 음악이 우리 뇌의 구조와 기능에 ─ 따라서 우리의 능력에도 ─ 어떤 영향을 미칠 수 있는지 다룬다. 수백 년 전부터 음악은 모든 사회에서 중요한 역할을 해왔다. 심지어 자궁 속 태아도 음악을 감상한다. 음악은 뇌 발달을 촉진하고 노화 현상들을 저지한다. 음악은 많은 뇌 구역과 무수한 화학적 전달물질들에 영향을 미치고, 따라서 우리의 감정에도 영향을 미친다. 이를 통해 음악은 통증을 완화할 수 있고 뇌 질병의 치료에서 긍정적인 효과를 낼 수 있다. 춤도 유용할 수 있다. 예컨대 파킨슨병 치료에서 그러하다.

4부 〈뇌와 직업과 자율〉(15장~17장)의 주제는 어떻게 우리가 사회적 환경과 끊임없이 상호작용하면서 우리의 기능을 원활하게 수행하는가이다. 우리는 뇌 발달의 결과로 특정한 재능을 얻는다. 때로는 누가 봐도 확실한 음악적 혹은 미술적 재능을 얻기도 한다. 발달 과정에서 뚜렷해지는 가능성들과 제약들은 우리의 직업 선택에 영향을 미친다. 우리는 우리 뇌에 어울리는 직업을 좋아하고 선택한다. 그래서 최고경영자들과 은행장들 중에는 특별한 성격적 특성들을 가진 사람들이 많다. 그러나 거꾸로 우리의 직업은 뇌의 구조와 기능에 영향을 미친다. 한 예로 런던 택시 운전사들의 뇌 변화가 연구를 통해 입증된 바 있다.

다른 한편으로 우리는 일터에서 독성 물질 때문에 뇌가 손상되거나 감정적 경험 때문에 외상 후 스트레스 장애PTSD를 겪을 수 있다. 사람들이 자율성을 포기한 채로 단지 기능하기만 하면, 역사 속에서 파국을 초래해 온 집단행동들이 발생한다. 또한 개체의 자율신경계가 제대로 기능하지 않으면 생명이 위태로운 상황들이 발생한다.

뇌 질병의 발생에서도 환경과의 상호작용이 결정적인 역할을 한다. 우리가 알츠하이머병, 우울증, 조현병 같은 뇌 질병들에 걸릴 위험성은 우리의 유전적 소질과 발달 과정에 의해 결정된다. 하지만 뇌 질병의 발생 여부는 우리의 환경에 의해 결정된다. 환경은 뇌 질병의 예방뿐 아니라 치유에도 큰 영향력을 발휘할 수 있다. 이런 내용이 5부 〈환경과 뇌 손상〉(18장~20장)에서 다뤄질 것이다. 예컨대 이중 언어 환경에서 성장하는 것은 아동의 뇌에 매우 강력한 자극이다. 알츠하이머병 환자들 가운데 이중 언어 환경에서 성장한 사람은 단일 언어 환경에서 성장한 사람보다 평균적으로 4년 늦게 발병한다.

새로운 뇌과학에 기초하여 우리는 우리 뇌의 작동 방식, 자유 의지, 무의식적 결정, 도덕적 행동, 죄와 벌에 대해서 예전과 다르게 생각하기 시작했다. 실험 신경과학은 최근까지만 해도 철학의 전유물이었던 영역에 발을 들였다. 이것은 6부 〈뇌와 우리 자신에 대한 생각〉(21장~24장)에서 다룰 내용이다.

우리 뇌에 관한 지식은 새로운 뇌 질병 치료 전략과 예방 조치를 개발할 수 있게 해줄 뿐 아니라, 교육, 사법, 정치, 죽음과 관련해서도 점점 더 많은 사회적 귀결들을 내놓는다. 이에 관한 논의는 7부 〈새로운 발전과 사회적 귀결〉(25장~28장)에서 이루어질 것이다. 하지만 뇌 질병들을 금기시하는 분위기가 여전히 엄존하는 것에 맞서, 우리 뇌의 기능 방식과 뇌 질병들의 전형적 특징을 밝혀내는 연구에 대한 폭넓은 관심을 불러일으키는 것 역시 중요하다. 신경의학적 질병들, 정신의학적 질병들을 치욕적인 낙인으로 간주하는 풍토는 시급히 개선되어야 하며, 뇌과학의 성과들은 그 개선에 도움이 될 수 있다.

차례

1부

문화적 환경 안에서의
뇌 발달

1장

신경 다양성: 각각의 뇌는 유일무이하게 된다

너 자신을 알라.
— 델포이 아폴론 신전에 새겨진 문구

너 자신을 스캔하라.
— 디크 스왑의 한 동료

사회와 뇌의 상호작용은 인간이 진화를 거쳐 완성되는 과정에서 우리 사회의 구조가 대단히 복잡해지게 만들었을 뿐 아니라 우리 뇌도 엄청나게 복잡해지게 만들었다. 우리 뇌는 800억에서 1,000억 개의 뇌세포로 이루어졌다. 이 개수는 세계 인구의 12배에 해당한다. 그 세포들은 뇌실 근처에서 발생하여 몇 달 안에 뇌 안의 정해진 목적지로 이동하며, 그다음에는 평생 그곳에 머물면서 분화하고 돌기들을 뻗어 다른 뇌세포들과 접촉한다. 모든 뇌세포 각각은 따로 떼어놓고 봐도 이미 숨 막힐 정도로 복잡한데, 그런 뇌세포 하나가 1,000개에서 10만 개의 다른 뇌세포들과 접촉한다. 그 접촉이 이루어지는 장소, 곧 시냅스는 〈기억 속의〉 정보가 저장되는 장소이기도 하다.

인간 아기는 무력하고 도움이 필수적인 상태로, 대체로 미성숙한 뇌를 가지고 태어난다. 신생아의 뇌 무게는 350그램이다. 이는 뇌 연결망의 75퍼센트가 이제부터 형성되어야 함을 의미한다. 사회적·문화적 환경은 그 연결망 형성에 중요하고 장기적인 영향을 미친다. 이 영향은 ─ 특히 뇌의 〈상위 기능들〉과 관련해서는 ─ 뇌세포들의 연결로 실현된다. 대뇌피질에 있는 170억 개의 뇌세포들은 ─ 문화적 성과들을 포함한 ─ 인간 특유의 성과들에 관여하는데, 그 뇌세포들의 대다수는 우리가 태어나기 전 자궁 속에서 발생한다.

그러나 출생 후에도 소뇌에서 약 600억 개의 뇌세포가 형성되어야 한다. 소뇌의 기능은 우리가 학습한 다음에야 자동적으로 수행할 수 있는 정교한 동작과 운동을 조직화하는 것에 국한되지 않는다. 최신 연구들은 문화적 측면들도 무의식적으로 학습되며 대뇌피질과 상호작용하는 소뇌에 의해 내면화된다는 것을 보여 준다. 기억 과정에 본질적으로 중요한 해마의 치아이랑 세포들도 생후에 발달해야 한다. 비교적 적은 개수의 해마 뉴런들은 심지어 성인이 된 뒤에도 새로 형성될 수 있다(16장 1 참조).

생후 1년 동안 뇌가 급격히 발달하는 과정을 두개골 용적을 측정하는 방법으로도 쉽게 추적할 수 있다. 아동의 두개골 용적과 (뇌세포의 개수를 대표하는) 뇌 속 DNA 양은 서로 비례한다.

과거에 내가 의과대학 실습생으로서 분만실에서 아기의 출생을 돕고 두개골 용적을 재던 시절에는 이 비례관계가 알려져 있지 않았다. 뇌의 발달을 점검하는 것은 중요한 일이다. 왜냐하면 뇌 발달의 장애는 나중에 정신의학적 질병들이 발생할 위험을 높이며, 추가 자극은 정신적 발달의 지체를 벌충하는 데 도움이 될 수 있기 때문이다.

서로 다른 뇌 구역들 간 신경섬유 연결의 형성은 더 오랫동안 이루어진다. 우리의 도덕적 틀이 위치한 곳이며 충동들이 억제되는 곳인 앞이마엽 피질

그림 1.1 이스트먼 존슨, 「아빠에게 글 쓰는 아이Writing to Father」(1863). 안락한 환경의 한 예를 보여 주는 작품이다.

에서는 24세까지도 신경섬유들의 연결이 형성된다. 따라서 아동이 성장하는 사회적·문화적 환경은 앞이마엽 피질의 발달에 긍정적이거나 부정적인 방식으로 큰 영향을 미칠 수 있다. 긍정적으로 작용하는 요인들은 안전하고 다정하고 고무적인 환경과 질 좋고 풍부한 영양 섭취다. 부정적 요인들은 스트레스가 큰 환경, 방치, 학대, 양이 부족하거나 질이 낮은 영양 섭취다.

모든 뇌 시스템들은 제각각 특정한 시기에 발달해야 한다. 그렇기 때문에 아동이 읽기와 쓰기를, 혹은 악기 연주를 가장 잘 배울 수 있는 시기가 존재한다. 이 〈결정적〉 단계에서 아동은 긍정적 요인뿐 아니라 부정적 요인에도 특히 민감하다. 결정적 단계가 종결되고 나면, 학습된 내용은 전용 회로에 정착된다. 반면에 이 시기에 그 내용이 학습되지 않았다면, 해당 뇌회로는 다른 과제들에 쓰이게 된다. 그러면 나중에 읽기와 쓰기, 연주 같은 솜씨들을 학습하기가 훨씬 더 어려워지거나 심지어 불가능해진다. 출생 전후의 영양 결핍, 방치, 빈곤, 사회적 차별은 뇌 발달에 장기적인 영향을 미치고, 따라서 아동의 행동과 능력에도 영향을 미칠 수 있다.

그런 장기적인 환경 효과의 바탕에 깔린 후성유전학적 DNA 변화에 관한 새로운 지식이 몇 가지 있다. 후성유전학적 변화란 환경이 유발한 DNA의 화학적 변화인데, 이 변화로 인해 유전자가 오랫동안 꺼지거나 당장 켜질 수 있다. 더구나 후성유전학적 변화의 일부는 대물림까지 될 가능성이 있다. 홀로코스트 생존자의 자녀들이 나중에 불안장애에 시달릴 위험이 높은 것은 어쩌면 그런 후성유전학적 변화 탓일지도 모른다. 후성유전학적 효과들은 현재 비교적 새로운 연구 분야들인 사회 신경과학과 문화 신경과학의 중심을 차지하고 있다. 뇌과학과 사회과학들을 아우르는 연구는 최근에 급격히 발전했다.

1. 성격의 발달

> 누군가가 우리의 짜증을 돋우는 행동을 하면, 우리는 그가
> 나쁜 사람이라고 짐작한다. 그러면서 그의 불쾌한 행동이
> 다양한 원인들의 귀결이고, 우리가 그 원인들을 충분히
> 멀리 추적하면 그의 출생보다 훨씬 더 과거의
> 원인들에까지 닿으며, 따라서 그의 책임이 전혀 아닌
> 사건들에까지 닿는다는 사실을 외면한다.
> ─버트런드 러셀

심리학에서 〈빅 파이브Big Five〉라고 부르는 다섯 가지 차원에서 성격이 어느 위치에 있는가를 통해 우리의 성격을 서술할 수 있다. 그 차원들은 아래와 같다.

(1) 외향성 대 내향성

(2) 원만함 대 지배욕

(3) 성실함 대 느긋함

(4) 감정적 안정 대 감정적 불안정

(5) 지적 자율 대 종속

이 다섯 가지 차원은 반려동물들의 성격, 심지어 말(馬)의 성격을 서술할 때도 쓰인다. 이 다섯 가지 성격 특징 각각의 유전성은 33퍼센트에서 65퍼센트로 추정된다. 유전성을 벗어난 나머지 성격은 발달의 초기 단계에 형성된다. 인생에서 성공하려면, 어느 정도 높은 지능지수, 호기심, 야망, 동기 외에 〈빅 파이브〉의 우수한 조합도 필요하다.

나는 예컨대 남성성 대 여성성, 이성애성 대 동성애성, 지능지수, 창조성 대 독창성 부재, 영성의 존재 여부와 같은 다른 성격 측면들로 〈빅 파이브〉를 보완할 수 있다고 본다. 〈성격character〉이라는 단어는 〈새겨져 있음〉을 뜻하는 그리스어에서 유래했다. 우리 성격의 특징들은 사는 동안 미약하게만 변화하며 삶의 중간 즈음에 안정화된다. 유전적 요인은 주로 유년기와 청소년기에 성격 특징들을 좌우하는 반면, 환경적 요인들은 평생 동안 성격 특징들에 영향을 미칠 수 있다. 따라서 유전적 요인의 비중은 나이가 들수록 줄어든다.

기능적 뇌 스캔 영상에서 〈휴지 상태resting state〉란 피험자가 깨어 있지만 어떤 과제도 수행하지 않을 때의 뇌 활동을 말한다. 사실 이 명칭은 약간 부적절하다. 왜냐하면 뇌는 한순간도 쉬지 않기 때문이다. 실제로 휴지 상태에서 어떤 뇌 구역들과 그것들 사이의 어떤 연결들이 매우 활발하게 작동하는지 알아낼 수 있다. 왜냐하면 그 구역들은 동기화된 활동성 요동 패턴을 나타내기 때문이다. 이 요동은 우리 뇌가 외부 세계와 상호작용하는 방식을 위해서 결정적으로 중요하다.

휴지 상태에서는 빅-파이브-범주들을 기준으로 개인에게 부여되는 값들과 다양한 뇌 구역들의 활동이 뚜렷한 상관성을 나타낸다. 〈외향성〉은 특정 구역들의 활동과 짝을 이루고, 〈성실함〉은 다른 구역들의 활동과 짝을 이룬다. 창조적 아이디어를 개발하는 능력은 외향성과, 또 앞이마엽 피질의 아랫부분 및 디폴트 모드 네트워크default mode network(디폴트 연결망, 〈휴식〉 중에 매우 활발하게 작동하는 시스템)의 활발한 작동과 연계되어 있다.

요컨대 휴지 상태는 우리의 성격 특징들을 반영한다. 성 정체성과 성적 취향도 휴지 상태에서 몇몇 뇌 구역들의 활동과 연결되어 있음이 입증되었다. 예컨대 동성애자에서는 왼쪽 편도체로 들어가는 연결선들에서, 이성애

그림 1.2 구스타프 클림트, 「다나에Danae」(1907~1908). 왼쪽에 제우스의 금색 정액, 오른쪽에 임신을 상징하는 초기 배아의 세포들이 보인다. 클림트는 다윈을 읽었으며 생명의 구성단위인 세포의 구조에 매혹되었다. 그는 빈에서 병리학자 겸 해부학자 에밀 추커칸들의 인체 해부를 참관하기도 했다. 클림트의 부탁으로 추커칸들은 미술가, 작가, 음악가로 이루어진 한 집단을 위해 생물학과 해부학을 강의했다(Kandel, 2012 참조). 생물학 지식을 갖춘 덕분인지, 클림트는 여러 여성으로부터 최소 14명의 자식을 얻었다.

자에서 나타나는 남녀 차이가 역전되어 나타난다. 소아 성애자에서도 휴지 상태에서 특정 뇌 구역들 간 기능적 연결의 변화가 관찰된다.

　우리의 성격 특징들은 일부 염색체들과 몇몇 뇌 구역의 구조에서도 발견된다. 성인 뇌의 구조 및 기능의 개인적 차이는 우리의 유전적 소질로 인해, 또 우리가 환경과 상호작용하면서 거치는 발달 과정으로 인해 발생한다. 임신 순간부터 수많은 요인과 과정들이 뇌 발달에 영향을 미친다. 이를테면, 뇌의 자기조직화, 성호르몬, 스트레스, 영양 섭취, 태반을 통과하는 화학물질이나 출생 후 어린아이의 뇌가 노출되는 화학물질과 같은 생물학적 요인들뿐 아니라, 언어 환경, 안전성, 포근함, 지적 자극의 수준, 개인이 어떤 경제적 형편에서 성장하고 교육받고 인간관계를 맺는가와 같은 수많은 사회문화적 요인도 뇌 발달에 영향을 미친다.

뇌 발달 과정은 각각의 뇌를 유일무이하게 만든다. 심지어 일란성 쌍둥이의 뇌도 각각 유일무이하다. 뇌 발달의 결과로 생겨난 차이들은 우리의 모든 개인적 기능들, 이를테면 성격, 성 정체성, 성적 취향, 미술과 음악에 대한 관심, 인지와 행동, 지능, 공감을 비롯한 도덕적 면모들의 수준, 정치적 성향, 신체적·정신적 질병에 걸릴 위험에 영향을 미친다.

2. 임신 이전

> 성인 남성의 고환에서는 매일 2~3억 개의 정자세포가
> 만들어진다. 어찌하여 그 많은 정자 중 하나로부터 바로
> 내가 발생한 것일까?
> ─디크 스왑

유성생식의 진화적 장점은 어미 DNA와 아비 DNA의 조합을 통해 개체들의 다양성을 엄청나게 높이는 것에 있다. 다양성은 진화의 동력이었으며 우리 인간 종이 변화하는 환경에 적응할 수 있게 해주었다.

사람들 간의 차이는 이미 DNA에서 시작된다. 모든 사람 각각의 DNA는 유일무이하다. 진화의 와중에 우리의 DNA에서 작은 변이들이 무수히 발생했다. 우리는 그 변이들을 토대로 삼아 인간이 되었다. DNA 변이들 중 일부는 부모로부터 물려받은 것들이며, 그것들은 다만 개인들의 다양성을

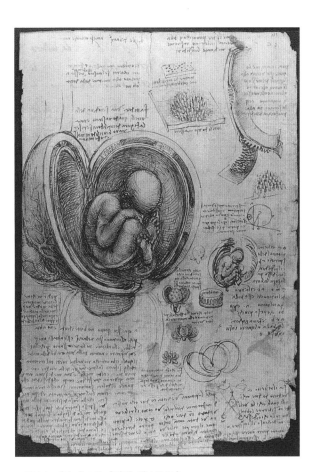

그림 1.3 레오나르도 다빈치, 약 1510년.

북돋운다. 하지만 다른 변이들은 병으로 인한 것이거나 특정 장애의 위험을 높인다.

모든 아동 각각이 DNA에 지닌 결함은 평균적으로 한 개이며, 대다수의 경우에 그 결함은 무해한 변이다. 그럼에도 모든 선천성 중증 지적 장애의 60퍼센트 이상이 그런 새로운 변이 때문에 발생한다. 어머니로부터 받는 DNA의 특정 변이들은, 어머니의 나이가 많을수록 아동의 다운 증후군 위험을 대폭 높인다. 아버지로부터 받는 DNA의 특정 변이들은 아동이 정신병에 걸릴 위험을 높인다.

모계보다 부계에서 더 많은 유전적 결함들이 발생한다. 여성은 평생 배란할 난자들을 이미 출생 전에 생산한다. 휴지 상태로 난소 안에 머무는 그 난자들 가운데 매달 한 개가 성숙한다. 반면에 남성은 끊임없이 줄기세포들로부터 정자들을 생산한다. 한 여성의 시초인 난자와 그 여성이 배출하는 난자 사이에서는 세포분열이 약 20회 일어나는 반면, 20대 후반 남성의 시초인 정자와 그가 배출하는 정자 사이에서는 세포분열이 300회가량 일어난다. 그렇기 때문에 부계에서 변이가 일어날 위험이 더 높은 것이다. 이 문제는 당연히 젊은 남성보다 늙은 남성에서 더 크다. 따라서 늙은 아버지의 자식은 정신병에 걸릴 위험이 더 높다. 부모의 불임(不姙) 문제는 자식이 정신병에 걸릴 위험을 33퍼센트 높인다. 왜냐하면 정신병과 불임 문제는 공통의 유전적 토대를 가지기 때문이다.

3. 자궁 안에서의 발달

임신이 이루어지고 나면, 자궁 안에서 수정란이 아기로 성숙한다. 이와 관련하여 거듭 달아오르는 논쟁의 화두는, 우리의 속성들이 〈소질〉에 의해 결정되느냐, 아니면 〈환경〉에 의해 결정되느냐라는 질문이다. 순수한 소질은 예컨대 신생아의 직감적 행동에서 드러난다. 신생아 때 엄마의 젖꼭지를 찾아서 빠는 일을 직감적으로 해내지 못했다면, 오늘날 우리는 존재하지 않을 것이다.

직감은 공포에서도 중요한 역할을 한다. 우리는 꽃보다 뱀에 공포를 느끼기가 훨씬 더 쉽다. 연구자들은 뱀을 한 번도 본 적 없는 원숭이들에서, 원숭이가 뱀과 마주쳤을 때 강하게 〈점화하는〉 — 즉, 전기적으로 활성화되어 다른 뇌세포들과 정보를 주고받는 — 뇌세포들을 발견했다. 요컨대 영장류 동물들의 뱀에 대한 공포는 진화 과정에서 대물림된 것이다. 실제로 많은 행동 방식뿐만 아니라 우리의 도덕적 규칙들의 기본 요소들도 진화 과정에서 우리에게 유전적으로 대물림되었다.

하지만 결정적으로 중요한 것은, 우리 뇌가 처음부터 주로 〈소질〉과 〈환경〉 사이의 활발한 상호작용을 통해 발달한다는 점이다. 뇌 발달 과정에서 우리의 유전적 소질은 환경과 활발하게 상호작용한다. 한 신경세포의 환경은 무수한 다른 신경세포들, 그것들이 방출하는 화학물질들, 아동의 호르몬들, 어머니의 호르몬들과 영양분, 외부 세계에서 유래한 화학물질들로 이루어진다. 우리의 산업사회는 이미 자궁 안에서부터 아동에게 장기적인 영향을 미친다. 예컨대 자동차와 공장이 내뿜는 미세먼지 속 화학물질들은 태반을 통과하여 태아의 뇌 발달에 영향을 미침으로써 아동이 자폐증에 걸릴 위험을 높인다. 감각 인상들은 이미 자궁 내 단계에서 뇌 발달에 영향을 미친다. 양수 속 마늘 성분은 훗날 아동의 미각에 영향을 미치고, 아기는 생후 몇 개월이 지나서도 임신 기간의 후반기에 들은 음악을 알아챈다.

유전-환경 상호작용은 예컨대 아동 뇌의 환경 요인들에 대한 민감성이 아동의 유전적 소질에 의존한다는 사실에서 확인된다. 임신 기간에 어머니가 흡연을 했고 아동이 유전적으로 도파민 수용체의 두 가지 변이체를 보유하고 있다면, 그 아동은 이 유전적 변이체들을 지니지 않은 아동보다 ADHD(주의력 결핍 과잉 행동 장애)에 걸릴 위험이 9배 높다.

임신부의 스트레스는 훗날 아동의 행동 문제와 기질(氣質) 문제, 자폐증, ADHD, 우울증, 불안증을 유발할 수 있다. 또한 임신 기간의 질병, 경제적 문제, 파트너의 폭력적 침해와 같은 스트레스를 일으키는 사건들도 장기적으로 아동 뇌의 발달에 영향을 미칠 수 있다. 한 연구는 7세 아동들의 뇌를 확산텐서영상법DTI(뇌 구조물들 사이의 연결을 가시화하는 기술)으로 살펴보았다. 연구자들은 임신 기간의 스트레스 유발 사건들과 아동에서 편도체와 앞이마엽 피질 간 연결의 구조적 변화 사이에 상관성이 있음을 발견했다. 그 변화 때문에 해당 아동은 스트레스와 불안을 다루는 방식이 여느 아동과 다르다.

이미 출생 시점부터 모든 아동의 뇌는 제각각 다르다. 그런 차이가 생기는 원인은 유전적 소질과 자궁 내 뇌 발달에 영향을 미치는 환경 요인들 사이의 상호작용과 개별 뇌 구역들의 국소적 자기조직화와 그 과정에서 중요한 역할을 하는 우연에 있다. 이 같은 뇌의 차이는 모든 사람이 제각각 다른 재능들과 제약들을 가지고 다르게 행동하고 환경에 다르게 반응하며 다른 조건에서 편안함을 느낀다는 것을 의미한다. 이것은 인간의 엄청난 개별적 다양성의 한 부분이다. 그 다양성은 진화 과정에서 항상 존재했으며 앞으로도 늘 존재할 것이다. 그러므로 불교가 예로부터 가르쳐 온 대로, 사람들 사이의 차이를 더 잘 받아들이는 것이 바람직하다.

4. 쌍둥이 연구

쌍둥이 연구들은 유전적 요인들이 뇌 발달에 얼마나 중요한지 보여 준다.

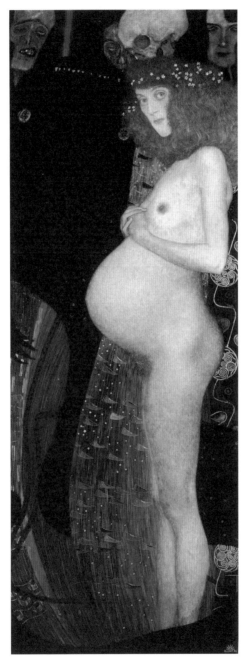

그림 1.4 구스타프 클림트, 「희망De verwachting1」(1903).

여러 연구들은 유전자를 100퍼센트 공유한 일란성 쌍둥이들과 50퍼센트 공유한 이란성 쌍둥이들을 비교했다. 그 결과, 유전적 요인이 성인기에 우리의 행복감에 미치는 영향은 40퍼센트, 지능지수에 미치는 영향은 80퍼센트 이상이라는 것이 밝혀졌다.

또한 쌍둥이 연구들은 유전에 의해 회색질(뇌세포들과 시냅스들)과 백색질(신경섬유 조직)의 양이 82에서 90퍼센트라는 압도적인 비중으로 결정됨을 보여 준다. 하지만 개별 뇌 구역들의 크기와 관련해서는 유전적 요인의 비중이 매우 들쭉날쭉하다. 그 비중은 최소 17퍼센트에서 최대 88퍼센트인 것으로 보인다.

쌍둥이 연구들에 따르면, 앞이마엽 피질의 두께는 80퍼센트 넘게 유전적으로 결정되지만, 마루엽 연합 영역들의 피질 두께는 80퍼센트 넘게 환경의 영향으로 결정된다.

이처럼 환경 영향의 강도는 뇌 구역에 따라서 심하게 가변적이다. 하지만 오늘날에는 쌍둥이 연구의 전제들에 대해서 몇 가지 반론을 제기할 수 있게 되었다. 오랫동안 사람들은 일란성 쌍둥이들이 유전적으로 동일하다고 여겼다. 하지만 네덜란드 쌍둥이 명부의 도움으로 진행된 연구들은 난자가 수정된 후 자궁 내에서도 유전적 분화가 일어날 수 있음을 보여 주었다.

우리의 뇌 구조와 행동이 오로지 유전적으로 결정되는 것은 전혀 아니다. 일란성 쌍둥이가 각자 고유한 성격을 지니는 것은 그들의 뇌의 차이 때문이다. 그 차이는 육안으로도 확인된다. 따라서 대뇌피질의 주름 패턴을 결정하는 뇌 발달은 이미 임신 기간에 비유전적 요인들의 영향을 강하게 받는 것이 틀림없다. 예컨대 자궁 안에서 쌍둥이 각각의 환경이 서로 다른 것, 국소적인 자기조직화 등이 그런 요인들이다. 국소적 자기조직화 과정에서 뇌세포들은 가장 좋은 연결들을 확보하기 위해 경쟁한다(2장 1 참

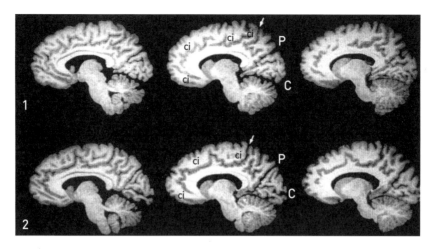

그림1.5 일란성 쌍둥이 한 쌍의 MRI 영상. P와 화살표 사이를 보면, 위 아동은 피질의 이랑이 3개인 반면, 아래 아동은 4개다(Steinmetz 등, 1994). 피질의 주름 패턴은 주로 임신 기간의 마지막 3개월에 발달한다. 그러므로 이 비유전적 차이의 원인은 그 시기에 작동한 것이 분명하다.

조). 출생 후에는 뇌의 구조적·기능적 차이의 발생에 학습도 한몫을 한다. 이 사실은 무엇보다도 음악가와 택시 운전사의 뇌가 직업에 적합하게 분화하는 것에서 드러난다(15장 2 참조).

두 명의 개인인 샴쌍둥이

모든 뇌 각각은 유일무이하다. 이 사실을 인상 깊게 보여 주는 실례로 미국 샴쌍둥이 애비 헨셀과 브리타니 헨셀이 있다. 그들은 동일한 유전적 소질을 지녔고 몸을 공유하고 살면서 처음부터 삶의 모든 순간을 똑같은 환경에서 보내며 똑같은 체험을 했다. 쌍둥이 각각이 한 팔과 한 다리를 가졌다. 자동차 운전을 배우기 위해서 그들은 긴밀히 협동해야 했다. 그들이 열여섯 살에 운전면허증을 따려 했을 때, 당국은 그들이 면허증을 두 개 따야 할지, 아니면 하나만 따도 될지를 놓고 고민했다. 그리고 뇌과학의 관점에서 옳은 결정을 내렸다. 그들은 두 개의 뇌를 가졌으므로 두 명의 개인이다. 따라서 그들은 면허증을 두 개 따야 했다. 그들의 삶을 보여 주는 주목할 만한 영화의 끝에서 그들은 이렇게 말한다. 「우리는 완전히 다른 두 명의 개인입니다.」 이란성 쌍둥이의 부모들도 생후 몇 개월 만에 벌써, 자식들이 겉모습은 서로 무척 닮았지만 각각 다르게 행동하고 성격이 다르다고 보고한다.

그림 1.6 샴쌍둥이 애비 헨셀과 브리타니 헨셀. 「우리는 전혀 다른 개인들이에요!」

2장
우리 뇌의 발달과 조직화

1. 자기조직화 시스템으로서의 뇌

> 모든 인간은 평등하게 창조되었다.
> — 주로 토머스 제퍼슨이 작성한 미국독립선언문(1776) 전문에서

이 유명한 문장이 넌지시 옹호하는 듯한 통념과 정반대로 모든 뇌는 제각 각 다르다. 그 이유 중 하나는, 뇌가 자기조직화 시스템처럼 발달하고 기능 하는 것에 있다. 자기조직화란 카오스적인 시스템 안에서 자발적으로 구조 들이 형성되는 것이라고 할 수 있다. 자기조직화는 복잡한 시스템들에서 일어나며, 자기조직화 원리들은 개밋둑anthill, 경제, 우주 등, 도처에서 관 찰된다. 심지어 자기조직화는 사람들의 집단이 하나의 통일체로서, 초유기 체로서 기능하기 시작하는 결과를 빚어낼 수도 있다(17장 1 참조).

자기조직화의 좋은 예로 찌르레기들의 집단행동이 있다. 처음에 찌르레 기들은 작은 집단들을 이뤄 먹이 활동 장소들로부터 단일한 모임 장소로 날아간다. 모임 장소에서 녀석들은 묘기 같은 비행 쇼의 장관을 연출하다 가 갑자기 요란하게 지저귀며 잠자리로 삼을 나무들로 흩어진다. 그 집단

비행에서 찌르레기들은 이웃들과의 간격을 일정하게 맞춰야 한다. 그뿐만 아니라 그 간격이 너무 좁아지지 않게 해서 집단이 반투명한 상태를 유지하도록 만들어야 한다. 이런 방식으로 찌르레기들은 이웃들에 의해 보호받으면서 또한 멀리 있는 맹금들을 감시할 수 있다. 이 집단 비행의 전제 조건은 매우 신속한 정보 처리 및 전달이다. 이 집단 비행이 자기조직화의 한 예로서 갖는 본질적인 특징 하나는, 목적에 맞게 특정 구조를 이룰 것을 무리에게 지시하는 지도자 새가 없다는 점이다.

경제에서도 자기조직화의 장점들이 잘 알려져 있다. 〈수평적 조직화를 늘리고, 수직적 조직화를 줄여라!〉라는 구호 아래, 직원들은 가급적 상부의 지시 없이 독립적으로 자신들의 작업을 조직화한다. 작업의 계획, 제어, 조율, 실행, 평가는 중심의 지도부에 의존하지 않고 직원 각자의 자발성에 기초를 둔다. 오늘날 일부 기업들은 경영자 없이 성공적으로 돌아간다. 책임을 국소적 영역에 위임하는 것은 훌륭한 선택이다. 하지만 수많은 국가에 수많은 지사를 둔 다국적 대기업은 중앙의 조율 작업을 필요로 한다. 하지만 그 작업은 커다란 전략적 결정들에 국한되는 것이 바람직하다. 우리 뇌는 벌써 수백만 년 전에 이 사실을 깨달았다.

우리 뇌는 오로지 유전 정보에 기초해서 발달하거나 어떤 단일한 뇌 구역의 통제에 기초해서 작동하기에는 너무 복잡하다. 우리 뇌는 복잡한 자기조직화 시스템처럼 발달하여 평생 내내 복잡한 자기조직화 시스템으로서 작동한다. 발달하는 뇌는 복잡한 연결망을 형성하면서 최선의 해법들을 가능한 한 국소적으로 실현하려 애쓴다. 뇌에서 발견되는 자기조직화의 주요 면모들은 아래와 같다.

• 뇌세포들의 연결망은 엄청나게 복잡하다.

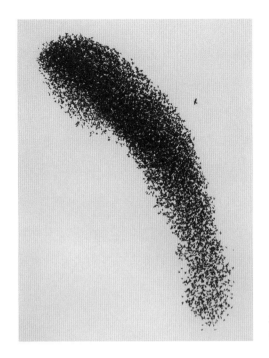

그림 2.1 찌르레기 떼. 자기조직화의
한 예다.

- 뇌의 개별 부분들 사이에서 대단히 빠른 통신이 가능하다.
- 경험의 결과로 국소적 연결망들에서 변화가 일어난다. 즉, 학습 과정이 일어난다.
- 최대한 많은 과정들이 하위 수준에 위임된다. 따라서 우리 뇌에서는 많은 것들이 국소적 수준에서 자동으로, 따라서 무의식적으로 제어되고 결정된다.
- 이 국소적 과정들을 늘 세부까지 이해하고 통제하는 중앙기관은 존재하지 않는다.

이 같은 국소적 조직화의 단점도 있다. 즉, 뇌는 개별 뇌 구역들에서 일어나는 일들과 그것들의 기능적 연관성을 늘 끊임없이 굽어보지 못한다. 그렇기 때문에 뇌는 개별 시스템들의 기능 장애를 알아채지 못할 수 있다. 예컨대 치매나 정신의학적 장애를 지닌 환자들은 흔히 자신의 병을 자각하지 못한다. 일부 환자들은 자신이 완전히 정상이라고, 혹은 문제의 원인이 자신에게 있지 않고 환경에 있다고 생각한다. 이런 사례를 일컬어 〈질병 실인증anosognosia〉이라고 한다.

반면에 뇌가 잘 작동하고, 많은 뇌 시스템들이 조율되어야 하는 새로운 상황이나 응급상황이 발생하면, 〈상위〉 뇌 시스템(예컨대 앞이마엽 피질)이 전략적 결정을 맡을 수 있다. 그러면 모든 시스템들이 하나의 목표, 곧 생존에 매진한다. 마치 모든 뉴런이 하나의 초유기체로 조직화하는 것과도 같다. 그런 상황이 종결되면, 다양한 기능들은 곧바로 다시 각각의 국소적 시스템들에 위임된다.

2. 최선의 연결을 놓고 벌이는 경쟁: 신경 다윈주의

> 함께 점화하는 세포들은 연결된다.
> — 도널드 헵(1949)

뇌세포들과 가능한 연결들의 개수가 상상을 초월할 정도로 많기 때문에, 뇌 발달에서는 자기조직화 원리들이 중요한 역할을 한다. 모든 각각의 뇌가 — 설령 유전적 소질이 일치하는 다른 뇌가 있다 하더라도 — 발달 과정에서 유일무이하게 되는 것은 그 원리들 덕분이다. 각각의 뉴런이 1,000개에서 10만 개의 다른 뉴런들과 시냅스를 통해 접촉함으로써 무수한 뉴런들의 연결망이 형성된다. 극도로 복잡한 이 연결망은 유전적으로 정확히 프로그램될 수 없다. 유전적 소질은 뇌 구조의 개략적인 특징들을 산출하고 국소적 자기조직화 과정들을 위한 원리들을 결정할 따름이다. 나머지

카할의 뇌과학 연구와 소묘

E로 표시된 것은 추상세포pyramidal cell(세포 본체가 원뿔 혹은 피라미드 모양인, 대뇌피질의 신경세포 — 옮긴이)이다. 그 세포의 본체 아래의 나무 모양 구조물은 가지돌기들이다. 가지돌기들은 수천 개의 다른 세포들에서 온 정보를 수용하고 처리한다. 가지돌기의 모든 끄트머리 각각에 시냅스가 있다. 본체 위쪽으로 신경섬유 하나가 끈처럼 곧장 뻗어나가는데, 그것이 축삭돌기다. 이 추상세포는 입력된 정보에 대한 자신의 판단을 그 축삭돌기를 통해서 다

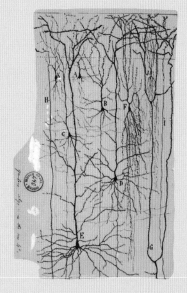

그림 2.2 인간 대뇌피질의 신경세포들. 산티아고 라몬 이 카할(1852~1934)의 그림.

시 수천 개의 다른 세포들로 전달한다. 이 그림에서 알 수 있듯이, 카할은 펜으로 소묘를 하고 흰색 물감으로 수정을 했다. 카할이 그린 원본들을 지금도 마드리드 소재 카할 연구소에서 볼 수 있다.

스페인 의사 겸 조직학자 카할은 뇌세포들의 구조와 연결을 현미경으로 관찰하고 탁월한 그림들을 그렸다.

카할 본인의 글에 따르면, 그는 이미 8세에 거역할 수 없는 그리기 욕구를 느꼈다. 그는 몰래 그림을 그렸다. 그의 부모는 그리기를 시간을 낭비하는 죄로 여겼기 때문이다. 학교에서 그는 선생의 캐리커처를 — 적어도 동료 학생들이 보기에는 — 매우 훌륭하게 그린 죄로 캄캄한 감옥에 갇히는 벌을 받았다. 카할의 아버지는 그를 1년 동안 구두장이의 도제로 보내기까

지 했다. 아들의 그리기 습관을 없애기 위해서였다. 결국 카할은 자신의 그리기 욕구와 뇌과학 연구를 천재적인 방식으로 결합하는 데 성공했다.

사진은 카할의 소묘들을 영원히 따라잡지 못한다. 왜냐하면 그 소묘들은 여러 해에 걸친 연구에서 얻은 파편들을 올바른 구조로 조립하여 완성한 작품이기 때문이다. 카할은 개량된 골지 염색법을 활용했다. 이 염색법은 1,000개의 뇌세포 가운데 단 하나를 염색하지만, 대신에 염색된 세포는 전체 모습이 온전히 가시화된다. 이 염색법은 이탈리아 의사 카밀로 골지(1843~1926)가 개발했다. 카할은 1906년에 골지와 함께 노벨 생리의학상을 받았다. 카할은 신경계가 독립적인 뉴런들로 이루어졌으며 뉴런들은 특화된 시냅스를 통해 서로 소통한다는 것을 입증했다. 골지는 이러한 카할의 깨달음을 죽을 때까지, 심지어 노벨상 수상 연설에서도 반박했다. 그는 신경계가 서로 소통하는 세포들로 이루어진 단일한 연결망이라고 여겼다. 하지만 뇌세포 각각이 독립적인 단위라는 카할의 견해가 옳다. 인간 뇌의 우수성은 특이하게도 축삭돌기가 짧은 신경세포들이 유난히 많다는 점에서 비롯된다는 결론에까지 카할은 이르렀다. 즉, 대뇌피질의 국소적 연결망들에서 인간 뇌의 우수성이 나온다고 결론지은 것이다.

세부 사항은 발달 과정에서 뇌세포들의 국소적 기능에 적합하게 보충된다.

발달 단계에서 지나치게 많은 세포들과 신경섬유들과 시냅스들이 형성된다. 이어서 그것들 사이에서 경쟁이 일어나고, 가장 잘 기능하는 연결들이 승자가 된다. 이 과정에서도 뇌세포들의 환경이 그것들의 발달에 중요한 역할을 한다. 처음에는 신경세포들의 연결망 안에서 국지적·자발적 전기 활동이 일어난다. 더 나중 단계에는 그 전기 활동이 우리 몸으로부터 오는 정보와 외부 세계로부터 감각기관들을 거쳐서 오는 정보에 의해서도 규정된다. 이를테면 척수를 거쳐서 오는 감각 지각들, 눈을 거치는 시각 정보들, 귀를 거치는 소리들이 뇌세포들의 전기 활동을 규정한다.

발달 단계에서 일어나는 전기 활동의 영향 아래, 다양한 뇌 구역들과 뇌세포들 사이에 정밀한 연결들이 형성된다. 밀접하게 연결된 세포들 사이의 시냅스는 강화된다. 한 세포의 전기 활동이 그 세포와 다른 세포의 접촉부인 시냅스에 도달하면, 시냅스에서 신호 물질이 방출되고, 그 신호 물질은 다른 세포에 영향을 미친다. 함께 점화하는 (즉, 함께 전기 활동을 하는) 세포들은 연결된다. 약한 연결은 차츰 소멸하며, 결국엔 연결에 참여했던 뇌세포들도 사멸한다. 이 같은 세포의 사멸은 뇌 발달에서 지극히 정상적인 과정이다. 요컨대 중요한 것은 최적자의 생존이다. 우리가 생산하는 뇌세포들은 결국 살아남는 뇌세포들보다 5배나 많다. 이렇게 최적의 뇌세포들이 살아남는 과정을 자연선택에 빗대어 사람들은 〈신경 다윈주의Neural Darwinism〉를 거론하기도 한다.

최적으로 기능하지 않는 연결들과 남아도는 연결들은 나중에 제거된다. 결국 우리 뇌 속에 남는 신경섬유의 총길이는 100만 킬로미터가 넘는다고 추정된다. 연결들이 엄청나게 많기 때문에 우연적인 연결들에서 비롯된 개인적 차이도 불가피하게 발생한다. 뇌 발달 과정에서 연결되는 뇌세포들의 집단은 처음엔 신호 물질을 활용하는 유전적 프로그램의 도움으로 대충 결속한다. 그다음에 그 뇌세포들 사이의 연결이 기능적 맥락 안에서 더 정밀하게 조정된다. 이런 방식으로 뇌세포들의 활동은 연결들의 형성에 영향을 미치고, 따라서 뇌의 발달에도 영향을 미친다. 서로 연결된 뇌 구조물들은 나중에 학습, 사고, 회상 과정에서 서로 협동한다.

하지만 이런 발달을 통해서 우리 뇌가 최종적으로 완성되는 것은 아니다. 경미한 손상이나 발달 장애는 흔히 복구된다. 그러나 복구가 어느 정도까지 가능한지는 장애의 정도와 환자의 나이에 달려 있다. 어린 뇌일수록 가소성이 더 크다. 미시적 규모에서의 가소성은 비교적 늦은 나이에도 여전히 유지된다.

3. 결정적 단계: 지금이 아니면 영영 불가능하다

출생 전과 후에 아동의 뇌가 유전적 소질과 신경 다윈주의에 기초하여 발달하는 동안 여러 뇌 시스템들이 형성된다. 이 과정의 한 예로 시각 시스템의 형성을 추적할 수 있다(7장 참조).

뇌의 내부, 뇌실 근처에서 발생하는 (나중에 시각을 담당할) 뉴런(뇌세포)들은 특정 세포 유형으로 발달하라는 유전적 지시를 받는다. 그러면 뉴런들은 마치 최전방 정찰대처럼 교세포들의 섬유를 따라 기어서 일차시각피질(V1)로 이동하여 그곳에서 분화한다. 세포는 과거에 뉴런을 돕는 조수로 여겨졌지만 뇌 발달과 신호 물질 전달에서 매우 능동적인 역할을 하는 것으로 보인다. 일차시각피질에서 분화한 뉴런들은 한 신호 물질의 도움으로, 시상(정확히 말하면, 가쪽 슬상핵Lateral geniculate nucleus)에서 뻗어 온 신경섬유들을 끌어당긴다. 그리하여 그 뉴런들은 눈에서 오는 정보를 수용하고 처리할 수 있게 된다.

정착하는 신경섬유들과 뉴런들 간 연결이 형성되는 과정에서, 시각 활동에 의해 발생하는 이 시스템(시각 시스템) 내부의 전기 활동은 전형적인 시각피질 구조의 성숙과 유지에 반드시 필요하다. 시각 시스템은 출생 직후의 매우 민감한 — 결정적 — 발달 단계에 〈보기를 학습해야 한다〉. 불투명한 수정체를 가지고 태어난 사람들(선천성 백내장 환자들)이 이 결정적 발달 단계 이후에 새 수정체를 이식받을 경우, 그들은 보기를 학습할 수 없다. 사시(斜視)가 있는 아동의 〈비뚤어진 눈〉이 결정적 발달 단계에 시각피질의 뇌세포들을 충분히 활동시키지 못하면, 나중에 시각피질은 그 비뚤어진 눈에서 오는 정보에 반응하지 않는다. 그렇기 때문에 사시 아동의 정상적인 눈을 한동안 가리는 처방이 활용된다. 이 처방은 비뚤어진 눈이 시각피질로 정보를 전달하도록 강제하는 효과를 낸다. 목적은 시각피질의 기능을 보존하는 것이다.

거꾸로 결정적 발달 단계에 형성된 연결들은 평생 동안 매우 안정적으로 유지된다. 정상적인 뇌 발달이 일어날 수 있는 기간인 결정적 발달 단계는 작은 뇌 구역들 — 또한 그런 구역 내부의 개별 뇌세포들 — 마다 각각 다르다. 우리의 성 정체성(남성 혹은 여성이라는 느낌)과 성적 취향에 중요하게 관여하는 뇌 구역들은 출생 전에 프로그램되며(3장 1 참조), 모어(母語) 학습을 담당하는 뇌 구역들과 시스템들은 출생 후에 프로그램된다(5장 2, 5장 3 참조).

4. 화학물질들과 뇌 발달: 기능 기형학

의학이 엄청나게 발전한 탓에, 건강한 사람이 사실상
없어졌다.

— 올더스 헉슬리

뇌 발달은 뇌세포들이 주고받는 화학적 신호들에 기초하여 일어난다. 따라서 태반을 통과하는 화학물질은 태아의 뇌 발달에 악영향을 미칠 수 있다. 출생 후에도 화학물질은 뇌 발달에 심각하게 개입할 수 있다. 화학물질이 성인 뇌에 미치는 영향과 달리, 발달 단계의 아동 뇌에서 화학물질은 뇌를 구성하는 요소들의 형성에 개입한다. 따라서 화학물질은 뇌의 구조에 영향을 미치고 훗날의 뇌 기능에 장기적인 영향을 미칠 수 있다. 예컨대 출생 당시에는 아동이 건강해 보이지만, 화학물질들이 뇌 발달에 미친 영향이 나중에 학습 및 행동 문제나 정신장애로 나타날 수 있다. 이런 사례들을 다루는 전문 분야를 일컬어 〈기능 기형학functional teratology〉 혹은 〈행동 기형학behavioral teratology〉이라고 한다.

고전적인 기형학은 개방성 척추갈림증Spina bifida aperta이나 대뇌의 결여(무뇌증)처럼 출생 당시에 곧바로 드러나는 선천성 기형들을 다룬다. 그런 기형학적 이상들은 임신 초기의 약물(예컨대 뇌전증 치료제) 섭취, 농업용 화학물질, 대기 오염과 관련이 있다고 여겨진다. 임신부가 수은을 함유한 물고기를 먹으면, 자식의 지능지수가 생후 22년이 지난 뒤에도 평균보다 낮아진다. 과거에 임신부가 하혈 증상을 보일 때 (하혈의 원인이 호르몬 부족에 있다는 근거 없는 전제 아래) 숱하게 처방하던 호르몬 제제 디에틸스틸베스트롤DES은 자식이 조현병, 우울증, 자살 충동 같은 정신장애에 걸릴 위험을 높이는 것으로 보인다. 기능 기형학은 출생 당시에 건강하게 보이지만 나중에 뇌 시스템들의 기능이 필요할 때 문제를 드러내는 아동들을 다룬다.

그런 문제들과 이상들은 예컨대 임신부가 알코올, 담배, 코카인 등의 의존성 약물을 소비하거나 의약품을 섭취하는 것에서 비롯된다. 임신부의 담배 소비는 자식의 혈액에서 후성유전학적 DNA 변화를 일으키며, 그 변화는 최소 17세까지 유지된다. 유감스럽게도 껌, 패치, 스프레이 등의 니코틴 대용품을 임신 중에 사용해도 자식이 ADHD에 걸릴 위험이 높아진다. 어린 나이에 어쩔 수 없이 여러 차례 수술을 받은 아동은 마취제가 뇌 발달을 저해할 수 있다. 따라서 아동에게 마취를 동반한 치과 치료를 자주 받게 하는, 최근에 확산되는 관행도 막을 필요가 있다.

일부 여성들은 — 예컨대 뇌전증 환자라면 — 임신 기간에 특정 의약품 없이 버텨낼 재간이 없다. 이런 경우에 의사는 아동의 뇌 발달을 가장 덜 저해하는 의약품을 선택하기 위해 노력해야 한다. 한편, 일부 의약품들, 예컨대 항우울제는 심한 우울증에 걸리지 않은 임신부에게도 너무 자주 처방된다. 가장 많이 처방되는 항우울제인 선택적 세로토닌 재흡수 억제제SSRI는 조산, 신생아 저체중, 아프가 점수Apgar score(신생아의 상태를 알려 주는 수치)의 하락을 유발하고, 자식이 자폐증에 걸릴 위험과 나중에 운동 기능 장애에 걸릴 위험을 높인다.

의사가 임신부에게 항우울제를 처방할 수밖에 없다면, 의약품 선택과 복용량 결정이 자궁 속 태아에게 결정적으로 중요하다. 리튬은 주로 양극성 우울증 환자에게 처방하는 기분 안정제이지만 임신한 정신병 환자에게도 투여할 수 있다. 그러나 혈청 리튬 수치가 너무 높아지면 태아에게 중독 증상이 일어날 수 있으므로 주의해야 한다. 태아의 장기들이 발달하는 동안에 임신부가 리튬을 섭취하면, 태아에게 심혈관계 이상이 발생할 위험이 높아진다. 따라서 초음파 검사를 통해 심혈관계 이상을 점검하는 것이 중요하다. 또한 리튬 섭취는 조산의 위험을 높인다.

하지만 임신부의 우울증을 방치하는 것도 아동에게 여러모로 위험하다. 이 경우에 흔히 아동은 대뇌피질이 평균보다 더 얇아지고 대뇌피질의 패턴이 우울증 환자와 일치하게 된다. 이것은 우울증 위험 상승의 초기 조짐이라고 할 수 있을 것이다. 더 나아가 이런 아동은 조산되거나 심한 저체중으로 태어날 가능성뿐 아니라 표출 행동(공격적, 호전적, 반항적, 오만한 행동)과 낮은 언어 지능을 나타낼 가능성도 높다. 이 모든 것을 잘 아는 의사라면 경미한 우울증에 걸린 임신부에게는 비약물 치료를 적용하는 것을 고려해야 마땅하다. 통제된 실험들(피험자들을 무작위로 실험군과 대조군으로 분류해 놓고 하는 실험들)에서 빛 치료, 침술, 인터넷 치료(원격 정신의학 치료), 경두개 자기 자극술의 효과가 입증된 바 있다(19장 1 참조).

오늘날 우리에게는 환경에서 유래한 화학물질들도 걱정거리다. 플라스틱을 부드럽게 만들기 위해 흔히 첨가하는 가소제(可塑劑) 프탈레이트는 7세 이하 아동의 지능지수를 확실히 낮추고 남아와 여아의 놀이 행동 차이를 줄인다. 이 효과가 아동의 향후 성적 취향과 성 정체성에 어떻게 작용하는지는 아직 연구되지 않았다. 일용품에 프탈레이트를 첨가하는 것에 대한 규제는 최근에 대폭 강화되었다. 임신부의 능동적 담배 소비뿐 아니라 파트너의 흡연에 따른 간접흡연도 아동의 ADHD 위험 등을 높인다. 납은 아동의 인지 발달에 해를 끼치는 것으로 보인다. 그래서 오늘날 휘발유에 첨가하는 내폭제antiknock에는 납 성분이 들어 있지 않다.

    DDT는 살충제로서는 금지되었지만 여전히 많은 곳에서 사용되며 통제 없이 대량으로 보관되어 있다. DDT는 아동 뇌의 성별 분화를 저해할 수 있다. 자동차와 공장에서 배출되는 미세먼지는 아동의 자폐증 위험을 높인다. 임신부가 방향성 용제나 포름알데히드 같은 대기 중 독성 물질에 노출되는 것도 아동의 자폐증 위험을 높인다. 수많은 여성들이 사용하는 경구 피임약의 작용 성분들은 오줌과 함께 다시 배출되기 때문에, 우리의 식수 속에는 성호르몬들이 아주 낮은 농도로 들어 있다. 그뿐만 아니라 일부 지역에서는 사용하고 남은 의약품들이 변기나 세면대에 버려진다. 이런 관행 때문에 아동의 뇌가 미량의 호르몬들과 의약품들에 장기간 노출될 때 뇌 발달에 어떤 문제가 생기는지는 아직 확실히 밝혀지지 않았다.

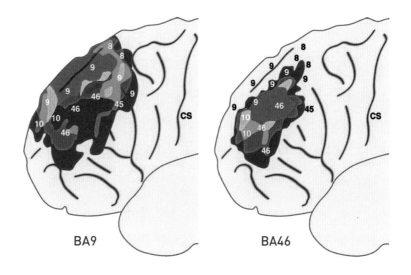

그림 2.3 피험자 5명의 브로드만 영역 9번과 46번의 미시적 가변성: 빨간색=5명이 겹친 구역; 오렌지색=4명이 겹친 구역; 녹색=3명; 파란색=2명; 보라색=1명 (BA9=브로드만 영역 9번, BA46=브로드만 영역 46번, CS=중심고랑)

기능 기형학적 효과에 대한 연구는 간단하지 않다. 왜냐하면 문제시되는 물질에 대한 민감성이 유전적 요인에 의해서도 달라지기 때문이다. 이 연관성 역시 아직 충분히 연구되지 않았다.

5. 감각 정보를 통한 대뇌피질의 분화

자궁 안에서 우리 뇌는 정보들에 의해 프로그램된다. 그 정보들은 외부 세계로부터 감각기관들을 통해, 또 몸으로부터 말초 자율신경계를 통해 뇌에 도달한다. 우리 몸의 모든 부위 각각이 뇌의 한 지점에 의해 대표된다. 그래서 뇌는 어느 신체 부위와 어느 감각기관으로부터 정보가 오는지 알 수 있다. 또한 뇌는 그 대표 지점을 통해 신체 기능을 통제한다. 요컨대 우리 뇌는 아주 작은 세부까지 〈신체화〉되어 있다.

뇌와 뇌 구역들의 구조는 나이, 민족, 성별에 따라 다르며, 이 조건들이 같은 집단 내부에서도 개인마다 차이가 크다. 뇌 구조 중에서도 대뇌피질 주름 패턴들은 현저한 차이를 나타내며, 대뇌피질 구역들의 크기는 뇌마다 약 40퍼센트의 가변성을 나타낸다. 이 가변성은 중대한 귀결들을 가진다. 왜냐하면 뇌 구역들 사이의 미시적 경계는 그것들의 기능적 전문화를 결정하기 때문이다.

뇌 구역들의 개인적 가변성 때문에 뇌 스캔 결과를 해석하는 연구자는 몇 가지 난점에 직면한다. 환자의 MRI 영상을 관찰한 뇌과학자가 환자 대뇌피질의 어느 위치에서 특정한 기능적 변화를 포착했는지 기록하고자 할 때, 그는 브로드만이 붙인 번호들이 매겨진 〈표준 뇌〉를 기준으로 그 위치를 기록한다. 코르비니안 브로드만은 1909년에 단 한 사람의 뇌를 현미경으로 관찰하고 대뇌피질 영역 52개를 확정했다. 그 뇌 영역들 중 일부는 특정 뇌 기능과 상응한다는 것이 밝혀졌다. 그러나 당시에도 다수의 뇌를 현미경으로 관찰하는 연구들 덕분에 브로드만 영역들의 크기와 위치가 개별 대뇌피질마다 크게 다르다는 점을 입증할 수 있었다. 브로드만 영역들 사이의 경계는 뇌 스캔으로는 식별되지 않고 오직 현미경으로만 식별된다. 그렇기 때문에 연구자는 기능적 뇌 스캔을 통해 피질의 어느 영역에서 변화가 일어나는지 말할 수 있기는 하지만, 이런 방식으로는 확실한 판정에 이를 수 없다.

대뇌피질은 발달 과정에서 여러 전문화된 구역들로 분화하며, 그 구역들 각각은 특정 유형의 정보를 처리하고 저장한다. 이 분화는 한편으로 유전적 소질의 영향을 받고, 다른 한편으로 뇌 발달 과정의 영향을 받는데, 이 과정에서 다양한 감각기관들에서 유래한 정보들이 대뇌피질에 도달하여 대뇌피질 구역들의 기능과 구조를 결정한다. 이 같은 복잡한 발달 과정은

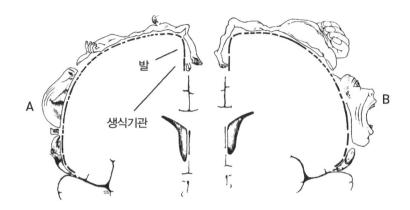

그림 2.4 주로 와일더 펜필드의 연구에 기초를 둔 이 〈호문쿨루스〉 그림은 체감각 피질(A, 왼쪽)과 운동피질(B, 오른쪽)에서 신체 부위들이 어떻게 대표되는지 보여 준다. 발달 과정에서 특정 신체 부위에 할당되는 피질 구역의 크기는 그 신체 부위의 민감성에 상응하거나(왼쪽) 그 신체 부위의 운동 기능의 세분화 정도(오른쪽)에 상응한다. 그림에서 보듯이, 생식기관의 감각을 담당하는 구역은 발의 감각을 담당하는 구역 바로 아래에 있다. 입술의 감각을 담당하는 구역이 거대하다는 점도 눈에 띈다(왼쪽).

모든 사람 각각에서 뚜렷이 다른 결과를 산출한다(그림 2.3 참조). 이런 식으로 우리의 가능성과 재능뿐 아니라 한계도 확정된다.

특정 기능을 담당하는 개별 영역 내부에서도 세부적인 전문화가 일어난다. 예컨대 감각피질 내부에서는 피부 구역 각각에 대응하여 그 구역에서 온 정보를 처리하는 피질 구역이 분화된다. 가장 많은 정보를 제공하는 피부 구역은 가장 큰 피질 구역과 짝을 이룬다. 입술, 혀, 손은 예컨대 등보다 훨씬 더 민감하므로, 대뇌피질과 신체 구역들 간 대응을 그림으로 표현하면 신체 비율이 기괴하게 왜곡된다. 캐리커처를 연상시키는 그 그림을 일컬어 〈호문쿨루스Homunculus〉라고 한다. 신경 손상이나 신체 부위 절단으로 특정 피질 영역에 정보가 도달하지 않게 되면, 제 기능을 잃은 그 피질의 일부는 인접 영역들에 합병된다(20장 4 참조).

그런 형태의 대뇌피질 가소성은 특히 뇌 발달 단계에 뚜렷이 나타나는데, 이를 인상적으로 보여 주는 사례들이 있다. 어린 나이에 실명한 사람들의 시각피질은 촉각, 청각, 후각 정보의 처리에 쓰인다. 그들은 계산할 때도 시각피질을 추가로 사용한다. 따라서 맹인들이 대상을 촉각으로 알아내려 애쓸 때는 그들의 시각피질이 활성화된다. 선천성 맹인은 후각 시스템의 활동도 더 강해진다. 비장애인과 달리 농인이 대상을 볼 때는 청각피질에서 비교적 강한 반응이 일어난다. 농인이 독순법(입술의 움직임을 보고 말을 알아내는 방법 ― 옮긴이)을 실행하거나 수화를 할 때에도 청각피질이 활성화된다. 한 팔이나 다리를 절단하고 나면, 그 부위의 감각 정보를 처리하던 대뇌피질 구역 중 일부는 인접 구역들에 합병된다. 팔이 절단된 환자의 얼굴을 누가 쓰다듬으면, 환자는 그가 자신의 절단된 손을 쓰다듬는다고 느낀다. 운동피질도 이런 형태의 가소성을 지녔다.

옛날 중국에서 어린 여성의 발을 싸매 성장을 막는 악습이 그토록 오래 유지된 것도 어쩌면 대뇌피질의 가소성을 통해 설명할 수 있을 것이다. 사람들은 여섯 살 소녀의 발뼈를 부러뜨린 다음에 점점 더 단단히 싸매서 발이 최대한 작은 크기로 머물게 만들었다. 그렇게 〈전족(纏足)〉을 하면 나중에 처녀가 좋은 혼처를 구할 확률이 대폭 높아졌다. 체감각 피질의 생식기관 담당 구역과 운동피질의 골반저근pelvic floor muscle 담당 구역은 발 담당 구역들과 인접해 있다(그림 2.4 참조).

전족을 하면 대뇌피질에서 발의 감각과 운동을 담당하는 구역들이 인위적으로 작은 크기를 유지할 수 있을 테고, 그러면 그 인근의 생식기관 담당 구역과 골반저근 담당 구역이 최대한 확장되면서 더 민감해지거나 강해질지도 모른다. 역사 문헌들에 따르면, 발이 작은 여성의 질과 골반이 실제로 더 민감하고 근육이 많아서 섹스 파트너로 더 좋다고 한다.

미국 신경학자 라마찬드란은 아랫다리를 절단한 남녀 한 쌍이 섹스 중에

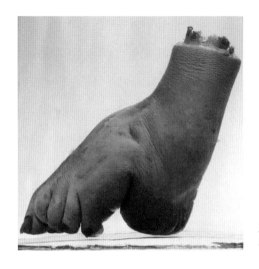

그림 2.5 전족. 헝겊으로 동여매 변형된
중국 여성의 발.

생식기관뿐 아니라 절단된 발에서도 감각을 느끼면서 절단 전보다 오르가
슴이 더 강해진 사례를 서술한다. 이 사례는 중국 전족 풍습의 효과들에 대
한 위 추측들에 힘을 실어 준다.

대뇌피질의 발달 과정에서 개별 구역들의 분화에 관한 원리와 세부 사항들
을 과학적 실험을 통해 알아낼 수 있다. 예컨대 시각피질의 발달에서는, 시
각 시스템의 모든 부분 — 눈의 망막부터 최초 스위치 시스템인 시상을 거
쳐 시각피질까지 — 에서 자발적으로 일어나는 전기 활동이 중요한 역할을
한다. 일차시각피질(V1)의 기본 구조와 기능은 눈에서 오는 정보가 없더
라도, 심지어 아예 눈이 없더라도 발달한다. 하지만 시각피질 구조의 완전
한 성숙과 유지를 위해서는 시각 정보가 필수적이다. 이 정보가 없으면, 시
각피질의 구조는 쪼그라들기 시작한다.

　다른 대뇌피질 부위들은 특화된 감각 정보를 제공하는 신경섬유가 뻗어
와 정착하는 것에 훨씬 더 강하게 의존하는 듯하다. 실험동물에서 시각 정
보를 청각피질로 전달하면, 거기에서 시각피질 구조가 형성된다. 비록 그

구조는 일차시각피질의 구조보다 조직화의 질이 떨어지지만 말이다. 설치동물에게서는 모든 수염 한 가닥 한 가닥에 상응하는 감각피질 구역들을 지목할 수 있다. 쥐 태아의 시각피질을 체감각 피질에 이식하면, 그 이식 부위에서 수염에 상응하는 부위에 전형적인 뇌 구조가 발생한다. 요컨대 대뇌피질의 구조는 감각 정보의 영향 아래 발달한다. 거꾸로 선천성 청각장애를 지닌 생쥐는 시각 시스템과 체감각 시스템이 청각피질의 기능을 넘겨받으며, 시각피질이 확대된다(Hunt 등, 2006).

체감각 피질 앞쪽에 위치한 운동피질에서도 뇌 발달의 와중에 일종의 구역 지도가 생겨난다. 그 지도의 구역들은 개별 근육들을 통제한다. 우리의 신체 기능들을 자동으로 조절하는 시상하부에서는 뇌 발달의 와중에 자율신경계, 심장, 폐, 간, 신장, 비장, 생식기관을 통제하고 이것들에서 유래한 정보를 수집하는 세포들이 분화한다. 심지어 피하지방이나 복강 내 지방의 형성과 분해를 결정하는 세포들도 시상하부에서 분화한다.

이처럼 우리 몸은 유전 프로그램들을 통해, 또 환경과 우리의 장기로부터 유래하여 감각을 통해 포착되는 정보들을 통해 아주 미세한 세부까지 뇌에서 대표된다. 대뇌피질에 정보를 공급하는 시스템들의 전기 활동, 그리고 그 정보가 특정한 결정적 발달 단계에서 대뇌피질의 특정 부위에 도달하는 것은 우리의 나머지 평생 동안 모든 뇌 시스템 각각이 제대로 기능하기 위해 결정적으로 중요하다.

3장
뇌 발달과 환경

1. 뇌의 성(性)별 분화

> 자연은 다양성을 사랑한다. 안타깝게도 사회는 다양성을
> 혐오한다.
> — 밀턴 다이아몬드

뇌와 행동의 성별 차이는 지금도 여전히 뜨거운 논쟁거리다. 1960년대와 1970년대의 여성주의는 모든 행동상의 성별 차이는 오로지 억압적 남성중심사회의 산물이라고 여겼다. 오늘날에도 일부 여성주의자는 뇌와 행동의 성별 분화가 존재한다는 점을 단적으로 부정한다. 심리학자 코델리아 파인은 저서 『젠더, 만들어진 성*Delusions of Gender*』(2011)에서 뇌에 선천적인 성별 차이가 존재한다는 생각을 〈신경섹시즘neurosexism〉으로 칭한다(그러면서 〈슈밥Schwaab〉 교수를 거론한다).

그러나 생물학이 이제껏 수집한 풍부한 실험 및 임상 데이터는 임신 기간의 후반기에 Y염색체와 남성호르몬 테스토스테론이 남아의 뇌 발달에 프로그래밍에 준하는 영향을 미친다는 것을 보여 준다. 이미 그 단계에서

남아와 여아의 뇌는 분자 수준에서 구별된다. 많은 뇌 구조물들과 행동 양식들에서 남성 집단과 여성 집단이 각각의 성에 특유한 차이를 보인다는 것은 양질의 기록들이 증언하는 바다. 하지만 다음을 유의해야 한다. 모든 개인 각각의 뇌 혹은 행동이 단적으로 남성적이거나 단적으로 여성적이지는 않다. 오히려 각 개인은 다소 남성적인 특징들과 다소 여성적인 특징들로 구성된 유일무이한 모자이크를 보유하고 있다. 요컨대 개인 안에서도 뇌 시스템들의 성별 분화가 상당히 큰 폭으로 일어난다.

뇌 발달에 개입하는 혈류 속 호르몬들이 뇌의 성별 분화에 결정적 영향을 미치는 것은 사실이지만, 그 영향의 크기는 — 호르몬 신호를 수용하는 단백질(수용체)의 존재 여부에 따라 — 국소적으로 달라서 행동 양식마다 또 뇌 구조물마다 심한 차이를 보인다. 예컨대 우리의 성 정체성(자신이 남성 혹은 여성이라는 느낌), 그리고 성 정체성과 상관없는 성적 취향은 출생 전에 이미 우리의 뇌 구조 안에 확정된다.

존-조앤-존에 관한 슬픈 이야기는 이미 자궁 내에서 테스토스테론이 우리 뇌를 프로그램하는 영향력이 얼마나 강하고 장기적인지를 생생하게 보여 준다(나는 이 사례를 『우리는 우리 뇌다』 4장 1에서도 언급한 바 있다). 존은 생후 9개월에 캐나다에서 수술을 받았다. 귀두를 덮은 포피의 구멍이 너무 좁아서 소변 배설이 어렵고 장기적으로 신장이 손상되기 때문이었다. 그런데 불운하게도 수술 과정에서 출혈을 막기 위해 작은 혈관 하나를 처치하다가 페니스 전체를 태워 버리는 사고가 발생했다. 그리하여 사람들은 존을 여자아이로 만들기로 결정했다. 존은 페니스와 고환을 절제하는 수술을 받았고 여자 옷을 입었다. 존이 여자아이의 장난감을 선물 받고 불쾌해하자, 심리 상담까지 해주었다. 사춘기에는 여성호르몬(에스트로겐)을 주입받았다. 그러나 이 모든 조치로도 존의 성 정체성을 바꿀 수 없었다. 성인이 된 후에 그는 결국 다시 남성으로 돌아가기 위해 수술을 받았다. 어떤 조

그림 3.1 주로 아들을 낳기를 바라는 사람들이 관음보살에게 기도한다. 아들이 태어나면, 사람들은 관음보살상 앞에 아들을 놓고 사진을 찍는다. 관음보살은 사람들을 위험에서 구한다. 또한 관음보살은 자비와 위로의 여신이기도 하다. 이 여신은 내가 아는 가장 느린 성전환의 사례다. 관음보살이 기원후 100년경에 인도 바깥으로 나올 때만 해도, 그 여신은 아직 남신이었다. 하지만 500년의 세월을 거치면서 관음보살상은 점점 더 여성적 면모를 띠게 되었다. 결국 관음보살은 기원후 700년경에 여성으로서 한국과 일본에 도달한다. 따지고 보면 관음보살의 성전환은 놀라운 일이 아니다. 왜냐하면 『법화경(묘법연화경)』에 따르면, 관음보살의 몸은 중생의 고통을 줄이기 위해 필요하다면 어떤 모습으로도 띨 수 있으니까 말이다. 중생의 고통을 경감하는 관음보살에게 성별은 걸림돌이 아니다.

치를 취하더라도 아동의 성 정체성을 출생 후에 바꿀 수는 없다. 왜냐하면 성 정체성은 뇌의 구조 안에 확정되어 있기 때문이다. 외적으로 보이는 성별과 자신이 남성 혹은 여성이라는 느낌(성 정체성)이 불일치하는 트랜스젠더의 경우도 마찬가지다. 트랜스젠더들에게도 성 정체성은 뇌 구조에 불변적으로 뿌리내려 있다.

우리의 성적 취향도 출생 전에 우리의 뇌 구조 안에 장기적으로 확정된다. 8번 염색체에 위치한 유전자들과 Xq28(X염색체의 _끄_트머리 구간이며 남성 동성애 성향과 관련이 있을 가능성이 있다 — 옮긴이)뿐 아니라 임신 중의 강한 스트레스나 화학물질과 같은 환경 요인들도 그 기간에 이루어지는 아동의 성적 취향 결정에 영향을 미칠 수 있다.

사람들은 동성애 남성들을 이성애자로 변화시키기 위해 생각해 볼 수 있는 모든 조치를 ─ 헛되이 ─ 시도했다. 호르몬 처방, 거세, 고환 이식뿐 아니라 심리학적 처방, 신경학적 처방, 정신의학적 처방 등 효과가 입증된 사례가 단 한 건도 없다. 출생 후 사회적 환경은 우리의 성적 취향에 어떤 영향도 미치지 못하는 듯하다.

이 사안에서만큼은 자식들이 부모를 모범으로 따르지도 않는다. 여성 동성애자 쌍이나 남성 동성애자 쌍이 입양한 아동이 동성애자가 될 확률은 이성애자 부부가 양육한 아동이 동성애자가 될 확률보다 더 높지 않다. 요컨대 부모의 성적 취향은 자식의 성적 취향에 전혀 영향을 미치지 않는다. 동성애자 쌍의 입양아는 다른 측면들에서도 훌륭하게 발달한다. 동성애자 쌍의 입양아들과 이성애자 쌍의 입양아들을 비교한 한 연구를 보면, 전자에 대한 조사 결과가 오히려 더 낫다는 것이 양자의 유일한 심리학적 차이였다. 이것 역시 놀라운 일이 아니다. 왜냐하면 동성애자 쌍은 자녀 입양의 동기가 틀림없이 강할 테니까 말이다. 따라서 동성애자 쌍의 아동 양육은 아동에게 해가 된다는 염려는 과학적 근거가 없다. 마찬가지로 동성애가 생활 양식의 선택이라거나 사회적 학습의 결과라는 주장도 증명된 바 없다. 동성애는 전염성이 있으므로 아동을 동성애에 노출시키지 말아야 한다고 규정하는 러시아의 법률 역시 과학적 근거가 전혀 없다.

동성애 혐오

> 「나는 네가 끔찍해. 네가 아예 태어나지 않았더라면
> 좋았을 텐데.」
> ─ 올리버 색스가 동성애자라는 것을 그의 아버지로부터 들었을 때
> 어머니가 한 말(올리버 색스『고맙습니다 *Gratitude*』, 2015)

동성 결혼을 인정하는 국가들과 미국의 주들이 차츰 늘어난다는 사실은 세계가 올바른 방향으로 나아간다는 인상을 줄 만하다. 그러나 안타깝게도 현재 많은 곳에서는 동성애에 대한 관용이 줄어들고 있다.

- 인도 대법원은 2013년에 동성애 자유화를 위한 심판 청구를 단박에 기각했다. 현재 인도에서 유효한 관련법은 영국 식민지 시대인 1890년에 제정된 것이다. 그 법에 따르면 동성 간 성교는 최대 10년의 징역에 처할 수 있는 범죄다.
- 나의 저서『우리는 우리 뇌다』의 영어판이 나온 뒤에 나는 동성애는 자유로운 결정의 문제라는 생각이 영국에 여전히 얼마나 만연한지, 또 사람들이 동성애의 생물학적 토대가 존재한다는 것을 얼마나 강하게 부인하는지 알고 깜짝 놀랐다.
- 몇 년 전 기독교 원리주의자인 미국인 도덕수호자 세 명은 우간다 정치인들을 설득하여 동성애 옹호 운동을 세계에서 〈가장 위험한 정치 운동〉으로 여기게 만들었다. 그 미국인 복음주의자들은 (어쩌면 본인들의 경험에서 얻은 성보일지도 모르겠는데) 백인 동성애자들이 특히 흑인 10대 소년들을 좋아한다고 알려 주었고, 이를 계기로 2009년에 우간다에서 반호모법이 제정되었다. 모리타니아와 수단에서 동성애에 대한 처벌은 사형이며, 아프리카 국가들의 대다수는 동성애를 징역형으로 다스린다.
- 이슬람 국가IS는 2015년에 신선한 만행으로 유명해졌다. 검거된 동성애자들을 매우 진지하게 고층 건물 위에서 떨어뜨린 것이다.
- 2015년에 슬로베니아 국민의 63퍼센트는 동성 결혼을 허용하는 법안에 반대했다.

일부 사람들은 오늘날 네덜란드에서는 동성애가 보편적으로 수용된다고 믿는다. 하지만 그것은 큰 착각이다. 나는 하더비크Harderwijk에서 한 교회의 초대로 〈콘트라리오ContrariO〉라는 단체의 사람들을 앞에 두고 강연한 적이 있다. 그들은 지금도 여전히 자신들의 동성애 성향과 자신들이 받은 정통 개신교 교육 사이의 모순 때문에 괴로워한다. 내가 아는 한에서는, 출생 전에 프로그램된 여러분의 성적 취향을 떨쳐 내는 것보다는 동성애가 생후에 뇌에 프로그램된다는 믿음을 떨쳐 내는 편이 틀림없이 더 쉬울 것이라고 나는 말했다. 동성애자인데 이성애자로 사는 사람보다 그 믿음을 떨쳐 내고 동성애자로 사는 사람이 훨씬 더 많다면서 말이다. 우리는 이 문제를 놓고 훌륭한 토론을 했다.

벨뤼베Veluwe 지역(네덜란드 중심의 숲이 많은 지역—옮긴이)에서는 지금도 동성애 〈치료〉가 시도된다. 적어도 그 치료에 대한 건강보험의 지원은 이제 끊겼지만 말이다. 2012년에 네덜란드 건강보험은 일간지『트로우*Trouw*』에 공고를 내서, 남녀 동성애자에게 자신의 성적 감정을 억누르는 법을 가르친다는 이른바 〈기독교 동성애 치료〉를 특히 면밀하게 심사하겠다고 밝혔다. 그런 치료가 청소년 트라우마 치료와 같은 확실한 의료 사안과 묶여서 전면적인 보험 지원을 받는 것은 받아들일 수 없다는 것이 건강보험 측의 입장이었다. 또한 네덜란드 건강보험은, 드물지 않게 정통 기독교 단체들이 제공하는 그런 치료법들을 의료 당국이 철저히 조사해야 한다는 견해를 밝혔다.

〈관심을 두고 참여하는〉 언론으로 자처하는『레포르마토리시 다그블라트*Reformatorisch Dagblad*』(〈개혁적 일간지〉를 뜻함 — 옮긴이)는 얀 파울 슈텐과 내가 함께 쓴 어린이책『너는 너의 뇌야』를 〈아동의 뇌에 관한 수상쩍은 책〉으로 묘사한다.

〈스왑은 여전히 시상하부에 이른바《동성애엽》이 존재한다는 주장을 굽히지 않고 있다……〉라고 그 신문은 경고한다. 네덜란드 중앙계획청의

2014년 보고에 따르면, 네덜란드 사람들에게서는 동성애 수용과 종교적 성향이 뚜렷한 상관성을 보인다. 무신론자와 가톨릭교도의 95퍼센트는 동성애자들이 스스로 원하는 대로 살 수 있어야 한다는 견해를 밝혔다. 그러나 무슬림의 53퍼센트와 정통 개신교 신자의 58퍼센트는 여전히 동성애를 배척했다. 정통파 신앙인일수록 동성애를 덜 수용하는 것으로 보인다. 요컨대 네덜란드도 아직 갈 길이 멀다.

그러나 우리는 동성애 수용이 적어도 일부 네덜란드 시민에게는 상당히 새로운 일이라는 점을 간과하지 말아야 한다. 100년 전 암스테르담에서는 여성 두 명이 함께 춤추면 주위 사람들이 반감을 품었다. 작가 제라드 리브는 1963년에 H. A. 곰페르츠가 진행하는 텔레비전 프로그램 〈문학적 만남〉에서 처음으로 자신의 동성애를 공개했다. 1964년에 네덜란드 디자이너, 일명 〈예술 교황〉, 문화오락센터Cultuur en Ontspannings Centrum, COC — 여성 동성애자, 남성 동성애자, 양성애자, 트랜스젠더의 권리를 옹호하는 가장 중요한 조직 — 대표 벤노 프렘셀라는 텔레비전 프로그램 〈뉴스 다음〉에 출연하여 자신의 동성애에 대해서 발언하는 용기를 냈다. 곧이어 그 프로그램은 남성 동성애자 한 쌍과 여성 동성애자 한 쌍의 인터뷰를 내보냈는데, 그들은 뒷모습으로 촬영되었다. 이 사실은 50년 전만 해도 네덜란드에서 동성애가 얼마나 까다로운 주제였는지 또렷이 보여 준다. 여담인데, 그 동성애자들은 동성애 쌍이 자녀를 갖는 것에 반대한다고 발언했다.

어쩌면 우리는 여전히 힘겨운 걸음으로 반세기를 따라잡아야 하는 신앙인들에 대해서 조금 더 인내심을 가져야 할 것이다. 내가 15년 전 중국에서 일하기 시작했을 때, 그곳의 젊은 남녀는 길거리에서 손을 잡고 다니면 안 되었다. 오늘날 항저우 저장 대학교 캠퍼스에서 연인들은 부끄러움 없이 서로를 끌어안고 쓰다듬는다. 2012년에 〈뇌의 성별 분화〉에 관한 강연을 열었을 때, 청중 속에는 무지개 깃발을 흔드는 젊은 남성들이 있었다. 그들

은 항저우 남성 동성애자 단체 소속이었다! 그들은 나에게 〈명예 동성애
자〉로서 그들의 깃발에 사인해 달라고 부탁했다.

2014년에 나는 중국의 어느 국내선 비행기 안에서 『차이나 데일리*China
Daily*』 신문을 읽었다. 중국 정부를 대변한다고 여겨지는 신문인데도, 상하

그림 3.2 이삭 이스라엘스, 「무도장에서In het danshuis」(1893). 이스라엘스는 암스테르담 프린센그
라흐트 거리에서 태어났다. 그의 작품들은 세기말 암스테르담의 모습을 인상 깊게 보여 준다. 그의
작품들이 묘사하는 것은 길거리의 일상, 노는 아이들, 윙윙거리는 팽이, 노동자, 상점 여종업원, 춤
추는 사람들, 극장과 카페. 이스라엘스가 1893년에 위 회화를 전시했을 때, 큰 소란이 벌어졌다.
서로 끌어안고 춤추는 두 명의 여성을 그린 작품이었기 때문이다. 게다가 작품의 배경은 암스테르
담의 중심가 제디크Zeedijk에 위치한 무도장이었다. 〈네이메헌의〉에서 활동하는 한 언론인은, 그
작품이 〈더 조촐한 위치에〉 — 이를테면 훨씬 더 위쪽에 — 걸렸더라면 더 좋았을 것이라고 썼다.
이 회화가 암스테르담에서 전시되었을 때, 그 언론인은 이스라엘스의 화풍이 그의 아버지의 화풍
과 결별한 것은 큰 손해라고 썼다. 하지만 긍정적인 목소리들도 있었다. 〈제디크에서 춤추는 여성
들을 굳세고 각진 어깨와 남성의 팔로 끌어안기가 거의 불가능할 만큼 굵은 허리로 묘사한 것은 매
우 적절하다. (······) 작품의 품격은 색채의 화려함에 숨어 있다. 색들이 절묘한 대비를 이루면서 스
페인 거장들의 풍부한 색감을 연상시킨다.〉 1906년에 이 회화는 암스테르담 현대미술 공공수집협
회VVHK에 대여 가능 작품으로 제안되었다. 그러나 그 협회는 브라이트너George Hendrik Breitner의
회화 「비와 바람Regen en Wind」과 마찬가지로 이 작품의 대여도 거절했다. 그리 진보적인 선택은
아니었다.

이에서 열린 동성애 축제에 관한 기사가 사진들과 함께 한 면 전체를 차지하고 있었다. 같은 해 좀 더 나중에는 애플의 최고경영자 팀 쿡이 자신의 동성애를 공개했다는 소식을 중립적으로 전하는 기사가 같은 신문의 일면에 실렸다. 그 기사는 중국 내에서 격렬한 온라인 논쟁을 유발했다. 내가 항저우에서 가르치는 학생들은 이 〈뉴스〉 앞에서 어깨를 으쓱할 따름이었다. 〈뭐 대단한 일도 아니잖아요〉라고 그들은 말했다. 쿡이 모범을 보이려 한 것은 좋았다고, 하지만 그들이 보기에 이 주제에 대해서는 필요한 발언이 이미 다 나왔다는 것이 중론이었다.

결혼을 원하는 중국인 동성애자 쌍은 대개 캘리포니아로 가서 뜻을 이룬다. 미국 전역에서 동성 결혼을 가능케 한 2015년 미국 대법원 결정은 의외로 중국에서 공개적이며 광범위한 인터넷 논쟁을 일으켰다. 중국에서도 동성 결혼을 가능케 하자는 성명에 700만 명이 지지를 표명했다. 중국에서 동성애에 대한 수용적 태도는 급속히 확산되는 중이다. 적어도 대학가에서는 그러하다. 그러나 시골에서 동성애는 여전히 금기다.

러시아 방문기

2013년 12월 나의 저서 『우리는 우리 뇌다』 러시아판이 나왔을 때 나는 모스크바에서 열린 전문서적 박람회에 초대받았다. 우리가 도착한 날 저녁에 나와 아내는 네덜란드 대사관의 영접을 받았다. 그때 대사관의 한 직원이 아내 곁에 붙어서 동성애라는 주제가 얼마나 위험한지 설명했다. 얼마 전에 한 동료가 그 문제로 괴롭힘을 당했다고 했다. 요컨대 당신의 남편이 저서를 소개할 때 이 위험을 숙지하고 동성애를 언급하지 않는 편이 좋겠다는 점을 나의 아내에게 명확히 전달한 것이었다. 나의 아내는 몹시 언짢아했다. 푸틴 대통령은 2014년 소치 동계 올림픽에 동성애자들이 참가하는 것을 자신은 전혀 반대하지 않지만 〈제발 그들이 우리 아이들을 가만히 놔둬야 한다〉는 말로 러시아의 사고방식을 표현한 바 있다. 이런 태도는 동성애와 소아 성애를 한 묶음으로 거론하는 러시아의 터무니없는 선전금지법에서도 드러난다.

나는 라디오 인터뷰들, 책 박람회 관객과의 토론들, 텔레비전 인터뷰 한 번, 그리고 내 책을 읽는 강독회에서 당연히 그런 분위기에 아랑곳하지 않았다. 강독회 직전 파워포인트를 준비하고 있을 때 사회자가 근심 어린 표정으로 내게 다가와 청중 속에 성서를 지참하고 온 분들이 있다고 전했다. 그러나 내가 동성애를 언급했음에도 토론은 원활하게 진행되었다. 내 책은 곧바로 ─ 박람회 첫날에 ─ 다 팔렸고, 출판사는 상트페테르부르크에 보관된 재고를 그날 밤에 모스크바로 옮겨 다음 날에 서점에 깔았다.

2014년 5월에 나는 다시 한번 초대를 받아 러시아에 갔다. 이번에는 상트페테르부르크에서 열린 의학 학회에 참석하기 위해서였고, 그 학회에서 나는 러시아 과학아카데미 회원증과 나의 연구를 인정하여 수여하는 예쁜 메달을 받았다. 물론 이것은 나의 저서와 무관한 일이었지만, 그 사이에 그

책은 새 판을 찍었고, 러시아 출판사는 화려한 유겐트 양식(아르누보)의 서점에서 강독회를 열어 주었다. 서점은 터져 나갈 정도로 꽉 찼고, 젊은 여성 산부인과 의사가 나의 강연을 통역했다. 나는 러시아 법에서 동성애와 소아 성애를 연결한 것은 받아들일 수 없고 비과학적이며 믿기 어려운 수준의 지식 결핍을 입증한다고 다시 한번 단언했다. 사람들이 아동과 동성애에 대해서 이야기한다고 해서 아동이 동성애자가 되는 것은 아니라고 강조했다. 그래서 더욱 놀라운 일인데, 나의 저서 『우리는 우리 뇌다』뿐 아니라 내가 얀 파울 슈텐과 함께 쓴, 그 저서의 어린이책 버전 『너는 너의 뇌야』도 러시아어로 번역되었다. 어느새 몇 년 전의 일이 되었는데, 다행히 내 책들을 낸 용감한 출판사는 어떤 어려움도 겪지 않았다.

2. 성숙 과정에서 성별 차이

> 부처가 가르치나니, 인간 본성에 남성과 여성을 비롯해서
> 무한히 많은 변이들이 있다 하더라도, 어떤 것도 다른
> 것보다 업신여기지 말아야 한다.
> ─ 부처의 가르침

흔히 사람들이 사회적 환경의 압력에서 유래한다고 짐작하는, 남아와 여아의 전형적인 성별 차이들 중 하나는 놀이 행동에 관한 것이다. 남자아이는 남자아이와 놀기를 가장 좋아하고, 여자아이는 여자아이와 놀기를 가장 좋아한다. 남아들은 군인이나 자동차를 놀잇감으로 삼는 경향이 있는 반면, 대다수의 여아들은 인형을 갖고 놀기를 더 좋아한다. 지난 몇십 년 동안의 연구들은, 놀이 행동에서 성별 차이가 주로 성호르몬들과 발달하는 뇌세포들 사이의 상호작용에 의해 결정된다는 점을 입증한다.

아샤 텐 브뢰케는 광고 산업이 남아 전형과 여아 전형을 강화함으로써 아동들의 훗날 직업 선택에까지 지속적인 영향을 미친다고 주장하면서 광고업계를 상대로 용감하게 싸운다. 그러나 성별 전형 마케팅이 훗날의 직업 선택에 차별적인 영향을 미친다거나 가사 분담에 부정적인 영향을 미친다는 설득력 있는 증거는 내가 보기에 없다. 심지어 방금 전에 인용한, 멜버른 대학교의 여성주의자이며 『젠더, 만들어진 성』의 저자인 코델리아 파인조차도 그런 증거는 없다고 본다. 게다가 알렉산더와 하인스는 (2002년 논문에서 보고한 바에 따르면) 유인원들의 장난감 선택에서 똑같은 성별 차이를 발견했다. 암컷 유인원 새끼들은 인형을 손에 쥐기를 가장 좋아하고 어미 같은 행동을 보이는 반면, 수컷 유인원 새끼들은 자동차를 가지고 무엇을 할 수 있을지 궁리한다. 유인원 사회에 의해 강제되었을 가능성이 거

의 없는 이 성별 분화는 특정 유형의 장난감에 대한 선호의 바탕에 깔린 메커니즘이 우리의 진화 역사에서 몇백만 년 전부터 작동해 왔으며, 따라서 유전적 토대를 지녔음을 명확히 보여 준다.

예컨대 선천성 부신 증식증Congenital Adrenal Hyperplasia, CAH으로 인해 출생 전 발달 단계에서 정상보다 높은 테스토스테론 수치에 노출되었던 여아들은 남아들과 똑같이 사람보다 물건에 더 큰 관심을 보이고 여아용 장난감보다 남아용 장난감을 더 많이 선택한다. 출생 전 스트레스는 임신부의 부신에서 생산되는 테스토스테론과 코르티솔의 수치를 높인다. 임신부의 테스토스테론이 태반을 통과하면 자궁 속 여아는 남성호르몬의 효과에 노출되고, 그 결과로 여아는 나중에 남아에게 전형적인 놀이 행동을 보인다. 거꾸로 어머니의 코르티솔은 자궁 속 남아의 테스토스테론 생산을 억제한다. 그 결과로 남아는 나중에 덜 남아다운 놀이 행동을 나타낸다.

생후 첫 6개월 동안 아동의 테스토스테론 수치도 생후 14개월 시점에서 아동의 놀이 행동과 관련이 있다. 관련 연구에서 기차 장난감 놀이와 인형 장난감 놀이에 대한 선호를 기준으로 남아들과 여아들의 차이를 조사해 보니, 예측과 일치하는 결과가 나왔다. 더 나아가 인형을 가지고 논 남아들에서는 테스토스테론과의 음성 상관성이, 기차를 가지고 논 여아들에서는 테스토스테론과의 양성 상관성이 확인되었다. 이 모든 관찰 결과들은 성호르몬들이 아동의 초기 뇌 발달에 미치는 영향의 중요성을 입증한다. 그 영향은 놀이 행동에서 뚜렷하게 드러난다.

비교적 새로운 한 연구 분야는 〈내분비계 교란물질들〉을 다루는데, 이 물질들은 호르몬들과 뇌 발달 사이의 상호작용을 방해할 수 있다. 어디에나 있는 프탈레이트(플라스틱 속 가소제)는 남성호르몬에 반대되는 작용을 한다. 더구나 프탈레이트가 출생 전 아동에게 미치는 영향은 성조숙증과 관련이 있다고 여겨진다. 내분비계 교란물질들이 성 정체성과 성적 취향에 영향을 미칠 가능성은 미래의 연구에서 입증되어야 한다.

자신의 성별에 걸맞지 않게 행동하는 아동들이 있다. 그런 아동들은 학대를 당하는 경우가 더 잦고, 따라서 외상 후 스트레스 장애에 시달릴 확률도 아마 더 높을 것이다. 발달 단계에서 겪는 스트레스 사건은 호르몬 수치에 영향을 미치고 결국 행동에도 영향을 미친다. 그 결과로 나타나는 행동 양상들을 장난감 산업의 탓으로 돌리는 것은 확실히 부당하다. 성별에 걸맞지 않은 행동의 한 원인이 유전적이라는 것을 보여 주는 연구가 세 건 있다. 요컨대 모든 문제의 출발점은 이것이다. 아동이 성별에 걸맞은 행동을 덜 뚜렷하게 나타낸다면, 그 결정적인 원인은 아동의 유전적 소질과 초기 발달에 있다. 특정 장난감의 선택은 아동의 성별 부합성 결핍의 증상이지 원인이 아니다. 사회 내부의 이방인 공포증, 곧 우리 모두가 다양한 정도로 품은 낯선 사람에 대한 공포는 그다음에 작동한다. 성별에 걸맞지 않게 행동하는 아동을 차별하게 만드는 이 공포증은 맞서 싸워야 할 적임에 틀림없다.

외적인 강제가 없는 상황에서 아동이 성별에 걸맞지 않은 장난감이나 스포츠 종목을 선호한다면, 그것은 전적으로 정상이다. 따라서 현재 〈레고〉가 이른바 남성 직업에 종사하는 여성 인형들을 생산하는 것은 매우 환영할 일이다. 레고 시리즈 중에는 실험실의 여성 화학자도 있다. 아쉽게도 그 인형은 화장을 했고 ─ 여담이지만, 그 인형의 아이디어를 제공한 여성 화학자에 따르면 화학실험실 연구원의 화장은 금지되어 있다. 왜냐하면 화장이 화학반응에 영향을 미칠 수 있기 때문이다 ─ 안전 장갑도 끼지 않았지만 말이다. 그 제품이 표현하는 레고 연구소의 직원들 중에는 여성 고생물학자와 천문학자도 있다.

스웨덴에서는 한 장난감 제조사가 성별 중립적 장난감 카탈로그를 제작했다. 그 카탈로그에서는 남자아이들이 드라이기를 다루고 스파이더맨 복장으로 유모차를 민다. 정말 훌륭하다! 그러나 자신의 성별에 걸맞은 장난감으로 창의적이고 즐겁게 노는 아동도 나무라지 말아야 한다. 그래서 나는 스웨덴에서 〈성별 중립적 교육〉을 주창하는 활동가들이 호응을 얻는 것을 보면 걱정이 든다. 그들에 따르면, 아기를 낳은 부모에게 아들인지 딸인지 묻는 것은 그릇된 행동이다. 〈그 물음은 본질과 무관하다.〉 아동들은 성별 중립적인 옷을 입어야 하고, 그들이 매우 좋아할 수도 있는 인형이나 자동차 대신에 오직 성별 중립적 장난감만 제공받아야 한다. 그렇게 사람들은 아동들에게서 많은 즐거움을 앗아 간다. 더구나 특정 놀이 행동에 대한 성별 특유의 선호가 그런 식으로 교정될 성싶지는 않다. 왜냐하면 그 선호는 진화적으로 오래되었고, 따라서 유전적 토대를 갖춘 패턴이기 때문이다. 성별 특유의 행동에 대체 무슨 문제가 있다는 것인지 의심스러울뿐더러, 성별 중립적 교육이 어떤 폐해를 일으킬 수 있는지도 숙고할 필요가 있다.

성별 중립성 추구는 때때로 상당히 과격해진다. 심지어 어느 지역 정치인은 남아들이 서서 오줌을 누는 것을 금지하자고 제안했다. 스웨덴에서는 기존 인칭대명사 〈혼hon〉(그 여자)과 〈한han〉(그 남자) 대신에 성별 중립적 인칭대명사 〈헨hen〉을 도입하는 방안이 숙고되었다. 그 방안을 비판하는 글을 발표한 저자들은 위협을 당했다. 심지어 한 저자는 모든 연락을 끊고 은둔해야 했다. 만약에 성별 중립적 교육이 반드시 허가를 받아야 하는 실험이라면, 어떤 윤리위원회도 그 실험을 허가하지 않을 것이다. 하지만 부모가 자기 자식들을 가지고 온갖 실험을 하는 것까지 막을 길은 없을 것이다.

성별 차이들에 영광을! 그 차이들이 없다면 삶은 어떤 꼴이 되겠는가? 2014년 봄에 나와 아내는 파리에 사는 네 살짜리 손자를 데리고 디즈니랜드에 갔다. 익숙한 디즈니 인물들과 이야기들이 총출동하는 폐장 퍼레이드는 정말 멋졌지만, 그곳은 내가 좋아해서 매년 가는 놀이공원이 아니다. 그날 우리는 도처에서 공주 옷을 입고 돌아다니는 여자아이들을 보았다. 그 옷에 대한 그 아이들의 즐거운 애착에서 그들이 그 옷을 입고 어떤 다른 세계에 진입했음을 분명히 알 수 있었다. 나는 그들에게서 그 세계를 빼앗고 싶지 않다. 그 아이들이 거친 현실과 마주할 기회는 앞으로 충분히 많을 테니까 말이다.

성적인 성숙과 청소년기

> 사춘기: 아이들이 질문하기를 그치고 대답들에 물음표를
> 붙이기 시작하는 생애 단계.
> ― 알프레도 라 몬트

여아는 남아보다 먼저 사춘기, 곧 성적인 성숙기에 도달한다. 12세 여아는 흔히 벌써 처녀이고 키도 같은 반 남아들보다 머리 하나만큼 크다. 그 남아들은 여태 반바지 입고 돌아다니는 수준인데 말이다. 뇌 발달에서도 이 단계의 여아는 남아를 2년 앞선다. 그렇기 때문에 다양한 능력 차이들이 발생한다. 남아보다 여아는 자신의 과제들을 더 잘 조직화할 수 있다. 남아는 조직화 능력과 집중력이 여아보다 떨어지며 두서없이 헤매는 편이다. 이 차이는 여아들의 성적이 더 우수한 것과 대학 입시를 비롯한 선발 절차에서 여아들의 통과 확률이 더 높은 것에서도 드러난다. 우리가 이런 사정을 위트레흐트 대학 당국에 이야기했을 때, 한 직원은 지난해에 최고 성적으로 졸업한 대학생들의 명단을 가져왔다. 그 명단에 오른 박사과정 학생들은 거의 다 남성이었다. 보아하니 남학생들은 학습 기간의 어느 시점에 여학생들을 따라잡는 모양이다. 적어도 대학 입시를 통과한 남학생들의 경우에는 말이다.

그러나 성별에 따른 관심의 차이는 청소년기에도 유지된다. 남아들은 예컨대 무언가를 제작하는 것을 더 좋아하는 반면, 여아들은 춤추는 것을 더

좋아한다. 성년기에도 관심의 차이가 뚜렷하게 존재한다. 남성들은 물건을 다루는 직업들을 선호하고, 여성들은 사람을 상대하는 직업들을 선호한다. 그뿐만 아니라 성 정체성보다는 성적 취향(동성애 욕구나 이성애 욕구)과 더 큰 관련이 있는 직업 선호들도 생겨난다(15장 3 참조).

하지만 환경의 영향 탓으로 돌릴 수 있는 성별 차이들도 존재한다. 까마득한 옛날부터 전해 오는 이야기에 따르면, 남아들은 계산을 잘하고 여아들은 말을 잘한다. 그러나 중등학교에서 자연과학 과목들의 성적을 보면, 여아들이 남아들에게 뒤지지 않는다. 그러므로 엄밀한 과학들에서의 성별 차이는 주로 문화적인 요인들에서 비롯되는 듯하다.

3. 지능

〈지능〉이라는 심리학적 개념과 관련해서는,
우리가 이미 오래전부터 알다시피,
지능을 담당하는 유전자를 발견할 수는 없다.
— 얀 J. L. 데르크센 교수(2011)

본인의 이름을 따서 WISC로 명명된 지능검사를 개발한 미국 심리학자 데이비드 웩슬러는 지능을 목표 지향적 행위 능력, 합리적 사고 능력, 환경을 효과적으로 다루는 능력으로 정의한다. 그가 열거한 능력들에 덧붙여 무엇보다도 경험으로부터 배우는 능력을 보충할 만하다. 모든 생물은 모종의 지능을 나타낸다. 심지어 박테리아들도 기억 능력, 예상 능력, 적응 능력을 어느 정도 지녔다. 인간의 높은 지능은 인간의 뇌가 대형 유인원의 뇌보다 3배나 크다는 점에서 주로 비롯된다. 하지만 차이가 오직 크기에서만 비롯되는 것은 아니다. 우리의 뇌세포들은 생쥐의 뇌세포들보다 정보를 10배 더 빠르게 처리한다. 또 우리의 대뇌피질 세포들은 침팬지의 그것들보다 더 큰 가지돌기를 지녔다. 가지돌기란 신경세포에서 돌출한 나무 모양의 돌기인데, 이 가지돌기가 다른 신경세포 수천 개의 신경섬유와 접촉한다. 따라서 가지돌기는 한 뇌세포가 수용할 수 있는 정보량에 한계를 부여한다. 인간과 대형 유인원 사이의 차이는 또한 인간의 뇌세포 개수가 더 많다는 점과 인간의 대뇌피질 세포 집단들이 대체로 전문화되어 있다는 점에서도 비롯된다.

그뿐만 아니라 인간과 대형 유인원은 몇몇 뇌세포 유형들에서도 서로 다르다. 인간의 대뇌피질에는 폰 에코노모 뉴런(VEN 세포, 방추 뉴런)이 19만 3,000개나 있는 반면, 대형 유인원의 대뇌피질에는 7,000개밖에 없다. 이 방추 뉴런들은 신속하고 직관적인 사회적 의사결정과 관련이 있다고 여겨진다. 그 밖에 인간 뇌와 대형 유인원 뇌 사이에서 분자 수준의 차이들도 확인할 수 있다. 마지막으로 언급할 만한 것은, 인간에 이르는 진화 과정에서 좌뇌와 우뇌의 연결 강도가 감소함과 동시에 양쪽 대뇌 반구 각각의 내부 연결성이 강화되었다는 점이다. 이 때문에 인간의 좌뇌 피질과 우뇌 피질의 기능은 다른 동물 종들보다 더 강하게 분화되어 있다. 우리 뇌의 이 같은 〈좌우 분화〉의 한 예로 브로카 언어중추와 베르니케 언어중추가 좌뇌 반구에 위치한 것을 들 수 있다.

지능은 진화적으로 중대한 장점이며 진화 과정에서 명백히 대폭 발달했다. 따라서 지능이 광범위한 유전적 토대를 지닌 것은 놀라운 일이 아니다. 수많은 유전자들이 우리의 지능에 관여하지만, 몇몇 유전자들이 특별한 역할을 하는 것으로 보인다. 예컨대 *FNBP1L* 유전자는 5세 이후의 지능과 확실히 관련이 있다고 여겨진다.

IQ로 측정되는 지능은 신경생물학적 토대를 지녔다. 그 토대는 적어도 부분적으로 일련의 대뇌피질 구역들과 선조체에 위치하며, 그 뇌 구역들

간 기능적 통합이 지능 결정의 주요 인자들 중 하나다. 우리 지능의 다양한 면모들이 다양한 뇌 구역에 국소화되어 있다. 언어적 IQ는 언어중추의 회색질과 관련이 있는 반면, 비언어적 IQ는 손의 운동을 담당하는 구역의 회색질과 관련이 있다. 성년기에 IQ는 매우 안정적이다.

남녀의 지적 능력들과 관련해서 주목할 만한 사항은, 예컨대 일반 지식, 공간 표상 능력, 맞춤법에 맞게 글을 쓰는 능력이 여성들의 집단 내부에서보다 남성들의 집단 내부에서 훨씬 더 들쭉날쭉하다는 점이다. 이것은 납득할 만한 현상이다. 왜냐하면 남성은 X염색체를 하나만 지녔는데, 우리의 지적 능력을 결정하는 유전자들이 바로 X염색체에 위치하니까 말이다. 따라서 남성에서 단 하나의 X염색체가 보유한 돌연변이는 대단히 이롭거나 해로울 수 있다. 그 돌연변이는 — 여성에서처럼 — 또 하나의 X염색체에 의해 보정되지 않으니까 말이다.

IQ의 유전성

다양한 발달 단계에서 다양한 유전적 프로그램들이 작동하는 것으로 보인다. 왜냐하면 IQ의 유전성은 나이를 먹을수록 높아지기 때문이다. 이 현상을 일컬어 〈윌슨 효과Wilson effect〉라고 한다. IQ의 유전성은 7세부터 나타나기 시작하며 결국 18세에서 20세에 80퍼센트에 도달한다. 반면에 환경의 영향은 처음(5세)에 55퍼센트에서 (12세에) 0퍼센트로 감소한다. 스웨덴에서 이루어진 한 연구에서 65세 피험자들의 IQ의 유전성은 무려 90퍼센트, 환경의 영향은 0퍼센트로 나타났다.

그러나 윌슨 효과를 근거로 삼아 IQ 발달에서 환경은 중요하지 않다는 결론을 내릴 수는 없다. 인지 능력을 자극하는 외부 경험들, 곧 환경의 영향이 IQ 결정에서 차지하는 몫은 처음에 55퍼센트에 달한다. 더 나중의 발달 단계에서는 점점 더 많은 경험들을 개인이 스스로 선택하며, 학습 효과는 점점 더 많이 유전적 소질에 의해 결정된다. 이 사실은 해묵은 본성 대 양육 논쟁, 자연 대 문화 논쟁을 전혀 새로운 시각으로 보게 해준다.

낮은 IQ

IQ가 낮은 불운한 사람들에게서 미세한 DNA 오류들이 발견되는 경우가 점점 더 많아지고 있는데, 이는 기술 향상의 덕분이다. 그 오류들, 곧 돌연 변이들이 부모에게는 없었는데 그들 자신에게서 발생한 것들이다. IQ가 평균보다 낮은 사람들은 발달 과정에서 유전의 영향을 더 강하게 받고 환경의 영향을 더 약하게 받는다. 스페인 영화 「미 투」(원제는 「Yo, también」, 2009)는 다운 증후군 장애인들의 IQ가 얼마나 들쭉날쭉할 수 있는지를 생생하게 보여 준다. 주연배우는 다운 증후군을 가진 유럽인으로는 최초로 대학교를 졸업했다. 하지만 이것은 예외다. 화학물질들도 IQ 발달을 저해할 수 있다.

높은 IQ

지능의 차이는 일차적으로 유전적 요인들(DNA의 미세한 변이들) 때문에 생겨난다. 높은 지능의 조건은 가족과 유전이며, 높은 지능과 평균적인 지능은 똑같은 유전자들과 환경 요인들에 의해 발생한다. IQ가 높은 사람들은 약 7세 때 대뇌피질의 두께가 평균 IQ를 가진 사람들의 그것보다 더 얇다. 하지만 더 나중에는 그 두께 — 특히 이마엽 피질의 두께 — 가 더 두꺼워진다. IQ가 높은 사람들은 그렇게 대뇌피질의 두께가 증가하는 기간이 더 길다. 이 사실은, 뇌세포들 간 시냅스 연결이 형성되는 기간도 더 오래 지속한다는 것을 시사한다. 요컨대 IQ가 높은 사람들은 뇌 발달 과정이 다르게 진행된다.

몇몇 환경 요인들은 IQ 발달에 긍정적으로 작용하는 것으로 보인다. 브라질에서 이루어진 한 연구는 아기 때 모유를 오래(1년 넘게) 먹은 피험자들은 30세 때의 IQ가 모유를 더 짧게 먹거나 아예 안 먹은 피험자들의 그것보다 3.8점 더 높다는 것을 보여 주었다. 그뿐만 아니라 모유를 오래 먹은 피험자들은 교육 기간도 1년 더 길고 수입도 더 높았다.

자극 전달 속도도 IQ와 관련이 있다. IQ가 높은 사람들은 문제를 풀 때 뇌의 물질대사량이 비교적 낮다. 따라서 그들은 뇌를 더 효율적으로 사용하는 능력이 있는 것으로 보인다. IQ가 높을수록 교육 성취도가 더 높고, 수입이 더 높고, 수명이 더 길다. 그러나 IQ가 120보다 더 높은 경우에는 IQ의 상승이 사회적 성공의 확률 상승을 동반하지 않는다. 아인슈타인의 IQ는 150이었다. 사례들이 보여 주듯이, IQ가 180인 사람이 노벨상을 받을 확률은 130인 사람이 받을 확률보다 더 높지 않다. 왜냐하면 IQ에 포함되지 않은 많은 인자들, 이를테면 창의성, 실천적 사회적 지능, 발달 과정에서 학습하는 대인 관계 및 자립의 방식 역시 사회적 성공에 기여하기 때문이다.

뇌의 크기와 IQ

흔히 사람들은 뇌의 크기와 지능 사이에 관련성이 있다고 여기는데, 실제로 관련성이 있기는 하다. 그러나 그 관련성은 아주 미미하므로, 그 관련성에 관한 일화들을 너무 진지하게 받아들이지 않는 것이 바람직하다. 예컨대 암스테르담에서 활동하는 해부학자 루이스 볼크 교수는 1905년과 1911년에 출판된 문헌들에 나오는 아래 대목을 〈우스꽝스러운 간주곡〉 삼아 인용했다. 〈교수들의 두개골 둘레는 장교들의 그것보다 훨씬 더 크다……. 두개골 둘레가 52센티미터이면, 최소한 산부인과 교수가 될 수 있다. 하지만 성인의 두개골 둘레가 50.5센티미터 미만이라면, 이렇다 할 정신적 성취를 기대할 수 없다.〉 나는 산부인과 교수였던 나의 아버지를 놀리려고 이 인용문을 몇 번 써먹은 적이 있다.

조지 오웰(1903~1950)도 뇌의 크기와 지능 사이에 관련성이 있다고 보고했는데, 이 보고 역시 미심쩍다. 그는 프랑코에 맞선 스페인 내전에 자원해서 참전했다. 그는 오랫동안 애쓴 뒤에야 자신의 머리에 맞을 만큼 큰 군인 모자를 구입할 수 있었다. 그때 그는 그러고 보니 군인들의 머리는 항상 작다는 것을 새삼 깨닫고 나서 어느 정치인의 다음과 같은 발언을 상기했다. 「설마 우리가 전선에 똑똑한 사람들을 배치하려 했다고 믿는 건 아니죠?」

4. 연습 대 재능

> 나는 특별한 재능은 없고 단지 불타는 호기심을 가졌을 뿐이다.
> ― 알베르트 아인슈타인

음악, 체스, 수학, 그리고 — 비교적 드물지만 — 미술 분야의 신동들은 엄청난 천부적 재능을 지녔음을 명백히 알아볼 수 있다. 모차르트는 여덟 살 때 네 살 위의 누나와 함께 아버지 레오폴트의 손에 이끌려 궁정들을 순회했다. 쇼팽은 7세에 폴로네즈 두 곡을 작곡했다. 리스트는 12세에 벌써 노련한 피아노 연주자였다. 더 가까운 사례로는 1923년에 7세의 나이로 바이올린 독주를 맡아 샌프란시스코 교향악단과 협연한 예후디 메뉴인, 14세에 체스 미국 챔피언이 된 보비 피셔가 있다. 1983년에 12세로 옥스포드 대학교에 입학한 루스 로런스는 현재 수학 교수다. 하지만 이 신동들도 자신의 엄청난 재능을 펼치기 위해 열심히 노력해야 했다. 1만 1,000명을 피험자로 삼은 연구의 결과들을 기초로 현재 진행 중인 메타분석은 연습과 성취 사이에 상관성이 있기는 하지만, 그 상관성이 미미하다는 것을 보여 준다. 연습이 피험자들의 성취도 차이에 미치는 영향은 체스에서 26퍼센트, 음악에서 21퍼센트, 스포츠에서 18퍼센트, 학업에서 4퍼센트, 직업 생활에서 1퍼센트 미만이다. 요컨대 연습이 성취에 미치는 영향은 기존 통념보다 훨씬 더 적다. 최종 결과와 성취를 압도적으로 결정하는 요인은 재능, 그리고 무언가를 연습하기 시작하는 나이인 것으로 보인다. 그리고 이 두 요인은 서로 관련이 있다. 음악적 재능이 있는 아동은 학습이 결실을 맺는 데 필요한 1만 시간의 연습을 신속하고 즐겁게 완수할 것이다. 반대로 음악적 재능이 없는 아동은 마지못해 연습할 테고 어쩌면 1만 시간의 연습을 끝내 채우지 못할 것이다.

학업과 스포츠에서는 연습을 시작하는 나이만 중요한 것이 아니라 생일이 언제인지도 중요하다. 캐나다와 미국의 상위권 청소년 아이스하키 팀들의 최고 선수들 대다수는 1월에서 3월 사이에 태어났다. 그곳의 청소년 아이스하키 리그는 시즌마다 특정한 연도의 1월 1일부터 12월 31일까지 태어난 청소년을 신입 선수로 받아들인다. 따라서 생일이 이를테면 그다음 연도의 1월 2일인 청소년은 재능과 아무 상관 없이 다음 시즌까지 기다려야 신입 선수가 될 수 있다. 그러니까 그 청소년은 다른 신입 선수들보다 거의 한 살을 더 먹고 신입 선수가 된다. 그러니 그는 더 많이 발달하여 힘이 더 셀 테고 쉽게 두각을 나타낼 것이다. 그는 더 많은 칭찬을 받고 아이스하키에 더 큰 재미를 느낄 것이다. 이와 똑같은 현상이 초등학교와 중등학교에서도 나타난다. 같은 학년의 나머지 학생들보다 나이를 조금 더 먹은 것은 장점이며, 그 효과는 평생 갈 수도 있다. 중국에서 제왕절개술이 가장 많이 실시되는 날짜는 8월 31일인데, 일반적으로 그 이유는 자식이 되도록 일찍 학교에 들어가기를 부모들이 바라는 것에 있다고 여겨진다. 그러나 8월 31일에 태어나 같은 학년에서 가장 어리게 된 아동들에게는 그러한 부모의 바람이 해가 될 수 있다.

수학, 예술, 스포츠 분야에서 이례적인 재능을 타고나 아주 어린 나이에 벌써 성인 수준의 성취를 이루는 아동들이 있다. 서번트savant(전반적으로는 정상인보다 지적 능력이 떨어지나 특정 분야에서 탁월한 능력을 보이는 사람 — 옮긴이)와 마찬가지로 그 아동들은 우뇌가 확실히 잘 발달했음을 간접적으로 입증할 수 있다(『우리는 우리 뇌다』 10장 참조). 수학적 재능을 가진 아동들은 우뇌가 대단히 활발하게 작동한다. 더 나아가 수학, 미술, 음악에 재능이 있는 사람들은 오른손잡이인 경우가 상대적으로 드물다. 이 사실 역시 전형적이지 않은 뇌 발달의 징후일 수 있다. 수학이나 음악에 재능이 있는 사람들은 좌뇌와 우뇌의 기능적 대칭성이 일반인보다 더 강하게 나타난다. 예컨대 수학에 재능이 있는 청소년 피험자들에게 과제 수행을 요청하고 기능성 자기공명영상fMRI을 촬영한 결과, 마루엽과 이마엽의 활동에서 더 강한 좌우 대칭성이 포착되었다.

한편, 학문적 재능이 있는 아동들과 예술가들 중에는 좌뇌의 기능들이 덜 발달한 경우가 많다. 이 결함은 언어장애와 난독증으로 표출될 수 있다. 세계 수준의 수학자 20명을 조사한 결과, 초등학교 입학 전에 글을 읽을 수 있었던 사람은 단 한 명도 없는 것으로 드러났다. 학문적 재능이 있는 아동의 대다수는 그 나이에 글을 나무랄 데 없이 읽을 수 있는데 말이다. 일부 아동은 포괄적으로 재능이 있지만, 언어적 재능과 수학적 재능의 불균형 사례가 훨씬 더 많다. 미술이나 스포츠에 재능이 있는 아동들은 흔히 학문적 성취에는 그다지 관심이 없다. 음악적 재능은 평균 수준의 IQ와 짝을 이룰 수 있다. 그럼에도 음악적 재능을 가진 아동들은 학업에서도 매우 성공적이다. 하지만 이 관련성은 고전음악을 하는 아동들에게서만 검증되었다. 헤비메탈이나 랩 같은 다른 음악 장르에서도 이 관련성이 성립하는지는 한 번도 연구되지 않았다.

4장
우리의 사회적 발달

1. 사회적 요인들: 사회적 행동에서 개인차

> 인간은 사회적 존재다.
> 인간은 홀로 살도록 창조되지 않았다.
> ─아리스토텔레스

우리의 심리적 건강은 처음에 유전적 소질에 좌우된다. 유전적 소질은 우리의 심리적 취약성을 결정한다. 더 나중에는 우리의 발달사(史)가 심리적 건강에 영향을 미친다. 방치, 학대, 아동 성폭행 같은 사회적 요인들은 우울증, 조현병, 경계성 성격장애 같은 정신의학적 질병에 걸릴 위험을 높인다. 도시화, 차별, 이민 같은 스트레스 요인들은 조현병에 걸릴 위험을 2배로 높인다. 이 경우에는 후성유전학적 메커니즘들이 중요한 구실을 한다. 사회적 요인들은 자살을 유발할 수도 있지만 거꾸로 정신의학적 문제들의 완화에 결정적으로 중요할 수도 있다.

사회적 상호작용과 관련해서는 4개의 뇌세포 연결망들이 핵심 역할을 하는 것으로 보인다.

- 편도체 주위의 사회적 지각-연결망. 주로 감정과 사회적 고통에 관여함.
- 주로 타인들과 우리 자신에 대한 생각에 관여하는 정신화-연결망. 이 연결망은 디폴트-연결망(32장 1 참조)과 대체로 일치한다.
- 공감-연결망.
- 거울 뉴런-연결망. 마지막 두 연결망은 매우 유사하다.

어린 동물들은 사회적 놀이 행동을 통해 집단 안에 통합되는 법을 배운다. 어린 영장동물들은 놀이를 아주 많이 한다. 영장동물의 편도체와 시상하부의 크기는 사회적 놀이 행동의 규모와 관련이 있다. 배제와 배척을 당할 때 생기는 사회적 고통의 신경학적 토대는 신체적 고통의 신경학적 토대와 대체로 일치한다. 사회적 고통의 증가는 신체적 고통의 증가를 유발하며, 반대 방향의 인과관계도 성립한다. 사회적 뒷받침은 신체적 고통을 경감하고, 진통제는 사회적 고통에도 효과가 있다. 요컨대 신체적 고통과 똑같이 사회적 고통도 뇌에 실재하는 토대를 가진다. 그러나 이 두 가지 형태의 고통을 얼마나 강하게 느끼는가는 개인마다 천차만별일 수 있다. 우리의 속성들이 다 그렇듯이, 이 경우에도 스펙트럼이 매우 넓다.

인간은 사회적 존재다. 사회적 고립이나 배척당함은 예컨대 병에 걸리거나 부상을 입은 것과 같은 스트레스 상황에서 생명을 위태롭게 할 수 있다. 왜냐하면 그럴 때 사람은 경우에 따라서 타인들의 도움에 전적으로 의존하니까 말이다. 그러므로 그런 상황에서 뇌가 모든 경보 시스템들(예컨대 편도체, 대상 피질 앞부분, 섬엽 앞부분, 뇌 수도관 주위 회색질에 위치한 경보 시스템들)을 켜는 것은 놀라운 일이 아니다. 그뿐만 아니라 시상하부-뇌하수체-부신 축의 스트레스 시스템들과 교감신경계의 스트레스 시스템들도 활성화된다. 이 시스템들의 활성화가 오래 지속되면 병이 생길 수 있다. 반면에 사람이 사회적 포용을 느끼고 사랑과 존중을 경험하면, 보상 시스템이 작동한다. 그러면 배쪽 선조체ventral striatum에서 도파민 유사물질들과 모르핀 유사물질들이 분비되고, 옥시토신은 쾌적한 사회적 상호작용의 느낌을 강화한다.

2. 사회적 뇌의 발달

> 어린 시절이 모든 것을 결정한다.
>
> ─ 장폴 사르트르

우리 뇌가 생겨난 목적들 가운데 중요한 것 하나는 사회적 상호작용이다. 따라서 우리는 사회적 맥락 안에서 뇌를 고찰해야 한다. 아기는 벌써 얼굴들을 구별하고 모방을 통해 학습한다. 생후 14개월 된 아동은 벌써 이타적으로 행동할 줄 안다. 누가 〈우연히〉 물건을 떨어뜨리면, 그 아동은 그 물건을 집어서 그에게 준다. 3세 아동은 자기가 도와줄 사람과 도와주지 않을 사람을 구분한다. 복잡한 사회 안에서의 사회적 상호작용, 경쟁과 협동은 진화 과정에서 우리의 뇌가 커지고 우리가 인간으로 되는 변화의 추진력이었다.

뇌의 확대는 엄청난 진화적 장점이었다. 뇌가 커진 덕분에 우리는 복잡한 사회 안에서 살아 낼 수 있었다. 다양한 영장동물 종들을 둘러보면, 동물의 뇌 크기와 집단을 이루는 개체들의 수 ─ 따라서 집단의 복잡성 ─ 사이에 뚜렷한 상관성이 있음을 확인할 수 있다. 인간의 경우, 페이스북을 통한 사회적 연결망의 규모와 위 관자이랑, 편도체, 앞이마엽 피질의 크기가 서로 비례한다. 그런 사회적 연결망을 유지하려면, 아마 아주 많은 뉴런이 필요할 것이다. 그러나 페이스북을 비롯한 사회 연결망들에서 우리 〈친구〉들의 엄청난 수를 논외로 한다면, 우리가 실제로 접촉하는 사람들의 평균적인 수는 오늘날에도 여전히 한눈에 굽어볼 만한 수준인 150명에서 200명이다. 이 수는 약 1만 년 전에 우리 조상들이 이룬 집단의 규모와 일치한다.

우리의 사회적 뇌는 상호작용하는 일련의 뇌 구조물들로 이루어졌다. 그것들은 안와 이마엽 피질, 관자 마루엽 접합부temporoparietal junction, 관자엽 극temporal pole, 등쪽 안쪽 앞이마엽 피질이다. 이 구조물들에서 우리의 인간 동료들에 관한 정보가 처리된다. 이 정보 처리 능력은 선천적이다. 우리는 생후 며칠 만에 벌써 그 능력을 활용한다. 생후 1일에서 5일 된 아기에게 얼굴을 보여 주면, 관자엽 피질 뒷부분에서 반응이 나타난다. 반면에 팔을 보여 주면, 그 반응이 나타나지 않는다. 따라서 그 반응은 유전적으로 프로그램된 것이며 사회적 학습을 필요로 하지 않는다.

뇌는 끊임없이 발달한다. 또한 뇌는 우리의 진화 과정에서 끊임없이 변화하는 환경과 상호작용하면서 작동한다. 그 모든 변화들을 학습과 다음 세대로의 정보 전달을 통해 감당해 내는 능력은 우리의 생존에 결정적으로 중요했다. 사회적 행동과 학습을 통해 가장 잘 적응하는 사람은 실제로 사회적 환경에 의해 선택되어 자신의 유전자들을 전달할 수 있다.

극도로 공격적이거나 독재적인 구성원은 집단에 해롭다. 따라서 그런 구성원은 결국 집단에서 추방되거나 살해된다. 그런 식으로 그들의 유전자는 집단에서 사라지고, 집단은 스스로 문명화되는 과정을 겪는다. 이와 마찬가지로 개들도 공격성과 인간을 기피하는 성향이 적은 개체들이 선택되는 과정을 통해 가축화되었다. 당연한 말이지만, 공격적인 개체들은 새로운 돌연변이와 유전자 조합을 통해 항상 다시 생겨난다.

3. 문화적 지식 전달

> 너의 지식을 나눠 주어라.
> 그러면 너는 불멸하게 된다.
> ― 달라이 라마

유인원들도 문화적 지식 전달을 안다. 예컨대 녀석들은 먹을거리를 얻기 위해 도구를 사용하는 방법들 ― 나뭇가지로 구멍을 쑤셔 흰개미를 잡는 법, 돌멩이로 견과의 껍데기를 부수는 방법 ― 을 서로에게 가르치고 배운다. 인간 아동들도 〈모방〉을 통해 학습한다. 그런 모방 학습을 가능케 하는 뇌 시스템들은 진화 역사에서 몇억 년 전에 발생했다. 아동들의 모방은 때때로 극단으로 치닫는다. 2007년 1월 이라크에서 과거의 독재자 사담 후세인이 교수형에 처해졌다. 누군가가 그 처형 장면을 핸드폰 동영상으로 촬영하여 퍼뜨렸다. 그 후 몇 주 동안 아랍 세계에서 최소 8명의 아동이 그 처형을 모방하는 놀이를 하다가 목숨을 잃었다.

치명적인 역할 모델을 모방하는 것은 새로운 현상이 아니다. 1774년, 요한 볼프강 폰 괴테는 그의 첫 장편 소설 『젊은 베르테르의 슬픔』을 썼다. 작가 자신의 삶에서 얻은 영감으로 쓴 작품이었다. 소설 속에서 베르테르는 로테를 만나 완전히 사랑에 빠진다. 그러나 로테는 이미 알베르트와 약혼한 사이다. 베르테르는 작별을 고하는 유서를 쓴 다음에 한 통의 편지를 알베르트에게 보낸다. 그 편지에서 그는 곧 여행을 떠난다면서 알베르트에게 권총 두 정을 빌려 달라고 부탁한다. 로테가 그 편지를 읽고 심한 충격을 받는다. 그녀는 베르테르에게 권총을 보낸다. 곧이어 베르테르는 자살한다. 이 소설의 출판을 계기로 자살의 물결이 유럽을 휩쓸었다.

성인들도 평범한 사회적 관계 속에서 주변의 많은 행동 방식들을 자기도 모르게 모방한다. 이를 〈반향 행동echo behavior〉 또는 〈흉내〉라고 한다. 타인의 동작이나 자세를 모방하는 행동은 상호 신뢰를 촉진한다. 그 행동 앞에서 타인은 자신도 그 집단에 속한다는 안정감을 무의식적으로 얻는다. 이런 반향 행동은 말하자면 사회적 접합제의 구실을 한다. 스트레스가 큰 상황, 불확실한 상황에서 사람들은 반향 행동을 평소보다 더 많이 한다. 이마엽 손상 환자들 중 일부는 자신이 보는 타인의 행동을 어쩔 수 없이 모방한다. 이를 〈반향 동작〉이라고 한다.

모방 행동은 거의 모든 경우에 자동으로 일어나는데, 이것을 〈미러링 mirroring〉이라고 한다. 생후 몇 개월 된 아기들도 성인의 입술 움직임을 똑같이 따라 할 줄 안다. 그 모방을 위해 얼굴 근육들을 조종하는 방법을 아기가 어떻게 아는 것일까? 아기는 그 근육들을 볼 수조차 없지 않은가. 뇌는 환경에서 지각하는 바를 자동으로 흉내 낸다. 우리가 한 상황을 상상할 때 뇌에서 일어나는 반응들은 그 상황을 감각으로 지각할 때 일어나는 반응들과 똑같다. 타인의 손동작을 지각할 때 활성화되는 뉴런들은 본인이 그 손동작을 실행할 때 활성화되는 뉴런들과 거의 같다.

능숙한 피아노 연주자들이 음악회에서 타인의 피아노 연주를 들으면, 그들의 뇌에서 자동으로 전운동피질의 프로그램들이 활성화된다. 그 프로그램들은 그들 자신의 피아노 연주에도 관여한다. 피아노 연주를 하지 않는 사람들의 뇌에서는 이런 일이 일어나지 않는다. 여성 발레 무용수들은 여성의 발레 스텝을 볼 때 더 많은 미러링을 나타낸다. 남성 발레 무용수들이 남성의 발레 스텝을 볼 때도 마찬가지다. 요컨대 본인이 거듭 연습한 동작을 볼 때, 더 강한 반응이 일어난다. 특정 스포츠를 하는 사람이 텔레비전에서 그 스포츠를 볼 때도 마찬가지다. 또한 스포츠 선수는 가능한 동작들을 〈머릿속으로〉 훈련해서 효과를 볼 수 있다.

4. 거울 뉴런

> 타인의 행동에 대한 우리의 예상은 우리 자신이 그
> 타인이라면 어떤 행동을 할 법한지에 기초를 둔다.
> ― 크리스티안 카이저스(2012)

모방을 통한 동작 학습의 신경생물학적 토대는 전운동피질에 위치한 〈거울 뉴런들〉이다. 그것들은 파르마 대학교 자코모 리촐라티 교수의 실험실에서 발견되었다. 『뉴욕 타임스 *The New York Times*』의 보도에 따르면, 1991년의 어느 따뜻한 낮에 한 과학자가 그 실험실로 돌아왔다. 그곳에는 운동피질에 전극들을 장착한 원숭이 한 마리가 앉아 있었다. 그 과학자가 자기 아이스크림을 핥자, 그 원숭이에게서 특정 뉴런들이 활성화되었는데, 그 뉴런들은 원숭이가 견과를 먹을 때 활성화되는 것들이었다. 그러나 리촐라티에 따르면, 실제 상황은 달랐다. 이 이야기는 『뉴욕 타임스』가 지어낸 것이다. 「내 실험실에서 아이스크림을 먹는 사람은 없습니다.」

실제로 원숭이의 뇌세포들이 활성화된 원인은 원숭이에게 보상으로 주려고 접시에 담아 놓은 땅콩을 한 연구자가 슬쩍 집어 먹은 것에 있었다. 그럴 때 원숭이 뇌에서 포착되는 전기 활동을 연구자들은 한동안 측정 장치의 문제로 인한 잡음으로 여겼다. 그러다가 결국 원숭이가 눈앞에 보이는 연구자의 동작을 뇌 속에서 흉내 낸다는 깨달음에 이르렀다.

거울 뉴런들을 통해서 우리는 타인의 고통을 자동으로 따라 느낀다. 다행히 그럴 때 우리 뇌의 거울 뉴런들이 위치한 구역에서 발생하는 활동은 실제로 고통을 느끼는 타인의 뇌 구역에서 발생하는 활동의 10퍼센트에 불과하다. 게다가 이런 공감의 강도를 훈련으로 약화할 수 있다. 만약에 응급실 의사가 이송되어 온 모든 환자 각각과 똑같은 강도로 고통을 느낀다면 어떻게 될지 상상해 보라. 어떤 의사도 업무를 감당하지 못할 것이다. 이런 이유 때문에 의사는 때때로 환자의 보호자들에게 감정 없는 목석처럼 보인다. 실제로 우리는 우리 자신과 더 가까운 사람에게 더 많이 공감하니까 말이다.

거울 뉴런들은 또한 우리가 타인의 의도와 감정을 단박에 자동으로 이해할 수 있게 해주는 것으로 추정된다. 자폐장애인은 그런 이해의 능력이 부족한데, 그것은 어쩌면 그들이 거울 뉴런들을 정상인보다 더 적게 보유했거나 정상인만큼 보유하긴 했지만 덜 훈련했기 때문일 것이다. 사이코패스들psychopaths은 공감 스위치가 평소에 — 특정 타인의 입장에 서보라는 명시적 요구를 받지 않는 한 — 〈꺼져〉 있다.

전운동피질 구역의 뉴런들 가운데 10퍼센트만이 거울 뉴런이다. 그 거울 뉴런들은 무의식적으로 운동 신경motor system을 조종하고, 우리가 타인에게서 보는 행동을 우리 뇌에서 촉발한다. 앞서 언급한 발레 무용수 실험들이 보여 주듯이, 거울 뉴런 시스템은 우리가 태어날 때 이미 완전히 발달한 상태가 아니며 오히려 우리의 경험을 통해 훈련된다. 미러링에서도 대뇌피질의 가소성을 확인할 수 있다. 양팔 없이 태어난 사람도 타인의 손동작을 미러링하는데, 그는 자신의 입술이나 발을 담당하는 뇌 구역들에서 그 손동작을 반영한다. 그뿐만 아니라 그의 대뇌피질에서 발 담당 구역은 손이 있는 사람이라면 손 담당 구역이었을 곳까지 포괄한다.

뇌에서 행동을 시뮬레이션하고 산출될 결과를 평가할 수 있는 것도 거울 뉴런 시스템 덕분이다. 이런 식으로 원활한 동맹, 협동, 집단 형성, 집단 결속이 발생하여 공동체의 사회적 접합제로 구실한다. 우리는 거울 뉴런들을 통해 서로 연결되어 있다.

거울 뉴런은 떼거리 행동herd behavior에서도 중요한 역할을 한다. 네덜란드에서는 예컨대 국가대표 축구팀이 월드컵에 참가할 때 떼거리 행동이 나타난다. 물론 일부 사람들은 그런 상황에서도 독자적으로 행동할 줄 알지만 말이다. 우리가 우리 자신을 집단의 규범에 맞추면, 우리의 보상 시스템에서 도파민이 증가한다.

반대로 자신을 집단에 맞추지 않으면, 왠지 불편한 느낌이 들기 쉽다. 나는 연구 프로젝트들을 평가하고 지원 여부를 결정하는 국제적인 위원회들에서 활동한 경험으로 이 사실을 안다. 나는 한 프로젝트를 평가해야 했는데, 그것은 내가 잘 평가할 수 있는 연구였다. 나는 그 프로젝트가 어느 모로 보나 정체 상태라는 결론에 도달했고 당연히 반대표를 던질 작정이었다. 그런데 나보다 더 뛰어나다고 평가받는 매우 노련한 과학자들이 그 프로젝트를 두둔하는 발언을 계속 이어가자, 나는 차츰 마음이 흔들렸다. 혹시 내가 잘못 평가한 것은 아닐까? 결국 나는 내 견해를 솔직히 밝혔다. 하지만 자신과 집단이 일치하지 않을 때, 기분이 딱히 좋은 사람은 없다.

클루카레프 등(2009)이 보여 준 바로는, 개인이 집단과 부조화하는 상황에 처하면, 개인의 대상 피질 앞부분과 배쪽 선조체에서 신호 물질들이 방출되고, 그 신호 물질들은 개인의 행동을 그릇된 것으로 규정한다. 심지어 특정 상황에 대한 본인의 기억이 선명하고 정밀할 때에도 타인들이 틀린 기억을 가지고 있을 경우, 사람들은 조만간 기꺼이 그 틀린 기억을 받아들인다. 그런 식으로 사람들은 자신을 집단의 규범에 맞추는 법을 학습한다. 우리 뇌는 우리가 다른 모든 타인들과 마찬가지로 행동하도록 — 그렇게 행동할 때 발생하는 모든 위험을 감수하도록 — 만든다. 그리하여 극단적인 상황에서는 초유기체가 형성된다(17장 1 참조).

5. 감정 미러링

거울 뉴런들은 우리가 타인과 감정을 공유할 때도 활성화되며, 우리가 타인의 체험에 감정이입하는 것을 가능케 한다. 거울 뉴런들은 공감의 토대다. 공감에 관해서는 뚜렷한 성별 차이들이 존재한다. 한 연구에서 남성들은 오직 충실한 피험자들에게만 공감하고, 역할을 잘못 수행해서 벌을 받는 피험자들에게는 공감하지 않았다. 반면에 여성들은 역할을 잘못 수행한 사람들까지 포함해서 벌을 받는 모든 피험자들에게 공감했다. 남성들이 적에게는 공감하지 않고 친구에게는 전적으로 공감하는 것은 전쟁 상황에서 장점이다. 최고 수준의 공감 능력을 지닌 피험자들은 타인의 고통 앞에서 자신의 고통 담당 구역들을 가장 강하게 활성화시켰다. 공감 시스템 덕분에 우리는 또한 미술가가 작품을 창작할 때 어떤 기분이었는지 파악할 수 있다. 예컨대 빈센트 반 고흐의 회화들에서는 그의 내면적 동요가 감지된다.

우리가 영화에서 등장인물이 역겨운 표정을 짓는 것을 보면, 우리에게서도 표정 흉내와 전운동 시스템을 통해 무의식적으로 똑같은 표정이 발생할 뿐 아니라, 맛과 냄새를 처리하고 내부 장기들을 통제하는 뇌 구역인 섬엽에서도 역겨움을 대표하는 활동이 일어난다. 환자가 의식이 있는 채로 뇌수술을 받는 도중에 섬엽에 전기 자극이 가해지면, 환자에게서 위 수축과 욕지기가 발생한다.

이렇게 역겨운 얼굴 표정 앞에서 섬엽이 활성화되는 메커니즘을 〈감정 전염〉이라고 한다. 뇌출혈로 섬엽이 손상된 한 환자에게서는 감정 전염이 일어나지 않았다. 그 환자는 타인이 역겨움을 느낀다는 것을 그의 표정에서 알아챌 수 없었다. 따라서 섬엽은 감정 전염을 위해 필수적인 뇌 구조물이다. 표정을 볼 때뿐 아니라 역겨운 시나리오를 읽을 때도 섬엽이 활성화된다. 하지만 이 경우에는 전운동 시스템이 아니라 브로카 언어중추를 거쳐서 섬엽의 반응이 일어난다.

아기들도 타인의 감정을 따라 느낄 수 있다. 신생아실에서 한 아기가 울기 시작하면, 곧바로 울음의 오케스트라 연주가 시작된다. 원리적으로 우리는 우리의 동작을 프로그램하는 뇌 구역들에서 타인의 동작을 받아들일 뿐 아니라, 우리의 감정을 통제하는 뇌 구역들에서 타인의 감정을 받아들이기도 한다. 뛰어난 배우는 우리로 하여금 공포, 분노, 사

그림 4.1 미켈란젤로, 「분노Woede」(약 1525년).

랑, 미움 같은 모든 감정들을 우리의 거울 뉴런들의 도움으로 타인들과 함께 느끼게 해준다.

또한 거울 뉴런들 덕분에 우리는 타인의 표정에서 그가 특정 시점에 무엇을 느끼거나 생각하는지 추론할 수 있다. 아동이 생후 4년에서 5년에 걸쳐 발전시키는 이 능력을 일컬어 〈정신 이론theory of mind〉 혹은 〈정신화mentalizing〉라고 한다. 그런 식으로 타인의 신체 언어를 읽고 그가 마음에 품은 바를 따라 느낌으로써 우리는 타인의 행동을 예상할 수 있다. 관자 마루엽 접합부, 안쪽 앞이마엽 피질 등의 뇌 구역들은 이 기능을 위해 결정적으로 중요하다. 여담이지만, 간단한 형태의 정신 이론은 인간뿐 아니라 유인원에게서도 작동한다.

개와 돌고래도 사람이 무언가를 가리키면, 사람이 뜻하는 바를 이해할 수 있다. 대개의 아동들은 생후 몇 년 동안 온갖 것들을 가리킨다. 반면에 자폐 아동은 그렇게 하지 않는다. 왜냐하면 자폐 아동은 잘 작동하는 거울 뉴런들을 보유하고 있지 않기 때문이다.

표정은 우리의 사회적 행동을 위해 결정적으로 중요하다. 편도체는 표정의 사회적 의미를 가늠하고 적절한 반응을 선택하는 작업에 관여한다. 한편, 시상하부는 사회적 행동에서 느끼는 기쁨에 결정적으로 관여한다.

그림 4.2 렘브란트, 「놀람verbazing」(1630).

일찍이 다윈이 깨달았듯이, 여섯 가지 주요 감정에 대응하는 표정은 선천적이고 보편적이다. 공포, 기쁨, 분노, 역겨움, 슬픔, 놀람이 얼굴에서 표출되는 방식은 전 세계에서 유사하다. 그 표정들은 의사소통에서 중요한 역할을 하며 가장 미세한 변이까지도 유전적이다. 여러 연구에서 심지어 양부모의 손에 성장한 맹인 피험자들도 특정 감정들을 느낄 때 짓는 표정에서 그들의 생물학적 가족의 전형적인 특징들을 나타냈다. 타인의 표정에서 그의 감정을 읽어 내는 능력은 당연히 매우 중요하다. 하지만 진화의 관점에서 보면, 표정의 전형적인 특징들에서 혈육을 알아보는 능력 역시 그에 못지않게 중요하다.

미술에서 감정은 화가의 메시지 전달에서 중요한 의미를 가진다. 화가 경력 초기에 렘브란트는 메시지 전달에서 몇 가지 어려움을 겪었다. 그래서 그는 거울 앞에서 표정을 연습했고 결국 감정 표현의 대가로 발전했다.

6. 도덕적 행동

> 저는 유인원을 약간 더 위에 놓았어요. 그리고 음……
> 인간을 약간 더 아래에 놓았습니다.
> ── 프란스 드 발(2014)

일찍이 다윈이 내놓은 주장에 따르면, 〈네가 타인들로부터 대접받고자 하는 대로 타인들을 대접하라〉라는 황금률로 표현되는 우리의 도덕의식은 집단의 생존에 본질적으로 중요한 사회적 본능들에 기초를 둔다. 심지어 다윈은 미래에 모든 국가와 민족의 사람들이, 결국엔 모든 생물들이 그 황금률에 따라 서로 결속하리라는 유토피아적 전망까지 내놓았다.

　우리의 사회적 행동의 진화적 기원은 어머니의 자식에 대한 공감이다. 그 공감이 더 나중에 집단 전체로 확장되었다. 사람들이 무엇보다 먼저 가족과 자식을 챙기는 이유 가운데 하나는 자신의 유전자들의 존속을 촉진하는 것이다. 바꿔 말해, 베르톨트 브레히트가 아주 적절하게 표현했듯이, 〈처먹는 것이 먼저고, 도덕은 나중이다〉. 삶의 형편이 나아지면, 공감의 범위가 차츰 확장된다.

　타인들을 돕기를 바라는 마음은 동맹 체결의 토대이며, 그 동맹은 나중에 본인에게 이로울 수 있다. 따지고 보면 동물들도 우리의 공감 범위 안에 속한다. 최근 중국에서는 개를 데리고 산책하는 사람들이 점점 더 많이 눈에 띈다. 현재 중국은 경제 사정이 과거보다 훨씬 더 향상되었다. 그 결과로 동물 보호 활동가들은 광저우에서 매년 열리는 축제에서 개가 식용으로 쓰이는 것을 막기 위해 개들을 사들이기까지 한다. 이 주제는 인터넷에서 뜨거운 논쟁거리다.

　유인원들이 집단 안의 다른 개체들이 겪는 고난에 동참하는 것은 녀석들

그림 4.3 공감의 시초는 어머니가 자식을 위해 마음을 쓰는 것이다. 안토니 가우디, 성가족 성당 (세부), 바르셀로나.

의 염려를 매우 인상 깊게 알리는 방편일 수 있다. 제인 구달은 침팬지 어미가 소아마비로 사망한 새끼를 밀림 속으로 운반하기 전에 그녀가 보기에 뚜렷이 마음 아파하던 모습을 묘사한다. 다른 동물들도 그런 유형의 도덕적 본능을 지녔다. 코끼리들은 총에 맞거나 부상당한 코끼리가 다시 일어서도록 돕는다. 그러면서 녀석들은 나팔소리처럼 요란하게 울음소리를 낸다. 또한 코끼리들은 동료 코끼리의 죽음을 애도한다. 녀석들은 죽은 코끼리의 몸을 코로 더듬어 살피고 장례를 치르듯이 식물들로 덮는다. 다른 집단에 속한 코끼리들도 5일 안에 찾아와 죽은 코끼리의 시신을 보고 간다. 코끼리들은 죽은 코끼리의 뼈들, 특히 두개골을 정성 들여 살피는데, 이 행동 역시 같은 집단의 코끼리들에만 국한되지 않는다.

마찬가지로 사회적 통제도 본질적으로 중요하다. 예컨대 전쟁이 터지고 적들이 흔히 비인간화하는 상황을 생각해 보자. 그렇게 사회적 통제가 사라진 상황에서는 도덕 규칙들이 무력해지는 듯하다. 그런 상황에서는 어느 국가의 군인들이나 전쟁범죄를 저지를 수 있다. 네덜란드 군인들이 인도네시아에서 이른바 〈경찰 작전〉 중에 그랬듯이 말이다. 하지만 모든 군인이 전쟁범죄를 저지르는 것은 아니다. 개인적인 차이와 예외가 존재한다.

유인원과 (데즈먼드 모리스가 〈벌거벗은 유인원〉이라고 칭한) 우리의 유사성은 깜짝 놀랄 수준이다. 뇌 구조에서도 그렇고 행동에서도 그렇다. 인간의 미소는 어떤 화해 신호에서 파생되는데, 이 현상이 유인원에게서도 관찰된다. 우리는 오늘날에도 타인의 행동을 유인원의 행동에 빗대어 〈똥구멍을 핥는다〉, 〈기어 다닌다〉, 〈품속으로 뛰어든다〉와 같은 표현들로 묘사한다. 프란스 드 발은 유인원들이 우리의 것들과 같은 도덕 규칙들을 따른다고 지적했다. 유인원들은 정치적 동맹을 맺을 뿐 아니라 호혜의 원칙도 안다. 녀석들은 자신을 도와주는 녀석들을 도와주며 고마움을 알고, 다른 많은 동물들처럼 고마움의 정반대인 복수도 안다.

유인원들은 공동체의식을 지녔으며 이타적으로 행동할 수 있다. 다시 말해 녀석들은 사심 없이 타자들을 도울 수 있다. 이를 위해서는 앞이마엽 피질이 결정적으로 중요하다. 그 뇌 구조물은 우리의 이기적 충동을 억누른다. 유인원들은 반드시 필요할 때만 협동하는 것이 아니며, 어떤 개체가 최고의 협동 상대였는지도 알아챈다. 녀석들은 먹이를 서로 나누며 강한 정의감을 지녔다. 예컨대 유인원들은, 자신은 고작 오이 토막을 받는데 다른 유인원은 똑같은 노력으로 더 많은 보상(포도송이)을 받는 것을 보면 실험 지휘자와 함께 계속 놀기를 거부한다.

유인원들은 근친상간 금기를 아는데, 그 금기는 모든 인간 문화들에도 존재한다. 근친상간 금기는 선천성 기형을 감소시키는 효과가 있다. 그러나 우리는 그 효과로 그 금기를 정당화하지 않는다. 유인원들과 마찬가지로 우리는 근친상간이 도착적임을 우선 직관적으로 감지한다. 마이클 가자니가가 〈해석자〉라고 부르는 것은 나중에야 끼어든다. 해석자는 우리의 행동에 관하여 논리적이지만 반드시 옳은 것은 아닌 이야기를 우리 뇌에 들려준다. 유인원들도 규칙을 위반할 때 부끄러움을 느끼며 처벌을 두려워한다.

대형 유인원들과 기타 동물들이 본질적으로 우리의 그것과 일치하는 도덕적 행동 방식을 보인다는 사실에서, 도덕 규칙들은 수백만 년 전에 생겨났으며 유전적 토대를 갖췄다는 것을, 또한 이는 도덕 규칙들이 집단의 원활한 기능을 위해 결정적으로 중요하기 때문이라는 것을 추론할 수 있다. 그 규칙들은 성서를 비롯한 〈경전들〉에 기록되었지만 흔히 주장되는 것처럼 종교에서 나온 것은 확실히 아니다.

도덕적 행동의 모범

1940년 11월 26일, 레이던 대학교 해부학·발생학 교수 J. A. J. 바즈 박사는 해부학 실험실에서 유전과 인종과 민족에 관한 강의를 했다. 그 강의는 물리적 인간학에 관한 연속 강의의 마지막 회였다. 그 연속 강의에서 바즈 교수는 나치의 인종론이 터무니없음을 과학적 사실들에 기초하여 논증했다. 같은 날 루돌프 클레버링가도 레이던 대학교 법학과에서 유명한 항의 연설을 했다. 그 연설에서 그는 유대인 교수 마이어스Meijers가 독일 점령군에 의해 퇴출된 것에 명시적으로 항의했다. 바즈와 클레버링가는 체포되었지만 강제수용소에서 살아남았다. 그들의 행동은 인간의 도덕적 행동의 한 모범이다.

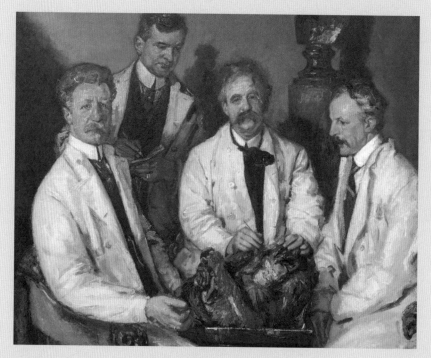

그림 4.4 「루이스 볼크 교수의 해부학De anatomische les van prof. Louis Bolk」. 마르틴 모니켄담이 (1925년에) 그린 이 회화는 암스테르담 대학 병원AMC 해부학과에 걸려 있다. 암스테르담 대학교 의 해부학자들이 암스테르담 동물원에서 사망한 오랑우탄을 해부하고 있다. 이 유인원의 뇌는 네 덜란드 뇌과학 연구소Nederlands Herseninstituut에 지금도 전시되어 있다. 왼쪽부터 J. 뵈케(훗날 위 트레히트 대학교 교수), J. 바즈(훗날 레이던 대학교 교수), L. 볼크(암스테르담 대학교 교수), A. 판 덴 브뢰크(훗날 위트레히트 대학교 교수).

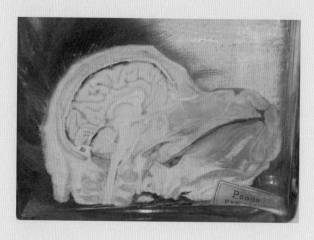

그림 4.5 그림 4.4에 등장 하는 오랑우탄(이름은 〈퐁고Pongo〉)의 뇌. 네덜 란드 뇌과학 연구소 소장 품. 이 뇌와 인간 뇌의 구 조적 유사성은 깜짝 놀랄 수준이다.

7. 옥시토신, 바소프레신과 사회적 행동

사회적 상호작용은 부분적으로 거울 뉴런을 통해 가능해진다. 뇌는 사회적 정보의 처리에 영향을 미치기 위하여 테스토스테론과 에스트로겐 같은 성호르몬들뿐 아니라 작은 단백질들, 그러니까 옥시토신과 바소프레신 같은 〈신경펩티드들〉도 사용한다. 우리 뇌에서 신호 물질로 기능하는 신경펩티드는 100가지가 넘는다. 시상하부의 뇌세포들은 옥시토신을 생산한다. 그 옥시토신은 혈류를 타고 자궁으로 이동하여 출산 과정을 촉발하고, 젖샘으로 이동하여 젖 분비를 유발한다. 1970년대와 1980년대에 연구자들은 옥시토신이 뇌 안에서도 화학적 신호 물질로서 뿌려진다는 것을 발견했다. 이 경우에 옥시토신은 사회적 상호작용과 스트레스 조절에 관여하는 것으로 보인다. 심지어 옥시토신은 개와 주인 사이의 애착에도 관여한다. 개와 주인이 서로 마주 보면, 옥시토신이 분비된다. 개와 주인이 더 자주 눈을 맞추자 개의 오줌에서 더 많은 옥시토신이 검출되었으며, 개에게 옥시토신을 주사하고 나자 개가 주인을 더 자주 바라보았다.

애무 호르몬

> 애무는 가격을 매길 수 없을 만큼 값진데도 공짜다.
> —접촉 장애를 극복한 어느 청년의 말

옥시토신은 출산할 때, 젖을 먹일 때, 그리고 사람과 접촉할 때, 즉 부드럽게 어루만지거나 애무하거나 쓰다듬거나 섹스할 때 분비된다. 이미 출산 직후에 옥시토신은 어머니-자식 애착에서 중요한 구실을 한다. 최근에 비교적 가는 신경세포들의 시스템 하나가 발견되었는데, 그 시스템은 부드러운 어루만짐이나 쓰다듬기의 사회적 메시지를 뇌에 전달하는 일을 전문적으로 수행한다. 그 〈CT 신경섬유들〉(영어로 C tactile fibers)은 주로 아래팔, 등, 머리로 뻗어 있다. 이곳들은 어머니가 아기를 안고 쓰다듬을 때 전형적으로 접촉하는 부위들이다. 이 〈감정적 접촉 시스템〉은 초속 5센티미터 정도로 느리면서 약하게 피부를 훑는 접촉에 가장 민감하게 반응한다. 이 시스템의 신경섬유들은 감정을 전문적으로 담당하는 뇌 구역인 섬엽을 활성화한다.

반대로 초기 발달 단계에서 아동을 감정적으로 심하게 방치하면 아동의 옥시토신 수치가 낮아진다. 그런 아동들은 나중에 다정한 신체 접촉을 하더라도 정상적인 옥시토신 분비가 일어나지 않는다. 그들은 타인과 애착 관계를 형성하는 것을 어려워하며 우울증에 걸릴 위험이 비교적 높다(『우리는 우리 뇌다』2장 3 참조). 감정적 접촉 시스템은 성인기에도 여전히 프로그램될 수 있다. 성인기 초기에 성적 학대를 당했던 여성들은 사회적 스트레스에 노출되고 20분이 지나면 옥시토신 수치가 높아지는 대신에 눈에 띄게 낮아진다.

옥시토신은 여러 뇌 구역들을 활성화하는데, 앞이마엽 피질, 섬엽, 시상, 편도체에 위치한 그 구역들은 때때로 〈어머니 뇌〉로 불린다. 하지만 이 뇌 구조물들은 다른 사회적 기능들에도 관여한다. 옥시토신을 주사하면 타인에 대한 신뢰가 강화되고 공감 능력이 향상된다. 또한 눈 맞춤과 정신 이론 — 상대의 표정을 보고 그의 느낌, 생각, 의도를 추론하는 능력 — 이 향상된다. 옥시토신은 타인의 얼굴을 기억하는 능력을 강화하고 마음 씀씀이를 더 후하게 만든다. 더 나아가 옥시토신은 위협적인 자극 앞에서 편도체의 활동과 공포를 줄이고, 사회적 불안장애에 대한 치료의 효과를 높인다. 따라서 옥시토신은 더 사회적인 사람이 되기 위한 이상적인 수단인 듯하다. 그러나 이 수단도 한계가 있다. 자기 집단 외부의 개인들을 상대할 때, 옥시

그림 4.6 자코포 틴토레토, 「은하수의 기원」(1575년경). 옥시토신이 젖샘의 민무늬 근육 조직에 영향을 미쳐 어머니의 가슴에서 젖이 흘러나온다.

토신은 의심을 증가시킨다.

옥시토신에 대한 반응은 성별에 따라 다르다. 여성에게 옥시토신은 이타적 행동을 강화하는 반면, 남성에게는 이기적 행동을 강화한다. 옥시토신의 정신의학적 활용에 관한 연구들은 이 같은 성별 차이들을 감안해야 한다.

옥시토신 민감성의 차이

우리의 사회적 행동에서는 개인적 차이가 뚜렷하게 나타나는데, 그 차이는 부분적으로 옥시토신 수용체들의 유전적 혹은 후성유전적 차이에서 비롯된다. 옥시토신 수용체들이란 옥시토신 메시지가 뇌세포에 수용되게 해주는 단백질들이다. 옥시토신 수용체들은 종류가 30가지나 된다. 이런 다양성은 우리 DNA의 작은 변이들, 정확히 말해서 SNP들 곧 단일 뉴클레오티드 다형태들single nucleotide polymorphisms에서 비롯된다. 옥시토신 수용체의 SNP는 옥시토신 결합을 변화시키고, 따라서 사회적 상호작용의 방식을 변화시킨다. 예컨대 타인들의 얼굴을 알아보는 능력은 개인마다 현저한 차이가 있다. 일부 사람들은 그 능력이 매우 뛰어난 반면, 그 능력이 형편없는 (나 같은) 사람들도 있다. 이 차이는 개인이 부모에게서 어떤 옥시토신 수용체 변이들을 물려받았느냐에 의해 최소한 부분적으로 결정된다.

판매직원들을 대상으로 한 연구들에서 드러난 바에 따르면, 판매원이 고객에게 봉사하려는 동기가 얼마나 강한가는 판매원 각각이 보유한 옥시토신 수용체 변이에 의존한다. 피험자들에게 사회적으로 의미심장한 표정들을 흉내 내라고 요청하고 그들의 뇌를 스캔한 결과, 편도체, 안쪽 앞이마엽 피질, 아래 이마이랑 같은 사회적 뇌 구역들 간 연결의 효율성이 변화하는 것이 포착되었다. 일부 판매원들은 고객에게 더 기꺼이 봉사하고 다른 판매원들은 마지못해 그렇게 한다는 사실은 옥시토신 시스템에 속한 어떤 천성적이며 심지어 유전적인 토대에서 비롯될 가능성이 있다.

바소프레신

옥시토신뿐 아니라 바소프레신도 우리의 사회적 상호작용에서 중요한 구실을 한다. 옥시토신과 바소프레신은 서로 밀접한 관련이 있다. 이 신경펩티드들은 둘 다 9개의 아미노산으로 이루어졌는데, 그중 7개를 공유한다. 바소프레신은 예로부터 〈항이뇨 호르몬〉으로 잘 알려져 있다. 바소프레신의 작용으로 신장은 혈액을 걸러 낸 다음에 매일 약 16리터의 물을 재흡수한다. 이 재흡수에 문제가 생기면, 사람은 매일 15리터의 물을 오줌으로 방출할 수밖에 없다. 이 병을 일컬어 요붕증diabetes insipidus이라고 한다. 그러나 바소프레신은 뇌 안에도 뿌려진다. 뇌 안의 신호 물질로서의 바소프레신은 V1수용체들과 V2수용체들에 의해 수용된다. 이 바소프레신 수용체들의 변이는 음악성, 경제적 의사결정, 사회적 행동의 변이를 일으킨다. V1a수용체는 흔히 (전체 인구의 40퍼센트에) 있는데, 이 수용체의 변이들은 개인적인 이타성의 정도, 짝짓기pairing, 혼인 상태, 부부 문제, 결혼 생활의 질과 관련이 있다.

8. 옥시토신, 바소프레신과 정신의학

옥시토신 시스템은 자폐증과 다양한 형태의 우울증을 비롯한 일련의 정신의학적 질병들에 관여한다. 자폐증은 뇌 발달 장애의 일종이며, 3세부터 사회적 상호작용에서의 특이점들과 소통 능력의 결핍을 동반한다. 이 장애의 유전성은 50퍼센트에서 80퍼센트로 추정된다. 자폐장애인의 뇌는 사회적 세계에 덜 적합하다. 그래서 자폐장애인의 뇌는 사회적 행동에 필요한 거울 뉴런들과 연결들을 발달시키지 못한다.

옥시토신과 자폐증 사이의 연관성은 옥시토신 수용체의 변이들에 관한 유전학적 연구들, 혈장 옥시토신 수치, 자폐장애인에 대한 옥시토신 치료에서 명확히 드러났다. 가장 잘 연구된 자폐증 유전자들 중 하나인 릴린Reelin 유전자는 옥시토신 수용체의 기능에 관여한다. 자폐장애인은 사회적 신경펩티드들인 옥시토신과 바소프레신의 혈장 수치가 정상보다 낮을 수 있다.

몇몇 연구에서는 옥시토신 수용체 유전자나 V1a 수용체 유전자의 유전적 변이들(SNP들)과 자폐증 사이의 연관성이 입증되었다. 옥시토신 수용체 변이 16가지에 관한 한 메타분석에서 드러난 바에 따르면, 그 변이들 중

4가지는 자폐스펙트럼장애와 관련이 있다. 일부 자폐장애인은 옥시토신 수용체 유전자를 꺼서 뇌를 옥시토신에 무감각하게 만드는 돌연변이를 보유한 듯하다.

콧속 분무 방식으로 옥시토신을 투여하면, 지능이 높은 자폐장애인은 사회적 행동이 눈에 띄게 향상된다. 옥시토신은 눈 맞춤, 사회적 기억력, 사회적 정보 처리를 향상시킨다. 콧속 분무 방식의 옥시토신 투여는 자폐장애인에게 앞이마엽 피질 그리고(또는) 대상 피질 앞부분에 작용함으로써 공감, 감정, 알아보기recognition 능력, 정신 이론의 향상도 일으킨다.

열악한 사회적 조건들은 초기 발달 단계에서 옥시토신 시스템에 부정적 영향을 미칠 수 있다. 성폭행당한 경험이 있는 여성들의 뇌척수액에서 정상보다 낮은 옥시토신 수치가 확인된 바 있다. 우리 연구진은 멜랑콜리아형 우울증 환자들의 뇌에서 옥시토신 생산이 강화되는 것을 발견했다. 이 현상은 뇌가 과도하게 활성화된 스트레스 축(시상하부-뇌하수체-부신축)을 억제하려 애쓴다는 것을 의미할 가능성이 있다. 바소프레신이 우울한 기분을 일으킬 수도 있다. 멜랑콜리아형 우울증 환자들의 뇌에서는 바소프레신 생산이 대폭 증가하고 혈중 바소프레신 수치도 상승한다는 것이 입증되었다. 그뿐만 아니라 바소프레신 수치가 평균보다 높고 우울증 유병률도 평균보다 높은 가족들이 존재한다. 요컨대 바소프레신 시스템의 유전적 변이들은 기분장애들에서도 모종의 역할을 한다. 바소프레신 과잉으로 인한 기분장애의 대표적인 경우로 한 폐종양 환자의 사례가 있다. 폐종양은 환자의 바소프레신 수치를 상승시켰고, 그 결과로 우울증이 발병했다. 종양을 제거하고 나자, 환자의 기분은 다시 밝아졌다.

9. 아동 학대

구겨진 종이는 영영 매끄러운 종이로 되돌아가지 못한다.
— 니코 프라이다(1927~2015)

아동 학대는 정신의학적 문제들의 가장 큰 원인이다. 그러므로 아동 학대를 막을 필요가 있다. 〈지금이 아니면 영영 불가능〉이라는 문구로 대표되는 뇌 발달 원리의 귀결은, 출생 직후 발달 단계에서 발생하는 손상이 후성유전학적 메커니즘들을 통해 장기적으로, 심지어 영속적으로 뇌 발달과 뇌 기능에 영향을 미칠 수 있다는 것이다. 그 손상은 환경에서 유래하는 자극이 불충분해서 생길 수도 있고, 예컨대 독일 점령기에 숨어 살아야 했던 유대인 아동들이 체험한 것과 같은 스트레스, 혹은 방치당하거나 학대당하는 아동이 겪는 것과 같은 스트레스 때문에 생길 수도 있다. 그뿐만 아니라 후성유전학적 메커니즘들은 뇌의 스트레스 시스템들을 지속적으로 정상보다 더 활발하게 작동하게 만들 수 있다. 더 나아가 학대당한 아동들에서 대뇌피질이 정상보다 더 얇은 구역들과 국소적 피질 변화들이 확인된 바 있다. 구체적으로, 대상 피질 앞부분과 앞이마엽 피질뿐 아니라 뇌들보와 해마 등에서도 변화가 확인되었다.

감정적, 신체적, 혹은 성적 학대, 방치, 체벌이나 기타 폭력으로 인한 강한 트라우마성 스트레스는 아동들에게 스트레스 호르몬인 코르티솔의 수치를 지속적으로 높일 수 있을뿐더러 갑상선 호르몬 수치의 지속적 변화도 일으킬 수 있다. 그런 아동들은 우울증, 불안장애, 경계성 성격장애, 외상후 스트레스 장애에 걸리거나 약물 등에 중독되거나 자살을 시도할 위험이 평균보다 더 높다. 그들의 앞이마엽 피질과 관자엽 피질에 있는 회색질의 부피는 확인이 가능할 정도로 줄어든다.

그림 4.7 아동은 다정하고 안전하며 자극이 풍부한 환경에서 성장해야 한다. 안토니 가우디, 성가족 성당(세부), 바르셀로나.

어린 시절에 트라우마를 겪은 퇴역 군인들을 검사해 보니, 대상 피질 앞 부분과 가운데 부분의 두께가 평균보다 더 얇았다. 그 두께가 얇을수록 해당 퇴역 군인의 외상 후 스트레스 장애가 더 심각했다. 또한 이 퇴역 군인 집단에서는 해마와 편도체의 크기와 외상 후 스트레스 장애의 심각성도 상관성을 나타냈다. 뒤늦게 발달하는 뇌 구조물들인 해마와 편도체는 감정과 인지과정에 관여한다. 감정과 인지과정은 트라우마를 겪은 아동들에게서 교란되는 기능들이다.

양육 기관에서 비교적 오래 방치되거나 우울증에 걸린 어머니의 손에 성장한 아동들은 편도체가 평균보다 큰 것으로 나타났다. 학대로 인한 편도체 확대가 가장 민감하게 일어나는 시기는 10세에서 11세다. 그보다 먼저 트라우마를 겪은 아동들이나 경계성 성격장애를 지닌 아동들은 편도체가 더 작았다. 편도체는 사회적 행동, 공격적 행동, 감정 조절에 관여한다.

편도체는 공포를 일으키는 위협적인 사건이 특히 잘 기억되게 만든다. 그런 특별한 기억 능력은 진화의 관점에서 장점이다. 그런 사건이 다시 일어나면, 우리는 순식간에 적절하게 대응할 수 있다. 어린 시절에 관한 우리 기억의 대다수가 공포와 관련이 있는 것도 마찬가지 이유 때문이다. 공포 기억은 특히 잘 저장되는 반면, 유쾌한 기억은 금세 빛이 바랜다. 스티븐 호킹의 가장 이른 기억은 그가 두 살 반이었을 때 유치원에서 많은 낯선 사람들 사이에 서서 공포를 느끼며 심하게 울었던 일이다. 그때 그는 홀로 버려졌다고 느꼈다. 이처럼 부정적인 기억을 더 강하게 정착시키는 메커니즘은 장점들을 지녔지만, 너무 효율적으로 작동할 경우 그 메커니즘은 우울증이나 외상 후 스트레스 장애를 유발할 수 있다.

많은 연구들이 입증하듯이, 초기 발달 단계에서 어머니의 보살핌 부족과 우울증은 해마의 크기가 작은 것과 상관성이 있다. 해마는 우리의 인지, 감정 조절, 스트레스 조절에 결정적으로 중요한 뇌 구조물이다. 축소된 해마

그림 4.8 외젠 들라크루아, 「파가니니Paganini」(1832). 니콜로 파가니니(1782~1840)의 아버지는 제노바의 노동자였다. 그는 도박에서 돈을 잃으면 집에 와서 아들을 때렸다. 하지만 돈을 따서 기분이 좋으면 때때로 기타를 놀랄 만큼 아름답게 연주했다. 니콜로는 기타 연주와 바이올린 연주를 독학했다. 아들의 재능을 알아본 아버지는 그 재능으로 돈을 벌 수 있기를 바라면서 아들을 강하게 압박했다. 니콜로가 충분히 열심히 연습하지 않으면, 아버지가 막대기로 그를 때렸다. 니콜로는 10대 때 집에서 뛰쳐나와 바이올린을 연주하며 유럽을 떠돌았다. 그는 빚을 졌고 절도와 살인의 혐의를 받았다. 아버지와 마찬가지로 니콜로도 도박 중독이었다. 그는 파리에 카지노를 개장했지만 곧 파산했다. 니콜로 파가니니는 병들고 눈에 띄게 체중이 줄었다. 그런 그의 모습을 친구인 들라크루아가 그렸다.

는 우울증의 위험 요인이다. 전향 연구prospective study, 곧 피험자들을 아주 어릴 때부터 관찰하는 연구들이 보여 주듯이, 어머니가 3~4세 아동을 어느 정도로 보살피는지 알면, 나중에 그 아동이 학교에 다닐 때(7세에서 13세) 해마의 크기가 얼마나 클지를 꽤 정확하게 예측할 수 있다. 이 상관성은 일찍부터 우울증에 걸린 아동들보다 건강한 아동들에게서 더 강하게 나타났다. 일반적으로 이런 연구들에서 아버지는 거의 주목받지 못한다. 방치당한 아동들에서는 예상되는 보상에 대한 선조체의 반응이 평균보다 더 약한 것도 관찰되었다.

　이른 시기에 환경으로부터 오는 자극은 방치의 부정적 효과들을 최소한 부분적으로 보정할 수 있다. 다양한 형태들과 풍부한 자극이 있는 환경은 미숙아들의 다양한 뇌 관련 수치들을 — 예컨대 몇몇 뇌 구역들 간 연결을 — 향상시킨다. 고아들은 뇌 발달과 인지의 측면에서 심하게 뒤처질 수 있다. 심하게 방치된 아동을 다른 가정에 입양시키면, 아동의 인지, 사회적 행동, 감정 조절에 긍정적 효과가 나는 것으로 보인다. 그 긍정적 효과는 입양 당시 아동의 나이가 많을수록 줄어든다. 한 연구에서 아동들의 편도체는 입양 후보다 전에 더 컸다. 이 차이는 아동들이 입양 후에 자신의 감정을 더 잘 조절할 수 있었음을 시사한다.

아동 학대는 신체적일 수도 있고 성적이거나 심리적일 수도 있으며 항상 방치와 짝을 이루는 것은 결코 아니다. 최근 들어 중국의 호랑이엄마들이 자주 거론된다. 그녀들은 재능 있는 자식들에게서 마지막 한 방울의 성취까지 짜내려 애쓴다. 이 현상은 새롭지 않다. 모차르트의 아버지도 어린 아마데우스에게 폭력에 가까운 압력을 가했으며, 니콜로 파가니니의 경우는 훨씬 더 심했다(그림 4.8). 일부 부모가 재능 있는 자식에게 가하는 엄청난 압력을 일종의 아동 학대로 간주하고 그 효과를 살펴보는 연구도 한번쯤 해볼 필요가 있다.

10. 성적인 학대

2015년 네덜란드 림뷔르흐주에서 이루어진 한 조사는 성적인 학대가 자주 일어난다는 사실을 보여 주었다. 12세에서 25세 여성의 약 40퍼센트가 비자발적인 성적 경험을 한 적이 있다. 그 조사에서 성적 경험이란 키스부터 성기 삽입까지를 아울렀다. 젊은 남성의 경우 그 비율은 20퍼센트다. 동성애 남성들과 여성들은 같은 또래의 이성애자들보다 현저히 더 자주 비자발적 섹스를 한다. 성적 침해 사례의 73퍼센트에서 가해자는 피해자의 친척이나 지인이었다. 원치 않는 성기 삽입 사례에서는 그 비율이 무려 89퍼센트에 달했다.

성적인 아동 학대는 불안장애, 우울증, 중독 행동, 성 행동장애 같은 정신의학적 질병들을 유발하는 중대한 위험 요인이다. 아동의 유전적 민감성의 정도와 유형, 아동의 성별, 아동이 성적인 학대를 당한 시기에 따라서, 또한 학대 당시의 상황이 얼마나 스트레스가 컸는지에 따라서, 방금 언급한 정신의학적 문제들이 오랫동안 존속할 수도 있다. 예컨대 외상 후 스트레스 장애는 9세에서 10세에 학대당한 아동들에서만 발견되었다.

일부 피학대 아동들에서는 대뇌피질과 해마의 변화가 확인되었다. 해마는 일찍 성숙한다. 4세 아동의 해마는 크기가 벌써 성인 해마의 85퍼센트에 달한다. 해마 내부의 시냅스 형성은 어머니의 보살핌에 크게 좌우된다. 실험적 연구들이 보여 주듯이, 아동 학대로 인한 스트레스 호르몬 수치의 상승은 해마의 발달을 늦춘다. 이것은 나중에 우울증이 발병할 위험을 높이는 뇌 변화들 중 하나다.

모든 뇌 구역 각각은 발달 과정에서 고유한 결정적 단계를 거치는데, 결정적 단계에 이른 뇌 구역은 스트레스에 매우 민감하게 반응한다. 3세에서 5세, 그리고 11세에서 13세에 학대를 당한 성인 여성들의 해마 부피는 평균보다 더 작았다. 마찬가지로, 좌뇌와 우뇌의 연결부인 뇌들보는 9세에서 10세에 학대당한 여성들이 더 작았으며, (뒤늦게 성숙하는) 이마엽 피질은 14세에서 16세에 학대당한 여성들이 더 작았다. 여성의 편도체는 4세에 벌써 성인 편도체의 크기에 이른다. 따라서 편도체의 크기는 학대당한 경험이 있는 성인 여성들도 정상이다. 이 뇌 구조물들은 각각의 결정적 단계에서만 장기적인 영향을 받는다.

11. 빈곤과 사회경제적 지위

> 다른 한편으로 나는 가축화된 토끼rabbit의 뇌가
> 야생 토끼나 산토끼hare의 뇌보다 현저히 작아졌음을
> 보여 주었다.
> ── 찰스 다윈(1871)

개발도상국들에서 성장하는 2억 명의 아동들은 극단적인 빈곤 때문에 자신의 재능을 완전히 펼치지 못한다. 하지만 부유한 네덜란드에서도 약 10퍼센트의 아동이 빈곤 상태에서 성장한다. 바꿔 말해, 그 아동들은 제공되는 자극이 적고 장난감, 책, 교육이 적으며 컴퓨터를 사용하기 어렵고, 여행과 스포츠를 체험하기 어려운 환경에서 성장한다.

여러 조사가 보여 주듯이, 로테르담 남부 타르베비크Tarwewijk 구역의 주민들은 로테르담 북부 네셀란데Nesselande 구역의 주민들보다 평균적으로 7년 먼저 사망한다(네덜란드 일간지 『NRC Next』 2014년 6월 24일자). 네셀란데에서 남성의 평균 수명은 거의 81세인 반면, 타르베비크에서는 74세에도 미치지 못한다. 여성에서도 기대수명의 차이가 나타난다. 가정의 나빌 반탈은 양쪽 구역 모두에서 일한다. 그는 상황을 이렇게 요약한다. 〈네셀란데 사람들은 살고, 로테르담 남부 사람들은 생존한다.〉

로테르담 에라스뮈스 대학교의 렉스 부도르프 교수는 이 같은 기대수명의 차이를 여러 방식으로 설명한다. 그의 견해에 따르면, 약 5.5년의 차이는 개인적 배경과 주민들의 행동 탓으로 돌릴 수 있다. 1.5년의 차이는 거주지의 차이(이를테면 거주지에 녹지가 상대적으로 적은 것)에서 비롯된다. 가장 뚜렷한 상관성은 기대수명과 교육 수준 사이에서 나타난다. 따라서 거주지 변경은 그 자체만 놓고 따지면 효과가 미미하다. 열악한 사회경

제적 형편은 흔히 건강에 해로운 생활 양식과 짝을 이룬다. 교육 수준이 낮은 사람들이 담배를 더 많이 피우고 더 자주 실업자가 되거나 육체적으로 힘겨운 노동을 하며 더 열악한 구역과 거처에서 산다. 또한 그들은 자신의 삶을 스스로 통제한다는 느낌을 더 드물게 가진다. 게다가 학교를 졸업하지 못하거나 일자리를 구하지 못하면 부정적인 스트레스가 발생한다.

이른 시기에 아동에게 제공되는 자극은 가족의 사회경제적 지위와 뚜렷한 관련성이 있다. 미국에서 이루어진 한 MRI 연구의 결과를 보면, 저소득층 가정의 생후 5개월에서 4년 아동들은 이마엽과 마루엽의 회색질 — 뇌세포들과 시냅스들 — 에 보유한 회색질의 양이 평균보다 더 적었다. 그 아동들의 뇌는 더 느리게 성장했으며, 이 같은 뇌의 성장 지체는 언어 능력과 집행 기능들(행동 제어에 필요한 인지 기능들 — 옮긴이)의 발달 지체뿐 아니라 행동 문제들을 동반했다. 또 다른 연구에서 드러난 바를 보면, 저소득층 가정들에서의 작은 소득 차이는 3세에서 20세 가족들의 말하기, 읽기, 집행 기능들, 공간적 능력들에 관여하는 뇌 구역들의 현격한 크기 차이를 유발했다. 고소득층 가정들에서는 그 크기 차이가 훨씬 더 작았다.

　스코틀랜드 글래스고의 빈민가 출신이며 신경학적으로 건강한 남성들을 조사해 보니, 성인기에 그들의 몇몇 대뇌피질 구역의 다양한 자리들은 평균보다 더 작고(작거나) 더 얇았다. 또한 주목할 만한 점은, 글래스고 특권층 거주 지역 출신 주민과 가장 허름한 구역들 출신 주민의 기대수명 차이가 무려 29년에 달했다는 점이다.

사회경제적 지위는 IQ, 언어 발달, 학교 교육과 뚜렷한 관련성이 있다. 단일 뉴클레오티드 다형태SNP의 증가에 관한 쌍둥이 연구들과 분자유전학 연구들에서, 한편으로 유전적 요인들과 다른 한편으로 사회경제적 지위, 교육, 지능 사이의 연관성을 명확히 도출할 수 있다. 아동기 초기의 환경 요인들이 성인기의 사회경제적 지위에 미치는 영향은 이른 나이에 체험한 빈곤이 나중에 체험한 빈곤보다 당사자의 미래를 더 잘 예측하게 해준다는 점에서도 확인된다. 하지만 이에 관한 연구는 건강에 해로운 생활 양식과 특별히 중요한 유전적 소질이 함께 영향을 미칠 가능성을 탐구하지 않았다.

그림 4.9 빈센트 반 고흐, 「감자 먹는 사람들」(1885). 사회경제적 지위는 IQ, 언어 발달, 학교 교육과 뚜렷한 관련성이 있다.

5장
뇌 발달과 문화

1. 문화적 요인들

문화적 요인들이 우리 뇌에 미치는 영향과 관련해서 이런 질문을 제기해 보자. 그 요인들은 오직 민감한 뇌 발달 단계에서만 작용할까, 아니면 — 뇌의 가소성 덕분에 — 성인기에도 뇌의 구조와 기능에 영향을 미칠 수 있을까? 실제로 앞이마엽 피질을 비롯한 일부 뇌 구역들은 24세까지도 여전히 성숙하며, 따라서 오랜 기간 동안 환경의 영향을 수용할 수 있다.

다양한 뇌 메커니즘들 — 이를테면 시각 지각, 주의집중, 의미론적 관계 처리, 암산, 얼굴 인지, 신체 언어 해석, 공감, 음악 — 에서 문화 특유의 차이들이 입증되었다. 서양음악은 중국음악과 다른 방식으로 독일인들의 뇌 구조물들을 활성화한다. 특정 유형의 음악에 대한 선호를 비롯한 문화적 선호들은 궁극적으로 도파민 분비를 통해 뇌의 보상 시스템이 활성화하는 것에서 확인할 수 있다.

특정 환경에의 유전적 적응은 뇌가 아닌 다른 장기들에서 먼저 발견되었다. 문화와 유전자가 함께 진화(공진화)한 대표적인 사례로 유당(乳糖) 내성(유당을 소화하는 능력 — 옮긴이)의 진화를 꼽을 수 있다. 신생아는 락타아제(유당분해효소)의 도움으로 젖을 소화할 수 있다. 하지만 성인기에 이르면 일부 사람들은 이 소화 능력을 잃는다. 그러나 5,000여 년 전부터 젖을 생산하는 가축을 키워 온 북유럽에서는 성인 인구 가운데 상당히 높은 비율이 젖을 소화할 수 있다. 이는 그 성인들에게서 락타아제 유전자가 발현하는 덕분이다. 반면에 중국에서는 성인에게서 락타아제 유전자가 발현하는 경우가 상대적으로 드물다. 따라서 내가 중국을 처음 방문할 때 예쁜 빨간색 포장의 하우다치즈를 선물로 가져간 것은 그리 좋은 선택이 아니었지 싶다. 그 선물을 기꺼이 먹은 중국인들 중 일부는 심하게 설사를 했을 것이 틀림없다.

최근에 연구자들은 티베트인들에게서 고도가 높은 생활환경에의 유전적 적응 사례 하나를 발견했다. 티베트인은 고도 4,000에서 5,000미터의 히말라야 지역에서 산다. 일반적인 경우라면, 그 고도에서의 산소 부족은 적혈구 생산을 강력하게 자극할 테고, 그 결과로 혈액이 몹시 끈적해져서 혈전증(혈관 속 혈액이 굳어 덩어리가 생기는 것 — 옮긴이)이나 경색(동맥이 막히는 것 — 옮긴이)이 발생할 위험이 상당히 높아질 것이다. 하지만 약 8,000년 전에 *EGLN1* 유전자에서 두 가지 돌연변이가 일어나 적혈구 생산을 억제했고, 따라서 혈액의 점성 증가를 막았다. 티베트인들은 산소 부족을 혈액순환의 촉진으로 벌충한다. 즉, 혈관을 넓히는 기능을 하는 산화질소(NO) 분자들을 혈관 벽에서 더 많이 생산함으로써 혈액순환을 촉진한다.

얼마 전부터 문화신경과학cultural neuroscience은 이런 형태의 적응적 유전자-환경-상호작용들과 그것들이 뇌와 행동의 변이에 미치는 영향을 집중적으로 연구해 왔다. 그럼으로써 그 신경과학 분야는 다양한 인구 집단들의 행동 방식과 질병의 차이를 설명하려 애쓴다. 이제부터 그 분야의 몇몇 성과들을 살펴보자.

성격 차이

> 모든 밭이 똑같은 수확량을 낼 수 없는 것과 마찬가지로,
> 모든 영혼이 행복을 수용하는 능력을 똑같이 가진 것은
> 아니다.
> ― 프랑수아 르네 드 샤토브리앙

네덜란드 심리학자 게르트 호프스테데가 지적한 대로, 사람들이 성장기에 속한 문화의 차이는 그들의 성격에 영향을 미친다.

첫째 차이는, 예컨대 미국을 비롯한 일부 문화들은 개인주의적 성향인 반면, 아시아 국가들을 비롯한 다른 문화들은 집단주의적인 편이라는 점이다. 대체로 서양 세계의 사람들은 자기를 독립적인 존재로 이해하고 자기에게 관심을 집중한다. 반면에 동양 세계의 사람들은 사회적 맥락 안에서 자기를 보는 경향이 더 강하다.

이 같은 개인주의와 집단주의의 차이는 세로토닌 운반체 유전자의 한 변이와 함께 발달한 듯하다. 세로토닌 운반체는 사회적 행동에 관여하는 화학적 신호 물질 세로토닌의 작용에 중대한 영향을 미친다. 세로토닌 운반체 유전자는 두 가지 형태, 곧 짧은 형태와 긴 형태로 존재한다. 집단 중시 경향이 강한 인구 집단에서는 짧은 형태가 더 흔하고, 개인주의적인 인구 집단에서는 긴 형태가 더 흔하다. 긴 형태의 세로토닌 운반체 유전자는 사회적 규범을 엄수하는 풍토와 짝을 이룬다. 〈사회적 펩티드〉 곧 옥시토신 수용체의 한 변형은 12개국의 집단주의적 가치관과 짝을 이룬다.

동아시아인들은 밀림 속 호랑이의 사진을 전체적으로 살피면서 밀림이라는 맥락 안에 놓인 호랑이를 보는 경향이 있는 반면, 서양 세계 출신자들은 분석적으로 사고하면서 핵심 대상인 호랑이 자체에 초점을 맞추는 경향

이 있다. 이 차이는 시각피질에서 배경을 처리하는 방식의 차이와 관련이 있다. 기능성 자기공명영상을 이용한 연구들이 보여 주듯이, 문화적 차이는 뇌 연결망들의 차이로도 나타난다. 사회적 과제를 담당하는 뇌 연결망들뿐 아니라 다른 연결망들도 문화적 차이를 반영한다. 동아시아인들에서는 주로 타인의 감정과 생각에 대한 추론을 담당하는 뇌 구조물들이 활발히 작동하고, 서양 세계 사람들에서는 자신의 생각과 감정을 담당하는 뇌 구조물들이 활발히 작동한다.

문화들의 차이를 보여 주는 또 하나의 특징은 문화가 불확실성을 기피하는 경향이 얼마나 강한가, 하는 것이다. 이 기준으로 보면, 불확실성 기피 경향이 가장 강한 곳은 그리스이며, 싱가포르는 불확실성을 가장 잘 관용할 수 있는 곳이다. 권력 거리 지수Power Distance Index, PDI도 문화들 사이의 본질적 차이를 보여 준다. 이 지수는 사람들이 위계와 권위를 얼마나 존중하는지 알려 준다. 전 네덜란드 총리 욥 덴 윌은 권력 거리 지수가 낮은 문화에 특유한 사례 하나를 제공함으로써 국제적으로 주목받았다. 1974년 포르투갈에서 그는 캠핑카를 이용하여 수많은 네덜란드인 휴가객들과 뒤섞여 캠핑했다. 그런 일은 권력 거리 지수가 비교적 높은 벨기에나 프랑스 같은 국가들에서는 생각할 수조차 없을 것이다.

대한민국은 위계 의식이 매우 뚜렷한 나라들 중 하나다. 대한항공은 권위를 매우 존중하는 문화가 비행기 조종실 안에서 얼마나 위험할 수 있는지 보여 준 바 있다. 과거에 대한항공 부기장들은 기장이 실수를 범했을 때, 혹은 매우 위험한 상황이 닥치는 것을 그들 스스로 알아챘을 때, 감히 입을 열지 못했다. 이런 분위기 때문에 일련의 비행기 추락 사고들이 발생했다. 그 후 대한항공은 조종사들에게 동등한 눈높이에서 영어로 소통하고 끊임없이 서로를 통제하고 수정하라고 가르침으로써 과거의 위험을 제거했다.

과학 분야에서 높은 권력 거리 지수는 딱히 생명을 위태롭게 만들지는 않지만, 윗사람의 말을 단순히 실행하는 문화에서 온 동료들의 창조성을 억누른다. 내가 경험한 바로는, 서양 문화권 출신의 유능한 박사과정 학생은 신참으로 새 프로젝트에 참여하면 얼마 지나지 않아 변화들을 시도하고, 훌륭한 프로젝트 지휘자는 그 개선책들을 소중히 여길 줄 안다. 중국에서 과학 연구는 높은 권력 거리 지수의 특징을 뚜렷이 나타낸다. 그래서 나는 내가 지도하는 중국인 박사과정 학생들에게 가장 먼저 다음과 같이 분명하게 지시한다. 나에게 공손하게 구는 것은 절대 금지다. 그리고 여러분이 내가 틀렸다는 것을 ─ 나는 늘 틀린다 ─ 입증하거나 더 나은 대안을 제시한다면, 나는 그 일을 특히 소중히 여길 것이다. 이렇게 지시하고 나면, 놀랍게도 얼마 지나지 않아 그들은 나와 격한 토론을 벌일 용기를 낼뿐더러 연구자로서 성장하고 과학 논문을 비판적으로 읽는 일에 더 큰 재미를 느낀다. 요컨대 권위주의적 속성들은 적어도 부분적으로 변화시킬 수 있다. 하지만 동양에서 선생을 우러러보는 풍토는 여전하다. 매년 9월 10일은 중국에서 스승의 날이다. 그날 나는 과거에 가르친 중국인 학생들로부터 정성 들인 편지들을 받는다. 다른 국가에서 온 학생들도 많이 가르쳤는데, 그들로부터는 그런 존경의 증표를 단 한 번도 받지 못했다. 여담인데, 동양 국가들의 위계에서는 어머니도 높은 지위를 차지한다. 어머니의 사진을 보여 주면, 중국인들의 뇌에서는 유명인의 사진을 보여 줄 때와 똑같은 반응이 일어난다. 반면에 서양 문화에 물든 사람의 뇌에서는 그런 반응이 일어나지 않는다.

문화와 뇌의 질병들

정신의학적 질병들에서도 인구 집단들 간의 차이가 뚜렷이 나타난다. 예컨대 다양한 민족 집단들에서 CYPA6 유전자는 니코틴 중독 유병률과 적어도 부분적으로 관련이 있다. 이 유전자의 변형들은 니코틴 중독의 위험을 낮추는데, 그것들은 유럽인과 아프리카인에게는 드물지만(약 3퍼센트에 불과하다) 일본인과 한국인에게는 더 흔하다(약 24퍼센트).

차별 성향도 유전적 속성들과 관련이 있다. 세로토닌 운반체 유전자의 짧은 변형을 보유한 사람들은 차별 성향이 있는데, 이 변형의 빈도는 인구 집단들마다 다르다. 하지만 단 하나의 유전자가 뇌의 특정한 작동 방식이나 우리의 특정한 행동 방식을 산출하는 경우는 절대로 없다는 점을 유념해야 한다. 행동의 차이는 다수의 유전자들과 기타 요인들에 기초를 둔다.

소수민족 이민자들은 조현병에 걸릴 위험이 토착민보다 더 높다. 물론 조현병 소질은 압도적으로 유전에 의해 결정된다. 연구자들은 소수민족 이민자들이 더 큰 스트레스를 받는 것이 그들의 조현병 발병 위험이 더 높은 원인이라고 본다. 실제로 독일의 한 연구팀은 토착민들보다 이민자들의 대상 피질에서 스트레스 반응이 더 강하게 일어난다는 것을 입증한 바 있다.

중국을 비롯한 집단주의 성향의 인구 집단들에서는 우울증에 걸릴 위험이 낮다고 사람들은 흔히 짐작하지만, 이 짐작은 입증되지 않았다. 오히려 중국에서는 정신의학적 질병들이 여전히 엄청난 금기로 취급된다. 따라서 그 질병들의 통계와 치료에 결함이 있을 수밖에 없다. 이를 감안하면, 중국에서 자살률이 높은 것도 최소한 부분적으로 설명할 수 있다. 중국의 자살자들은 주로 우울증 환자들이다. 현재 중국에서는 정신의학적 치료의 낙인을 꺼리는 우울증 환자들을 스마트폰을 통해 진단하고 돕는 사업이 시도되고 있다.

2. 언어와 뇌 발달

내가 언어를 발명한 것일까, 거꾸로 언어가 나를 발명한 것일까?

아무튼 하나 없이 다른 하나를 생각하기는 불가능하다.

— 후스트 힐스

아동이 성장 과정에서 처하는 언어적 환경은 아동의 뇌 발달을 위한 중대한 인자다. 언어는 뇌 시스템 전체의 구조와 기능에 영구적인 영향을 미친다. 모어의 발달을 위해서는 오직 언어적 환경이 결정적인 구실을 한다. 유전적 소질은 모어 발달에서 중요한 역할을 하지 않는 것으로 보인다. 아동들은 세계의 어떤 언어라도 습득할 능력을 갖추고 태어난다. 환경과의 상호작용을 통해 아동은 그를 둘러싼 언어 시스템 — 혹은 이중 언어 환경에서 성장한다면, 그를 둘러싼 언어 시스템들 — 의 말소리들을 알아채는 법을 학습한다. 반면에 다른 언어들의 말소리를 알아채는 능력은 생후 1년이 지나면 줄어든다.

거꾸로 아동이 중국에서 생후 1년을 보낸 후 프랑스어를 쓰는 캐나다 가정에 입양되어 다시는 중국어와 접촉하지 않더라도, 그 아동의 뇌에는 중국어의 뉴런 표상이 존속한다. 그 아동이 중국어를 듣지 않고 12년을 보낸 뒤에도, 중국어 말소리는 여전히 그 아동의 위 관자이랑superior temporal gyrus/관자 평면planum temporale을 활성화한다. 이는 중국인 부모 밑에서 이중 언어(프랑스어-중국어)로 성장한 아동들에게 나타나는 것과 동일한 반응이다. 중국어를 배운 적이 없는 아동들에게는 이 반응이 일어나지 않는다.

본인의 모어가 일본어냐 서양 언어냐에 따라서, 말소리와 동물의 울음소리가 좌뇌 피질이나 우뇌 피질에서 처리된다. 이때 유전적/민족적 기원은 아무 역할도 하지 않는다. 언어 발달 과정에서 비로소 뇌에서 그 차이가 형성된다. 중국어를 하는 사람들은, 중국어를 하지 않지만 여러 언어를 하는 유럽인들과 비교할 때, 좌뇌 섬엽과 우뇌 관자엽 앞부분의 몇몇 구역들에 백색질과 회색질을 더 많이 보유하고 있다. 이 특이점은 모어가 중국어인 중국인들뿐 아니라 성인기에 비로소 중국어를 학습한 유럽인들에게서도 발견되었다. 추측하건대 그 뇌 구역들은 성조 언어tonal language를 위해 특별한 기능을 하는 듯하다. 일본어는 R 소리와 L 소리를 구별하지 않는다. 그럼에도 일본인 아기들은 그 두 소리의 차이를 생후 9개월까지 아주 잘 지각한다. 하지만 그 아기들은 그 두 소리의 미묘한 차이와 맞닥뜨리지 않으므로 그 소리들을 구분하는 능력을 상실한다. 비(非)중국어 언어 환경에서 성장하여 특정 중국어 말소리들을 구별하는 능력을 상실한 생후 9개월의 미국인 아동들을 연구해 보니, 그들은 그 구별 능력을 되찾을 수 있었다. 그러나 오직 모어가 중국어인 사람으로부터 중국어를 들을 때만 그 능력의 회복이 이루어졌고, 비디오나 녹음을 통해 중국어를 들을 때는 이루어지지 않았다. 요컨대 언어 학습에서는 사회적 상호작용이 결정적으로 중요하다. 이 연구 결과는 강의에서 피와 살을 지닌 선생이 얼마나 중요한지를 새삼 돌이키게 하며, 온라인 학습이 과연 요새 일부에서 주장하는 만큼 효과적인지에 대하여 의문을 품게 한다.

언어와 직접적 관련성이 없는 뇌 구역들에서도 민족에 따른 차이들이 나타난다. 중국인의 일차시각피질(V1, 브로드만 영역 17번)은 서양 문화권 사람의 일차시각피질과 확연히 다르다. 뇌 구조물들에서 관찰되는 이런 형태의 변이들, 그리고 그것들과 문화적 배경의 관련성에 대해서는 많은 연구가 이루어져야 한다.

이중 언어 능력

> 다른 언어는 삶을 보는 다른 관점이다.
> ─ 프레데리코 펠리니

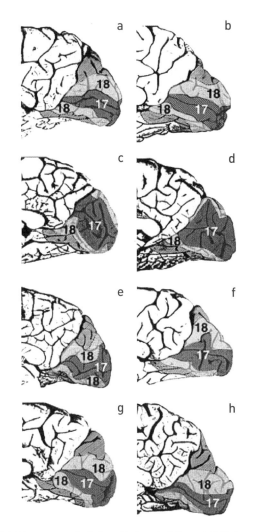

그림 5.1 일차시각피질(V1, 브로드만 영역 17번)과 18번 영역, 19번 영역의 크기 가변성. a, b, e는 서양인의 뇌들이다. 중국인의 뇌들(c, d)은 일차시각피질(17번 영역)이 더 크다.

내 손자는 생후 첫날부터 파리에서 이중 언어로 성장한다. 그 아이의 어머니는 아들과 대화할 때 오직 프랑스어만 쓰고, 아버지는 오직 네덜란드어만 쓴다. 내 손자는 지금 다섯 살인데, 대화 상대가 누구냐에 따라서 그 아이가 완전히 자연스럽게 프랑스어와 네덜란드어를 넘나들고, 필요할 경우 방금 대화한 내용을 신속하게 번역하는 모습을 보노라면 감탄이 절로 나온다. 이중 언어가 뇌 발달을 위한 강력한 자극 요인인 것은 우연이 아니다. 이중 언어 능력을 가진 사람들은 많은 심리학적 검사들에서 평균보다 높은 점수를 얻는다. 학문 분야에서도 그들은 한 언어로만 성장한 사람들보다 장기적으로 더 많은 성과를 낸다. 이중 언어 능력을 가진 사람들은 앞이마엽 피질에 평균보다 많은 백색질을 보유하고 있다.

이중 언어를 사용하는 아동들은 인지 능력을 추가로 예비해 둔다. 이중 언어 사용자는 어린 시절에 모어 하나만 배운 사람들보다 평균 4~5년 늦게 알츠하이머병에 걸린다(18장 7 참조).

나의 손자는 때때로 네덜란드어를 하면서 프랑스어에서 유래한 단어들을 쓴다. 그 아이는 〈woonkamer(거실)〉 대신에 〈salon〉을 쓰거나 〈werkkamer(작업실)〉 대신에 〈bureau〉를 쓴다. 이것이 이중 언어 사용의 유일한 단점이다. 이중 언어 사용자의 어휘는 양쪽 언어 모두에서 약간 제한적이다. 한마디 보태면, 이중 언어 사용은 전혀 이례적이지 않다. 세계 인구의 절반 이상이 이중 언어 사용자다.

한 언어를 어느 나이에 학습하느냐에 따라서 어떤 뇌 구조물이 그 언어를 담당하느냐가 결정된다. 이마엽 피질에는 말하기에 결정적으로 중요한 브로카 영역이 있다. 성인기에 새 언어를 배우면 브로카 영역 내부에서 모어를 담당하는 세부 영역 외에 다른 세부 영역이 그 새 언어를 담당한다. 반면에 이른 나이부터 이중 언어로 성장하면, 브로카 영역의 동일한 세부 영역이 두 언어 모두를 담당한다. 언어 이해에 결정적으로 중요한 관자엽의 베르니케 영역에서는 이중 언어 사용이 시작된 시기에 따른 차이가 거의 혹은 전혀 발견되지 않는다. 하지만 백색질, 곧 뇌 구역들 간 연결선들에서는 이중 언어 사용자의 차이를 알아볼 수 있다.

이중 언어 사용자의 왼쪽 꼬리핵caudate nucleus은 어떤 언어 시스템이 사용될지를 통제한다. 독일어-영어 사용자들도 그러하고, 일본어-영어 사용자들도 그러하다. 꼬리핵의 뾰족한 끄트머리가 손상된 한 삼중 언어 사용자인 여성은 여전히 세 언어 모두를 잘 이해할 수 있었지만 말할 때는 본인의 의지와 상관없이 자동으로 한 언어에서 다른 언어로의 교체가 일어났다. 이 사례는 다양한 언어들 사이의 교체에서 꼬리핵이 얼마나 중요한지 보여 준다. 앞이마엽 피질도 한 언어에서 다른 언어로의 전환에 관여한다고 한다.

3. 영성과 신앙

> 각자가 자신의 통찰에 따라 신앙의 토대를 자유롭게
> 해석하는 것이 바람직하다. 각자의 신앙에 대한
> 평가는 오직 그의 업적에 따라서 내려지는 것만 허용된다.
> ─스피노자

우리 모두는 어느 정도 영성을 보유했고, 따라서 종교에 대한 수용성을 지녔다. 쌍둥이 연구들이 보여 주듯이, 종교에 대한 친화성은 50퍼센트가 유전에 의해 결정된다. 이 값은 일란성 쌍둥이들과 이란성 쌍둥이들의 차이에 기초하여 계산된 것이다.

딘 헤이머는 한 유전자를 발견했는데, 그 유전자의 미세한 변이들이 영성의 정도를 결정한다. 종교는 우리의 영적 느낌을 지역적 특성에 맞게 구체화한 산물이다. 우리의 성장 환경은 우리의 발달 단계 초기에 우리의 모어와 마찬가지로 우리 부모의 종교가 우리의 뇌 회로에 정착하게 만든다. 그러나 그 신앙이 뇌에 얼마나 장기적으로 프로그램되느냐에 따른다. 우리가 평생 그 신앙을 고수하느냐 아니면 그 신앙에서 쉽게 벗어날 수 있느냐는 대체로 유전적 소질에 의해 결정된다.

그림 5.2 아동의 뇌에 신앙이 프로그램되는 것은 영적인 느낌과 주변의 종교에 의존한다.

a) 중국인 꼬마가 사진 위쪽에 보이는 거대한 관영(灌嬰, 전한 시대의 장군 — 옮긴이) 상 앞에서 절한다. 부모가 그 모습을 자랑스럽게 지켜보고, 지나가는 사람이 꼬마를 격려한다.

b) 강한 영적 느낌은 신앙에 봉사하는 삶으로 이어질 수 있다.

4. 자극이 풍부한 환경과 교육

> 놀이는 아무리 진지하게 다뤄도 지나치지 않은 활동이다.
> ─ 자크-이브스 쿠스토

다윈이 기록한 대로, 포획 상태에서 성장한 산토끼와 토끼의 뇌는 자연에서 자유롭게 사는 같은 종들의 뇌보다 15퍼센트에서 30퍼센트 더 작다. 그러나 실험동물들이 동종의 개체들과 함께 〈자극이 풍부한 환경〉 — 매일 교체되는 물건들로 가득 찬 큰 우리 — 에서 살 기회를 얻으면, 녀석들의 뇌는 커지고 뇌세포들 간 연결도 더 많이 형성된다. 자극이 풍부한 환경은 어린 학생들에게도 중요하다. 카리스마 있고 적극적인 선생은 학생의 훗날 직업 선택에 결정적인 영향을 미칠 수 있다. 한편, 방치된 아동의 뇌는 장기적으로 평균보다 더 작은 크기로 머물 수 있다. 이와 관련해서 다음과 같은 질문들이 제기된다. 방치된 아동은 얼마나 많은 것을 회복할 수 있는가? 그리고 어느 단계의 방치까지 만회될 수 있는가? 일부 아동은 적어도 부분적으로 회복될 수 있다는 것이 극단적인 상황들에서 입증되었다(뒤에 렘지 카브다르Remzi Cavdar의 사연을 읽어 보라).

그림 5.3 드리쿠스 얀센 판 갈렌, 「선생De leraar」(1926).

풍부하고 질 좋은 영양 섭취, 인지적 자극, 충분한 운동과 수면은 우수한 학업성적을 위한 토대다. 수면 문제는 심각한 학습장애로 이어질 수 있다. 양질의 비렘수면은 기억에 정보가 저장되는 데 결정적으로 중요하다. 잘 자고 나면 우리는 어제 학습한 바를 더 잘 기억해 낸다. 생물학적 시계의 리듬이 바뀌는 사춘기에는 그 리듬 변화가 뚜렷한 문제를 야기할 수 있다. 그 변화의 원인은 생물학적 시계를 이루는 신경세포들이 성호르몬들의 영향을 받는 것에 있다. 그래서 청소년들은 더 늦게 잠들며 아침에는 무기력한 편이다. 20세 정도가 되면, 생물학적 시계가 다시 원래 리듬으로 돌아간다.

모든 뇌 각각의 구조는 유일무이하다. 전문화된 뇌 구역들의 크기와 그 구역들 간 연결의 효율성이 우리 각자의 가능성과 한계들을 결정한다. 따라서 뇌 구조를 조사하면, 예컨대 한 수업에서 학생들 각각이 어떤 반응을 보일지 예측할 수 있다. 계산 수업에 참여한 9~10세 아동들을 대상으로 삼은 한 연구에서 연구진은 기억을 위해 중요한 뇌 구조물들의 크기와 연결들에 기초하여 수업의 효과를 예측했다. 예측의 기준들은 해마의 크기, 그리고 해마에서 앞이마엽 피질과 선조체로 뻗은 연결선들이었다. 흥미롭게도 계산과 관련이 있다고 여겨져 온 마루엽 피질과 관자엽 피질을 비롯한 구조물들의 크기나 연결은 수업 효과 예측을 위해 중요하지 않았다. 그 연구가 다룬 것은 절차적·자동적 학습이 아니라 서술 기억 혹은 인출 가능한 기억이다. 절차적·자동적 학습은 선조체의 크기에 기초하여 예측할 수 있다.

사회 안에서 성공적으로 살려면, 호기심, 의지력, 사회적 행동, 적응력, 감수성 등의 속성들이 중요하다. 교육은 그 속성들을 강화해야 마땅하다. 다음과 같은 질문은 예나 지금이나 깔끔하게 해결하기가 불가능한 문제다. 특정 학과에 적합한 학생을 어떻게 선발할 것인가? 대학교들은 중등학교 졸업 성적만 살펴보는 대신에 〈탈중심적 전형decentralized selection〉을 점점 더 많이 채택하는 추세다. 탈중심적 전형은 지원자가 자신의 전공에 맞는 속성들을 보유했는지에 관심을 기울인다. 중국에서 내가 직접 목격한 바지만, 그런 탈중심적 전형의 한 요소인 면담을 준비해 주는 학원 수업이 이미 존재한다. 그 수업에서 학생들은 평가자가 바라는 대로 대답하는 법을 배운다.

하루가 다르게 복잡해지는 우리 세계에서 급격한 변화들에 적응할 수 있기 위하여 창조적 능력들이 점점 더 중요해지고 있다. 따라서 학교들은 학생에게 위험을 무릅쓰는 법을 가르침으로써 창조성을 육성해야 한다. 학생은 새로운 것을 시도할 용기를 가져야 하고 관심 있는 내용들을 즐겁게 공부할 기회를 제공받아야 한다. 그뿐만 아니라 학생은 비판적 질문을 던지는 법을 배워야 한다. 2014년에 교육문화과학 장관 예트 부세마커가 〈경쟁력 있는 반골〉을 키우는 교육을 옹호했는데, 그것이 옳은 방향이다.

방치 이후의 재생

렘지 카브다르는 생후 처음 2년 동안 정상적으로 발달했다. 그 후 그의 아버지가 포르투갈에서 마약 밀수죄로 7년 징역형을 받고 수감되었다. 어머니를 도와줄 사람은 아무도 없었다. 독립 생계가 부담스러운 나머지 그녀는 정신병에 걸렸다. 네 살짜리 렘지는 집에 방치되었다가 쓰레기 더미 속에서 발견되었다. 그는 심한 영양실조였으며 장난감이라고는 아무것도 없었다. 어머니가 몇 년 동안 그와 대화하지 않았고 그를 밖으로 내보내지 않았기 때문에, 그는 그저 괴성만 질렀다. 전문가들은 그를 〈늑대 아이〉로 불렀고 발달장애아로 간주했다.

그 후 렘지는 — 오늘날의 관점에서 보면 잘못된 조치로 — 10년의 세월을 최소 13곳의 네덜란드 지적장애인 시설에서 보냈다. 그는 소통 능력이

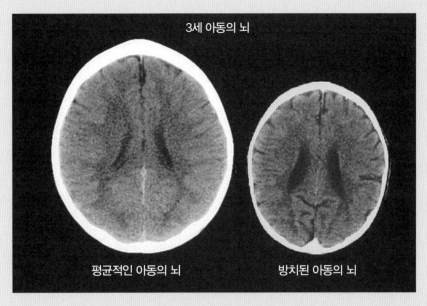

그림 5.4 심각한 방치가 한 3세 아동의 뇌(오른쪽)에 미친 영향을 정상적인 환경에서 성장했으며 뇌의 크기가 평균적인 어느 3세 아동의 뇌(왼쪽)와 비교하여 보여 주는 CT 영상. 방치된 아동은 뇌가 더 작을 뿐 아니라 뇌실들이 더 크고 뇌 이랑들 사이의 틈이 더 많다.

거의 없는 아이들 사이에서 그들의 배설물이 발라진 벽을 보며 성장했다. 그의 IQ가 50에서 79로 상승했을 때에도 사람들은 그를 시설에 그대로 내버려두었다.

그가 시설에서 처음 몇 년을 보내는 동안, 청소년복지 당국의 의사들은 그가 급속하게 발달한다는 의견을 냈는데도 말이다. 그가 발달장애아가 아님을 처음으로 알아챈 사람은 어느 재택 돌보미 여성이었다. 그녀는 렘지를 1년 동안 자원해서 돌봤다. 〈베프가 없었다면 나는 지금도 여전히 거기에 주저앉아 있었을 거예요〉라고 렘지는 말한다. 더 나중에 실시한 검사의 결과를 보면, 그는 IQ가 무려 118이었고 대학교에서 정보학을 전공할 생각이었다. 그러나 렘지는 한동안 우울증을 앓으면서 대학교에서의 정보통신 기술 공부를 중단해야 했다. 현재 그는 과거에 사람들이 그에게 저지른 과오를 재판을 통해 인정받으려 애쓴다. 우울증은 그 과오 때문에 그가 치르는 대가다.

5. 청소년기: 새로운 사회에 적응하는 단계

> 젊음은 경이로운 것이다. 사람들이 자식을 위해 젊음을
> 허비한다는 것은 참으로 치욕스러운 일이다.
> ─ 조지 버나드 쇼

사춘기에 들끓는 성호르몬들은 공격행동과 성 행동을 활성화하며, 이 활성화는 다른 많은 행동 변화들을 동반한다. 사춘기의 진화적 장점은 성적 성숙과 관련지어 이해할 수 있다. 돌연변이들의 축적과 유전병 위험의 상승을 막으려면, 번식은 본인의 가족 범위 내에서 이루어지지 말아야 한다. 따라서 젊은이는 부모의 집을 떠나 두려움 없이 위험에 뛰어들면서 새 경험들을 쌓아야 한다. 사춘기 청소년은 자기 행위의 귀결들을 매우 단기적으로만 내다본다. 처벌의 가능성은 그의 충동적 결정을 가로막지 못한다. 그렇기 때문에 청소년들에게는 알코올, 담배, (아직 완전히 성숙하지 않은 그들의 뇌를 장기적으로 손상시킬 수 있는) 금지 약물 남용의 위험이 특별히 높다. 위험한 운전이나 무방비 섹스의 위험도 마찬가지다. 이 사실은 통계에서도 확인된다. 그럼에도 대다수의 청소년은 어떤 파국도 야기하지 않는다. 전형적인 사춘기 행동은 일차적으로 이로운 적응으로 이해되어야 한다. 방금 언급한 위험들은 그 자체로는 이롭고 필수적인 사춘기 행동의 비교적 드문 부수현상으로서 함께 나타날 따름이다.

기본적으로 청소년은 엄청난 도전에 직면한다. 즉, 인생에서 가장 어려운 결정들 중 하나를 내려야 한다. 청소년은 부모의 집을 떠나 자신의 삶을 스스로 꾸려 가야 한다. 이를 실행하기 위하여 청소년은 자기 부모를 격렬히 비판하고, 모험을 추구하고, 새로운 도전들에 뛰어들면서 혹시 맞닥뜨릴지도 모르는 위험을 아주 많이 숙고하지 않는다. 먼 미래를 내다보는 숙

고는 허용되지 않는다. 10대 청소년들은 흔히 자기 부모를 매섭게 비판하면서도 자신이 때때로 부모에게 얼마나 모질게 구는지 돌아보지 못한다. 그뿐만 아니라 이 시기에 청소년들은 음의 피드백보다 양의 피드백에 훨씬 더 많이 열려 있다.

청소년들의 사춘기 행동은 유전적 관점에서 이로울 뿐 아니라 사회적 관점에서도 큰 장점이다. 연장자들은 안정성과 연속성을 담보하는 긍정적 역할도 하지만 대개 보수적이어서, 새로운 변화에 보조를 맞추는 경우가 드물고 필요한 변화를 위한 싸움에서 늘 선봉에 서지는 않는다. 그런데 지금 사회는 정치적·생태적·기술적·기후적으로 끊임없이 신속하게 변화하고 있다.

청소년은 이 변화들에 동참하려 한다. 흥분되는 새로운 것들을 시험해 보기를 원하고, 혁신에 열광하고 사회의 변화를 긍정한다. 청소년들의 행동은 사회가 새로운 변화들에 잘 적응할 가능성을 열어 준다. 정말이지 젊은 세대의 이 같은 혁신들이 없다면 사회는 존속할 수 없을 것이다. 청소년기의 젊은이들은 마치 새로운 변화를 추진하기 위해 창조되기라도 한 것 같다. 왜냐하면 그들은 연장자들보다 책임을 덜 지며, 경제적·정치적으로 덜 정착한 상태니까 말이다.

더 나아가 청소년들은 그들 자신의 이익만 추구하지 않는다. 그들은 흔히 구호단체에서 자원봉사자로 활동하며 심지어 이타적인 이유에서 — 흔히 부모의 의지에 거슬러 — 전쟁에 나설 각오가 되어 있다. 또한 우리는 청동기시대에 대다수 사람들이 20세와 30세 사이에 벌써 사망했다는 점을 잊지 말아야 한다. 바꿔 말해, 사회는 예로부터 청소년들과 젊은 성인들의 손아귀 안에 있었으며, 그럼에도 파국적인 결과는 — 진화의 관점에서 볼 때 — 전혀 발생하지 않았다.

레이던 대학교 신경인지 발달심리학 교수 에벌린 크로네는 〈아하!〉라는 탄성이 터지는 〈통찰-체험〉을 연구해 왔다. 새롭고 유용하고 합목적적인 앎을 얻는 통찰력은 우리 창조성의 중요한 성분이다. 그녀는 피험자들에게 특정 개수의 성냥개비들로 새로운 도형을 만드는 과제를 부여했다. 청소년들은 성인보다 더 신속하게 새로운 해법들을 발견했으며 더 빨리 통찰-체험에 이르렀다. 이 과제의 수행을 위해서는 이마엽 피질이 결정적으로 중요하다. 성인의 이마엽 피질은 특정한 문제들의 해결을 위한, 잘 닦여 신속하게 기능하는 길들을 보유하고 있다. 청소년들은 그런 잘 닦인 길들을 아직 보유하고 있지 않다. 그래서 청소년들은 계획 수립을 어려운 과제로 느낀다. 하지만 창조적인 과제들에서는 청소년들이 앞이마엽 피질의 아직 활용되지 않은 가능성들을 더 많이 사용할 수 있고, 따라서 새로운 아이디어에 더 신속하게 도달한다.

또한 청소년기는 계획을 담당하는 앞이마엽 피질과 보상 중추인 측좌핵 nucleus accumbens 간 연결의 부재를 그 특징으로 한다. 더불어 청소년기에는 편도체와 앞이마엽 피질 사이의 연결도 아직 완전히 성숙하지 않은 상태다. 위험이 큰 결정을 위해서는 편도체가 받는 자극이 중요하다. 위험을 진지하게 검토하려면 불안도 감안해야 한다. 그러나 청소년들에게 불안은 큰 문제가 되지 않는다.

정신 이론 혹은 정신화에 기초를 둔 과제들, 다시 말해 타인들이나 자기 자신에 대한 숙고를 요구하는 과제들은 청소년의 관자 마루엽 접합부와 앞이마엽 피질을 활성화한다. 그런데 청소년기에서 성인기로 이행하는 동안, 안쪽 앞이마엽 피질의 활동은 감소하고 그런 과제를 해결하는 능력은 향상된다. 14~24세에도 뇌에서는 많은 구조적 변화들이 일어나며, 그 변화들은 성별 특유의 차이들과도 관련이 있다. 앞이마엽 피질은 24세까지도 크기가 증가한다. 이처럼 일부 뇌 구조물들과 기능들은 아주 늦게 성숙한다. 18세 젊은이의 뇌는 입법자들의 생각과 달리 〈성인〉의 뇌가 되려면 아직 멀었다. 그러므로 18세 군인을 전쟁터로 보내는 것은 무책임한 조치다.

6. 파트너 선택

일부일처제 짝짓기

안정적인 일부일처제 이성애 짝짓기는 당연히 다양하게 평가될 수 있다. 〈중혼(重婚) 제도에서는 여성 한 명이 과잉이다. 일부일처제에서도 마찬가지다〉라고 오스카 와일드(1854~1900)는 썼다. 그의 동성애 취향을 감안하면 충분히 이해할 만한 견해다. 그럼에도 인간 종에서 일부일처제 파트너 선택은 검증된 풍습이다. 이 풍습은 이미 350만 년 전쯤에 발생했다. 인간의 조상 오스트랄로피테쿠스 아프리카누스는 원칙적으로 일부일처제를 따랐다고 한다. 사랑에 빠지는 것은 보편적인 사건이다. 이 사건이 장기적이며 주로 일부일처제인 파트너 관계의 바탕을 이룬다. 이 사건은 부모의 건강뿐 아니라 자식의 생존 확률을 위해서도 커다란 진화적 장점을 지녔다. 파트너 관계를 장기적으로 유지하는 남성은 테스토스테론 수치가 낮아진다. 특히 자식이 있고 많은 시간을 자식과 함께 보내는 남성에게서 그러하다. 이 같은 테스토스테론 감소는 파트너 관계의 장기적 유지에 도움이 되고 자식에 대한 공감을 강화한다.

가정을 보호하기 위하여 사람들은 온갖 유형의 도덕적 구성물들을 거론한다. 예컨대 〈불륜〉이 거론된다. 하지만 불륜은 남성의 DNA를 퍼뜨린다는 점에서 진화적 장점이라는 주장에도 물음표를 붙이고, 우리 사회가 불륜에 대하는 격한 태도에도 물음표를 붙여야 마땅하다. 이제 우리 사회에서 불륜과 번식은 직접적 관련성이 없다. 하지만 진화 과정에서 프로그램된 속성들은 그리 쉽게 변화하지 않는다. 사회 안의 가족에서는 안정적인 부부 관계 외에 이혼, 재혼, 스토킹, 살인도 당연히 발생할 수 있다. 그러나 이 위험들에도 불구하고 일부일처제 — 그리고 그 제도와 결부된 남성의 육아 도움, 독점적 파트너 관계 — 는 진화적 장점으로 입증되었다. 게다가 일부일처제는 우리 가족 내의 아동이 다른 남성의 자식일 확률을 낮춘다. 물론 그 확률을 0으로 만들지는 못하지만 말이다. DNA 검사들이 보여 주듯이, 전체 아동의 2~3퍼센트는 법적 아버지와 생물학적 아버지가 동일하지 않다. 복잡한 사회 안에서 일부일처제 가족을 이루고 살려면, 우리 뇌가 상당한 역량을 발휘해야 한다. 따라서 일부일처제는 우리 대뇌의 진화적 발달에 아마도 크게 기여했을 것이다(『우리는 우리 뇌다』 21장 참조).

이 대목에서 다음을 언급할 필요가 있다. 짝짓기를 촉진하는 뇌 과정들은 중독에 관여하는 뇌 과정들과 많이 겹친다. 따라서 파트너 관계의 결렬도 금단증상들을 일으킬 수 있다. 사회적 행동을 평균보다 더 뚜렷하게 보이는 쥐들은 암페타민 중독에 쉽게 빠지지 않는다는 것이 알려져 있다. 인간에게서도 타인들과의 공동생활과 결혼이 중독 위험을 감소시킨다는 것이 확인되었다. 따라서 인간은 특정 물질에 대한 중독의 소질을 지녔거나 아니면 파트너에 대한 중독에 더 강하게 좌우되는 듯하다.

사랑에 빠지는 원인은 외모, 신앙, 사회경제적 요인들에 국한되지 않는다. 유전자들의 변이도 짝짓기를 위해 결정적인 구실을 한다. 중국에서 이루어진 세로토닌 시스템의 유전자 변이들에 관한 연구들은 사랑에 빠질 확률이 높은지 아니면 홀몸으로 머물 확률이 높은지와 관련이 있는 미세한 유전적 변이들이 세로토닌 1A수용체 유전자에 존재함을 입증한다. 쌍둥이 522명이 참여한 한 연구에서 연구진은, 남성에서 바소프레신 수용체 1A의 한 유전적 변이는 불행한 결혼 생활의 위험을 높인다는 결론에 도달했다. 그 유전자 변이를 보유한 남성들은 결혼 생활의 위기를 평균보다 2배 자주 겪었고, 비혼인 경우에는 파트너를 더 자주 바꿨으며 파트너를 배신한 경

그림 5.5 에드바르트 뭉크, 「입맞춤Kus 4」(1902).

험이 2배 많았다. 반면에 여성에서는 이 같은 유전자-행동 상관성이 나타
나지 않았다.

사회적 호르몬 옥시토신은 사랑에 빠진 파트너 쌍의 상호 애착을 촉진한
다. 사랑에 빠진 사람들은 그렇지 않은 사람들보다 옥시토신 수치가 더 높
다. 연구에서 드러났듯이, 그 높은 옥시토신 수치는 개인에게서는 안정적
으로 유지되었고, 사랑에 빠진 쌍들은 6개월 넘게 높은 수준을 유지했다.
어머니-자식 애착에서와 마찬가지로, 파트너들 간 상호작용의 질과 높은
옥시토신 수치 사이의 상관성이 확인되었다. 첫 측정에서 알아낸 옥시토신

수치에 기초하여 연구진은 어떤 쌍들이 6개월 뒤에도 연인 관계를 유지하고 어떤 쌍들이 그보다 먼저 헤어질지 예측할 수 있었다. 사랑에 빠진 쌍의 공감을 통한 상호작용도 옥시토신 수용체의 미세한 유전적 변이들과 관련이 있다. 또 다른 연구에서 입증되었듯이, 40주 후에도 연인 관계를 유지한 쌍들은 파트너나 파트너의 사진을 볼 때 앞이마엽 피질, 대상 피질, 측좌핵에서 일어나는 반응이 40주 안에 연인 관계가 깨진 사람들보다 더 강했다. 따라서 뇌 스캔, 옥시토신 수치 측정, 옥시토신 수용체 변이에 관한 DNA 분석을 통해서, 이제 막 사랑에 빠진 사람에게 가까운 미래에 그의 연애가 어떻게 될지에 관하여 이런저런 이야기를 해줄 수도 있을 법하다.

페로몬

냄새는 감정을 동반한 강렬한 기억을 되살릴 수 있다. 파트너 선택과 파트너들 간 애착에서도 냄새 물질은 본질적인 구실을 한다. 사랑에 빠진 사람은 파트너의 냄새는 잘 알아채지만 다른 이성 친구의 냄새는 그렇게 잘 알아채지 못한다. 요컨대 연인 관계가 형성되면, 가능한 경쟁자들에 대한 관심이 냄새 물질을 통해 억제된다. 우리가 의식적으로 지각하지 못하더라도 페로몬을 비롯한 냄새 물질들은 우리의 성 행동에도 영향을 미친다. 테스토스테론 유도체인 한 페로몬은 이성애 여성과 동성애 남성의 시상하부의 활동을 똑같은 방식으로 자극하지만 이성애 남성의 시상하부에서는 어떤 반응도 일으키지 않는다. 이성애 남성은 그런 남성 냄새에 관심이 없는 것이 틀림없다. 또한 우리의 성적 취향은 페로몬이 우리의 성 행동에 어떻게 작용하는가에 결정적인 구실을 하는 것으로 보인다.

그 작용 메커니즘들은 주목받지 못했다(어쩌면 의도적으로 외면당했다). 그러다가 2008년 2월 21일에 슈바르츠코프Schwarzkopf사가 〈갓투비Got-2b〉라는 이름의 헤어젤을 출시하면서 상황이 달라졌다. 그 회사는 프로게스테론progesteron 유도체인 한 페로몬을 냄새 물질로 사용했다. 그 페로몬은 우리의 땀에 들어 있는데, 그 농도가 여성보다 남성이 10배 더 높다. 슈바르츠코프사에 따르면, 갓투비 헤어젤에 들어 있는 그 호르몬(안드로스타디에논androstadienone)은 우리의 후각 시스템을 자극함으로써, 예컨대 남성이 여성에게 발휘하는 매력을 향상시킴으로써 이로운 작용을 한다. 당시에 나는 라디오와 텔레비전에 출연하여, 스톡홀름의 사빅 교수가 입증했듯이, 그런 물질은 이성애 여성의 시상하부뿐 아니라 동성애 남성의 시상하부도 자극한다는 점을 남성 소비자들에게 알려야 한다고 지적했다. 슈바르츠코프사는 제품에 관한 정보를 제공하면서 〈페로몬이 동성의 개인들에게 미치는 영향은 아직 거의 알려진 바 없다〉라고 말하지만, 이 말은 오해를 유발한다. 여성 파트너를 구하기 위해 그 헤어젤을 바르고 바에 간 남성들은 경우에 따라 불쾌하고 경악스러운 체험을 할 수도 있다. 만약에 그 헤어젤이 제조사가 장담하는 효과를 실제로 낸다면 말이다. 여담이지만, 그 효과는 입증될 수 없었다. 슈바르츠코프사가 그 헤어젤을 처음 몇 번 광고한 뒤로 나는 그 제품에 대해서 보거나 들은 바가 전혀 없다.

질투

일찍이 다윈이 말했듯이, 고등동물들과 인간의 뇌와 정신적 능력들 사이에 근본적인 차이는 없으며 다만 정도의 차이가 있을 뿐이라는 사실을 돌이키면 절로 겸허한 기분이 든다. 동물들에게도 기쁨, 고통, 행복, 근심, 질투가 있다고 다윈은 생각했다. 그는 강아지, 새끼 고양이, 새끼 양 같은 새끼 동물들에게서 가장 순수한 형태의 행복이 관찰된다고 여겼다. 인간 아동들처럼 함께 뛰노는 새끼 동물들에게서 말이다. 질투는 강렬한 감정이며, 인간에게서도 성적인 관계에 전혀 국한되지 않는다. 생후 6개월 아동도 벌써 질투 반응을 나타낼 수 있다. 일부 문화들에서 질투는 가장 중요한 살인 동기

중 하나다.

다윈은 동물의 질투의 대표적인 예로, 주인이 타인에게 호감을 느끼는 것을 개가 감지할 때 보이는 반응을 든다. 실제로 그럴 때 개는 두드러지게 반응한다. 나의 아내 패티는 오래전부터 복서Boxer 품종의 개들을 곁에 두어 왔다. 지금 아내가 키우는 녀석은 일곱 번째 복서 〈팜케〉다. 지금까지 대다수의 복서들은 내가 패티를 끌어안으면 질투와 공격성을 뚜렷하게 표출했다. 팜케도 예외가 아니다. 녀석은 큰 소리로 짖으면서 우리 사이로 몸을 들이민다. 질투는 소중한 관계를 잃을 위험에 대한 반응이다. 따라서 질투는 커다란 진화적 장점을 지녔다. 자기에게 먹이를 주는 사람(나의 아내)이 팜케에게 가장 소중한 상대라는 것은 너무나 당연하다.

다른 개, 심지어 장난감 개도 팜케의 격렬한 질투 반응을 유발할 수 있다. 해리스와 프루보스트(Harris, Prouvost, 2014)는 주인이 자기 개를 무시하고 장난감 개를 가지고 1분 동안 놀면 개가 어떤 반응을 나타내는지 살펴보는 실험을 했다. 장난감 개는 낑낑거리고 꼬리를 흔들고 짖는 기능을 갖춘 제품이었다. 실험 결과, 약 86퍼센트의 개들이 그 장난감 개의 꽁무니에 코를 대고 냄새를 맡았다. 보아하니 그 장난감을 진짜 개로 여기는 모양이었다. 25퍼센트는 공격적 행동을 보이면서 장난감 개에게 덤벼들었다. 다른 33퍼센트는 장난감 개와 주인 사이에 끼어들려 애썼다. 75퍼센트의 개들은 장난감 개나 주인에게 달려들었다.

그림 5.6 테오도르 제리코, 「강박적인 질투에 빠진 여성의 초상Portret van een vrouw die lijdt aan obsessieve jaloezie」(1822).

이처럼 이 실험은 사람과 마찬가지로 개도 질투 반응이 다양한 형태로 나타남을 보여 준다. 일부 개들은 다른 개들보다 질투가 확실히 더 강했다.

개인의 질투의 강도에 결정적인 영향을 미치는 생물학적인 요인들과 사회적 요인들은 아직 정확하게 연구되지 않았다. 파트너 두 명이 모두 어린 자식들을 돌봐야 하는 시기에는 질투가 파트너 쌍의 결속에 도움이 될 수도 있다. 하지만 더 나중에는 질투가 때때로 역효과를 낳는다. 도덕적 규칙들과 감정들은 진화의 산물이므로, 오늘날 우리가 사는 사회와 우리 삶의 모든 단계에서 그 규칙들과 감정들이 여전히 동등하게 제구실을 하는가라는 질문을 제기할 수 있다.

피험자로 참가한 대학생들에게 각자의 파트너가 다른 상대와 사귄다는 내용의 글을 읽게 하여 그들의 질투를 유발하고 뇌를 기능성 자기공명영상으로 관찰하는 한 실험에서 드러난 바에 따르면, 남성들도 여성들과 마찬가지로 질투를 한다. 하지만 남성들은 시상하부와 편도체가 활성화되었다. 즉, 섹스와 공격에 관여하는 뇌 부위들이 활성화된 것이다. 반면에 여성들은 위 관자이랑 뒷부분, 곧 실망 및 사회적 규칙 위반과 관련이 있는 뇌 부위가 활성화되었다. 이 차이는 진화적 뿌리를 가진, 수백만 년 된 성별 차이를 반영한 것일까? 이에 관하여 더 많은 지식을 얻어야 할 것이다. 프란스 드 발은 자신의 침팬지들이 〈그야말로 질투가 강하고 성차별적이며 소유욕이 강하다〉고 말한다. 어떤 동물적 면모도 우리에게 낯설지 않다.

7. 정치적 선호

> 명백히 국가는 자연적 구성물이며 인간은 정치적 생물이다.
> — 아리스토텔레스

많은 진화생물학적 요인들이 정치에서 역할을 한다. 우리 뇌는 타인이 속한 민족을 180밀리초 내에, 타인의 성별을 450밀리초 내에 판정한다. 생후 몇 개월 된 아기는 낯선 억양을 구사하는 낯선 사람보다 익숙한 억양을 구사하는 낯선 사람을 더 신뢰한다. 우리 모두는 이방인을 혐오하고 인종을 차별하는 반응을 자동으로 나타낸다. 편도체의 활성화를 동반하는 그 반응을 일부 사람들은 더 잘 다스리지만, 그렇지 않은 사람들도 있다. 또한 우리는 〈우리 집단〉의 구성원들을 선호하는 경향이 있으며, 누군가가 우리 집단에 속하는지 여부를 170밀리초 내에 판단한다. 이 판단은 수많은 뇌 구역들의 활동을 동반한다. 정치적 좌파나 우파에 대한 우리의 선호도 생물학적 토대에서 비롯된다.

아동의 정치적 선호는 부모의 그것과 69퍼센트 일치한다. 과거에 사람들은 이 일치를 교육의 탓으로 돌렸다. 하지만 쌍둥이 연구들은, 우리의 정치적 선호의 상당 부분이 이미 유전적으로 확정됨을 명확히 보여 준다. 그다음에 우리는 환경과 상호작용하면서 정치적 선호를 발달시킨다. 젊은 성인들에서는 정치적 취향과 뇌의 기능 및 구조 사이에서도 상관성이 확인된다.

우리의 정치적 지향은 불안과 불확실성을 다루는 심리적 과정들과 관련이 있다. 진보 정치 지지자들은 새로운 상황과 불확실성을 아주 좋아한다. 또 대상 피질 앞부분에서 이루어지는 갈등 감시에 대해서도 진보 정치 지지자들은 더 수용적이다. 진보정당 선호는 대상 피질 앞부분이 평균보다 더 큰 것과 짝을 이룬다. 그 뇌 부위는 갈등과 불확실성에 대한 관찰 및 관용, 그리고 행위 선택과 관련이 있다. 보수 정치 지지자들은 위협과 갈등에 진보 정치 지지자들보다 더 공격적이고 더 강하게 반응한다. 또한 보수 정치 지지자들은 위협적인 표정에 더 민감하다. 위험이 큰 과제를 수행할 때 진보 정치 지지자들은 섬엽이 활성화되는 반면, 보수 정치 지지자들은 오른쪽 편도체가 활성화된다. 섬엽은 신체 기능을 조절하는 뇌 부위다. 이를 감안하면, 갈등 상황에서 진보 정치 지지자들의 신체 반응이 더 강하게 나타나는 것을 이해할 수 있다. 편도체는 위험 상황에서의 결정을 내릴 때와 불안할 때 활성화된다.

진보 정치 지지자와 보수 정치 지지자의 차이는 무엇보다도 불안을 다루는 방식에 있는 듯하다. 실제로 보수적 정치 성향은 평균보다 더 큰 오른쪽 편도체와 짝을 이루는데, 그 뇌 구조물은 불안을 처리할 때 본질적인 구실을 한다. 한 연구에서 과학자들은 대상 피질 앞부분과 편도체의 크기 차이를 근거로 개인의 정치 성향을 72퍼센트의 정확도로 예측할 수 있었다. 또한 섬엽과 편도체의 활동 차이를 근거로 삼자, 미래의 정치 성향을 무려 83퍼센트의 정확도로 예측할 수 있었다. 하지만 무엇이 먼저 발달하는지, 정치적 선호가 먼저인지 아니면 뇌 구조물들의 크기 차이가 먼저인지 — 다시 말해, 무엇이 원인이고, 무엇이 결과인지 — 는 아직 더 연구되어야 한다.

판 기네켄은 우리가 지도자를 선출하는 방식을 훌륭하게 조망했다. 오래전에 진화적으로 중요했던 요소들, 예컨대 키, 나이, 남성적 매력, 성별 등은 오늘날의 선거에서도 역할을 한다. 오늘날에도 키 큰 남성은 키 작은 남성보다 더 높은 지위나 지도자 위치를 차지하고 더 많은 소득을 거둘 가능성이 높다. 프랑스 대통령 샤를 드 골은 머리에 쓴 군모까지 따지면 키가 2미터가 넘었다. 그는 키가 자신과 맞먹는 네덜란드 외교 장관 요세프 룬스에게 이렇게 말한 바 있다. 「우리처럼 큰 사람들이 (……) 작은 사람들을 이끌어야 합니다.」 낮은 목소리는 남성성과 힘을 연상시킨다. 영국 총리 마거릿 대처는 낮은 목소리를 내기 위해 발성 훈련까지 받았다. 외모도 우리의 선택에서 중요한 역할을 한다. 외모의 대칭성은 우수한 유전자의 지표로 통한다. 이 경우에 지능보다 더 중요한 것은 〈아름다움〉, 예컨대 호감을 일으키는 카리스마나 신뢰를 주는 인상이다. 외모에 따른 선택은 순식간에 이루어진다. 흑백 사진 한 장을 잠깐 보는 것만으로도 충분하다. 그렇기 때문에 첫인상이 그토록 중요하고, 우리가 누군가에게 첫눈에 반하는 경우가 있는 것이다.

8. 인간의 진화는 종결되는 중일까?

> 우리가 일부러 눈을 감지 않는다면, 우리는 현재의 지식에
> 기초하여 우리의 기원을 대략적으로 알아챌 수 있다.
> 그리고 우리는 그 기원을 부끄러워할 필요가 없다. 가장
> 미천한 유기체도 우리 발밑의 비유기적 먼지보다 훨씬 더
> 고등한 존재다. 선입견 없는 사람이라면 아무리 미천한
> 생물을 연구하더라도 그 생물의 경이로운 구조와 속성들에
> 열광할 수밖에 없다.
> — 찰스 다윈

우리 뇌는 엄청난 잠재력과 더불어 진화 과정에서 발생한 개인적 차이들을 지녔으며, 다윈이 보여 주었듯이, 우리가 그런 뇌를 보유한 것은 우연히 돌연변이들이 발생하고 환경에 가장 적합한 변이가 선택되는 과정 덕분이다. 진화 과정에서 우리의 뇌는 믿기 어려운 속도로 크기가 확대되고 기능적 가능성들이 엄청나게 향상되었다. 겨우 300만 년 동안 우리 뇌는 무게가 3배로 늘어났다. 침팬지나 오랑우탄 같은 대형 유인원들의 지금도 정상적인 뇌 무게인 500그램에서 현대인의 뇌 무게인 1,500그램으로 말이다.

  그 300만 년 동안 우리는 몸을 통제하는 데 필요한 뇌 조직 외에 〈추가〉 뇌 조직을 발달시켰으며 그것을 가지고 점점 더 잘 생각하고 점점 더 복잡

한 문제들을 해결할 수 있었다. 우리 뇌의 이 같은 신속한 성장을 유발한 진화적 압력의 정체는 인간관계가 복잡하게 얽힌 사회 안에서 큰 뇌가 제공하는 장점이었다.

그러나 우리 뇌의 확대된 크기만이 우리를 인간으로 만드는 것은 아니다. 크기는 침팬지의 뇌만하지만 구조는 정상적인 인간 뇌와 같은 그런 뇌를 가진 사람들이 있다. 그런 〈소두증microcephaly〉 기형을 지닌 사람들은 침팬지와 달리 말을 할 수 있다. 네안데르탈인의 뇌는 우리의 뇌보다 더 컸지만, 네안데르탈인의 인지 능력은 우리 호모사피엔스에 훨씬 못 미쳤다. 요컨대 더 크다고 항상 더 좋은 것은 아니다. 더 나아가, 뇌의 기초 구성 요소인 신경세포의 차이도 존재한다. 인간의 신경세포들은 생쥐의 신경세포들보다 정보를 약 10배 빠르게 전달한다.

환경에 가장 잘 적응하는 것과 뇌가 확대되는 것이 늘 짝을 이루는 것은 아니다. 뇌의 확대가 적응적인지는 전적으로 생활환경에 달려 있다. 먹이를 얻기 위해 잠수해야 하는 동물들에게는 오히려 뇌가 작은 것이 장점이다. 뇌가 작으면 산소 소비가 대폭 줄어들어 잠수할 수 있는 시간이 대폭 늘어나니까 말이다. 극단적인 예로 거북을 들 수 있다. 거북은 작은 뇌 덕분에 2억 년 전 이래로 변함없이 생존해 왔다. 유진 로빈은 이 현상을 〈멍청함의 진화적 장점〉이라고 표현했다. 어떤 거북들은 무려 일주일 동안 물속에 머무를 수 있다. 잠수를 시작하고 몇 시간 뒤에 산소가 바닥나면, 그 거북들은 산소 없이 에너지를 뽑아낼 수 있는 시스템, 곧 무산소 당분해 시스템을 이용한다. 이 시스템이 제공하는 에너지는 비록 많지 않지만 작은 뇌가 사용하기에는 충분하다. 이 미미한 에너지 공급에 기대어 고등한 인지 기능들을 발휘하기는 불가능할 것이다.

반면에 우리 인간의 환경에서는 〈더 크면 더 좋다〉라는 규칙이 매우 타당하다. 미셸 호프만의 계산에 따르면, 우리 대뇌피질의 표면적은 오늘날

200제곱센티미터에 달한다. 우리 대뇌피질, 곧 회색질 1세제곱밀리미터에는 뉴런 5만 개와 시냅스 50×10^6(5천만)개가 들어 있다. 대뇌피질은 주름이 잡혀 있다. 이는 그 큰 표면적을 좁은 두개골 안에 담기 위한 훌륭한 전략이다. 그 주름 구조 덕분에 대뇌피질의 개별 기능단위들 간 연결선들이 짧을 수 있고, 정보가 신속하게 전달될 수 있으며, 뇌가 효율적으로 기능할 수 있다. 주름 잡힌 신피질과 구긴 종이 뭉치는 동일한 크기 변환 법칙들의 지배를 받는 것으로 보인다. 진화 과정에서 우리의 뇌는 몹시 확대되어 대뇌피질과 백색질의 부분들 간 연결선들이 너무 길어졌다. 따라서 피질의 개별 부분들 각각이 전문화되는 것이 더 효율적이었다. 예컨대 뇌의 언어 중추들은 오직 좌반구에서만 발달했다.

그리하여 우리는 인간 지능의 한계에 도달한 것일까, 아니면 우리 뇌의 진화는 앞으로도 계속될 수 있을까? 미셸 호프만의 계산에 따르면, 인간 뇌의 진화는 이론적으로 볼 때 계속될 수 있다. 우리 뇌는 현재보다 2~3배로 확대될 수 있다고 한다. 하지만 그보다 먼저 우리 뇌는 정보 처리의 최대 용량에 이미 도달할 것이다. 왜냐하면 연결선들이 점점 더 길어지고 반응시간들이 길어질 테니까 말이다. 그런 상황에서 뇌의 확대와 뇌 기능의 향상이 동시에 일어나는 것은 오직 뇌의 설계를 완전히 바꿀 때만 가능할 텐데, 당연히 진화에서는 그런 설계 변경이 일어나지 않는다.

요컨대 우리 뇌의 추가 진화는 이론적으로 생각해 볼 수 있다. 하지만 그 진화가 실제로도 일어날까? 우리 뇌가 추가로 성장하려면 최소한 세 가지 요소가 필요하다. (1) 개인들 간의 두드러진 다양성. (2) 일부 인간 집단이 고유한 생활환경에 고립되는 것. 새로운 인간 종이 발생할 수 있으려면 그런 고립이 필요하다. (3) 생활환경의 갑작스러운 변화. 그런 변화가 닥치면, 우연히 유전적 적응성을 갖춘 소수의 젊은 개인들만 살아남아 번식할 수 있다. 나는 우리 뇌의 추가 진화를 거의 기대하지 말아야 한다고 생각한다.

이 문제에 정통할 법한 스티브 존스도 나와 같은 의견이다. 그는 다윈의 조카 프랜시스 골턴의 이름을 따서 명명된 골턴 연구소의 유전학 교수다. 골턴은 우생학 — 인종의 개량 — 을 최초로 연구했으며 당대에 널리 퍼졌던 인종주의적 견해들을 추종했다.

실제로, 호모사피엔스의 뇌가 더 진화하는 일은 없을 것이라는 주장을 옹호하는 논증들이 몇 개 있다. 첫째 논증은 약 6만 5,000년 전 몇십 명의 인간이 아프리카를 떠날 때에 비해 지금은 개인들 간 다양성이 극히 미미해졌다는 사실을 지적한다. 그 다양성은 인종들과 민족들의 혼합을 통해 끊임없이 줄어들고 있다. 아마도 몇백 년 안에 유럽은 단 하나의 동종교배 인구 집단이 사는 지역으로 간주할 수 있게 될 것이다. 물론 지금처럼 많은 인간들이 살았던 적은 없으며, 따라서 지금처럼 많은 돌연변이들이 발생했던 적도 없다. 그러나 돌연변이들을 통한 진화는 무척 느리게 진행된다. DNA 구성 요소 하나당 돌연변이 발생률은 평균적으로 연간 2,000분의 1회다. 게다가 오늘날에는 돌연변이들이 고립된 인구 집단 안에서 확산될 가망이 없다.

돌연변이가 확산될 가망이 있으려면 고립된 인구 집단이 있어야 할 터이다. 둘째 논증은 이 조건을 주목하면서, 인간 집단이 고립되어 거주하는 장소들이 급격히 줄어들었음을 지적한다. 산맥이나 강 같은 자연적 장벽은 이제 인간 집단을 고립시키기에 충분하지 않다. 세계는 단 하나의 거대한 마을이 되어 버렸다.

셋째 논증이 지적하는 바는, 우리가 보조 수단들을 매우 성공적으로 개발했기 때문에 오늘날의 생존 투쟁은 1만 년 전의 그것처럼 드라마틱하지 않다는 점이다. 자연선택은 번식 과정의 차이에 초점을 맞추는데, 오늘날에는 그 차이가 거의 없다. 모든 개인의 생존율과 자식의 수가 대략 같으니까 말이다. 아프리카를 떠난 이래로 현대인은 경쟁자들인 다른 인간 종들을 살해하거나 그들과 (예컨대 네안데르탈인과) 동화함으로써 자신이 속한 집단에 가해지는 자연선택의 압력을 스스로 없앴다. 요컨대 우리 뇌의 진화는 적어도 선진국들에서는 이미 멈췄거나 가까운 장래에 멈출 것으로 보인다.

조상들이 보유했던 큰 다양성 덕분에 현대인은 경쟁과 선택이 상호작용하는 진화 과정을 거치며 발달할 수 있었다. 이 복잡한 사회 구조 속에서 머리가 조금 더 좋은 개인은 더 번창할 수 있었고, 다른 모든 개인들은 진화 과정에서 몰락했다. 사회의 복잡성은 과거와 마찬가지로 지금도 증가하는 중이고, 그 증가 속도는 광범위한 전문화와 혁신의 세계화를 통해 점점 더 빨라지고 있다. 진화를 통해 뇌가 확대되는 과정은 (이 과정을 위해서는 300만 년조차도 대단히 짧은 기간이었다) 이 같은 사회 복잡성의 증가 속도를 따라잡을 수 없다. 인간 사회의 변화 속도는 지난 2만 년 동안 지수적으로 증가해 왔다. 그런 급격한 변화로 인간 사회는 이제 완전히 달라졌다.

미래에 우리가 칩을 이식하여 뇌 기능을 향상시킬 수 있을지, 혹은 유전자 조작을 통해 우리 뇌의 확대를 촉진할 수 있을지는 아직 아무도 모른다. 유전자 조작을 통한 뇌 확대는 생쥐들을 대상으로 실험되고 있다. 그 실험에서 연구진은 대뇌피질의 발생 초기에 역할을 하는 인간 DNA의 작은 토막 하나를 생쥐의 게놈에 삽입한다. 그 인간 유전자를 보유한 생쥐 태아에서는 실제로 평균보다 더 큰 뇌가 발생한다. 하지만 그 뇌가 나중에 더 우수하게 기능할지는 아직 지켜봐야 한다.

우리 진화의 엔진이었던 변이들의 다양성은 지금도 존재하고 앞으로도 늘 존재할 것이다. 하지만 우리 뇌의 추가 진화를 위해 그 다양성과 마찬가지로 필수적인 자연선택은 이제 더는 일어나지 않는다. 그렇기 때문에 우리 뇌의 진화는 멈췄다. 하지만 이 멈춤은 아무런 문제도 아니다. 왜냐하면 인류의 지식 전체와 모든 전문가들의 경험 전체를 저장하기 위해 우리가 고안한 기술들 덕분에 문화적 진화는 계속 이어질 것이니까 말이다. 우리는 앞 세대의 성취를 기반으로 삼아서 다음 한 걸음을 내딛는다.

2부
미술과 뇌

6장
미술과 뇌의 진화

정말로 위대하며 영감을 주는 모든 업적은 자유롭게 일할
수 있는 개인에 의해 이룩된다.
— 알베르트 아인슈타인

우리 뇌는 창조 기계다. 미술적 재능의 토대이며, 미술적 지각, 선택, 재현이 일어나는 장소다. 미술 감상과 미술적 창조 과정에 관여하는 메커니즘들에 관해서, 또한 뇌의 질병들이 그 창조 과정에 어떤 영향을 미치는가에 관해서 우리가 보유한 지식은 점점 더 늘어나고 있다.

1. 우리 뇌의 진화와 미술의 발생

우리 뇌의 크기는 지난 300만 년 동안 3배로 커졌다. 그 과정에서 인간은 다른 모든 종들에 비해 훨씬 더 많은 잉여 뇌 조직을 발달시켰다. 신체 통제에 필수적이지 않은 뇌 조직을 말이다. 이 추가 뇌 조직과 뇌 회로의 복잡성 향상에 힘입어 미술 창조가 가능해졌다. 약 4만 년 전에 인간의 뇌는 이미

오늘날 우리의 뇌와 똑같은 수준으로 진화했다. 그 시기에 일어난 창조성의 폭발은 프랑스 라스코 동굴과 스페인 알타미라 동굴의 장관으로 표현되었다. 호모사피엔스는 미술을 생산하기 시작하면서 현대인으로 진화했다.

최초의 미술품들은 거의 같은 시기에 각각 독립적으로, 오늘날 프랑스, 독일, 오스트리아, 체코, 러시아, 중국, 인도네시아에 속한 장소들에서 만들어졌다. 프랑스 도르도뉴Dordogne 지방의 현대인이 1만 3,000킬로미터 떨어진 인도네시아의 현대인과 접촉했을 리 없다. 미술 활동을 할 수 있으려면 신체에 대한 뇌의 상대적 크기가 특정한 값에 도달할 필요가 있었을 것으로 보인다. 유럽에서 가장 오래된 동굴 벽화는 스페인 북부 엘 카스티요 동굴에서 발견되었다. 그 벽화는 최소 4만 800년 전에 제작되었기 때문에, 일부에서는 이런 질문이 제기된다. 당시에 현대인들이 이미 그곳에 도착했을까? 혹시 네안데르탈인이 그 벽화를 제작한 것은 아닐까? 3만 년 전에서 1만 5,000년 전 사이의 미술에 표현된 삶의 본질적인 측면 세 가지는 번식, 먹을거리/먹을거리 구하기 — 특히 사냥 — 그리고 어쩌면 영적인 상상이다.

번식

첫째, 미술은 번식과 관련이 있다. 예컨대 가장 오래된 여자 조각상인 비너스상들이 그러하다. 매머드 상아를 조각하거나 돌을 다듬어 만든 비너스상들이 체코, 오스트리아, 슈바벤 알프Schwäbische Alb(독일 남부 산악지대 — 옮긴이), 프랑스 도르도뉴에서 발견되었다. 프랑스 남부 베제레 계곡의 허름한 은신처 〈아브리 카스타네Abri Castanet〉에서는 바위에 새긴 그림들이 발견되었다. 그 암각화들은 3만 7,000년 전에서 3만 년 전 사이에 제작된 것으로 추정된다. 묘사된 대상들 중 하나는 어느 모로 보나 여성의 성기다.

(옆) 그림 6.1 빌렌도르프의 비너스. 오스트리아, 기원전 2만 4000년~2만 2000년.

(위) 그림 6.2 건축가 몰그레이브의 견해에 따르면, 인간은 처음에 질 모양의 입구를 갖췄으며 자궁을 닮은 오두막에서 살았다. 이 사진이 보여 주는, 사르디니아 섬 수 누락시 유적에 속한 3,000년 된 누라게 문화의 집은 그런 오두막의 한 예다.

번식 은유는 가장 오래된 건축에서도 발견된다. 나는 건축가 몰그레이브의 저서(2011)에서 인간이 〈처음엔 질(膣) 모양의 입구를 갖췄으며 자궁을 닮은 오두막에서 살았다〉는 이야기를 읽고 깜짝 놀랐었다. 그 후 사르디니아 섬의 수 누락시Su Nuraxi 유적에서 3,000년 된 누라게 문화Nuragic civilization의 집들을 직접 보았을 때 나는 그 이야기를 이해했다.

사냥

동굴 미술의 또 다른 주제는 인간이 먹을거리로 삼았던 동물들이다. 인도네시아 술라웨시 섬의 동굴들에서 발견된 바비루사babirusa(멧돼지의 일종 — 옮긴이) 그림들은 3만 5,000년 전에 그려졌다. 프랑스의 크로마뇽인은 당시 빙하로 뒤덮인 유럽에서 어슬렁거리던 동물들을 그렸다. 이 시기에 형성된 많은 뼈 무더기에서 알 수 있듯이, 그 호모사피엔스는 특히 순록을 즐겨 사냥했다. 몇몇 동굴에서는 사냥을 묘사한 그림들이 발견되지만, 선사시대 회화에는 사냥감이 아닌 동물들도 등장한다. 그렇다면 그런 동물들을 왜 그렸을까라는 질문이 제기된다. 라스코 동굴 벽화 속의 많은 동물들은 이른바 〈비뚤어진〉 관점으로 그려져 있다. 즉, 그 동물들의 머리가 일부는 옆모습이고 일부는 앞모습이다. 그러니 당연히 피카소가 연상된다. 실제로 피카소는 1940년에 그 동굴을 몸소 방문했는데, 그때 이런 말을 남겼다고 한다. 「이때 이후로 우리는 새로운 것을 하나도 발명하지 못했다.」

선사시대 도르도뉴 동굴 회화에서 인간은 선호되는 주제가 아니었던 것으로 보인다. 인간이 묘사되는 경우가 드물었을 뿐만 아니라 인간이 등장하는 소수의 회화와 암각화에서도 많은 동물 묘사와 대조적으로 인간은 그다지 솜씨 좋게 묘사되지 않았다. 라스코 동굴의 유일한 인간 그림은 다른 모든 그림들로부터 멀리 떨어진 수직 갱도 안에 숨어 있으며 이례적으로 서툴게 그려졌다. 머리가 새의 머리를 닮은 작은 사람이 부상당한 들소에게 죽임을 당하는 모습을 묘사했는데, 비록 서툰 그림이지만 사냥꾼들에게는 당연히 효과적인 경고였을 것이다. 후피냑 동굴에도 캐리커처 같은 인간 두상 몇 점이 있는데, 그것들은 수직 갱도에 숨어 있다. 쿠냑 동굴에는 엉성하게 묘사한 인간 그림이 있는데, 그 그림에는 수많은 창 자국이 나 있다. 이미 그 시절에 사람들은 서로를 죽였던 것이다. 1만 7,000년 전에 생-시르크 동굴의 바위에 새겨졌으며 오늘날 〈마법사〉로 불리는 인간의 모습은 잘 알아볼 수 있다는 점에서 예외다. 그 인물에서 눈에 띄는 것은 커다란 페니스다. 그러나 내가 보기에 페니스의 발기를 곧장 마법과 관련짓는 것은 지나친 연상인 듯하다.

아브리 파토에는 매우 도식적인 여성 실루엣 암각화가 있다. 나는 이 유물을 미술품으로 칭하고 싶지 않지만, 그럼에도 이런 질문이 제기된다. 왜 크로마뇽인들은 동굴 속에 이 모든 그림을 그리거나 새겼을까? 흔히 기어

그림 6.3 후피냑 동굴의 매머드와 산양 그림(1만 3,000년 전). 이 그림을 그릴 때 선을 일단 그으면 고칠 수 없었다. 이 동물들은 단번에 정확하고 자세하게 그려졌다. 심지어 매머드의 〈항문 뚜껑 operculum ani〉도 보이는데, 매머드는 작은 뚜껑과 같은 이 기관으로 항문을 막을 수 있었다. 항문 뚜껑은 빙하 위의 추위에서 요긴하게 쓰였다.

가야만 도달할 수 있는 장소에서 등을 바닥에 대고 누워야만 그림을 그리거나 새길 수 있었을 텐데, 왜 그런 고생을 감수했을까? 왜 그들은 동물들만 그리고 사람은 거의 그리지 않았으며, 예컨대 환경은 전혀 그리지 않았을까? 도르도뉴 지방의 선사시대 동굴들에서는 산이나 식물, 나무를 묘사한 그림이 단 한 점도 발견되지 않았다. 선사시대 연구는 이런 질문들에 대해서 만족스러운 대답을 제시하지 못한다는 점에서 실망스럽다.

내가 방문한 중국인 동료들이 또다시 5,000년 역사의 중국 문화를 들먹였을 때, 나는 라스코, 후피냑, 쇼베 동굴의 걸작들을 자랑스럽게 내보였다. 그러자 그들은 다만 이렇게 대꾸했다. 「그 시절에 우리는 동굴을 벗어난 지 오래되었어요.」 그러나 크로마뇽인도 자신이 회화로 장식한 동굴들 속에서 살지 않았다. 그럼에도 왜 크로마뇽인이 그 동굴들을 미술로 장식했는지는 수수께끼로 남아 있다. 나는 중국 우한 박물관에서 1만 5,000년 된 원시적인 벽화들을 보았다. 그러니까 중국에도 이미 그 시절에 선사시대 미술이 존재했던 것이다. 그런데 흥미롭게도 그 작품들은 모두 산과 사람을 바위에 새긴 것이었다. 오늘날에도 중국인들은 환경을 더 많이 주목하며, 서양인들처럼 오직 중심 주제에만 초점을 맞추지 않는다. 작품의 질을 따지면, 우한 박물관의 벽화들은 도르도뉴 지방의 동굴 미술에 뒤처진다. 최근에 닝샤후이족 자치구 베이산Beishan 산악 지역에서 원시적 암각화 6,000점이 발견되었다. 태양, 달, 산, 양, 말, 소, 사슴, 호랑이, 칼, 도끼, 사냥꾼, 군인을 묘사한 그 작품들은 3만 년 전에 제작되었다고 한다.

요약하자면, 사냥을 묘사한 동굴 회화의 대다수는 실용적인 이유 없이 제작되었다. 따라서 그 작품들은 우리가 인간으로 되는 과정의 새로운 단계를 표시하는 이정표다. 그 작품들은 실제로 미술적인 표현 형태들이다.

그림 6.4 암벽화. 라스코, 기원전 1만 5000년~1만 년. 부상당한 들소가 사냥꾼을 덮치는 모습. 수직 갱도에 숨어 있는, 눈에 띄게 원시적인 작품이다.

번식 은유를 그린 화가, 멜레

미술에서 번식 은유의 더 현재적이며 이례적인 사례로 화가 멜레 올데보이릭터(1908~1976)의 작품들이 있다. 미술가로서 그는 〈멜레〉라는 이름으로 널리 알려졌다. 그는 초현실주의자가 아니라 〈환상을 보는 화가visionary painter〉로 불리기를 바랐다. 왜냐하면 그가 보기에 프랑스 초현실주의자들은 유머가 없는 반면, 그의 작품에서는 유머가 대단히 중요한 역할을 하기 때문이었다. 그가 자신과 유사하다고 느낀 유일한 화가는 히에로니무스 보스였다. 멜레는 일찍부터 재능을 나타냈다. 벨기에 일간지 『헤트 폴크』 등에 작품을 실은 정치적 삽화가, 만화가, 캐리커처 화가 알베르트 풍케 쿠퍼는 멜레에게 〈그림을 계속 그리되 수업은 절대로 받지 말라〉고 조언했다.

멜레의 작품에 주로 등장하는 것은 성기들과 환상적인 형태들인데, 이것들은 번식이라는 주제와 관련이 있다. 그는 사전 작업이나 스케치를 전혀 하지 않고 늘 화폭 위쪽 한구석에서부터 〈끄적거리기〉 시작했다. 작업의 최종 결과는 멜레 자신에게도 매우 낯설어서, 그는 깜짝 놀라며 이렇게 말하곤 했다. 「한번 봐요. 이것이 나예요.」 결국 회화로 완성될 그의 〈환상〉은 그의 상상 속에 이미 상세하게 들어 있었던 것이다. 그의 무의식에서 유래한 듯한 그 환상들의 주제가 대개 번식과 죽음이었다는 점, 그리고 그가 강박적이고 자동적인 방식으로 작업하는 듯했다는 점에 착안하여 성(性)과 학자 겸 정신분석가 코엔 판 엠데 보아스(1904~1981)는 1958년에 멜레의 작품에 관한 정신분석 논문을 썼다. 훗날 판 엠데 보아스는 암스테르담 대학교 의과대학과 레이던 대학교 의과대학의 초대 성과학 교수가 되었다. 그의 연구실에는 멜레의 회화 「니우에 헤레흐라흐트Nieuwe Herengracht」가 걸려 있었다. 나는 어린 시절부터 이 회화에 매혹되었다. 판 엠데 보아스의 해석에 따르면, 멜레의 작품들에서는 유아의 심리적 메커니즘들이 중요한 역할을 한다. 그의 회화 속 페니스들은 멜레가 어머니와 누나 둘과 함께 벽감 속에서 잠을 자던 시절에 발생한 유아적 환상과 불안으로 해석할 수 있다. 멜레는 화가로서의 활동을 통해 그 환상과 불안으로부터 해방됨으로써 건강한 성인 남성으로 기능할 수 있었다고 판 엠데 보아스는 주장했다. 하지만 멜레 본인은 인간이 번식욕에 얼마나 심하게 휘둘리는지를, 그리고 이것이 인간이 지상에서 실존하는 본질적 이유라는 멜레 자신의 견해를 보여 주고 싶을 따름이라고 말했다. 이 견해에 반발하기는 어렵고, 정신분석적 해석을 증명하기는 거의 불가능하다.

크뇝 코프만스는 판 엠데 보아스의 1958년 논문을 신랄하게 비판했다. 그는 그 논문의 저자가 직업적 비밀을 누설했다고 비난했다. 하지만 그것은 터무니없는 비난이었다. 그 논문은 멜레와의 합의하에 작성되었으니까 말이다. 멜레는 많은 소묘 작품들을 선물했고 주로 암스테르담에 사는 친구들에게 작품들을 팔았다. 덕분에 나는 일찍부터 친구들의 집에서 멜레의 작품들을 접했다. 첼로 연주자이며 나중에는 미국에서 지휘자로 활동한 프리다 벨린판테(15장 3 참조)는 1940년에 멜레에게서 소묘 100점으로 구성된 파일 전체를 약소한 금액에 산 것을 이루 말할 수 없이 기뻐했다. 그녀는 어느 작품을 골라야 할지 몰라서 파일 전체를 사버렸던 것이다. 그녀는 그 소묘 작품들을 미국으로 가져가서 이따금 제자들에게 한 점씩 선물했다. 멜레는 누구에게 작품을 팔지 결정할 때 매우 까다롭게 굴었다. 한번은 유명한 미술품 수집가 페기 구겐하임이 그의 집을 방문하여 초인종을 눌렀다. 멜레는 문을 열고 이렇게 말했다.「그 화가는 집에 없습니다.」

그림 6.5 멜레 올데보이 릭터, 「슬픔에 잠긴 성모Mater Dolorosa」(1965). 오늘날의 미술에서 번식 은유가 사용된 한 사례.

그림 6.6 선사시대 중국미술, 약 1만 5,000년 전. 프랑스 동굴 벽화들과 달리 중국 벽화들에는 인간과 더불어 환경이 등장한다. 이 차이는 어쩌면 서양 문화권에 비해 중국인들이 사회적 지향이 더 강하다는 점을 반영하는 것일까?(5장 1 참조)

영성

> 오늘날 인간은 모든 것을 이겨 내고 생존할 수 있다.
> 단, 죽음만 빼고.
> — 오스카 와일드

셋째 주제는 전문가들이 영적인 느낌으로 해석하는 무언가인데, 그것은 흔히 죽음과 관련이 있다. 예컨대 인간의 몸에 사자나 들소의 머리가 달린 형상들이 묘사되었다. 또한 유럽 전역뿐 아니라 아르헨티나와 인도네시아의 동굴 미술에서도 채색되지 않은 손이 채색된 배경에 둘러싸인 모습을 보여 주는 작품들이 발견된다. 서로 유사한 그 손 인쇄 작품들은 상징을 통해 영적인 세계와 접촉하려는 시도로 해석된다. 하지만 이 해석을 뒷받침하는 결정적 증거는 없다. 스페인 북부 엘 카스티요 동굴의 손 인쇄 작품들은 최소 3만 9,290년 전에 제작되었으며, 인도네시아의 손 인쇄 작품들도 대략 같은 시기에 만들어졌다. 흥미롭게도 프랑스와 스페인에 있는 선사시대 동굴 손 인쇄 작품들의 4분의 3은 여성의 손을 이용한 것으로 보인다.

그림 6.7 코스케 동굴에서 2만 7,000년 된 인간 손 인쇄 작품이 발견됐다. 프랑스 생제르맹앙레 국립 고고학 박물관 소장. 이 작품에 영적인 의미가 있을까?

그 시절에 살았던 여성의 골격 근처에서 진주들이 발견되었는데, 이 발견은 당시 사람들이 죽은 자들도 내세를 위해 치장하려 했음을 시사한다. 그뿐만 아니라 모든 동굴에 실개천 모양과 그 아래의 선들, 점들, 마름모들로 이루어진 작품이 있는데, 그 작품들이 영적인 기능을 했는지, 혹은 문자의 시초인지는 정확히 밝혀지지 않았다. 일부 과학자들은 동굴 속 동물 묘사 작품들에 영적인 의미, 심지어 종교적인 의미를 부여하지만, 이것 역시 추측일 따름이다. 영성이라는 주제는 기독교에 의해 대단히 성공적으로 장악되었다. 오랜 세월 동안 기독교 교회는 미술가들에게 가장 중요한 의뢰인의 역할을 했다.

2. 동굴 미술의 전조들

호모사피엔스가 도르도뉴 지방을 비롯한 유럽 곳곳에서 창조한 미술보다 더 앞선 전조들이 계속 발견되고 있다. 지브롤터의 고럼 동굴에서는 3만 9,000년 된 단순한 암각 무늬가 발견되었다. 그 시기에 그곳에는 현대인이 없었다. 당시 지브롤터에는 네안데르탈인이 살았다. 몇몇 해석자들에 따르면, 이 발견은 네안데르탈인의 미술을 정당하게 거론할 수 있다는 주장을 뒷받침할 뿐 아니라, 네안데르탈인도 추상적으로 사고할 수 있었음을 입증한다. 하지만 암벽에 수평 흠집들과 수직 흠집들을 낸 것이 전부인 그 단순한 무늬를 직접 바라볼 때 내가 느끼는 바는 이 해석이 너무 과감하다는 것이다. 사람들의 계산에 따르면 그 단순한 무늬를 만들려면 188개에서 317개의 흠집이 필요하다는데, 설령 그 계산이 옳다고 하더라도 말이다. 미디어들에서는 그 무늬가 〈점과 상자〉 게임과 유사한 어떤 보드게임과 관련이 있었을 수 있다는 추측이 벌써 제기되었다. 2014년에 주목할 만한 발견이 이루어졌다. 인도네시아 술라웨시 섬의 동굴 그림들이 도르도뉴 지방의 그것들보다 더 오래되었다는 사실이 발견된 것이다. 마로스-팡켑 구릉들에 위치한 동굴 9곳에서 손의 음화(陰畵)가 발견되었는데, 현재 우라늄 동위원소 연대 측정법으로 알아낸 그 그림들의 나이는 3만 9,900년이다. 그 동굴들은 이미 1950년대에 발견되었지만 당시에는 거기에 남은 유물들의 나이가 몇천 년으로 추정되었다.

이처럼 세계의 다양한 장소들에서 일어난 창조성 폭발에 앞서 상당히 원시적인 미술 작업이 이루어진 오랜 준비기간이 있었다. 현대인은 본래 아프리카에서 기원했다. 따라서 미술의 가장 이른 전조들도 아프리카에서 발견되었다. 남아프리카 블롬보스 동굴에서 10만 년 된, 속에 황토를 채운 조개껍데기 두 점이 발견되었다. 그 황토 혼합물은 더 나중에 프랑스 동굴 회화에 쓰인 황토 혼합물과 일치했다. 그뿐만 아니라 그 동굴에서는 진주, 장식된 돌과 뼈 같은 원시적 미술품들도 발견되었다.

최근의 놀라운 발견에 관한 기사가 2014년에 과학 학술지 『네이처*Nature*』

에 실렸다. 네덜란드 의사 외젠 뒤부아는 1886년에 인도네시아에서 유인원과 인간 사이의 빠진 고리를 탐구하다가 〈자바인〉의 화석을 발굴했다. 현재의 지식에 따르면, 자바인은 호모사피엔스의 조상인 호모에렉투스에서 유래했다. 뒤부아는 인도네시아에서 조개껍데기들도 가져왔는데, 그것들은 그때 이후 레이던 국립 자연사 박물관의 한 서랍 속에 들어 있었다. 오스트레일리아 전문가 한 명이 한 조개껍데기에서 일부러 새긴 홈집들을 발견했고, 그 발견을 계기로 7년에 걸친 연구가 시작되었다. 그 연구에서 그 조개껍데기들의 나이가 무려 50만 년이라는 결론이 나왔다. 요컨대 그 조개껍데기들에 새긴 홈집은 지구 역사에서 가장 오래된 조각품이다. 그 지그재그 무늬는 호모에렉투스가 만든 것이 틀림없다. 작은 황토 벽돌들에서도 그런 무늬가 발견되었지만, 그 벽돌들은 7만 년 전에 호모사피엔스가 만든 작품이다. 그 무늬가 미술의 시초인지, 아니면 계산의 흔적인지는 확실히 판단할 수 없다.

3. 미술의 진화적 장점

> 창조성이 없다면 진보도 없을 것이며 우리는 늘 똑같은
> 패턴을 반복할 것이다.
> ─에드워드 드 보노

현대인은 4만 년 전부터 미술 활동을 해왔다. 그렇다면 이런 질문이 제기된다. 미술 활동은 진화적으로 이로울 수 있었을까? 대답은 간단하기 그지없다. 미술 활동은 이로울 수 있었다. 왜냐하면 미술은 소통의 한 형태이며, 따라서 사회의 기능에 본질적으로 기여하기 때문이다. 독재자들은 미술 활

동을 금지함으로써 본의 아니게 이 같은 미술의 의미를 강조한다.

미술 창조자들의 뇌는 미술 관람자들의 뇌와 많은 공통점을 지녔다. 왜냐하면 미술 지각은 인간의 생물학에 깊이 뿌리를 내렸기 때문이다. 각자가 속한 문화와 나이에 상관없이 사람들은 똑같은 얼굴들을 아름답다고 느낀다. 벌써 생후 몇 주에 아동들은 매력적인 얼굴들을 그렇지 않은 얼굴들보다 더 오래 바라본다. 따라서 얼굴의 매력을 평가하는 능력은 대체로 선천적인 것으로 보인다. 우리는 건강을 반영하는 속성들을 보기를 좋아한다는 사실을 기초로 삼으면, 그 선천성을 설명할 수 있다. 바로 그렇기 때문에 우리는 대칭적인 얼굴에 매력을 느낀다.

대칭적인 얼굴을 보면 보상 시스템들(파트너 선택과 성공적인 번식을 위해 중요한 메커니즘들)을 비롯한 뇌 구조물들의 연결망 전체가 자동으로 활성화된다. 비대칭적인 얼굴은 발달 결함을 의미할 수도 있기 때문에 매력적으로 느껴지지 않는다. 제비 암컷들이 파트너를 선택할 때 수컷의 꼬리 깃털들의 대칭성과 화려함에 아주 큰 의미를 두는 것은 어쩌면 이런 이유 때문일 것이다. 또한 여성의 얼굴은 도톰한 입술 등의 특징들을 지녔을 때 더 매력적으로 느껴진다. 도톰한 입술은 임신 능력과 높은 에스트로겐 수치를 시사한다.

미술품의 아름다움을 평가할 때 우리가 사용하는 뇌 회로들은 얼굴의 아름다움을 평가할 때 사용하는 회로들과 동일하다. 게다가 아름답게 생긴 모든 것에 대한 우리의 경탄은 선천적이다. 따라서 진화론적 관점에서 보면, 미술품의 아름다움은 미술가의 건강, 솜씨, 힘 등 유전적 우수성을 알려주는 지표로 간주될 수 있다. 즉, 파트너 선택을 위해 중요한 신호인 것이다. 데니스 더튼이 저서 『예술 본능*The Art Instinct*』에서 지적하듯이, 이 메커니즘은 다윈의 〈성선택sexual selection〉 개념과 매끄럽게 연결되는 듯하다. 이 개념을 통해서 다윈은 일부 성별 차이들이 파트너 선택에서 얼마나 결정적일 수 있는지 설명한다. (호모사피엔스 개체 하나가 잠재적 파트너에게 이렇게 말하는 것을 상상해 보라. 「내 동굴로 들어가자. 내가 방금 그린 그림들을 보여 줄게.」) 팝 스타를 에워싸고 열광하는 10대 청소년들이 심지어 속옷마저 벗어 스타에게 던지는 광경은 예술과 번식의 상관성을 그야말로 생생히 보여 준다.

4. 오직 인간만의 성취로서 미술

> 미술은 보이는 것을 재현하지 않는다. 오히려 미술은
> 보이지 않는 것을 보이게 만든다.
> ─ 파울 클레

흔히 회화는 현대인만 하는 활동으로 간주된다. 그러나 많은 포획 상태의 침팬지들도 인간 아동과 마찬가지로 알록달록한 물감들을 붓이나 손가락에 찍어서 바르는 활동을 즐긴다.

영국 생물학자 데즈먼드 모리스는 1954년에 런던 동물원에서 태어난 침팬지 콩고가 두 살이었을 때 그 녀석의 특별한 재능을 발견했다. 콩고는 처음엔 연필로, 나중엔 붓으로 그림을 그렸다. 녀석은 추상적인 소묘와 회화를 400점 넘게 그렸다. 콩고의 작품들은 1957년에 전시되고 경매에서 고가에 팔리기까지 했다. 피카소와 미로는 콩고의 작품들에 경탄하고 몇 점을 사들이기까지 했지만, 그 작품들을 사이비 미술로 평가하는 사람들도 있다.

일부 포획 상태의 침팬지들에서 미술 활동의 몇몇 요소들이 관찰되는 것은 사실이지만, 자연 상태의 침팬지들은 미술 활동을 하지 않는다. 그뿐만

그림 6.8 런던 동물원의 영리한 침팬지 〈콩고〉가 그린 회화.

아니라 더튼이 지적하듯이, 인간 미술가들과 달리 침팬지들은 나중에 자신의 작품들에 전혀 관심을 두지 않는다.

　유튜브를 검색하면 그림을 그리는 중국 코끼리들이 등장하는 환상적인 동영상들을 볼 수 있다. 그 코끼리들은 코로 붓을 쥐고 어른 코끼리와 새끼 두 마리의 뒷모습도 그리고 기뻐하는 코끼리와 나무들과 꽃들도 그린다. 그런데 그림을 그리는 코끼리 곁에 늘 사육사가 있다. 그 사육사가 붓에 적당한 물감을 찍어서 코끼리에게 건네고 어쩌면 코끼리의 코 놀림도 조종한다. 그려지는 그림은 항상 똑같다. 요컨대 코끼리들은 특정 위치에 붓질을 하는 법을 학습한 것이다. 따라서 녀석들의 활동은 진정한 창조성의 표출이 아니다. 동물원 코끼리들에게 회화를 가르치는 이유를 물으면, 항상 관계자들은 코끼리가 회화 작품들로 주변을 치장하면 포획 상태에서 받는 스트레스를 줄일 수 있다는 답변을 내놓는다. 그러나 연구들은 그런 스트레스 경감 효과를 입증하지 못했다. 결론적으로 코끼리들의 회화는 관광객을 위한 볼거리이며 공예다. 적어도 동물을 사랑하는 마음에서 코끼리에게 회화를 가르칠 필요는 없다.

우리가 이해하는 미술 창작과 가장 가까운 것은 아마도 풍조Ptilonorhyn-chidae의 행동일 것이다. 몇몇 풍조 종들은 몸 색깔이 아주 단조롭다. 그 녀석들은 그 녹갈색의 단조로움을 벌충하기 위해 아주 복잡한 정자(亭子)를 짓고 다채로운 열매, 조개껍데기, 도토리, 나비 날개, 꽃, 기타 온갖 재료로 장식한다. 때로는 그 정자에 이끼로 장판을 깔고 과일로 장식하기까지 한다. 모든 정자 각각이 독창적이다. 각각의 정자가 풍조 개체의 취향에 따라 신중하게 건축된다. 흥미롭게도 파란색 풍조는 그 정자 모양의 둥지 건축에 주로 파란색 재료를 사용한다. 과학자들이 정자의 장식을 변경하면, 풍조는 모든 것을 원래 상태로 되돌리려 애쓴다.

건축이 끝나면 수컷은 정자 앞에 자리 잡고 인상적인 구애 동작으로 암컷을 유혹한다. 경쟁은 치열하다. 수컷들은 경쟁자의 정자를 파괴하고 장식품을 훔친다. 녀석들이 정자를 짓는 능력은 선천적이지 않다. 어린 풍조는 유능한 선배 건축가들로부터 그 능력을 학습해야 한다. 이 같은 풍조들의 행태는 사회적 학습의 좋은 예이며 동물계 내 미술 창작의 가장 좋은 예다. 마찬가지로 극락조의 구애 춤은 동물계 내 무용의 멋진 예다.

다양한 새들이 뛰어난 건축 솜씨를 자랑한다. 일부 베짜기새들은 거대하고 약간 추한 다층 공동 둥지를 짓는다. 그 둥지 안에 베짜기새 수백 마리가 함께 산다. 다른 새들은 정교하고 우아한 단독 둥지를 짓는다. 베이징 올림픽 주경기장은 그런 둥지를 본뜬 작품이다.

인간이 동물의 속성들을 이용하여 창작하는 공생적 미술symbiotic art의 흥미로운 예로 위페르 뒤프라의 작업이 있다. 뒤프라는 굴뚝날도래caddis

그림 6.9

a) 공동주택 건설. 〈베짜기새〉라는 명칭은 그 새가 특유의 복잡한 둥지를 짓는 것에서 유래했다. 베짜기새들은 함께 둥지들을 짓고 알을 품는다.

b) 다른 새들은 예쁜 단독 둥지를 선호한다.

c) 새 둥지의 건축 구조를 모방한 북경 올림픽 주경기장은 〈새 둥지〉로 불린다.

fly의 유충들로 하여금 작은 금붙이나 기타 재료들을 녀석들의 집에 붙이게 하는 방식으로 미술 작품을 만들어 낸다. 그 결과는 감탄을 자아낸다. 자연에서 굴뚝날도래 유충들은 그 원통 모양의 은신처를 지을 때 냇물 바닥에서 구한 작은 돌들을 이용한다.

결론적으로 동물들도 미술 활동을 할 수 있지만, 유일무이한 창조적 미술품을 만들어 내는 것은 인간만의 활동인 듯하다. 그런 미술품은 미술가와 미술 수용자에게서 적절한 감정들을 유발한다. 풍조의 예외적인 활동을 논외로 한다면, 우리는 이 같은 결론을 내릴 수 있다.

7장
미술 지각

1. 조형 예술에서 미학적 원리들

> 예술은 진실을 알려 주는 거짓말이다.
>
> ― 파블로 피카소

뇌는 시각 정보를 색깔, 밝기, 운동 등의 다양한 성분으로 분해하여 대뇌피질의 다양한 부분에서 처리한다. 우리가 미술을 지각할 때 사용하는 뇌 시스템들은 환경 속의 다른 모든 것을 지각할 때 사용하는 뇌 시스템들과 같다(비록 사용의 의도는 다르더라도). 미적 경험은 예술 작품에 국한해서 일어나지 않는다. 우리는 사람, 동물, 식물, 다양한 대상에 아름답다고 느낄 수 있다.

최근에야 발견된 사실이지만, 미술가들은 예로부터 뇌의 지각 원리들에 부합하는 기법들을 사용해 왔다. 바꿔 말해, 미술가들은 기존의 뇌 시스템들과 메커니즘들을 조작하여 미적 경험을 가능케 한다.

원근법

원근법은 그리 멀지 않은 15세기 초반 르네상스 회화에서 발명되었다는 주장을 어디에서나 접할 수 있다. 그러나 라스코 동굴 속의 1만 7,000년 된 회화들에서 이미 원근법의 원시적 전조를 알아볼 수 있다. 17세기에 피터 산레담(1597~1665)을 비롯한 화가들은 교회 내부를 묘사할 때 원근법을 두드러지게 적용했다.

휠씬 더 미묘한 원근법의 예로 렘브란트의 회화「데이만 박사의 해부학 강의De anatomishe les van Dr. Deijman」(1656)를 들 수 있다. 더구나 이 작품은 뇌를 보여 준다. (외국에서 이 작품을 언급할 때 나는 항상 자랑스럽게, 우리 네덜란드인은 이미 몇백 년 전부터 뇌 부검을 실시해 왔다고 설명한다.) 의학박사이자 강사인 데이만(1619~1666)은 니콜라스 툴프 박사의 후임이었다. 그림 속에서 해부되는 인물은 플랑드르의 재단사이자 도둑인 요리스 폰테인 판 드리스트, 일명 〈시커먼 얀〉이다. 그는 1656년 1월에 처형되었다. 아마도 암스테르담 구 의회 건물 앞 광장인 〈담Dam〉에 임시로 설치한 사형대에서 형이 집행되었을 것이다. 요리스 폰테인의 발과 손은 상대적으로 크고 머리는 작다. 이 크기 차이 때문에 공간적 깊이가 강하게 느껴진다. 관람자는 요리스 폰테인의 발치에 서서 해부 과정을 지켜보는 느낌을 받게 된다.

이 공개 부검은 옛 성 마가레타 수녀원 예배당 내 외과 의사 조합 해부실에서 사흘 동안 이루어졌다. 조합원은 6센트, 일반인은 4센트를 내고 해부를 참관했다. 렘브란트의 회화 속에서 두개골 윗부분을 손에 들고서 해부된 뇌가 그 두개골 위에 놓일 때를 참을성 있게 기다리는 인물은 기스베르트 칼코언 학장(1621~1664)이다. 한마디 덧붙이자면, 암스테르담 미술관이 소장한 이 회화는 부검의 결정적 순간을 담고 있기도 하다. 데이만 박사는 폰테인의 사체 뒤에 서서 핀셋으로 대뇌겸falx cerebri(좌뇌 반구와 우뇌

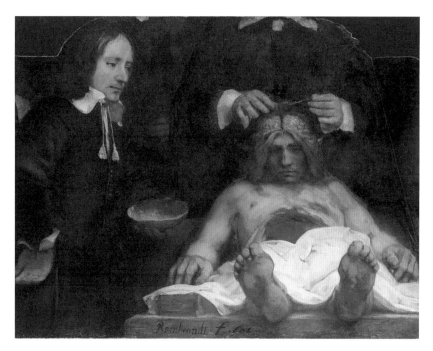

그림 7.1 렘브란트, 「데이만 박사의 해부학 강의」(부분, 1656). 화가는 한 범죄자의 사체에 대한 공개 부검의 마지막 단계를 이 회화로 표현했다. 이 작품에서 원근법은 사체의 손발이 상대적으로 크고 머리가 작은 것을 통해 구현된다.

반구 사이의 막)을 집어 올리고 있다. 그렇게 하면 솔방울샘을 대뇌피질 위로 노출시킬 수 있다. 뇌에서 유일하게 한 쌍이 아닌 구조물인 솔방울샘은 당시에 데카르트(1596~1650)의 견해에 따라 영혼이 깃든 장소로 여겨졌다. 신체가 난도질된 것을 영혼이 마지막 단계에 목격해야 한다는 것이 당시 해부 절차가 요구하는 바였다. 따라서 이 회화에 묘사된 장면은 해부의 마지막 단계다.

　이 작품은 원래 암스테르담 외과 의사 조합의 집단 초상화였다. 렘브란트는 데이만 박사의 의뢰로 그 집단 초상화를 그렸다. 그 초상화의 나머지 부분, 즉 사체 양옆의 다른 외과 의사 7명을 그린 부분은 아쉽게도 1723년에 당시 공개 부검 장소로 쓰이던 시립 측량소에 화재가 났을 때 파괴되었다. 현재 남아 있는 것은 그 초상화의 가운데 부분이다.

우리 뇌와 마찬가지로 미술가들도 흔히 작품의 특정 부분을 격리하고 강조한다. 이런 면에서 그들은 우리 뇌의 시각 메커니즘을 조작하는 전문가다. 미국 신경학자 라마찬드란은 일련의 보편적인 미적 원리들을 제시했다. 시각 예술뿐 아니라 의상 디자인과 광고에서도 중요한 역할을 하는 그 원리들은 우리 뇌의 진화와 메커니즘들에 토대를 둔다. 그 원리들과 그것들이 우리 뇌에 미치는 효과를 알아보기 위해 간단한 원리 세 가지를 살펴보자. 그것들은 본질의 과장, 결합, 격리다.

본질의 과장

쾌적한 느낌이나 불편한 느낌을 자아낼 목적으로 본질적 특징들을 과도하게 묘사하는 기법은 만화에서 극단적인 형태로 등장할 뿐 아니라 미술에서도 등장한다. 예컨대 여성적인 특징들, 이를테면 큰 젖가슴과 풍만한 엉덩이와 엄청나게 가는 허리를 묘사할 때 그 기법이 쓰인다. 루시안 프로이드가 그린 뚱뚱한 여성들은 본질의 과장을 보여 주는 좋은 예다. 그렇게 강조된 여성적 굴곡을 아주 오래된(약 2만 5,000년 전에 제작된) 비너스상들에서도 볼 수 있다. 반면에 알베르토 자코메티는 전쟁과 싸움의 비참함을 상징하는 말라삐진 인물상들을 제작했다.

본질을 과장하는 기법이 쓰인 또 다른 예로 왓슨과 크릭이 1953년에 제작한 가냘픈 DNA 모형의 미술적 변형을 들 수 있다. 그 모형은 왓슨과 크릭에게 1962년 노벨 생리의학상을 안겨 주었다(그림 7.2). 암스테르담에서 활동한 건축가, 사진가, 조형 예술가 피트 고드(1918~2006)는 DNA 이중나선 구조를 영감의 원천으로 삼아 거대한 나선형 플라스틱 모빌들을 제작했다(그림 7.3).

그림 7.2 1953년에 DNA 이중나선 모형과 함께 촬영된 제임스 왓슨과 프랜시스 크릭. 두 사람은 DNA의 이중나선 구조를 밝혀낸 공로로 모리스 윌킨스와 함께 1962년 노벨 생리의학상을 받았다.

그림 7.3 대형 플라스틱 모빌들로 가득 찬 암스테르담 작업실 안의 피트 고드. 이중나선 형태를 과장한 이 작품들은 〈정점 이동〉을 이용한 미술의 한 예다.

형태를 과장하는 기법의 효과는 신경학적 토대를 가지고 있다. 동물들의 행동을 연구하는 과학자들은 〈정점 이동peak shift〉을 거론하는데, 이 개념은 과장의 효과와 밀접한 관련이 있다. 간단히 설명하면, 과장이 자극을 강화한다는 것이 〈정점 이동〉의 의미다.

한 동물에게 원이 먹이를 의미한다는 것(반면에 삼각형은 먹이를 의미하지 않는다는 것)을 가르치면, 그 동물은 작은 원보다 큰 원을 더 좋아하게 된다. 왜냐하면 그 녀석은 큰 원과 더 많은 먹이를 연결하기 때문이다. 노벨상을 받은 행동학자 니코 틴버겐(1907~1988)은 그와 똑같은 원리가 어미 갈매기의 노란 부리에 찍힌 빨간 얼룩에도 적용됨을 보여 주었다. 새끼 갈매기들에게 그 얼룩은 그것이 찍힌 부리를 향해 주둥이를 힘껏 내밀라는 신호를 의미한다. 왜냐하면 그 부리에서 살짝 소화된 먹이가 나오기 때문이다. 연구자들이 빨간 얼룩이 찍힌 막대기를 들이대면, 새끼 갈매기들은 어미의 부리가 다가올 때와 똑같이 반응한다. 그런데 빨간 줄이 세 개 그어진 막대기를 들이대면 더욱 격렬하게 반응한다. 녀석들은 이렇게 생각하는 듯하다. 「우아! 슈퍼 부리네. 여기에서는 틀림없이 먹이가 엄청나게 많이 나올 거야!」 이 반응 역시 〈정점 이동〉의 개념을 통해 이해할 수 있다. 이어서 라마찬드란은 추상미술을 언급한다. 막대기에 그은 빨간 줄들이 부리의 본질적 특징의 — 먹이를 나타내는 기호의 — 과장인 것과 마찬가지로, 추상미술은 색깔, 형태, 공간의 측면에서 본질을 과장함으로써 미술에 식견이 있는 관람자에게 정점 이동이 일어나게 만드는 것일 수 있다고 그는 말한다.

정점 이동 메커니즘은 병의 원인을 진단할 목적으로 관자엽에 전극을 이식받은 뇌전증 환자들을 대상으로 한 실험에서도 뚜렷하게 나타난다. 연구자들은 그런 환자들에게 서로 다른 100명의 얼굴을 보여 주었다. 한 미국환자는 미국 대통령을 지낸 빌 클린턴의 사진을 보여 줄 때만 특정 뇌세포들이 점화했다. 한 네덜란드 환자는 네덜란드에서 인기 있는 가수 안톄 스미트의 사진을 보여 줄 때 그런 반응이 일어났다. 그런데 그 환자의 얼굴 인지에 결정적으로 관여하는 신경세포들이 가장 강하게 반응한 경우는, 안톄 스미트의 얼굴 특징들을 과장해서 표현한 캐리커처들을 보여 줄 때였다. 요컨대 이 사례에서도 정점 이동이 일어난 것이다. 우리는 특정한 얼굴이 평균적인 얼굴로부터 얼마나 벗어났는지를 기준으로 삼아 그 얼굴을 인지한다. 따라서 그 벗어남을 과장하면, 그 얼굴을 알아보기가 더 쉬워진다. 캐리커처에서 과장은 때때로 아름다움과 무관한 의도로 — 이를테면 분노 표출이나 재미를 위해 — 이루어진다.

아시아의 우아한 시바상들이 지닌 수많은 팔들은 시바 신의 다양한 속성들을 상징하는데, 그 많은 팔들 역시 아름다움 이외의 의도를 품은 미술적 — 혹은 종교적 — 과장의 한 예다. (그림 7.4)

유명한 네페르티티 흉상(그림 7.5)의 과장은 더 미묘하고, 따라서 더 흥미로운 듯하다. 그 흉상의 매우 긴 목은 섬세하고 균형 잡힌 얼굴로 매끄럽게 이어지고, 그 얼굴 위로 커다란 파란 모자가 이어진다. 길고 연약한 목 덕분에 네페르티티의 모습이 매우 우아하게 보인다. 그녀는 시대를 초월한 미인이다.

결합

조각들, 점들, 모양들, 색깔들을 모아 조화로운 전체로 결합한 작품에서 우리는 쾌적한 느낌을 받는다. 살바도르 달리의 「위대한 편집증Great Paranoia」(1936)에서 개별 인간 형태들이 함께 하나의 얼굴을 이룬다는 사실을 알아보려면 어느 정도 시간이 걸린다(그림7.6). 그 사실을 깨닫는 순간, 우리는 쾌감을 느낀다. 일종의 문제를 푼 셈이니까 말이다.

우리는 똑같은 메커니즘을 원시림의 숨기 좋은 환경에서 개별 단서들에

그림 7.4 「시바 나타라자Shiva Nataraja」(약 1100~1200년). 시바는 안녕을 가져다주는 신, 창조하고 파괴하는 신이다. 〈나타라자〉는 〈춤의 왕〉을 뜻한다.

그림 7.5 네페르티티Nefertiti 흉상. 베를린 〈새 박물관Neues Museum〉 소장. 네페르티티는 기원전 1352년부터 1338년까지 아크나톤(아멘호테프 4세)의 배우자로서 이집트의 왕비였다. 그녀의 이름은 〈아름다운 여인이 왔다〉라는 뜻이다. 그녀의 길고 가는 목이 섬세하게 표현된 것을 주목하라.

의지하여 맹수나 먹을거리나 적의 존재를 알아챌 때도 활용한다. 나뭇가지들 사이로 사자의 뿔들이 보일 때 활성화되는 뇌세포들은 평소보다 더 강하게 점화하면서, 그 개별 부분들이 동일한 대상에 속한다는 신호를 상위 뇌 중추들로 보낸다. 이 메커니즘을 〈결합binding〉이라고 하는데, 이 〈결합〉은 〈게슈탈트 효과Gestalt effect〉, 곧 무언가에서(심지어 단순한 선들과 면들의 집합에서) 3차원 형태를 — 따라서 또한 관점을 — 추출해 내는 우리 뇌의 능력의 토대인 것으로 보인다.

격리

격리 기법은 우리의 주의를 세부로 이끈다. 그래서 우리는 피카소나 렘브란트의 소묘를 이루는 몇 개 안 되는 선에서도 대단한 미적 쾌감을 느낄 수

그림 7.6 살바도르 달리, 「위대한 편집증」(1936). 로테르담 소재 보이만스 판 뵈닝겐 박물관 소장. 형태들이 결합하여 새로운 얼굴 두 개가 만들어진다.

있다. 이 기법의 장점은 우리 관람자들이 한정된 양의 정보만 처리해도 된다는 것에 있다. 왼쪽 마루엽이 손상된 미술가들의 소묘는 때때로 더 힘차다. 왜냐하면 세부를 생략하기 때문이다. 한 예로 오른손잡이인 아트 벨던이 뇌출혈로 좌뇌 반구가 마비되고 3개월이 지나서 그린 소묘(1934)를 들 수 있다. 그는 왼손으로(즉,

그림 7.7 좌뇌 뇌졸중으로 쓰러진 뒤의 아트 벨던. 벨던은 이런 말을 남겼다. 「인간에게 남는 유일한 비명은 공포와 절망의 비명이다.」

우뇌 반구로) 단순한 선들을 그어 나타낸 얼굴 표정을 통해 자신의 절망을 표현했다. 선들이 떨림에도 불구하고 이 인상적인 소묘는 미술가들이 오른손, 곧 좌뇌 반구뿐 아니라 양쪽 뇌 반구 모두를 전문적으로 훈련한다는 사실을 생생히 보여 준다.

2. 시각 시스템

눈 운동

시각 정보의 최초 처리는 안구의 뒷벽에 위치한 망막에서 이루어진다. 망막의 황반macula lutea 한가운데 중심와fovea가 있는데, 우리는 망막 중에서 오직 중심와를 통해서만 사물을 선명하게 볼 수 있다. 왜냐하면 중심와는 (색깔을 감각할 수 있는) 원뿔세포의 밀도가 가장 높은 곳이기 때문이다. 우리의 눈은 뇌줄기의 조종에 따라 시야를 체계적으로 훑으며 새롭고 우리에게 중요한 이미지들을 주시한다(즉, 중심와를 통해 선명하게 본다). 눈은 특정한 패턴들로 순식간에 이리저리 운동한다. 그런 미세한 눈 운동들microsaccades은 운동 착시를 유발할 수 있다. 미세 눈 운동은 예컨대 〈옵티컬 아트Optical Art〉(옵아트Opart)에서 이용된다. 옵아트는 착시를 활용하는 미술 형태다. 그런 착시 현상의 대표적인 예로 우리가 아이시아 레비언트의 작품 「에니그마Enigma」 속 둥근 고리들을 볼 때 지각하게 되는 운동을 들 수 있다(그림7.9).

우리는 눈을 고정한 상태에서 시야 속의 작은 구역 하나만 선명하게 본다. 시야 전체를 선명하게 보는 일은 결코 없다. 또한 눈은 끊임없이 운동하며 초점을 맞춘다. 그렇기 때문에 우리의 시각 시스템은 펜로즈 삼각형 같은

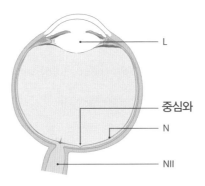

그림 7.8 중심와를 포함한 눈의 해부학적 구조. 중심와는 망막(N)에 속한 황반 중심의 움푹한 구덩이다. 우리는 중심와를 통해서 가장 선명하게 볼 수 있다. (NII=시신경, L=수정체)

그림 7.9 아이시아 레비언트 작품 「에니그마」(1981)가 일으키는 운동 착시. 이 그림을 바라보면, 자주색/보라색 고리들에서 빠른 운동이 일어나는 듯한 착각이 든다. 공들여 시선을 고정하면, 그 운동 착시가 감소하거나 사라진다. 하지만 눈이 움직이기 시작하면 다시 운동 착시가 발생한다.

불가능한 도형들을 마주할 때도 착각에 빠질 수 있다. 마우리츠 에셔 (1898~1972)는 시각 시스템의 이 같은 속성을 풍부하게 활용했다. 한 예로 불가능한 계단이 등장하는 그의 작품 「상대성Relativiteit」을 들 수 있다. 그 계단의 형태는 에셔가 다녔던 아른하임의 학교에서 영감을 얻은 것이 분명하다(그림 7.10).

색깔 보기

색깔은 우리 뇌와 우주가 만나는 장소다.
— 폴 세잔

망막 전체에 분포하는 1억 개의 막대세포들은 빛에 매우 민감하다. 그 막대세포들을 통해 우리는 어둠 속에서 색깔 지각 없이 사물을 볼 수 있다. 망막 중심의 황반에는 세 가지 유형의 원뿔세포들이 있다. 색깔을 감각하는 빛 수용체인 원뿔세포의 개수는 700만 개다. 원뿔세포들은 파란색/녹색, 녹색, 또는 노란색/오렌지색/빨간색을 감각한다. 한 유형의 원뿔세포들의 활동과 다른 유형의 원뿔세포들의 활동 비율이 지각되는 대상의 색깔을 결정한다. 빨간색 감각 원뿔세포들의 활동과 녹색 감각 원뿔세포들의 활동이 대략 같은 세기로 일어나면, 대상의 색깔은 노란색으로 지각된다. 빨간색 감각 원뿔세포들과 녹색 감각 원뿔세포들의 개수는 개인마다 다른데도, 누구나 동일한 파장의 빛을 노란색으로 지각한다. 노란색 지각의 미세한 차이는 유전적으로 결정된다. 노란색으로 지각되는 빛의 파장이 이토록 일정한 것은 시각 시스템이 보정 메커니즘을 보유하고 있기 때문이다. 설령 오랜 세월에 걸쳐 수정체의 색깔이 변화하더라도, 그 변화는 색깔 지각의 보정 덕분에 색깔 보기에 영향을 미치지 않는다. 노란색은 우리 모두에게 같

그림 7.10 에셔의 작품 「상대성」에 등장하는 〈불가능한〉 — 올라가기와 내려가기가 뒤엉킨 — 계단은 아른하임 소재 〈고등시민학교Hogere Burgerschool, HBS〉에 있는 실제 계단에서 유래한 것으로 보인다. 에셔는 1912년부터 1918년까지 그 학교에 다녔다. 에셔는 1935년에 이탈리아에서 돌아와 〈구체적 풍경〉에서 〈정신적 풍경〉으로 관심을 돌린 이후로 현실 묘사를 완전히 포기했다는 주장이 흔히 제기되지만, 이 계단에서 보듯이 그것은 전혀 틀린 주장이다. 고등시민학교의 아치형 통로들과 회칠된 흰색 벽은 다른 작품들에도 등장한다. 에셔는 학교를 몹시 싫어했다. 오로지 미술 시간만 재미있었고, 오로지 미술에서만 좋은 성적을 받았다. 에셔가 리노컷linocut(리놀륨 판을 이용하는 판화 기법 — 옮긴이)을 배운 것도 고등시민학교에서였다. 그는 2학년에서 유급했고 결국 1918년에 졸업시험에서 낙방했다. 에셔는 전쟁에서 희생된 고등시민학교 학생들을 기리는 기념판을 제작해 달라는 부탁을 받고 1946년에야 모교를 다시 찾았다(Kammer, 2014).

으며, 시각 경험에 기초를 둔 보정 메커니즘 덕분에 우리가 나이를 더 먹은 뒤에도 여전히 노란색이다. 우리는 대상이 내는 빛의 파장을 환경의 색깔과 비교하면서 가늠한다. 이 같은 색깔 해석에 필수적인 정보 처리가 이루어지는 장소는 V4, 곧 시각피질의 색깔 처리 구역이다.

빨간색과 감정

1952년에 — 당시 나는 일곱 살이었다 — 한 여성이 공책들을 높이 쌓아 들고 초등학교의 우리 반에 들어와 마음에 드는 것들을 골라 보라고 요청했다. 피트 몬드리안의 작품에 착안한 다양한 표지들이 시장에서 얼마나 호응을 받을지 가늠하기 위한 단순한 조사일 따름이었지만, 우리에게는 흥미진진한 사건이었다. 나는 커다란 빨간색 사각형이 있는 공책을 골랐다.

빨간색은 우리를 흥분시킨다. 저녁놀의 빨간색은 에드바르트 뭉크(1863~1944)가 불안정한 감정 상태에서 친구들과 오슬로의 피오르fjord 가를 걷다가 겪은 공황발작의 한 원인이었다(그림 7.12). 뭉크는 평생 동안 불안, 공황, 알코올 의존증에 시달렸다. 그의 가족은 정신의학적 문제들이 심각했고, 그는 엄청나게 힘든 시간을 겪었다. 그가 한 유부녀와 맺은 관계는 이제 막 깨질 참이었다. 게다가 뭉크는 우울하며 극도로 종교적인 아버지를 걱정하고 있었다. 그의 할아버지는 정신병원에서 사망했고, 그의 여형제는 조현병 환자였다. 그는 친구 두 명과 함께 노르웨이 에케버그의 한 구릉 위에 난 유명한 길을 걷고 있었다. 공황발작은 그의 여형제가 입원해 있는 가우스타드 여성 정신병원 근처에서 일어났다. 그곳은 한 도살장 근처이기도 했다. 나중에 뭉크가 설명한 바에 따르면, 해가 지는 동안 피오르 위의 하늘이 〈핏빛〉으로 물들었고, 그는 자연 전체가 비명을 지른다고 느꼈다. 돌이켜 생각하면, 정신병원 환자들의 비명과 도살되는 동물들의 비명도 뭉크에게 영향을 미쳤을 것이다. 그는 공황발작에 빠졌

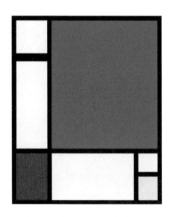

그림 7.11 피트 몬드리안, 「빨강, 노랑, 파랑의 구성 2」(1930).

다. 그의 작품에서 보듯이, 친구들은 계속 걸어갔다. 1893년부터 1910년까지 뭉크는 회화「절규De schreeuw」의 버전 네 점을 제작했다.

노을의 빨간색에 대한 뭉크의 반응은 확실히 터무니없지 않았다. 빨간색은 흔히 위험을 뜻하니까 말이다. 붉은 안색은 분노나 공격성을 느끼게 할 수 있다. 빨간색은 비상 스위치에도 쓰이고 교통표지판에서 위험과 금지를 알릴 때도 쓰인다. 색깔은 우리에게 강한 영향을 미친다. 플라시보 효과를 위해 사용하는 가짜 약들이 대개 화려한 색깔이라는 점에서도 이를 알 수 있다. 플라시보 효과는 특정 뇌 구역들의 활동이 무의식적으로 변화하는 것에서 유래한다. 작용 성분이 없는 빨간색, 노란색, 오렌지색 위약(가짜 약)은 흥분 효과를 내는 반면, 파란색이나 녹색 위약은 진정 효과를 낸다.

왜 빨간색은 우리를 흥분시킬까? 빨간색과 흥분의 연결은 진화 역사의 먼 과거까지 거슬러 올라간다. 녹색 원시림과 파란색 하늘로 된 배경 속에서 잘 익은 빨간색 열매를 찾아내는 능력은 커다란 진화적 장점이었다. 따라서 빨간색은 우리의 DNA에 뚜렷하게 새겨졌고, 그 결과로 빨간색은 지금도 여전히 흥분을 자아낸다. 그뿐만 아니라 빨간색은 우리 혈액의 색깔, 생명의 위협과 직결된 색깔이다. 수술실은 녹색과 파란색으로 단장된다. 왜냐하면 그 색깔들이 진정 효과를 내기 때문이다. 색깔을 지각하는 뇌 구역인 V4와

그림 7.12 에드바르트 뭉크,「절규」(1902). 해가 지면서 피오르 위의 하늘이 핏빛으로 물들자, 뭉크는 공황발작에 빠졌다. 그의 친구 두 명은 계속 걸어갔다.

감정을 통제하는 변연계 사이에는 강한 연결들이 존재한다.

우리가 사물을 볼 때 사용하는 시스템

시각 시스템은 외부 세계에서 유래했으며 우리의 생존에 중요한 정보들을 수집한다. 우리는 중요한 정보들에 초점을 맞추고 그것들을 우리의 기억에 저장된 기존 정보들과 비교한다. 우리는 중요하지 않은 사항들에 주의를 기울이지 않는다. 런던 유니버시티 칼리지의 신경과학자이며 신경미학의 개척자인 세미르 제키 교수에 따르면, 뇌는 영속적이거나 본질적이거나 특징적인 사항들을 아는 것에만 관심을 기울인다. 미술을 관람할 때도 우리는 이와 똑같은 시스템과 신경학적 메커니즘들을 사용한다. 즉, 우리는 미술에서 무언가 영속적이거나 본질적이거나 특징적인 것을 보기를 바란다.

색깔을 포함한 시각 정보들은 눈에서 망막의 신경세포들에 의해 처리되는데, 그 세포들은 부분적으로 색깔을 선별한다. 이어서 시각 정보는 코드화되어 시신경을 따라 이동하는데, 왼눈에서 온 시신경과 오른눈에서 온 시신경은 중간에 교차한다. 그 교차 지점, 곧 시신경교차는 뇌하수체 위에 위치한다. 뇌하수체 종양의 한 유형은 초기 발달 단계에 성장호르몬을 생산하여 몸의 엄청난 성장을 유발한다. 그 종양이 더 늦은 단계에 발생하면 말단 비대증acromegalia, 곧 몸의 끝부분들만 과도하게 성장하는 병이 발생한다. 말단 비대증에 걸리면 코, 턱, 손, 발이 커진다. 그 뇌하수체 종양이 시신경교차를 압박하면 환자의 시야에서 주변부에 문제가 생긴다.

이 같은 증상은 어쩌면 이스라엘의 양치기 소년 다윗(다비드)이 거인 골리앗과 일대일로 싸워 이겼다는 성서 속 이야기와도 관련이 있을 수 있다. 거인이자 팔레스타인 최고의 전사인 골리앗은 그의 엄청난 성장을 볼 때 아마도 성장호르몬을 생산하는 뇌하수체 종양을 어린 시절부터 가지고 있었을 것이다. 그리고 그 종양은 어쩌면 그의 시신경교차를 압박했을 것이

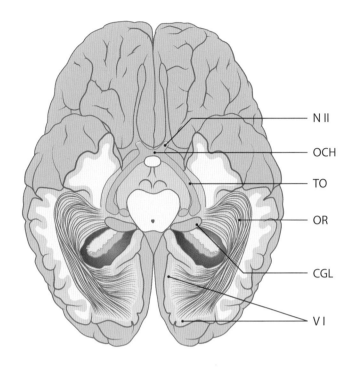

그림 7.13 시각 시스템의 해부학적 구조. 시각 정보는 눈에서 시신경(NII), 시신경교차(OCH), 시삭(TO)을 거쳐 시상, 정확히 말하면, 가쪽 슬상체(CGL)에 도달한다. 거기에서 시상 세포들이 시각 정보를 넘겨받아 부채꼴로 넓게 펼쳐진 시방사(OR)를 통해 뒤통수에 위치한 일차시각피질(VI)로 보낸다. 거기에 도달한 정보는 양태(색깔, 운동, 얼굴 등)에 따라 다양한 상위 시각피질 구역들로 옮겨져 처리되고 저장된다.

다. 만일 그랬다면, 골리앗은 다윗이 측면에서 날린 돌멩이를 볼 수 없었을 테고, 따라서 다윗은 돌멩이를 맞고 쓰러진 그 거인의 목을 그 거인 자신의 칼로 벨 수 있었을 것이다.

시신경교차에서부터 계속 시각 시스템을 따라가면, 시신경 섬유들은 시상(정확히 말하면, 가쪽 슬상체)에 도달한다. 시상에서 뻗어 나가는 신경섬유들은 시각 정보를 대뇌피질의 뒷부분(정확히 말하면, 일차시각피질)으로 운반한다. 결국 (미술 작품 보기와 정신적 이미지 보기까지 포함해서) 시각을 가능케 하는 정보 처리는 뇌의 뒷부분에서만 이루어지지 않는다.

오히려 그 정보 처리는 일차시각피질에서 시작된 후 일련의 전문화된 피질 구역들에서 계속된다. 이 처리 과정은 초기 발달 단계에 학습되어야 한다. 시력을 초기 발달 단계에 잃었다가 51세에 (양쪽 눈의 수정체에 낀 혼탁한 물질을 제거하는) 수술로 회복한 한 남성은 자신이 동물원에서 보는 바가 무엇인지 이해하지 못했다. 그가 보는 우리 속의 동물이 무엇인지 파악하기 위해서 그는 그 동물을 보면서 원숭이 인형을 만져 보아야 했다.

보이는 것을 해석하는 작업은 이미 뇌 바깥의 망막에서 시작된다. 이 사실은 망막에 작고 둥근 빛점을 투사하는 실험을 통해 입증된다.

그런 빛점의 중심부에서는 빛 수용체들이 활성화되는데, 그 구역을 일컬어 수용장receptive field이라고 한다.

그림 7.14 도나텔로의 청동상 「다비드 David」(약 1440년). 다비드가 양치기로 서는 이례적인 복장으로 서 있다. 한 발로 참수된 골리앗의 머리를 밟고 그의 칼을 우아한 자세로 들었다.

수용장 주변에서는 빛 수용체들의 활동이 오히려 줄어들어서 대비가 더 선명해진다. 시각 시스템의 둘째 정거장은 시상이다. 눈에서 유래한 정보는 시상에서 다음 신경세포들로 옮겨가는데, 시상도 밝음과 색깔을 처리할 때 망막과 마찬가지로 기능한다. 즉, 중심부 주변에서는 신경세포들의 활동이 억제된다. 노벨상 수상자 데이비드 허블과 토르스텐 비셀이 1950년대에 밝혀냈듯이, 시각 시스템의 셋째 정거장인 일차시각피질(V1)은 전혀 다르게 작동한다. V1의 신경세포들은 선이 놓인 각도

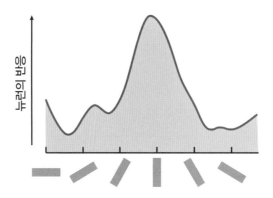

그림 7.15 데이비드 허블과 토르스텐 비셀은 1950년대에 일차시각피질(V1)의 뉴런들이 망막에 선이 정확히 정해진 각도로 출현할 때만 더 강한 전기 활동으로 반응한다는 것을 발견했다. 위 그래프는 수직선에 가장 강하게 반응하는 뉴런을 나타낸다.

에 반응한다. 따라서 V1에서는 구조물들의 경계가 구획된다. 우리의 시각피질은 우리의 시야에 속한 모든 지점에 놓인 모든 가능한 각도의 선에 반응하는 세포들을 보유하고 있다.

카지미르 말레비치와 장 팅겔리 같은 미술가들은 선들과 직사각형들을 다양한 각도로 배치한다. 1910년에서 1920년까지 몬드리안의 작업은 모든 복잡한 형태들을 본질로, 곧 수평선과 수직선과 원색으로 환원하는 시도였다고 평가된다. 그런 방식으로 그는 우주적 조화를 창조하려 했고 그 조화가 간접적으로 사회의 균형에 기여하기를 바랐다고 한다. 이 같은 영적 비전이 너무나 중요했기에 몬드리안은 테오 판 두스부르흐가 자기 작품에 대각선을 집어넣자 그와 절교했다. 이처럼 미적 원리는 매우 중대한 귀결을 초래할 수 있다.

세미르 제키의 해석에 따르면, 이런 형태의 추상미술은 관람자의 일차시각피질 뉴런들을 격렬하게 점화시키기 때문에 우리에게 매력적으로 느껴진다. 아마도 이 해석은 피트 몬드리안과 바르트 판 데어 레크 등의 주도로 1917년에 창시된 미술운동 〈데 스틸De Stijl〉을 좋아하는—예컨대 나의 여형제 같은—사람들의 일차시각피질에 대해서는 정확히 옳을 성싶다. 그

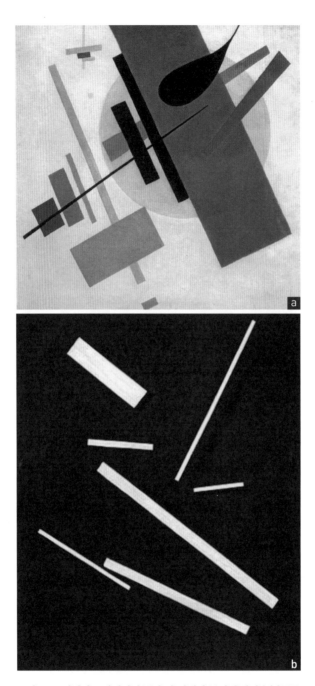

그림 7.16 카지미르 말레비치(a)와 장 팅겔리(b)의 추상미술 작품들에서 선들과 직사각형들은 특정한 각도로 배치되어 있어서 일차시각 피질을 강하게 활성화한다.

러나 테오 판 두스부르흐의 대각선들도 일차시각피질 뉴런들을 격렬히 점화할 수 있다고 나는 생각한다. 왜냐하면 일차시각피질은 추상미술에 등장하는 (구상미술에서는 전체적인 묘사 속에서 뒤로 물러나는) 모든 단순한 구조물들, 이를테면 선, 삼각형, 원, 점을 모두 처리할 수 있으니까 말이다.

프랭크 로이드 라이트가 1900년대에 설계한 〈프레리 주택들prairie houses〉은 몇 년 뒤에 몬드리안도 사용하게 되는 수평선의 의미를 모범적으로 보여 준다. 라이트는 수평선과 더불어 〈평면의 단순성과 완만한 경사〉를 중시했다. 하지만 그의 작품은 내부와 외부의 구분을 없앰으로써 어느 정도 불명료성을 띠기도 한다. 이를 통해 라이트는 외부를 주택 안으로 들여오고 주택 내부를 바깥으로 개방하고자 했다. 그는 건축과 자연의 통합에 관한 자신의 비전을 이렇게 표현했다. 「언덕 위나 다른 무언가 위에 주택이 있어서는 안 된다. 주택은 언덕의 일부여야 한다. 언덕에 속한 일부, 언덕과 주택은 함께 살아야 한다. 각각이 상대방 때문에 더 행복해야 한다.」

더 나아가 나는 곡선보다 직선이 일차시각피질을 더 강하게 자극한다는 결론을 담은 논문을 발견할 수 없었다. 모든 가능한 구조물의 경계가 V1에 매우 촘촘하게 배치된 신경세포들에 의해 구획될 수 있다. 나의 여형제와 마찬가지로 나도 브라질 건축가 오스카 니마이어의 작업을 매우 높게 평가한다. 그의 작품들의 특징은 곡선과 휘어진 형태다. 우리의 높은 평가는 휘어진 형태가 〈여성적〉이라는 단순한 이유에서 비롯된 것이 아니다. 성별과 상관없이 사람들은 집 안에 각진 형태들보다 둥근 형태들을 두기를 대개 더 선호할 성싶다.

건축가 필립 존슨도 휘어진 형태들을 좋아했다. 프랭크 게리가 설계한 빌바오 구겐하임 미술관을 방문했을 때 그는 울음을 터뜨리더니 이렇게 말했다. 「건축에서 중요한 것은 말이 아니라 눈물이다.」 실제로 극단적인 미적 경험을 하면서 울음을 참을 수 없다고 느끼는 경우가 종종 있다. 둥근 형태들은 감정에 관여하는 대상 피질 앞부분을 자극한다. 반면에 뾰족하거나 각진 형태들은 공포와 관련이 있는 뇌 구역인 편도체를 활성화한다.

그러나 신경미학은 더 복잡하며 이런 단순한 구분을 뛰어넘는다. 나와 나의 여형제는 프랭크 로이드 라이트의 직각들이 정말 멋지다고 느낀다. 시각 시스템이 미술을 처리하는 방식이 다양한 개인들에게 정확히 어떻게 다른지, 그리고 그 차이에서 어떻게 특정한 선호가 발생하는지는 앞으로 연구해야 할 과제다. 미술과 건축에 대한 가치 평가와 관련해서도 뇌들은 제각각 다르니까 말이다.

일차시각피질이 보유한 이미지는 여전히 망막에 맺힌 이미지의 연속이다. 그러나 일차시각피질은 시각 정보의 다양한 양태들 각각을 전문화된 뇌 구역들로 분산 전달하여 처리하고 저장하게 한다. 망막으로부터 그 처리 구역에 이르는 경로가 길면 길수록, 망막에 맺힌 이미지와 그 구역의 활동 패턴 사이의 관련성은 더 줄어든다. 시각 정보가 다양한 작은 뇌 구역들에서 분산 처리되고 지각과 저장이 해당 구역 각각에서 이루어진다는 사실을 감안하면, 왜 일부 뇌 손상 환자들은 여전히 형태를 볼 수 있는데도 색깔을 알아보지 못하는지, 왜 다른 뇌 손상 환자들은 형태는 못 보는데 색깔은 볼 수 있는지 이해할 수 있다. 신경학자 올리버 색스는 저서 『화성의 인류학자*An Anthropologist on Mars*』(1995)에서 한 미술가(I 씨)의 사연을 서술했다. 그는 교통사고를 당해 색깔을 보는 대뇌피질 구역(V4)이 손상된 환자였다. 그는 여전히 잘 볼 수 있었지만 색맹이 되어 흑백으로 그림을 그리기 시작했다.

두 개의 시각 경로

시각 정보는 일차시각피질(V1)에서부터 2개의 경로를 따라 처리된다(그

그림 7.17 프레리 주택의 한 예인 〈낙수장Fallingwater〉. 프랭크 로이드 라이트의 설계로 미국 펜실베니아주 베어 런Bear run에 건축된 에드거 카우프만의 별장이다. 수평선들, 그리고 자연과의 통합이 특징이다.

림 7.18). 어디에서 사건이 일어나는지에 관한 정보를 운반하는 한 경로(〈어디-경로〉)는 V1에서 위쪽으로 뻗어 나간다. 이 경로는 대부분의 정보를 망막의 막대세포들로부터 수용하고, 정보 처리가 신속하며, 대비, 운동(V5), 입체 시각stereo vision에 민감하게 반응한다. 이 요소들은 각각 다른 뇌 구역들에서 처리되고 저장된다. 이 시각 경로가 손상된 한 여성은 운동을 볼 수 없게 되었다. 그녀는 달리는 자동차를 볼 수 없었다. 그러나 자동차들이 신호등에 걸려 멈추면 그녀의 시야 속에서 갑자기 자동차들이 나타났다. 둘째 경로(〈무엇-경로〉)는 우리가 보는 바가 무엇인지에 관한 정보를 운반하며 V1에서 아래쪽으로 뻗어 나간다. 이 경로는 대부분의 정보를 황반의 원뿔세포들로부터 얻으며, 색깔(V4)과 얼굴에 관한 정보를 처리한다.

다양한 유형의 정보들이 각각 다른 피질 구역에 저장된다는 사실은 매우 특수한 정보만 인출할 수 없게 된 환자들에게서 뚜렷이 드러난다. V1에서 아래쪽으로 뻗어 나가 관자엽에 이르는 〈무엇-경로〉가 손상된 환자들 중 일부는 지인들의 얼굴, 심지어 가장 가까운 친지들의 얼굴을 알아보지 못한다. 다른 면에서는 시력이 멀쩡한데도 말이다. 그들은 예컨대 자신의 자동차를 아무 문제 없이 알아본다. 왜냐하면 그런 물체에 관한 정보는 다른 위치에 저장되기 때문이다. 자동차는 알아보는데 아내는 알아보지 못한다면, 집안 분위기가 어떻게 될지 능히 짐작하고도 남는다! 같은 유형의 뇌 손상으로 거울 속의 자신을 알아보기가 대단히 어려워진 환자들도 있다.

한 이미지를 기억에서 인출하려면 그 이미지의 다양한 성분들을 대뇌피질의 다양한 구역들로부터 불러내 〈결합〉을 통해 순식간에 조립해야 한다. 이런 인지 과정에서 초점은 비교적 가까운 주변의 몇몇 측면들에 맞춰지고 나머지는 무시된다. 이 과정에 참여하는 다양한 피질 구역들의 뉴런들은 더 강하게 점화한다. 이는 그 뉴런들이 처리하는 정보들이 하나의 공통 대상에 귀속한다는 증거다. 이 과정을 일컬어 〈결합〉이라고 한다. 결합 과정에서 뇌는 끊임없이 평가를 실시하면서 빠진 부분들을 보충해야 한다. 저장된 정보들을 짜 맞추는 과정에서 불명료성이 발생할 수 있는데, 세미르 제키의 견해에 따르면, 그 불명료성이야말로 탁월한 미술의 한 특징이다. 관람자는 동일한 그림을 〈다른 방식으로도 볼 수〉 있다. 그리하여 흥미로운 긴장이 발생한다.

이처럼 시각 정보가 두 경로로 갈라져 처리되는 것을 미술가들이 어떻게 무의식적으로 이용하는지 보여 주는 한 예로 대상들을 〈등명도〉(같은 밝기)로 그리는 기법이 있다. 예컨대 모네의 「인상, 해돋이Impression, soleil levant」에서 그 기법이 쓰였다. 그 작품 속의 태양과 하늘은 색깔만 다르고 밝기는 똑같다. 따라서 그 태양은 오로지 배쪽(아래쪽) 시각 경로의 색깔

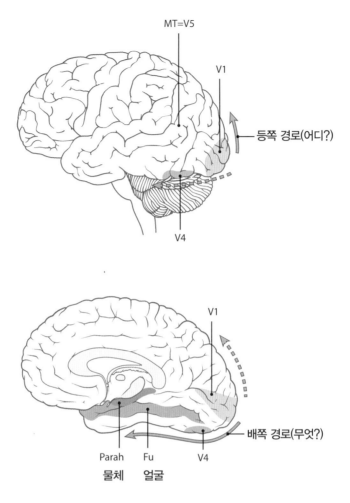

그림 7.18 V1에서 뻗어 나가는 두 개의 시각 정보 처리 경로. 위쪽으로 뻗어 나가는 경로(등쪽 경로)는 〈어디?〉 정보를 담당하고 운동을 처리하며 중간 관자이랑(MT=V5)을 향한다. 아래쪽으로 뻗어 나가는 경로(배쪽 경로)는 〈무엇?〉 정보를 담당하고 색깔(V4), 얼굴(방추형이랑, Fu), 물체(해마곁이랑, Parah)를 처리한다.

담당 구역(V4)에서만 인지된다. 〈색맹〉인 등쪽(위쪽) 경로의 밝기 구분에 기초하여 태양의 위치를 파악할 수 없기 때문에 태양은 불안정하게 느껴지고, 따라서 가물거리는 것처럼 느껴진다. 이 효과 때문에 그 작품은 특별한 감흥을 일으킨다.

등명도의 선들과 면들은 몬드리안의 「빅토리 부기우기Victory Boogie

Woogie」에서도 불안정한 느낌을 유발한다. 우리는 형태보다 색깔의 위치를 3배에서 4배 덜 선명하게 파악한다. 그렇기 때문에 점묘화에서 우리는 개별 점들이 서로 떨어져 있는 것을 볼 수 있지만, 그 점들의 색깔들은 서로 융합한다. 이 같은 〈색깔 유도chromatic induction〉를 막기 위해 마티스는 회화 「금붕어Goldfish」에서 채색된 면들 사이에 의도적으로 흰색 여백을 배치했다. 수채화나 파스텔화를 그릴 때는 경계가 확실한 면에 색을 칠할 때 빈틈없이 칠하려 애쓰지 않아도 된다. 우리는 색깔의 위치를 그리 정확하게 파악하지 못하므로 빈틈이 어느 정도 있더라도 관람자는 색이 면을 정확하고 완전하게 채웠다고 느낀다.

뇌는 효율적인 관찰 및 학습 기계다. 그 기계에서 시각 예술의 처리는 두 방향으로 진행된다. V1에서 출발하는 등쪽 처리 흐름과 배쪽 처리 흐름이 있으며, 또한 점진적으로 V1으로 되돌아오는 흐름도 지속적으로 존재한다.

3. 공감각

언론인이며 텔레비전 진행자인 파울 비테만은 나와 마찬가지로 학교에 처음 다니던 시절에 그리기 수업을 위해 품질이 좋지만 비싼 스위스제 〈카랑다셰Caran d'Ache〉 색연필을 구입해야 했다. 그 색연필 상자를 열면, 무지개색 색연필들이 가지런히 놓여 있는 것이 보였고, 금속제 뚜껑의 안쪽 면에는 스위스의 산악 풍경이 그려져 있었다. 그런데 파울이 그 색연필로 그림을 그리기 시작했을 때 이상한 일이 벌어졌다. 그가 색깔들을 어떻게 조합하느냐에 따라서 바흐의 음악, 라벨의 음악, 또는 말러의 음악이 들렸다. 그는 공감각을 체험한 것이다. 의심할 바 없이 그의 공감각은 그가 평생 음악에 관심을 기울인 이유 중 하나였을 것이다. 심지어 그는 마취될 때도 음악을 들었다.

작은 뇌 구역들의 전반적인 전문화는 발달 과정에서 일어난다. 보기를 학습하는 초기 발달 단계의 아기는 대뇌피질의 개별 구역들 사이에 아직 수많은 연결들이 있지만, 그것들은 대개 점차 사라진다. 하지만 일부 사람들은 서로 다른 뇌 구역들 간의 일부 연결이 발달 과정에서 유지된다. 그러면 서로 다른 감각 정보들이 뒤섞일 수 있는데, 이를 공감각이라고 부른다. 철자-색깔 공감각(가장 흔한 형태의 공감각이다) 경험자들은 색깔 처리 구역인 V4와 시각피질, 마루엽 피질, 관자엽 피질을 잇는 연결들이 특별히 강하다. 그들은 무색의 철자나 숫자에서 색깔을 본다. 이 현상은 유전적 토대가 있기는 하지만, 특정한 공감각 경험자가 이를테면 X에서 보라색을 보는 이유를 그 토대를 통해 설명할 수는 없다. 공감각 현상의 이런 세부 특징은 학습되는 듯하다. 예컨대 1975년에서 1980년 사이에 태어난 공감각 경험자의 15퍼센트가 철자에서 보는 색깔은 그 시절에 냉장고에 흔히 붙어 있던 (피셔-프라이스사가 제조한) 자석 철자의 색깔과 일치한다.

일부 사람들은 음악을 들으면서 색깔을 보기도 한다. 그런 음악-색깔 공감각 경험자 한 명은 트럼펫 음악을 들으면 항상 눈앞에 다양한 색깔의 삼각형들이 나타나는 것을 경험한다. 대니얼 태멋은 높은 지능과 결합된 자폐증인 아스퍼거 장애를 지녔을 뿐 아니라 서번트다. 그는 유일무이한 계산 능력과 언어 능력을 보유했다. 2004년에 태멋은 5시간 9분에 걸쳐 파이 π를 2만 2,514자리까지 단 하나의 오류도 없이 외워서 읊음으로써 새 기록을 세웠다. 그 많은 숫자들의 계열을 그는 채 3개월도 안 되는 기간에 외웠다. 그는 수요일을 파란색으로 본다. 이 때문에 그는 저서에 『파란 날에 태어나다Born on a Blue Day』라는 제목을 붙였다(이 책의 독일어판 제목은 다른 측면을 강조한다. 그 제목은 『11은 친절하고 5는 시끄럽다』이다). 이런 형태의 공감각은 유전적 요인이 강하며 〈시간-색깔 공감각〉으로 불린다. 공감각은 자폐증과 함께 나타나는 경우가 상대적으로 흔하다. 태멋에게 철자들과 숫자들은 특정한 색깔들을 띤다. 그는 숫자에서 색깔뿐 아니라 다양한 형태와 크기도 본다. 그는 9,973까지의 모든 소수 각각에서 결정(結晶) 형태를 본다.

나는 태멋의 저서가 네덜란드어로 출판되었을 때 며칠 동안 그와 함께 이곳저곳을 다녔다. 그때 대니얼은 요새 자신이 그림도 그린다고 나에게 자랑스럽게 이야기했다. 「뭘 그리는데?」 내가 궁금해서 묻자, 그가 대답했다. 「무리수 파이요.」 설명하자면 이렇다. 그는 파이를 십진법으로 적어 놓은 것과 같은 숫자 열을 색깔과 형태와 크기가 다양한 숫자로 된 산악 풍경으로 보는 것이다.

빈센트 반 고흐가 1885년에 피아노 교습을 받았을 때, 그의 선생은 그가 항상 음과 색깔을 연관 짓는 것을 알아채고 그가 정신병자라고 짐작했다. 오늘날에도 공감각은 종종 정신병으로 간주된다. 인구의 4.4퍼센트에서 나타나는, 발달 과정에서 발생하는 형태의 공감각 외에 획득된 형태의 공감각도 있다. 이 공감각의 발생은 약물 사용, 편두통, 다발성 경화증, 시상의 손상, 혹은 시력상실과 관련이 있다. 늦은 나이에 시력을 잃은 사람이 철자나 숫자, 시간 개념을 듣거나 생각할 때 색깔을 지각한다고 보고한 사례들이 있다.

미술가와 과학자 중에는 공감각 경험자가 적지 않다. 미술대 학생들을 조사해 보니, 23퍼센트가 공감각 경험자였다. 칸딘스키는 음악을 들을 때 선과 색을 보았다. 이 경험은 그에게 추상미술을 향한 길을 열어 주었다. 과학자의 공감각은 복잡한 계산을 간단히 해낼 수 있게 해준다. 왕립 네덜란드 예술 과학 아카데미 회장을 지낸 과학자 로베르트 디크라프는 철자, 단어, 숫자에서 색깔을 본다. 그는 이렇게 말했다. 「내 생각에 그런 공감각은 나에게 전적으로 이로웠습니다. 내가 수학 공식을 생각하면, 공식 안의 철자들이 색깔을 띠고 나타나죠. 그러면 그 철자들을 구분하기가 더 쉬워져요. x는 나에게 베이지색과 분홍색의 중간으로 보여요. a의 색깔은 아주 독특해요. 빨강과 파랑의 중간인데, 보라색은 아니에요.」

〈음향 소묘acoustic drawing〉로 유명한 슬로바키아 미술가 밀란 그리가르(1926~)도 공감각 경험자다. 그는 대안적인 음악 기록법들을 개발하고 자신의 스케치에 대응하는 소리를 녹음했다. 그가 보는 모든 소묘 각각을 그는 또한 들을 수 있었다. 그리하여 그는 소묘들을 전시하면서 녹음된 소리들을 곁들였다. 작곡가이자 공감각 경험자인 올리비에 메시앙(1908~1992)은 자신의 곡을 특정한 색깔로 연주해야 할 경우 악보에 그 사실을 명시했다. 「천상의 도시의 색깔들Couleurs de la cité céleste」이라는 유명한 작품에서 메시앙은 캐나다 새 한 종, 뉴질랜드 새 여섯 종, 남아메리카 새 스무 종의 소리를 이용한다. 아마도 이 곡에서 그는 자신의 색깔-소리 연상을 가장 멀리까지 탐험했을 것이다. 드미트리 나보코프는 (『말하라, 기억이여Speak, Memory』에서) 그의 어머니를 회고하면서 공감각을 언급한 바 있다. 〈나를 보호하는 벽들보다 더 탄탄한 벽들에 둘러싸여 비와 바람으로부터 보호받는 사람들은 공감각 경험자의 고백들이 지루하고 건방지게 들릴 수밖에 없다. 반면에 나의 어머니는 그 모든 것을 지극히 정상으로 간주했다. 내가 일곱 살 때였다. 어느 날 나는 낡은 철자 블록들을 가지고 탑을 쌓았다. 그리고 지나가는 말로 색깔들이 어울리지 않는다고 말했다. 곧이어 우리는 철자들에서 어머니가 보는 색깔들과 내가 보는 색깔들이 부분적으로 일치한다는 것을 발견했다. 게다가 어머니는 음악적인 소리에서도 시각적 영향을 받는다는 것을 알게 되었다. 반면에 나는 음악적 소리에서 어떤 색깔 인상도 받지 않았다.〉

공감각은 시인들 사이에서도 평균보다 더 흔하다. 공감각은 시인으로 하여금 언뜻 보기에 서로 무관한 것들을 관련지어 은유로 활용할 수 있게 해 준다. 일상 언어에도 그런 표현들이 있는데, 예컨대 〈요란한 색깔〉, 〈날카로운 소리〉, 〈치즈의 쏘는 맛〉, 〈마음이 따뜻한 사람〉, 〈얼음장처럼 차가운 사람〉, 〈메마른dry 포도주〉, 〈음성의 색깔〉이 그러하다. 이런 은유들이 우리 뇌에서 무의식적으로 형성되는 연결들을 반영한다는 흥미로운 가설이 있다. 예컨대 〈마음이 따뜻한 사람〉을 만나면, 체온을 조절하는 뇌 구역인 시각교차앞구역preoptic area의 뉴런들이 점화할 가능성이 있다.

4. 추상미술

> 추상미술: 무(無, Nothing)의 그림들.
> ─커크 바너도

추상미술은 현대 사람들의 발명품이다. 추상미술 작품들은 100년쯤 전에 비로소 처음으로 제작되었다. 네덜란드 출신의 현대미술 개척자 몬드리안은 초기에 인상주의 화풍의 풍경화들을 그렸다. 칸딘스키와 마찬가지로 몬드리안도 신지학(神智學)의 영향을 받았다. 반추상quasi-abstract 회화들을 그리던 이행기를 거친 후, 몬드리안은 자신이 추구하는 순수성을 오로지 원색들과 수직선과 수평선에서만 발견할 수 있다는 결론을 내렸다.

생후 9개월 된 아동들도 이미 색깔을 보고 그림에 반응할 수 있다. 그 나이의 아동들은 클로드 모네의 구상 회화보다 파블로 피카소의 추상 회화를 더 즐겨 바라본다. 알츠하이머병에 걸린 미술가들은 이 발달 과정을 거꾸로 밟는다. 그들의 창작은 구상미술에서 비구상 미술로 옮겨 간다(8장 11 참조). 뇌졸중을 겪은 미술가의 작품이 더 추상적으로 바뀌는 경우도 많다.

하지만 추상미술을 미숙하거나 퇴화한 뇌의 작품으로 깎아내리려는 것은 전혀 아니다. 비록 사람들은 추상미술을 보면서 〈이건 우리 애도 할 수 있어〉라고 자주 투덜대지만, 흥미롭게도 여러 연구의 결과를 보면, 심지어 전문성이 없는 일반인들도 전문가가 제작한 추상미술을 아동이나 동물이 제작한 유사한 분위기의 작품들과 구별할 수 있다. 구별의 기준은 작품의 의도와 구조다.

나는 추상미술을 그리 좋아하지 않는다. 따라서 나에게 흥미로운 질문은 이것이다. 다른 사람들은 왜 추상미술에 그토록 강한 매력을 느낄까? 개인들의 가치 평가는 구상미술보다 추상미술 앞에서 더 심하게 엇갈린다. 이 같은 가치 평가의 개인적 차이는 미술을 관람할 때 뇌줄기가 활성화되는 강도가 개인마다 다른 것과 관련이 있다. 뇌줄기가 활성화된다는 것은 심장 박동, 호흡, 혈압 조절 같은 생명에 필수적인 기능들이 영향을 받는다는 것을 의미한다. 따라서 뇌줄기의 활성화는 강렬한 관심의 토대일 수 있다.

우리가 추상미술을 처리할 때 사용하는 시각 시스템은 일상에서 실재를 지각할 때 사용하는 시각 시스템과 동일하다. 그러나 풍경화나 초상화나 정물화와 달리 추상미술은 개별 뇌 구역들만 활성화하지 않는다. 추상미술은 다양한 장르의 구상미술이 각각 선별적으로 활성화하는 뇌 구역들 모두를 비록 더 약한 강도로나마 두루 자극한다. 바꿔 말해, 추상미술은 대뇌피질을 덜 국소적으로 활성화한다. 마치 대뇌피질이 이 낯선 그림을 어떻게 처리해야 할지 알아내야 하는 과제에 직면하기라도 한 것처럼 말이다. 이런 식으로 추상미술은 우리 뇌를 덜 익숙한 상황에 처하게 만든다. 구상미술에서와 달리 추상미술을 관람할 때 우리는 특정 부분(눈, 코, 나무)에 초점을 맞추지 않고 오히려 전체를 본다.

추상미술의 정적인 이미지들을 응시하면 보상에 관여하는 안와 이마엽 피질, 앞이마엽 피질에서 인지 과정에 관여하는 부분들, 그리고 감각 운동 구역들이 활성화된다. 감각 운동 구역들은 경우에 따라 거울 뉴런들에 의해 활성화된다. 그 거울 뉴런들은 작품에서 미술가의 붓질을 추출하여 모방한다.

추상 회화에서는 구성이 결정적으로 중요하다. 몬드리안 특유의 채색된 면들과 직선들로 이루어진 회화 작품을 회전시켜서 전시하면, 관람자는 그 작품을 다른 방식으로 훑어보게 되어 미적 가치를 더 낮게 평가한다. 또 미로의 회화들에서 특정 형태들을 다른 위치로 옮겨 수정본을 만들면, 거의 모든 관람자는 원본을 더 선호한다.

추상미술을 관람할 때 우리는 시각 시스템을 일상생활을 할 때나 구상미술을 관람할 때와 다른 방식으로 사용하므로, 도식을 알아보는 것을 목표로 삼는 자동 메커니즘들은 활성화되지 않으며, 우리는 새로운 방식으로 〈대상 없이〉 연상할 수 있다. 이 같은 이례적인 뇌 시스템 사용 방식은 일부 사람들에게 보상의 효과를 낸다. 그렇기 때문에 구상미술에 대한 반응에 비해 추상미술에 대한 반응은 관람자 자신의 내면 상황과 관람 순간의 기분에 더 강하게 좌우된다. 추상미술은 구상미술보다 더 강하게 〈디폴트 연결망〉을 활성화한다. 이 연결망은 내면 성찰 등의 상태들과, 또한 〈자아〉와 관련이 있다고 한다. 어쩌면 이 사실도 추상미술에 대한 가치 평가가 매우 들쭉날쭉한 것에 기여할 가능성이 있다.

가우디의 미완성 성가족 성당

건축은 고정된 음악이다.
— 요한 볼프강 폰 괴테

나는 대다수의 추상미술에서 큰 감흥을 얻지 못하지만 예외들도 있다. 바르셀로나에서 가우디의 성가족 성당을 방문하여 호안 빌라-그라우의 스테인드글라스를 보았을 때, 나는 이루 말할 수 없이 감동했다. 그 작품들은 내가 전 세계의 교회와 성당 수백 곳에서 본 모든 고전적 구상 스테인드글라스보다 훨씬 더 아름다웠다! 이글거리는 스페인의 햇빛이 그 스테인드글라스를 뚫고 내려왔고, 창들은 내가 아는 가장 아름다운 건축물인 그곳을 온갖 색깔들로 화려하고 웅장하게 장식했다.

색깔들은 강렬한 노란 〈빛〉(〈나는 빛이요……〉)부터 북쪽에 위치한 〈물〉(〈나는 샘이요……〉)의 하늘빛 파란색과 태양이 떠오르는 쪽에 위치한 〈탄생〉의 따뜻한 색깔들을 거쳐 〈부활〉의 밝은 색깔까지 다양했다. 그곳은 나 같은 무신론자에게도 깊은 감동을 안겨 줄 수 있다.

음악계에는 위대한 작곡가가 사망하면서 미완성으로 남긴 작품을 덜 유명한 동료가 완성한 사례가 무수히 많다. 그 동료 역시 위대한 작곡가인지 여부와 상관없이, 그의 창작은 다른 작곡가의 작품의 〈완성〉으로만 평가될 것이 아니라 유일무이한 작품으로 이해되어야 마땅할 것이다.

하지만 조형 예술에서는 사정이 다르다. 피트 몬드리안의 「빅토리 부기우기」(1942~1943)는 나치 독일에 대한 승리의 상징으로 기획된 작품인데, 비록 미완성이지만 그 가치는 전혀 절하되지 않았다. 2002년에 네덜란드 화폐 굴덴이 유로로 교체되었을 때, 네덜란드 국립 미술 소유 재단Stichting

그림 7.19 「탄생Nacimiento」. 가우디가 설계한 바르셀로나 성가족 성당에 있는 호안 빌라-그라우의 스테인드글라스.

Nationaal Kunstbezit은 데 네덜란체 방크De Nederlandsche Bank의 자금 지원 덕분에 그 작품을 3,700만 유로에 구입하여 네덜란드 국민에게 선물했다. 현재 그 작품은 덴 하크 게멘테무제움Gemeentemuseum 미술관에 영구 임대 형식으로 소장되어 있다. 그 작품 속의 작고 알록달록한 접착테이프 조각들은 몬드리안이 마지막 순간까지 작업에 열중했음을 알려 준다. 하지만 그 회화를 〈완성〉해야 한다고 생각한 사람은 아무도 없었다.

건축에서는 사정이 또 다르다. 왜냐하면 일반적으로 건물은 예술품일 뿐 아니라 특정한 목적에 사용되기 때문이다. 그래서 사람들은 건축가가 미완성으로 남긴 건물을 그냥 유물로 놔둘 수 없다. 더구나 대개의 경우 상세한 설계도가 존재하기 때문에, 건축가가 죽은 뒤에도 그의 설계를 실현할 수 있다. 신앙심이 깊었던 안토니오 가우디는 가족과 친구들을 잃고 가난하게 살면서 바르셀로나 성가족 성당의 건축에 그의 삶 전체를 바쳤다. 신의 건축가, 돌로 성서를 지으려 한 건축가 가우디는 1926년 바르셀로나에서 전차에 치였다. 사람들은 그를 노숙자로 여겨 빈민병원으로 옮겼고, 그는 며칠 뒤 그곳에서 사망했다.

가우디 개인의 스타일을 한껏 집어넣고 유겐트 양식의 요소들을 가미하여 설계한 가우디의 교회, 성가족 성당은 당시에 턱없이 미완성된 상태였다. 심지어 오늘날에도 사람들은 그 건물이 2026년에야 완성되어 가우디의 사망 100주기에 공개될 수 있으리라고 예상한다. 하지만 170미터 높이의 중심 첨탑 건축이 2016년에야 시작된 것을 감안할 때, 이 예상이 실현될 수 있을지 의문이다. 가우디가 죽은 후 바르셀로나 사람들은 성가족 성당을 완성해야 할지를 놓고 오랫동안 토론했다. 스페인 내전(1936~1939) 때문에 그 성당의 건축에 쓸 돈은 남아 있지 않았다. 더구나 이 시기에 가우디의 설계도들과 건축 모형들은 훗날 중국의 문화대혁명(1966~1976)을 연상시키는 방식으로 거의 모두 파기되었다.

오늘날에는 관람료를 내고 그 성당을 방문하는 엄청난 관광객들과 후원자들 덕분에 건축을 활발하게 속행할 수 있다. 가우디의 건축 모형들 일부는 용케 복원되었고, 다른 모형들은 여전히 수천 조각으로 파괴된 채로 선반에 보관되어 있다. 가우디의 설계도들은 겨우 몇 점만 재발견되었다. 가우디 본인이 성가족 성당의 건축을 어떻게 이어 가고자 했는지 알아내기 위해 필요한 자료가 없기 때문에, 오늘날의 건축가들은 그 성당에 자신의 스타일을 가미하고 있다. 우리 시대의 미술가들이 제작한 조각품들이 성가족 성당에 설치되고 있는데, 그것들은 가우디의 감독 아래에서 설치된 조각품들과 다르다. 호세 마리아 수비라치는 형태들을 각지게 표현하는 양식으로 예수의 마지막 며칠을 표현한 조각품을 고난의 파사드에 설치했는데, 그 작품은 잊을 수 없을 만큼 인상적이다. 그러나 십자가에 못 박힌 예수를 그렇게 현대적으로 묘사하는 것, 더구나 허리에 천도 두르지 않은 모습으로 묘사하는 것을 놓고 스페인 사람들은 격렬한 논쟁을 벌여 왔다. 아무튼

그림 7.20 호세 마리아 수비라치, 바르셀로나 성가족 성당의 고난의 파사드에 포함된 「십자가에 못 박힘La crucifixión」.

성가족 성당 전체는 대단히 아름답다. 기둥들은 야자나무를 닮았다. 야자나무가 높은 곳에서 가지를 뻗어 돌로 된 잎과 같은 지붕에 닿는 듯하다. 가우디가 영감을 얻은 원천인 자연이 도처에서 발견된다. 성가족 성당은 내가 아는 가장 아름답고 인상적이며 감동적인 미술품 중 하나다. 하지만 새로 채워진 부분들을 가우디 본인은 과연 어떻게 평가할까?

8장
미술에서의 뇌와 뇌 질병

1. 미술에서 묘사된 뇌, 그리고 뇌의 질병과 치료

지금까지의 논의는 미술을 관람할 때 우리 뇌에서 어떤 일이 일어나는지에 관한 것이었다. 이 장에서는 미술의 대상으로서의 뇌를 다룰 것이다. 뇌, 뇌의 질병, 그 질병의 치료가 미술에서 묘사된 방식을 보면 당대와 환경에 관한 정보를 얻을 수 있다. 인간의 뇌가 미술의 대상이 되기까지는 오랜 세월이 걸렸다. 중세 후기까지도 뇌 해부가 이루어지지 않았으므로, 사람들은 뇌가 어떤 모양인지 전혀 몰랐다. 그럼에도 뇌의 질병과 특정 물질들이 뇌에 미치는 영향에 대한 관심은 충분히 많았다.

고대 이집트인은 뇌를 탐구하지 않았다. 이집트의 더운 날씨 탓에 사람이 죽고 조금만 시간이 지나도 그의 뇌는 거의 완전히 파괴되었다. 미라를 만들 때 사람들은 신속한 부패로 죽처럼 된 뇌를, 콧구멍 속으로 도구를 집어넣어 뼈에 구멍을 뚫고 빨아냈다. 고대 이집트의 한 미술품에는 소아마비로 한 다리가 마비되어 목발을 짚은 남자가 등장한다. 그 작품은 당시 사람들이 질병에 관심이 있었음을 보여 준다.

크레타섬은 미노아 문명의 중심지였
다. 그곳에서 발굴된 잠의 여신 조각
상은 양귀비로 만든 관을 쓴 모습이
다. 양귀비는 메소포타미아에서 이미
기원전 3400년에 재배되었다. 아마
그 시절에도 사람들은 양귀비에서 아
편을 채취하여 사용했을 것이다.

그림 8.1 소아마비로 장애를 얻은 고대
그리스 남성. 위축된 아랫다리와 목발을
보라.

내가 아는 한에서 뇌 시스템에 대한
최초의 묘사는 기원후 1000년경에
이루어졌다. 그 묘사는 사체 부검을
통해 뇌에 관한 지식을 얻은 덕분에

가능했다. 그 묘사는 콘스탄티노플에서 제작된 아랍어 필사본 책에 삽입된
소묘다. 그 소묘는 시신경교차 근처의 작은 공 모양으로 뇌하수체까지 표
현한 것이 분명하다.

히에로니무스 보스(1450~1516)의 작품으로 전해 오지만 모작일 수도 있
는 유명한 회화 「돌 절제De Keisnijding」는 아주 오래된 전통인 천두술
trepanation, 곧 두개골에 구멍을 뚫는 수술과 관련 있는 장면을 묘사한다.
사람들은 천두술이 뇌전증, 정신병, 지적 장애, 우울증 같은 뇌 질병들의 치
료법으로 효과적일 수 있다고 여겼다. 뇌 질병을 일으킨 악령을 두개골의
구멍을 통해 끄집어낼 수 있다고 믿은 것이다.
　과거에 천두술은 세계 여러 곳에서 실시되었다. 하지만 이 작은 회화가
묘사하는 것은 진짜 천두술이 아니다. 오히려 작품 속 광경은 천두술을 실
시하는 것처럼 꾸미는 사기극이다. 〈수술〉이 진행되는 동안, 환자는 신발

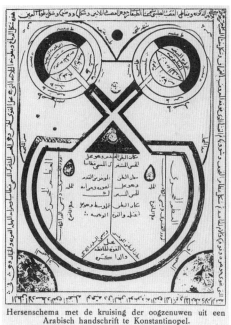

Hersenschema met de kruising der oogzenuwen uit een
Arabisch handschrift te Konstantinopel.

그림 8.2 크레타에서 발굴된 잠의 여신(기원전 약 2600~1454년).

그림 8.3 콘스탄티노플에서 제작된 아랍어 필사본 책에 실린 삽화 속의 시신경교차(기원후 약
1000년).

을 벗고 의자 등받이에 몸을 기댄 채 가만히 앉아 있다. 수술을 집도하는
〈의사〉 ─ 더 정확히 말하면 〈돌 절제자〉 ─ 는 환자의 두피를 절개하는 시
늉을 한다. 하지만 상처에서 나오는 것은 피가 아니라 꽃(어리석음의 상
징)이다. 돌 절제자는 깔때기 모양의 모자(속임수의 상징)를 쓰고 있다.
한 손에 주석 병을 든 성직자는 다른 손으로 마치 조언을 건네는 듯한 손
짓을 한다. 머리 위에 책을 얹은 수녀는 수술에 별로 관심이 없는 듯하다.
요컨대 교회는 환자가 기만당하는 것을 곁에서 지켜보고 있다. 그 광경의
위와 아래에 고딕 서체로 쓰인 문구는 〈선생님, 어서 돌을 절제해 주세요.
제 이름은 루베르트 다스랍니다Meester snijt die keye ras, mijne name is
Lubbert Das〉이다. 이 문구가 시사하듯이, 작품 속 돌팔이 의사는 루베르트

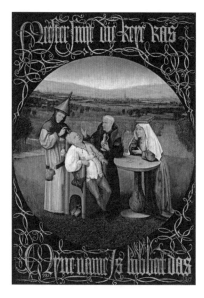

그림 8.4 「돌 절제」(약 1485년), 히에로니무스 보스 작(?) 혹은 모작.

다스의 어리석음을 이용해 먹고 있다. 그 돌팔이는 다스의 머리에서 돌을 절제함으로써 그의 어리석음을 없앨 수 있다고 거짓말을 한 것이다.

몇십 년 뒤에 미켈란젤로 (1475~1564)는 교황 율리오 2세의 의뢰로 바티칸 시스티나 예배당(교황의 예배당)의 천장 프레스코화를 4년 내에 완성했다. 프레스코화 「아담의 창조」는 그 천장화의 일부다. 그 작품을 맡기에는 능력이 부족하다고 여겼기에 미켈란젤로는 처음에 의뢰를 사양하면서 라파엘로를 추천했다. 그러나 교황은 뜻을 굽히지 않았다. 미켈란젤로는 1508년에 작업에 착수했다. 아담에게 다가가 생명을 선사하는 신의 손이 등장하는 「아담의 창조」는 세계에서 가장 유명한 회화 중 하나가 되었다. 매년 약 400만 명이 시스티나 예배당을 방문한다. 1990년에 미국 외과 의사 프랭크 메시버거 박사는 미켈란젤로가 그 작품에서 신을 뇌의 윤곽으로 감싼 것은 신이 생명뿐 아니라 이성도 선사했음을 분명히 하기 위해서라고 썼다.

실제로 미켈란젤로는 숙련된 해부학자였다. 그는 시체를 자주 해부했다. 해부용 시체들은 피렌체 산토 스피리토Santo Spirito 수도원장으로 있던 친구를 통해 구했다. 그것들은 수도원 병원에서 사망한 가난한 사람들의 시체였다. 하지만 나는 「아담의 창조」에서 제대로 된 뇌의 윤곽을 알아볼 길이 없다.

그림 8.5 미켈란젤로, 「아담의 창조」(1508~1512), 로마 시스티나 예배당.

내가 보기에 더 흥미로운 것은 디 벨라(2015)의 해석이다. 그 해석에 따르면, 「아담의 창조」에서 신은 출산 후 자궁의 윤곽으로 둘러싸여 있고 아담은 여성 몸의 윤곽으로 둘러싸여 있다. 그 여체의 윤곽은 특이한 파란색 산등성이로 표현되어 있으며, 아담의 머리 바로 위에 여체의 젖꼭지가 있다. 자궁 윤곽 우상귀의 돌출부는 나팔관일 가능성이 있고, 좌하귀의 뾰족한 함입부는 자궁경부, 아래쪽으로 나부끼는 청록색 스카프는 탯줄일 가능성이 있다. 하지만 신을 둘러싼 것이 신장(腎臟)이라고 해석하는 사람들도 있다. 밴드 〈비프Beef〉와 〈JAH6〉의 보컬을 담당하는 네덜란드 가수는 2015년에 새로운 해석을 발견했다. 그는 신이 심장에 둘러싸여 있다고 보았다. 이 해석도 일리가 있다. 르네상스 시대 사람들은 오늘날 우리의 지식에 따르면 뇌에 귀속하는 기능들을 심장에 귀속시켰다. 알기, 느끼기, 감정들과 그리움을 감지하기 등의 기능들을 말이다. 미술사학자 헹크 판 오스는 신이 〈인체 비구름〉에 둘러싸여 있다고 해석한다. 신들이 어쩔 수 없이 속세에서 움직일 때에는 그런 고유한 공기층에 둘러싸였다면서 말이다.

미켈란젤로의 의도를 확실히 알려 주는 자료가 언젠가 발견될지 의문이

다. 1564년에 죽음을 목전에 두고 병상에 누운 미켈란젤로는 자신의 소묘
와 스케치를 모두 없애라고 지시했다. 그가 회화들 속에 온갖 전복적인 메
시지들을 숨겨 놓았다는 추측이 제기되었다. 하지만 그가 그 메시지들이
들통날 것을 두려워했다면, 자신의 소묘와 스케치를 없애라는 지시를 죽음
을 목전에 두고서야 비로소 내릴 이유가 없지 않을까?

인체의 해부학에 관한 구체적 묘사는 안드레아스 베살리우스(1514~
1564)가 2년이 채 안 되는 기간에 저술한 『인체의 구조에 관하여 De humani
corporis fabrica』에서 처음으로 이루어졌다. 베살리우스는 안드리스 판 베
젤이라는 이름으로 브뤼셀에서 태어나 파리에서 의학을 공부하면서 야코
부스 실비우스의 가르침을 받았다. 실비우스는 팔레르모의 갈레노스의 해
부학을 열렬히 신봉했다. 그 해부학은 동물 연구에 기초를 둔 것이었다. 이
때문에 스승 실비우스와 제자 베살리우스는 나중에 서로를 심하게 적대시
하게 되었다. 베살리우스는 박사 논문을 쓰던 중에 전쟁 때문에 어쩔 수 없

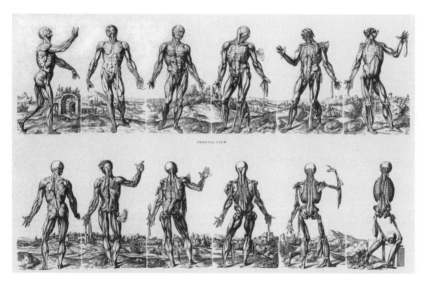

그림 8.6 안드레아스 베살리우스, 『인체의 구조에 관하여』. 해부된 인체를 보여 주는 목판화들이
나란히 놓여 있는데, 그것들의 배경에서 파도바와 그 주변의 경치를 알아볼 수 있다.

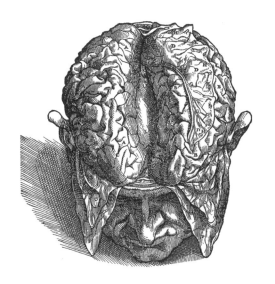

그림 8.7 안드레아스 베살리우스의 『인체의 구조에 관하여』에 삽입된 뇌 해부도.

이 파리를 떠나 파도바 대학으로 배움터를 옮겼다. 1538년 박사학위를 받은 당일에 그는 외과의학 교수로 임명되었다. 베살리우스는 자신과 동료들이 직접 해부를 실행하는 것에 큰 가치를 두었다.

그러한 직접 해부를 통해 그는 갈레노스가 범한 오류들을 많이 발견했다. 『인체의 구조에 관하여』는 1543년 바젤에서 베살리우스의 감독 아래 출판되었다. 파도바에서 베살리우스는 시체를 공개적으로 해부하기도 했다. 베니스 공화국은 사형수를 처형할 때 베살리우스에게 시체가 필요하다는 점을 감안했다. 『인체의 구조에 관하여』는 인체를 한 층 한 층 차례로 해부한 모습들을 보여 준다. 뇌 해부를 다룬 대목은 교수형을 당하여 여전히 목에 밧줄을 두른 시체의 그림으로 시작된다. 이어서 두개골이 열리고, 뇌의 관상 단면들coronal sections(뇌의 앞부분과 뒷부분을 가르는 단면들 ── 옮긴이)이 제시된다. 과감하게도 베살리우스는 갈레노스가 인체의 해부학을 틀리게 서술한 대목 200곳을 제시했다. 갈레노스는 동물들을 해부해서 얻은 결론들을 대뜸 인간에 적용했다면서 말이다. 파리에서 베살리우스를 가르친 실비우스는 이에 격노하면서 베살리우스를 멍청이요 〈다리가 둘인 당나귀〉라고 칭했다. 일부 선생은 제자가 자신을 훨씬 앞지르는 것을 견디지 못한다. 베살리우스는 매우 신중했으며 자신의 획기적인 해부학 업적의 한계를 잘 알았다. 그는 이렇게 말했다. 「나는 뇌가 어떻게 표상하기, 추론하기, 생각하기, 기억하기 등의 기능들을 수행하는지 만족할 만큼 이해하지 못했다.」

같은 시기에 다른 곳에서는 여전히 뇌에 관한 마법들이 성행했다. 네덜란드의 무이더슬롯Muiderslot 성에는 「에클로의 제빵사De bakker van Eeklo」(에클로는 겐트와 브뤼헤 사이의 소도시)라는 자그마한 화판(30×40센티미터)이 걸려 있다. 그것은 16세기 후반기에 안트베르펜의 화가 얀 판 베헬렌이 그린 작품이다. 전설에 따르면 자신의 성격이나 외모가 불만족스러운 사람, 더 젊은 머리를 원하거나 파트너의 행동이 달라지기를 원하는 사람은 그 작품에 묘사된 머리 굽는 작업장에 가서 자신의 머리를 다시 새롭게 구워 달라고 의뢰할 수 있었다. 이때 중요한 구실을 한 것은 연애였다. 그래서 예컨대 작품 속의 문 왼쪽에 선 여성이 제빵사에게 건네는 것과 같은 머리가 작업장에 제출되었다. 의뢰인의 머리를 현장에서 잘라 내기도 했다. 그럴 때는 머리를 잘라 낸 곳에 임시로 양배추를 얹어 놓았다. 그 양배추는 출혈을 멈추고 의뢰인의 머리가 새로 구워지는 동안 의뢰인이 생명을 유지하게 해주었다. 그림에서 보다시피, 의뢰인은 그동안에 만전을 기하기 위해 신에게 기도했다. 잘린 머리를 오븐에 넣기 전에 작업자들은 그 머리에 마법의 액체를 발랐다. 새로 구운 머리를 다시 장착하고 나면, 의뢰인은 집으로 돌아갈 수 있었다.

관광 해설사들은 현재의 어법에 맞게 말장난을 삽입하여 꾸며 낸 이야기를 덧붙인다. 그 화판이 제작되던 시절에 생겨난 것이 아닌 그 이야기에 따르면, 머리 굽기 과정에서 몇 가지 문제가 발생할 수 있었다. 오븐의 온도가 너무 높으면 〈뜨거운 머리〉(다혈질인 사람을 뜻함 — 옮긴이)가 만들어지고, 머리를 오븐 속에 너무 오래 놔두면 그 머리의 소유자는 〈푹 익으며〉(교활해진다는 뜻 — 옮긴이), 머리를 오븐에서 너무 일찍 꺼내면 〈머리가 완전히 구워지지 않았다〉. 네덜란드어에서 이 마지막 표현은 〈머리가 완전히 여물지 않았다〉는 뜻이다. 그림의 전면 왼쪽에는 더러 발생하는 굽기 사고(이른바 〈불량 구이〉)에 대비한 바구니도 놓여 있다. 당시에 매우 인기 있던 이 주제를 다룬 회화가 이것 말고도 최소 아홉 점 더 있다.

그림 8.8 얀 판 베헬렌, 「에클로의 제빵사」(1565~1570). 자기 머리의 모양이나 기능에 불만이 있는 의뢰인은 머리를 새로 구워 달라고 의뢰할 수 있었다.

2. 미술가의 뇌 질병

정상적인 사람을 만난 적이 있나요?
그래서…… 즐거웠나요?
—네덜란드 판도라 재단

뇌 질병은 미술가의 작품 활동에 큰 영향을 미칠 수 있다. 우뇌에 경색증 infarct이 발병한 뒤에 환자는 몸의 왼쪽과 관련한 자기의식과 환경의식을 모두 상실할 수 있다. 환자가 몸의 왼쪽 절반이 마비된 것을 의식하지 못하고 자기 왼쪽 환경의 존재와 자기 몸의 왼쪽 절반의 존재를 부정할 경우, 그 환자는 〈무시증neglect〉에 걸렸다는 진단을 받는다. 핼리건과 마셜은 우뇌 뇌졸중을 겪은 뒤에 왼쪽 무시증에 걸린 화가 겸 조각가의 사례를 서술했다. 그 환자는 모델들의 얼굴과 몸의 왼쪽 절반을 그리지도 않았다. 그는 자신의 조각품을 돌려놓을 수 있었고, 따라서 자기 작업에 결함이 있음을 알 수 있었는데도 말이다. 이 증상은 국소적으로 전문화된 공간 정보 처리가 그 환자의 대뇌피질에서 더는 이루어지지 않기 때문에 발생한다. 그 화가 겸 조각가는 이 결함을 의식하고 화를 냈다. 결국 가장 심각한 문제들은 사라졌는데, 흥미로운 질문은 이것이다. 그 환자의 작품 활동이 무시증의 치유에 도움이 되었을까? 이 질문에 대해 현재 연구하는 중이다.

그림 8.9 우뇌 뇌졸중을 겪은 화가 겸 조각가가 왼쪽 무시증에 걸린 상태에서 그린 소묘. 그에게는 모델의 왼쪽 부분이 존재하지 않는 듯하다.

알츠하이머병에 걸린 미술가들 중 일부는

다른 측면들에서는 이미 연민을 자아낼 정도로 증상이 악화되었는데도 여전히 오랫동안 미술적 재능을 유지할 수 있다. 일부 미술가들은 여전히 초상화를 그릴 수는 있지만 그 초상화의 가격을 결정하지 못한다. 하지만 병이 진행하면 결국 필수적인 능력들이 상실된다. 세부 묘사가 불가능해지고, 미술은 더 단순하고 원시적이고 추상적이 된다.

미국에서 태어나 런던에서 활동한 화가 윌리엄 어터몰렌은 62세에 알츠하이머병 진단을 받았다. 아래 자화상 연작은 병이 5년에 걸쳐 진행하는 동안 그의 시각적 공간 인지 능력이 어떻게 상실되어 갔는지, 그가 자신의 얼굴과 머리를 어떻게 점점 더 변형했는지, 그가 긋는 선이 어떻게 점점 더 투박하고 단순하게 되었는지 보여 준다. 결국 마지막 자화상은 추상미술처럼 보인다. 얼굴에 관한 정보의 처리와 저장은 관자엽 피질에서 일어나는데, 알츠하이머병은 그 부위를 심하게 손상시킨다. 화가 빌럼 데 쿠닝(1904~1997)은 주목할 만한 예외다. 그의 가장 유명한 작품들은 그가 치매에 걸린 이후에

그림 8.10 윌리엄 어터몰렌, 「자화상Self Portrait」 연작. 위 왼쪽은 1967년, 34세에 그린 것이다. 나머지 자화상들은 그의 알츠하이머병이 진행 중이던 1996년부터 2000까지 그린 것들이다.

제작되었다. 그 시기에도 데 쿠닝의 색채들은 여전히 생동감을 유지했다.

데 쿠닝은 1930년경에 구상 회화를 시작했으며 나중에 추상표현주의 화가로 발전했다. 1970년부터 1980년까지 그는 정신적 혼란과 우울에 빠져 그림을 그리지 않았다. 1980년에 그는 정신 건강이 계속 악화하는 와중에 작품 활동을 재개했을뿐더러 최고의 걸작들을 창조하여 모두를 놀라게 했다. 그는 술을 끊었고 더 건강한 식생활을 했으며 갑상선 질환과 비타민 결핍에 대한 치료를 받았다. 과거에는 회화 한 점을 완성하는 데 1년 반이 걸렸지만, 이제 그는 똑같은 일을 몇 주 만에 해냈다. 그가 받은 알츠하이머병 진단이 과연 옳았는가라는 의문을 제기할 수 있다. 동맥경화증과 알코올의 역할은 어느 정도였는지, 쿠닝이 — 그의 강박적 충동적 작업 방식을 볼 때 — 이마 관자엽 치매에 걸렸던 것이 아닌지도 의문스럽다.

우리 뇌의 앞부분, 곧 앞이마엽 피질과 관자엽의 앞부분은 우리의 충동적 행동을 억제한다. 따라서 예컨대 이마 관자엽 치매에 걸려 그 뇌 부위가 퇴화하면 자제력 없는 행동이 발생한다. 좌뇌가 퇴화한 환자들 중 일부는 미술 창작에서 주도적 역할을 하는 우뇌에서도 자제력을 잃는다. 그러면 환자가 병의 진행 초기에 시각 예술이나 음악을 매우 강박적으로 생산하는 일이 벌어질 수 있다.

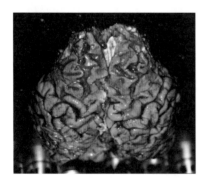

그림 8.11 이마 관자엽 치매. 이마엽(위쪽)은 심하게 위축된 반면, 나머지 뇌 부위는 온전하다. 네덜란드 뇌 은행 제공.

이 현상은 언뜻 보기에 놀랍다. 왜냐하면 그런 환자에게 손상된 앞이마엽 피질은 우리의 창조성을 위해서도 결정적으로 중요하니까 말이다. 하지만 앞이마엽 피질의 다양한 구역들은 기능이 매우 다양하기 때문에, 앞이마엽 피질은 통일된 뇌 부분으로 간주할 수 없다. 앞이마엽 피질의 손상이 어떤 결과를 빚어내느냐는 손상 부위가 정확히 어디냐에 달려 있다. 창조성의 향상은 일반적으로 이 치매의 세부 유형인 〈의미론적 형태semantic form〉에서 발생한다. 좌뇌 앞이마엽의 브로카 언어중추가 손상되면, 환자는 언어장애의 일종인 실어증을 겪는다. 그런데 이 같은 앞이마엽 퇴화의 결과로 일부 환자는 거침없이 예술 창작에 열중한다. 이 창조성 분출의 강박적 성격 덕분에 그런 환자의 기술적 솜씨는 신속하게 향상된다. 그러나 치매가 더 진행하면 결국 작품의 질이 하락한다.

이마 관자엽 치매 환자들은 대개 매우 사실주의적인 미술 작품을 창작한다. 그들이 그린 인물의 얼굴에서는 미묘한 감정이나 공감을 발견할 수 없다. 성적으로 도발적인 표현들도 드물지 않게 나타난다. 하지만 이 점을 꼭 언급해야 하는데, 치매에 걸린 미술가들의 작품 활동이 연구된 적은 있지만, 그런 미술가에 대한 사후 부검이 실시된 적은 없다. 따라서 신경병리학적 소견도 없다. 그러므로 그들이 어떤 유형의 치매를 앓았는지는 확실히 판정할 수 없다. 미술가들이 뇌 질병이 진행하는 동안 창작한 작품들에 관한 핵심 질문은 이것이다. 병의 진행이 작품의 질과 진정성의 상실을 초래하는 것은 언제인가? 어느 시점까지의 작품을 예술이라고 할 수 있는가? (정신병에 걸린 미술가를 어떻게 평가해야 하는가도 비슷한 문제인데, 이에 관해서는 9장 8을 참조하라.)

살바도르 달리가 그린 기이한 형태들 중 다수는 그가 편두통 발작 중에 경험한 시각적 환각에서 유래했다. 물론 달리 본인은 〈꿈〉을 거론했지만 말이다. 아무튼 그는 그 기이한 형태들을 매우 창조적으로 활용했다.

미술적 재능을 지닌 서번트의 대다수는 자폐인이자 중증 정신장애인이다. 그들은 모두 특정 주제나 특정 기법을 매우 뚜렷하게 선호한다. 그런데 특이하게도 그들은 사람을 그리는 경우가 거의 없다. 바꿔 말해, 그들의 약점은 사회적 뇌에 있다.

스티븐 윌트셔는 언어 IQ가 52인 자폐인이다. 그는 「런던 알파벳London Alphabet」이라는 소묘 연작으로 명성을 얻었다. 이 작품은 런던의 건물들을 그린 소묘 26점인데, 윌트셔가 10세에 그린 것이다. 그 후에 그는 뉴욕, 베니스, 암스테르담, 모스크바, 레닌그라드의 건물들도 그렸다. 헬기를 타고 로마 상공을 45분 동안 비행한 뒤에 그는 폭 2미터짜리 파노라마 소묘를 그렸는데, 그 작품 속 로마 중심가의 모든 건물, 모든 창, 모든 기둥은 사진처럼 정확하게 실제 풍경과 일치한다. 그가 기계처럼 소묘하는 모습을 보면서 일부 사람들은 그를 레이저프린터에 빗댔다. 이런 질문을 던져 볼 수 있을 것이다. 자폐인 서번트의 소묘는 〈예술〉로 칭하기에 충분할 만큼의 진정성을 갖췄을까?

자폐 스펙트럼과 맞물린 특별한 미술적 재능은 대개 뇌 손상이 있을 때 발달하며, 그 손상 부위는 흔히 좌뇌 이마엽이다. 그 손상 때문에 발달 과정에서 다른 뇌 구조물들로 뻗은 연결들이 강화되고, 그 결과로 시각피질의 기능이 탁월하게 발달한다. 이런 사정을 주목한 일부 사람들은 다음과 같은 제안을 내놓았다. 우리가 좌뇌 앞이마엽 피질을 꺼버린다면, 우리 모두 안에 잠자고 있는 서번트를 깨울 수 있을 것이다. 그리하여 경두개 자기 자극술로 좌뇌 앞이마엽 피질을 억제하는 실험들이 이루어졌는데, 그 결과로 피험자들의 소묘 솜씨가 향상되기는 했지만 대단한 재능이 발견되지는 않았다. 서번트들의 특별한 기억력과 강박적 예술 창작 방식만으로는 그들의 성취를 설명하기에 부족하다. 서번트들의 특별한 재능은 그들 뇌의 이례적인 구조에 기초를 둔다.

겐트에 있는 정신병원 박물관인 기슬랭 박물관Museum Dr. Guislain에는 아

그림 8.12 「껍데기에서 기어 나오다Uit de schulp Kruipen」(광택제를 바른 점토). 모레노 양Miss Moreno(1968년생)은 경계성 성격장애를 지녔다. 그녀는 정기적으로 칩거하며 자신의 미술 작품을 들고 나서기를 어려워한다.

르 브뤼Art brut(아웃사이더 아트Outsider Art) 상설 전시관이 있다. 거기에 가면 진정한 재능이 빛나는 몇몇 작품을 볼 수 있다. 〈아르 브뤼〉라는 개념은 1948년에 장 뒤뷔페가 처음 사용했으며, 주로 독학 미술가들이 그린 회화 장르를 뜻한다. 일부 아르 브뤼 미술가는 정신의학적 장애에 시달렸으며 시설이나 감옥에서 살았다. 〈아웃사이더 아트〉라는 명칭은 1970년대 초부터 유행했다. 예컨대 아돌프 뵐플리(1864~1930)의 미술이 아웃사이더 아트로 불리는데, 그는 소묘와 회화를 그리는 활동에서 안정을 찾던 정신병 환자였다. 장 뒤뷔페가 수집한 작품들은 오늘날 로잔에 있는 아르 브뤼 콜렉션Collection de l'Art Brut에서 볼 수 있다.

당연한 말이지만, 눈의 질병도 미술에 큰 영향을 미칠 수 있다. 망막의 병은 신경계의 병이기도 하다. 에드가 드가(1834~1917)는 36세에 처음으로 시각에 문제가 생겼다. 그는 40대에 회화의 재료를 유화 물감에서 파스텔로 바꿨다. 왜냐하면 그의 눈병을 위해서는 파스텔로 작업하는 것이 더 나았기 때문이다. 그는 계속 회화를 그렸지만, 회화의 정밀도가 꾸준히 낮아졌다. 이를 그림자가 투박해지는 것과 얼굴의 세부 묘사가 사라지는 것에서 확인할 수 있다. 57세에 그는 글을 읽을 수 없게 되었고 몇 년 뒤에는 시력이 너무 나빠져서 회화에서 조각으로 옮겨 갔다. 추측하건대 드가는 유전성 황반변성을 앓았던 것 같다.

폴 세잔(1839~1906)의 망막은 당뇨병 때문에 망가졌다. 이것이 그가 사실주의 회화에서 추상 회화로 옮겨간 원인 중 하나라고 사람들은 추측한다. 프란치스코 데 고야(1746~1828)는 시각, 청각, 균형 감각의 장애를 일으키는 희귀한 자가면역질환에 시달렸다. 병을 앓는 동안 그의 그림들은 점점 더 황량하고 공포스럽게 변해 갔다. 사람들은 그 그림들을 〈암흑 회화들〉이라고 부른다.

빈센트 반 고흐가 앓던 질병

빈센트 반 고흐가 오랜 세월에 걸쳐 받은 수많은 진단들은 지금도 여전히 과학자들의 관심을 끈다. 그가 앓은 질환의 가장 중요한 요소들로 지목되는 것은 편집 망상을 동반한 간헐적 정신 문제들, 시각적·청각적 환각, 불안, 흥분, 인지 기능 장애, 간헐적 혼미(昏迷), (양극성 우울증에서 비롯될 가능성이 있는) 주기적 행동 및 기분 장애, 간헐적 포르피린증, (균형 감각 장애와 청각장애를 유발할 수 있는) 메니에르병이다. 게다가 스트레스, 알코올 남용, 어쩌면 납 중독까지 고려된다. 납 중독이 거론되는 것은, 페이롱 박사의 기록에서 보듯이, 고흐가 발작 중에 물감을 먹고 송진을 마셨기 때문이다. 또한 일산화탄소 중독도 거론된다. 그뿐만 아니라 고흐는 압생트 주(酒)에 의존했고 영양 실조였으며 신체적으로 고갈되었고 뇌전증을 앓았다. 고흐 특유의 강박적·종교적 진술들과 편지, 회화, 소묘를 쏟아 낸 엄청난 생산력이 그의 관자엽 뇌전증에서 비롯되었을 수 있다는 주장에 대해서 나는 이미 입장을 밝힌 바 있다(『우리는 우리 뇌다』 16장 8 참조).

진실이 무엇이든 간에, 반 고흐가 그 많은 문제들에도 불구하고 대단한 작품들을 창조할 수 있었다는 것은 실로 불가사의하다. 편지들에서 드러나듯이, 반 고흐의 처지는 주변 사람들이 보기에도 확실히 끔찍했다. 1889년

그림 8.13 빈센트 반 고흐, 「가셰 박사의 초상 Portret van Dr. Gachet」(1890). 반 고흐를 진료한 의사 폴-페르디낭 가셰가 디기탈리스 풀 Digitalis purpurea과 함께 그려져 있다. 이 풀에서 디곡신 digoxin이 추출되는데, 아마도 이 물질이 반 고흐를 위한 치료제로 쓰였을 것이다. 디곡신을 다량으로 장기간 투여하면 색깔 지각 장애가 발생할 수 있다. 그러면 환자는 세상을 유난히 노랗게 보게 된다. 하지만 고흐는 해바라기들을 그린 뒤에 1년 동안 가셰 박사에게 치료를 받았다.

에 한 가게 주인과 그 가게가 속한 건물의 주인은 아를의 라마르탱 광장 거주자 몇 명의 동의를 얻어 오귀스탱 타르디외 시장에게 편지를 보낸다. 편지의 내용은 반 고흐를 그의 가족에게 보내거나 시설로 보내라는 애원이다. 조사에 나선 경찰은 반 고흐가 술을 진탕 마시고 극도로 흥분하여 자기가 무슨 짓을 하는지도 몰랐다고 보고한다. 이웃들은 그가 여자들의 몸을 마구 더듬었다고 보고한다. 반 고흐를 진찰한 의사는 그가 환청을 들으며 그의 이성에 심각한 문제가 있다고 보고한다. 그 의사는 반 고흐를 입원시킨다. 이 부끄러운 일화를 낳은 아를 시는 흥미롭게도 한 골목에 반 고흐의 이름을 붙였다. 2014년에 그곳에서 미술관이 개관했다. 첫 전시의 제목은 「반 고흐 라이브Van Gogh Live!」였다.

반 고흐의 극단적인 노란색 사용에 관해서 두 가지 이론이 있다. 폴-페르디낭 가셰 박사는 반 고흐를 치료할 때 아마도 디기탈리스 풀을 약재로 사용했을 것이다. 그 의사의 초상화에 등장하는 디기탈리스 풀이 이 추측에 힘을 실어 준다. 그 풀에서 추출한 약물을 다량으로 사용하면, 일부 환자는 모든 것을 노란색으로 보기 시작한다. 그러나 반 고흐는 가셰 박사에게 치료받기 1년 전에 이미 해바라기들을 그렸다. 가능한 둘째 이론은 반 고흐의 압생트 주 의존을 원인으로 지목한다. 왜냐하면 압생트 주 의존증은 황시증(黃視症)xanthopsie을 유발할 수 있기 때문이다. 하지만 이 효과가 발생하려면 엄청나게 많은 압생트 주를 마셔야 한다. 반 고흐가 그의 회화에 나타낸 전형적인 짙고 환한 노란색을 디기탈리스 약재 때문에 실제로 세상에서 지각했는지 여부를 우리는 영영 확인하지 못할 것이다. 진실이 어떠하든 간에, 만약에 반 고흐가 그의 수많은 증상을 다스리기 위해 오늘날의 의사에게 진료를 받았다면, 아마도 그는 단 하나의 미술품도 추가로 창작하지 못했을 것이라고 나는 믿는다. 그 증상들의 치료에 필요한 약들이 그의 창조성을 억눌렀을 가능성이 매우 높다.

9장
창조성의 발생과 자극

1. 창조성에 관여하는 뇌 구역들

> 예술의 목적은 외적 사물의 재현이 아니라
> 외적 사물이 지닌 내적 의미의 재현이다.
> ─ 아리스토텔레스

〈인간 정신은 사막의 종려나무처럼 먼 곳의 양분을 섭취한다〉라고 라몬 이 카할은 말했다. 아닌 게 아니라, 기존 구조들로부터 풀려나면 창조성이 촉진된다. 이것은 과학자들에게 외국에서 일할 것을 독려하는 이유 중 하나다. 외국 체류는 미술가들에게도 큰 영향을 미치는 경우가 많다. 피트 몬드리안은 1938년부터 시작된 창조기에 ─ 이 시기에 그는 파리에서 런던으로 이주했고, 이어서 1942년에 뉴욕으로 이주했다 ─ 환경의 변화가 자신의 작업에 얼마나 이로운지 느꼈다. 뉴욕 재즈 판의 영향 아래에서 그의 작품은 점점 더 자유로워졌다. 이 변화를 반영한 최고의 작품은 1994년 작 회화 「빅토리 부기우기」다. 문제를 다양한 관점에서 고찰하는 것, 예컨대 여러 분야의 전문가들이 모인 팀이나 다채롭게 구성된 위원회에서 고찰하는 것도 확실히 창조성에 도움이 된다.

정기적인 〈브레인스토밍brainstorming〉(참석자들이 자유롭게 자기 생각을 말하는 회의 — 옮긴이)이 새로운 아이디어를 자극한다는 것을 보여 주는 연구들도 있다. 돌아다니기를 몹시 좋아한 철학자 프리드리히 니체는 극단적인 근육 운동을 할 때 창조적 착상들을 얻는다고 고백했다. 가만히 있을 때 떠오른 아이디어들은 그가 보기에 전혀 가치가 없었다. 하지만 고집스럽게 한 문제에 매달림으로써 성공을 거두는 사람들도 있다. 요컨대 어떤 방법이 창조성을 자극하느냐는 개인마다 아주 다를 수 있다. 새로운 발견이 이루어지는 〈유레카 순간〉은 우뇌 관자엽 앞부분의 전기 활동이 갑자기 변화하는 것과 짝을 이룬다. 확산적 사고divergent thinking를 북돋는 인지 훈련 — 이를테면 우산을 이례적으로 활용하는 방법을 최대한 많이 제시하기 — 도 창조성을 향상시킬 수 있다.

건축가들을 대상으로 삼은 한 연구에 따르면, 어느 정도의 지능은 창조성의 전제 조건이다. 이때 어느 정도라 함은 IQ 120가량을 말한다. 하지만 더 높은 지능이 반드시 더 우수한 창조성을 의미하는 것은 아니다. 노인들에게 더 높은 창조성은 더 긴 수명과 상관성이 있다. 하지만 창조성 메커니즘이 추가로 뇌를 자극하여 수명의 연장을 일으키는지, 아니면 창조적인 사람은 수명을 연장시키는 뇌 속성들과 신체 속성들을 원래 타고나는 것인지 불분명하다.

창조성에 관여하는 뇌 구역들은 매우 다양하다. 창조 과정의 중심에 놓인 것은 앞이마엽 피질이다. 이 뇌 구역은 성격 특징으로서의 〈개방성〉과 상관성이 있다. 창조적인 사람들은 우뇌 관자엽 뒷부분에 회색질이 평균보다 더 많다. 즉, 그 부위에 뇌세포들과 그것들 간 연결선들이 더 많다는 것인데, 이 특징도 〈개방성〉과 상관성이 있다. 그뿐만 아니라 창조적인 사람들에게서는 다른 일련의 뇌 구역들에서도 더 많은 백색질(즉, 더 많은 연결선들)이 발견된다.

특별히 창조적인 저자들과 영화감독들로 이루어진 작은 집단과 대단히 창조적인 과학자들(신경과학자와 분자생물학자)로 구성된 집단의 창조성을 — 단어 연상 능력을 기준으로 — 비교하면서 기능성 자기공명영상을 촬영하는 연구도 이루어졌다. 연상에 관여하는 뇌 구역들의 활동 패턴을 비교하니 양쪽 집단에서 같은 결과가 나왔다. 과제가 언어에 관한 것이었기 때문인지 좌뇌에서 가장 강한 활동이 일어났는데, 그 활동은 무엇보다도 〈디폴트 연결망〉과 관련이 있었다. 디폴트 연결망이란 피험자가 아무 과제도 수행하지 않을 때 더 강하게 활동하는 뇌 구역들을 말하며(22장 1 참조) 우리의 〈자아〉 및 성격과 관련이 있다. 피험자들이 과제를 수행할 때 활성화된 뇌 구조물들은 좌뇌 보조/연합 운동피질, 언어 처리와 정신 이론(타인의 생각이나 의도를 헤아리는 능력)에 관여하는 좌뇌 이마엽과 관자엽의 구역들, 정보 처리, 웃기, 울기에 관여하는 우뇌 섬엽이었다.

이 시스템들의 중요성은 그것들에 기능장애가 있을 때 창조성이 결핍되는 현상을 통해 입증된다. 이를테면 서번트, 뇌졸중 환자, 치매 환자, 파킨슨병 환자에게서 그 현상을 확인할 수 있다.

창조적인 사람들이 평균보다 더 많이 보유한 뇌 연결선들은 그들의 의미론적 능력들semantic abilities로도 표출된다고 여겨진다. 그런 능력의 한 예는 은유의 사용이다. 은유는 연상에서 비롯되기 때문에 예술가의 창조 과정에서 중요한 역할을 한다. 공감각도 특별한 추가 연결들의 존재에서 비롯된다. 공감각은 특별한 은유 능력과 관련이 있다.

그림 9.1 렘브란트 판 레인, 「연구실 안의 학자Een geleerde in zijn studeerkamer」(약 1652년), 도화지에 에칭 인쇄. 한 해석에 따르면, 이 에칭 작품의 주인공은 무한한 앎과 세속적 쾌락의 대가로 영혼을 악마에게 넘겨준 파우스트다. 찬란한 원반은 유레카 순간을 상징한다고 한다.

2. 창조성, 음악, 춤

작곡, 편곡, 즉흥연주 같은 음악적 창조의 능력은 유전적 토대가 있는 것으로 보인다. 비음악적 창조성의 유전적 토대는 음악적 창조성의 유전적 토대와 다르다. 음악적 창조성에 관여하는 유전자의 한 예로 *Pcdh*(프로토카데린) 유전자가 있다. 이 유전자는 세로토닌 시스템에 영향을 미친다. 사람들은 음악에 맞춰 춤을 추곤 하는데, 춤에 대한 재능과 욕구는 개인마다 상당히 다르다. 그 다양성은 흔히 발생하는 유전적 변이들에서 비롯되는 듯하다. 무엇보다도 바소프레신 유전자와 세로토닌 유전자의 변이가 창조적춤과 관련이 있는 듯하다. 물론 모든 분야에서 그렇듯이 즉흥연주 능력은 지루하고 고된 연습을 통해 개발해야 하지만 말이다. 직업 작곡가들은 작곡을 위해 시간을 사용함에 따라 대상 피질 앞부분과 디폴트 연결망 간 — 더 정확히 말하면, 대상 피질 앞부분, 위 이마이랑superior frontal gyrus, 각이랑angular gyrus 간 — 기능적 연결들이 강화된다.

음악가, 화가, 저자, 과학자를 대상으로 삼은 한 연구에서 입증되었듯이, 창조성은 여성보다 남성에게서 더 뚜렷하게 표출되며, 창조적인 남성들은 가장 많은 작품을 생산하는 시기에 최고의 성취를 이룬다. 또 예술가는 집게손가락과 넷째손가락의 길이 차이가 큰 경우가 많은데, 그 차이는 성별과 상관없이 예술가가 초기 발달 단계에 평균보다 높은 테스토스테론 수치에 노출되었음을 시사한다. 따라서 창조성과 테스토스테론 사이에 모종의 연관성이 있는 것으로 보인다.

3. 직관적 아이디어

> 모든 우수한 과학은 참일 가능성이 있는 것에 관한
> 창조적 아이디어에서 나온다.
> ― 피터 메더워

건축, 예술, 과학에서 창조적 과정의 출발점은 직관, 곧 통찰의 순간이다. 예컨대 그 순간에 건축가는 건물이 환경과 어떻게 관계 맺어야 하는지 깨닫는다. 하지만 이런 유형의 직관을 얻을 수 있으려면, 뇌가 특정 분야에 맞게 고도로 훈련되어 있어야 한다. 훈련된 뇌는 스캔 영상에서도 알아볼 수 있다. 교육을 받는 동안 창조성이 향상되는 미술 전공 대학생들의 뇌를 조사한 연구진은 앞이마엽 피질의 백색질에서 변화를 발견했다. 백색질은 서로 다른 뇌 구역들을 연결하는 신경섬유들로 이루어졌으며, 앞이마엽 피질은 창조적 과정을 위해 결정적으로 중요하다. 그뿐만 아니라 그 대학생들은 사람을 관찰하고 나서 그리는 능력의 향상이 대뇌피질 및 소뇌의 변화와 짝을 이루었다.

직관을 출발점으로 창조 과정이 시작된 다음에는 아이디어가 더 구체화되어야 한다. 이 과정에서 미술 작품은 여러 번 변화를 겪을 수 있다. 피카소는 「게르니카Guernica」의 출발점이 된 직관적 아이디어를 얻은 후 예비 스케치를 45점이나 했다.

창조적 해법은 미술가가 한동안 무의식적으로 문제에 매달린 뒤에 떠오르는 경우가 많다. 그런 〈알 품기 단계〉에는 무의식적 뇌 과정들이 창조적 사고에 기여한다. 그리고 갑자기, 이를테면 샤워를 할 때나 밤잠을 푹 자고 일어났을 때, 해법이 떠오른다. 폴 매카트니는 「예스터데이」의 멜로디를 꿈속에서 얻었다고 설명했다. 1936년 노벨 생리의학상 수상자 오토 뢰비는 신경세포들에서 화학적 자극 전달이 전기 활동에 의해 유발된다는 그의 이론을 입증하는 실험 방법을 잠자는 동안에 깨달았다.

과학적 발견을 이뤄 낸 사람들은 대개 상상과 호기심이 풍부하다는 것, 또한 기꺼이 도전을 받아들이고 위험을 감수한다는 것과 같은 성격 특징들을 지녔다. 리처드 파인만은 양성자와 중성자의 분해에 관한 〈모든 사항〉을 불현듯 직관적으로 깨닫고 그것에 관한 계산으로 밤을 새웠다. 심지어 그를 찾아온 여자 친구를 돌려보내기까지 하면서 그는 계산을 이어 갔다. 하지만 과학과 예술 사이에는 원리적인 차이가 있다. 과학자의 생산물은 직관과 구체화에 이어 검증되고 재생산이 가능하도록 서술되어야 한다. 그런 다음에야 비로소 그 가치가 인정된다. 반면에 예술가의 생산물은 유일무이한 요소를 지녀야 한다. 그 유일무이한 요소의 재생산은 한낱 공예나 표절로 간주된다. 하지만 늘 그러했던 것은 아니다. 과거에 화가들은 자신의 솜씨가 더 뛰어남을 입증하기 위해 다른 화가의 회화를 똑같이 그리는 경우가 많았다.

4. 필터의 기능을 하는 뇌

모방이 끝나는 곳에서 예술이 시작된다.
— 오스카 와일드

일상에서 우리는 항상 엄청나게 많은 자극에 노출된다. 그 자극은 외부 세계에서 유래하여 우리의 감각기관들을 거쳐 뇌 중심부의 구조물인 시상에 도달한다. 시상은 앞이마엽 피질과 함께 자극들을 선별한 다음에(이 과정을 일컬어 〈인지 억제〉라고 한다) 감당할 수 있을 만큼의 정보를 대뇌피질로 전달한다. 그러면 우리는 그 자극들을 의식하게 된다.

특별히 창조적인 인물은 엄청나게 다양한 아이디어들을 거의 내키는 대로 생산한 다음에 선별한다. 이런 메커니즘을 〈인지 탈억제〉라고 한다. 인지 탈억제가 일어나면 외부 세계에서 유래한 자극이 더 많이 의식에 도달한다. 또한 당사자는 자신의 내면세계에서 일어나는 일을 더 강하게 의식한다. 더 많은 자극이 의식에 진입하고, 그 결과로 의식에서 새 아이디어들이 발생할 수 있다. 자극의 선별이 약하게 이루어지는 것은 시상에 있는 도파민2 수용체의 개수가 적은 것에서 비롯될 가능성이 있다. 인지 억제의 약화는 창조성 향상과 유일무이한 예술 작품의 창작에 도움이 될 수 있다.

창조성 향상을 위해 우리는 창조성을 억제하는 뇌 메커니즘들의 무력화를 시도할 수 있다. 뇌 손상 사례들은 앞이마엽 피질이 그 억제에서 어떤 구실을 하는지 알려 준다. 사고로 좌뇌가 손상된 사람들은 갑자기 자폐인 서번트들에게 뒤지지 않는 탁월한 솜씨들을 개발할 수 있다. 자폐 스펙트럼의 고지능 구간을 가리키는 아스퍼거 증후군에 자신의 이름을 남긴 한스 아스페르거는 미미한 자폐증도 탁월한 지능과 짝을 이룰 수 있음을 알아챘다. 앞서 언급했듯이, 이마 관자엽 치매로 좌뇌가 퇴화하는 환자들도 병의 초기 단계에 갑자기 사실주의적인 작품들을 강박적으로 생산할 수 있다. 이같은 관찰 사실에 착안하여 연구자들은 건강한 피험자의 좌뇌 기능을 경두개 자기 자극술이나 경두개 직류 자극술로 잠시 억제하는 실험을 했다. 그런 실험들에서 그리기 솜씨, 텍스트에서 오류를 발견하는 능력, 수를 다루는 능력, 단어를 기억해 내는 능력, 수수께끼를 푸는 능력의 향상이 실제로 관찰되었다. 그러나 갑자기 천재성이 나타났다고 말할 수는 없었다.

창조적 과정에 대한 억제를 무력화하는 익숙한 방법 하나는 약물이다. 잘 알려져 있듯이, 모차르트, 베토벤, 슈베르트, 슈만, 브람스는 술을 많이 마셨다. 모딜리아니는 약물과 알코올로 점철된 삶을 이른 나이에 마감했다. 잭슨 폴록은 알코올 중독자였으며 술에 취한 상태에서 자동차 사고로 사망했다. 노벨 문학상을 받은 어니스트 헤밍웨이와 존 스타인벡도 알코올 중독자였다.

100년 전에는 압생트 주를 마시는 것과 창조성 사이에 관련성이 있다고 여겨졌다. 에밀 졸라, 빈센트 반 고흐, 앙리 툴루즈-로트렉, 제임스 조이스가 그 술을 마셨다. 마르셀 프루스트와 에드거 앨런 포는 아편을 사용했고, 지그문트 프로이트는 코카인, 앤디 워홀은 암페타민을 사용했다.

여성 예술가 브리오니 키밍스(1981~)는 자신이 말똥말똥할 때보다 술에 취했을 때 더 창조적인지 여부를 알아내고 싶었다. 그리하여 그녀는—과학자들의 감독 아래—7일 동안 술에 취한 상태를 유지했다. 부분적으로 이 프로젝트는 의학 연구를 후원하는 〈웰컴 트러스트Wellcome Trust〉의 자금 지원으로 이루어졌다. 키밍스는 술을 실컷 마시면 자신이 더 창조적으로 되는 것을 확인했다(통제된 실험에서도 똑같은 결론이 나왔다). 하지만 모든 개인에게 알코올이 이런 효과를 내는 것은 아니다. 자신이 술에 취한 상태에서 걸작으로 평가한 작품을 술이 깬 다음에 보고 몹시 실망하는 사람들도 많다.

창조성을 깨우기 위해 약물이 사용되기도 한다. 정신과 의사 오스카 제니거는 1954년부터 1962년까지 환자들을 대상으로 LSD 실험을 했다. 한 환자는 단 한 번의 LSD 환각 경험이 미술대학에 4년 다닌 것과 맞먹는 효과를 낸다고 제니거에게 설명했다. 이에 고무된 제니거는 다른 많은 미술가 환자들에게도 LSD를 투여했다. 하지만 LSD의 영향 아래 창작한 미술 작품들과 LSD 요법 이전에 창작한 작품들을 비교하는 연구들이 더 나중에 이루어졌는데, 그 연구들에서는 이렇다 할 질적 차이가 발견되지 않았다. 하지만 LSD의 영향 아래 생산된 작품들은 더 추상적이었으며 채색이 훨씬 더 밝았다.

5. 즉석연주

창조성은 마법과 같다. 창조성을 너무 꼼꼼하게
탐구하지들 말라.
— 에드워드 앨비

이론적으로 볼 때 즉흥연주는 음악에서의 창조성을 연구할 좋은 기회를 제공한다. 하지만 즉흥연주의 내용은 새롭고 예측 불가능하며 통제할 수 없다는 점이 문제를 일으킨다. 즉흥연주를 하는 음악가는 저절로 생겨나 곧바로 실연되는 음악을 생산한다. 이때 음악가는 음악의 내용을 즉석에서 단박에 결정한다. 바로 이것이 즉흥연주에 완전히 빠져들 줄 아는 재즈 음악가들의 특징이다. 그들은 몰입Flow 상태가 된다. 즉, 무의식적으로 멜로디를 산출하면서 자신의 능력을 남김없이 발휘한다.

매우 창조적인 음악가들이 즉흥연주를 할 때는 (전운동피질, 안쪽 앞이마엽 피질, 우뇌 섬엽에 위치한) 몇몇 뇌 구역들의 활동이 더 강해진다. 또한 휴식할 때 활성화되는 디폴트 연결망도 함께 작동한다. 반면에 다른 구역들(등쪽 가쪽 앞이마엽 피질, 안와 앞이마엽 피질)의 활동은 줄어든다. 이것은 흥미로운 현상이다. 왜냐하면 꿈꿀 때와 명상할 때, 최면 상태에서도 이 같은 뇌 활동의 탈연동decoupling이 일어나기 때문이다. 요컨대 무의식적이며 신속한 뇌 과정들이 즉흥연주에서 핵심 역할을 한다. 앞이마엽 피질은 즉흥연주에 필요한 추상 개념들을 저장하고 일반 원리들을 산출하고

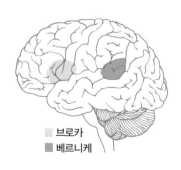

■ 브로카
■ 베르니케

그림 9.2 브로카 언어중추(이마엽)와
베르니케 언어중추(관자엽).

규칙들을 적용할 수 있다. 역시 앞이마엽 피질의 중요한 기여로 작동하는 작업 기억은 즉흥연주를 위해 결정적으로 중요하다. 앞이마엽 피질이 문제를 해결하는 동안, 작업 기억은 정보를 저장한다. 감정과 창조성은 즉흥연주에서 밀접하게 연결된다. 주관적 감정 상태를 산출하고 그것을 행동으로 옮기는 것은 주로 섬엽의 과제다. 고전음악을 수련한 음악가가 즉흥연주를 할 때는 추가로 브로카 언어중추와 베르니케 언어중추도 작동한다.

6. 신경전달물질

신경전달물질이란 뇌세포가 자신과 연결된 다른 뇌세포들로 메시지를 전달할 때 활용하는 화학물질이다. 앞서 옥시토신을 언급했는데, 이 화학물질은 시상하부의 신경세포들이 생산하여 혈류 속으로 방출하는 작은 단백질(펩티드)로, 자궁과 젖샘 조직의 수축을 유발한다. 그뿐만 아니라 옥시토신은 뇌 내부에도 뿌려져 신경전달물질로서 사회적 행동에 관여한다(4장 8 참조).

하지만 다양한 관찰들이 시사하는 바를 보면, 옥시토신은 일상에서의 창조성에도 관여한다. 혈장 옥시토신 수치는 무엇보다도 호기심의 강도와 관련이 있다. 옥시토신 수용체(옥시토신 메시지를 수용하여 뇌세포로 운반하는 단백질)의 한 다형태(DNA의 미세한 변이)는 창조적 아이디어가 많은 것과 상관성이 있고, 또 다른 다형태는 창조적 아이디어가 적은 것과 상관성이 있다. 더 나아가 옥시토신을 콧속 분무 방식으로 투여하면 창조적 능력이 향상된다. 사랑에 빠지면 혈중 옥시토신 수치가 상승하고, 섹스할 때는 더욱더 상승한다. 예술가가 사랑에 빠지면서 창조성이 폭발한다는 이야기가 숱한 글과 노래에 등장하는데, 그 이야기의 신경학적 토대는 옥시토신 수치의 상승일 가능성이 있다.

신경전달물질 도파민도 창조성을 위해 중요하다고 한다. 파킨슨병은 도파민 시스템의 한 부분을 망가뜨린다. 하지만 파킨슨병에 걸리더라도 예술적 창조성은 일반적으로 온전히 유지된다. 하지만 도파민의 전구물질 엘도파L-Dopa를 치료제로 투여받은 파킨슨병 환자들의 창조성은 건강한 대조군의 창조성을 능가한다. 요컨대 파킨슨병 치료제의 영향 아래에서 때로는 창조성이 향상될 수 있다. 심지어 일부 파킨슨병 환자들은 예술적 창조성을 유지하거나 한술 더 떠 향상하려고 강박적으로 도파민을 치료제로 남용한다. 그런 환자들에게는 부작용으로 과다 성욕, 도박 중독, 편집 망상이 나타날 수 있다. 그런 환자들이 나중에 사지 경련을 다스리기 위해 뇌 심부 자극용 전극을 시상하핵에 이식받고 엘도파 투여를 줄이면 창조성도 다시 감소한다. 한마디 보태자면, 대뇌피질에서의 도파민 결핍도 창조성 향상을 가져올 수 있다.

7. 창조성과 정신의학적 질병들

> 많은 화가들이 정신병에 걸린다는 것은 너무나 참된
> 진실이다. 화가의 삶은, 부드럽게 표현하더라도,
> 사람을 딴 세상 사람으로 만든다.
> ─빈센트 반 고흐

창조적인 사람은 그렇지 않은 사람보다 위험과 새로움을 더 많이 추구한다. 극단적 창조성과 정신의학적 질병에 대한 취약성 사이에는 거의 상식으로 자리 잡은 관련성이 있다. 비록 이 주제에 관한 출판물들은 방법론적으로 아주 많은 의문을 제기하지만 말이다. 정신과 의사 낸시 앤드리어슨의 연구와 뒤이은 관련 연구들에서 거듭 입증되었듯이, 매우 창조적인 문필가, 시인, 미술가는 우울증, 양극성 장애(조울증), 경미한 순환증cyclothymia(조울증과 거의 같음 — 옮긴이), 조증이나 경조증, 약물 남용, 자살 충동을 평균보다 훨씬 더 자주 겪는다. 다양한 연구들이 보여 주듯이, 양극성 장애의 긍정적 심리 특징들, 예컨대 고도의 영성, 공감, 창조성, 평균 이상의 현실성과 회복력은 주로 그 장애의 경미한 형태들에서 나타난다. 또한 우뇌 이마엽의 백색질 경로들의 구조와 성격 특징으로서의 〈개방성〉 사이에서 한 가지 일치점이 확인되었는데, 그 일치점은 창조성과도 관련이 있고 정신병적 특징들과도 관련이 있다(융 등, 2010).

창조적인 사람들을 선별하여 한 집단을 구성해 놓고 고찰하면, 그들 가운데 가장 창조적인 사람들이 정신의학적 질병에 걸릴 위험이 가장 높다는 결론이 실제로 나온다. 그러나 전체 인구와 비교하면, 창조적인 사람들의 정신 건강이 더 우수하다. 이 현상을 〈광기-천재 역설mad-genius paradox〉이라고 한다. 언뜻 이해하기 어렵지만, 정신의학적 질병에 걸릴 위험이 가장 높은 창조적 천재들의 집단이 엄청나게 적다는 점을 감안하면, 이 역설적 현상을 납득할 수 있다(Simonton, 2014).

창조성으로 정신의학적 질병을 막아 낼 수는 없다. 오히려 정반대다. 일찍이 아리스토텔레스(혹은 그의 제자들 중 하나)는 이런 질문을 제기했다. 「왜 철학이나 정치나 문예창작에서 비범한 성취를 이루는 사람들은 모두 우울증 환자일까?」 실제로 버지니아 울프, 에밀리 디킨슨, 세르게이 라흐마니노프, 로베르트 슈만을 비롯한 많은 위대한 저자, 시인, 음악가는 우울증과 조증에 시달렸다. 러시아 풍경화의 아버지로 평가받는 화가 이삭 레비탄(1860~1900)은 간헐적으로 우울증에 빠져 두 번이나 자살을 시도했다. 그는 유명한 회화 「블라디미르카Vladimirka」를 그렸다. 블라디미르카는 수형자들이 시베리아로 끌려갈 때 거친 길이다. 레비탄이 그린 그 길은 끝이 없는 것처럼 보인다. 그 광경은 수형자들이 러시아의 머나먼 변방으로 사라진다는 느낌을 준다. 레비탄 자신도 유대인이라는 이유로 모스크바에서 추방되었다. 이 경험은 그의 내면에 깊은 흔적을 남겼다.

음악계에서는 극단적 창조성과 정신 병리의 상관성을 뚜렷이 보여 주는 사례로 작곡가 로베르트 슈만이 있다. 신경매독일 가능성이 있는 질병 때문에 슈만은 조증과 울증을 오갔다. 경조증hypomania 기간에 그는 잠을 거의 자지 않았으며 엄청난 창조력으로 방대한 작품을 생산했다. 반면에 울증 기간에는 작곡을 사실상 중단했다. 경조증 기간에 그는 영감을 환청의 방식으로 얻었다. 그가 작곡한 「크라이슬러리아나Kreisleriana」는 슈만 자신이 숱하게 경험한 끊임없는 기분 변동을 음악으로 표현한다. 슈만은 43세에 발병한 정신병을 2년 동안 앓았다. 그 기간에 그는 그 자신이 이제껏 들은 어떤 음악보다 아름다운 환청을 들었지만 정신병 증상 때문에 그 환청을 악보에 기록할 수 없었다. 그 역시 우울증 기간에 두 번 자살을 시도했다. 마지막 시도는 1854년에 얼음처럼 차가운 라인강에 뛰어든 것인데, 지나가는 행인들이 그를 건져 냈다. 그 후 슈만은 자원하여 정신병원에서 (2년 남은) 여생을 보냈다. 여담이지만, 그의 뇌는 매독에 의해서도 손상되었다. 그 자신의 기록에 따르면, 그는 21세에 매독에 감염되었다. 정신병원에 입원한 후 슈만은 단 한 곡도 생산하지 못한 채 1856년에 사망했다. 그의 아내 클라라도 작곡가였는데, 그녀는 브람스로부터 위로를 받았으며 남편이 죽기 직전에야 비로소 그를 방문하는 것을 허락받았다. 조울증에서는 흔히 유전적 요인이 결정적인 역할을 한다. 슈만의 아버지는 우울증을 앓았고 여자 형제는 자살했다. 슈만의 아들 하나는 정신병원에서 30년 넘게 살았다.

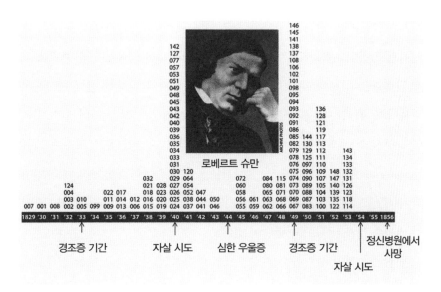

그림 9.3 조증과 울증을 오간 슈만은 경조증 기간에 엄청나게 많은 곡들을 작곡했다. 반면에 울증 기간에는 작곡을 사실상 중단했다.

예술가나 과학자 같은 창조적 직업군들에서 양극성 장애를 지닌 사람이나 조현병 환자를 가족으로 둔 사람의 비율은 전체 인구에서의 그 비율보다 더 높다. 조현병 환자는 과학자들 중에서는 그리 흔하지 않지만 예술가들 중에서는 매우 흔하다. 요컨대 조현병 유전자 세트의 긍정적 측면은 창조성에 보탬이 된다는 것이다.

개별 집단들에서 창조성과 정신병 사이의 상관성이 확인된다 하더라도 모든 각각의 탁월한 예술가나 과학자가 정신병 환자라는 결론은 결코 나오지 않는다. 다만, 〈정신 병리적〉인 상태와 〈정상적〉인 상태 사이의 경계선을 명확히 그을 수 없다는 것은 명백한 사실이다. 조현병, 자폐증, 양극성 장애와 정상적인 상태는 하나의 연속체를 이루는 것이 분명하다.

  특별히 창조적인 사람들의 활동은 이 같은 〈정신 병리적〉과 〈정상적〉에 걸친 연속체 안에서 이루어진다. 체사레 롬브로소가 1889년에 출판한 저서 『천재*The Man of Genius*』(1889)에서 서술했듯이, 그런 사람들은 흔히 괴짜이기도 하다. 알베르트 아인슈타인은 길거리에서 담배꽁초를 주워서 모은 담배를 파이프에 재워서 피웠다. 조현병 환자의 건강한 친척들도 흔히 괴짜이며, 때로는 성격 구조의 측면에서 기분의 분열성을 나타낸다. 일찍이 롬브로소는 괴짜다움이 유전된다는 주장도 내놓았다. 실제로 뉴레귤린*neuregulin1* 유전자의 한 변이는 창조성에도 관여하고 정신병에도 관여할 수 있다. 또한 신경계 성장 인자 BDNF의 코드를 보유한 유전자의 특정한 변이는 창조적 사고와 관련이 있다.

매우 창조적인 사람들은 전반적으로 마술적인 사고의 경향을 평균보다 더 많이 나타낸다. 그들 중에는 텔레파시, 미래를 알려 주는 꿈, 전생의 기억을 믿는 사람이 더 흔하다. 예술적 창조성은 양극성 장애의 경조증 극 근처에 위치하고, 과학적 창조성은 우울증 극에 더 가깝게 위치한다고 한다. 하지만 창조적이려면 일반적으로 일정한 정신 병리의 범위를 벗어나지 말아야 한다. 정신 병리는 천재적인 과학자들 사이에서 가장 미미했고, 철학자들 사이에서 가장 강했으며, 작곡가들은 그 양쪽의 중간에 놓였다.

존 내시, 「뷰티풀 마인드」

존 내시는 천재적인 인물들 가운데 과학자는 정신병에 대한 취약성이 가장 낮다는 규칙의 예외다. 그의 사례에서는 중증 조현병과 이례적인 과학적 창조성이 함께 나타났다. 내시는 게임이론에 관한 획기적인 업적으로 1994년에 노벨 경제학상을 받았다. 그는 편집성 조현병 환자였다. 본인의 고백에 따르면, 내시는 외계인이 자신과 접촉하려 하며 자신의 수학적 아이디어처럼 자신에게 다가온다고 믿었다. 영화 「뷰티풀 마인드 A Beautiful Mind」는 내시의 삶을 기초로 삼았다. 내시는 2015년에 86세로 아내와 함께 택시 교통사고로 사망했다. 당시에 내시 부부는 오슬로에서 내시에게 수여된 아벨상을 받고 돌아오던 중이었다. 아벨상은 〈수학 노벨상〉으로 불린다.

내시의 아들 존 찰스도 조현병 환자다. 존 내시는 이런 말을 남겼다. 「수학과 광기 사이에 직접적 연관성이 있다고 주장할 생각은 전혀 없다. 하지만 위대한 수학자들이 경미한 조증 경향이나 섬망delirium, 혹은 조현병 증상을 나타낸다는 것은 엄연한 사실이다.」

8. 미술 치료와 미술가들에 대한 치료

> 미술은 치료 효과를 낸다. 미술 작품을 창작하는
> 사람에게도 그러하고 감상하는 사람에게도 그러하다.
> ── 리하르트 노이만

미술 창작이 환자의 건강을 향상시키는 효과는 정신의학에서 예로부터 활용되어 왔다. 그런 활용은 사람들이 〈아르 브뤼〉에 관심을 갖게 된 계기이기도 했다. 미술 창작은 동요 상태에서 진정 효과를 낼 수 있으며 생각을 북돋고 행동을 변화시킬 수 있을 뿐 아니라 심장박동수, 혈압, 혈중 코르티솔(스트레스 호르몬의 일종) 수치를 정상화할 수 있다. 한 연구에서 60세 피험자들은 두 집단으로 나뉘어 10주 동안 미술 수업을 받았다. 한 집단은 수업에서 능동적으로 미술 작품을 생산한 반면, 다른 집단은 작품을 직접 생산하지는 않고 인지적으로 평가했다. 10주가 지난 후 조사해 보니, 휴식 상태에서 피험자들의 앞이마엽 피질과 마루엽 피질 간 연결들의 효율성이 뚜렷이 향상되었다. 게다가 능동적으로 작품을 생산한 집단에서는 스트레스에 대한 저항성도 향상되었다.

　미술 작품 감상도 우리 뇌의 작동을 변화시킨다. 치매 환자들에게 미술관을 관람하게 하는 것은 오늘날 통상적인 치료법이다. 경미하거나 어지간한 치매 환자들은 여전히 보호자들에 못지않은 안목으로 미술의 아름다움을 평가한다. 정신병원에는 흔히 미술 작품을 걸어 놓는데, 작품들을 신중하게 선택할 필요가 있다. 어느 정신병원에서 빈센트 반 고흐의 회화(1890년에 그린 「밀밭」 연작들 중 하나)와 잭슨 폴록의 추상 회화(「수렴 Convergence」, 1952)를 차례로 건 적이 있는데, 그때 환자들은 사바나 풍경 사진을 걸었을 때보다 더 많은 항불안제를 요구했다. 더튼의 견해에 따르면, 우리가 인간으로 되는 과정이 진행된 장소인 사바나의 풍경이 전 세계에서 가장 애호되는 듯한 것은 우연이 아니다. 그 풍경은 무수한 세대들에게 진화적으로 이로웠던 풍경이며, 따라서 그 풍경에 대한 애호는 플라이스토세의 유산이라고 더튼은 해석한다. 실제로 가장 오래된 호모*Homo* 속 동물의 아래턱뼈는 약 280만 년 전에 살았던 개체의 것이며 에티오피아 아파르주에서 발견되었다. 그 발견 장소는 유명한 〈루시Lucy〉의 골격이 발견

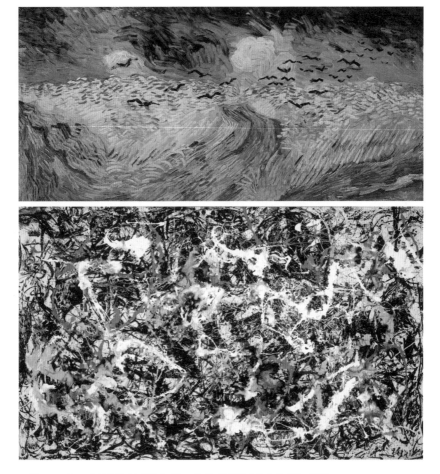

그림 9.4 어느 정신병원 환자들은 반 고흐의 회화(「까마귀가 있는 밀밭Korenveld met kraaien」, 1890, 위)나 잭슨 폴록의 추상 회화(「수렴」, 1952, 아래)가 벽에 걸려 있을 때 항불안제를 더 자주 요구했다.

된 곳으로부터 겨우 50킬로미터 떨어져 있다(〈루시〉는 320만 년 전에 살았던 오스트랄로피테쿠스로, 유인원과의 유사성이 호모 속보다 더 컸다). 그호모 속 동물의 아래턱뼈 근처에서는 전형적인 사바나 동물들의 화석이 발견되었다. 그런데 주목할 만한 것은 바로 그런 사바나의 풍경이 정신의학적 환자들을 진정시킨다는 점이다.

예술가의 정신의학적·신경학적 질병을 진료하다 보면 딜레마에 봉착할수 있다. 제약회사 CIBA는 미술가 정신병 환자들의 치료 전 소묘와 후 소묘를 나란히 보여 주는 책을 출판했다. 출판의 의도는 당연히 CIBA의 치료제 덕분에 환자들의 소묘가 정상성을 되찾았음을 강조하는 것이었다. 그러나 미술 애호가들은 오로지 환자들의 치료 전 소묘에만 관심을 기울였다. 예술가에게 리튬이나 항정신병약을 투여하면 예술가의 창조성이 억제되는 효과가 흔히 발생한다. 물론 약물들의 효과는 개인마다 다르다. 조울증 환자에 대한 리튬 치료는 환자의 예술적 창조력을 감소시킬 수도 있지만 침해하지 않을 수도 있다. 어느 여성 파킨슨병 환자는 좌뇌 심부(시상하핵) 자극술을 받은 후 회화의 질이 떨어졌다.

10장
신경미학

예술은 세월이 흐르면 대개 아름다워지는 추한 것들을
생산하고, 유행은 나중에 반드시 추해지는
아름다운 것들을 생산한다.
— 장 콕토

신경미학은 우리의 미적 경험과 판단의 바탕에 놓인 뇌 메커니즘들과 그것
들의 진화적 토대를 탐구한다. 이 분야의 개척자 세미르 제키 교수가 족히
10년 전에 신경미학 연구를 시작하면서 공언한 의도는 예술 이론에 과학
적 객관성을 부여하겠다는 것이었다. 하지만 그의 의도를 넘어서 신경미학
은 파트너 선택, 광고, 소통과 같은 매우 다양한 행동 분야들에서 뇌가 어떻
게 작동하는지에 관한 정보를 제공한다. 심지어 신경미학은 과학자가 특정
한 공식을 아름답다고 느끼면서 바라볼 때 그의 뇌에서 어떤 일이 일어나
는가에 관한 정보도 제공한다.

1. 아름다움은 객관적일까, 아니면 주관적일까?

미술은 형상을 추구하고 아름다움을 희망한다.

— 솔 벨로

아름다움은 한편으로 매우 개인적인 경험으로, 시대, 문화, 집단, 개인마다 심하게 다를 수 있다. 아름다움은 관찰자의 눈 속에 존재한다. 바꿔 말해, 누구나 자신이 미술이나 음악, 건축에서 무엇을 아름답게 느끼고 무엇을 아름답지 않게 느끼는지에 대해서 나름의 견해를 가질 수 있다. 이 현상은 신경미학적 메커니즘에 대한 탐구에 이용된다.

뇌 구조물들이 미술 작품을 통해 활성화되는 패턴은 관람자의 가치 평가와 관련이 있다. 안쪽 안와 이마엽 피질은 추하거나 중립적인 자극보다 아름다운 자극에 더 강하게 반응한다. 또한 대상 피질 앞부분, 등쪽 가쪽 앞이마엽 피질, 좌뇌 마루엽 피질도 중립적인 자극보다 아름다운 자극에 더 강하게 반응한다. 심지어 등쪽 가쪽 앞이마엽 피질에 전기 자극을 가함으로써 미적 가치 평가를 인위적으로 높이는 것도 가능하다. 우뇌 등쪽 가쪽 앞이마엽 피질을 전기로 자극하면, 피험자는 타인의 얼굴도 더 매력적으로 느끼게 된다. 요컨대 대상을 얼마나 아름답다고 느끼는지는 실제로 관찰자의 뇌에 의해 결정된다.

신경미학 연구는 아름다움의 경험의 〈객관적〉 토대라고 할 만한 것이 존재함을 보여 준다. 유쾌한 미적 경험은 뇌의 보상 시스템에 의해 유발된다. 음악에 대한 가치 평가의 개인적 차이는 위 관자이랑의 감각 처리 구역들과 섬엽 및 앞이마엽 피질의 감정 및 사회성 담당 구역들 사이의 신경연결들(백색질)과 관련이 있는 것이 거의 확실하다. 피험자로 하여금 여러 미술 작품 중에서 아름다운 것과 추한 것을 선택하게 — 이른바 〈주관적 감정〉에 기초하여 나름대로 고르게 — 하고 뇌 활동의 차이를 관찰하면, 아름다운 대상을 마주할 때 무엇보다도 우뇌 편도체가 활성화되는 것이 뚜렷이 드러난다. 수백 년 전부터 많은 이들의 감탄을 자아내 왔기에 〈객관적으로〉 아름답다고 평가받는 고전 걸작을 원본으로 삼고 그것을 이루는 요소들의 비례를 바꿔 변형 복제본을 만들면, 원본이 대뇌피질의 몇몇 구역들과 섬엽을 변형 복제본보다 더 강하게 활성화하는 것을 확인할 수 있다. 요컨대 아름다움의 객관적 측면과 주관적 측면이 둘 다 특정한 뇌 구조물들의 활동 변화를 통해 매개된다.

이런 면에서 예술은 언어나 종교와 유사하다. 예술, 언어, 종교는 보편적 속성, 지역적 속성, 개별적 속성을 지녔다. 노엄 촘스키는 언어의 보편문법이 존재한다고 여겼다. 영성을 느끼는 감각은 종교의 보편적 토대를 이룬다. 그뿐만 아니라 예술, 모어, 종교는 지역적이며 문화에 따라 특수한 면모를 지녔다. 또한 예술 작품이 창작되는 방식에서 — 그 창작에 연루된 개인적 감정들과 더불어 — 개인적인 차이들도 역시 뚜렷하게 존재한다. 이 두 가지 요소, 곧 특수한 요소와 개인적인 요소의 작동을 다양한 음악적 표현에 대한 가치 평가를 조사함으로써 입증할 수 있다.

개인적 차이는 모든 뇌 각각이 유일무이한 것에서 비롯된다. 하지만 각 개인과 그의 유일무이한 뇌에게는 고유한 주관적 감각들이 객관적인 것들로 느껴진다. 따라서 〈객관적〉 면모와 〈주관적〉 면모를 거론하는 것보다 〈보편적〉 면모와 〈개인적〉 면모를 거론하는 편이 더 나을 성싶다. 그런데 예술에 대한 개인적 가치 평가와 보편적 가치 평가 모두가 각 개인의 부분적으로 유일무이한 뇌에서 유래하므로, 우리가 어떤 대상을 아름답다고 느끼는지는 통상적인 짐작보다 덜 강하게 우리의 〈자유로운 결정〉에 의존한다. 이 사실은 〈자유 의지〉에 관한 논의에서도 중요한 역할을 할 것이다

(23장 참조). 한 예술가의 창작의 한계는 궁극적으로 그 자신이 무엇을 〈좋다〉고 느끼는가에 의해 결정되며, 우리 모두 그렇듯이 예술가에게서도 그 느낌은 보편적 한계와 개인적 한계를 벗어나지 못한다.

2. 예술에서 아름다움의 보편적 성분들

> 아름다움은 사물들 자체에 귀속하는 속성이 아니다.
> 아름다움은 그 사물들을 관찰하는 자의 정신 속에만
> 존재한다.
> ― 데이비드 흄

우리가 예술에 매기는 가치는 아름다움의 두 성분, 곧 보편적 성분과 개인적 성분에 의해 결정된다. 얼굴의 아름다움을 평가할 때는 보편적 성분과 개인적 성분이 대략 동등한 영향력을 발휘한다. 아름다움의 보편적 성분의 예로 조화, 대칭, 단순성, 황금분할 구조, 프랙털 구조를 꼽을 수 있다.

- 조화란 한 작품에서 전체와 부분들 사이의 균형을 말한다.
- 대칭은 우리가 얼굴의 아름다움을 평가할 때 중요하게 작용하는 요소다. 틀림없이 생물학적 이유 때문에 그러할 것이다. 대칭은 건강의 지표이니까 말이다. 하지만 예술에서는 대칭과 비대칭 사이의 긴장을 만들어 내는 것이 관건일 때가 많다.
- 예술에서 단순성은 흔히 아름다움의 중요한 요소로 간주된다. 일찍이 알브레히트 뒤러는, 예술의 가장 중요한 장식은 단순성이라는 옳은 견해를 품었다. 단순성이 얼마나 아름다울 수 있는지를 스케치 작품들에서 알

수 있다. 피카소는 필기구를 종이에서 한 번도 떼지 않고 소묘를 그리곤 했다. 그렇게 그는 단 하나의 선으로 형태를 창조했다. 우리는 선사시대의 미술에서도 그런 단순성을 높게 평가한다. 매머드를 단번에 솜씨 좋게 그린 암벽화는 단순해서 아름답게 느껴진다.

• 황금분할이 아름다움을 창조하기 위한 보조 수단으로 쓰인 것은 늦어도 유클리드의 시대(기원전 300년)부터다. 황금분할은 관찰자가 보기에 가장 편안한 비율이다. 선분을 황금분할하면, 큰 부분과 작은 부분 사이의 비율이 선분 전체와 큰 부분 사이의 비율과 같게 된다. 그 비율을 수로 표현하면 대략 1.618에 해당한다(그림 10.1). 황금분할은 르 코르뷔지에의 건축에서 핵심 요소였으며, 프랭크 로이드 라이트는 뉴욕 구겐하임 미술관을 설계할 때 황금분할에서 영감을 얻었다. 미켈란젤로는 시스티나 예배당 천장화의 일부인 「아담의 창조」에 황금분할을 적용했고, 살바도르 달리도 회화 「최후의 성찬식」에서 황금분할을 사용했다. 고전적인 걸작에 등장하는 황금분할을 다른 비율로 바꿔 놓고 피험자에게 관람시키면, 피험자의 섬엽 — 감정을 느낄 때 활동하는 뇌 구역 — 의 반응이 약해진다.

• 프랙털이란 자기 자신을 무한히 반복하는 기하학적 모양이다. 프랙털은 자연에서 흔히 발견된다. 예컨대 나무들과 나뭇잎들에 프랙털이 들어 있다. 미술에서도 프랙털은 아름답다는 느낌을 자아낸다. 프랙털은 네덜란드 그래픽 아티스트 M. C. 에셔의 수많은 작품들뿐 아니라 잭슨 폴록의 「물감 방울 회화Drip Painting」에도 들어 있다.

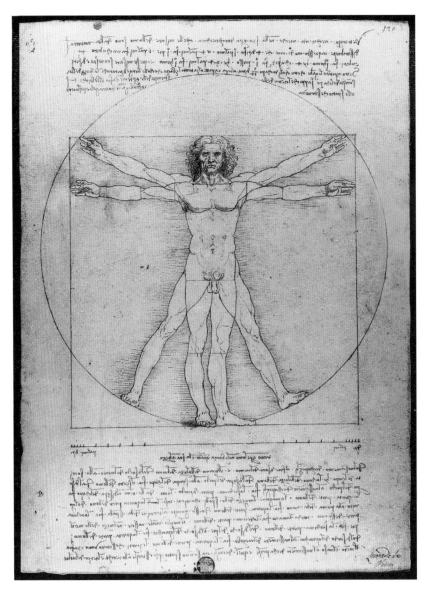

그림 10.1 레오나르도 다빈치, 「비트루비안 맨Vitruvian Man」(약 1490년). 비트루비우스의 저술에 기초한 인체 비율 연구.

그림 10.2 녹색 원형의 프랙털.

3. 과학과 아름다움

> 나는 과학 자체를 위해서 과학에 관심을 기울였다.
> 과학의 효용보다 과학의 아름다움이 나를 끌어당겼다.
> ─ 블레즈 파스칼

수학에서는 방대한 데이터를 하나의 공식으로 표현할 수 있다. 그러면 개별 수치들을 댈 필요가 없어진다. 공식은 단순할수록 아름답다. 수학자들이 어떤 공식을 아름답다고 느끼면 미술을 관람할 때와 마찬가지로 그들의 뇌에서 안와 이마엽 피질이 활성화한다는 것을 입증할 수 있다. 〈오컴의 면도날〉은 학문에서 단순성의 아름다움을 옹호하는 대표적인 원리다. 이 원리에 따르면, 한 현상을 설명하는 가설들이 여럿 있을 경우, 우리는 가장 적은 전제들을 채택하는 가설을 우선해야 한다.

예술 작품의 가치 인정은 감정에서 시작되고 그다음에 깊은 이해를 통해 보완된다. 반면에 수학 공식의 아름다움을 깨닫는 과정은 거꾸로 진행한다. 19세기의 가장 유명한 자연과학자들 중 하나인 앙리 푸앵카레는, 참된 과학자(특히 수학자)가 연구할 때 느끼는 감정은 예술가가 창작할 때 느끼는 감정과 똑같다고 여겼다. 과학자의 기쁨과 예술가의 기쁨은 똑같이 크고 매우 유사하다고 말이다. 푸앵카레에 따르면, 과학자는 오로지 효용을 위해 자연을 연구하는 것이 전혀 아니다. 오히려 연구가 그에게 기쁨을 주기 때문에 연구하는 것이다. 그리고 연구는 아름답기 때문에 그에게 기쁨을 준다.

과학의 미적 면모는 카오스 속에서 질서를 창출하는 것에 있다. 생물학에서 아름다운 성과의 가장 좋은 예로 왓슨과 크릭에게 노벨 생리의학상을 안겨 준 DNA의 이중나선 구조를 들 수 있다. 노벨상 수상자 프랑수아 자코브는 2005년에 이렇게 말했다. 「그 구조는 너무나 아름다워서 절대로 참이 아닐 수 없었습니다.」

4. 뇌 구조물들과 아름다움의 지각

우리가 미술에서 아름다움을 지각하는 것은 신경학적 토대 덕분이다. 미적 경험은 세 가지 뇌 시스템, 곧 (1) 감각 운동 시스템, (2) 감정 및 가치 평가 시스템, (3) 의미-앎 순환 시스템을 활성화한다. 정보 처리는 시각 시스템에서 시작된다. 행동을 묘사한 회화를 관람할 때는 운동 시스템도 활성화된다. 이 활성화에 거울 뉴런들이 관여할 것으로 추정된다. 거울 뉴런들의 도움으로 우리는 회화 속 행동을 단지 등록하는 것에 그치지 않고 화가의 감정을 따라 느낄 수 있다(거울 뉴런의 기능에 대해서는 4장 4 참조). 반 고흐의 역동적인 회화들을 관람할 때는 시각-운동 구역인 MT도 활성화되면서 운동 감각이 발생한다. 초상화는 방추형이랑의 얼굴 지각 담당 구역을 활성화하고, 풍경화는 해마곁이랑의 장소 지각 담당 구역을 활성화한다. 이 구역들은 얼굴 및 장소 관련 정보의 처리에도 관여한다. 지각되는 얼굴이 아름다울수록, 방추형이랑과 그 주변 구조물들의 활동이 강해진다. 매력적인 얼굴과 미술 작품은 동일한 뇌 구역들을 활성화한다.

　미술 작품은 뇌의 보상 시스템을 활성화한다. 또한 배쪽 시각 처리 흐름에 속한 구역들도 시각적 미적 경험에 관여하는데, 그 시각피질 구역들에서 정보가 처리될 때에도 이미 가치 평가가 이루어진다고 여겨진다. 이 추정의 주요 근거는 μ-아편제 수용체들이 배쪽 시각 구역들에 존재한다는 것이다. 아편제는 유쾌한 느낌에 관여한다.

　배경 지식도 미술 작품의 가치 평가에 큰 영향을 미친다. 푸르딩딩한 시체들과 난파한 생존자들의 얼굴에 드리운 절망, 위협적인 하늘과 무서운 파도가 등장하는 테오도르 제리코의 회화 「메두사호의 뗏목Le radeau de la Méduse」(1819)을 보고 절로 우러나서 〈아, 정말 아름다워!〉라고 외칠 사람은 아무도 없을 것이다. 그러나 그 작품은 확실히 감정들을 일으키며, 1816년에 아프리카 서안 앞바다에서 일어난 메두사호의 난파 사고와 철저히 무능했던 선장과 실패로 돌아간 프랑스 당국의 구조 작업에 얽힌 사연을 알면, 그 작품이 더 흥미롭게 다가온다.

나는 피카소의 「게르니카」를 뉴욕에서 처음 보았을 때 〈아, 정말 아름다워!〉라며 감탄하지 않았다. 오히려 혼란스러웠다. 그 회화는 사상 최초의 공포 폭격을 묘사한다. 바스크 지방의 도시 게르니카는 공화주의자들의 요새였다. 그 도시는 1937년에 프랑코 장군의 요청을 받은 독일과 이탈리아의 공군으로부터 두 시간 동안 폭격당했다. 작심하고 민간인들을 겨냥한 폭격이었다. 피카소의 지시로 그 회화는 스페인이 다시 자유 공화국이 된 뒤에 비로소 그곳으로 반입되었다. 그때가 1981년이었다. 그 후 마드리드에서 그 회화를 볼 때마다 나는 처음 보았을 때보다 더 큰 감동을 받는다.

미적 체험의 인지적 측면은 더 강하게 지식과 경험에 의존한다. 예술적 가치 평가의 감정적 측면은 그 의존의 정도가 상대적으로 덜하다. 반면에 수학에서 아름다운 공식에 대한 가치 평가는 전적으로 이 둘째 측면, 곧 지적인 측면에 기초를 둔다.

예술 작품이 속한 맥락, 그리고 예술 작품의 지위에 대한 우리의 지식도 예술 작품의 지각에 영향을 미친다. 즉, 우리의 기대가 가치 평가에 영향을 미친다. 눈앞에 있는 것이 중요한 미술 작품이라고 우리가 추측하면, 우리의 안와 이마엽 피질과 배쪽 선조체가 더 강하게 반응한다. 원본은 복사본보다 더 높게 평가되는데, 이 차이는 다른 신경학적 반응들과 결부되어 있다. 이 현상을 플라시보 효과와 비교하는 것은 흥미로운 작업이다. 플라시보 현상에서는 약의 효과에 대한 기대가 뇌에서 기능적 변화를 불러일으켜 치료 효과가 발생한다(『우리는 우리 뇌다』 17장 4 참조).

5. 보상 뇌 구역들

> 인간에 대한 사랑이 있는 곳에는 예술(의술)에 대한
> 사랑도 있다.
> ─ 히포크라테스

사랑에 빠졌을 때 보상 뇌 시스템이 활성화되는 것과 유사한 방식으로 예술도 그 시스템을 활성화할 수 있다. 아름다운 얼굴을 보면 방추형이랑의 얼굴 지각 담당 구역뿐 아니라 배쪽 선조체의 보상 구역도 활성화된다. 설령 우리가 이 얼굴은 아름답다고 명시적으로 생각하지 않더라도 말이다. 배쪽 피개에 위치한 신경세포들의 활동이 강해지면 화학적 신호 물질 도파민이 배쪽 선조체(=측좌핵)에서 분비된다. 그러면 우리가 미술을 지각할 때 느끼는 기쁨이 발생한다. 이 보상 시스템은 적당한 미술 작품을 관람할 때는 시각피질에 의해 활성화되지만 〈중립적〉이거나 미술적이지 않은 그

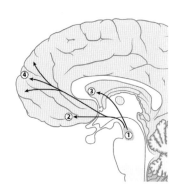

그림 10.3 도파민 작용성 보상 시스템. 출발점은 ①배쪽 피개의 세포 본체들이다. 그것들로부터 뻗어 나가는 신경섬유들의 주요 목표는 ②배쪽 선조체(축삭/측좌핵), ③꼬리핵, ④앞이마엽 피질이다.

림을 볼 때는 활성화되지 않는다. 우리가 아름답다고 느끼는 텍스트도 자동으로 배쪽 선조체를 자극한다. 이 구역에서 도파민 분비가 증가하면, 우리는 대상이 아름답거나 유쾌하거나 편안하다고 느낀다. 우리가 무언가를 아름답다고 느낄 때는 보상 시스템에 속한 또 다른 구역인 꼬리핵에서도 도파민이 분비된다. 또한 안와 이마엽 피질, 대상 피질 앞부분, 섬엽도 우리가 아름다운 그림을 볼 때 활성화된다. 안와 이마엽 피질은 우리가 사랑에 빠졌을 때도 활성화되며, 이마엽 피질과 대상 피질은 기쁨의 다른 원천들, 예컨대 음악이나 심지어 건축에도 반응한다.

그 밖에도 뇌의 아편제 시스템opiate system이 아름다움의 보상 효과에 관여한다. 뇌세포들이 자체적으로 생산하는 모르핀형 물질들(엔도르핀들)은 통증 감각을 억제하고 우리에게 쾌적한 느낌을 제공한다. 이 둘째 효과는 실험들을 통해 입증되었다. 실험 결과를 보면, 아름다운 얼굴을 볼 때 일어나는 보상 효과는 모르핀에 의해 강화되고, 효과가 모르핀의 정반대인 날트렉손naltrexone에 의해 약화된다.

6. 감정

> 우리의 지각은 본능적이다. 지성은 종속적인 역할을 한다.
> ―페터 춤토어

미술 작품은 뇌줄기 중심부, 편도체, 시상하부, 기저핵, 앞이마엽 피질, 체감각 피질, 대상 피질, 섬엽의 활동 변화를 유발함으로써 감정을 일으킨다. 미술 작품에 담긴 미묘한 슬픔은 오른쪽 편도체를 자극한다. 편도체는 매우 매력적인 얼굴을 볼 때뿐 아니라 매우 꺼림칙한 얼굴을 볼 때도 활성화될 수 있다. 약간 불명료한 듯한 인상주의 회화는 편도체를 특히 효과적으로 자극한다. 공감 반응도 예술을 지각할 때 우리의 감정에서 한몫을 한다. 미술 작품 관람은 기쁨, 공포, 분노 등을 유발할 수 있다. 미술 작품에 대한 관람자의 공감 반응은 배쪽 전운동피질과 마루엽 뒷부분에 위치한 거울 뉴런들에 의해 매개된다고 여겨진다. 관람자는 화가가 의도한 바를, 혹은 화가가 그림을 그릴 때 가졌던 감정들을 감지한다. 사회적 상호작용에 관여하는 단백질인 옥시토신은 이 같은 공감 반응을 가져오게 할 수 있다.

건축가는 자신의 설계를 합리적 관점에서 분석할 수 있다. 하지만 우리는 건물을 — 시각 예술 작품을 관람할 때와 마찬가지로 — 무엇보다도 감정적으로 지각한다. 건축 지각에서는 해마가 중요한 역할을 한다. 해마는 감정 체험에 관여할 뿐 아니라 내후각 피질(후각뇌고랑 안쪽 피질)과 더불어 공간 정보를 처리하기 때문이다. 그뿐만 아니라 건축 체험을 위해 중요한 기타 감각 자극들, 이를테면 건물 내부에서의 발자국 소리, 교회당 내부에서 기침 소리의 반향, 온도, 냄새, 건축 재료의 질감, 실내로 들어오는 빛의 느낌 등도 해마에 도달한다. 우리가 무언가 추한 것을 발견하면, 운동피질은 우리가 그 무언가로부터 달아나려 할 때와 마찬가지로 반응한다. 이것은 건축과 관련해서 다음을 의미한다. 아름다운 건물은 쾌적한 감정을 유발하는 반면, 추한 건물 안에 있으면 최대한 빨리 그 건물에서 나가야 한다는 느낌이 일어난다. 이 느낌은 우리가 그것을 의식하는 순간보다 조금 더 먼저 발생할 수 있다.

피카소의 「게르니카」를 비롯한 일부 미술 작품은 즉각적인 감정을 일으킬 뿐 아니라 관람자가 그 작품의 가치를 온전히 알아볼 수 있으려면 반드시 이해해야 하는 메시지를 담고 있다. 이 때문에 조각가 헨리 무어는 미술 작품의 제목을 너무 명확하게 짓지 말라고 조언했다. 그렇게 제목을 지으면 미술 작품의 신비가 일부 손상된다면서 말이다. 명확한 제목이 달린 미술 작품을 관람하는 사람은 그 작품의 메시지를 더 깊이 탐구할 시간을 갖지 않고 거의 곧바로 다음 작품으로 넘어갈 가능성이 있다고 무어는 말했다. 무어는 미술 작품을 이해하는 것이 얼마나 중요한지 강조했다.

3부

음악과 뇌

11장
음악과 발달

나는 음악가가 된 것을 후회하는 음악가를 한 명도 보지
못했다. 삶이 당신을 어떻게 배반하더라도,
음악 자체는 당신을 결코 실망시키지 않을 것이다.
— 버질 톰슨

음악은 모든 문화에서 핵심 역할을 하며 삶의 모든 단계에서 뇌의 다양한
구조물과 기능들에 강한 영향을 미친다. 게다가 차츰 명확히 드러나고 있
듯이, 음악은 많은 뇌 질병의 치료에서 긍정적인 효과를 내는 것으로 보인
다. 하지만 세대와 개인적 취향에 따라서 좋아하는 음악의 유형은 사람마
다 매우 다를 수 있다.

피아노 교습

나와 음악의 관계는 양면적이다. 나는 음악을 즐겨 듣지만 음악적 재능은 없으며 어떤 악기도 연주하지 못한다. 우리 가족은 내가 악기를 연주하기를 노골적으로 바랐지만 말이다. 나의 할머니는 피아노 연주자였다. 할머니는 어린 나와 나의 여동생에게 피아노를 가르쳤다. 그녀의 제자들 가운데 전문 연주자가 아닌 사람은 우리 둘뿐이었고, 우리도 그 사실을 잘 알았다. 힘겨운 피아노 교습이었다.

나는 음악을 듣고 악보를 그려야 했다. 일부 사람들은 절대음감을 지녔다. 그들은 한 음을 다른 음들과 비교하지 않고도 그 음의 이름을 댈 수 있다. 마치 평범한 사람들이 색깔의 이름을 댈 수 있는 것처럼 말이다. 올리버 색스의 멋진 책 『뮤지코필리아 *Musicofilia*』에 나오는 다섯 살짜리 소년은 〈아빠가 코 푸는 소리는 G장조야〉라고 말한다. 이런 재능이 나에게는 없었고, 따라서 악보 그리기 연습은 나에게 고문이었다.

나의 할머니는 현대적인 것은 모조리 거부했으며 유머 감각이 전혀 없었다. 우리의 초등학교 성적이 언어 수업뿐 아니라 계산 수업과 특수 분야의 글쓰기 수업에서도 알파벳으로 (o=부족함, v=충분함, g=우수함) 매겨지는 것을 그녀는 신식 속임수로 여겼다. 다들 바깥에서 노는 수요일 오후를 포함해서 주중에 내내 피아노를 연습했을 때, 내가 할머니에게 받

그림 11.1 나의 할머니 사라 스왑-실틸 (1875~1958).

그림 11.2 디크 스왑은 헛되이 최선을 다하지만…….
마리아 아우스트리아(1915~1975)가 찍은 사진이
다. 유명한 사진가인 마리아는 체코슬로바키아에서
태어나 1937년에 네덜란드로 이민했다. 그는 1942년
에 유대인 평의회가 제안한 특혜 대우를 단호히 거절
하고 지하 저항 세력에 가담했다. 전공이 그래픽이고
취미가 사진이었으므로 그는 독일 점령기에 다양한
문서와 신분증을 위조하여 수많은 사람의 목숨을 구
할 수 있었다.

은 최고 성적은 〈그럭저럭het gaat〉을 뜻하는 〈g〉였다. 나는 최선을 다하면
서도 늘 피아노 위의 알람 시계를 곁눈질했다. 내가 연습해야만 하는 시간
의 끝이 얼마나 다가왔는지 알고 싶어서였다. 할머니의 가족에게는 넘쳐
나는 재능이 나에겐 없는데, 달리 무슨 수가 있었겠는가.

내가 아버지와 함께 처음으로 콘세르트헤바우에 가서 구스타프 말러
(1860~1911)의 「교향곡 4번」을 들은 것을 할머니에게 무척 자랑스럽게
이야기한 적이 있다(어머니는 심한 편두통 때문에 그 연주회에 동행하지
못했다). 그러자 할머니가 엄한 선생답게 물었다. 「테마가 뭐였을까? 한번
읊조려 보렴.」 나는 당황하여 말문이 막혔다. 그 순간의 충격은 여태 가시
지 않았다. 지금도 내 머릿속에서는 종종 그 테마가 출몰한다.

　나는 할머니가 어쩔 수 없이 병원에 입원했을 때 느낀 안도감을 지금도
잊지 못한다. 그때 이후 나는 피아노 건반을 단 한 번도 건드리지 않았다.
2014년에 〈음악과 뇌, 예리해진 감각〉을 주제로 강연하면서 나는 나의 피
아노 교습이 얼마나 고통스러웠는지 이야기했다. 그 자리에서 비올라 연주
자 에스터 아피틀리가 말러 「교향곡 4번」의 테마를 연주해 주었다. 만약에

할머니가 그 강연장에 있었다면 나의 — 음악과 함께 하는 것이 아니라 음악에 대해서 논하는 — 강연에 어떻게 반응했을지 나는 정말 궁금하다. 아마도 심드렁한 표정으로 내 성적을 〈그럭저럭〉을 뜻하는 g로 매겼을 것이다.

전쟁

어린 시절에 우리는 엄격하고 유머 없는 할머니의 깊은 고뇌가 어디에서 비롯되었는지 몰랐다. 아무도 그 고뇌의 원인을 발설하지 않았다. 내 아버지의 형 유다 스왑(1904~1944)과 그의 아내 한제와 양녀(養女)는 독일 강제수용소들에서 살해되었다. 유다 삼촌은 뛰어난 첼리스트였고 음악을 너무나 좋아해서 직업으로 삼으려 했다. 그러나 할머니와 할아버지는 그가 가족을 부양할 수 있는 직업을 선택해야 한다는 입장이었다. 그리하여 유다 삼촌은 원치 않음에도 치과 의사가 되었다.

5월 4일 국민 애도의 날 즈음이면 나는 늘 마치 자석에 끌리듯이 텔레비전 속의 끔찍한 전쟁 장면들에서 눈을 떼지 못했다. 그러다가 어느 날 한 장면에서 유다 삼촌이 첼로를 연주하는 모습을 전혀 예상 밖에 보았을 때 얼마나 엄청난 충격을 받았던지. 그 장면이 촬영된 곳은 베스터보르크Westerbork 강제수용소일 가능성이 있다. 나치는 그런 저녁 연주들을 통해 피수용자들의 불안을 가라앉히려 했다. 그러면서 일부 피수용자들을 선별하여 동쪽으로 이송한 다음에 살해했다. 20세기 최고의 범죄가 진행되는 동안, 음악이 최고의 위로였던 것이다. 마침내 나는 할머니를 더 많이 이해할 수 있었다.

2014년 7월에 나는 낯선 사람으로부터 이메일 한 통을 받았다. 그가 암스테르담 남부의 주택을 사서 개축 공사를 하던 중에 과거 거주자의 문서들을 발견했다는 내용이었다. 문서들의 주인은 1904년에 태어나 1944년에 사망한 치과 의사 스왑이었다. 나는 깜짝 놀랐다.

우리는 그곳에서 치과 진료소 문건들이 담긴 다량의 파일을 끌어냈다. 색인 카드, X선 사진, 메모, 치과용품 광고지, 테니스 클럽 정기간행물 등이었다. 한 파일에는 암스테르담의 〈리프만 로젠탈Lippmann, Rosenthal & Co〉 은행 및 유대인 평의회(나치에 협력하는 행정기관 — 옮긴이)와 주고받은 편지들이 들어 있었다. 그 편지들은 삼촌의 모든 재산이 우선 등록되고 이어서 압수된 과정을 낱낱이 보여 주었다.

그림 11.3 유다 스왑(오른쪽)이 첼로를 연주하고 있다(장소는 베스터보르크?).

그뿐만 아니라 할머니, 할아버지, 아버지와 유다 삼촌이 주고받은 사적인 편지도 많이 나오고 한제 숙모의 사진도 한 장 나왔다. 전쟁 전에 행복한 사람들 사이에서 오간 아름답고 감동적인 편지들이었다. 유다와 한제는 자식이 없었지만 열 살짜리 유대계 독일인 난민 소녀를 양녀로 들였다. 1941년 11월 당시, 그 소녀의 친부모는 미국 비자를 받기 위해 애쓰고 있었다. 그들은 딸을 독일로 다시 데려오는 것은 아직 너무 위험하다고 여겼다. 1941년 11월 15일에 그 소녀의 아버지는 독일에서 편지를 보내 유다와 한제가 그 소녀를 입양해 주어서 얼마나 고마운지 모른다고 전했다. 그러면서 그들 부부는 너무 늦었으며 어딘지 모르는 곳으로의 여행을 준비하라는 명령을 받았다는 소식을 덧붙였다. 그 소식이 무엇을 의미하는지를 유다는 틀림없이 알았을 것이다. 한제와 양녀는 1943년에 아우슈비츠에 도착한 직후 독가스로 살해되었다.

나의 아버지 레오(1908~1997)는 음악성에 관해서만큼은 가족 중에 돌연변이였다. 아버지는 바이올린 연주를 끝내 제대로 익히지 못했으며, 나는 그분에게서 음악성의 결핍을 물려받았다. 이 결핍은 집안의 작곡가인 레이나 할머니(아버지의 고모)에 대한 존중의 결핍과 맥이 닿는다. 할아버지의 여자 형제인 레이나는 무시무시한 무조음악(無調音樂)을 작곡했다. 게다가 인간적으로 끔찍했다. 우리가 조부모를 방문하려 할 때면, 부모님은 나와 여동생을 먼저 보내 울타리 너머를 염탐하게 했다. 밉상인 고모의 예술가풍 납작모자가 보이면, 우리는 곧바로 부모님과 함께 비명을 지르며 다시 집으로 달려왔다. 네 명의 버릇없는 아이들처럼 말이다.

음악적 재능의 결핍에도 불구하고 아버지는 말년에 젊은 날의 음악으로 회귀했다. 그는 눈이 멀었다. 노인성 실명의 가장 흔한 형태인 황반변성을 앓았기 때문이다. 거기에 더해 알츠하이머병 증상도 차츰 눈에 띄었다. 아버지는 성장기에 들은 음악을 크게 틀어 놓는 것으로도 모자라 텔레비전 앞에 서서 지휘자 시늉을 했다. 〈길 건너 이웃들은 생각할 테지. 그 바보 늙은이가 또 손을 흔드네〉라면서 아버지는 껄껄 웃었다. 남들이 아버지를 어떻게 생각할지에 대해서 나는 전혀 걱정하지 않았다.

나의 여동생이 아버지에게 많은 CD들을 가져다주었다. 한번은 나도 내가 가장 좋아하는 음악을 가져갔다. 모차르트의 「레퀴엠」이었다. 나는 우울하고 풀이 죽었을 때 그 음악을 들으면 도움이 된다. 그 음악이 가장 힘든 시간을 맞은 사람들을 위로하기 위한 작품이라는 이야기는 일리가 있다. 이런 생각으로 나는 아버지를 위해서 그 음악을 가져갔다. 그러나 이튿날 아버지는 나를 격하게 꾸짖어 당황케 했다. 「이 레퀴엠, 당장 다시 가져가라. 난 다시는 안 들을 테다. 이걸 들으면 죽을 것처럼 아프고 처량해져.」이처럼 음악이 일으키는 감정은 개인마다 심하게 다르다.

1. 재능 대 연습

재능은 펼쳐지기를 바란다.
즉, 연습과 헌신을 바란다.

— 얍 판 츠베덴

많은 사람들에게 음악은 삶에서 가장 중요한 기쁨이다. 한 조사에서 음악의 가치는 성공, 섹스, 연애와 동등하고, 좋은 음식이나 자식을 갖기보다 훨씬 더 높게, 또한 문학이나 디저트보다 높게 평가되었다. 헨칸 호닝 교수가 저서 『누구나 음악성이 있다Iedereen is mazikaal』에서 말하듯이, 음악을 수용하는 능력으로서의 음악성은 인간의 보편적 속성이다. 그러나 우리의 음악적 능력들은 심하게 들쭉날쭉하다. 예컨대 요한 제바스티안 바흐 집안의 수많은 유명 음악가들이 보여 주듯이, 음악에서는 유전된 재능이 중요하다. 그러나 그렇게 유능한 집안에서도 일반적으로 어린 시절에 집중적인 음악 교습이 이루어지고, 당연히 그 교습도 훗날의 음악성을 위해 매우 중요하다. 바흐 집안에서는 모든 가수에게 악보를 나눠 주기 위해 매주 칸타타나 미사곡의 악보를 깃펜과 잉크로 몇 번씩 베꼈다.

  음악 분야의 유전된 재능과 연습은 서로를 강화한다. 심리학자 카를 안더스 에릭손은 개인들의 성취도 차이가 주로 연습량의 차이에서 비롯된다는 주장을 20여 년 전에 내놓았다. 그리하여 모든 아이는 신동이며 훈련만 시키면 대단한 업적을 이뤄 낼 수 있다는 주장이 한동안 유행했다. 이것이 그 유명한 1만 시간의 법칙의 배경이었다. 심지어 재능 있는 사람도 자기 분야에서 명인의 반열에 오르려면 1만 시간의 연습이 필요하다고들 했다. 모차르트도 그 법칙의 예외가 아닌 것으로 보인다. 물론 그는 어린 시절에도 작곡을 했지만 최초의 걸작(「피아노 협주곡 9번, KV 271」)은 21세에야

그림 11.4 루이 카르몽텔, 「작은 가족 그림」(1764), 수채. 아버지 레오폴트 모차르트는 바이올린, 아들 볼프강은 쳄발로를 연주하고, 딸 마리아 안나는 노래하고 있다.

〈비로소〉작곡했다. 그때 그는 작곡 경력이 벌써 10년에 달했다. 그러나 여러 연구들은 성취의 질적 차이에서 겨우 3분의 1 정도만이 체계적 연습에서 비롯됨을 보여 준다. 오래 지속된 집중적 연습의 효과도 그리 크지 않았다(최고 1점, 최저 0점으로 평가할 때, 0.61점). 요컨대 재능은 한동안의 통념보다 더 중요하다.

음악성을 위해 특히 중요한 유전자들이 현재까지 여러 개 발견되었다. 4번 염색체의 여러 자리들은 노래하기와 음악 지각을 위해 중요하고, 8q 염색체의 몇몇 자리는 절대음감과 음악 지각을 위해 중요하다. 12q 염색체에는 음악 지각, 음악적 기억력, 음악 듣기에 관여하는 유전자(*AVPR1A*)가 있으며, 17q 염색체에 있는 한 유전자(*SLC6A4*)는 음악적 기억력 및 합창하기와 관련이 있다.

절대음감

음악은 우리 뇌의 발달, 구조, 기능에 강한 영향을 미친다. 직업 음악가들의 뇌는 타고난 음악적 재능과 연습 때문에 비(非)음악가들의 뇌와 다르다. 직업 음악가들 중에서 절대음감의 소유자의 비율은 나머지 인구 중에서 그 비율보다 100배 높다. 절대음감은 80퍼센트가 유전적으로 결정된다. 연구자들은 절대음감에 관여하는 유전자들의 집단(*EphA7*)을 발견했다.

아시아인들 가운데 절대음감 소유자의 비율은 서양 세계에서의 그 비율

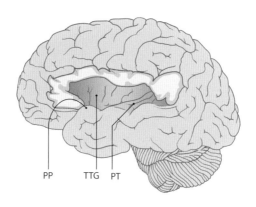

PP　　　TTG　PT

그림 11.5　음악은 내이(內耳)를 통해 뇌에 도달하여 첫 정거장으로 일차청각피질을 거친다. 그곳에서 청각 정보가 처리되고 음들과 음악이 의식에 진입한다. 일차청각피질은 일반적으로 관자엽과 마루엽 사이의 고랑(가쪽 고랑) 깊숙한 곳에 숨어 있다. 그렇기 때문에 위 그림에서는 마루엽의 아랫부분을 절제한 뒤의 뇌를 묘사했다. 일차청각피질은 〈헤실 이랑들Heschl's convolutions〉이라고도 불리는 가로 관자이랑들(TTG)과 대체로 일치한다. 그 아래 구역, 즉 가쪽 고랑의 끝에 닿은 관자엽 윗면을 일컬어 관자 평면(PT)이라고 한다. 관자 평면은 베르니케 영역(5장 2 참조)의 일부이며, 베르니케 영역은 언어 이해를 위해서도 중요하다. 가로 관자이랑들과 관자 평면은 청각 정보를 목소리, 음악, 언어로 가공한다. 위 관자이랑의 앞부분에 위치한 극 평면(PP)은 언어 처리보다 음악 처리에 더 많이 관여한다.

보다 더 높다. 이 차이를 설명하기 위해 실행한 한 연구는 아시아인들이 어릴 때부터 주변에서 듣는 성조 언어를 원인으로 지목한다. 절대음감을 위해서는 유전뿐 아니라 이른 시기의 음악적 훈련도 매우 중요하다는 것이다. 여담이지만, 일부 사람들에게는 절대음감이 문젯거리일 수 있다. 일부 절대음감의 소유자들은 개별 음들만 듣고 음악을 듣지 못한다.

절대음감을 가진 음악가들의 뇌를 보면, 관자엽에 위치한 청각피질의 한 부분인 관자 평면planum temporale과 가로 관자이랑들transverse temporal gyri이 확대되어 있을 뿐 아니라, 극 평면planum polare에 있는 절연성 미엘린 층을 보유한 신경세포들이 평균보다 더 많다. 관자엽 앞부분의 극 평면은 음악가와 비음악가 모두 언어보다 음악에 더 강하게 반응한다. 물론 음악가에게서 그 반응이 더 강하게 나타나지만 말이다. 나아가 음악가는 운동피질, 청각피질, 시각피질에 보유한 회색질 — 신경세포들과 시냅스들 —

의 양이 비음악가보다 더 많다.

공감각

감각 지각들이 자동으로 뒤섞이는 현상인 공감각은 인구의 1~4퍼센트에서 나타나며 일부 경우에는 음악에 의해 촉발된다. 공감각에서도 유전적 소질과 연습이 둘 다 중요한 구실을 한다(7장 4 참조). 소설가 블라디미르 나보코프, 작곡가 장 시벨리우스와 프란츠 리스트는 음(音) 지각과 색깔 지각을 연결하는 공감각 능력의 보유자였다. 흥미롭게도 절대음감과 공감각은 함께 나타나는 경우가 꽤 많다. 이 두 속성은 모두 6번 염색체의 한 구역과 관련이 있는 것으로 보인다. 일부 사람들은 어릴 때부터 음에서 색깔을 지각한다. 그들은 높은음은 밝은색으로, 낮은음은 어두운색으로 지각한다. 반면에 음에서 맛이나 냄새를 느끼는 사람들도 있다.

뇌 발달 과정의 초기에는 청각피질 구역들과 다양한 감각 담당 구역들이 연결되어 있는데, 뇌가 발달하면서 그 연결은 일반적으로 끊어진다. 그런데 그 연결이 유지될 경우, 공감각이 발생한다. 가장 흔한 형태의 공감각은 시각 연합 구역들과 청각 연합 구역들 간 연결이다. 음-색깔 공감각은 신경학적 이상 때문에 발생할 수도 있다. 즉, 전방 시각 경로가 단절되고 일차 시각피질이 과도하게 예민해지면 그 공감각이 발생할 수 있다. 때때로 공감각은 편두통, 뇌전증, 우울증을 동반하기도 한다. 이 현상은 눈 수술 후 시각을 잃었을 때 발생할 수 있으며, 피험자의 눈을 가리고 실행한 실험들에서도 관찰되었다. LSD, 대마초, 메스칼린mescaline 등의 약물을 섭취할 경우에도 공감각이 발생할 수 있다. 공감각은 단지 음악을 들으면서 색깔을 연상하는 것과 다르다. 후자에서는 색깔을 실제로 보지는 못하니까 말이다. 우리는 대개 경쾌한 장조 음악을 들을 때는 노란색 같은 밝은색들을 연상하고 느린 단조 음악을 들을 때는 푸른색 같은 어두운색들을 연상한다. 이런 연상은 우리의 감정에 의해 매개된 것이다. 감정이 실린 얼굴 표정도 색깔과 짝지어진다. 화난 얼굴은 빨간색, 기쁜 얼굴은 노란색, 슬픈 얼굴은 푸른색과 연결된다.

2. 음악은 뇌 발달을 촉진한다

> 음악과 리듬은 영혼의 은밀한 곳에 도달한다.
> ─ 플라톤

출생 이후의 뇌 발달은 환경에서 유래한 자극에 근본적으로 의존한다. 동물 실험들에서 입증되었듯이, 뇌는 자극이 풍부한 환경에서 더 크게 발달한다. 실험동물이 작고 따분한 실험실용 우리에 가둬졌을 때보다 큼직한 우리 속에서 같은 종의 동료들과 함께 매일 새로운 장난감을 가지고 놀았을 때, 실험동물의 뇌가 더 크게 발달했다.

　뇌 발달 초기의 자극은 너무 일찍 태어난 아동, 자궁 안에서 태반의 기능 부전으로 영양이 결핍되어 저체중으로 태어난 아동, 뇌 발달 장애(다운 증후군이나 기타 유전적 장애)를 가지고 태어난 아동에게 특히 중요하다. 또한 이른 시기에 방치된 아동에게도 그런 자극이 중요한데, 음악적 자극은 어떤 경우에나 효과적일 가능성이 있는 치료 수단으로 인정받는다. 오늘날 인큐베이터 속에 누운 아동이 접하는 환경은 과거처럼 어스름하고 변함없는 〈자궁 안과 유사한 환경〉이 아니다. 오히려 인큐베이터 속 환경도 밤과 낮의 리듬에 맞게 조명이 조절되며, 그 속의 아동은 신체 접촉과 조용한 음악을 통해 자극을 받는다.

자궁 안에서

음악은 자궁 속 태아의 뇌 발달도 촉진한다. 한 통제된 실험에 피험자로 참가한 임신부들은 임신 기간의 후반부 동안 매일 한 시간씩 음악을 들었는데, 그들이 낳은 아기들은 〈브래질턴 신생아 행동 평가 척도Brazelton neonatal behavior scale〉라는 특정한 발달 척도 검사에서 대조군보다 더 높은 점수를 받았다. 그 아기들은 청각 및 시각 자극에 훨씬 더 잘 집중할 수 있었다. 또한 습관화(초보적 형태의 학습), 행동 발달, 자율적 안정성에서도 그 아기들이 더 높은 점수를 받았다.

이런 효과는 다양한 방식으로 발생할 수 있다. 태아는 임신 24주부터 소리를 듣기 시작한다. 따라서 이 시기부터는 음악이 태아의 뇌에 직접 영향을 미칠 수 있다. 실제로 임신부는 음악을 듣지 못하게 하고 태아만 듣게 했을 때 그 음악이 태아의 행동에 어떤 영향을 미치는가에 관한 연구가 이루어졌다. 하지만 임신부가 듣는 음악도 태아의 뇌 발달에 영향을 미친다. 왜냐하면 그 음악은 임신부의 호르몬들에 영향을 미치고, 그 호르몬들 중 일부는 태반을 통과하여 태아에게 도달하기 때문이다. 이런 메커니즘은 임신 24주 이전에도 충분히 확인된다.

자궁 속까지 도달하는 소리는 태아의 청각 시스템 발달에 중요한 구실을 한다. 태아는 임신부의 심장박동소리, 목소리, 장(腸)에서 나는 소음을 듣는다. 출생 직후에 아기가 울면, 산모는 아기를 왼팔로 안아 본인의 심장박동소리를 들려줌으로써 진정시킬 수 있다. 어머니의 심장박동소리를 녹음해 두었다가 출생 직후의 아기에게 들려주면, 아기의 빨기 반사가 유발된다.

태아의 심장박동을 측정함으로써 입증한 바에 따르면, 태아는 이미 임신 기간의 마지막 3분의 1 동안에 어머니의 목소리와 다른 목소리들을 구별하고 모어와 다른 언어들을 구별할 수 있다. 신생아는 어머니의 목소리와 언어, 출생 전에 어머니가 낭독해 준 글, 임신 기간의 마지막 몇 주 동안 들은 음악을 강하게 선호한다. 이처럼 태아는 출생 후 자신이 속하게 될 문화의 면모들을 이미 자궁 안에서 접한다.

태아는 멜로디, 음높이, 리듬에 민감하게 반응한다. 이는 우리 모두가 출생 전에는 실제로 음악성이 있음을 의미한다. 물론 직접 음악을 할 수 있느냐는 별개의 문제다. 직접 음악을 할 수 있으려면 재능과 아주 많은 연습이 필요하다. 음악을 가치 있게 만드는 것은 음악가의 개인적 해석이다. 헨칸호닝 교수는 그런 해석을 〈음악적 곡예〉라고 부르는데, 그 곡예의 재능은 소수에게만 주어진다. 이 때문에 그의 저서 『누구나 음악성이 있다』에는 〈음악 듣기에 관한 우리의 지식〉이라는 부제가 붙어 있다.

아기는 자궁 안에서 들었던 음악을 기억한다. 신생아는 어머니가 임신 기간에 자주 들었던 멜로디, 예컨대 텔레비전 일일드라마의 주제가 멜로디를 식별할 수 있다. 대개 프랑스 아기들은 상향 음계를 들려주면 울고 독일 아기들은 하향 음계를 들려주면 우는데, 이 현상에 대한 한 설명은 아기들이 태어나기 전부터 멜로디를 알아듣는다는 것이다. 즉, 프랑스어의 일반적인 억양은 상향 음계와 유사하고, 독일어의 일반적인 억양은 하향 음계와 유사해서, 아기들이 그렇게 반응한다는 설명이 제시되었다. 이런 반응이 모어 발달의 첫 조짐인지, 아니면 음악적 재능의 징후인지, 혹은 양쪽 다인지는 아직 판정할 수 없다. 신생아는 자궁 안에서 들었던 음악에 대한 선호를 생후 3주 정도가 지나면 상실한다. 따라서 다행스럽게도 어머니가 임신 기간에 듣고 또 들은 드라마 주제가가 아동의 취향에 반드시 장기적인 영향을 미치는 것은 아니다.

3. 음악 연습이 뇌 구조와 기능에 미치는 장기적 영향

> 음악은 일종의 즐거움을 일으키고,
> 인간 본성은 그 즐거움을 포기할 수 없다.
> — 공자

아동

아동 뇌의 기능과 구조의 몇몇 변화는 음악 연습과 관련이 있다고 추정된다. 그 변화들은 음악과 직접 관련되지 않은 기능들에도 미치는 듯하다. 학교에서 매주 75분의 음악 수업만 받아도 12주가 지나면 5~6세 아동들의 IQ가 상승한다. 주로 향상되는 것은 언어적 논증 능력과 단기 기억이다. 9세 아동들에게는 음악 교육이 음악 처리 능력을 향상시킬 뿐 아니라 언어 처리에도 영향을 미친다. 중등학교 청소년들에게도 3년 동안의 음악 수업은 언어 능력을 향상시킨다.

음악 연습은 당사자가 음악 활동을 그만두고 오랜 세월이 지난 다음에도 효과를 낼 수 있다. 최소 10년에 걸친 집중적인 음악 활동은 비언어적 기억, 개념 형성, 집행 기능과 관련한 인지 능력들을 향상시킨다. 7세 이전에 음악 연습을 하면, 좌뇌와 우뇌를 연결하는 뇌들보 속 (장기적으로 유지되는) 신경섬유들이 증가한다. 소뇌는 밀리초 규모까지 정확한 음악적 리듬의 때맞춤에 관여한다. 주목할 만하게도, 이른 나이에 음악 연습을 시작하는 것, 음악적 성취의 향상, 소뇌의 세부 구조물들(4~6번 소엽)의 때맞춤 향상은 서로 관련이 있다. 이 때맞춤 향상은 소뇌 기능의 향상으로 간주된다. 음악 연습만큼은 일찍 시작하는 것이 좋다.

뇌의 변화는 아동이 음악 연습을 시작하는 나이뿐 아니라 연습의 강도와도 관련이 있으므로, 연구자들은 음악 연습과 뇌 변화 사이에 인과관계가 있다는 결론을 내렸다. 1년 동안 바이올린 교습을 받은 아동들의 좌뇌는 음악적 과제를 해결할 때 교습 전과는 확연히 다르게 반응한다는 것이 관찰되었다. 이 관찰은 연습이 뇌 변화의 원인이라는 생각에 힘을 실어 준다. 아동들이 피아노 교습을 15개월만 받아도 운동피질, 뇌들보, 가로 관자이랑들에 눈에 띄는 변화가 일어난다는 사실도 관찰되었는데, 이 관찰 역시 연습이 뇌의 변화를 일으킨다는 것을 시사한다.

직업 음악가들의 뇌 구조와 기능의 특이성이 어느 정도까지 타고난 음악적 재능에서 비롯되는가는 알려져 있지 않다. 이 질문에 답하기 위해 통제된 실험을 할 수는 없다. 아동들을 무작위로 선별하여 두 집단을 만든 다음에 한 집단의 아동들은 남은 평생 내내 음악 연습을 하지 않고, 다른 집단의 아동들은 음악 연습을 하도록 통제할 수는 없으니까 말이다. 음악 교습을 받을 마음을 내고 인내력을 발휘하는 사람들은 이미 어느 정도의 음악적 재능을 지녔을 것이 틀림없고, 따라서 음악 교습에 뜻이 없거나 중간에 교습을 그만두는 사람들과는 다른 뇌를 가졌을 것이 틀림없다. 따라서 앞서 언급한, 음악 연습의 효과에 관한 관찰 보고들에는 아마도 자기선택self-selection이 개입했을 것이다. 성인 음악가들의 뇌 변화에 대해서도 마찬가지다. 그들의 뇌는 어쩌면 애당초 유전적으로 달랐을 것이다.

성인

성인 음악가들의 뇌와 나머지 인구의 뇌 사이에는 확연한 차이들이 있다. 하지만 그 차이들이 음악가들의 재능에서 비롯된 천성적인 것인지, 아니면 신경계의 가소성 덕분에 음악 활동을 통해서 생겨난 것인지, 혹은 전자와 후자의 조합에 기인하는지는 간단명료하게 말할 수 없다. 평균 24세의 아마추어 음악가들의 뇌를 조사해 보니, 회색질(뇌세포들과 시냅스들)의 증가량이 음악 활동을 한 햇수에 의존했다. 이 결과는 뇌의 변화가 최소한 부분적으로 음악 활동의 산물임을 시사한다.

음악 연습은 음악과 직접 관련이 없는 인지 기능들도 자극한다. 음악가들의 뇌에서 상위 인지 기능들에 관여하는 뇌 구역들인 해마, 앞이마엽 피질, 위 관자이랑, 상위 시각 영역들의 회색질 증가가 확인되었다. 그뿐만 아니라 청각 처리를 담당하는 구역들 — 예컨대 음들과 음 패턴의 식별을 담당하는 청각피질 구역인 가로 관자이랑들(11장 5 참조) — 과 운동 계획 영역, 보조 운동피질, 섬엽의 회색질 증가도 관찰되었다.

흥미로운 것은 음악가들의 뇌에서 감각 운동 기능에 관여하는 선조체 등의 구역들에서 회색질의 감소가 관찰되었다는 점이다. 연구자들의 추측에 따르면, 이 회색질 감소는 악기 연주에 필요한 운동 솜씨들이 대체로 자동화되는 것과 관련이 있다. 자동화된 운동 솜씨를 주로 담당하는 뇌 부위는 소뇌다. 따라서 다른 부위의 뇌세포들은 불필요하게 된다.

집중적으로 음악 연습을 한 피아노 연주자들과 오르간 연주자들에게는 뇌의 변화가 일어났다. 구체적으로, 운동 계획을 담당하는 뇌 구역인 전운동 영역과 운동의 실행이 시작되는 곳인 운동피질 영역이 확대되었다. 그뿐만 아니라 감각피질 구역들의 확대와 양손을 각각 독립적으로 통제하는 능력의 향상이 포착되었다. 또한 위 마루이랑과 내후각 피질이 확대되었다.

〈휴지 상태〉에서 음악가들의 뇌는 기억, 운동, 감정에 관여하는 구역들 간 연결들을 일반인보다 더 많이 보유하는 것으로 보인다. 요컨대 음악가의 뇌는 음악을 할 때 활발하게 협력해야 하는 뇌 구역들 간 연결을 휴지 상태에서도 일반인의 뇌보다 더 강하게 유지한다.

그뿐만 아니라 음악가들은 좌뇌와 우뇌 사이의 연결들을 일반인보다 더 많이 보유한다. 이 사실은 좌뇌와 우뇌를 이어 주는 뇌들보의 확대를 통해서도 드러난다. 조사해 보니, 일찍 음악을 시작한 음악가일수록 뇌들보가 더 컸다. 이 결과는 음악 활동이 뇌의 가소성을 촉진함을 시사한다. 독립적인 손가락 운동에 관여하는 뇌 구역들과 청각에 관여하는 뇌 구역들 간 연결도 피아노 연주자들에게서 더 강하게 발달한다.

연습의 강도와 상관없이, 음악 연습은 복합음compound tone을 처리하는 능력을 향상시킨다. 그뿐만 아니라 음악가들은 특정 악기의 고유한 음 분석 능력도 발달한다. 음악 활동은 음악 영역 바깥의 능력들에도 영향을 미친다. 음악가들은 외국어 발음이 이례적으로 정확하다. 그뿐만 아니라 성인 음악가들은 집행 기능들이 비음악가보다 더 우수하다. 집행 기능들이란 목표 지향적이며, 계획이 탄탄하고 면밀히 통제되며, 융통성 있는 행동을 가능케 하는 인지 기능들을 말한다. 이것들은 앞이마엽 피질의 전형적인 기능이다. 65세 이상의 쌍둥이들을 대상으로 삼은 한 연구에 따르면, 악기를 연주하는 사람은 치매에 걸릴 위험이 평균보다 더 낮다.

노인

청소년기의 음악 연습은 장기적으로 뇌의 노화 단계에서 특히 청각 시스템에 이롭게 작용할 수 있다. 늙은 직업 음악가들은 인지 과제들에서 평균보다 더 높은 성적을 낸다. 일반적으로 노인들은 — 특히 소란한 환경에서 — 타인의 말을 알아듣는 데 어려움을 겪는다. 왜냐하면 청각 시스템의 말단과 중추에서 일어나는 변화 때문에 노인들은 미세한 스펙트럼 및 시간의 차이를 잘 분별하지 못하기 때문이다. 하지만 평생 음악 연습을 하면 이 같은 인지 퇴화를 막거나 늦출 수 있다.

이 같은 효과는 발달 과정에서 특정 단계에 음악을 연습할 때 가장 뚜렷하게 발생하는 듯하다. 4세에서 14세 사이에 꽤 집중적으로 음악 교습을 받은 사람들은 음악을 그만둔 지 40년이 지난 뒤에도 언어 성분들의 빠른 교체를 유난히 잘 파악했다. 또한 이 효과의 크기는 음악을 연습한 햇수와 상관성이 있었다. 이 효과의 바탕에 깔린 신경 회로는 청소년기에 형성된 후 유지되는 것으로 보인다. 이를 논거로 삼아 학교에서의 음악 교육을 옹호할 수 있을 것이다. 청소년기의 음악 연습은 노년에 운동 솜씨의 상실이 더 적게 일어나도록 만든다.

60세에서 84세 노인들이 4개월 동안 피아노 교습을 받은 결과, 체육 교습, 컴퓨터 교습, 미술 교습 같은 다른 여가 활동들보다 더 큰 효과를 냈다. 피아노 교습을 한 집단은 집행 기능들을 측정하는 스트룹 검사Stroop Test(특정 색깔을 뜻하는 단어를 다른 색깔로 인쇄해 놓고 그 단어의 색깔을 말하게 하는 검사 — 옮긴이)에서 더 높은 성적을 얻었으며 충동 통제력과 주의 집중력도 더 우수했다. 그뿐만 아니라 기분 개선, 우울증 감소, 심리적·신체적 삶의 질 향상도 확인되었다. 65세 이상의 노인들을 대상으로 한 실험에서 배경음악은 일화 기억episodic memory을 향상시켰다. 한편, 기억을 위해 중요한 앞이마엽 피질의 활동은 감소했다. 짐작하건대 노인들의 대뇌피질의 어떤 구역이 배경음악 덕분에 더 효율적으로 작동한 것으로 보인다.

그림 11.6 중국 초등학생들이 부모가 데리러 오기를 기다리고 있다. 남자아이가 피리를 분다. 이 아이들은 음악 수업을 매주 두 시간 받는다. 수요일 오후와 금요일 오후에 〈동아리 활동〉이 있는데, 그때 아이들은 노래하고 춤추고 악기를 연주한다.

12장
음악과 진화

1. 동물들도 음악성이 있을까?

> 수용적인 정신에 닿기 전까지,
> 음악은 무의미한 소음이다.
> ─ 파울 힌데미트

일반적으로 동물들은 음악성이 없다고 여겨진다. 그러나 나의 아내는 집을 비울 때면 집 안에 머무를 복서 품종의 개를 위해 늘 음악을 틀어 준다. 그 녀석은 현대음악보다 고전음악을 더 좋아한다고 아내는 믿는다. 고전음악이 개를 안정시킨다고 한다. 그러면 나는 음악이 있건 없건 그 녀석은 어차피 종일 잔다는 말만 덧붙인다. 그런데 나의 견해를 위태롭게 만드는, 우리에 갇힌 개들을 대상으로 삼은 한 연구가 있다. 연구진은 일주일 동안 매일 오전 10시부터 오후 5시 30분까지 개들에게 음악을 틀어 주었다. 그러자 개들이 정말로 더 평온해졌다. 녀석들은 앉거나 눕는 행동을 더 많이 했고 행동을 멈추고 가만히 있는 경우도 더 잦았으며, 개들의 심장박동도 녀석들이 환경의 스트레스를 덜 받는다는 것을 보여 주었다. 음악의 효과는 암캐보다 수캐가 더 뚜렷했다. 일주일이 지난 뒤에는 음악의 효과가 더는 나지 않았다. 일주일 동안 매일 6시간 넘게 고전음악을 들은 그 개들이 무언가 다른 소리를 듣고 싶어졌으리라고 나는 짐작해 본다.

이 연구는 개들이 음악성을 지녔음을 증명하지 못한다. 단지, 개들이 음악으로부터 생리학적 영향을 받는다는 것을 증명할 따름이다. 동물들에 관한 다른 관찰 보고들도 마찬가지다. 새들의 울음을 우리는 음악으로 지각하지만, 새들에게 울음은 소통 수단이며 새들 자신이 그것을 음악으로 지각하는지는 여전히 의문이다. 고래, 돌고래, 긴팔원숭이가 내는 소리도 마찬가지다. 이 동물들에게 그 소리는 소통의 일환이다. 워싱턴 동물원에 사는 코끼리 한 마리는 하모니카와 여러 관악기를 연주할 수 있다. 녀석은 항상 〈크레센도(점점 더 세게)〉로 연주를 마무리한다. 하지만 그것은 훈련된 솜씨일 뿐, 음악성은 아니다.

연구자들은 동물들이 음악성의 몇몇 측면들을 보유했는지 검사했다.

• 헨칸 호닝이 생후 2~3일 된 신생아를 연구하여 입증했듯이, 박자 감각은 인간의 선천적인 속성이다. 거의 모든 사람은 전혀 다른 박자 유형들을 구별하는 능력을 타고난다. 북아메리카 아기들은 불가리아 민요의 리듬을 파악할 수 있었지만 그 민요를 더는 들을 수 없게 되자 곧바로 그 파악 능력을 상실했다. 이 현상은 아기가 어떤 언어라도 모어로 습득할 수 있다는 사실과 비교할 만하다. 다윈은 저서 『인간의 유래와 성선택 *The Descent of Man and Selection in Relation to Sex*』에서 음악적 리듬 감각은 뇌의 근본적인 속성이며 다른 많은 동물 종들도 우리처럼 리듬 감각을 지녔을 것이라고 추측했다. 그러나 이 추측은 틀린 듯하다. 음악적 박자 감각은 청각피질과 (운동 계획이 이루어지는) 전운동피질 사이의 강한 연결

을 필요로 하는 복잡한 기능이다. 박자 감각은 예상에 기초를 둔다. 음악의 리듬에 맞게 발을 구르려면 더 먼저 발을 들어 올려야 한다. 이 기능이 동물계에서 관찰되는 경우는 거의 없다. 우리의 친척인 침팬지나 보노보가 음악에 맞춰 춤출 수 있다는 것도 전혀 입증된 바 없다.

• 일반적으로 동물들은 박자 감각을 보유하지 않았지만, 예외적인 코끼리와 앵무새가 몇 마리 있다. 또 말이 기수의 도움 없이 스스로 자신의 발걸음을 음악에 맞췄다는 일화들도 — 비록 사실로 입증되지는 않았지만 — 존재한다. 춤추는 앵무새 〈스노우볼Snowball〉을 유튜브에서 보면 경탄이 절로 난다. 녀석은 박자 감각을 지닌 듯하며, 따라서 동물계의 예외일 가능성이 있다. 하지만 헨칸 호닝은 동영상(https://www.youtube.com/watch?v=N7IZmRnAo6s) 첫머리의 5초 동안 춤추는 주인의 그림자가 벽에 보인다고 지적한다. 호닝의 견해에 따르면, 그 새는 춤추는 주인을 흉내 내는 것일 가능성이 있다. 나는 그 그림자가 스노우볼 자신의 그림자라고 보지만, 그런 의심이 제기되었다는 사실만으로도 동물의 춤에 관한 잘 통제된 연구가 필요하다는 점을 명확히 알 수 있다.

• 절대음감도 대다수의 신생아가 보유한 선천적 속성이다. 하지만 이 점에서는 우리와 새, 늑대, 원숭이 같은 동물들이 다르지 않다. 호닝에 따르면, 우리와 동물들의 차이점은 우리가 보유한 상대음감인 것이 거의 확실하다. 상대음감이란 절대적 음높이에 강박적으로 매달리지 않으면서 멜로디를 알아채는 능력을 말한다. 우리는 주로 멜로디의 진행, 곧 음들의 계열을 파악함으로써 멜로디를 알아챈다. 새와 붉은털원숭이는 그렇게 하지 못한다. 인간 신생아는 절대음감과 상대음감을 모두 지녔지만 몇 달이 지나면 멜로디의 상대적 측면을 포착하는 감각은 더 밝아지는 반면 절대적 측면, 곧 실제 음높이를 포착하는 감각은 대폭 뒤로 물러난다.

인간이 아닌 영장동물들은 음악을 하지 않지만 음악에 반응하며 음악적 취향이 있다. 침팬지는 음악을 들려주면 경쟁 행동을 덜 나타낸다. 또한 서양 국가들에 사는 대다수 사람들과 마찬가지로 침팬지도 불협화음보다 협화음을 선호한다. 흥미롭게도 일부 사람들, 예컨대 아마존 밀림에서 고립된 채 살아가는 부족의 구성원들은 협화음과 불협화음을 똑같이 좋게 느낀다. 그러므로 우리의 불협화음 감각은 문화적으로 형성되는 듯하다. 다른 한 편, 침팬지들은 서양 팝 음악을 듣는 것보다 고요를 더 좋아한다. 어쩌면 팝 음악의 단순하고 예측 가능한 리듬이 녀석들에게 위협적으로 느껴지기 때문일 수도 있다. 그 리듬은 침팬지가 지배권을 선언하기 위해서 내는 소음의 리듬을 연상시킬 가능성이 있다. 또한 침팬지들은 음이 없는 타악기 연주인 일본의 타이코Taiko 음악보다 고요를 더 좋아한다. 반면에 서아프리카 5음계 음악과 미세한 음높이 차이를 활용하는 인도 북부의 라가raga는 고요보다 더 좋아한다. 이런 비교 연구들은 인간의 음악적 선호가 어떻게 생겨나는지 이해하는 데 장기적으로 도움이 될지도 모른다.

2. 음악은 진화적으로 이로울까?

> 나쁜 음악이란 우리 아이들이 즐겨 듣는 음악이다.
> 좋은 음악이란 우리가 아이였을 때 즐겨 들은 음악이다.
> ─퀸시 존스

음악이나 춤이 없는 인간 문화는 없다. 음악은 어디에서나, 심지어 종교적 맥락에서도 예식의 핵심을 이룬다. 생후 3~4개월 된 아기들도 벌써 팔다리를 움직이고 소음을 내는 방식으로 음악에 율동적으로 반응한다. 이 반응은 춤과 노래의 전조다. 하지만 음악의 진화적 장점이 무엇일까 하는 질문은 아직 확실한 대답이 나오지 않았다.

음악은 아마도 시각 예술보다 훨씬 더 전에 세계 곳곳에서 번성했을 것이다. 현재까지 발견된 가장 오래된 악기는 5만 년 전에 슬로바키아에서 연주된 피리다. 당시에 현대인은 이미 오스트레일리아에 도달했고 언어와 음악을 보유했다. 현대인의 뇌는 이미 그 정도의 성취를 이루기에 충분할 만큼 발달했던 것이 분명하다. 음악, 미술, 언어, 영성을 느끼는 감각은 현대인이 가장 먼저 이룬 네 가지 성취다.

다윈의 이론에 따르면 음악적 재능은 성선택을 통해 확산되었다. 공작 수컷이 암컷을 유혹하기 위해 꼬리를 펼쳐 보이듯이, 아름다운 음악을 연주하면 이성의 호감을 살 수 있다는 것이다. 긴팔원숭이들은 동남아시아 열대림을 헤치고 이동하면서 노래를 부른다. 이른 아침에 수컷들이 노래하기 시작하면, 암컷이 함께 노래한다. 이를 통해 수컷들은 자신의 영역을 표시한다. 젊은 수컷들은 노래를 통해 암컷들의 관심을 받으려 애쓴다. 생쥐 수컷도 똑같은 목적으로 암컷의 오줌 냄새에 반응하여 노래한다. 그 독특한 초음파 노래에서는 주제가 규칙적으로 반복된다. 새와 기타 동물들에게 노래가 성선택과 관련하여 가지는 의미를 인간들의 노래에 적용하는 것은 실제로 일리 있는 생각인 듯하다. 소녀들이 팝 스타에게 열광하여 달려들고, 심지어 속옷을 벗어 던지는 광경을 떠올려 보라. 구름처럼 몰려든 여성들이 팝 스타에게 느끼는 성적 매력은 다윈의 견해를 뒷받침한다. 여성 팬들의 열광은 새로운 현상이 아니다. 이미 19세기에 프란츠 리스트는 열광하는 여성 팬들을 떼어놓기 위해 무척 애써야 했다. 또한 〈사랑〉은 지금도 가곡과 오페라의 주제로서 다른 것과 비교가 안 될 정도로 가장 많이 선택된다.

가사 없는 음악도 사랑의 고백으로 구실할 수 있다. 구스타프 말러는 자신의 「교향곡 5번 4악장 아다지에토」의 악보를 아무 설명 없이 편지 봉투에 담아 알마 쉰들러에게 보냈다. 본인도 작곡가인 쉰들러는 말러의 메시지를 이해했고, 4개월 뒤에 두 사람은 약혼했다.

다윈이 140년 전에 성선택에서 음악의 의미에 관하여 제기한 주장을 입증하는 실험 결과가 얼마 전에야 처음으로 나왔다. 그 실험에 참가한 여성들은 생리 주기에서 가임 기간 — 곧 배란일 근처 — 에는 복잡한 음악을 작곡한 남자들을 단기적인 섹스 파트너로 선호하겠다고 말했다. 하지만 장기적인 파트너를 선택해야 한다는 조건을 부과하자, 이 특수한 선호는 사라졌다. 또한 다소 복잡한 시각 예술을 창작한 미술가들을 선택지로 제시했을 때는 이런 선호의 세분화가 나타나지 않았다. 따라서 앞서 포착된 특수한 선호는 창조성과 매력의 일반적 관련성에서 유래한 것이 아니라 유독 음악과 관련이 있는 듯하다. 작곡한 음악의 복잡성은 높은 창조성을 시사할 수 있고, 악기 연주 솜씨는 신체적 협응과 학습 능력이 우수하다는 증거로 간주될 수 있다.

음악의 더 중요한 진화적 의미는 음악이 사회적 결속을 강화한다는 것이다. 음악은 집단을 결속하고 감정을 공유할 수 있게 해주며 연대감을 낳는다. 그리하여 산출되는 협동은 집단적 사고와 공통 생존 전략의 구상으로 이어질 수 있다. 무엇보다도 합창과 북 연주가 집단에의 소속감을 강화한다. 음악이 기분에 끼치는 영향은 소속감의 발생에서도 확실히 중요한 역할을 한다. 예컨대 백파이프 음악은 본래 스코틀랜드 병사들의 공격 욕구를 돋우기 위해 고안되었다. (그러나 나는 백파이프 소리가 싫기 때문에 항상 백파이프 연주자를 공격하고 싶은 욕구를 느낀다. 과거에 스코틀랜드의 적이었던 잉글랜드 병사들은 그 소리를 어떻게 느꼈을지 궁금하다.)

사회학의 창시자로 불리는 허버트 스펜서(1820~1903)는 에세이『음악의 기원과 기능On the Origin and Function of Music』에서 음악을 〈감정적 언어〉라고 칭했다. 이와 관련해서 — 또한 음악이 호흡, 혈압, 심장박동 같은 생명에 필수적인 기능들을 통제하는 뇌에 미치는 영향과 관련해서 — 의미심장하게도 음악은 진화적으로 오래된 생존 전략들과 관련이 있을 가능성이 있다. 〈자극적인〉 음악은 흔히 자연에서 유래하는 청각적 경보들과 유사하다. 즉, 요란하고 짧은 음들이 갑자기 튀어나오고 짧은 모티브가 반복된다. 그런 음악은 싸움 혹은 도주 반응을 일으키는데, 의지와 상관없이 자율신경계에 의해 통제되는 이 반응은 진화적으로 생존을 위해 중요했다.

이런 자율 반응들은 두 가지 유형으로 구분된다. 싸움 혹은 도주 반응은 흥분성 교감신경계에 의해 통제되며 스트레스 반응의 일부다. 반면에 억제성 부교감 자율신경계는 우리의 뇌와 신체를 휴지 상태로 복귀시킨다. 긴장을 풀어 주는 음악은 어머니가 내는 소리들과 꽤 유사하며 부교감신경계의 진정 반응을 유발한다. 음악의 발생에 관한 한 이론에 따르면, 인간의 조상인 호미니드들은 소리를 지름으로써 감정을 사회적 신호로 변환했는데, 그 소리들이 나중에 음악으로 발전했다. 그렇다면 음악은 개체의 감정을 사회에 명확하게 알리는 효과적인 수단일 것이다.

또 다른 가설은 음악이 인지적 갈등의 해소에 기여하는 것이야말로 음악의 진화적 장점이라고 본다. 어린아이들에게 가장 좋아하는 장난감을 가지고 노는 것을 금지시키는 실험이 이루어졌는데, 그 실험에서 음악은 실제로 인지적 갈등의 해소에 기여했다. 모차르트의 음악이 상실감에 빠진 아이들을 달랬다. 하지만 다른 음악도 똑같은 효과를 낼 수 있었을지 의문이다.

음악의 진화적 장점을 감정 전달 기능에서 보는 사람들은 음악이 부모와 자식 사이의 애착을 강화한다고 주장한다. 하지만 이 주장은 사춘기 전까지만 옳은 것으로 보인다는 점을 지적할 만하다. 모든 새로운 세대는 사춘기에 〈새로운〉 음악을 선호하니까 말이다. 바로 그런 사춘기에 음악은 도리어 부모와 자식을 더 멀리 떼어놓고 양편을 갈라놓는 울타리의 구실을 한다. 청소년들은 자기 나름의 취향을 개발하고 자기 시대의 음악에 대한 선호를 굳히며 자신의 음악 취향을 통해서 자기가 어떤 집단에 소속감을 느끼는지 드러낸다. 하지만 진화 역사에서 음악의 구실은 어쩌면 이것과 전혀 달랐을 것이다. 청소년기에 특정 유형의 음악을 선호하기로 결정하는 것은 심지어 문제 행동의 전조일 수 있다. 팝 음악은 정체성 형성과 관련 있는 주제들을 다룬다. 즉, 사랑에 빠지고 애인이 생기면 어떤지, 연인 사이가 깨지고 배신을 당하면 어떤지 이야기한다. 하지만 13세 청소년이 힙합을 좋아하고 냉혹한 폭력배를 흉내 내려 한다면, 훗날 공공기물 파괴, 폭력, 무면허 운전, 알코올과 약물 소비가 발생할 위험이 상승할 수도 있다. 물론 이 상관성은 인과관계가 아니지만 말이다.

3. 음악과 언어의 관련성

> 음악은 말이 없는 곳에서 말한다.
> — 한스 크리스티안 안데르센

언어와 음악은 인간의 기본적인 소통 시스템들이며 둘 다 소리 패턴으로 이루어졌다. 하지만 양자 사이에 다른 점들도 있다. 언어는 명확한 의미 정보를 전달할 수 있지만, 음악은 그럴 수 없다. 그럼에도 음악은 사회적 관계를 위해 중요하며 공동체 내부의 협동을 북돋는데, 이미 어린 시절에도 그러하다. 두 살 반 된 아동은 함께 노는 친구들의 발걸음에 자기 발걸음을 맞춘다.

음악은 흔히 규칙적인 리듬을 가지지만, 언어는 그렇지 않다. 음악이 발휘하는 감정적인 힘은 음악의 중요한 면모인데, 그 힘은 아마도 음악이 리듬에 관한 예상을 실현하는 (혹은 벗어나는) 것에서 비롯된다. 음악의 때맞춤(타이밍)은 프랙털의 성격을 띤다. 모든 곡은 작은 부분들로 구분되며, 그 부분들은 커다란 전체와 어느 정도 동일한 복사본들이다. 이런 프랙털 구조는 심장박동과 뉴런들의 역동적 진동을 비롯한 다른 자연적 계열들에서도 나타난다.

언어와 음악은 모두 좌뇌에서 주로 처리된다. 반면에 리듬은 주로 우뇌에서, 혹은 좌뇌와 우뇌 모두에서 처리된다. 음악적 구문(문법)musical syntax은 브로카 영역에서 처리된다. 그 구역은 우리가 말할 때 곁들이는 복잡한 손짓의 통제와 몸짓 언어에도 관여한다. 종종 제기되는 과감한 견해에 따르면, 언어의 기원은 돌멩이와 창을 던지기 위한 손 운동 및 뉴런 시스템들에 있다고 한다. 한편, 화음과 멜로디의 분석과 음높이 비교는 주로 우뇌에서 이루어진다. 하지만 음악 연습과 경험이 쌓이면 음악 처리 중추들은 점점 더 좌뇌로 이동한다.

언어와 음악은 여러 차이점에도 불구하고 가까운 친척 사이다. 어떤 언어도 완벽하게 단조롭지는 않다. 게다가 중국어 같은 명백한 성조 언어들이 존재한다. 초기 발달 단계에서 아동의 뇌는 언어를 특수한 형태의 음악으로 지각하는 듯하다. 어머니와 아이 사이에서 허밍humming이 소통 수단의 구실을 하는 것에서도 이를 알 수 있다. 관자엽에 속한 언어 처리 구역과 음악 처리 구역은 부분적으로 겹치는데, 이 사실은 언어와 음악이 공통의 진화적 기원을 가진다는 것을 시사한다. 그렇다면 음악 활동이 언어 능력을 향상시키고 심지어 언어적 기억력까지 향상시키는 것을 납득할 만하다. 그뿐만 아니라 노래하기는 실어증 환자가 말하기를 다시 배우는 데 도움이 될 수 있다. 여기에서 뚜렷이 알 수 있듯이, 말하기와 노래하기 사이에는 기능적 연관성이 있다. 노래하기에 기초를 둔 치료법은 운동 담당 구역과 청각 담당 구역을 연결하는 신경 경로 시스템인 활꼴신경다발Fasciculus arcuatus을 확대시킨다. 하지만 다른 한편으로, 언어 담당 회로와 음악 담당 회로는 ─ 최소한 부분적으로 ─ 별개인 듯하다. 왜냐하면 일부 신경학적 손상은 음악적 능력들을 해치지 않으면서 말하기 능력을 해칠 수 있으니까 말이다(후자를 해치지 않으면서 전자를 해치는 경우도 있다).

분자 수준에서도 언어와 음악의 연관성이 존재한다. *FOXP2*라는 유전자는 브로카 언어중추와 베르니케 언어중추에서 강하게 발현한다. 심한 언어 및 발화 장애를 지녔고 브로카 영역의 활동이 평균보다 약한 가족들에게서는 *FOXP2* 유전자의 미세한 변이들이 발견된다. 실험용 새들의 *FOXP2* 유전자를 끄면, 새들은 노래할 수 없게 된다. 생쥐들도 그 유전자를 끄면, 생쥐들이 서로 소통하기 위해 내는 초음파에 문제가 생긴다. 물론 오로지 *FOXP2* 유전자만 언어 및 음악에 관여하는 것은 틀림없이 아닐 것이다. 노래하는 새들과 인간은 발성 학습에 결정적으로 중요한 유전자들을 적어도 50개 공유한다.

13장
음악이 뇌에 미치는 영향

1. 음악이 뇌 구조물들과 시스템들에 직접 미치는 영향

> 음악을 들을 때 나는 어떤 위험도 두려워하지 않는다.
> 나는 손상당할 수 없는 존재다. 내 앞에 적은 없다.
> 나는 최초와 최후의 시간과 연결되어 있다.
> — 헨리 데이비드 소로

음악은 다수의 뇌 구역과 기능들에 의해 처리되며 다수의 뇌 구역 및 기능들에 영향을 미친다. 음악 지각에서는 유전적 인자들뿐 아니라 음악적 경험도 중요한 역할을 한다. 우리의 음악성, 예컨대 때맞춤과 관련한 음악성에 가장 큰 영향을 미치는 것은 우리가 가장 자주 듣는 음악이다. 우리가 특정 유형의 음악을 좋아하는지 여부도 우리의 음악 경험, 특히 청소년기의 음악 경험에 달려 있다. 대개 우리의 청소년기 음악 경험은 우리 부모의 청소년기 음악 경험과 전혀 다르다. 유전적 소질과 경험에 따라서 우리 뇌는 들려오는 음악에 대한 평가를 순식간에 자동으로 내린다. 이 평가가 우호적이면, 우리는 쾌적함을 느낀다. 왜냐하면 다양한 화학적 신호 물질들이 분비되기 때문이다. 이 대목에서 시각 예술에 대해서와 마찬가지로 이렇게 주장할 수 있다. 음악은 감상자의 뇌 안에 있다.

음악은 청각 정보가 도달하는 곳인 청각피질을 가장 먼저 자극한다. 멜로디의 간격들, 구조, 리듬, 음, 화음의 지각에서 중요한 역할을 하는 뇌 구조물들은 청각피질에 속한 위 관자이랑, 그리고 위 관자고랑의 앞쪽 배쪽 부분이다(그림 11.5). 하지만 음악은 학습과 관련 있는 뇌 구역들(해마와 앞이마엽 피질)도 자극한다. 해마는 기억 정보들의 연관관계를 저장하며 마치 검색엔진처럼 다양한 구역에 저장된 기억의 다양한 측면을 찾아낸다.

옛 노래는 과거 사건에 대한 기억을 생생하게 되살릴 수 있다. 그 기억은 아는 사람의 얼굴이 일으키는 기억보다 훨씬 더 생생하다. 또한 그 기억은 남성보다 여성에게 더 강렬하다. 음악은 또한 보상과 감정에 관여하는 뇌 구역들, 곧 배쪽 피개, 측좌핵, 꼬리핵(보상 관련 구역들), 편도체, 섬엽, 해마(감정 관련 구역들)를 자극한다. 이때 음악이 긍정적 감정만 유발하는 것은 아니다. 한 예로 영화 「시계 태엽 장치 오렌지A Clockwork Orange」에서 베토벤 「교향곡 9번」은 주인공의 공격성을 부추긴다.

음악은 운동을 담당하는 뇌 구조물들에도 영향을 미쳐 춤, 박수, 율동적인 발구르기/흔들기를 유도하며 우리의 표정을 바꾸고 미소를 유발할 수 있다. 멜로디를 기억하기 위해서는 전운동 영역과 앞이마엽 피질이 중요하다. 한편, 기저핵과 소뇌는 때맞춤과 관련한 정보 처리를 담당한다. 더 나아가 음악은 시상을 거쳐 우리의 호르몬과 자율 조절 기능에 영향을 미친다. 이 영향은 당사자의 성별과 특정 음악에 대한 선호에 따라서 심장박동, 혈압, 에스트로겐 및 테스토스테론 수치의 다양한 변화로 나타날 수 있다. 또한 청각 시스템은 뇌줄기의 — 자율 조절 중추들 중 하나인 — 팔곁핵 parabrachial nucleus과 직접 연결되어 있다. 음악 장르는 각각의 자율 반응에서 중요한 역할을 한다. 모차르트와 슈트라우스의 음악은 혈압과 심장박동 수를 감소시키는 반면, 아바ABBA의 음악은 이 효과를 일으키지 않는다. 무조음악은 비음악가에게서 심장박동수의 감소와 혈압의 상승을 일으키는데, 이 현상은 주의집중, 긴장, 불안의 증가를 시사한다. 특히 당사자가 좋아하는(소름이 돋을 정도로 감동하며 듣는) 음악은 도파민을 생산하는 보상 시스템의 활동을 대폭 강화한다. 그 보상 시스템은 먹을거리와 섹스 같은 일차적인 보상이 주어질 때만 활성화되는 것이 아니라 예술, 돈, 권력 같은 이차적 형태의 보상이 주어질 때도 활성화된다. 그 시스템은 도파민 뉴런들이 위치한 배쪽 피개, 그리고 도파민이 분비되는 곳인 측좌핵과 꼬리핵으로 이루어진다. 동물들에게도 음악은 측좌핵에서의 도파민 분비가 증가하는 효과를 낸다.

달리 치료할 수 없는 강박장애에 시달리던 어느 60세 남성은 측좌핵에 뇌 심부 자극술DBS을 받고 상태가 대폭 호전되었다. 그런데 반년 후에 그는 개성 강한 컨트리 가수 조니 캐시의 음악을 대단히 좋아하게 되었다. 조니 캐시는 유명한(악명 높은) 샌 퀸틴San Quentin 감옥에서 콘서트를 한 바 있다. 그 60세 환자는 언젠가 라디오에서 「불의 고리Ring of Fire」를 듣고 깊이 감동했다. 그 전에 그는 음악에 그다지 관심이 없었다. 청소년기에 비틀스와 롤링스톤스를 듣긴 했지만, 조니 캐시는 한 번도 들은 적이 없었다. 뇌 심부 자극술을 받은 후 그 환자는 자신이 새로운 사람이 되었다고 느꼈고, 그 느낌은 조니 캐시의 음악과 완벽하게 어울렸다. 캐시는 모든 사건과 감정에 딱 맞는 노래를 부른다고 그 환자는 설명했다. 음악 향유에서 측좌핵이 얼마나 중요한지를 이 사례에서 다시 한번 확인할 수 있다. 또한 이 사례는 뇌 심부 자극술이 성격의 일부 측면들을 변화시킬 수 있음을 보여 준다. 이 사실은 다른 속성들과 관련해서 이미 입증된 바 있다(28장 참조).

요컨대 우리의 음악 향유는 측좌핵과 꼬리핵에서의 도파민 분비를 통해 촉발된다. 특정 음악이 측좌핵의 활동을 얼마나 상승시키는지를 기능성 뇌 스캔을 통해 측정할 수 있는데, 그 측정을 통해서 심지어 그 음악의 판매량을 예측할 수 있다. 물론 보상 효과는 측좌핵, 청각 시스템, 편도체, 배쪽 안쪽 앞이마엽 피질, 기타 감정 관련 구역들의 상호작용에서 비로소 발생한다.

해마는 학습, 기억, 공간적 길 찾기를 위해 결정적으로 중요하다. 그런데 해마는 사회적 상호작용과 관련이 있는 자극들 ─ 이를테면 평화롭게, 기쁘게, 슬프게, 혹은 위협적으로 느껴지는 음악을 듣는 것 ─ 을 통해서도 활성화된다. 비교적 드문 형태의 치매인 해마 경화증hippocampal sclerosis으로 해마가 손상된 환자들은 노래의 가사와 멜로디에 대한 기억 흔적의 형성이 감소한다.

2. 음악과 감정

> 음악이란······ 공기의 진동일 뿐이다.
> 그러나 그 진동은 나에게서 자주 전율을 일으킨다.
> ─ 로저 판 복스텔

음악이 일으키는 다양한 감정들에 다양한 뇌 구역들이 관여한다. 긍정적인 음악적 감정은 보상 시스템의 활성화와 짝을 이룬다. 편도체와 해마는 긍정적 자극과 부정적 자극의 처리에 모두 관여한다.

리듬이 뚜렷하고 긴장을 유발하는 음악은 군인들을 하나로 뭉치고 사기를 높이는 데도 사용된다. 그럴 때 음악은 감각피질과 운동피질, 그리고 뇌줄기를 활성화한다. 리듬에 따라서 그 음악은 뇌줄기에서 생명에 필수적이며 자율적인 뇌 과정들에도 영향을 미친다. 예컨대 심장박동, 혈압, 체온, (땀 분비량에 의해 결정되는) 피부 전도도skin conductance, 근육 긴장도 등을 통제하는 뇌 과정들에 말이다.

고요하거나 그리움이 묻어나거나 슬픈 음악은 앞이마엽 피질을 활성화하고 경우에 따라 해마도 활성화한다. 슬픈 음악을 들으면서도 기쁨을 느낄 수 있다. 이는 앞이마엽 피질이 그 음악의 질을 높게 평가하기 때문일 수도 있고, 우리의 기분이 슬픈 음악을 원하기 때문일 수도 있고, 그 음악이 우리 안에서 특정 기억을 불러일으키기 때문일 수도 있다. 우리가 슬픈 음악을 쾌적하게 느끼면, 그 음악은 뇌에서 측좌핵을 활성화한다.

위협적인 음악은 청각피질의 활동을 감소시키고 해마와 편도체의 활동을 변화시킨다. 구체적으로 우뇌 편도체에서 모노아민 수용체(신호 물질인 모노아민을 받아들이는 단백질)들이 증가하고, 그러면 공포감이 발생한다. 그 편도체는 체감각 피질로 정보를 보내고, 그러면 그 피질 구역에서도 그 수용체들이 증가한다. 체감각 피질은 상황을 분석하여 다시 우뇌 편도체로 신호를 보내고, 그 편도체는 자율신경계를 통해 신체 반응들을 일으킨다. 음악의 감정적 내용이 판정되는 데 필요한 시간은 0.25초에 불과하다. 따라서 이 모든 반응은 순간적인 반사로 여겨진다. 뇌의 반응은 워낙 빨라서 무의식적으로 일어난다. 또한 공포는 시각피질을 활성화하여 우리의 시각적 주의집중을 향상시킨다.

하지만 모든 사람이 음악에 감정적으로 반응하는 것은 아니다. 나는 여섯 살 때쯤 암스테르담 베토벤가에 위치한 우리 초등학교에서 집으로 오는 길을 매일 다녔는데, 게리트 판 데어 펜스트라트가로 접어드는 모퉁이에서 자주 손풍금이 연주되었다. 손풍금 곁에는 나 같은 꼬마의 눈에는 거인으로 보이는 여성 다운 증후군 환자가 서 있었다. 그녀는 실로 연결된 막대기 두 개를 음악의 박자에 맞춰 두드렸다. 그런데 기이하게도 그녀는 유쾌한 음악에 박자를 맞출 때도 매우 엄숙한 표정이었다. 그녀는 어떤 재미도 느끼지 못했다. 유쾌한 손풍금 음악과 그녀의 엄숙함이 이룬 대비가 나를 무섭게 했다.

그래서 얼마 전에 나는 아는 노래를 들을 때와 모르는 노래를 들을 때 뇌 활동의 차이를 다룬 한 논문을 특히 흥미롭게 읽었다. 그 논문에 따르면 놀랍게도 다운 증후군 환자들에서는 — 건강한 뇌를 가진 대조군에서와 달리 — 아는 노래가 변연계를 활성화하지 않는다. 일반적으로 다운 증후군은 사회적 신호와 타인의 심리 상태를 해석하는 능력의 저하를 동반하는 경우가 많다고 여겨진다. 특히 공포, 놀람, 분노를 표현하는 얼굴 표정의 해석은 다운 증후군 환자들에게 어려운 과제다.

다운 증후군 환자는 거울 뉴런들이 최적으로 기능하지 못한다는 견해가 제기되었고, 이는 향후 연구를 위한 흥미로운 논점이다. 하지만 다운 증후군 환자가 감정을 지니지 않았다는 이야기는 전혀 아니다. 내 인생에서 가장 유쾌했던 시간 중 하나는 내가 다운 증후군 아동 150명과 함께 배를 타고 뉴욕항에서 보낸 시간이다. 다운 증후군은 음악에 대한 평균 이상의 관심과 짝을 이룬다. 하지만 다운 증후군 환자는 이미 아는 노래에는 감동하지 않는 듯하다.

치매의 일종인 이마 관자엽 치매는 앞이마엽 피질, 편도체, 대상 피질을 손상시키는데, 이 치매에 걸린 환자들에게도 음악은 정상적인 감정들을 불러일으키지 못한다. 관자엽을 손상시키는 의미 치매semantic dementia에 걸린 환자들, 편도체나 섬엽이 손상된 환자들에게도 마찬가지다.

3. 음악이 기분, 공포, 통증에 미치는 영향

> 교회에 가면 경건한 음악이 우리 모두를 신자로 변화시킬
> 수 있다. 그러나 설교자가 다시 균형을 회복시켜 주리라는
> 것을 우리는 전적으로 신뢰할 수 있다.
> ─미년 맥러플린

음악의 효과는 음악의 유형, 환경, 당사자의 취향에 따라 다양하게 나타난다. 편안한 분위기에서의 음악 활동은 중년인 사람들의 기분을 개선하고 스트레스를 줄인다. 음악은 ─ 특히 당사자가 직접 선택한 음악일 경우 ─ 보상 효과를 산출하고, 동기부여와 기쁨을 향상시키고, 스트레스, 공포, 통증을 줄일 수 있다. 네덜란드 텔레비전 진행자 파울 비테만은 집을 나서기 전에 항상 라디오를 켜둔다고 밝힌 바 있다. 왜냐하면 귀가했을 때 고요와 맞닥뜨리는 것이 두렵기 때문이라고 한다. 산모가 스스로 선택한 음악을 들으면, 분만 과정에서의 통증과 공포가 감소하고 그 과정에 대한 만족감이 증가하며 분만 후 8일 동안 산후 우울증에 걸릴 위험이 감소한다. 혈압 강하를 측정해 보면 드러나듯이, 여성들은 임신 중에 음악에 더 민감해진다. 이 효과는 에스트로겐에서 비롯되지는 않지만 어쩌면 〈프롤락틴prolactin〉이라는 호르몬에서 비롯될 가능성이 있다. 이 호르몬의 수치가 높으면 슬픈 음악을 듣기 좋아하게 된다는 것이 알려져 있다. 환자가 스스로 선택한 음악은 수술 전 척수 주사에 대한 공포를 줄이고, 나중에 환자가 더 긍정적인 느낌으로 그 주사를 회상하게 만든다. 나는 대학 입학시험 당일에 유난히 긴장했다. 그래서 당연히 너무 일찍 아침 식사를 마쳤다. 시험장으로 가기 전에 나는 어머니와 함께 소파에 앉아 파가니니의 「바이올린 협주곡 1번」을 들었다. 그날 시험은 전혀 나쁘지 않게 풀렸다.

수술 뒤에도 음악은 통증, 공포, 혈압, 심장박동에 긍정적인 영향을 미치며, 그 영향은 당사자가 스스로 음악을 선택했을 때 가장 크다. 기관지 내시경 검사는 — 나도 직접 경험해 봐서 아는데 — 가장 괴로운 시술로 꼽을 만하다. 기관을 통해 폐로 가는 관을 삽입하여 현미경 검사용 조직을 떼어 내는 것이 그 시술의 핵심이다. 가용한 모든 자료를 보면 알 수 있듯이, 음악은 기관지 내시경 검사 중에 환자가 느끼는 공포를 줄여 준다. 또한 혈압과 심장박동도 강하한다.

한 통제된 실험에서 입증된 바에 따르면, 피험자가 개인적으로 매우 좋아하는 음악은 통증을 대폭 낮추는 효과를 냈다. 그런데 타인들이 그 음악을 선택하면, 그 긍정적 효과는 보장되지 않는다. 따라서 나는 예컨대 엘리베이터 안이나 비행기가 이착륙할 때 누군가가 틀어 주는 무의미하고 신경에 거슬리는 음악을 사람들이 어떻게 편안히 들을 수 있는지 도통 이해할 길이 없다. 음악은 당사자가 스스로 선택할 때 가장 좋은 효과를 낸다.

음악은 건강한 피험자들에 대한 실험에서뿐 아니라 수술 환자들과 치과 치료에서도 스트레스 감소 효과를 낸다. 음악을 보조 수단으로 사용하면 진통제와 진정제의 투여량을 줄일 수 있다. 특히 자율신경계는 음악의 영향 아래에서 더 빨리 스트레스 상황을 극복한다. 능동적 음악 활동, 예컨대 타인들과 함께 노래하기는 면역계를 강화하고, 따라서 병을 예방할 가능성이 있다. 많은 사람들은 집중력을 일으키고 높이기 위해 음악을 활용한다. 기나긴 수술을 집도하는 신경외과 의사들은 집중력 향상을 위해 음악을 동원한다. 나는 내가 지도하는 많은 박사과정 학생들에게서도 똑같은 모습을 보았다. 수술 결과를 논문으로 발표하기 위해서 정말로 집중해야 할 때, 그들은 이어폰으로 귀를 틀어막고 스스로 선택한 음악을 듣는다. 나에게는 그 방법이 아무 효과도 없다. 집중하고자 할 때 나는 고요가 필요하다. 이처럼 음악이 집중력에 미치는 효과는 개인마다 사뭇 다르다. 배경음악은 외향적인 사람보다 내향적인 사람의 인지 과정을 더 많이 방해한다.

음악은 우리의 기분 전반에도 영향을 미친다. 아마도 이 현상에서 그 유명한 〈모차르트 효과〉라는 개념이 유래했을 것이다. 대학생들이 모차르트의 「피아노 소나타 KV 448」을 듣고 나서 IQ 검사를 받으면 성적이 향상된다는 것이 입증되었다. 이렇게 IQ 성적이 향상되는 효과는 그 음악에서 직접 유래하는 것이 아니라 간접적으로 발생하는 것으로 보인다. 즉, 그 음악이 피험자들의 기분을 쾌활하게 만들었기 때문에 그들이 더 나은 성적을 낸 것으로 보인다. 모차르트의 「피아노 소나타 KV 448」은 쥐들이 기억 시험에서 더 나은 성적을 거두는 효과도 냈다. 이 효과에서 결정적인 요인은 그 음악의 리듬인 것으로 보인다. 그 실험이 다룬 신경생물학적 메커니즘에서는 성장 인자(BDNF)와 그 수용체(TrkB)가 중요한 구실을 한다.

4. 화학적 신호 물질과 음악

화학적 신호 물질들과 호르몬들은 다양한 유형의 음악에 다양하게 반응한다. 우리가 아름답게 느끼는 음악은 스트레스를 줄여서 스트레스 호르몬 코르티솔의 수치를 낮춘다. 타인들과 함께 노래하기도 스트레스 호르몬 ACTH(부신 피질 자극 호르몬)의 수치를 낮춘다. 그러나 행진곡은 스트레스 호르몬들인 ACTH, 코르티솔, 노르아드레날린의 수치를 높이고 생명징후들vital signs을 싸움 혹은 도주에 적합하게 설정할 수 있다. 위협적으로 느껴지는 음악 — 예컨대 긴장을 유발할 목적으로 만든 영화음악 — 은 변연계와 변연계 주변 구역의 모노아민 수용체들을 급속히 증가시킨다. 그 결과로 꼬리핵에서의 도파민 자극의 쾌적한 효과가 감소한다.

반대로 30분짜리 노래 수업 한 번으로도 펩티드의 일종인 옥시토신 —
뇌에서 옥시토신이 분비되면 사회적 상호작용이 촉진된다 — 의 혈장 수
치가 상승하기에 충분하다. 흉강을 여는 수술을 받은 다음 날, 잔잔한 음악
은 혈중 옥시토신 수치와 산소포화도를 높이고 환자의 긴장 완화를 돕는
다. 옥시토신 수용체들은 다양한 뇌 구역들에 존재한다. 예컨대 해마에도
옥시토신 수용체들이 있는데, 해마 역시 사회적 상호작용에 중요하게 관여
하는 뇌 구역이다.

여성들이 좋아하는 음악을 들으면 테스토스테론 수치와 에스트로겐 수
치가 상승한다. 반대로 좋아하지 않는 음악을 들으면, 이 수치들이 하강한
다. 남성들이 음악을 들으면, 음악을 좋아하는지 여부와 전혀 상관없이, 테
스토스테론 수치는 하강하고 에스트로겐 수치는 상승한다. 요컨대 음악의
스트레스 감소 효과는 남성들에게는 싸움 욕구의 감소로 이어지고 여성들
에게는 섹스 욕구의 자극으로 이어질 수 있는 것으로 보인다. 말하자면 〈전
쟁 말고 사랑하자〉 효과가 발생하는 것이다.

음악은 도파민 보상 시스템의 변화도 일으킨다. 도파민은 음악과 같은
보상성 자극의 기대, 예견, 해독에 관여한다. 아편유사제들도 음악의 보상
효과를 위해 중요한 역할을 한다. 뇌세포들도 아편유사제들을 생산할 수
있다. 음악을 들으면 진통용 아편유사제 필요량이 감소한다. 또한 아편유
사제 대항물질 〈날록손naloxone〉은 음악을 들을 때 생기는 〈소름〉 반응을
차단할 수 있다. 이 사실에서도 아편과 유사한 화학적 신호 물질들이 음악
의 효과에 중요하게 기여한다는 점을 확인할 수 있다. 모차르트의 음악을
들을 때 발생하는 유쾌한 기분은 뇌에서 엔도르핀이 분비되는 것에서 유래
한다는 주장이 제기되었다. 그러나 (엔도르핀 분비의 척도로 삼을 수 있
는) 통증 문턱을 측정해 보니, 능동적인 노래하기, 춤추기, 북 치기는 엔도
르핀 분비를 유발하지만 수동적인 모차르트 듣기는 그렇지 않음이 드러났

다. 요컨대 음악은 수많은 화학적 신호 물질을 통해 여러 뇌 구역과 기능에 다양한 영향을 미친다. 전문가들은 이 같은 음악의 영향들을 뇌 질병의 치료에 활용할 수 있다(20장 6 참조).

14장
음악 지각, 사용과 악용

음악성은 폭이 매우 넓다. 한편에는 음악에 대한 철저한 무감각(실음악증 amusia)이 있는가 하면, 반대편에는 음악을 향한 비정상적 욕구(음악애증 musikophilie)도 있다. 일부 사람들은 뇌전증, 청각장애, 또는 편두통 때문에 음악적 환각을 겪는다. 편두통 전조증을 가진 사람들은 때때로 과거에 들었던 멜로디를 듣는다. 음악은 청각장애를 일으킬 수 있지만 질병의 치료에 유용할 수도 있다. 다른 한편, 음악은 체벌 수단, 심지어 고문 수단으로 악용될 수도 있다.

1. 뇌 질병들과 음악

> 다른 사람들보다 바로 나에게서 더 예리해야 할 이 감각이
> 약하다는 사실을 내가 어떻게 납득해야 할지.
> ─루트비히 판 베토벤이 자신의 청각장애를 두고 한 말

실음악증은 과거에 〈음치(Notentaubheit, Tontaubheit, Dysmelodia)〉로도

불렀다. 실음악증은 드물게 나타나며 70~80퍼센트가 유전적으로 결정된다. 다른 면에서는 정상인 뇌의 타고난 실음악증을 일컬어 선천성 실음악증이라고 한다. 올리버 색스는 생일 축하 노래 「해피 버스데이 투 유」의 멜로디를 알아듣지 못하는 어느 여선생의 사연을 서술했다. 그녀는 그 멜로디를 교실에서 매년 30번씩이나 연주해야 했지만 끝내 알아듣지 못했다. 그녀에게 음악은 냄비나 프라이팬이 바닥에 떨어질 때 나는 소음과 다를 바 없었다.

실험들에 따르면, 실음악증을 지닌 사람들은 음악을 장기 기억에 저장할 수는 있지만 그 음악에 의식적으로 접근할 수 없다. 따라서 실음악증은 기억장애의 일종으로 간주할 수 있다. 선천성 실음악증에서는 유전적 요인이 큰 몫을 차지한다. 선천성 실음악증 환자의 부모 형제 가운데 약 39퍼센트는 역시 선천성 실음악증 환자다. 반면에 대조군의 가족 중에서 그 비율은 3퍼센트에 불과했다. 전체 인구에서 4퍼센트는 멜로디와 리듬을 알아듣거나 재현하는 일에 어려움을 겪는다. 그들에게 음악은 상당히 신경에 거슬릴 수도 있다. 그러나 그들 중에서 음악성이 전혀 없으며 틀린 음을 알아채지 못하는 사람은 절반에 불과하다. 그리고 그렇게 음악성이 없는 사람들 중에서도 절반은 최소한 리듬감을 보유하고 있다. 게다가 실음악증을 앓는 사람들 중 다수는 음악 — 예컨대 영화음악 — 의 감정적 메시지를 이해한다. 선천성 실음악증 환자는 북경어나 광동어 같은 성조 언어의 미묘한 음 차이를 구별하지 못한다. 따라서 그들이 성조 언어를 배우기는 매우 어렵다.

실음악증 환자의 뇌에서는 이마 관자엽의 연결 하나가 끊겨 있다. 또한 우뇌 이마엽과 관자엽을 연결하는 활꼴신경다발의 크기가 심하게 줄어들어 있다. 또한 우뇌 위 관자이랑과 중간 관자이랑도 위축되어 있다. 리듬 실음악증 환자의 뇌에서는 방금 언급한 이랑들의 앞부분에 주로 손상이 있고, 음 실음악증 환자의 뇌에서는 그 이랑들의 뒷부분에 주로 손상이 있다. 음악을 즐기지 못하는 사람들은 우뇌 청각피질과 보상 시스템 — 구체적으로 측좌핵 — 사이의 연결이 약화되어 있다.

뇌의 질병으로 인한 후천성 실음악증도 존재한다. 예컨대 뇌의 이마 관자엽이 손상되면 실음악증이 발생할 수 있다. 알츠하이머병 환자들의 경우 실음악증은 관자이랑 뒷부분과 대상이랑의 회색질 감소와 짝을 이룬다. 조현병도 음악성 감소를 동반한다. 조현병 환자의 62퍼센트가 실음악증에 걸린다. 그런 조현병 환자는 인지장애와 부정적 증상들 — 예컨대 무감정, 에너지 결핍, 주도력 결핍, 사회적 고립, 집중력 결핍 — 이 실음악증과 뚜렷한 상관성을 나타낸다.

음악 처리와 실음악증의 모든 측면 각각에 광범위한 연결망들이 관여한다. 과거의 통념과 달리 실음악증은 언어를 위해 중요한 시스템들에도 악영향을 끼칠 수 있다. 후천성 실음악증은 흔히 다른 — 예컨대 중앙 청각 시스템의 — 문제들과 연결되어 있다. 실음악증 치료를 위해 정기적으로 음악을 듣는 것은 효과가 거의 혹은 전혀 없다.

실음악증의 정반대 현상 — 음악을 향한 욕구가 이례적으로 강해서 일상생활에 지장이 있을 정도의 상황 — 을 일컬어 음악애증이라고 한다. 이 현상은 이마 관자엽 치매, 특히 의미 치매에 걸린 환자들에게서 꽤 자주 관찰되지만, 윌리엄스 증후군 환자, 몇몇 형태의 뇌 부상 환자, 뇌졸중 환자, 관자엽 뇌전증 환자, 관자엽의 국소 퇴화 환자에게서도 드물지 않게 관찰된다. 음악애증은 이마엽이 손상된 뒤에 발생하는 거침없고 강박적인 시각 예술 창작 활동에 빗댈 만하다. 음악애증 환자들은 특정 유형의 음악에 대단히 열중할 수 있다. 그 유형은 폴카일 수도 있고 팝 음악일 수도 있다. 그들의 뇌를 보면 해마 뒷부분의 회색질이 증가한 것을 알 수 있다.

뇌전증 환자들은 뇌전증의 활성화로 관자엽이 자극될 경우 때때로 과거의 노래를 들을 수 있다. 관자엽 뇌전증 환자 각각의 장애 유형을 보면, 우뇌와 좌뇌 사이에 분업이 존재함을 뚜렷이 알 수 있다. 좌뇌 관자엽 뇌전증 환자는 멜로디를 알아채는 과제를 더 어렵게 느끼는 반면, 우뇌 관자엽 뇌전증 환자는 음악이 전달하는 감정을 지각하는 과제를 더 어렵게 느낀다. 거꾸로 일부 환자들에게는 음악이 뇌전증 발작을 유발한다. 잔다르크와 도스토옙스키는 교회 종소리를 듣고 황홀경을 경험했을 뿐 아니라 뇌전증 발작도 겪었다(『우리는 우리 뇌다』 16장 8 참조). 이런 〈음악 뇌전증〉은 다양한 유형의 음악과 소리에 의해 유발될 수 있다. 예컨대 향수를 자극하는 옛날 노래, 팡파르, 고전음악, 현대음악, 끓는 물주전자가 내는 일정한 음, 또는 비행기 엔진 소리가 발작의 원인이 될 수 있다.

트럼펫을 힘껏 불다가 소뇌에 뇌출혈을 겪은 한 트럼펫 연주자가 보여 주었듯이, 음악 활동은 위험할 수도 있다. 또 오늘날에는 요란한 음악을 즐기다가 청각장애 증상을 얻은 환자들을 꽤 자주 볼 수 있다. 암스테르담 대학 병원이 2015년에 실시한 대규모 조사에 따르면, 12세에서 25세의 젊은이 가운데 25퍼센트는 청력이 다소 심하게 손상된 상태다. 시끄러운 음악으로 인한 청력 손상은 회복이 불가능하다. 하지만 귀마개나 담배 필터, 또는 손가락으로 귀를 막거나 간단히 음악을 더 작게 틀면 그 손상을 막을 수 있다. 소리의 최대 크기가 100데시벨 정도면 적당할 텐데, 법적인 규제는 아직 도입되지 않았다. 〈고요한 디스코 클럽〉이 등장한 것은 훌륭한 혁신이다. 그런 클럽에서는 음악이 스피커로 나오는 대신에 개인이 착용한 무선 헤드폰을 통해서 나온다. 심지어 두 가지 채널의 음악을 제공하여 고객이 두 명의 디제이 중 한 명을 선택할 수 있게 해주는 곳도 있다. 그러나 디스코 클럽만 청력 손상을 유발할 수 있는 것은 아니다. 경우에 따라서는 직업 음악가들도 청력이 손상된다. 록이나 재즈를 하는 음악가가 아니라 관현악단에서 연주하는 음악가도 예외가 아니다.

익숙한 정보를 수용하지 못하는 대뇌피질 구조물들은 과도하게 활성화되어 스스로 정보를 생산하기 시작한다. 그럴 때 해당 대뇌피질 부분은 자신이 평소에 처리하는 정보를 만들어 낸다. 그리하여 그 정보는 뇌 자신의 생산물임에도 불구하고 외적인 감각 지각으로부터 유래한 것이라는 상상이 생겨난다. 이 때문에 난청이 있는 사람들은 처음에는 누군가가 라디오를 끄지 않고 놔둬서 자신이 계속 음악 소리를 듣는다고 착각하는 경우가 많다. 실은 그들의 뇌가 스스로 생산하는 음악 — 노래, 음계, 단순한 멜로디의 반복 — 을 듣는 것인데도 말이다. 청각으로 얻는 정보가 너무 적은 사람들 가운데 그렇게 대뇌피질이 스스로 음악적 환각을 발생시키는 것을 일컬어 〈이명tinnitus〉이라고 한다. 이명 환자들은 그 내면의 음악을 끌 수 없으며, 때로는 하루 종일 자국의 국가나 드보르자크의 교향곡이나 특정 동요를 들어야 하는 것에 진저리를 친다(『우리는 우리 뇌다』 11장 4 참조). 하지만 대다수의 이명 환자는 단조로운 음 하나에만 시달린다.

음악적 환각은 노인성 난청 환자의 1퍼센트에서, 그리고 강박장애나 조현병 등에 시달리는 정신병 환자의 0.16퍼센트에서 나타난다. 또한 음악적 환각은 50세에서 60세 사이에 더 자주 나타나며 주로 (70퍼센트가) 여성에게 나타난다. 청력 손실로 청각 시스템이 받아들이는 정보가 너무 적은 것 외에 사회적 고립도 음악적 환각을 유발하는 한 원인이다. 일부 사례들에서는 뇌전증, 신경 퇴화 과정들 — 특히 루이 소체 치매Lewy body dementia로 이어지는 파킨슨병의 한 변형 — 중독, 약물 사용 후 금단현상, 갑상선 기능 저하, 경색이나 종양 같은 국소적 병변이 음악적 환각의 원인으로 진단된다.

이명은 난청 환자에게만 발생하는 것이 아니다. 청각 시스템의 다양한 부위, 예컨대 관자엽 피질, 섬엽 피질, 뇌교 피개pontine tegmentum를 침범하는 뇌 손상들도 음악적 환각을 유발할 수 있다. 청각장애의 결과로 발생하는 음악적 환각은 흔히 종교적이거나 애국적인 반면, 뇌 손상 환자가 환각으로 듣는 것은 현대음악일 때가 더 많다. 정신병 환자의 환청에서는 그때그때의 기분에 어울리는 음악이 등장한다.

음악적 강박이란 의지와 상관없이 기억 속의 멜로디 토막이 계속 떠오르는 현상을 말한다. 일부에서 〈귀 벌레ear worm〉라고도 부르는 그 멜로디 토막은 때로는 당사자가 떠올리려 하지 않는데도 계속 떠오른다. 이런 음악적 강박은 청각장애나 신경학적 질병이 없는 사람들에게 나타난다. 그러나 음악적 강박은 흔히 강박장애와 같은 다른 증상들을 동반한다. 이명에서는 음악적 환각이 외부에서 유래하는 것처럼 느껴지는 반면, 음악적 강박에 시달리는 사람들은 문제의 멜로디가 자신의 뇌에서 튀어나온다는 것을 안다. 음악적 강박에 시달리는 사람들에게는 대개 항우울제가 효과가 좋다. 하지만 특정한 음악이 한동안 머리에서 떠나지 않는 식의 전혀 무해한 형태의 음악적 강박도 존재한다. 이 경우에 병과 건강 사이의 경계는 유동적이다.

또한 악보를 보는 형태의 환각도 존재할 수 있다. 샤를 보네 증후군Charles Bonnet syndrome은 시각장애를 지닌 중년 이상의 사람들에게 흔히 나타난다(『우리는 우리 뇌다』 11장 4 참조). 하지만 파킨슨병 환자, 열병 환자, 중독 환자, 대사장애 환자, 또 건강한 사람이 잠들 때나 깨어날 때도 샤를 보네 증후군이 나타날 수 있다. 이런 환각은 예컨대 연주회를 준비하느라고 매우 열심히 음악을 한 사람들에게 주로 나타난다. 그런 상황에서 녹내장이나 황반변성으로 시각에 이상이 생기면(『우리는 우리 뇌다』 12장 1 참조) 갑자기 내면의 눈앞에 악보가 나타날 수 있다. 환각 속의 악보는 읽을 수 없으며, 그런 환각을 겪는 환자들의 진지한 참여로 실시된 실험들에서 드러났듯이, 연주할 수도 없다. 한 여성 피아노 연주자는 환각 속의 악보를 〈전혀 무의미한 음표들의 잡탕〉이라고 표현했다.

뇌는 의도적이거나 비의도적으로 음악을 상상해 낼 수 있다. 이탈리아 작곡가 자코모 푸치니(1858~1924)는 좋은 뮤지컬 각본을 읽으면 머릿속에서 음악이 들려왔다. 루트비히 판 베토벤(1770~1827)은 28세에 자신의 청력이 손상되기 시작했음을 고백했고, 50세에 거의 완전히 귀머거리가 되었다. 베토벤도 악보를 읽으면서 머릿속에서 음악을 〈연주할〉 수 있었다. 그는 이 같은 정신적 상상력을 청력이 손상된 뒤에도 온전히 유지한 것이 틀림없다. 하지만 베토벤은 이명에 시달렸다. 31세에 그는 자신의 귓속에서 밤낮없이 쿵쿵거리는 소리와 윙윙거리는 소리가 난다고 썼다. 그럼에도 그는 매일 아침 자신의 음악을 작곡하고 다듬었다.

　베토벤이 청력을 서서히 상실한 원인은 음악과 아무 관련이 없다. 물론 최종 진단은 전혀 명료하지 않지만 말이다. 베토벤은 뼈가 변형되는 병인 파제트병Paget's disease을 앓았고, 그 결과로 청신경이 위축되었다. 그는 과도한 알코올 섭취가 유발한 간경변과 만성 췌장염으로 사망했는데, 아마도 그는 통증을 줄이기 위해 술을 마셨던 것 같다. 더구나 그는 납을 함유한 포도주를 마셨다. 그 포도주 속의 납 성분은 그의 신경에 독으로 작용했다. 그의 뼛속에서 발견된 다량의

그림 14.1 요제프 카를 슈틸러(1781~1858), 「장엄미사 악보를 손에 쥔 베토벤」(1820).

납은 이 견해에 힘을 실어 준다. 다른 사람들은 베토벤이 찾아가 마신 샘물에 납이 들어 있었다고 추측한다. 베토벤이 보인 증상의 대부분은 혈관의 자가면역질환인 코건 증후군Cogan-Syndrome으로 설명될 수 있을 법하다.

소뇌는 운동의 통제를 위해 근본적으로 중요할뿐더러 인지에도 관여한다. 자기공명영상에서 명확히 드러나듯이, 음악과 리듬은 소뇌를 활성화한다. 소뇌의 경색이나 퇴화성 질병은 음악적 솜씨의 상실을 가져온다.

한 연구에서 해마곁 피질이 손상된 환자들은 불협화음 음악을 아주 좋게 느꼈다. 반면에 뇌 질병이 없는 대조군은 똑같은 음악을 끔찍하게 느꼈다. 그 실험에서 불협화음 음악을 만들기 위해 연구진은 베르디의 곡과 알비노니의 곡에서 모든 음을 반음 내리거나 높였다.

피아노 조율사와 뛰어난 음악가는 맹인인 경우가 비교적 흔하다. 맹인들은 어린 시절부터 목소리, 소리, 음악에 집중할 수밖에 없다. 이런 식으로 그들은 특별한 음악적 능력들을 개발할 수 있다. 이 성취는 뇌의 가소성, 곧 뇌가 적절한 연결들을 형성하는 능력을 보여 주는 대표적인 예다. 시각장애와 발달 초기의 뇌 손상은 — 대뇌피질의 몇몇 부분들이 다른 기능들을 넘겨받기 때문에 — 특별한 음악적 재능의 발달과 짝을 이룰 수 있다. 중증 장애인 레슬리 렘크 같은 일부 자폐증 서번트는 유례 없는 음악적 재능을 지녔다. 레슬리는 미숙아로 태어났으며 몸에 경련이 있고 맹인이었다. 그는 14세에 텔레비전 영화에서 차이콥스키의 「피아노 협주곡 1번」을 단 한 번 듣고 이튿날 아침에 그 곡 전체를 완벽하게 연주했다.

2. 음악치료

음악에서 가장 중요한 것은 음표들에 들어 있지 않다.
— 구스타프 말러

많은 뇌 구역들이 음악에 의해 활성화되므로, 음악은 뇌 발달을 촉진할 수 있다. 따라서 뇌 발달 장애와 성인의 뇌 질병을 다룰 때 음악치료는 유익한 효과를 낼 수 있다. 통제된 실험들에서도 음악은 흔히 대안적 치료법으로 유효한 것으로 보인다.

음악과 치료 사이의 연관성은 새로운 것이 아니며 서양적인 현상도 전혀 아니다. 이미 고대 중국 문자(한자)에서 음악과 약 사이의 밀접한 근친관계를 확인할 수 있다.

렘브란트는 음악치료에 관한 가장 오래된 묘사를 그림으로 옮겼다. 일찍이 기원전 1025년에 다윗은 사울 왕의 우울증을 치료하기 위해 하프를 연주했다. 성서에 따르면 사울은 신의 명령대로 적들과 그 가축들을 모조리 죽이지 않았기 때문에 신의 노여움을 사서 정신의학적 질병에 걸렸다. 그는 아각 왕과 그가 소유한 최고의 양들을 보존했고, 그 대가로 번갈아 우울증과 분노 발작에 시달렸다.

서양 세계에서는 제1차 세계대전 참전병들의 통증과 비참함을 경감하고

그림 14.2 왼쪽 한자는 〈음악〉 또는 〈즐거움〉을, 오른쪽 한자는 〈약〉을 뜻한다. 두 한자의 유일한 차이는 오른쪽 한자 위에 얹힌 작은 갈퀴뿐이다. 그 갈퀴는 식물과 풀을 뜻하며 전통 중국 약재를 연상시킨다.

그림 14.3 최초의 음악치료. 렘브란트(와 그의 작업장의 직원들), 「사울과 다윗Saul and David」
(1650~1655). 사울 왕은 우울증을 퇴치하기 위하여 목동 다윗을 궁정으로 불러 하프를 연주하게
했다.

신체 반응을 개선하는 데 음악치료가 얼마나 효과적인지 명확히 드러나면
서 음악치료를 활발히 적용하기 시작했다. 음악치료는 매우 다양한 질병과
증상에서 효과를 낸다. 예컨대 신생아, 학습장애와 행동장애가 있는 아동,
발달 장애, 자폐 스펙트럼 장애, 뇌 부상, 우울증, 치매에서 음악치료의 효
과가 입증되었다. 음악의 선택은 치료 효과를 위해 결정적으로 중요하다.
심근경색 환자의 경우 모차르트의 음악이 혈압을 낮춘다. 반면에 비틀스의
음악은 전혀 다른 효과를 낸다.

호르몬
조산으로 젖 분비가 아직 원활하지 않은 산모들도 음악에 긍정적으로 반응

한다. 농부들은 오래전부터 이미 아는 바지만, 느린 음악은 암소의 스트레스를 줄이고 우유 생산을 늘린다. 컨트리음악과 웨스턴뮤직은 이 방면에서 그리 유익한 성과를 내지 못했다.

음악은 발달하는 뇌와 호르몬 사이의 상호작용에도 영향을 미치는 것으로 보인다. 갑상선 호르몬은 이미 자궁 안에서 뇌의 정상적인 발달을 위해 본질적으로 중요하다. 선천성 갑상선 기능 장애(선천성 갑상선 기능 저하증)를 지닌 아동들은 출생하자마자 그 장애를 진단받고 치료받더라도 — 기억 과정과 공간 인지 능력에 본질적으로 중요한 뇌 구조물인 — 해마의 크기가 평균보다 더 작다. 게다가 그들은 학습장애와 기억장애에 시달린다. 잘 알려져 있듯이 음악 연습은 해마에서 회색질(뇌세포들)의 형성을 촉진하여 공간 인지 능력들 — 주로 오른쪽 해마의 기능 — 을 향상시킬 수 있다. 이와 관련해서 흥미로운 것은 선천성 갑상선 기능 저하증을 지녔지만 음악 교습을 받은 아동들의 오른쪽 해마는 크기가 정상이라는 점이다. 그러나 이 관찰 결과가 시사하는 인과관계를 확실히 밝혀내려면 통제된 연구가 필요하다.

뇌 발달 장애들

윌리엄스 증후군으로 널리 알려진 뇌 발달 장애는 작은 염색체 토막 하나가 없는 것(전문용어로 미세결실microdeletion 하나) 때문에 발생한다. 윌리엄스 증후군을 지닌 아동들은 정신적으로 심하게 뒤처지지만 — IQ가 대개 60 이하 — 이례적으로 정이 많고 유쾌하며 수다스럽고 음악을 유난히 좋아한다. 음악치료는 그들의 불안을 감소시킨다. 이 장애인들은 음악적 지능의 모든 측면이 흔히 이른 나이에 고도로 발달하며, 타인들을 위해서 함께 연주하기를 즐긴다.

올리버 색스는 윌리엄스 증후군을 가진 한 여성을 서술하는데, 그녀는 아리아 수천 곡을 35개 언어로 외워서 부를 수 있다. 물론 윌리엄스 증후군 환자들 모두가 음악적 재능을 가진 것은 아니다. 하지만 이 증후군 환자들은 사실상 모두 음악을 사랑한다. 윌리엄스 증후군 환자의 뇌는 정상인의 뇌보다 약 20퍼센트 작지만, 뒤통수엽과 마루엽만 축소되어 있을 뿐, 청각, 언어, 음악 능력들을 담당하는 관자엽은 정상 크기다. 더 나아가 윌리엄스 증후군 환자들에게 음악은 편도체와 소뇌 같은 뇌 구조물들을 활성화한다. 일반인의 그 구조물들은 음악에 의해 활성화되는 정도가 더 약하다.

자폐 스펙트럼 장애는 사회적 상호작용 및 소통의 장애를 동반한다. 음악치료는 바로 이 측면들을 개선하는 것을 목표로 삼는다. 바이올린 연주자 겸 지휘자 얍 판 츠베덴은 음악치료로 자폐아들을 돌보는 파파게노 재단의 설립자다. 그는 이렇게 말한다. 「나는 타인들과 접촉할 줄 모르던 자폐아들에게서 음악의 가장 아름다운 효과를 목격했다. 누군가가 막대기로 북을 두드리고, 자폐아가 그 행동을 모방하는 것이 출발점이었다. 그런 식으로 다리가 놓였다. 그렇게 접촉이 이루어졌고, 그 접촉이 더욱 발전했다.」

연구들은 자폐 스펙트럼 장애를 지닌 아동들에게 음악치료가 유익할 수 있음을 입증한다. 10건의 연구를 질적인 척도에 따라 선정하여 비판적으로 평가한 한 코크런 리뷰Cochrane Review의 결론에 따르면, 음악치료는 자폐 스펙트럼 장애를 지닌 아동들의 사회적·감정적 소통과 언어적·비언어적 소통의 개선과 부모-자식 관계의 향상에 실제로 도움이 될 수 있다.

뇌전증과 뇌 부상

아동과 성인 뇌전증 환자 모두에서 발작과 발작 사이(발작간기) 뇌의 뇌전증 활동은 모차르트의 음악을 듣는 중과 직후에 감소한다. 이 효과는 전신 뇌전증generalized epilepsy 환자들에게서 가장 강하게 나타났다. 모차르트의 「두 대의 피아노를 위한 소나타 D장조(KV 448)」를 들으면 미래의 뇌전증 발작 위험이 감소한다. 음악은 진정 효과를 내는데, 이 효과는 자율신경계의 변화와 관련이 있을 가능성이 있다. 하지만 음악이 성장 인자 BDN-F(뇌유래신경영양인자brain-derived neurotrophic factor)의 생산을 촉진하는 것이 진정 효과의 원인이라는 설도 있다.

뇌 부상 환자들은 음악치료를 통해 집행 기능, 감정, 기분이 향상되었다. 구체적으로, 걷는 속도가 빨라졌고, 자극 탐닉과 불안이 감소했다. 한 연구진은 실어증에 걸려 말을 못하는 사람들에게 하고 싶은 말을 노래로 해보라고 요구했다. 이 방법은 통상적인 언어치료보다 훨씬 더 효과가 좋아서 환자들이 다시 말하기를 배우는 데 도움이 되었다. 노래하기에 관여하는 뇌 구역들과 말하기에 관여하는 뇌 구역들은 서로 겹치는 것으로 보인다.

미국 연방 하원의원 가브리엘 기퍼즈는 2011년 1월에 매우 가까운 거리에서 쏜 총탄에 왼쪽 머리를 맞고 실어증에 걸렸다. 그녀 자신의 발언에 따르면, 그녀를 치유한 열쇠는 멜로디와 리듬이었다. 언어는 주로 좌뇌가 담당하지만, 음악 처리는 좌뇌와 우뇌 모두에서 이루어지며, 음악은 기억과 감정에 관여하는 뇌 구조물들도 활성화한다. 단순한 노래들을 부르는 활동은 가브리엘 기퍼즈가 언어와 말하기 능력을 되찾는 데 도움이 되었다. 하지만 음악이 그녀의 치유를 일으킨 원인인지는 아직 입증되지 않았다.

우뇌 뇌졸중으로 한쪽 무시증unilateral neglect에 걸린 사람은 자기 몸의 왼쪽 절반과 환경의 왼쪽 절반을 의식하지 못한다(8장 2 참조). 음악은 이런 환자들의 시각적 주의집중을 향상시킨다.

중간대뇌동맥 폐색으로 뇌졸중에 걸린 환자가 매일 음악을 들으면 기능적 치유가 촉진되고 심지어 뇌의 해부학적 변화도 일어날 수 있다. 통제된 연구들은 음악이 인지적 치유에 도움이 되고 기분을 향상시킴을 입증한다. 6개월 동안 매일 음악을 들은 후에는 이마엽과 배쪽 선조체의 회색질이 증가한 것까지 입증되었다.

혼수 환자들을 대상으로 삼은 한 실험에서는 환자가 즐겨 듣던 음악을 들려준 다음에 환자의 이름을 부르고 뇌전도의 반응을 살펴보았다. 그러자 단조로운 소음을 들려준 다음에 환자의 이름을 부르는 대조 조건에서보다 더 자주 뇌전도 반응이 나타났다. 이 같은 자기 이름에 대한 알아챔 반응은 긍정적인 예후와도 관련이 있었다.

우울증

음악은 기분장애들에 대한 치료에서도 유용할 수 있다. 옛날에 나는 루이스 판 디크와 함께 암스테르담 게리트 판 데어 펜스트라트가의 여학교 앞에 자주 서 있곤 했다. 당시 우리의 여자 친구들이었고 나중에 아내들이 된 여학생들을 함께 기다리기 위해서였다. 루이스 판 디크는 유명하고 여러모로 뛰어난 고전음악 겸 재즈 피아니스트가 되었다. 그는 개인적인 곤경을 겪은 후 우울증에 걸린 적이 있다. 그는 그 우울증을 극복했는데, 그 자신이 〈은총〉으로 여긴 음악의 치료 효과가 중요한 역할을 한 것이 틀림없다.

우울증 환자들은 음악이 일으키는 감정을 다른 사람들과 다르게 평가할 때가 많으며 그 감정을 잘못 해석하는 경우도 더 흔하다. 그럼에도 음악치료는 우울증 환자들의 기분을 개선한다. 음악의 효과를 최신 항우울제들의 효과와 비교하는 연구가 이루어진다면 흥미로울 것이다. 물론 제약업계는 그런 연구를 반기지 않을 것이 틀림없다. 왜냐하면 항우울제들의 플라시보 효과는 약 50퍼센트에 달하니까 말이다.

우리의 기분은 생산성에 엄청난 영향을 미친다. 창조적인 사람이 우울증에 걸리면 거의 아무것도 해내지 못하는 경우가 많다. 수많은 위대한 작곡가들이 우울증을 앓았다. 차이콥스키의 우울증은 주로 겨울에 발생했다. 브루크너는 우울증뿐 아니라 강박증에까지 걸려서 가능한 모든 것을 셌다.

음표들의 개수까지 셌다. 헨델은 50세부터 심한 우울증을 여러 번 겪었고, 뇌졸중 발작도 몇 번 겪었다. 모차르트는 어머니가 죽은 후 심한 우울증을 앓았고, 그 후에도 여러 번 우울증 기간을 겪었다. 이 작곡가들은 우울증을 앓은 직후에 유난히 창조적이었던 경우가 많다.

여담이지만, 우울증에 걸린 작곡가나 음악가를 치료하는 것이 그들의 음악의 질에 도움이 될지 의문이다. 왜냐하면 우울증 치료가 창조성의 감소를 가져올 수 있기 때문이다(9장 8 참조). 하지만 이 작곡가들이 활동하던 시절에는 이 문제가 아직 현실적인 딜레마가 아니었다.

신경 퇴화성 질병들

때때로 음악은 파킨슨병 환자가 유연한 동작으로 걷도록 도와줄 수 있다. 그러나 음악을 끄면, 이 동작 향상은 다시 사라진다. 다른 한편, 파킨슨병 환자를 엘도파 투여나 시상하핵에 대한 뇌 심부 자극술로 치료하면 음악적 명료성, 억양, 감정 표현은 충분히 향상되지만, 메트로놈의 리듬에 동작을 맞추는 능력은 저해된다. 무작위 연구들에 따르면, 음악치료와 춤 치료는 파킨슨병 환자들의 운동 능력, 균형감, 지구력, 삶의 질을 향상시킨다. 춤이 파킨슨병 치료에 장기적으로 유효한지, 그리고 어떤 유형의 춤이 그 치료에 가장 적합한지는 아직 연구되지 않았다.

우리가 음악 연주를 배울 때 사용하는 뇌 구조물들은 읽기나 계산을 담당하는 구조물들과 다르다. 꽤 긴 세월 동안 연습을 많이 하면, 악기를 자동으로 연주할 수 있다. 그러면 이 솜씨는 절차 기억procedural memory에 저장된다. 절차 기억은 암묵implicit 기억, 혹은 비서술non-declarative 기억으로도 불린다. 절차 기억에서는 소뇌가 중요한 역할을 한다. 수영하기, 자전거타기, 자동차 운전하기처럼 처음에는 애써 학습해야 하지만 익숙해지면 자동으로 이루어지는 운동들이 절차 기억에 저장된다. 알츠하이머병은 소뇌를 대체로 침범하지 않는다. 알츠하이머병에 걸려 무대에 오르는 길조차 거의 찾지 못하는 여성 환자가 있었다. 그러나 그녀의 소뇌는 온전했으므로 일단 무대에 오르자 그녀는 여전히 탁월하게 노래하고 연기를 완벽하게 마무리할 수 있었다. 또 다른 환자는 말하는 능력을 잃었는데도 여전히 아름답게 피아노를 연주할 수 있었다.

음악 연주에 필요한 미세 운동 능력뿐 아니라 음악적 기억도 알츠하이머병의 진행 과정에서 오랫동안 보존된다. 음악적 기억의 장기 저장은 앞쪽 대상이랑의 뒷부분과 전보조 운동피질presupplementary motor cortex에서 이루어진다. 이 구역들은 알츠하이머병이 진행할 때 피질의 위축과 포도당 대사의 감소가 가장 적게 일어나는 곳이다. 알츠하이머병 특유의 증상인 베타아밀로이드 단백질의 축적은 이 구역들에서도 나머지 뇌와 다를 바 없이 일어난다. 그러나 베타아밀로이드가 축적되더라도 뇌의 기능이 여전히 온전할 수 있음을 보여 주는 증거들이 점점 더 많아지고 있다.

심지어 서술 기억이 더는 작동하지 않더라도 새로운 음악을 배울 수 있다. 어느 아마추어 색소폰 연주자는 단순헤르페스뇌염으로 양쪽 관자엽이 광범위하게 손상되었다. 그 후유증으로 그는 심각한 기억장애인 순행성 기억상실을 얻었다. 그는 새로운 정보들을 전혀 기억할 수 없게 되었다. 그럼에도 그는 3개월 안에 새로운 노래의 악보를 읽고 연주하는 법을 학습했다. 요컨대 서술 기억을 위해서는 관자엽이 본질적으로 중요한데, 그런 서술 기억이 없어도 음악 연주를 배울 수 있는 것이다. 악보를 보고 음악을 연주할 수 있으려면 마루엽의 윗부분이 필요하다.

보고들에 따르면, 이마엽 치매와 의미 치매 환자들도 오랫동안 음악성을 유지하고 악기를 연주하는 것이 가능하다. 유명한 포크 가수 우디 거스리 (1912~1967)는 유전성 치매의 일종인 헌팅턴병이 발병한 후에도 초기에는 무대 활동을 이어 갔다.

그러나 음악에 담긴 감정을 알아채는 능력은 치매가 진행함에 따라 약화된다. 이런 환자들은 아직 음악성을 보유하고 있으므로 음악치료를 적용하는 것이 가능하다. 그러나 이때 음악치료의 목표는 남아 있는 능력을 자극하는 것에 국한된다. 보고들에 따르면, 비교적 나이가 많은 치매 환자들에게는 음악적 집단치료가 자존감을 높이고 흥분, 불안, 우울 같은 행동장애들을 줄이는 효과를 낸다. 그뿐만 아니라 음악 연주는 말하기와 단기 기억에 약하게나마 긍정적으로 작용한다. 이 긍정적 작용은 비교적 가볍고 온화한 치매에서 가장 컸다.

치매 환자의 치료에서 음악으로 긍정적인 효과를 얻으려면, 환자가 잘 알고 과거에 즐겨 들었던 음악을 선택하는 것이 중요하다. 가장 좋은 것은 환자가 스무 살 때쯤 인기를 끈 음악이다. 그런 음악을 들려주면, 환자가 리듬에 맞춰 박수를 치고 노래를 열렬히 따라 부르는 일이 벌어질 수 있다. 그러면 환자는 더 편안하고 더 즐겁고 덜 불안하게 된다. 온라인 라디오 방송국 〈리멤버Remember〉는 그런 효과를 목표로 삼았다. 안드레아 판 벨리는 암스테르담의 공공도서관들이 소장한 음악을 치매 환자들과 그 보호자들이 아이팟에 내려받을 수 있게 해주는 서비스를 제공한다. 환자가 음악을 들으며 옛 기억을 되살릴 때, 환자의 얼굴은 말 그대로 꽃처럼 피어난다. 덕분에 환자를 돌보는 사람들도 수고를 덜 때가 많다.

인큐베이터 속의 음악

인큐베이터 속 미숙아들에게 모차르트의 음악을 들려주면 기초대사가 하강하여 혈중 산소포화도가 높아지고 체중이 증가하는 효과가 난다. 따라서 그 아동들은 더 일찍 병원에서 퇴원할 수 있다. 인큐베이터 속에서 바흐의 음악을 들은 미숙아들에게는 이 긍정적 효과가 나타나지 않았다.

왜 바흐의 음악은 인큐베이터 속 아동들에게 효과가 없고 모차르트의 음악은 효과가 아주 좋을까? 음악에 정통했던 나의 할아버지의 견해에 따르면, 모차르트의 음악은 너무 친절하다. 〈이런 씨발!〉 같은 욕을 모차르트의 음악으로 표현할 길은 전혀 없다고 할아버지는 생각했다. 하지만 할아버지는 그런 욕을 표현하고 싶었던 것이 분명하다. 제2차 세계대전이 할아버지와 그의 가족에게 안겨 준 재앙을 감안할 때 나는 그 심정을 충분히 이해할 수 있다. 아무튼 미숙아들은 모차르트 음악의 친절함에 아무 불만이 없는 모양이다. 그렇다면 바흐의 음악은 〈이런 씨발!〉이라고 말할 수 있다는 뜻일까? 적어도 바흐 본인의 입에서 그런 욕이 나오는 것은 거의 상상할 수 없다. 그는 경건한 인물, 신의 종, 지성과 감정을 능수능란하게 지배한 천재적인 작곡가였다. 하지만 어린 시절에 그는 교회 지도부의 공식적인 징계를 받았다. 왜냐하면 그는 지옥과 저주에 관한 설교를 듣지 않으려고 예배 도중에 자주 지하실로 도망갔기 때문이다.

하지만 모차르트의 음악만 인큐베이터 속 아동들에게 긍정적으로 작용하는 것은 아니다. 하프의 일종인 칸텔레Kantele 음악도 긍정적인 효과를 내는 듯했다. 한 실험에서 디아나 슈빌링은 연속으로 사흘 동안 하루에 15분씩 5음계 음악(한 옥타브가 7음이 아니라 5음으로 이루어진 음악)을 미숙아들에게 들려주었다. 혈중 코르티솔 수치, 호흡 개선, 산소포화도, 통증 수치로 평가해 보니, 그 음악은 인큐베이터 속 아동들의 스트레스를 낮쳤다. 가치를 인정받는 모든 연구들을 모아서 평가한 한 메타분석에서 입증된 바에 따르면, 음악은 인큐베이터 속 아동들에게 확실히 유익하며, 현장에서 연주하는 음악이 가장 효과가 좋은 듯하다. 요컨대 인큐베이터 속 아동들에게는 음악치료가 표준적으로 적용되는 것이 바람직하다.

모차르트의 음악을 이용한 음악치료는 미숙아들의 생명징후들과 신경학적 발달에만 유익한 것이 아니라 미숙아들의 통증도 줄인다. 모차르트 음악의 긍정적 효과는 산업적 물고기 양식에서도 입증되었다. 한 실험에서 연구진은 일주일에 5일, 하루에 4시간씩 다음과 같은 음악들 중 하나를 양식 중인 도미 집단 각각에게 들려주었다. 그 음악들은 모차르트의 「작은 밤 음악Eine Kleine Nachtmusik」, 테너 가수 안드레아 보첼리의 앨범 「로만차Romanza」, 바흐의 「바이올린 협주곡 1번」이었고, 대조군들은 백색소음을 듣거나 아무 소리도 듣지 않았다. 몸무게를 기준으로 성장 촉진 효과를 비교해 보니, 모차르트의 효과가 가장 컸고, 그다음은 「로만차」, 바흐의 「바이올린 협주곡 1번」, 고요, 백색소음 순으로 효과가 작아졌다. 그뿐만 아니라 연구진은 물고기들의 뇌에서 신경전달물질의 변화를 발견했다. 도파민과 관련한 변화는 모차르트를 들은 집단에서 가장 뚜렷하게 나타났다. 결론적으로 물고기의 발달을 위해서도 바흐보다 모차르트가 더 유익하다!

교회와 예술을 위한 거세

수술칼 만세!
— 바로크 시대에 카스트라토 가수가 무대에 등장하면
관객이 열광하며 외치던 함성

중동과 동아시아에서는 거세된 남성들을 여성 전용 구역의 경비원으로 활용했다. 서양, 특히 이탈리아에서는 소년들의 변성을 막기 위해 거세를 실시했다. 그리하여 특별한 목소리를 갖게 된 남성, 곧 카스트라토는 17세기부터 18세기 말까지 주로 교회와 이탈리아 오페라에서 노래했다. 카스트라토를 얻기 위한 거세는 로마가톨릭교회에서 시작되었다. 사도 바울이 고린도전서(14장 33~34절)에서 〈성도들의 모든 교회에서 그렇게 하는 것같이, 여자들은 교회에서 잠자코 있어야 합니다. 여자에게는 말하는 것이 허락되어 있지 않습니다〉라고 썼기 때문에, 여성들은 교회 합창단에 낄 수 없었다. 물론 그 성서의 구절은 여성이 성직자를 맡는 것을 금지할 뿐, 노래하는 것을 금지하는 취지가 아니었지만, 사람들은 여성의 목소리를 남성 아동의 목소리로 대체해야 한다고 판단했다. 남성 아동이 사춘기가 되면 뇌가 성호르몬 생산을 촉진하여 목소리가 변하는데, 그런 변성을 막기 위해 거세의 관행이 생겨났다.

거세를 하면 사춘기에 테스토스테론과 그 대사산물인 디하이드로테스토스테론의 작용으로 성대와 후두가 성장하고 〈후두융기Adam's apple〉가 형성되는 것을 막을 수 있다. 1599년에 최초로 젊은 카스트라토 두 명이 시스티나 예배당에 들어서는 것을 허락받았다. 특히 교황 클레멘스 8세(1535~1605)가 〈천상의 합창〉을 위한 거세를 강력 권장했고 성과도 거뒀다. 18세기에 이탈리아에서 매년 약 4,000건의 거세가 실시되었다. 많은 카스트라토 가수들이 노래한 또 다른 장소는 이탈리아 오페라였다. 그곳의 관객은 여성의 고음보다 남성의 고음을 더 선호했다.

거세가 목소리에 미치는 효과는 아마도 탈장 수술 중의 실수 때문에 우연히 발견되었을 것이다. 어느 이발사 겸 외과 의사가 남아 환자에 대한 탈장 수술을 하다가 실수로 고환을 떼어 낸 것이 출발점이었을 것이다. 주로 가난한 가정 출신이면서 크게 성공하기를 바란 6세에서 9세 사이의 소년들이 거세 수술을 통해 카스트라토가 되었다. 수술 후에 그들은 음악학교에서 10년 동안 매우 고된 훈련을 받았다. 거세 수술은 고환을 칼로 절제하거나 으깨 버리는 방식으로 이루어졌다. 작은 마을들에서 미숙한 돌팔이 의사들이 은밀히 거세 수술을 실행했고, 많은 아이들이 상처의 감염과 출혈로 사망했다. 또한 수술 후에 살아남은 아이들 중 대다수는 가수로 성공하지 못했다.

어린 나이에 거세당한 소년들은 긴뼈들의 성장판이 늦게 닫히기 때문에 페니스는 작고 키는 큰 남성으로 성장했다. 성호르몬들이 뇌에 가하는 작용이 없으므로, 그들은 성욕을 느끼지 않았다. 그들은 수염이 자라지 않았고, 머리카락이 풍성했으며, 튀어나온 가슴과 여성적인 엉덩이와 같은 여성의 신체 특징들을 나타냈다. 또한 그들은 흔히 뚱뚱했다. 강도 높은 훈련 덕분에 그들은 폐활량이 컸다.

일부 카스트라토는 음역이 4옥타브에 달하는 슈퍼스타로 성장했다. 최후의 카스트라토이며 바티칸 시스티나 예배당의 독창가수였던 알레산드로 모레스키(1858~1922)의 노래

그림 14.4 알레산드로 모레스키(약 1880년).

를 녹음한 자료는 지금도 존재한다. 그는 13세에 노래를 시작했고 합창단에서 30년 동안 일한 후 1912년에 은퇴했다. 카스트라토를 만드는 거세 관행은 1903년에 종결되었다. 그 해에 교황 피우스 10세(1835~1914)는 교황 자의 교서Motu Proprio를 통해 그레고리오 성가를 부활시키고 신학교에서 음악 교육을 강화하며 카스트라토의 참여를 금지했다. 바로크 시대에 카스트라토가 노래를 부르고 나면 열광한 관객은 〈브라보!〉라고 외치는 대신에 〈엔비바 일 콜텔로Enviva il coltello!〉(수술칼 만세!)라고 외쳤다.

범죄자들의 재교육에 쓰인 음악

선생이 받아야 마땅한 벌을 학생이 받는 경우가 많다.

— 오토 바이스

이미 11장에서 나는 엄격한 할머니에게 피아노 교습을 받은 여파로 음악에 대한 나의 태도가 양면적으로 되었다고 고백한 바 있다. 하지만 훨씬 더 나쁜 경우도 있다. 중세에 악기들은 형벌 도구로도 쓰였다. 범죄자들은 철이나 나무로 된 상징적인 〈목 바이올린〉이나 〈목 피리〉를 착용해야 했다. 그러면 사람들은 길거리에서 범죄자를 쫓아다니며 공개적으로 모욕했다. 목 바이올린은 철제 고리로 목과 손목에 고정되었다. 따라서 목 바이올린을 찬 범죄자는 무방비로 모욕을 당할 수밖에 없었다. 목 피리는 주로 나쁜 음악가를 처벌할 때 쓰였다. 원래 그런 형벌 도구는 음악을 통해 범죄자를 〈치유〉할 목적으로 고안되었다.

대 피터르 브뤼헐Pieter Brueghel de Oude은 1559년 작 회화 「네덜란드 속담들De Nederlandse spreekwoorden」에 100개의 속담을 그림으로 담았다. 한 부분에는 바이올린을 든 채로 새장에 갇혀 벌을 받는 남자가 나온다. 그러나 브뤼헐의 회화가 제작되기 훨씬 전에도 감옥 안에서 강제로 음악을 연주하는 것은 치유 효과가 있는 형벌로 여겨졌다. 조화로운 음악이 범죄자의 영혼을 새롭게 조율하리라고 사람들은 믿었다. 그러나 범죄자가 음악가가 아니었다면, 그는 아마도 듣기 싫은 깽깽이 소리를 냈을 테고, 그 소리가 그의 범죄뿐 아니라 성격도 짐작케 했을 것이다. 그렇게 듣기 싫은 음악을 생산하면서 범죄자는 스스로 자신을 괴롭히고 벌하고 모욕했다.

소련의 수용소군도에서 음악은 수인들의 〈재교육〉에 쓰였다. 볼셰비키

그림 14.5 나무로 만든 〈목 바이올린〉. 범죄자가 착용하는 이 형구는 철제 고리를 통해 목과 손목에 고정되었다. 목 바이올린을 착용한 범죄자는 무방비로 사람들의 모욕을 당해야 했다. 심지어 2인용 목 바이올린도 있었다. 그 형구는 잔소리가 많은 여성 두 명이 함께 착용했다.

그림 14.6 〈목 피리〉. 범죄자는 오른쪽 금속 고리에 머리를 집어넣고 손가락들을 작은 구멍들에 끼우고 엄지들을 반대편으로 감아 피리를 쥐어야 했다. 그런 다음에 형벌 집행자가 범죄자의 손가락들을 꽉 조였다.

그림 14.7 한 남자가 새장 안에 앉아 바이올린을 연주한다. 대 피터르 브뤼헐, 「네덜란드 속담들」(1559) 부분.

들은 이 프로그램을 〈인간 개조〉로 칭하면서 이는 차르 제국의 징역형과 정반대라고 주장했다.

그러나 수인들의 노동 조건은 끔찍했다. 1920년부터 재교육은 육체노동뿐 아니라 수인들의 지적 수준을 향상시킨다는 명분의 문화적 프로그램을 포함했다. 그 재교육 프로그램은 문학, 스포츠, 음악, 체스 등을 아울렀다. 교향악단과 합창단이 긴 음악 활동이 다양하게 생겨났지만 소수의 수인들만 참여했다. 1930년대부터 재교육은 반사회주의자로 판정된 정치범들을 제외한 범죄자들에게만 적용되었다. 그러나 재교육 프로그램을 위해 전문 인력이 필요할 때는 흔히 정치범들이 동원되었다. 그러나 이 사실은 사소하게 간주되거나 은폐되어야 했다. 작곡가 세르게이 프로토포포프Sergej Protopopov(1893~1954)는 1936년에 체포되었다. 그는 감옥 내 음악 경연 대회에서 상을 받은 작품인 「콘트리트 노동자들의 행진곡」을 편곡했지만 수상자 명단에 끼지 못했다. 왜냐하면 재교육은 아마추어 음악가들만을 위한 프로그램이었기 때문이다.

음악 연주와 듣기는 수인들에게 한편으로 힘을 줄 수 있지만, 다른 한편으로 신체적·정신적 고문과 연결될 수도 있었다. 소집이 끝날 때 그들은 오랫동안 추위 속에 서서 「인터내셔널 가」를 불러야 했고, 이 때문에 많은 이들이 병에 걸렸다. 한 간수는 음악의 박자에 맞춰 수인들을 걷어차는 버릇이 있었다. 수인 악단들은 동료 수인들이 위험하고 끔찍한 노동을 해내는 광경을 지켜보며 강제로 음악을 연주해야 했다. 일부 악단은 음악으로 수인들에게 활력을 불어넣어 온종일 노동하도록 독려해야 했다.

우리 시대에도 음악은 악용될 수 있다. 관타나모 수용소에서는 수인들을 고문하기 위해 헤비메탈 음악을 사용했다. 반면에 네덜란드에서는 거리에서 어슬렁거리는 청소년들을 쫓아내기 위해 고전음악을 틀자는 제안이 있었다. 비교적 무해해서 눈에 띄는 이 음악 사용법이 실제로 효과적일지 나는 궁금하다.

3. 춤의 신경미학

> 춤은 발의 시다.
>
> —존 드라이든

오랫동안 훈련한 춤꾼들은 운동과 감정을 담당하는 뇌 시스템들의 활동이 휴지 상태에서도 일반인들보다 더 강하다(22장 1 참조). 타인들의 춤을 바라볼 때 활성화되는 뇌 구역들의 집단을 일컬어 〈행위 지각 연결망〉이라고 한다. 이 연결망은 운동 계획을 담당하는 전운동 구역, 마루엽 피질, 뒤통수 관자엽 피질로 구성된다. 타인의 동작을 바라보는 춤꾼의 뇌를 스캔해 보면, 그 춤꾼이 그 동작에 능숙할수록 행위 지각 연결망의 전운동 구역과 마루엽 피질에서 더 강한 활동이 포착된다. 전운동 구역과 일차시각영역들은 춤에 익숙하지 않은 사람이 춤을 보면서 아름답다고 느낄 때에도 활성화된다. 이 현상은 춤을 관람할 때 발생하는 미적 경험에 관여하는 연결망을 밝혀내고자 할 때 의지할 만한 작은 단서다.

음악과 춤

> 춤추는 거 좋아해요? 그녀가 물었다…….
> 난 춤추는 게 재미있었던 적이 한번도 없어요…….
> 왜 그렇죠?
> 남자가 춤을 이끄니까요.
>
> —시몬 드 보부아르

음악과 춤은 떼려야 뗄 수 없는 관계다. 이 사실은 음악을 들으면서 가만히

그림 14.8 바츨라프 포미치 니진스키, 「목신의 오후 L'Aprés-midi d'un faune」(1912). 스테판 말라르메의 시를 바탕으로 클로드 드뷔시의 음악에 바츨라프 니진스키가 안무한 작품. 음악과 춤은 뗄 수 없는 관계다.

앉아 있기가 무척 어렵다는 점에서 벌써 드러난다. 게다가 춤은 전염성이 있는 듯하다. 한 사람이 춤추기 시작하면, 곧 다른 사람들도 따라 춤춘다. 하지만 누구나 그런 것은 아니다. 개인적으로 나는 춤을 특별히 좋아해 본 적이 없다. 균형 잡힌 교육을 위하여 나와 나의 여동생은 14세와 12세에 제임스 메이어James Meijer의 무용학교에 입학해야 했다. 거기에서 빨간 드레스를 입은 크라스 양과 비현실적으로 반짝이는 구두를 신은 몰 씨가 우리와 함께 퀵스텝부터 룸바까지 댄스 스텝들을 연습했다. 우리는 그 춤 교습 시간들이 페스트만큼 싫었고, 졸업 무도회는 그보다 더 싫었다. 지금도 나는 춤에 관해서만큼은 삼십육계 줄행랑을 놓는 경향이 있다. 이제부터 춤의 전염성에 대해서 이야기할 텐데, 개인적으로 나는 이 이야기가 딱히 와닿지 않는다.

음악을 들으면서 가만히 앉아 있을 수는 없다

주위의 모든 곳에서 우리는 음악과 운동을 조합하려는 시도들과 마주친다. 그것들은 꽤 성공적일 때도 있고 그렇지 않을 때도 있다. 대규모 댄스파티는 어디에서나 열광을 자아낸다. 중국에서는 사람들이 노화에 대항하기 위하여 길거리 어디에서나 춤을 춘다. 그래서 그 소음을 참아 낼 수 없는 사람들을 몹시 짜증스럽게 만든다(18장 7 참조).

음악은 (전)운동피질도 활성화한다. 일부 음악을 들으면 도저히 운동하지 않을 수 없다. 고전음악과 대중음악의 중요한 차이는 박자에 있다. 싱커페이션syncopation이란 리듬이나 멜로디의 측면에서 기본 박자의 악센트 도식에 맞지 않는 — 일반적인 도식에서 악센트가 나와야 할 때가 아니라 그 직전이나 직후에 나오는 — 악센트를 뜻한다. 음악이 우리의 운동을 얼마나 강하게 강제하느냐는 싱커페이션이 얼마나 많으냐에 달려 있다. 관건은 규칙성의 위반, 악센트의 때맞춤 혹은 때늦음을 가지고 하는 놀이다. 그

그림14.9 대 피터르 브뤼헐(?). 많은 사람이 뜬금없이 춤추는 것을 뜻하는 무도광dancing mania은 유럽에서 14세기부터 17세기까지 잘 알려진 사회현상이었다. 1518년 스트라스부르에서 일어난 사건을 비롯한 몇몇 사례에서는 수천 명이 한꺼번에 춤췄다.

런 놀이가 펑크, 힙합, 일렉트로닉 댄스 뮤직에서 자주 이루어진다.

행진곡 같은 예측 가능한 음악은 춤에 사용하기에는 따분하다. 프리재즈처럼 싱커페이션이 잦은 복잡한 음악은 춤에 사용하기에 너무 복잡하다. 이상적인 춤-박자는 이 양극단 사이의 어딘가에 있다. 리듬의 예측 불가능성이 완벽하게 적당해서 아무도 가만히 앉아 있을 수 없게 만들 수 있을까? 암스테르담 대학 음악인지 교수 헨칸 호닝에 따르면, 그렇게 완벽하게 적당한 예측 불가능성의 정도가 존재한다. 2014년 4월 16일자 『데 폴크스크란트De Volkskrant』 신문에 실린 기사에서 그는 이렇게 말했다. 〈박자 유형들은 문화마다 다르다……. 그러나 싱커페이션은 보편적이다.〉

이와 관련해서 집중적으로 연구된 사례 하나는 제임스 브라운의 「펑키드러머Funky Drummer」라는 곡이다. 운동을 유발하는 힘이 강력한 그 곡을 들으면, 그루브groove가 없는 사람 — 즉, 음악에 맞춰 움직이기를 좋아하지 않는 사람 — 이라도 누구나 그 곡이 이상적인 예측 불가능성의 표준임을 알아챌 수 있다. 관건은 때맞춤이다. 박자에 맞는 음, 박자보다 약간 늦게 연주되는 음, 박자를 벗어난 음, 정확히 한 박자 먼저 연주되는 음 등이 적절히 섞여 있어야 한다. 호닝 교수는 신생아들도 리듬이 어떻게 진행하는지 알고 규칙성 위반에 반응한다는 것을 입증했다.

야만적이고 무절제한 춤

춤이 항상 예술적이거나 유쾌한 표현 형식인 것은 아니다. 1518년에 스트라스부르에서 매우 특이한 춤 유행병이 발생했다. 성 비투스의 날Day of St. Vitus(6월 15일 ― 옮긴이)을 코앞에 두고 한 여성이 거리로 나와 좁은 골목들에서 춤추기 시작했다. 그녀는 4일에서 6일 동안 춤췄다. 그 사이에 34명이 그녀의 춤에 가세했다. 8월 말에 이르자 미친 듯이 막춤을 추는 사람들의 무리가 벌써 400명으로 늘어나 있었다. 당국은 그들을 계속 춤추게 함으로써 치료하려고 적합한 강당들을 제공했다. 음악가들과 전문적 춤꾼들이 동원되었고, 춤 유행병에 걸린 시민들은 그들의 도움으로 밤낮없이 계속 춤출 수 있었다. 시 당국의 생각은 그런 식으로 시민들을 다시 제정신으로 돌려놓자는 것이었다. 하지만 그런 식으로 집단행동이 강화할 때 늘 예상할 만한 결과대로, 정반대의 일이 벌어졌다.

사망자들이 발생한 뒤에야 비로소 당국은 방침을 바꿨다. 시민들이 참회해야 하며, 내기, 도박, 성매매를 금지한다는 것이었다. 춤추는 사람들은 어느 산꼭대기의 성지로 추방되었다. 그들은 빨간 신을 신고 성 비투스의 초상화를 든 채로 제단을 맴돌아야 했다.

그 후 몇 주가 지나면서 그 춤 유행병은 실제로 잦아들었다. 중세에 그런 춤 광기의 폭발이 10회 있었는데, 그 사건들은 모두 스트라스부르 근처의 모젤 강가와 라인 강가에서 발생했다. 춤 광기의 희생자들 본인은 전혀 춤추고 싶지 않았다. 그들은 악령을 내쫓는 의식을 치르고 성지순례에 나서야 했다.

과거에 사람들은 이 시기에 유행한 춤 광기의 원인으로 축축한 호밀에서

그림 14.10 게르트루드 라이스티코프(1885~1948). 현대무용의 개척자 중 하나인 그녀를 얀 슬루 이터스(1881~1948)가 1918년에 그린 작품이다. 이 회화에 관한 한 논평은 아래와 같다. 〈투명한 베일을 걸치고 춤추는 이 불쾌하고 저속한 여자를 보라. 매우 비(非)미학적인 신체 부위를 보란 듯 이 관객에게 내민 그녀는 부패한 세계를 자신의 치욕에 입맞추도록 유도하는 듯하다. 이 얼마나 심 한 타락인가.〉

자라는 독성 곰팡이 〈맥각ergot〉을 지목했다. 맥각이 경련, 환각, 뇌전증 발작, 망상을 유발할 수 있는 것은 사실이다. 그러나 맥각이 며칠 동안 춤추는 증상을 일으킬 수는 없다. 당시의 춤 유행병 환자들은 몰아지경에 빠졌다. 오늘날의 한 설명에 따르면, 그들이 혼란 상태에 빠진 원인은 당시 스트라스부르와 그 주변을 휩쓴 끔찍한 기근이다. 기근이 극심했던 그해의 엄청난 스트레스가 춤 유행병을 촉발했다는 것이다.

몰아지경의 춤은 많은 문화에서 익숙한 현상이다. 한 사람이 춤에 몰입하면, 구경하는 사람들도 함께 춤추고 싶어진다. 성 비투스도 한몫했다. 성 비투스는 303년에 신앙을 저버리기를 거부하고 순교한 인물이다. 로마 황제의 명령으로 사람들은 그를 끓는 기름에 담갔다가 꺼내어 굶주린 사자에게 던져 주었다. 전설에 따르면, 그는 끓는 기름 속에서 멀쩡하게 나왔고, 심지어 사자는 그의 손을 핥았다. 뇌전증 환자들과 난임 여성들은 성 비투스에게 기도했다. 중세 후기에 사람들은 성인이 병을 고칠 수도 있고, 줄 수도 있다고 생각했다. 따라서 성인은 두려운 존재이기도 했다. 〈신께서 너에게 성 비투스의 춤을 내리시기를!〉이라는 외침은 널리 알려진 저주였다. 요컨대 무도광을 연구한 학자들의 견해에 따르면, 그 춤 유행병은 절망의 표현이었을 뿐 아니라 성 비투스의 분노에 대한 공포에서 비롯된 현상이기도 했다.

무도광 증상은 신경학에서도 다뤄진다. 〈무도증chorea〉(〈춤〉을 뜻하는 그리스어에서 유래한 명칭임)이란 환자가 의지와 상관없이 운동하는 증상을 가리킨다. 예컨대 헌팅턴 무도병이 그런 증상을 일으키는데, 이 신경 퇴화성 유전병은 행동장애와 무도증으로 시작하여 치매의 초기 형태로 진행한다. 헌팅턴 무도병은 선조체의 손상을 통해 발병한다. 〈비투스의 춤Veitstanz〉이라는 개념은 〈시드넘 무도병Chorea Sydenham〉(다른 명칭은 〈소무도병Chorea minor〉)을 비롯한 드문 신경학적 병들에 쓰인다. 시드넘 무도병에 걸린 환자는 6주에서 12개월 동안 얼굴 표정과 사지 운동에서 춤추는 듯한 경련을 보이다가 회복된다. 이 병은 흔히 연쇄구균감염Streptococcal infection의 결과로 발생한다. 이 박테리아에 대항하기 위해 환자가 생산하는 항체들은 ─ 분자 수준의 유사성 때문에 ─ 뇌의 선조체도 공격한다. 이 때문에 한동안 무도증이 발생하는 것이다.

4부

뇌와 직업과 자율

15장
뇌와 직업

제 운명은 작곡가가 되는 거예요. 저 스스로 작곡가가
되리라고 확신하고요……. 제발 나에게 축구하러 가라고
요구하지 마세요.

— 사무엘 바버가 아홉 살 때 한 말

우리의 뇌는 환경과 복잡하게 상호작용하면서 발달한다. 자궁 안에서는 우선 화학적 환경이 중요하지만, 출생 후에는 사회적 환경이 결정적이다. 물론 화학물질도 평생 동안 뇌에 영향을 미치기는 하지만 말이다. 우리는 각자의 가능성들과 한계들을 가지고 태어나 성장하고 학교에 다니고 결국 직업을 선택해야 한다. 나는 벌써 여섯 살 때 의사가 되고 싶다는 것을 알았다. 이 직업 선택은 순전히 감정적이었다. 나의 아버지, 할아버지, 그리고 그들의 친구들이 재미있는 이야기를 아주 많이 가지고 있다는 것이 그 선택의 유일한 이유였다. 그러나 길잡이로 삼을 모범이 없고 두드러진 재능이나 관심도 없는 사람은 직업을 선택하기가 어려울 수 있다. 내가 아는 한 여성은 자신이 무엇이 되어야 할지 전혀 몰랐다. 결국 그녀는 직업 상담사가 되기로 결정했다. 어쨌든 그녀는 많은 의뢰인들의 고민을 잘 이해할 수 있었다.

일부 사람들은 타고난 특별한 재능을 통해 나아갈 방향을 제시받는다. 예컨대 파블로 피카소가 그러했다. 음악계에서는 아주 어린 나이에 악기를 독보적인 수준으로 연주하는 신동들이 계속 등장한다. 재능은 우선 유전적 소질과 뇌의 초기 발달에 좌우된다. 그다음에는 지속적인 직업적 훈련을 통해 뇌 구조와 기능이 직업에 적응한다. 이 적응의 대표적인 예로 런던 택시 운전사들을 들 수 있다. 과학자들은 대단히 뛰어난 공간 지각 능력을 요구하는 그 직업에 그들의 뇌가 어떻게 적응했는지를 잘 연구해 놓았다. 우리 뇌의 성별 분화도 우리가 어떤 활동을 잘하고 좋아하는지에 영향을 미치고, 그럼으로써 우리의 직업 선택을 조종한다. 우리의 유전적 소질은 뇌의 발달뿐 아니라 정신병 발생 위험에도 영향을 미치므로, 몇몇 정신병은 특정 직업군들에서 특히 자주 발생한다.

　뇌 발달은 화학적 토대 위에서 이루어지기 때문에 환경과 산업과 가정의 화학물질들에 특히 민감하다. 향상된 연구 방법들 덕분에 뇌, 특히 일부 직업군 종사자들의 뇌에 악영향을 끼치는 독성 물질들이 계속 새롭게 밝혀지고 있다. 나의 아버지는 〈생명은 생명의 위협에 노출되어 있다〉라며 탄식하곤 했다.

1. 재능은 직업에 결정적인 영향을 미칠 수 있다

> 타고난 재능이 받쳐 주지 않으면, 규칙과 방법으로
> 아무것도 이뤄 내지 못한다.
> —퀸틸리아누스(35~100)

직업 선택에 영향을 끼치는 요인들로 우연, 주변의 모범들, 재능, 관심, 경험을 들 수 있으며, 이 모든 요인은 서로 관련이 있다. 뛰어난 음악가들은 음악가 가정에서 성장할 뿐 아니라 자신의 재능을 완전히 펼치기 위해 어릴 적부터 아주 열심히 연습한다. 다른 직업들에서도 마찬가지다. 이탈리아 패션 디자이너 발렌티노 가라바니(1932~)는 어린 시절에 여자 형제를 위해 의상 디자인을 소묘했고 어릴 때부터 맞춤 구두를 신었다.

위대한 수학자들은 처음부터 소질, 관심, 재능을 갖추고 있는 것처럼 보인다. 그들은 아주 어린 나이에 대단한 성과를 낸다. 2014년 필즈상 수상자 네 명 중 하나인 만줄 바르가바는 겨우 28세에 프린스턴 대학교 수학 교수가 되었다. 그것은 최연소 기록보다 약간 뒤진 기록이었다. 그가 겨우 세 살이었을 때, 역시 수학 교수인 어머니가 그를 조용히 있게 만드는 유일한 방법은 아주 큰 수들을 덧셈하라는 과제를 내주는 것뿐이었다. 수학자들이 교수로 임용되는 나이는 30세 즈음이다. 이런 재능의 상관물이 뇌에서 발견되었다. 즉, 수학자들은 마루엽 아랫부분과 좌뇌 이마엽 아랫부분의 회색질이 평균보다 더 두껍다.

다른 직업들, 예컨대 임상의사와 건축가는 경험이 훨씬 더 큰 작용을 한다. 그들에 대해서는, 전문적 능력은 99퍼센트의 땀과 1퍼센트의 영감으로 이루어진다는 토머스 앨버 에디슨의 주장이 옳다. 그들의 창조성은 오랫동안 힘들여 일한 뒤에 비로소 펼쳐진다. 그 노동을 통해 그들은 자신이 다루는 사항들을 마지막 세부까지 통달하게 되고, 그들의 뇌에서는 새로운 연합의 가능성들이 발생한다. 건축가들은 40세가 지나서야 창조성의 절정에 도달한다.

특정 직업에 대한 애착은 우리 DNA의 작은 변이와 관련이 있을 수도 있다. 그런 다형태들, 예컨대 우리의 생물학적 시계 유전자들의 작은 변이들은 우리가 잠자리에서 일찍 일어나기를 더 좋아할지 혹은 늦게 일어나기를 더 좋아할지를 결정한다. 평생 즐겁게 제빵사로 일하면서 새벽 3시 30분에 잠자리에서 일어나려는 사람은 아마도 생물학적 시계 유전자들 안에 적당한 변이들을 보유해야 할 것이다.

일부 판매원은 다른 판매원보다 고객에게 훨씬 더 큰 기쁨을 준다. 이 속성도 사회적 신경펩티드인 옥시토신을 받아들이는 수용체의 작은 변이들과 관련이 있다. 고객과 원만한 관계를 형성할 줄 아는 판매원은 옥시토신을 받아들이는 능력이 평균보다 더 우수하다. 반면에 고객 응대보다 새로운 사업 계약에 더 큰 가치를 두는 판매원들도 있다. 그들은 다른 다형태 때문에 스트레스 호르몬 코르티솔에 그리 민감하게 반응하지 않으므로 스트레스를 덜 받는다. 따라서 그들은 새로운 관계를 트는 것을 비교적 쉽게 느낀다.

2. 직업, 훈련, 취미 활동이 뇌를 변화시킨다

수많은 관찰 증거들이 보여 주듯이, 우리의 뇌는 직업, 훈련, 여가 활동에 적응한다. 몇몇 직업과 취미 활동은 특정 뇌 구조물들을 강하게 자극하여 그것들의 크기를 스캔 영상에서 알아볼 수 있을 정도로 변화시킨다.

해마는 공간 기억을 위해 본질적인 뇌 구조물 중 하나다. 면허 시험을 위해 비교적 짧은 기간에 런던의 거대하고 복잡한 도로망을 외워야 하는 런던 택시 운전사들은 해마 뒷부분에 보유한 회색질의 양이 대조군보다 더 많다. 반면에 그들이 해마 앞부분에 보유한 회색질의 양은 대조군보다 더 적다.

이 결과를 산출한 연구진이 연구 대상으로 해마 뒷부분이 특히 큰 택시 운전사들을 선별했던 것은 아니다. 해마의 크기는 택시 운전사들의 경력과 상관성이 있었다. 택시 운전사로 일한 기간이 긴 사람일수록 해마 뒷부분이 더 크고 앞부분이 더 작았다. 대조군은 택시 운전사 경력이 없는 사람들로 구성했다. 그들에게서는 해마의 크기와 정향 능력 사이의 상관성이 발견되지 않았다.

또한 연구진은 전직 택시 운전사 한 명을 런던 시내의 가상 시뮬레이션을 이용하여 검사했다. 그는 37년 동안 택시 운전사로 일한 뒤에 어떤 드문 뇌 질병(전압 의존성 칼륨 통로 항체를 동반한 변연계 뇌염)에 걸려 양쪽 해마가 손상되는 바람에 그 직업을 포기해야 했다. 그는 주요 도로에서는 길을 잘 찾았지만, 작은 도로에 들어서면 어려움을 겪었다. 따라서 해마는 바로 그런 복잡한 길 찾기를 위해 필요한 듯했다. 연구진이 그를 가상 환경에서 검사한 것은 천만다행이었다.

학습이 해마에 영향을 끼친다는 것을 보여 주는 최고의 증거는 후속 연구에서 나왔다. 그 연구는 직업 훈련 중인 택시 운전사들을 대상으로 삼았다. 런던 도로망을 4년 안에 암기하는 데 성공한 사람들은 해마 뒷부분에 있는 회색질의 부피가 증가했다. 택시 운전사 면허 시험에서 탈락한 사람들에게서는 그런 변화가 발견되지 않았다.

이렇게 해마 뒷부분의 회색질이 증가하고 앞부분의 회색질이 감소하는 변화가 직업 춤꾼들과 줄타기 곡예사들에게서도 발견되었다. 그들의 직업에서는 공간 기억과 평형기관(전정계vestibular system)으로의 정보 전달을 위한 해마의 기능이 본질적으로 중요하다. 춤꾼들은 해마의 변화와 훈련 기간 사이에 상관성이 있었다. 춤꾼들은 몸의 균형을 위해 시각 신호들을 집중적으로 활용하기 때문에 해마 뒷부분이 확대된다고 여겨진다. 해마 뒷부분은 시각 신호가 처리되는 곳이니까 말이다. 춤꾼들은 시각피질 구역들과 혀이랑lingual gyrus, 방추형이랑도 확대되어 있었다는 사실은 이 추측에 힘을 실어 준다.

스웨덴에서는 군대의 통역병들이 러시아어나 이집트어, 아랍어 같은 새로운 언어를 10개월 안에 유창하게 말할 수 있기 위하여 엄청나게 힘든 훈련을 거친다. 그들은 매일 300~400개의 새로운 단어를 학습한다. 3개월 동안 훈련하고 나면, 그들의 해마 부피는 (의학 및 인지과학 전공 대학생들에 비해) 커지고, 기억을 위해 중요한 다른 몇몇 뇌 구조물들도 확대된다. 또한 좌뇌 중간 이마이랑과 아래 이마이랑, 위 관자이랑의 피질 두께도 증가한다. 이 통역병 훈련생들의 언어 재능은 뇌 구역들의 가소성(즉, 학습 과정에서 뇌 구역들의 크기가 변화하는 것)에 의존한다고 여겨진다.

체스를 둘 때는 다른 뇌 구역들이 활성화된다. 체스 선수들에게서는 꼬리핵의 부피와 선수 경력 사이에서 음의 상관성(한쪽이 커질 때 다른 쪽이 작아지는 관계)이 나타난다. 또한 대회에서 등급 배정의 기준으로 쓰이는 엘로Elo 평점과 우뇌 위 세로 신경다발Superior longitudinal fasciculus 속 (확산 텐서 영상DTI에서 확산성으로 측정되는) 장거리 경로 시스템의 강도 사이에서 음의 상관성이 나타난다. 이 뇌 구조물들이 체스 두기에 정확히 어떻게 관여하는지는 아직 연구되지 않았다.

취미 활동도 뇌 구조물의 변화와 짝을 이룬다. 8주간의 마음챙김 개입 Mindfulness Intervention 프로그램을 이수한 피험자들은 해마, 대상 피질, 관자 마루엽 피질에 속한 회색질의 밀도가 대조군보다 더 높아진 것을 알아볼 수 있었다. 프로그램 기법으로는 흔히 쓰이는 〈마음챙김 기반 스트레스 감소법〉이 채택되었다. 수면장애 때문에 매주 1회 마음챙김 개입 프로그램에 참가한 평균 66세의 노인들에게서도 6회의 모임 뒤에 회색질에서 유의미한 변화가 나타났다. 능숙한 명상가들에게서도 마찬가지다. 그들은 우뇌 섬엽 앞부분, 우뇌 해마, 좌뇌 아래 관자이랑에 평균보다 많은 회색질을 보유하고 있다. 골프 교습을 40시간 받은 사람들은 감각 운동 피질과 마루뒤 통수엽 이행부가 대조군에 비해 확대되었다.

3. 성별 및 성적 지향과 직업 선택의 관계

> 여성 모차르트는 없다.
> 왜냐하면 여성 잭 더 리퍼가 없기 때문이다.
> (Jack the Ripper, 19세기 말 영국의 악명 높은 연쇄살인범 — 옮긴이)
> — 카미어 팔리어

성 정체성과 성적 지향은 자궁 내 발달 과정에서 태아의 유전적 소질과 성호르몬들과 발달 중인 뇌세포들 사이의 상호작용에 기초하여 뇌의 구조로서 확정된다. 태반을 통과하는 화학물질들이나 임신부의 심한 스트레스 같은 환경 요인들이 그 상호작용에 영향을 미칠 수 있다. 이 같은 태아 뇌의 성적 분화는 남성과 여성의 일부 과제 분담을 변화시키기가 대단히 어려운 이유 중 하나다. 하지만 남녀의 과제 분담에 비합리적이며 차별적인 요소들도 개입한다는 사실을 부정하는 것은 아니다. 예컨대 심리학자 겸 소통과학자 얍 판 기네켄은 남성 주주들이 여성 최고경영자들을 덜 신뢰하며, 이러한 행태는 일반적으로 경영진에 남녀가 섞여 있을 때 더 나은 재정적 결과가 나옴에도 불구하고 유지된다는 결론에 도달했다.

여성주의에 이어 정치가 온갖 노력을 기울였음에도 지난 50년 동안 남녀의 역할 분담은 그리 달라지지 않았다. 네덜란드 남성들 가운데 직업 과제와 돌봄 과제를 아내와 동등하게 맡는 사람은 극소수에 불과하다. 친척을 돌보는 일에서 남성이 담당하는 몫은 미미한 수준이다. 피임약 덕분에 다자녀 가구는 드물어졌고, 여성들은 주부 외에 다른 역할들을 맡을 수 있게 되었다. 우수한 교육을 받은 여성들도 대폭 늘어났다. 그럼에도 기혼여성 중에서 시간제 노동에 종사하는 사람의 비율을 따지면, 유럽에서 네덜란드가 일등이다. 그 어떤 조치도, 심지어 아동 돌봄 서비스의 개선도 네덜란드 기혼여성들을 전업 노동으로 이끌기 어렵다. 왜냐하면 그녀들은 아무튼 스스로 자녀들을 돌보려고 하기 때문이다. 완전한 양성 평등의 이상에 아랑곳없이 우리는 자연적·성적 선택을 통해 프로그래밍 된 우리 뇌에 가장 잘 맞는 바를 선택하는 것이 분명해 보인다.

과거에 많은 여성주의자들은 언젠가 모든 직업이 남녀에게 고르게 분배되리라는 희망을 품었다. 그리고 실제로 대학교의 많은 학과들에서 여학생의 수가 급증했다. 예컨대 심리학과에는 이제 남학생이 거의 없으며, 생물학과와 의학과에서도 여학생이 다수다. 공과대학들에서도 여학생이 과거보다 훨씬 더 많다. 그럼에도 여성 배관공은 여전히 드물다. 평등의 원리는 과학계에서 사람들의 희망에 부응하지 못했다. 세월이 지나면 자연과학 및 수학 교수직의 50퍼센트가 여성으로 채워지리라는 것은 꿈같은 이야기다.

과학계 상층부에서 남녀 불균형이 생기는 한 이유로 다음과 같은 사정이 지목되기도 한다. 즉, 오늘날 과학 연구는 집단의 생존 투쟁이 중요한 요소로 작용하는 군사 작전이나 기업 활동을 점점 더 닮아 가고 있다는 점이 때때로 지목된다. 따라서 남성에게서 더 자주 나타나는 속성들이 과학계에서 확실히 더 선호된다는 것이다. 모든 여성이 노동하는 중국에서도 과학계의 상층부에는 사실상 온통 남성뿐이다. 과거에 내가 가르친 한 여성은 현재 중국 뇌과학 연구소의 유일한 여교수인데, 그녀는 실험실, 연구비, 동료를 놓고 늘 싸우는 일이 얼마나 어려운지 모른다고 한탄했다. 반면에 남성 동료들은 그 싸움을 훨씬 더 쉽게 해낸다면서 말이다.

남녀의 가장 뚜렷한 차이 중 하나는 처음엔 특정 장난감에 대한 관심의 차이로, 나중엔 특정 직업에 대한 관심의 차이로 나타난다. 어린아이들의 놀이 행동에서 이미 나타나는 차이가 훗날 성인기에 직업에 대한 관심의 뚜렷한 차이로 이어지는 것이다. 남성들은 사물을 다루는 직업을 선택하는 편인 반면, 여성들은 사람을 다루는 직업들을 선호한다. 여성들은 흔히 가정에서 주도권을 쥘뿐더러 응급 간호와 임상 간호 같은 도우미 직업들에서도 주도권을 쥔다.

　타인을 돌보려는 욕구는 남녀에게 고르게 분배되어 있지 않다. 베스텐도르프 교수는 레이던 의과대 학생들에게 나중에 어떤 전공 분야에서 일하고 싶으냐고 물었다. 그러자 25퍼센트의 학생들이(그중 과반수는 여성이었다) 소아과를 선택했다. 그런데 아픈 아동들이 많아서 소아과 의사의 수요가 그렇게 높은가 하면, 다행히 그것은 전혀 그렇지 않다. 아동을 돌보려는 욕구는 단적으로 우리의 유전자 속에 들어 있다. 반면에 노인의학을 선택한 학생들은 소수에 불과했다. 진화가 우리를 선택한 것은 우리가 노인을 잘 돌보기 때문이 아니다. 우리가 번식을 마치고 나면, 진화의 관점에서 우리는 한 번 쓰고 버려도 무방한 존재다.

　다른 많은 의학 분야들과 마찬가지로 산부인과는 여성의 분야가 되었다. 이런 측면에서 보면, 우리는 알레타 야콥스의 시대 이래로 괄목할 만큼 진보했다. 하지만 다른 측면도 있다. 최근에 나는 한 남성의학 학회에 참석했다. 남성의학이란 남성 생식기를 다루는 의학 분야다. 그 학회에서 나는 이

그림 15.1 이삭 이스라엘스, 「A. H.(알레타) 야콥스 박사Dr. A.H. (Aletta) Jacobs」(1920). 야콥스는 네덜란드에서 청강생으로나마 김나지움에 입학한 최초의 여성이었다. 그녀는 의학 공부를 마친 후 네덜란드 최초의 여의사가 되어 암스테르담에서 가정의로 일하면서 산아제한에 앞장섰다. 그녀는 〈자유 결혼〉을 했으며 오직 이의 제기가 보장된다는 조건 아래에서만 법적 남편에게 순종하겠다고 맹세했다.

의학 분야는 여전히 남성의 영역이라는 점을 확인했다. 다른 직업들에서도 남녀 차이가 뚜렷하게 존재한다. 예컨대 유명한 여성 지휘자는 드물다. 프리다 벨린판테 정도가 예외인데, 그녀는 첼로 연주자였고 제2차 세계대전 이전에 네덜란드의 한 전문 교향악단에서 최초의 여성 지휘자로 활동했으며 나중에는 미국에서도 활동했다(아래 보충 내용 참조).

우리의 성별뿐 아니라 성적 지향도 직업 선택에 영향을 미치는 듯하다. 하지만 이 주제에 관한 진지한 연구는 아직 이루어지지 않았다. 돌봄 노동이나 비행기 승무원직 같은 서비스 직군에 종사하는 남성 중에는 이성애자보다 동성애자가 더 많다. 이와 관련해서 언급할 만한 실험이 하나 있다. 그 실험에서 연구진은 동성애 남성들과 이성애 남성들에게 옥시토신을 투여했다. 옥시토신은 우리 모두가 뇌에서 생산하는 사회적 신경펩티드다. 옥시토신을 투여하자 피험자들의 사회적 친밀함에 대한 욕구가 증가했는데, 이 효과가 이성애 남성들보다 동성애 남성들에게 더 강하게 나타났다. 미용사 같은 직업들, 혹은 무용계, 미술계, 패션계의 창조적 직업들에서도 동성애 남성을 평균보다 더 많이 만나게 된다. 실제로 쌍둥이들을 대상으로 삼은 한 연구에서 동성애와 창조적 분야들인 연극 및 문학 사이에서 유의미한 상관성이 발견되었다.

통역사는 과반수가 여성이고, 남성 통역사는 아주 흔하게 동성애자다. 베이징에서 정부를 위해 활동하는 어느 여성 통역사가 나에게 확언한 바로는, 중국에서도 마찬가지다. 그런데 놀랍게도 나는 통역업계에 이성애 남성에 대한 〈유리 천장〉이 있다는 말을 들어 본 적이 없다. 누구나 원칙적으로 평등하며 어떤 직업교육이라도 받을 수 있고 어떤 직업이라도 선택할 수 있다는 것은 인류가 이뤄 낸 중요한 성취다. 그러나 더 나아가 가정 내에서 남녀의 완전히 평등한 과제 분담과 다양한 직업군에서 동성애자와 이성애자의 균등한 분포까지 바라는 사람은 실망하게 될 것이다. 성적으로 분화된 우리의 뇌는 그런 바람을 충족시키기에 적합하지 않다.

그러므로 결론은 이러하다. 당신이 당신의 뇌 발달 상태에 적합한 직업을 선택하고 세월 속에서 당신의 뇌가 그 직업에 더 적응한다면, 당신은 정말 즐겁게 그 직업에 종사할 수 있다. 돌봄 직업에 대한 여성의 관심과 같은 일부 선호들은 진화적으로 유용함이 입증되었다. 그러나 이런 집단적 특징들은, 어디에서나 그렇듯이 성별로 (혹은 다른 기준으로) 분류된 집단 내의 직업 선호에서도 커다란 다양성이 존재하며, 누구나 자신의 관심에 맞게 직업을 (그 직업이 소속 집단과 어울리지 않더라도) 선택할 기회를 원리적으로 보장받아야 한다는 사실을 털끝만큼도 건드리지 못한다. 알레타 야콥스와 프리다 벨린판테는 당대의 분위기에 맞서 대단한 적극성과 용기로 그런 직업 선택을 해낸 인물들이다.

4. 직업 선택과 정신의학

> 혁신적이려면, 〈미친놈〉이라는 소리를 들을 각오를
> 해야 한다.
> —래리 엘리슨

유전적 요인들은 성격과 특정 직업에 대한 관심의 형성뿐 아니라 정신병들의 발생에도 영향을 미치므로, 일부 직업인들에게서 특정한 정신병들이 더 많이 나타나리라고 예상할 만하다. 예컨대 예술가들에게는 기분장애가 평균보다 더 자주 나타난다. 캠펠과 왕(2012)은 대학생의 전공 선택과 그 가족 내의 뇌 질병 사이에 상관성이 있음을 발견했다. 그들은 대학생의 전공과 그의 가족 내에서 특정 정신병들이 나타나는 것 사이에 연관성이 있는지를 미국의 명문 프린스턴 대학교에서 조사했다. 기술 분야의 전공(물리학, 수학, 기계공학)을 선택한 학생은 다른 학과들을 선택한 학생보다 가족 중에 자폐장애인이 더 많았다. 인문학 전공 대학생의 가족 중에는 우울증 환자가 평균보다 더 많았다.

이 결과 ─ 공학자와 자연과학자의 가족 중에, 또 물리학, 수학, 기계공학 전공 대학생의 가족 중에 자폐장애인이 평균보다 더 많다는 것 ─ 는 일본에서 이루어진 한 연구의 결과와 완벽하게 일치한다. 그 연구에서는 자연과학(물리학, 화학, 약학, 농학) 전공 대학생들과 사회과학 및 인문학(예술, 문학, 교육학, 법학, 경제학) 전공 대학생들의 뇌가 어떻게 다른지 조사했다. 결과를 보니, 자연과학 전공 대학생 뇌의 회색질 분포는 사회과학 및 인문학 전공 대학생 뇌의 그것보다 자폐장애인 뇌의 그것과 더 유사했다.

네덜란드에서 IQ가 높은 자폐장애인이 가장 많이 거주하는 곳은 에인트호번과 그 주변이라는 조사 결과가 나왔다. 그들은 공과대학과 필립스사 때문에 그곳에 살았다. 그들의 전문 분야들은 주로 기술이었다. IQ가 낮은 자폐장애인의 대표적인 직업은 정원사다. 언젠가 한 자폐장애인 정원사는 나에게 자신은 사람보다 나무와 훨씬 더 잘 사귄다고 자진해서 설명했다. 정신 병리적 성격 특징들 ─ 겁 없음, 차분하고 신속하고 냉정하게, 공감도 죄책감도 없이 결정을 내리기 ─ 과 대규모 다국적 기업이나 은행에서 최고경영자로 일하기 사이에도 상관성이 있다. 그 성격 특징들은 전쟁 상황에서의 영웅적 행동과도 관련이 있다.

5. 직업과 환경으로 인한 뇌 손상

> 모든 물질은 독이며, 독성이 없는 것은 아무것도 없다.
> 오로지 사용량이 물질을 독이 아니게 만든다.
> ― 파라켈수스

태어나는 순간부터 우리는 우리 뇌를 위태롭게 만들 수 있는 화학물질들에 둘러싸인다. 농촌에서는 부모가 이미 살충제에 노출된 탓에 태아가 무뇌증(대뇌의 결여. 『우리는 우리 뇌다』 2장 2 참조) 같은 심각한 장애를 얻을 위험이 도시에서보다 더 높다. 방사성 물질은 비교적 최근에 등장한 직업적 위험이다. 납, 유기 용제, 수은, 살충제, 기타 다양한 물질을 다루는 사람들은 직업을 수행하는 와중에 중독될 수 있다. 우리 부모님을 종종 찾아오던, IQ가 낮지만 정말 친절한 정원사가 있었다. 그는 식물 보호용 살충제 파라티온parathion이 유난히 독성이 강하다는 것을 잘 알았다. 그래서 파라티온 병을 도시락 통 안에 빵과 함께 보관했다. 한번은 그 병이 열려서 파라티온이 빵에 묻었는데, 그는 그 물질을 꼼꼼히 털어 낸 다음에 빵을 먹기 시작했다. 병원으로 실려 간 그는 천만다행으로 목숨을 건졌다.

일산화탄소 중독은 제대로 작동하지 않는 난로, 보일러, 발전기 때문에 지금도 세계 곳곳에서 빈번하게 발생한다. 색깔도 냄새도 없는 일산화탄소 기체는 적혈구에서 산소를 몰아낸다. 따라서 일산화탄소에 중독되면 뇌에 공급되는 산소가 부족해진다. 중독 환자는 어지럼증, 메스꺼움, 피로를 느낀다. 일부 환자들은 혼수에 빠지고 사망에 이르지만, 살아남는 환자들도 있다. 하지만 영속적인 손상이 그들의 뇌, 특히 백색질에 남을 수 있다.

대다수의 경우에는 신경계 손상의 원인을 직업적 환경에서 찾아야 하지만, 약물과 알코올도 신경계를 손상시킬 수 있다. 독성 물질들은 신경 말단

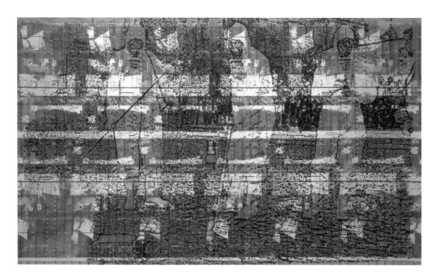

그림 15.2 리크마어 폴케, 「방사성 폐기물Radioaktiver Abfall」(1992).

에서 근육으로의 신호 전달을 방해하는데, 이로 인해 흔히 나타나는 초기 증상은 떨림이나 피로다. 더 나중에는 기억장애, 집중력 장애, 평형 감각 장애, 언어장애, 마비, 뇌전증 발작 같은 수많은 뇌 기능 장애들이 추가될 수 있다. 예컨대 뇌는 중금속에 매우 민감하게 반응한다. 납 중독은 배터리 공장과 플라스틱 공장에서, 또 납땜이나 페인트 배합을 하는 와중에 발생할 수 있다. 수은 중독은 배터리 공장과 광산에서 발생할 수 있다. 과거에는 펠트 모자를 제작할 때 수은을 사용했다. 루이스 캐럴은 『이상한 나라의 앨리스』에 등장하는 〈미친 모자 장수〉를 통해 수은 중독의 귀결들을 인상 깊게 보여 준다. 일본에서는 한 공장이 수은을 어느 만(灣)에 방류한 탓에 메틸수은 중독이 발생했다. 그 독성 물질은 미나마타 만에 사는 물고기들 속에 축적되었고, 주로 그곳 어부들의 가족이 그 물고기들을 먹었다. 그리하여 성인들뿐 아니라 태아들도 영속적인 뇌 손상을 입었다(『우리는 우리 뇌다』 3장 1 참조). 물고기들과 환경 속의 수은은 지금도 여전히 문제다. 제대혈 속 메틸수은 수치가 높은 상태로 태어난 아동은 취학 연령에 도달했을 때 IQ가 80 이하일 위험이 평균보다 더 높다. 중금속에 자주 노출되는 사람은 알츠하이머병, 파킨슨병, 루게릭병에 걸릴 위험이 평균보다 더 높다. 유기 용제는 다양하게 활용된다. 예컨대 페인트, 프린터 잉크, 살충제, 세제에 유기 용제가 쓰인다. 살충제 속 유기 인산염은 아세틸콜린에스테라아제acetylcholinesterase와 결합하여 신경계 내 신호 전달을 방해한다. 유기 인산염들은 항공 독성 증후군aerotoxic syndrome에도 관여한다(이 장 말미의 보충 내용 참조).

그러나 화학물질만 뇌 기능 장애를 일으킬 수 있는 것은 아니다. 우리의 활동 능력과 건강을 위해서는 낮의 밝음과 밤의 어둠이 규칙적으로 교체되는 것도 매우 중요하다. 그런데 우리가 늦은 밤에 태블릿, 휴대전화, 컴퓨터를 사용하거나 텔레비전을 보면, 이 같은 자연적 리듬이 〈빛 공해〉를 통해 교란된다. 또한 영상의학처럼 주로 어둠 속에서 일해야 하는 직업 분야들도 있다. 게다가 점점 더 많은 사람들이 교대제 노동 때문에 밤낮의 리듬이 교란된다. 생물학적 시계에 대한 이 모든 교란은 스트레스 호르몬 코르티솔의 증가와 수면 호르몬의 감소를 유발하여 수면장애, 고혈압, 우울증을 초래할 수 있다. 직업 환경의 소음은 청각 손상을 일으킬 수 있다. 음악가들 중에서도 그러하다.

직업 권투 선수들은 상대의 뇌를 곤죽이 되도록 때려 다운이나 케이오를 얻어 내기 위해 최선을 다한다. 그래서 그들은 이른 나이에 알츠하이머병이나 파킨슨병에 걸릴 위험이 평균보다 높다. 네덜란드 보건위원회는 국내에서의 권투 경기를 완전히 금지할 것을 제안하여 권투협회의 격렬한 반발을 부른 바 있다. 지금까지 어떤 정부도 보건위원회의 조언을 따를 용기를 내지 못했다.

직업적 만성 스트레스는 안쪽 앞이마엽 피질의 두께가 얇아지게 만든다. 지속적으로 스트레스를 받는 직업인들에게서 인지 장애가 흔히 나타나는 것은 이 같은 뇌의 변화 때문이다. 한편, 편도체의 크기는 커진다. 이 변화는 불안과 공격성의 증가를 의미한다. 꼬리핵도 축소되는데, 이 변화는 소근육 운동 솜씨fine motor skills의 장애와 짝을 이룬다. 반면에 해마의 크기는 변화하지 않는 것이 한 연구에서 확인되었다. 비행기 조종사들처럼 직업 때문에 낮은 기압에 거듭 노출되는 사람들은 백색질의 기형이나 뇌 구역들 간 연결의 손상을 얻을 위험이 높다. 한 연구에서 드러났듯이, 그런 조종사들은 계산 및 기억 능력 검사와 일반 인지 기능 검사에서 평균보다 낮은 성적을 받았다.

하지만 개별 사례들에서 뇌 손상은 일시적으로 예상 밖의 긍정적 결과를 가져오기도 한다. 뇌 손상이나 신경 퇴화성 질병(이를테면 이마 관자엽 치매)이 환자의 예술 창작을 대폭 촉진하는 경우가 종종 있다. 한 48세의 트럭 운전사는 추락 사고로 뇌 부상을 당하고 5년 뒤에 처음으로 소묘와 회화를 시작하여 신속하게 매우 독창적인 스타일을 개발했다. 그의 창작 욕구는 어마어마했다. 그는 한 달 평균 24점의 소묘를 강박적으로 생산했다. 그는 좌뇌 이마 관자엽에 부상을 입었던 것으로 보인다.

네덜란드 최초의 여성 지휘자, 프리다 벨린판테

유대계 네덜란드인 프리다 벨린판테(1904~1995)는 첼로를 연주하기에
는 손이 너무 작았음에도 유능한 첼로 연주자였다. 어린 시절에 그녀는 소
년 같고 자유분방하며 모험을 즐겼다. 심지어 달리는 전차 위로 뛰어오른
적도 있었다. 제2차 세계대전이 터지기 전에 그녀는 네덜란드 최초의 여성
지휘자가 되었다. 그것은 그녀의 타고난 운명이었다. 그녀의 아버지뿐 아
니라 증조할아버지도 음악가였다. 증조할아버지는 150년 전에 콘세르트
헤바우 오케스트라의 전신인 파크 오케스트라를 지휘했다. 어린 시절에 그
녀는 음을 틀리게 연주하면 아버지에게 매를 맞았다. 그녀는 자신의 실내
악단과 함께 콘세트르헤바우에서 연주했다. 독일군이 네덜란드를 침공했
을 때, 그녀의 남자 형제는 나치 치하에서 유대계 네덜란드인이 겪을 일을
예감하고 자살했다. 1940년 5월에 네덜란드에서 317명이 자살했는데, 그
중 210명이 유대인이었다. 그 전 몇 해 동안 5월의 자살자가 평균 71.2명이
었음을 감안할 때, 317명은 어마어마하게 많은 수였다.

프리다는 격분하여 자신의 실내악단을 해체했다. 악단의 유대인 단원들
이 쫓겨나는 것을 지켜보고 싶지
않았기 때문이다. 그리고 그녀는
저항 세력에 가담했다. 그녀는 유
대인을 뜻하는 〈J〉가 빠진 위조
증명서 수천 건을 제작하여 많은
사람들의 목숨을 구했다. 그러나
시간이 흐르면서 그 저항 집단은
암스테르담 주민등록청에 보관
된 원래 증명서들의 사본이 커다

그림 15.3 프리다 벨린판테.

란 위험을 초래할 수 있음을 알아챘다. 그리하여 프리다 등의 주도로 그 저항 집단은 1943년에 주민등록청을 습격했다. 하지만 프리다는 여성이었기에 습격에 가담하는 것을 허락받지 못했다. 습격은 남성들의 일이었다. 그럼에도 그 습격 후에 독일군은 그녀를 수배했다. 그리하여 그녀는 남장을 하고 돌아다녔는데, 솔직히 남자 복장이 마음에 썩 들었다. 그녀는 항상 재킷에 바지를 입는 것을 가장 좋아했다.

저항 집단의 구성원 대다수가 체포되어 즉결재판으로 총살된 후, 프리다는 스위스로 도피했고, 그곳의 한 난민수용소에서 심한 우울증에 빠졌다. 그러나 다시 첼로 연주를 시작하면서 마침내 우울증에서 헤어났다. 전쟁 후에 프리다는 미국으로 이주했다. 캘리포니아에서 그녀는 음악적으로 볼 때 사막과 다름없는 극도로 보수적인 환경 안에서 그녀 자신의 〈오렌지 카운티 필하모닉 오케스트라〉를 창단했다. 이 오케스트라와 더불어 그녀는 승승장구했다. 결국 그녀의 오케스트라는 로스앤젤레스 필하모닉에 흡수되었고, 그녀는 좌천되었다. 프리다는 레즈비언으로서 ─ 〈레즈비언〉이라는 단어가 거의 쓰이지 않았으며 동성애가 금기였던 시절에 ─ 은밀하지만 강렬하게 연애를 즐겼다. 노년에 그녀 스스로 꼽은 바에 따르면, 연애 상대는 무려 21명의 여성이었다. 그녀는 한동안 한 남성 음악가와 공식적인 혼인 관계를 유지했지만, 그녀의 남편은 그녀가 여성들에게 더 큰 매력을 느낀다는 것을 알았다.

항공 독성 증후군

비행기 승무원은 복사선과 오존에 노출되고 근무 시간이 불규칙적이며 비행하면서 여러 시간대를 넘나든다. 게다가 조종실이나 객실에서 기압 문제가 종종 발생한다. 간단히 말해서, 항공사 직원들은 노동 조건이 특별하다. 일시적인 병증을 나타내는 조종사와 승무원의 수는 걱정스러울 정도로 많다. 일부 조종사와 승무원은 비교적 젊은 나이에 신경학적 증상들, 예컨대 피로, 집중력 및 기억 장애, 명칭 실어증anomic aphasia 때문에 비행을 그만둔다. 먼저 오스트레일리아에서, 나중에는 미국과 영국에서도 그런 급성 및 만성 증상들이 객실 내 독성 물질들에서 비롯될 가능성이 있다는 추측이 제기되었다.

네덜란드에서는 근무 능력을 상실한 전직 조종사 미셸 물더의 주도로 몇 년 전부터 일부의 저항을 무릅쓰고 객실 공기 속 독성 물질들에 관한 연구가 이루어졌다. 네덜란드 항공사 KLM에서 일하던 물더는 2006년에 표준 검사의 모든 분야에서 기준 이하의 성적을 받은 후 〈지상〉으로 좌천되었다. 그때부터 그는 8만 유로 이상의 개인 자금을 항공 독성 증후군 연구에 투자했다. 독성 오일 증기가 실제로 객실에 들어올 수 있는가는 현재 결정적인 질문이 더는 아니다. 이 질문의 답이 〈그렇다〉라는 것은 이미 충분히 입증된 듯하다. 오히려 결정적인 질문은, 객실 공기 속 저농도 독성 오일 증기가 방금 열거한 신경학적 문제들을 유발하는가라는 것이다. 그렇다면 곧바로 이런 질문도 제기된다. 만일 앞 질문의 답이 〈그렇다〉라면, 항공기 승무원들과 무수한 승객들은 어떻게 해야 하는가? 항공사들이 이 문제를 파헤치는 일에 그다지 열성적이지 않다는 것은 당연지사다.

모든 상업적 제트엔진은 엔진 내부의 압축 공기를 항공기를 추진하는 데 사용할 뿐 아니라 필터로 거르지 않은 채 객실 내부로도 뿜어낸다(보잉사의 최신 항공기 787 드림라이너Dreamliner 시리즈는 예외다). 제트엔진에서는 항상 미량의 윤활유가 새어 나온다. 그 윤활유에서 인산 트리크레실tricresyl phosphate, TCP이라는 독성 물질이 방출되는데, 그 물질이 고압 압축기와 냉방장치를 거쳐 객실 내부에 도달한다. TCP는 부식 및 발화 억제제로 윤활유에 첨가된다. 또한 독성이 더 강한 TCP 이성질체 인산 트리-오르토-크레실tri-ortho-cresyl phosphate, TOCP도 엔진 내부의 압축 공기 속으로 방출된다. 대부분의 경우에 객실 내부 공기 속 TCP와 TOCP의 농도는 미미한 수준이다. 그러나 때로는 냄새로 알아챌 만큼 많은 연기가 객실 내부로 들어올 수 있다. 나는 처음으로 중국에서 낡은 비행기를 타고 내륙으로 이동하기 시작했을 때 발생한 매연 사건을 지금도 생생히 기억한다. 우리는 갑자기 연기에 휩싸였고, 나는 아들을 안심시키기 위해서 이것은 걱정할 일이 아니라고, 중국 비행기들에서는 늘 있는 일이라고 주장했다.

TCP는 폐나 피부를 통해 몸속으로 들어올 수 있다. TCP는 화학적으로 신경 독가스 사린sarin과 유사한 신경 독성 물질이다. (사린은 1995년에 일본 옴진리교 테러에 쓰인 신경 독가스다. 그 테러로 13명이 사망하고 수천 명이 부상당했다.) 조종실 공기 샘플과 인지 가능한 증상이 없는 승객들의 혈액에서 미량의 TCP가 검출되는 일은 자주 있었다. 다량의 TCP는 매우 위험하다. 1959년 모로코에서 1만 명이 항공기 윤활유가 섞인 올리브유를 섭취한 뒤에 신경학적 증상들을 나타냈다. 1995년 중국에서는 밀가루가 TCP로 오염되어 몇 명인지 알 수 없는 피해자들이 발생했다.

항공사 KLM은 처음에 미셸 물더의 TCP 오염에 관한 연구에 협조할 생각이 없었다. 그래서 나는 중국으로 비행할 때 작은 펌프를 몰래 소지하고 항공기에 탑승하여 객실 공기를 필터를 통해 채취하는 작업을 몇 번 했다. 공항 보안 검색에서 나는 그 펌프를 내 컴퓨터와 함께 비닐봉투에 담아 검색대 위에 올려놓았는데 놀랍게도 검색 요원들에게 어떤 질문도 받지 않았다. 또한 내가 객실 안에서 그 펌프를 10시간 동안 켜 놓았는데도, 어떤 승무원이나 승객도 그것에 대해 질문하지 않았다. 나중에는 KLM 승무원들도 공기 샘플 채취를 도왔다. KLM의 보잉 737 항공기 89대 가운데 37대에서 미량의 TCP 이성질체들이 발견되었다. 이에 한 조종사가 약식재판을 추진했고, 그러자 KLM은 조사에 동의했다.

2011년에 발표된 영국의 「항공기 객실 공기 샘플 연구Aircraft Cabin Air Sampling Study」에서는 항공기 100대 가운데 23대에서 미량의 TCP와 TOCP가 검출되었다. TCP와 TOCP 같은 유기 인산염들은 아세틸콜린 분해의 촉매인 아세틸콜린에스테라아제의 기능을 억제한다. 그 결과는 신경 전달물질 아세틸콜린이 신경 말단에 정상보다 더 많이 축적되는 것이다. 이런 식으로 신경세포들은 항상 흥분 상태에 있다가 결국 사멸한다. 인체는 이 퇴화한 뇌세포들이 보유한 단백질들에 저항하는 항체들을 생산한다. 그런데 바로 그 항체들이 기억장애, 평형 감각 장애, 두통, 피로, 근력저하, 어지럼증 등에 시달리는 승무원들의 혈액에서 검출되었다.

일부 사람들은 인산염 분해 효소의 DNA에 유전적 변이를 보유하고 있다. 따라서 그들은 인산염이 유발하는 신경 독성 손상에 훨씬 더 민감하게 반응한다. 또한 뇌 스캔의 도움으로 일부 승무원들에게서 비정상성이 확인되었다. 그러나 TCP와 TOCP가 조종사들과 승무원들의 건강 문제를 일으킨다는 결정적 증거는 아직 없으며 앞으로도 나오기 어려울 것이다. 2015년 6월 2일, 당시 네덜란드 사회기반시설 및 환경 장관 윌마 만스펠트는 객실 공기를 다루는 자문위원회를 구성했다. 그 위원회의 임무는 항공기 객실 내 공기가 병을 유발하는가라는 질문을 탐구하는 것이다. 위원회 구성원들은 항공사들, 승무원들, 연구기관들을 대표한다. 그 자문위원회가 과연 어떤 조사 결과를 내놓을지 궁금하다.

16장
스트레스와 성격에 따른 직업병들

군인, 기관사, 도우미, 그리고 직업적이거나 그렇지 않은 스트레스 상황의 피해자에게는 심리적 트라우마가 가장 흔한 병인(病因) 중 하나다. 이들 중 일부는 외상 후 스트레스 장애post traumatic stress disorder, PTSD가 발생한다. 이라크에 파병된 네덜란드 군인의 3.5퍼센트가 외상 후 스트레스 장애에 걸렸고, 아프가니스탄 파병 네덜란드군에서는 그 비율이 2.8퍼센트였다. 이런 스트레스 장애는 당사자와 그 주변에 장기적이며 때로는 영속적인 폐해를 끼칠 수 있다. 캄보디아에 파병되었던 한 전직 해병은 이렇게 설명했다. 「12월은 지옥이에요. 불꽃놀이 로켓이 날아가는 소리를 들으면, 나는 저격과 지뢰를 떠올리죠. 잠든 상태에서 내 아내의 목을 조르려 한 적도 있어요.」 하지만 장애 때문에 특정 직업을 얻는 사람들도 있다. 정신 병리적 특징들 덕분에 지도자의 지위를 획득한 사람들은 그 후 기업과 모든 관련자들에게 엄청난 피해를 입힐 수 있다.

1. 외상 후 스트레스 장애

오늘 밤에 오렴
전쟁이 어떠했는지에 관한 이야기를 싸들고
넌 백번이라도 이야기해야 해
난 백번이라도 한탄할게
— 레오 브로만(1972)

외상 후 스트레스 장애PTSD의 특징은 트라우마성 사건을 반복해서 생생하게 회상하기(회상이 밤에는 때때로 악몽의 형태를 띰), 그 사건을 연상시키는 모든 것을 기피하기, 우울, 중독 행동, 경계심 상승, 공격성, 수치감, 죄책감, 심장박동의 가속, 얕은 잠, 빈번한 놀람과 과도한 민감함, 악명 높은 인내심 부족 등이다. 외상 후 스트레스 장애 하면 사람들은 가장 먼저 전쟁터에서 돌아온 군인들을 떠올린다. 실제로 그들의 귀향은 그들에게 상당한 적응력을 요구한다. 원래 그들은 군인으로서 가능한 한 신속하고 효과적으로 최대의 폭력을 행사하도록 훈련받는다. 그런 폭력은 생존을 위해 불가피할뿐더러 때로는 그들에게 영웅의 풍모까지 선사한다. 하지만 그들이 귀향하고 나면 똑같은 폭력이 범죄로 간주된다. 전쟁터의 군인에게 지속적인 과도 흥분 상태는 생존에 필수적이었지만, 그가 집에 돌아오고 나면 그 상태는 정신 병리적 상태로 간주된다.

따라서 작전지역에서 귀환한 군인들의 약 6~13퍼센트에서 PTSD가 발병하고 그중 절반이 평생 그 장애에 시달리는 것은 놀라운 일이 아니다. 특히 군의관과 위생병이 PTSD에 걸리는 경우가 많다. 왜냐하면 그들은 극심한 부상자들을 자주 보기 때문이다. 귀환한 후에 그들은 때때로 공격적이고 성마르게 행동한다. 그뿐만 아니라 그들은 이혼할 위험, 실직할 위험, 중독 행동을 할 위험도 평균보다 더 높다.

PTSD는 새로운 유형의 질병이 확실히 아니지만, 과거에 이 병증은 다른 명칭으로 불렸다. 미국 내전 후 1871년에 사람들은 〈군인의 심장soldier's heart〉이라는 명칭을 썼고, 제1차 세계대전 중에는 〈폭탄 충격shell schock〉이라는 명칭을 썼다. PTSD에 걸릴 위험은 우리 인간에게 근본적으로 내재한다. 이는 부끄러워해야 할 일이 전혀 아니다. 슈피겔과 페어메텐(2007)에 따르면, 우리를 인간으로 만드는 속성들 중 하나는 다른 인간들에게 공감하는 능력이 뚜렷하다는 점이다. 공감은 우리가 서로 연결될 수 있게 해주지만 또한 우리를 취약하게 만들며, 그 취약성은 표출될 수 있다. 때때로 우리가 끔찍한 테러나 죽음 같은 심각한 트라우마에 노출되었을 때, 우리는 그 트라우마를 떨쳐 내지 못한다. 외상 후 스트레스 장애는 성격의 유약함이나 정신적 저항력의 결핍을 의미하지 않으며 사회적 구성물도 아니다. 외상 후 스트레스 장애는 우리의 인간성의 귀결이다.

PTSD 위험군들

군인들만 PTSD에 걸리는 것은 전혀 아니다. 소방관, 응급의료인, 기관사가 거의 매일 겪는 끔찍한 사건들의 효과도 얕잡아 보면 안 된다. 한 노련한 경찰관은 2009년 여왕의 날(당시 4월 30일이던 네덜란드의 공휴일 — 옮긴이) 아펠도른에서 검은색 스즈키 자동차 한 대가 안전 울타리를 돌파했다는 메시지를 들었다. 그 직후 그는 그 자동차가 시속 100킬로미터로 질주하며 여왕의 행렬을 기다리던 사람 아홉 명을 치어 죽이는 광경을 보았다. 두 달 후, 그 경찰관은 예민해졌고 더는 집중할 수 없었다. 그는 시내 도처에서 그 스즈키 자동차를 보았다. 그 후 얼마 지나지 않아 그는 울음을 터뜨렸고 정신의학 치료를 받아야 했다.

기관사 겸 미술가 자크 센스는 사람이 기차 앞으로 몸을 던져 자살하는

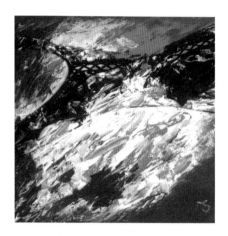

그림 16.1 「뛰어든 사람의 잔해Restanten springer」. 기관사 겸 미술가 자크 센스는 열차를 모는 그의 눈앞으로 몸을 던져 자살하는 사람들을 몇 번 목격한 뒤 외상 후 스트레스 장애를 앓았다.

광경을 몇 차례 목격해야 했고 그 때문에 정신의학 치료를 받았다. 그는 저서 『유산으로서의 죽음De dood als erfenis』에서 자신의 경험을 이렇게 묘사한다.

〈그것은 그의 삶에서 마지막 도약이 될 것이었다. 때를 정확히 맞춰 다리를 뻗고 자빠지는 자세로 도약한 그는 열차 앞 오른쪽 선로에 떨어졌다. 열차가 그의 몸 한가운데로 지나가기 직전에 나는 일그러진 그의 얼굴을 보았다. 너무 늦어서 열차를 세울 수 없었다……. 나의 트라우마를 인정하려 애쓰면서 나는 내 삶에서 질서를 추구했다. 질서가 절실히 필요했다. 억압된 감정들을 되살려야 했다……. 플래시백flashback 회상들을 결국엔 떨쳐 낼 수 있지 않을까? 내가 원하지 않는 내면의 목소리를 언젠가는 잠재울 수 있지 않을까? 나의 무의식은 거듭해서 나를 자살 사건들로 끌고 갔고, 내 의지에 반하여 나는 그 상황들을 새롭게 체험해야 했다. 끝없이 반복해서. 그런 다음에도 나는 내가 정신적으로 심한 손상을 입었다는 것을 인정할 수 없었다. 고통의 느낌이 내 몸을 관통했고, 플래시백 회상들이 만발했다.〉

폭력적인 승객들로부터 위협이나 공격을 당하는 대중교통 수단의 승무원들, 응급실에서 중상자들을 상대하는 의사들과 간호사들, 성폭행을 당하는 여성들, 학대당하는 아동들 — 이들 모두는 외상 후 스트레스 장애에 걸릴 수 있다. 외상 후 스트레스 장애는 누구나 걸릴 수 있지만 남성보다 여성이 두 배 더 자주 걸린다.

임신 중에 외상 후 스트레스 장애와 우울증을 함께 앓는 여성은 조산할 위험이 평균보다 4배 더 높다. 이 연관성은 어쩌면 스트레스 호르몬 CRH(부신 피질 자극 호르몬 분비 호르몬) — 이 호르몬의 수치가 높으면 우울증이 발생함 — 가 분만의 촉발에도 관여하기 때문에 성립할 가능성이 있다(『우리는 우리 뇌다』 2장 1 참조).

트라우마성 분만, 예컨대 응급 제왕절개나 흡인분만vacuum extraction 뒤에는 외상 후 스트레스 장애가 비교적 자주 발생한다. 조산은 스트레스의 원인일 수도 있고 결과일 수도 있다. 약 9퍼센트의 여성은 분만을 트라우마성 경험으로 겪는다. 1~2퍼센트의 여성은 분만 후에 외상 후 스트레스 장애를 앓으며, 이 장애는 흔히 우울증을 동반하는데, 조산사, 의사, 가족은 산모의 상태를 외상 후 스트레스 장애로 알아채지 못하는 경우가 많다.

증상들과 뇌

다양한 위험 요인이 외상 후 스트레스 장애의 발생 확률을 높인다. 유전적 요인들, 사회적 고립, 정신병력, 알코올이나 약물의 사용, 살인 협박 등이 그런 위험 요인이다. 해마의 크기가 너무 작으면 외상 후 스트레스 장애에 걸릴 위험이 높아진다. 그 장애를 성공적으로 치료하더라도 해마의 크기가 달라지지는 않는다. 요컨대 평균보다 작은 해마는 외상 후 스트레스 장애에 대한 취약성을 시사하지만, 외상 후 스트레스 장애가 해마를 축소시키는 것은 아니다. 해마의 크기가 작은 것은 뇌 발달 초기의 트라우마 때문일 수 있다. 환자에 대한 인정의 결여와 비난도 외상 후 스트레스 장애의 발생과 심각성에 영향을 미친다. 베트남전쟁에서 귀환한 미군들은 자국에서 거의 인정받지 못했다. 이 때문에 그들은 제2차 세계대전이나 한국전쟁에서 귀환한 미군들보다 더 흔하게 외상 후 스트레스 장애를 앓았다.

외상 후 스트레스 장애 환자들의 뇌에서는 몇몇 스트레스 시스템들이 과도하게 작동한다. 그들의 뇌는 늘 전투태세를 유지한다. 즉, 싸움이나 도주를 준비시키는 자율신경계가 과도하게 활성화되고, 혈장 카테콜아민 수치가 너무 높고, (성마름을 유발하는) 노르아드레날린 시스템들, (공포를 유발하는) 편도체가 지나치게 활성화된다. 그런 환자에게 충격적인 이야기를 읽어 주면서 기능성 뇌 스캔을 해보면, 실제로 편도체가 강하게 활성화되는 것을 확인할 수 있다. 이 반응은 예민성과 공포의 상승을 시사한다. 외상 후 스트레스 장애는 앞이마엽 피질을 비롯한 다른 시스템들의 활동과 스트레스 반응도 변화시킨다. 우뇌 관자엽 피질은 트라우마성 체험의 끊임없는 반복에 관여하는 것이 거의 확실해 보인다.

스트레스 반응에서는 시상하부-뇌하수체-부신 시스템이 주요 역할을 한다. 외상 후 스트레스 장애 환자는 대개 이 시스템이 강하게 활성화되어 있다. 그런데 흥미롭게도 일부 환자는 바로 이 시스템의 활동이 약하다. 이 현상은 스트레스 호르몬 코르티솔의 되먹임이 강화되는 것과 관련이 있다. 1994년 르완다에서 투치족 대학살의 와중에 임신 중이었으며 외상 후 스트레스 장애와 더불어 우울증을 앓은 여성들은 당질코르티코이드 수용체 유전자의 메틸화 정도의 상승으로 인해 스트레스 호르몬 코르티솔의 수치가 평균보다 더 낮았다. 이 현상은 DNA의 후성유전학적 변화에서 비롯된 것인데, 그 변화의 원인은 그 여성들이 겪은 끔찍한 스트레스다. 20년 후에는 그 여성들의 자식들이 똑같은 후성유전학적 변화를 나타냈다. 이처럼 임신 중의 스트레스는 유전자들을 후성유전학적으로 변형함으로써 스트레스 시스템의 비정상적 작동을 유발할뿐더러 다음 세대로 대물림되는 것으로 보인다.

치료법들

외상 후 스트레스 장애 환자는 제때에 진단을 받기만 한다면 흔히 8주에서 16주 내에 건강을 회복한다. 가장 많이 쓰이는 치료법은 트라우마성 체험을 생각으로 추체험하거나 트라우마성 상황에 직접 뛰어드는 것을 기초로 삼는다. 이런 치료법의 보조 수단으로 오늘날 사람들은 가상현실 환경도 활용한다. 이는 앞이마엽 피질을 통한 편도체 통제를 향상시키기 위해서다. 또한 인지행동치료도 적용된다(이 치료법에서도 앞이마엽 피질이 중요한 역할을 한다). 이 치료법에서 의료진은 환자가 사는 세계가 환자의 영구적인 선입견만큼 위험하지 않다는 점을 환자에게 전달한다. 또 다른 치료법인 눈 운동 탈민감화 및 재처리 요법EMDR은 적용 사례가 꾸준히 늘어나고 있다. 외상 후 스트레스 장애 환자는 스트레스로 인해 노르아드레날린성 신경세포들의 활동이 상승하기 때문에, 그 활동을 억제하는 프라조신prazosin 같은 알파-1-아드레날린 수용체 길항제를 투여할 수도 있다. 그 약물은 트라우마로 인한 예민성 상승과 악몽에 효과가 있으며 수면에도 긍정적인 영향을 미친다.

항우울제(선택적 세로토닌 재흡수 억제제SSRI), 정신병 치료제, 벤조디아제핀을 처방할 때는 아마도 다량으로 처방할 텐데, 이 약물들이 외상 후 스트레스 장애의 치료에 적합하다는 것은 입증되지 않았다. 현재 연구자들은 스트레스 시스템에 개입하는 것을 기초로 삼는 수많은 새로운 치료법들을 시험하고 있다. 또한 트라우마 직후에 그 기억이 저장되는 것을 막을 수 있으리라고 기대되는 물질들, 예컨대 NMDA 길항제들인 케타민과 디-사이클로세린도 외상 후 스트레스 장애 치료제로 시험되고 있다. 이 약물들은 글루타메이트 시스템을 억제한다. 케타민 정맥주사는 외상 후 스트레스 장애의 증상들을 신속하게 가라앉힌다. 사회적 상호작용을 촉진하는 펩티드 옥시토신(4장 8 참조)도 그것의 외상 후 스트레스 장애에 대한 효과를 연구하기 위해 투여된다.

유전적 요인과 초기 발달

동일한 트라우마성 경험을 한 군인들의 집단에서 외상 후 스트레스 장애에 걸리는 비율은 〈겨우〉 8퍼센트 정도다. 유전적 요인들과 초기 발달과 관련 있는 요인들이 일부 사람들을 외상 후 스트레스 장애에 더 취약하게 만든다. 쌍둥이 연구들에서 밝혀진 바에 따르면, 외상 후 스트레스 장애에 걸리는 성향에 중요하게 관여하는 것은 유전적 요인이다. 현재 그 성향에 관여하는 미세한 DNA 변이들(다형태들)이 점점 더 많이 발견되는 중이다. 그 변이들은 뇌에서의 신호 물질 전달에 관여한다.

아프가니스탄에 평화유지군으로 투입되기 전에 백혈구에 스트레스 호르몬 수용체들을 많이 보유했던 네덜란드 군인들은 투입 후에 평균보다 7.5배 더 흔하게 외상 후 스트레스 장애를 앓았다. 따라서 파병 전에 모든 군인에게서 혈액을 채취하여 DNA 검사를 해둘 필요가 있는 듯하다. 그 검사는 외상 후 스트레스 장애에 대한 취약성과 관련해서뿐 아니라 이 병에 대한 치료법들의 효과와 관련해서도 매우 유익할 수 있을 것이다. 내가 이러한 제안을 고위 당국에 했을 때, 격한 반응이 돌아왔다. 네덜란드 국방부가 DNA 검사를 실시하기에는 아직 때가 무르익지 않은 것으로 보인다. 반면에 미국에서는 이 검사와 연구가 강력하게 촉진되고 있다.

이미 2011년에 국제적인 전문 저널에 보고된 바에 따르면, 스트레스 반응에 관여하는 작은 단백질 PACAP와 그 수용체(뇌에서 PACAP를 수용하는 단백질)는 여성에게서 결정적인 구실을 한다. 즉, 여성의 혈중 PACAP 수치는 외상 후 스트레스 장애 진단 및 증상들과 상관성을 보인다. 그뿐만 아니라 PACAP 수용체의 유전적 변이 하나는 외상 후 스트레스 장애 위험 인자로 밝혀졌다. 그리고 그 변이의 이 같은 효과에는 여성 호르몬들이 관여한다. PACAP 시스템 때문에 여성은 남성보다 외상 후 스트레스 장애에 2배로 취약하다. 이 연구 결과가 여성의 외상 후 스트레스 장애의 예방, 진단, 치료에 대하여 갖는 의미가 머지않아 밝혀져야 할 것이다.

발달 초기의 트라우마들도 나중에 외상 후 스트레스 장애에 걸릴 위험을 높인다. 어린 시절에 트라우마를 겪은 퇴역 군인들은 대상 피질의 두께가 평균보다 더 얇았다. 그 두께가 얇을수록 외상 후 스트레스 장애의 정도가 더 심했다. 이 퇴역 군인 집단에서는 해마 및 편도체의 크기와 외상 후 스트레스 장애의 정도 사이에서도 상관성이 나타났다. 이 연구 결과들을 보면 어린 시절의 트라우마가 특정 뇌 구역들을 외상 후 스트레스 장애에 취약하게 만들 수 있다고 추측하게 된다. 실제로 현재 외상 후 스트레스 장애 환자들에게서 후성유전학적 변화들이 과거보다 더 많이 입증되고 있다.

요컨대 이 연구 분야는 현재 활발하게 발전하는 중이다. 외상 후 스트레스 장애에 대해서 내가 내리는 결론은 이것이다. 우리 인간은 전쟁이나 기타 트라우마를 겪기에 적합하지 않다. 따라서 우리는 트라우마로부터 우리 자신을 보호하기 위해 최선을 다해야 한다.

2. 최고경영자, 은행가, 군인의 사이코패시

> 내가 공감 능력이 없어 보인다는 말을 (상사들로부터) 매년 들었다.
> ─ 전직 은행가 리크만 그뢰니크(2015)

사이코패시psychopathy란 반사회적 성격장애의 일종이며 공포의 결핍을 동반한다. 공포의 결핍은 주로 편도체 기능의 변화와 관련이 있다. 사이코패시를 잃는 사람(사이코패스)은 여유만만하게 위험에 뛰어들 수 있으며 커다란 압박을 받을 때에도 평정을 유지할 수 있다. 징벌의 가능성은 사이코패스의 행동에 아무런 영향을 미치지 못한다. 사이코패스는 몇몇 뇌 구조물(예컨대 앞이마엽의 중앙선 근처 구조물들, 안와 이마엽)이 정상보다 20퍼센트 작을 수 있으며 대상 피질 앞부분과 섬엽도 정상 크기가 아니다. 게다가 일련의 뇌 구조물들 간 연결이 정상보다 덜 강하다(특히 편도체와 배쪽 안쪽 앞이마엽 피질 간 연결, 우뇌 배쪽 이마엽과 관자엽 간 연결이 그러하다). 이 변화들은 발달 과정의 초기에 발생하는 듯하다.

사이코패스의 일부 속성들은 이처럼 정상보다 작은 앞이마엽 피질에서 유래한다. 예컨대 충동 통제력, 공감, 자기지각self-perception의 결핍, 병적인 거짓말, 기만, 조작, 알코올 및 약물 남용 성향이 그러하다. 사이코패스들은 본래 타인에 대해서 강렬한 느낌이나 감정을 품는 일이 결코 없지만, 자기 의지를 관철하지 못하면 심하게 분노하면서 갑자기 파괴적 행동을 나타낸다. 그들은 타인을 파렴치하게 악용할 수 있으며 무자비할 수 있다. 그들은 자기애가 강하며 문제가 발생하면 늘 남을 탓한다. 그러나 그들은 또한 특이하게 매력적으로 보일 수 있으며 흔히 평균 이상인 지능으로 자신의 결함들을 매우 능숙하고 효과적으로 감출 수 있다. 그들은 곧장 목표를 향해 나아가는데, 그 목표는 대개 그들 자신에게 이로운 것이다.

쌍둥이 연구들이 보여 주듯이, 사이코패스는 부분적으로 유전적 요인들 때문에 발생한다. 하지만 우리 중 다수가 경미한 사이코패스적 특징들을 나타내는 시기가 있다. 그 시기, 곧 사춘기에 그런 특징들이 나타나는 것은 전적으로 정상이다. 뇌가 성호르몬들 때문에 늘 분주하며, 앞이마엽 피질이 완전히 성숙하려면 아직 먼 그 시기의 특징은 충동적·자기중심적 행동, 징벌에 아랑곳하지 않음, 도달할 수 없는 목표를 추구하기 등이다. 사춘기 청소년도 종종 공감이 부족하며 적잖은 경우에 비행으로 처벌을 받는다.

다행히 사춘기는 저절로 지나간다. 반면에 성인기의 사이코패시는 뇌 발달 장애다. 일부 과학자들에 따르면 인지 치료가 어느 정도 효과가 있다지만, 성인기의 사이코패시는 일시적이지 않다.

사이코패시에 대한 새로운 치료법으로 뉴로피드백neurofeedback을 활용하는 방법이 있다. 연구자들은 사이코패스 수감자들의 이마엽 피질에서 느린 뇌파를 포착하여 모니터로 전송했다. 그 뇌파는 모니터에서 물고기나 달, 기타 피험자가 선택한 물체의 모습으로 나타났다. 그 물체는 피험자가 자신의 이마엽 피질의 활동을 변화시키는 데 성공했을 때만 나타났다.

이런 식으로 피험자들은 뇌에서 평소에 무의식적으로 일어나는 과정들에 영향을 미치는 법을 학습했다. 이 같은 뇌 활동의 자기 통제는 공격성과 충동성의 감소로 이어졌다. 이 효과가 장기적으로 유지될지는 두고 보아야 안다.

최고경영자들과 은행가들

사이코패스적 특징들을 지닌 성인의 대다수는 감옥에 있지 않다. 오히려 그런 성인들은 권력, 지위, 돈을 얻을 수 있는 곳에 있다. 그들이 — 흔히 대단히 성공적으로 — 맡은 직책들에서는 그들의 마키아벨리적 성격 특징들이 확실히 유용하다. 그런 인물들은 〈정상〉 행동과 〈정신 병리적〉 행동 사이의 경계가 얼마나 불명확한지를 새삼 뚜렷하게 보여 준다. 사이코패시는 신속한 승진에 도움이 될 수 있다. 비록 그 승진이 타인들의 희생을 동반하더라도 말이다.

캐나다 심리학자 로버트 헤어의 추정에 따르면, 경영자들의 약 5퍼센트는 사이코패스적 특징들을 뚜렷이 나타낸다. 그들은 대형 다국적 기업 연합과 은행과 정치계에서 훌륭하게 역할을 수행할 수 있으며 흔히 매력적이고 매우 열정적으로 목표를 추구한다. 그러나 그들에게 궁극적으로 중요한 것은 그들 자신의 이익뿐이다. 그들은 어떤 일도 다른 사람이나 사안을 위해서 하지 않는다. 그들이 중시하는 것은 오로지 통제력, 권력, 지배력이다. 그들은 감정이나 후회, 죄책감, 공감 없이 신속하게 결정을 내릴 수 있다. 그들은 자기들이 일으키는 폐해에 관심이 없는 만큼, 타인들에게도 관심이 없다. 최고경영자들의 이 같은 속성들은 최근에 금융계에서 대규모의 사익 챙기기를 가능케 했다.

런던 시티의 은행가들을 다룬 저서 『이럴 리 없어*Dit kan niet waar zijn*』(영어판 제목은 『*Swimming With Sharks*』)에서 요리스 뢰연데이크는 그 직업군을 섬뜩하게 묘사한다. 은행가들 사이에서 지켜지는 비밀 엄수의 의무에도 불구하고, 도착적인 자극들로 가득 찬 세계, 하루아침에 일자리를 잃을 수 있는 세계에서는 은행과 고객에 대한 충성이 순식간에 증발할 수 있다는 사실이 차츰 뚜렷해진다. 그 세계를 지배하는 것은 정글의 무법(無法)성이다. 언제라도 해고되거나 스카우트될 수 있는 은행가들이 복잡한 금융상품의 장기적 안정성에 신경을 쓸 이유가 있겠는가? 탐욕이 권력정치, 순응주의, 지위, 인정욕구, 공포를 하녀로 부린다. 수단과 방법이 무엇이건 간에 경영진이 중시하는 것은 단 하나, 매년 더 많은 돈을 벌어야 한다는 것이다. 최고경영자의 자리에는 자신이 무엇을 하고 어떤 결과를 초래하는지 정확히 아는 사이코패스들이 앉아 있다. 하지만 그들은 자신이 타인들에게 입히는 피해에 관심이 없다. 그들이 금융계에 끼어 있음을 감안하면, 머지않아 또다시 금융위기가 닥치리라고 예상하게 된다.

실제로 사이코패스들은 수천 명을 해고해야 하는 대규모 구조조정을 실행하기에 딱 알맞은 속성들을 지녔다. 그들은 희생자들에게 공감하며 괴로워하지 않는다. 무제한의 에너지로 그들은 폭력적인 프로젝트를 밀어붙일 수 있으며 목표 달성을 위해서라면 어떤 수단도 꺼리지 않는다. 눈 한번 깜빡이지 않고 그들은 타인에게 큰 고통을 가할 수 있다. 그들과 같은 사람을 미국에서는 〈정장 입은 뱀snake in suit〉이라고 부른다.

사이코패스적 성격 특징을 가진 사람들은 단기적으로 많은 성취를 이룰 수 있긴 하지만 결국 좌초하는 경우가 많다. 하지만 일을 완전히 그르쳤을 경우에도 그들은 자신의 실패로부터 아무것도 배우지 못하며, 징벌은 아무런 효과가 없다. 금융위기들 덕분에 이익을 챙긴 것은 오로지 그들 자신뿐이다.

사이코패스적 특징을 지닌 유명한 정치 지도자들을 꼽자면, 아돌프 히틀러, 이오시프 스탈린, 마오쩌둥, 김정일, 슬로보단 밀로셰비치, 라도반 카라지치, 바샤르 알아사드 등이 있다. 틀림없이 지역 정치인들의 이름도 이 목록에 추가할 수 있을 것이다.

흥미로운 질문은 당연히 이것이다. 사이코패스적인 지도자 없이도 거대 조직을 유지할 수 있을까? 이익이 될 경우 큰 고민 없이 수백 명 수천 명을 해고하지 않고도 최고 지위에 오를 수 있을까? 경계성 성격 구조borderline personality structure를 가진 사람은 그런 해고를 절대로 실행할 수 없을 것이다. 왜냐하면 그는 해고자와 그 가족과 친구의 모든 고통을 강렬하게 공감할 것이기 때문이다. 하지만 실제로 조직에서는 가혹한 조처가 실행되어야 할 때가 가끔 있다. 그 조처가 아무리 끔찍하더라도 말이다.

단기적으로 발생할 수 있는 구조조정의 필요성과 사이코패스적 경영진이 장기적으로 일으킬 수 있는 손해를 감안할 때, 사장의 성격 구조는 까다로운 사안이다. 사이코패스는 자신의 직위에서 자발적으로 물러나지 않을 것이다. 따라서 어려움에 처한 조직은 그런 사이코패스적 지도자를 임시 경영자로만 고용하는 것이 어쩌면 바람직할 것이다. 구조조정이 끝나면 곧바로 다시 해고할 임시 경영자로만 말이다.

발달 과정의 초기가 지나면 우리의 성격은 이미 어느 정도 정해진다. 사이코패스는 유전적 요인과 환경적 요인이 대략 같은 비중으로 상호작용한다. 사이코패스는 흔히 어린 시절에 타인의 권리를 짓밟는 행동장애를 나타낸다. 혼란스러운 가족 상황은 이 속성을 더 강화할 수 있다. 사이코패스의 앞이마엽 피질의 기능은 뇌 발달 장애나 손상으로 저해된 것일 수 있다. 특유의 성격 특징들 때문에 사이코패스들은 사회 내에서 그들의 뇌 발달 장애에 가장 잘 어울릴 법한 자리에 도달한다. 그러나 그렇다고 그들이 그 자리에서 폐해를 일으키지 않는다는 뜻은 아니다. 따라서 우리는 그들을 잘 지켜보아야 한다.

흥미롭게도 사이코패스적 성격 특징들 ─ 예컨대 두려움 없음, 신속하고 차분하게 결정하고 목표 지향적으로 행위하는 능력 ─ 과 영웅다움 사이에도 상관성이 있는 듯하다. 네덜란드군의 한 고위 인사가 나에게 설명한 바에 따르면, 그는 부대 내에 그런 군인을 두세 명 두고 싶다고 했다. 왜냐하면 사이코패스적 속성을 지닌 군인이 절실히 필요한 상황이 때때로 벌어지기 때문이다. 빌럼 프레데릭 헤르만스의 소설 『다모클레스의 어두운 방The Darkroom of Damocles』에 나오는 한 인물의 말마따나 〈영웅이 뭔가? 조심성이 없었지만 징벌당하지 않은 사람이 바로 영웅이다〉.

17장
자율 없이 기능하기

1. 초유기체로서 인간

> 사람들과 민족들은 다른 모든 가능성들이 소진되어야
> 비로소 이성적으로 행동할 것이다.
> ─머피

지금까지 우리는 사회 안에서 실존하는 유일무이한 개체로서의 인간을 다뤘다. 하지만 적당한 환경 조건들이 갖춰지고 개별 인간이 그런 상실을 바란다면, 개체성은 완전히 상실될 수 있다. 그렇게 되면, 대규모 인간 집단이 하나의 전체로서 ─ 초유기체로서 ─ 기능하게 된다. 그리고 그런 집단에 결부된 온갖 위험이 발생한다. 축구장 관중의 만행, 집단행동의 과격화, 테러만 생각해 봐도 절로 고개가 끄덕여질 것이다.

초유기체란 극도로 협동적이며 사회적 적응도가 극도로 높은 동물 집단을 말한다. 예컨대 꿀벌 집단, 흰개미 집단, 개미 집단이 초유기체다. 동물 각각의 신체적 개체성에도 불구하고 이 집단들 각각에 속한 동물들은 하나의 유기체처럼 협력한다. 사막메뚜기들은 개체군 밀도에 따라서 외톨이 생활 단계를 벗어나 악명 높은 메뚜기 떼로 발달한다. 이 같은 떼 형성 과정에서 결정적 전환점은 개별 메뚜기들이 강력한 상호 기피를 벗어나 일관된 집단을 이루고, 그 집단 내에서 녀석들의 신체 활동이 강화되는 것이다. 이 같은 행동 변환은 진화적으로 오래된 신경전달물질인 세로토닌(5-HT) 때문에 일어난다. 세로토닌은 메뚜기들의 떼거리 행동swarm behavior이 발생하기 위한 필요충분조건이다. 세로토닌이 유발하는 신경화학적 메커니즘은 사회적 환경 속 개체들의 상호작용들을 서로 결합하며, 따라서 대규모 집단의 이동을 촉발한다.

인간들도 기회주의적이며 융통적인 방식으로 개인주의적 행동과 초유기체적 행동 사이를 오간다. 5-HT는 인간의 사회적 요인들에 대한 민감성과 관련이 있다. 이 신호 물질은 인간의 사회적 행동을 조절한다. 예컨대 5-HT-시스템 유전자들에 미세한 변이(다형태)가 있거나 발달 초기의 사건들 때문에 5-HT 수치가 높으면, 사람들은 스트레스나 보상 같은 환경 요인들에 민감해진다. 반대로 5-HT 수치가 낮으면 그런 것들에 대한 민감성이 감소한다.

5-HT 수치가 높은 사람들은 순조롭고 변화와 자극이 많은 환경에 가장 잘 적응할 수 있는 대신에 불리하고 스트레스가 많은 환경에서는 그만큼 더 많은 고통을 겪는다. 반대로 5-HT 수치가 낮은 사람들은 순조로운 환경으로부터 얻어 내는 이익은 더 적지만 부정적인 경험들 때문에 트라우마에 빠질 위험도 더 적다. 따라서 그런 사람들은 더 안정적이며 험난한 사회적 조건에 처하더라도 계속해서 자신의 목표를 내다본다. 사회의 균형을 유지하려면, 5-HT 수치가 높은 사람들과 낮은 사람들이 모두 필요하다.

메커니즘들

> 민족주의는 아동의 질병, 인류의 홍역이다.
> ─ 알베르트 아인슈타인

개인의 집단과의 동일시는 〈나〉를 〈우리〉로, 인간들의 초유기체로 변환하는 스위치다(거울 뉴런과 영웅적 행동 사이의 관계에 대해서는 4장 4 참조). 그 동일시는 종교, 국적, 인종, 스포츠 팀, 정당 같은 사회적 정체성을 토대로 이루어질 수 있다. 처음에는 공통의 언어를 매체로 삼고 단체나 운동 조직, 혹은 국가를 나타내는 상징들의 도움을 받아 사람들 간의 통합을 이뤄 내야 한다. 네덜란드인들 사이에서는 월드컵이나 유럽축구선수권대회 기간에, 예컨대 국기 색깔의 가발, 오렌지색 옷, 나막신을 통해 그런 통합이 이루어진다. 여기에서도 사회적 펩티드 옥시토신이 중요한 역할을 한다. 중국에서 이루어진 한 연구에서 입증되었듯이, 중국인 피험자들에서 옥시토신은 중국과 중국 국기에 대한 사랑을 강화하는 반면에 타이완, 일본, 대한민국 같은 다른 나라들과 그 국기들에 대한 사랑은 강화하지 않는다.

똑같은 동작을 통한 통합은 거울 뉴런 덕분에 대단히 효과적이다. 이 메커니즘은 공통의 춤이나 북 연주, 군사훈련, 파도타기 응원, 팬들이 함께 부르는 노래, 축구장 관중의 함성에서 작동한다.

공통 목표는 초유기체의 효율성을 위해 결정적으로 중요하다. 공통 목표가 제시되면 곧바로 의도가 공유될 수 있고, 그러면 수천, 아니 수백만의 사람들이 효율적으로 협력할 수 있다. 사람들은 한 사안에 함께 집중하고 함께 행위할 수 있다. 그뿐만 아니라 그런 공통의 집중과 행위는 사람들에게 기쁨을 준다. 이때 개체에서 집단으로 향하는 상향 과정bottom-up process

은 자기조직화를 통해 시작된다. 즉, 내적 혹은 외적 지도자가 등장하지 않는 탈중심적 조직화를 통해 시작된다. 불만과 효과적인 집단행동의 필요성에서 유래한 포퓰리즘 리더십도 강한 〈우리〉-느낌을 매우 효율적으로 창출한다. 이때 선전propaganda이 강력한 구실을 할 수 있다. 나치 정권 아래에서 성장한 적잖은 독일인들은 제2차 세계대전이 끝나고 몇십 년이 지날 때까지도 반유대주의 성향이 나머지 독일인보다 더 강했다.

집단의 구성원들은 서로에게 충성하며 단결된 힘으로 공통 목표를 추구한다. 〈한 삶은 전체를 위하여, 전체는 한 사람을 위하여〉가 그들의 구호다. 네덜란드인이 인도네시아에서 저지른 전쟁범죄를 비롯한 모든 전쟁범죄에서 보듯이, 개인과 집단의 완전한 정신적 융합은 〈집단의 이름으로〉 자행되는 극단적 공격 행동으로 이어질 수 있다. 집단 안에서 개인이 출현하므로, 집단이 겪는 사건들은 개인의 감정과 호르몬에도 영향을 미친다. 실제로 스포츠 팬은 〈자기〉 팀이 승리하면 테스토스테론 수치가 절정에 도달한다. 반대로 자기 팀이 패배하면, 스포츠 팬의 테스토스테론 수치는 하강한다.

결과

한 집단이 초유기체로서 행동할 수 있으려면 집단의 내적 다양성이 미미해야 한다. 평등주의는 구성원들이 집단 규범을 받아들임으로써 성취된다. 이때 일련의 심리적 메커니즘들이 작동하는데, 그것들은 협동을 장려하고 협동할 의지가 없는 구성원들의 삶을 몹시 힘들게 만든다.

집단에 대한 위협은 사회적 결속을 유발하는 중요한 요인이다. 공통의 적보다 더 효과적인 것은 없다. 2001년 9월 11일 이전에 조지 W. 부시의 인기는 매우 낮았으나 그날의 테러 이후 갑자기 치솟았다. 2015년에 일어난 풍자 잡지 『샤를리 에브도Charlie Hebdo』 편집부에 대한 테러도 똑같은 효

그림 17.1 「마오쩌둥과 홍위병」, 오레곤 대학교 조던 슈니처 박물관 전시. 문화혁명(1966~1976) 기간에 중국 젊은이들은 마오쩌둥의 사상을 퍼뜨리는 일에 동원되었다. 마오는 중국 전통을 폐기하고 혁명을 다시 시작해야 한다고 주장했다.

그림 17.2 현실. 모든 지도자들, 강사들, 교수들, 교직원들이 강제로 〈자아비판〉을 하고 서로를 반박하고 모욕했다. 또한 고문당하고, 끌려 나가 행진했다. 행진 중에는 자신의 〈죄〉가 적힌 표지판을 목에 걸어야 했다. 그들은 공공연히 학대당하고 맞아 죽었다. 옛 문헌이나 서양 서적을 소유한 사람은 누구나 〈자본주의자〉라는 의심을 받았다. 그런 사람들의 집은 약탈당하고 파괴되었다.

과를 냈다. 즉, 그 테러로 인해 당시 프랑스 대통령이었던 프랑수아 올랑드의 인기가 상승했다. 정치 지도자들은 이 메커니즘을 자주 이용한다. 첫 단계는 공감의 범위에서 〈적〉이 배제되는 것이다. 사회학자 아브람 드 스완은 이를 사회가 〈우리〉와 〈너희〉로 〈구획화〉되는 것이라고 표현한다. 특정 집단이 적으로 선언되고 선전과 악마화를 통해 비인간화되며 기생충이나 바퀴벌레 같은 경멸의 대상이 된다. 그 결과로 히틀러 치하의 홀로코스트, 르완다 후투 정권이 투치족과 온건한 후투족 50만에서 100만을 학살한 사건, 2013년 이집트에서 농성파업 중인 무슬림 형제단 단원들 사이에서 발생한 유혈 사태, 이른바 〈이슬람 국가〉가 지금도 계속 자행 중인 학살이 가능해졌다.

인간들의 초유기체의 어두운 면을 보여 주는 또 다른 예는 스탈린 치하의 공산주의다. 당시 소련 국민들은 스탈린 정권에 적극 협조했다. 끔찍한 것은 그 집단 구성원들이 자기들은 늘 옳은 일을 한다고 느꼈다는 점이다. 이와 똑같은 현상을 테러 집단 IS의 살인자들에게서도 관찰할 수 있다. 그들은 도덕적으로 옳게 행동한다고 확신한다. 이러한 현상은 끝내 종결되지 않을 듯하며, 그 배후의 메커니즘들은 항상 동일하다.

하지만 그 동일한 메커니즘들이 고귀한 보편적 도덕 원칙들을 따르는 집단 — 예컨대 국제사면위원회, 그린피스, 국경 없는 의사회 — 의 형성에서도 중요한 역할을 한다는 점을 간과하지 말아야 한다. 또한 종교들도 초유기체 효과를 이용한다. 종교들은 집단 내부의 협력과 연대를 촉진하며 위협이나 결핍이 있을 때 더 쉽게 번창한다. 기본적으로 종교는 사람들에게 강한 사회적 정체성, 사회적 규범, 그 규범을 지키려는 욕구를 제공한다. 그러나 이 역할이 파국적인 결과를 빚어낼 수도 있다. 지금도 모든 전쟁의 절반은 종교적 동기에서 비롯된다.

그림17.3 베를린 홀로코스트 기념물(2005). 가슴을 답답하게 하는 이 작품은 유럽에서 나치에 희생된 유대인들을 기리기 위해 설치되었다. 미국 건축가 피터 아이젠만이 설계했으며, 크기가 다양한 회색 콘크리트 블록 2,711개를 줄 맞춰 배열한 구조로 되어 있다. 이 작품은 고립되고 길을 잃은 느낌을 자아냄으로써 홀로코스트 당시에 유대인들이 느꼈을 감정을 상징적으로 체험하게 한다. 블록들 사이에서 자라는 침엽수 한 그루는 철저히 황폐화된 곳에서도 희망이 싹틀 수 있음을 또렷이 보여 준다. 이 기념물이 표현하는 다음과 같은 핵심 사상은 아우슈비츠 생존자 프리모 레비에게서 유래했다. 〈그런 일이 일어났다. 그러므로 다시 일어날 수 있다.〉

2. 자율신경계의 자율성을 돌파하기

우리의 자율신경계는 심장박동, 체온 조절, 장 운동, 물질대사 같은 기본 신체 기능들을 자동으로 조절하기 때문에 그런 명칭으로 불린다. 자율신경계를 통해서 우리는 외부 세계의 변화와 위협에 즉각 반응할 수 있다. 일상에서 우리의 의지는 그 신체 기능들에 이렇다 할 영향을 미치지 못한다. 그렇게 그 기능들이 자율적으로 수행되기 때문에, 우리는 다른 일들에 몰두할 수 있다. 그러나 주지하다시피 자율신경계와 나머지 뇌 사이에는 수많은 연결이 있다. 일부 사람들은 타고난 소질과 집중적인 훈련의 결과로 자율

신경계의 자율성을 극단적인 방식으로 돌파하여 신체 기능들에 의식적으로 영향을 미칠 수 있다. 따라서 그들은 매우 특별한 방식으로 환경에 통합될 수 있다. 〈아이스 맨The Ice Man〉 윔 호프(1959~)는 네덜란드에서 예컨대 〈턱까지 얼음물에 잠긴 채로 1시간 44분 12초 동안 서 있기〉 등에 도전하여 계속 세계신기록들을 세우고 있다. 명상, 호흡법 수련, 추위 속에서 버티는 연습을 통해서 자율신경계를 훈련한 그는 스트레스 호르몬들인 코르티솔과 아드레날린의 수치가 평균보다 더 높고 면역반응이 더 약하다. 게다가 그는 나이가 50세였을 때에도 갈색 지방조직이 젊은 남성만큼 많았다. 갈색 지방조직은 추운 환경에서 활성화하여 체온 유지에 기여한다.

하지만 2014년에 윔 호프는 건강을 담보로 한 극단적 도전의 경력을 지나치게 확장했다. 그는 모든 가능한 불치병을 막는, 인체 내의 힘들을 활성화할 수 있다고 주장하면서 2014년 초에 건강하거나 병든 사람 26명과 함께 높이가 6,000미터에 가까운 킬리만자로산을 이틀 동안 등반했다. 참가자들 중에는 다발성 경화증 완자, 류머티즘 환자, 암 환자도 있었다. 우주인 우보 오켈스도 참가했는데, 그는 신장암을 앓고 있었다. 2014년 2월에 한 토크쇼에서 스스로 밝혔듯이 오켈스는 〈호프 요법Hof-Method〉의 도움으로 생명을 연장할 수 있기를 바랐다. 그는 2014년 5월 19일에 사망했다. 윔 호프가 근거 없는 호언장담으로 환자들에게 그릇된 희망을 심어 준 것은 비극적인 일이다. 더 나중에는 〈호프 요법〉을 실행한 사람들도 죽음에 이르렀다. 윔 호프 자신은 특별히 타고난 소질을 보유했으며, 그 소질을 교습을 통해 습득할 길은 없다.

윔 호프는 자신이 노벨상을 받을 자격이 있다고 믿는다. 그러나 모스크바의 알렉산더 로마노비치 루리아(1902~1977)는 논문 「큰 기억의 작은 초상」에서 젊은 남성 〈S.〉에 대하여 서술했다. 그 남성은 자신의 자율신경계를 훨씬 더 잘 조종할 수 있었으며 엄청난 기억력도 보유하고 있었다. 그

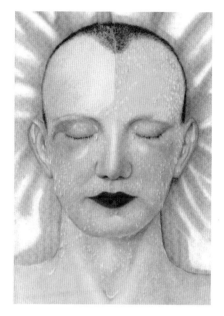

그림 17.4 이 유겐트 양식의 소묘는 피부의 혈관과 땀샘으로 이어진 자율신경섬유들의 작용을 보여 준다. 방금 뇌수술에서 그 신경섬유들이 절단된 머리 부위에서는 혈관들이 확장하지 않으며 땀도 분비되지 않는다. 수술 직후에 부교감신경 자극제 필로카르핀pilocarpine 2.5밀리그램을 가쪽 뇌실들lateral ventricles에 주입했다. 피투이트린Pituitrin에 대한 수용성이 있는 사람들에게 (뇌하수체 후엽에서 추출되는) 그 물질 1밀리리터를 주입하자 동일한 부교감신경 반응이 일어났다. 그 추출물을 혈관에 주입했을 때의 반응은 훨씬 더 약했다. 이로써 뇌하수체 후엽 호르몬들인 바소프레신과 옥시토신이 인간 뇌에서 중추 자율신경에 미치는 영향이 최초로 입증되었다(쿠싱, 1932).

는 자신이 듣고 그림으로 변환한 모든 것을 기억했다. 예컨대 그는 숫자 70개로 된 계열들을 16년 뒤에 갑자기 물었을 때도 오류 없이 댈 수 있었다. 그의 기억력은 한계가 없는 듯했고 기억 흔적들은 지워지지 않는 듯했다. 그는 특정 정보가 사라졌다는 강력한 자기 암시를 엄청난 노력으로 실행해야만 기억에서 무언가를 지울 수 있었다. 나중에 그는 유명한 기억술사가 되었다.

또한 특별한 상상력을 발휘하여 그는 자신의 심장박동, 체온 유지, 통증 감각 같은 자율적 신체 기능들에 영향을 미칠 수 있었다. 출발하는 기차를 향해 달려가 올라타는 상황을 상상하는 것만으로도 그는 자신의 심박수를 평소의 분당 70회에서 100회로 올릴 수 있었다. 이어서 그가 침대에 가만히 누워 자는 것을 상상하면, 그의 심박수는 다시 분당 64회로 떨어졌다. 정말로 놀라운 것은 그가 오른손의 체온을 2도 높임과 동시에 왼손의 체온을 1.5도 낮출 수 있었다는 점이다. 이를 위해 그는 오른손을 뜨거운 오븐

위에 얹고 왼손에 얼음덩어리를 쥐는 것을 상상했다. 치과 진료를 받을 때 그는 그 자신이 아니라 타인이 치과 진료용 의자에 앉아 있다고 상상했다. 그는 의자 곁에 서서 그 타인의 이에 구멍이 뚫리는 것을 바라보는 그 자신을 보았다. 그러면서 이에 어떤 감각도 느끼지 못했다고 그는 보고했다. 루리아는 S.의 이 같은 마지막 보고를 검증하지 않았지만 그것을 의심할 근거가 없었다. S.는 수십 년 동안 포괄적이고 충실하게 루리아의 연구에 협조해 왔으니까 말이다.

3. 구경거리가 되기도 하는 자율신경계의 유전적 이상

유전성 감각 및 자율 신경병증HSAN의 다양한 형태에서 여러 자율신경 장애가 발견되었다. 일부 직업들에서는 HSAN이 때때로 유익하지만, 자율신경계의 기능이 우리의 삶에 얼마나 중요한지를 그 병에서 알 수 있다. HSAN은 드물며, 서로 친척인 부모에게서 태어난 아동에게 더 자주 발생한다. HSAN 환자는 감각신경계와 자율신경계의 발달이 저해된다. 그 결과로 체온 조절 장애, 땀 분비 장애, 소화 장애, 혈압 조절 장애가 발생한다. 일부 환자는 더위와 추위를 느끼지 못한다. 추위 속에서 HSAN 환자의 체온은 갑자기 34도, 심지어 30도로 하강할 수 있으며, 그의 몸이 〈녹아서〉 정상 체온을 회복하려면 여러 시간이 걸린다. 또한 그의 체온은 사소한 감염으로도 순식간에 40도로 오른다. 하지만 가장 끔찍한 것은 HSAN 환자들이 통증을 느끼지 못한다는 점이다. 그들은 손발이나 코에 부상을 입거나 감염을 당했을 때 아무것도 알아채지 못하며 그래서 적잖은 경우에 절단 수술을 받게 된다. 이 증상은 잘 작동하는 통증 시스템이 우리의 삶에 얼마나 중요한지 보여 준다.

HSAN은 여러 유형이 있다. 1형 HSAN은 상염색체우성autosomal dominant이며, 3형 HSAN(〈릴리-데이 증후군Riley-Day Syndrome〉, 〈가족성 자율신경 실조증〉으로도 불림)에서는 출생시부터 자율신경 기능들의 장애가 나타난다. 이 병에 걸린 환자는 통증과 추위를 느끼지 못한다. 4형 HSAN은 선천성 무통각증 및 무한증CIPA으로도 불린다. HSAN 환자의 기대수명은 15년, CIPA 환자의 기대수명은 겨우 3년이다. 그러나 예외들도 있다.

HSAN 환자에 대한 상세한 서술은 1932년에 처음 이루어졌다. 그 환자는 54세였으며 통증 감각이 없었고 축제 장터에서 묘기를 보이는 〈바늘 인간〉으로 유명했다. 장터 공연장에서 사람들이 그의 몸에 오륙십 개의 바늘을 찔러 넣어도, 그는 아무것도 느끼지 못했다.

가족 중에 HSAN 환자가 있다는 사실은 대개 아기가 예방주사에 반응을 보이지 않을 때 처음으로 인지된다. 심지어 어떤 아기는 주사를 맞으면서도 계속 잠을 잔다. 정말 큰 문제는 아기의 이가 날 때 시작된다. HSAN에 걸린 아기는 아무 느낌 없이 자기 혀와 입술, 손가락을 깨물고 씹기 때문이다. 내가 본 여아 HSAN 환자는 손가락에서 피를 흘리는 채로 가만히 앉아 있었다. 손가락 끝은 아이가 물어뜯어 절단된 상태였다. 다른 아동은 연필로 뺨에 구멍을 뚫는 놀이를 즐겼다. 일부 아동들은 부모에게서 위로의 선물을 받으려고 일부러 몸에 상처를 냈다. 높은 담장 위에서 뛰어내리거나 뜨거운 난로에 기어올라 학우들의 경탄을 사는 아동도 있었다. 하지만 상처와 부상은 감염으로 이어지고, 환자들은 그 감염을 알아채지 못한다. 그들은 충수염도 알아채지 못한다. 이 모든 것이 치명적인 상황을 초래할 수 있다.

파키스탄 라호르에 사는 한 청년은 통증을 느끼는 기색 없이 불타는 석탄 위를 걷는 묘기로 과학자들의 눈에 띄었다. 연구자들은 그의 주변을 조사하여 파키스탄 북부의 세 가족을 찾아냈다. 그 가족들 중에는 부상자가 수두룩했다. 연구자들은 그들에게서 *SCN9A* 유전자의 돌연변이를 발견했다. 이 유전자의 돌연변이들은 통증을 느끼지 못하는 증상뿐 아니라 과도하게 느끼는 증상도 일으킬 수 있다. 통증을 못 느끼는 증상의 다른 원인들로는 한센병, 당뇨병성 말초신경병증, 매독, 다발성 경화증 등이 있다.

요컨대 끊임없이 변화하며 때로는 위협적인 환경과 원활하게 상호작용하기 위해서는 우리의 자율신경계뿐 아니라 통증 시스템도 본질적으로 중요하다.

5부

환경과 뇌 손상

18장
건강한 뇌의 노화와 알츠하이머병

우리는 우리의 유전적 소질을 조금도 바꿀 수 없다. 하지만 노화에 관여하는 환경 요인들에 대해서 더 많이 알수록, 우리는 노화 과정의 긍정적 진행에 더 많이 기여하고, 뇌 질병들의 예방이나 지연, 심지어 치유에 더 많이 기여할 수 있다. 이런 관점에서 나는 먼저 뇌의 노화와 알츠하이머병을 다루고자 한다. 우리 대다수가 되도록 마주하지 않기를 바라는 알츠하이머병은 내가 보기에 우리 뇌의 노화가 빨라지는 것이라고 할 수 있다. 알츠하이머병과 관련해서 여러 질문을 던질 수 있다. 알츠하이머병은 정확히 무엇일까? 이 병을 예방하려면 무엇을 해야 할까? 어떻게 하면 우리가 심근경색이나 암으로 사망할 때까지 알츠하이머병에 걸리지 않을 수 있을까? 어떻게 하면 뇌가 건강한 상태로 늙을 수 있을까? 노화란 과연 무엇을 의미할까?

요점만 미리 말하면 이러하다. 노인의 기억력이나 사고력을 믿을 만하게 향상시키는 약물은 존재하지 않는다. 적어도 플라시보, 곧 가짜 약보다 더 효과적인 약물은 확실히 없다. 실제로 플라시보는 기억력 향상에 놀랄 만큼 효과가 있다. 바로 그렇기 때문에 효과 없는 온갖 물질들이 뇌의 노화를 개선하는 약으로 팔리는 것이다. 당신이 그런 약의 효과를 믿으면, 그런 약은 효과가 있다. 이것이 플라시보 효과가 뇌에 작용하는 원리다.

1. 건강한 뇌의 노화

> 그 상냥한 노인과 의사에게 진료를 받은 후 몇 가지 검사
> 결과를 기다렸는데 마침내 어제 받았다. (……) 의사가
> 동봉한 편지에 이렇게 적혀 있다. 〈당신이 안 걸린 병들이
> 여전히 더 많다는 점을 위안으로 삼으세요.〉
> ─『아드보카트를 마시는 나날: 83세 헨드릭 그로언의 비밀 일기』

우리가 사는 환경은 우리의 건강과 수명에 본질적인 영향을 미친다. 산업 혁명이 시작된 이래로 점점 더 많은 사람들이 점점 더 오래 산다. 최근에는 금연 유도 정책과 심혈관 질환 치료가 수명 연장에 확실히 기여했다.

산업국가들에서는 평균 기대수명이 10년마다 2~3년씩 상승한다. 2030년에는 그 값이 82.5년에 이를 것이다. 그러나 기대수명이 연장되는 속도는─네덜란드 국립 보건 환경 연구소RIVM에 따르면─감소하고 있다. 현재 최장수 세계기록 보유자는 여전히 프랑스 여성 잔 칼망이다. 그녀는 1997년에 122세로 사망했다. 이 기록은 머지않아 깨질 것이 틀림없다.

노화가 진행되면 일부 뇌 기능들은 저하된다. 예컨대 기억력과 집중력이 약해지고, 사고력도 느려진다. 새로운 정보를 저장하는 능력 ─ 이것은 해마의 기능인데 ─ 이 감소하고, 중요하지 않은 정보를 솎아내기가 더 어려워진다. 정신적 유연성, 곧 사고방식을 다양하게 변환하는 능력도 감소한다. 이것은 앞이마엽 피질의 기능이다. 앞이마엽 피질의 퇴화는 계획 능력, 작업 기억, 조직화 능력의 감소와도 관련이 있다. 정보 처리와 뒤이은 결정

그림 18.1 카릴리네 피터스, 「사랑이 전부다De liefde is alles, hè」(2014), 다큐멘터리 영화.

은 집행 기능의 주요 성분이다. 집행 기능은 앞이마엽 피질의 기능이며 60세가 넘으면 감소한다. 이 감소를 벌충하기 위하여 노인의 앞이마엽 피질은 더 큰 부하를 받는다. 따라서 사고 속도는 나이를 먹음에 따라 느려진다. 하지만 이 변화는 65세부터 시작되는 것이 아니라 이미 20세에 시작된다.

  이런 변화들에도 불구하고 우리 중 다수에게 뇌의 노화는 이렇다 할 문제를 일으키지 않는다. 대다수 노인들은 활동적이며 자신의 삶에 만족한다. 60세 즈음과 그 후에 많은 이들은 심지어 20세에서 40세의 젊은이들보다 더 행복하다. 흐로닝언주 출신의 심리학자 안드레 알레만의 견해에 따르면, 노화에 대한 긍정적 시각은 신체 운동이나 금연, 비만 예방보다 우리의 건강에 더 큰 영향을 미친다. 노인들은 감정을 더 잘 다스릴 수 있으며 감정이 격해지는 일도 더 드물다. 노인들은 대개 외로움을 타지 않는다. 그들은 성인이 된 자식과 대개 좋은 관계를 유지하며, 대다수는 예전과 다름 없이 강력한 사회적 연결망을 유지한다. 노인의 과반수는 자기 소유의 집에서 산다. 알레만이 꼽는 늙은 뇌의 장점들은 더 많은 (세계에 관한) 지식과 통찰, 더 풍부한 어휘, 더 많은 인생 경험이다. 노인들은 문제를 더 잘 다루고 스트레스에 덜 시달리며 덜 의기소침하고 그리 충동적이지 않으며 심한 우울에 빠지는 경우가 더 드물다. 또한 더 관용적이고 더 지혜롭다. 이때 내가 말하는 〈지혜〉란 인생 문제에 대한 통찰, 그리고 불확실한 상황에서 균형 잡힌 결정을 내리는 능력을 뜻한다. 이런 관점에서 보면 늙은 뇌의 느린 작동 방식은 심지어 장점일 수 있다. 왜냐하면 그 작동 방식 덕분에 노인들은 결정을 내리기 전에 더 오래 숙고할 수 있으니까 말이다. 또한 노인들은 더 많은 경험을 지녔으며 복잡한 결정을 직관적으로 내릴 수 있다. 게다가 노인들은 일반적으로 그리 빨리 흥분하지 않는다.

2. 노화 과정

> 그렇게 매시간 우리는 성숙하고
> 그렇게 매시간 우리는 부패하고
> 그것이 동화의 요점이야.
> ─ 셰익스피어, 『뜻대로 하세요 *As You Like It*』

권위 있는 한 이론에 따르면, 우리는 살아가는 동안 ─ 모든 생명의 토대인 ─ 물질대사를 통해 우리 자신의 세포들과 DNA를 손상시킨다. 이는 자동차 엔진이 작동하면서 엔진 자신을 마모시키는 것과 유사하다. 그뿐만 아니라 우리는 우주에서 오는 복사에 노출되는데, 그 복사도 우리의 세포들을 손상시킨다. 이 같은 자연 발생적 마모를 영어권 전문 서적에서는 〈wear and tear(닳고 해짐)〉라고 한다. 우리의 DNA와 단백질들은 지속적으로 산화를 통해 손상되는데, 이 손상은 일반적으로 분자 수준의 재건 메커니즘들의 도움으로 대부분 복구된다. 그러나 복구되지 않고 남은 작은 손상들은 세월이 흐름에 따라 축적된다. 그것들이 노화의 기초라고 여겨진다. 이런 식으로 우리의 뇌에도 세월이 흐름에 따라 수많은 작은 오류들이 축적되며, 그 결과로 알츠하이머병이 발생할 수 있다. 알츠하이머병에 걸릴 위험은 나이에 따라 지수함수적으로 증가한다.

그렇게 작은 오류들의 축적을 통해 발생하며 2배 증가 속도가 일정한 지수함수적 곡선은 예컨대 자동차 같은 다른 복잡한 시스템들의 〈수명〉을 계산할 때도 등장한다. DNA 수리 메커니즘은 많은 에너지를 소모하기 때문에, 진화의 관점에서 볼 때 사실상 유일하게 중요한 성취인 번식에 부담을 준다. 그러므로 에너지를 기준으로 따지면, 자동차 소유자에게나 자연에게나 어느 정도 시간이 지나면 낡은 개체를 끝없이 개선하는 것보다 새 개체를 제작하는 것이 훨씬 더 효율적이다. 궁극적으로 우리는 오로지 DNA 전달을 위해 존재하는 일회용품이니까 말이다.

진화의 결과로 우리는 우리의 줄기세포들을 우리 자신의 몸을 수리하는 데 사용하는 대신에 자식을 생산하는 데 사용하게 되었다. 우리는 우리 자신의 몸을 보존할 기회를 버림으로써 확보한 자원을 후손에게 투자한다. 50세가 넘어 폐경한 여성은 더는 번식할 수 없더라도 진화적인 관점에서 〈유용하다〉. 왜냐하면 손자들에게 할머니의 역할을 해줄 수 있기 때문이다. 그 덕분에 손자들의 부모는 영양 공급과 번식에 더 많은 에너지를 투입할 수 있다. 원래 인류의 조상들은 알츠하이머병 위험인자인 *APOE-ε4* 유전자를 가지고 있었다. 그런데 진화 과정에서 그들 중 일부에서 *APOE* 유전자의 변이가 일어나 *APOE-ε2* 유전자와 *APOE-ε3* 유전자가 생겨나고, 이

그림 18.2 렘브란트(1606~1669)의 자화상들이 보여 주는 노화 과정.

a) 22세, b) 34세, c) 46세, d) 52세, e) 62~63세, f) 63세.

것들이 자연선택에서 *APOE-ε4* 유전자를 어느 정도 밀어냈다. 그리하여 그 일부 집단에서는 알츠하이머병의 발생 위험이 감소하고, 여성 개체가 할머니 역할을 성공적으로 수행할 확률이 높아졌다.

3. 알츠하이머병과 기타 치매 형태들

> 치매는 의사가 당신을 망각할 때 비로소 끔찍해진다.
> ─ 루셔

알츠하이머병은 가장 흔한 형태의 치매다. 노인 인구에서 알츠하이머병의 가장 중요한 위험인자는 나이이므로, 지난 몇십 년 동안 알츠하이머병 환자의 수는 급격히 증가했다. 60세 인구에서는 1퍼센트, 75세 인구에서는 7퍼센트, 85세 인구에서는 30퍼센트가 알츠하이머병으로 인한 치매 환자다. 그러나 현미경으로 관찰하면, 비록 증상은 나타나지 않더라도 75세 노인의 대다수에서 알츠하이머병의 초기 징후가 발견된다.

알츠하이머병의 초기 단계를 일컬어 〈경도인지장애MCI〉라고 한다. 전체 사례의 절반에서 경도인지장애는 알츠하이머병으로 이행하며, 이 경우에는 해마가 심하게 손상된다. 이 초기 단계에서 사람들은 인지 훈련을 통해 기억 감퇴를 저지하려 노력한다.

알츠하이머병은 치매의 유일한 형태가 결코 아니다. 따라서 〈알츠하이머병〉이라는 진단이 옳은지는 치매 환자가 사망한 후에 뇌를 현미경으로 관찰하여 알츠하이머병 특유의 변화들, 곧 딱지plaque들과 엉킴tangle들을 발견했을 때 비로소 제대로 판정할 수 있다. 뇌졸중과 뇌출혈은 다발경색 치

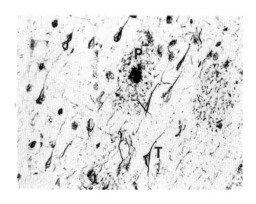

그림 18.3 알츠하이머병이 대뇌피질에서 일으키는 전형적인 변화를 은염색법으로 촬영한 현미경 사진. 알츠하이머병 특유의 단백질인 베타아밀로이드 덩어리(A)를 포함한 딱지(P)가 중앙에 보인다. 그 딱지는 일종의 흉터이며, 뇌세포 속의 짧은 검은색 선으로 보이는 엉킴(T)은 수송 단백질들이 뭉친 덩어리다.

매(〈혈관성 치매〉로도 불림)를 유발할 수 있다.

대다수 사례에서 다발경색 치매는 알츠하이머병으로 인한 뇌 변화와 함께 나타난다. 익숙한 치매의 한 형태는 혈관 속에 아밀로이드 덩어리가 생기게 만드는 돌연변이에서 비롯되며 뇌출혈과 짝을 이룬다. 치매는 파킨슨병과 함께 나타나기도 한다. 파킨슨병 환자는 병원에서 알츠하이머병에 걸렸다는 오진을 받는 경우가 꽤 많다. 파킨슨병이 대뇌피질을 침범한 경우는 〈루이 소체병〉이라는 별도의 명칭으로 부른다.

앞이마엽 피질을 침범하는 치매 형태들도 있다. 과거에는 이 치매들을 모두 〈피크병Pick disease〉으로 분류했다. 그러나 이 치매 사례의 80퍼센트에서는 피크병으로 인한 전형적인 변화, 곧 뇌세포 속의 작고 둥근 구조물들이 현미경 관찰에서 발견되지 않았다. 이 치매 유형은 오늘날 〈이마 관자엽 치매〉로 불리며 흔히 17번 염색체의 타우 돌연변이에서 유래한다. 타우 단백질은 신경조직 내의 분자 수송에서 결정적인 구실을 한다. 이 앞이마엽 피질 치매의 첫 증상은 대다수의 경우에 기억장애가 아니라 행동장애다. 최근 샌프란시스코에서 이마 관자엽 치매 환자들의 전과에 대한 조사가 이루어졌는데, 조사된 환자의 37퍼센트가 전과가 있었다. 대다수의 전과는 절도였지만, 강도, 명예훼손, 성폭력, 주거침입도 있었다. 치매 탓에 처음 범죄를 저지르는 노인들은 새로운 범죄자 유형을 이루고 나날이 증가하는 추세다.

알코올 남용은 알코올성 코르사코프 증후군Alcoholic Korsakoff syndrome을 유발할 수 있다. 치매의 일종인 이 증후군에 걸린 환자들은 자신의 기억력 결함을 이야기를 지어냄으로써 메우고 그 이야기를 철석같이 믿는다. 이 행동을 〈작화confabulation〉라고 한다.

에이즈 유행의 초기에는 에이즈 치매 환자가 꽤 많이 발생했다. 왜냐하면 에이즈 환자의 뇌가 다양한 감염으로 손상되었기 때문이다. 다양한 약물을 조합해서 투여하는 에이즈 복합치료법 덕분에 에이즈 치매는 오늘날 사라졌다.

또 다른 드문 형태의 치매로 크로이츠펠트-야콥병이 있다. 이 병은 이례적으로 감염성을 보유한 단백질인 프리온prion에 의해 촉발되며 유전적 원인을 가질 수 있다. 과거에는 감염성 단백질이 뇌수술과 각막 이식을 통해서도 전달되었다. 또한 성장호르몬이 부족한 아동의 성장을 돕기 위해 사용하는 뇌하수체 추출물을 통해서도 전달되었다. 더 나중에는 이 위험한 추출물이 피트니스센터들에서 근육량을 늘릴 목적으로 은밀히 사용되어 흔히 참혹한 결과를 불러왔다. 광우병은 크로이츠펠트-야콥병의 한 변형이다. 광우병에 걸린 소의 뇌 속에는 프리온이 있는데, 과거에 그 프리온은 다른 내장들과 함께 미트볼 같은 다진 소고기 제품에 들어갔다. 뉴기니에서는 크로이츠펠트-야콥병의 일종인 〈쿠루kuru〉가 발견되었다. 이 병은 주로 여성과 아동의 목숨을 빼앗아 갔다. 왜냐하면 그곳에서는 여성과 아동이 적들의 뇌를 먹는 풍습이 있었기 때문이다.

헌팅턴병도 유전적인 형태의 치매로 이어진다. 헌팅턴병 특유의 운동장애가 나타나기 시작했고 친척들의 전례를 잘 아는 환자들은 자신이 차츰 치매에 걸리리라는 것을 안다. 헌팅턴병은 DNA의 변이에서 유래한다(변이의 결과는 특정 염기서열이 비정상적으로 자주 반복되는 것이다). 남아프리카 공화국의 모든 헌팅턴병 환자들은 17세기에 얀 판 리베크의 배를 타고 그곳에 도착한 한 선원의 후손이다. 헌팅턴병을 유발하는 돌연변이는 자궁 속 태아에서도 식별할 수 있다. 따라서 임신부는 임신 중절을 선택할 수 있다. 마스트리히트 대학 병원에서는 착상 전 진단도 가능하다. 즉, 체외 수정된 수정란을 자궁에 착상시키기 전에 수정란의 유전자를 검사할 수 있다.

이처럼 현미경 관찰과 유전자 검사로 구분할 수 있는 다양한 형태의 치매가 존재한다. 그러나 대다수 사례에서 치매의 기반은 알츠하이머병이며, 특히 노인 환자들에게서 그러하다.

뇌의 건강한 노화를 거론할 때 우리는 75세 이상 인구의 80퍼센트 이상이 뚜렷한 임상 증상은 없더라도 뇌에 신경 병리적 변화들을 지녔다는 점을 간과하지 말아야 한다. 혼합 형태들, 곧 방금 서술한 병들의 조합들, 예컨대 알츠하이머병과 혈관성 치매와 루이 소체병의 조합도 흔히 나타난다. 궁극적으로 우리는 신경 퇴화 과정을 막을 수 없을 것이다. 그러나 우리는 그 과정을 지연시키기 위해 노력할 수 있다.

4. 알츠하이머병의 단계들

「운이 좋으면 나는 내년에 다시 산타클로스를 믿게 될 거야!」 그리체가 흡족한 듯이 말했다.
「그래, 네 치매를 조금만 더 진행시켜. 그럼 틀림없이 해낼 거야.」 에버트가 그녀를 격려했다.
—『아드보카트를 마시는 나날: 83세 헨드릭 그로언의 비밀 일기』

알츠하이머병은 확고한 경로를 따라 뇌를 침범한다. 사망자들의 뇌를 현미경으로 관찰하면, 알츠하이머병으로 인한 이상들, 곧 〈딱지들과 엉킴들〉을 맨 먼저 관자엽 피질(정확히 내후각 피질)에서 알아볼 수 있다. 이어서 개별 이상들이 해마에서 나타난다. 이 단계까지는 외부로 드러나는 증상이 아직 없다. 예컨대 우리에게 뇌 연구를 위한 〈대조 장기〉로 기증한 한 사망자는 생전에 자신의 뇌에서 알츠하이머병이 이미 진행 중인 것을 알아채지 못했다. 당시에는 살아 있는 환자에게서 알츠하이머병의 최초 발생을 진단하는 것 역시 불가능했다. 그러나 알츠하이머병이 관자엽 피질과 해마를 훨씬 더 많이 침범하면, 현재 사건들에 관한 기억장애가 발생한다.

알츠하이머병 초기에 환자는 방금 전에 일어난 일을 기억하지 못한다. 하지만 훨씬 더 과거의 일, 이를테면 초등학교 축제는 세부까지 정확하게 기억해 낼 수 있다. 결국 알츠하이머병이 나머지 피질 구역들까지 침범하면, 환자는 치매에 걸린다. 마지막에는 뒤통수엽에서 시각을 담당하는 피질 구역(시각피질 V1)이 침범당한다. 이 단계의 환자에게서는 딱지들과 엉킴들 외에 대뇌피질 전역에서 불규칙적이고 굵고 구부러진 신경섬유들(비정상 신경돌기들)을 볼 수 있다.

> 우리의 삶은 첫 미소부터 마지막 미소까지다.
> ─ 디크 스왑

알츠하이머병이 진행되면 현미경으로 관찰되는 변화들이 일어날 뿐 아니라 기능 결함들도 특정한 순서대로 나타난다. 이때 환자는 발달 과정에서 기능들을 획득한 순서의 정반대 순서로 그 기능들을 상실한다.

　뉴욕에서 활동한 의사 배리 라이스버그는 알츠하이머병의 단계들에 번

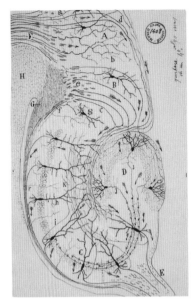

그림 18.4 해마의 뉴런 연결망, 라몬 이 카할의 소묘(1901).

그림 18.5 한스 발둥 그린(1484/1485~1545), 「인생의 세 시기와 죽음」(왼쪽). 「젊음」(혹은 「삼미신」)(오른쪽).

호를 붙였다. 1단계에서는 어떤 증상도 눈에 띄지 않으나 현미경으로 관찰하면 이미 병의 진행을 알아볼 수 있다. 2단계에서 환자는 물건을 놓아둔 곳을 기억해 내는 데 어려움을 겪고 직업 수행에서 문제들이 생기는 것을 감지하지만 흔히 그 문제들을 솜씨 좋게 은폐할 수 있다. 3단계에서는 환자가 더 이상 직업을 수행할 수 없음을 다른 사람들도 알아챈다. 4단계에서 환자는 본인의 재정 관리와 같은 비교적 복잡한 과제들을 더는 수행하지 못한다. 그다음 5단계에서 환자는 입을 옷을 고를 때 타인의 도움을 필요로 한다. 더 나중에는 옷을 입을 때 도움을 받아야 하고(6a 단계), 몸을 씻을 때도 타인의 도움이 필요해진다(6b 단계). 이어서 용변 후 변기의 물을 내리고 밑을 닦는 일이 어려워지며(6c 단계), 소변을 가리지 못하게 되고(6d 단계), 결국 대변도 못 가리게 된다(6e 단계). 7a 단계에서 환자는 아직 하루에 1~5개의 단어를 말하지만, 곧 이은 7b 단계에서는 알아들을 수 있는 단어를 단 하나도 말할 수 없게 된다. 이어서 환자는 걷지 못하게 되고(7c 단계), 혼자서 앉아 있을 수 없게 된다(7d 단계). 결국 7e 단계에 이르면, 아기였던 우리의 얼굴에 처음 나타나 모두를 무척 기쁘게 했던 미소가 사라진다. 이런 의미에서 우리의 삶은 첫 미소부터 마지막 미소까지라고 할 수 있다. 그다음 7f 단계에 환자는 머리를 가누지 못한다. 결국 환자는 태아의 자세로 누워 있게 되고, 누가 환자의 입에 손가락을 집어

그림 18.6 과거에 나와 한 학급 동무였던 화가 봅 판 블롬스타인이 나의 70세 생일을 맞아 이 수채화를 선물했다. 나의 뇌가 노화하여 쪼그라든 것을 상징적으로 보여 주는 작품이라나…….

넣으면, 환자는 빨기 반사를 나타낸다. 요컨대 기능적인 관점에서 환자는 완전히 신생아 단계로 복귀한다.

치료와 관리의 부족

치매가 진행되면 환자가 통증을 호소하기가 점점 더 어려워지고, 따라서 의사, 치과 의사, 간호사가 본의 아니게 환자의 통증을 간과하게 된다는 것은 매우 우려스러운 일이다. 환자들은 아기처럼 표정의 변화와 몸짓으로 통증을 표현하지만, 그것이 통증의 표현으로 인지되지 않는 경우가 많다. 따라서 통증을 겪는 치매 환자는 흔히 치료가 부족한 상황에 처한다. 관절통, 골다공증, 낙상으로 인한 골반 골절 같은 문제들이 발생할 경우, 치매 환자는 진통제를 일반인에 비해 적게 투여받는다. 게다가 혈관성 치매를 앓는 환자는 똑같은 병에 걸렸을 때 통증을 일반인보다 더 강하게 느낀다.

치매 환자들이 받는 치아 관리도 턱없이 부족하다. 그들의 치아는 흔히 치석으로 뒤덮여 있고 잇몸은 감염되어 있다. 보호시설의 돌보미들은 환자의 이를 닦아 줄 시간이 부족할뿐더러 유감스럽게도 그 일에 익숙하지 않다. 전체 치매 환자의 3분의 1은 집중적인 치아 관리를 필요로 할 텐데, 네덜란드의 보호시설들에서는 치아 관리가 일상화되어 있지 않다. 치매 환자는 치통을 명확히 호소할 수 없다. 네덜란드의 노인 치매 환자 돌봄은 몇 가지 점에서 여전히 개선을 필요로 한다.

여성의 갱년기

아브라함과 사라는 이미 나이 많은 늙은이였고
사라는 달거리가 끊긴 지도 오래였다.
— 창세기 18장 11절

노화 과정에서 폐경 후의 갱년기는 정상적이지만 일부 여성에게는 힘겨운 한 기간이다. 여성이 50세 즈음에 이르면 난소 안의 난자가 소진된다. 그러면 여성호르몬 에스트로겐의 수치가 하강하고 월경이 없어진다. 폐경 전의 여성에서 에스트로겐은 뇌의 다양한 구역에 영향을 미친다. 예컨대 그 호르몬은 월경 주기를 통제하는, 해마 안의 한 구역을 억제한다. 이러한 에스트로겐의 억제가 사라지면, 그 뇌 구역은 과도하게 활성화된다. 그리하여 과도하게 활동하는 신경세포들이 특정 물질들을 생산하고, 그 물질들은 시상하부의 체온 중추에 작용한다. 따라서 갱년기를 맞은 여성의 80퍼센트에서 〈열 뻗침hot flash〉이 발생한다. 이 증상은 갑자기 더위를 느끼고 심장 박동이 빨라지고 체온이 요동하며 땀이 나는 것인데, 이삼 분만 지나면 다시 가라앉을 수 있다. 열 뻗침 도중에는 손에서의 혈류는 증가하는 반면 뇌에서의 혈류는 감소한다. 하지만 에스트로겐은 사실상 다른 모든 뇌 구역에도 작용한다. 그뿐만 아니라 에스트로겐에 대한 뇌의 민감성이 노화 과정에서 변화한다는 것이 발견되었다. 그러므로 갱년기를 맞은 여성은 전혀 다르게 기능하는 뇌를 가지고 살아가는 법을 터득해야 한다. 갱년기에 일어나는 일은 기본적으로 사춘기에 일어나는 일의 정반대다. 사춘기에는 성호르몬들의 수치가 상승하니까 말이다. 갱년기 여성은 학습 문제, 행동 문제, 기분의 동요, 감정적 반응, 기타 다양한 증상들을 나타낼 수 있다. 젊은 여성도 예컨대 유방암 때문에 항에스트로겐 치료를 받거나 난소 절제술을 받으면 갱년기 여성과 똑같은 증상을 나타낸다.

열 뻗침이 자주 발생하고 기타 증상들이 심각하면 에스트로겐 치료를 받을 수 있다. 하지만 그런 호르몬 치료는 혈전증, 유방암, 기억장애의 위험을 높인다. 항우울제도 갱년기 여성의 치료에 쓰인다. 식물성 에스트로겐을 이용한 치료들은 효과가 없는 것으로 밝혀졌다. 주목할 만한 것은 단기간의 호르몬 치료도 장기적인 효과를 내는 듯하다는 점이다. 호르몬 치료는 예컨대 열 뻗침의 발생을 연기시키지 않는다. 한동안 호르몬 치료를 받으면 열 뻗침이 완전히 사라진다. 이 효과의 배후에 어떤 메커니즘이 있는지는 아직 명확히 밝혀지지 않았다. 하지만 이 효과는 어쩌면 50세 이후에도 몇 년 동안 피임약을 복용하는 여성들이 열 뻗침 문제를 겪지 않는 것과 관련이 있을지도 모른다.

어떤 여성이 폐경 전에 — 이를테면 25세 즈음에 — 이미 여러 해 동안 피임약을 제한 없이 복용했는데 어떤 부작용도 겪지 않았다면, 그 여성은 임신 확률이 통계적으로 0이 될 때까지 — 즉, 만 53세가 될 때까지 — 계속 피임약을 복용할 수 있다. 그러면 피임 효과뿐 아니라 갱년기에 열 뻗침이 발생하지 않는 효과까지 얻을 수 있다. 피임약을 계속 복용하는 여성들 중에서도 일부는 피임약을 거르는 한 주 동안 열 뻗침을 겪는다. 따라서 그런 여성들은 피임약을 중단 없이 계속 복용하는 쪽으로 투약 방법을 바꿀 수 있다. 피임약을 복용하지 않는 여성이 열 뻗침으로 고생한다면, 특별히 갱년기 문제를 위해 처방된 호르몬 제제를 사용하는 것이 더 바람직하다. 그런 호르몬 제제는 부작용의 위험이 피임약보다 더 낮다.

갱년기 증상들은 시간이 지나면 저절로 잦아든다. 뇌가 새로운 상황에 적응하기 때문이다. 명상, 태극권, 영양 보조 식품, 비타민, 마사지, DHEA(디하이드로에피안드로스테론) 같은 물질들, 각종 강습 등도 확실히 효과가 있는 것처럼 느껴지는데, 그 이유도 뇌의 적응에 있다. 당사자가 그런 플라시보들의 효과를 믿는다면, 그것들도 갱년기를 나는 데 도움이 될 수 있다.

　미국 메릴랜드 대학의 폐경 연구에서 뚜렷한 문화적 차이가 드러났다. 미국에서는 여성의 80퍼센트가 갱년기에 열 뻗침 문제를 겪는 반면, 일본 여성 중에서는 겨우 10퍼센트만 열 뻗침 문제를 호소했다. 연구진은 이 차이가 아시아 여성들이 콩 식품들을 먹고 녹차를 마시면서 섭취하는 식물성 에스트로겐과 관련이 있다고 간주했다. 그러나 그 연구는 지금까지 어떤 명확한 결론에도 이르지 못했다. 유전적인 차이가 원인일 가능성, 일본 여성들이 자신의 열 뻗침 증상에 대해서 덜 솔직하게 보고하는 것일 가능성도 열려 있다.

5. 유전적 소질

> 광기는 유전적이다. 당신의 자식이 당신에게 광기를 준다.
> ─샘 레벤슨

같은 종으로서 우리 인간은 알츠하이머병에 걸릴 위험이 나이에 따라 지수함수적으로 증가한다. 그러나 개별 인간들 사이에는 큰 차이가 존재한다. 건강하게 늙을 확률은 몸이 세포 손상을 얼마나 효율적으로 수리하느냐에 달려 있다. 그리고 이 수리 과정은 주로 개인의 유전적 소질에 좌우된다. 따라서 매우 고령인데도 건강한 사람들은 대다수가 가족 관계로 연결되어 있다. 헨드리케 판 안델은 이례적인 네덜란드 여성이었다. 그녀는 115세까지 생존했으며, 112세와 113세에 심리학적 검사들에서 그녀가 얻은 인지 능력 점수는 60~75세의 건강한 사람들과 비교해도 평균 이상이었다. 그녀의 어머니는 100세에 사망했다. 헨드리케 판 안델의 사후에 게르트 홀스테지 교수와 동료들은 그녀의 뇌에서 고작 알츠하이머병의 최초 조짐만 발견했다(엉킴은 브라크 단계Braak stage로 2단계였으며, 딱지는 없었다).

현재 100세 이상의 사람들을 대상으로 (게르트 홀스테지의 딸 헨네 홀스테지가) 진행 중인 분자유전학적 연구의 목표는 그런 놀라운 뇌 건강의 원인일 가능성이 있는 유전자를 찾아내는 것이다. 세포 사멸을 일으키는 유전자들을 억제하는 한 요소인 REST 분자에 관해서는 최근에 한 논문이 출판되었다. 이 *REST* 유전자는 젊은이의 뇌에서는 활동이 미미하지만, 나이 든 사람의 뇌에서는 훨씬 더 강하게 활성화된다. 그러나 알츠하이머병 초기인 경도인지장애 단계의 환자들과 그 병의 더 나중 단계에 처한 환자들은 그 유전자의 활동이 대폭 감소한다. 연구자들은 REST의 활동 감소가 뉴런들을 (세포 사멸을 일으킬 수 있는) 알츠하이머병에 취약하게 만든다고 추측한다.

　건강한 노화에 알맞은 유전적 소질을 보유하고 싶은 당신에게 내가 잠정적으로 건넬 수 있는 유일한 조언은 당신의 부모를 신중하게 고르라는 것이다. 이를 위해 당신은 부모의 나이도 중시해야 한다. 이미 오래전에 알려졌듯이, 35세 이상의 어머니가 다운 증후군을 가진 자식을 낳을 확률은 어머니의 나이에 따라 지수함수적으로 증가한다.

　하지만 아버지의 나이도 자식의 건강 위험에 결정적인 영향을 미친다는 사실이 최근에 밝혀졌다. 미래 아버지의 정자를 생산하는 줄

그림 18.7　피에르-오귀스트 르누아르(1841~1919)는 가정의 일상적 장면, 테라스, 공원, 춤추는 술집의 장면, 야외의 장면을 그렸다. 그의 작품들을 보노라면, 당시 프랑스에는 늘 좋은 날씨와 주말만 있었다는 인상을 얻게 된다. 그는 수천 점의 회화를 남겼다. 세계의 모든 미술관에서, 또 필라델피아 반스 파운데이션Barnes Foundation의 컬렉션을 비롯한 대규모 개인 컬렉션들에서 르누아르의 작품을 만날 수 있다. 반스 파운데이션에는 그의 회화 181점이 벽에 촘촘히 걸려 있다. 르누아르는 여성들의 모습을 무수히 그렸는데, 나는 그 여성들의 엉덩이가 너무 크고 머리가 너무 작은 것에 반감을 느낄 때가 많다. 그런데 언젠가 나는 그의 딸들 중 하나인 클로드 르누아르를 그린 작품 앞에서 갑자기 눈을 크게 떴다. 그 소녀가 다운 증후군을 앓았나 하는 의문이 들었던 것이다. 그 진단은 오진으로 밝혀졌다. 하지만 그때 이후 나는 도처에서 〈르누아르의 중국인 눈〉을 보았다. 당신도 한번 주의 깊게 살펴보라. 좁고 긴 틈새처럼 보이는 중국인 눈이 르누아르의 거의 모든 회화에 등장한다. 르누아르는 눈을 제대로 그릴 줄 몰랐다.

기세포들에서는 매년 2건의 새로운 돌연변이가 발생한다. 20~24세 아버지가 낳은 자식과 비교하면, 45세 이상의 아버지가 낳은 자식은 양극성 장애에 걸릴 위험이 24배, ADHD에 걸릴 위험이 13배, 자폐증에 걸릴 위험이 3.5배, 정신병에 걸릴 위험, 자살을 시도할 위험, 각종 중독에 걸릴 위험이 2배 높다.

알츠하이머병에 걸릴 위험도 상당한 정도로 유전에 의해 결정된다. 알츠하이머병은 드문 조발성(65세 이전에 발병하는) 형태와 흔한 만발성(65세 이후에 발병하는) 형태로 세분된다. 연구자들은 조발성 알츠하이머병을 일으킬 수 있는 유전자 돌연변이 3개를 발견했다. 그 돌연변이들은 아밀로이드 전구체 단백질*APP* 유전자, 프리세닐린*presenilin1* 유전자, 프리세닐린2 유전자에서 발생한다. 벨기에의 두 가족에서는 한 돌연변이 때문에 알츠하이머병이 35세에 발병한다. 그 돌연변이는 상염색체에 의해 (즉, 남녀에 동등한 빈도로) 유전되며 우성이다(그 염색체를 보유하면, 대다수의 경우에 알츠하이머병이 다소 뚜렷한 형태로 발병한다).

언급한 세 가지 돌연변이 각각은 APP의 독성 토막인 Aβ42의 축적을 일으킨다. 하지만 조발성 알츠하이머병 사례의 87퍼센트에 대해서는 그 병을 일으키는 유전적 결함이 아직 정확히 밝혀지지 않았다. 사실상 모든 다운 증후군 환자는 약 40세에 뇌에서 알츠하이머병 특유의 변화가 나타나고, 평균적으로 약 55세에 흔히 치매에 걸린다. 이 현상의 원인은 다운 증후군 환자가 21번 염색체를 3개 보유하고, 따라서 *APP* 유전자도 3개 보유한 것에 있다. 네덜란드의 한 가족에서는 *APP* 유전자의 중복이 발견되었는데, 그 가족에서는 알츠하이머병이 발병한다. 이 현상은 다운 증후군 환자의 조발성 치매와 비교할 만하다.

만발성 알츠하이머병의 위험을 높이는 유전적 요인들도 존재한다. 가장 중요한 요인은 *APOE-ε4*다. 이 유전자 하나를 지닌 사람은 알츠하이머병에 걸릴 위험이 평균보다 3배 높으며, 양쪽 염색체 모두에 이 유전자를 지닌 사람은 알츠하이머병에 걸릴 위험이 평균보다 15배 높다. *APOE-ε4* 하나를 보유한 여성이 85세에 알츠하이머병에 걸릴 확률은 35퍼센트이고, *APOE-ε4* 2개를 보유한 여성이 같은 나이에 알츠하이머병에 걸릴 확률은

68퍼센트다. 그렇기 때문에 네덜란드 뇌 은행에서는 기증된 모든 뇌에 대해서 *APOE* 유전자형 검사를 실시한다. 하지만 우리는 학생들이 자신의 *APOE* 유전자형을 검사하는 것을 금지했다. *APOE-ε4*는 틀림없이 위험 요인이지만, 그 보유자가 실제로 알츠하이머병에 걸린다고 단정하는 것은 터무니없이 성급하다. 더구나 알츠하이머병을 효과적으로 막을 수 있는 치료법은 현재까지 존재하지 않는다. 그렇다면 평생 알츠하이머병을 걱정하며 전전긍긍할 이유가 없지 않겠는가.

*APOE-ε4*는 일련의 메커니즘들을 통해 알츠하이머병의 위험을 높인다. *APOE-ε4*는 알츠하이머병과 직결된 단백질 베타아밀로이드의 축적을 촉진하는 반면, *APOE-ε2*는 그 축적을 저지하고, *APOE-ε3*은 중립적인 작용을 한다. *APOE*는 또 다른 방식으로도 알츠하이머병의 위험을 높인다. 스트레스를 받는 뉴런은 수리 메커니즘의 일환으로 *APOE*를 생산한다. 이때 *APOE-ε4*는 독성 토막들로 분해된다. *APOE-ε4* 보유자의 뇌세포들은 그렇지 않아도 이미 활동성이 약한데 이 같은 *APOE* 생산 및 분해를 통해 알츠하이머병에 더 취약해진다. 정신적 훈련은 이 같은 *APOE-ε4*의 작용을 최소한 부분적으로 약화할 수 있다.

이 밖에도 알츠하이머병의 유전적 위험 요인들이 다수 새롭게 발견되었는데, 특히 4개의 요인이 다른 모든 요인들보다 강력한 작용을 한다. 쌍둥이 연구들에 기초한 추정에 따르면, 고령에 발생하는 알츠하이머병에서 유전적 요인이 차지하는 비중은 (논문에 따라 추정값이 다른데) 48퍼센트, 혹은 58퍼센트, 혹은 79퍼센트다. 이 추정값들은 유전적 소질이 본질적인 역할을 한다는 것을 의미할 뿐 아니라, 고령에 발생하는 알츠하이머병에 대해서는 환경 요인들이 작용할 여지가 있다는 것도 의미한다. 따라서 유전자와 환경의 상호작용은 알츠하이머병 연구에서 유전적 소질에 못지않게 중요한 주제다. 유전적 소질은 우리가 바꿀 수 없지만 환경은 바꿀 수 있다. 실제로 현재 몇몇 뇌 구역에서 발견되는 중인 후성유전학적 변화들은 그런 환경 요인들의 작용을 반영할 가능성이 있다.

미심쩍은 항노화 비법

결국 신성한 것은 오로지 자기 정신의 온전함뿐이다.
— 랄프 왈도 에머슨

항노화 치료는 오랜 전통을 지녔다. 뇌의 노화를 막는 데 도움이 된다는 조언과 지침이 많이 있지만, 그중 대다수는 과학적 근거가 전혀 없다. 나는 러시아에서 매우 미심쩍은 항노화 전략의 한 예를 접한 바 있다. 그 전략을 채택하려면 비용까지 지불해야 했다.

우리는 블라디미르 하빈손 교수의 초대로 상트페테르부르크의 한 요트 클럽에서 저녁을 먹게 되었다. 하빈손 교수는 67세였고 본인의 말에 따르면 상트페테르부르크 정부 보건위원회 위원이자 노인학 및 노인의학 국제연맹 회장이며 그 양 분야 모두의 전문의였다. 우리는 요트클럽 앞에서 하빈손 교수 부부로부터 따뜻한 환영을 받았다. 그의 둘째 부인인 스베틀라나 트로피모바 교수는 그보다 훨씬 더 젊고 키가 아주 크고 날씬하고 금발이며 말수가 무척 적었다. 그녀는 의학박사, 철학박사, 그들 부부의 개인병원인 상트페테르부르크 생명조절 노인학 연구소Bioregulation and Gerontology 소장이었다. 어느 대학에서 어떤 연구를 하는 교수인지는 명확히 듣지 못했다.

하빈손 교수는 늙고 병든 사람들을 펩티드(두세 개의 아미노산으로 이루어진 단백질)로 치료하는 비법으로 큰돈을 벌었다. 그 치료법은 인간에 대한 효과가 입증되지 않았으며 네덜란드에서는 허가되지 않았다. 요트 항에는 — 하빈손 교수가 솔직히 인정했듯이 — 검은 돈으로 사들인 하얀 보트들이 가득했다. 하빈손 교수는 자기 소유의 요트를 팔아 버렸다. 왜냐하면 선원 네 명이 필요한 그 요트에 신경을 너무 많이 써야 하기 때문이었다. 주차장에는 람보르기니를 비롯한 고가의 자동차들이 즐비했고, 모든 문 앞

그림 18.8 「젊음의 샘Der Jungbrunnen」(1546). 독일 궁정화가 대 루카스 크라나흐(1472~1553)의 작품이다. 늙은 여성들이 마차를 타고 와서 의사의 진찰을 받은 다음에 젊음을 주는 물속에 들어갔다가 젊은 여성이 되어 밖으로 나온다. 그들은 천막 안에서 옷을 입은 후 매력적인 처녀로서 음식, 춤, 음악, 사랑이 어우러진 잔치를 즐긴다. 이 회화는 베를린 회화미술관Gemäldegalerie에 걸려 있다. 당시 74세였던 크라나흐의 소망을 표현한 작품이 아닐까 하는 생각이 든다.

에 경비원이 서 있었다. 위험해 보이는 인물들이 아주 짧고 비싼 드레스에 엄청난 하이힐을 신은 금발의 젊은 여성들을 데리고 식당이나 무도회장으로 향했다.

식탁은 이미 차려져 있었고, 우리를 초대한 하빈손 교수의 끊임없는 요구에 따라 최고의 음식들이 줄줄이 나왔다. 하빈손 교수는 성인 ADHD 환자였다. 그는 단 1분도 조용히 앉아 있지 못하고 자신의 수많은 환상적인 치료 성공 사례들을 끊임없이 늘어놓았다. 그의 펩티드들 — 현재까지 25종을 개발했다고 그는 설명했다 — 은 항노화 효과가 탁월할 뿐만 아니라 전 세계에서 치료가 불가능하다고 여겨지는 질병들, 예컨대 망막색소변성증과 황반변성도 치유했다. 그가 처음으로 실명의 위기에서 구해 낸 환자는 그의 어머니라고 했다. 그는 소의 솔방울샘 추출물도 치료에 사용했다. 그것은 환자들의 멜라토닌 생산을 재개시키기 위한 처치였다. 또한 그 자신도 그 추출물 주사를 매년 2회 맞았다. 하지만 나는 그가 특별히 건강하다는 인상은 받지 못했다.

나는 그의 비법의 효과가 통제된 무작위 실험으로 입증되었냐고 거듭 물었지만, 그는 매번 교묘하게 대답을 회피했다. 그의 견해에 따르면, 망막색소변성증을 치료하는 효과에 대해서는 통제된 실험이 필요하지 않았다. 왜냐하면 그의 펩티드들을 쓰지 않았다면, 그의 모든 환자들은 금세 실명했을 것이기 때문이다. 하지만 통제된 진단이 이루어졌다면 그것을 보고 싶다는 나의 바람, 그 펩티드들을 통제된 방식으로 투여했을 때와 그렇지 않을 때 병의 진행이 어떠한지를 직접 보고 싶다는 나의 바람은 변함이 없었다. 그는 쥐를 대상으로 한 25회의 실험에서 그의 펩티드들이 수명을 25퍼센트 연장하고 암에 걸릴 위험을 대폭 낮추는 것이 거듭 입증되었다고 설명했다. 게다가 소치 근처에 있는 그의 연구소는 원숭이 350마리를 보유하고 있는데, 늙은 원숭이 100마리를 대상으로 삼은 한 실험에서 그의 솔방울샘 추출물의 도움으로 멜라토닌 수치가 다시 정상화되는 것이 입증되었다고 했다. 또 최근에 초파리에게서도 매우 주목할 만한 실험 결과들이 나왔다고 했다. 그러나 내가 캐묻자 그는 그 실험 결과들에 관한 논문을 권위를 인정받는 국제 저널에 발표한 바 없음을 인정했다. 과학 저널 『네이처』는 〈진실이기에는 너무 아름답다〉라는 논평과 함께 그의 논문을 반송한 바 있다고 그는 전했다. 그의 영어가 형편없다는 말도 자주 듣는다고 했다. 러시아인은 국제 저널에 논문을 발표하기가 정말 어렵다면서 그는 한숨을 내쉬었다.

그런 호화 요트클럽에서의 만찬이 공짜일 리는 없다. 적당한 때가 되자 하빈손 교수는 나의 파트너로 식탁에 앉은 러시아 여성에게 자리를 비켜

주면 좋겠다고 거의 퉁명스럽게 말하고는 내 옆에 자리를 잡았다. 그는 나의 책을 칭찬하면서, 동성애가 생물학적 변이라는 점을 내가 러시아인들에게 명확히 알려 준 점을 매우 훌륭하게 평가한다고 밝혔다. 그러나 아동들과는 동성애에 대해서 말하지 않는 편이 더 낫다는 것이 그의 견해였다. 왜 내가 아동은 동성애에 감염될 수 있다는 러시아인들의 생각을 비과학적이라고 여기고 동성애 옹호 선전을 막는 러시아 법률을 못마땅하게 여기는지 설명하자, 그는 곧바로 자신의 견해를 바꿨다. 보아하니 그에게 중요한 것은 나와의 우호적인 관계 유지인 것 같았다.

그러더니 그는 세계 인구 중에 여전히 네안데르탈인이 있으며 사람들의 섹스 행태에서 네안데르탈인을 명확히 알아볼 수 있다고 매우 진지하게 주장했다. 이에 나는, 나뿐 아니라 그도 네안데르탈인의 유전자를 몇 퍼센트 보유하고 있으며 네안데르탈인은 완전히 사라진 것이 아니라 호모사피엔스에 동화되었다고 설명했다.

그러자 그가 본론을 꺼냈다. 오래전에 그가 자신의 직원 몇 명을 우리 네덜란드 뇌과학 연구소에 파견했을 때, 아쉽게도 우리는 그의 아이디어들을 받아들이지 않았고 공동 연구를 할 의사가 없었다고 그는 말했다. 하지만 우리 연구소는 알츠하이머병 환자의 사후 뇌 조직을 배양할 역량을 갖춘 유일한 기관이기 때문에, 우리와 그의 공동 연구가 매우 중요하다고 했다. 그 배양 조직을 대상으로 삼아서 그의 펩티드들의 효과를 검증해야 한다고, 틀림없이 긍정적인 결과가 나올 것이라고 그는 주장했다. 나는 그에게 설명하기를, 단 한 종의 펩티드가 알츠하이머 배양 조직에 미치는 효과를 검증하는 작업만 해도 최소 1년이 걸리기 때문에, 그런 공동 연구를 짬짬이 진행해서 신속하게 끝낼 길은 없다고 했다. 나의 직원들은 이미 여러 프로젝트에 매여 있어서 추가로 다른 일을 할 겨를이 없다고도 했다.

그 공동 연구를 실현하려면 무엇이 필요한지만 말해 달라고 그는 대꾸했다. 나는 권위 있는 국제 저널에 실린, 그의 펩티드의 효과에 관한 논문을 내게 보내 달라고 요청했다. 그래야 내가 암스테르담에서 그의 주장들을 확실한 근거를 가지고 논할 수 있다고 설명하면서 나는 그의 바람이 실현될 가능성은 내가 보기에 낮다는 경고도 덧붙였다.

함께 만찬에 참석한 벨기에인 장폴 팀머만스 교수로부터 나는 그전에 이미 이야기를 들은 바 있었다. 팀머만스는 안트베르펜에 있는 그의 훌륭한 실험실에서 배양 세포들을 대상으로 삼아 하빈손 교수의 펩티드 표본들의 효과를 검증해 보았다. 첫째 표본은 약간 효과가 있는 듯했지만, 나머지 모든 표본들은 어떤 효과도 나타내지 않았다. 따라서 팀머만스는 그 러시아인의 주장을 전혀 신뢰하지 않는다고 나에게 말했다.

나의 러시아인 친구들 중 하나인 어느 병리학자는 하빈손 교수가 하는 이야기는 곧이곧대로 믿으면 안 된다고 말해 주며 미소를 지었다. 그가 주는 정보를 너무 진지하게 받아들이지 말라고 했다. 그 친구도 하빈손 교수의 펩티드들의 효과를 검증한 바 있었다. 일부 표본들은 세포분열을 어느 정도 억제했지만, 다른 표본들은 정반대로 세포분열을 촉진했다.「그러면 암을 일으킬 위험이 있어.」내가 놀라며 말했다.「그럼, 그렇고말고.」그 병리학자는 대꾸했다.「자네는 틀림없이 경악하겠지만, 러시아에서는 환자들에게 그런 물질을 투여하는 것이 허용되어 있어.」

인터넷에서 블라디미르 하빈손 교수에 관한 정보를 풍부하게 얻을 수 있다. 위키피디아에서 그의 이름을 검색하면 뜨는 글에는 이런 공고가 붙어 있다. 〈인물의 약력에 관한 이 글은 검증을 위한 추가 인용구들을 필요로 합니다. 신뢰할 만한 출처들을 보완해 주세요.〉

6. 추가 손상을 막기

우리는 유전적 소질을 바꿀 수 없다. 하지만 우리 뇌가 유전과 상관없이 추가로 손상되는 것을 막기 위해 애쓸 수는 있다. 뇌의 부상은 복잡한 화학반응들의 연쇄를 촉발하여 알츠하이머병이나 기타 신경 퇴화성 질병들, 예컨대 파킨슨병이나 루이 소체병을 일으킬 수 있다. 이미 1920년대에 사람들은 권투가 〈만성 외상성 뇌병증〉을 일으킬 수 있음을 알았다. 직업 권투선수는 흔히 이른 나이에 치매나 파킨슨병에 걸리고 양다리를 벌린 자세로 걷는다. 그 자세는 소뇌의 손상에서 비롯된 증상이다. 이 밖에도 수많은 신경학적 이상들이 직업 권투선수에서 나타난다. 파킨슨병에 걸린 무함마드

그림 18.9 「배틀링 시키Battling Siki」. 세네갈 출신의 권투 세계 챔피언 배틀링 시키가 런던에서 경기하는 모습을 이삭 이스라엘스(1914~1915)가 그렸다. 이삭 이스라엘스는 권투에 열광했다. 배틀링 시키는 네덜란드에서 명성을 얻은 최초의 흑인 권투선수였다. 그는 로테르담 출신의 여성과 결혼했다. 나중에 그는 코카인에 중독되었으며 미국에서 살해되었다.

알리는 이렇게 말한 바 있다. 「그냥 직업이다. 풀은 자라고, 새는 노래하고, 파도는 모래를 휩쓸고, 나는 사람들을 때려눕힌다.」 직업 권투선수 경력이 길고 머리에 입은 외상이 많을수록, 시상과 꼬리핵을 비롯한 뇌 구조물들은 더 작아지고, 뇌의 정보 처리는 더 느려진다.

온화한 형태의 뇌 부상, 곧 뇌진탕도 반복되면 신경 퇴화를 일으킬 수 있다. 과거에 경기 중에 뇌진탕을 여러 번 겪은 운동선수들은 신경섬유가 손상될 위험이 평균보다 더 높

다. 그 손상은 백색질에 널리 퍼진 이상으로 나타나는데, 주로 이마엽에서 나타나며 뇌실의 확대, 그리고 인지 및 운동 기능의 저하와 짝을 이룬다.

따라서 권투나 킥복싱을 하지 않고 축구장에서 헤딩도 하지 않는 것이 바람직하다. 또 축구를 할 때 머리가 상대편의 팔꿈치에 부딪히는 일도 되도록 피해야 하고, 뇌진탕이나 뇌 부상의 위험이 상존하는 럭비나 기타 유사한 스포츠들도 하지 않는 것이 바람직하다. 경기 중에 충돌을 겪고 어지러움을 느끼는 선수는 곧바로 경기에서 빠져야 한다. 왜냐하면 한 번 더 충돌을 겪으면 심각한 뇌 손상을 입을 수 있기 때문이다. 이 문제에 관한 한, 최고 수준의 선수들은 좋은 모범이 아니다. 유명한 축구선수들이나 기타 운동선수들은 충돌을 겪은 후 의식을 잃었다가도 금세 일어나 〈용감하게〉 경기를 계속하곤 한다.

군인은 뇌 부상을 당할 위험이 나머지 인구보다 더 높다. 미국에서 한 연구진은 68세의 퇴역 군인들을 9년 동안 관찰했다. 외상성 뇌 손상을 입은 군인들 중 16퍼센트는 그 관찰 기간 중에 특정한 치매에 걸렸다. 반면에 외상성 뇌 손상을 입지 않은 군인들 중에서는 10퍼센트만 그 치매에 걸렸다. 요컨대 외상성 뇌 손상은 그 치매 — 이른바 만성 외상성 뇌병증, 곧 뇌에 과다인산화된 타우 단백질 덩어리들이 생기는 상태 — 를 60퍼센트 증가시켰다. 그 덩어리는 알츠하이머병에서 발견되는 엉킴의 전신이다. 또한 외상성 뇌 손상에 의한 치매 위험 증가분과 우울증, 외상 후 스트레스 장애, 뇌혈관 질환 같은 기타 위험 요인들에 의한 치매 위험 증가분이 합산된다는 사실도 연구진은 알아냈다.

우리의 생활 양식이 건강하면, 치매 사례의 30퍼센트를 막을 수 있을 것이다. 혈관에 좋은 것은 뇌에도 좋고, 뇌에 좋은 것은 혈관에도 좋다. 그러므로 고혈압은 반드시 치료해야 한다(고혈압은 치매 사례의 16퍼센트에 책임이 있다). 고콜레스테롤혈증(혈장 콜레스테롤 수치가 높은 상태)과 당뇨병도 마찬가지다. 과체중을 피해야 하고 흡연하지 말아야 한다. 벤조디아제핀을 비롯한 수면제가 기억과 인지에 나쁘다는 것은 이미 오래전에 알려졌다. 게다가 최근에는 수면제 장기 사용이 알츠하이머병 위험을 높인다는 것이 밝혀졌다. 나이가 66세 이상이고 수면제를 5년 이상 사용한 사람들은 알츠하이머병에 걸릴 위험이 50퍼센트 더 높았다. 수면제 사용량이 많거나 효과가 오래가는 조제약을 사용하는 경우에는 알츠하이머병 위험이 70퍼센트까지도 증가했다.

벤조디아제핀 같은 수면제들은 뇌에서 가장 중요한 억제성 신경전달물질인 GABA(감마 아미노부티르산)에 작용함으로써 효과를 낸다. 따라서 위 관찰 결과, 알츠하이머병은 뇌 자극을 통해 억제할 수 있고, 반대로 뇌 억제를 통해 가속시킬 수 있다는 생각과 맞아떨어진다. 노인의 수면장애는 빛 치료(아침에 30분 동안 1만 룩스)로 훨씬 더 잘 다스릴 수 있다. 일부 노인들은 여러 의사가 처방한 수많은 약을 먹는데, 그 약들의 상호작용 때문에 마치 치매 환자처럼 보인다. 약들의 조합을 바꾸면 그들은 흔히 생생한 활기를 되찾는다.

스트레스

만성 스트레스는 알츠하이머병이나 혈관성 치매의 위험을 높인다는 것을 몇 건의 연구가 시사한다. 제2차 세계대전 중에 포로가 되었던 사람들과 한국이나 베트남에 투입되었던 퇴역 군인들을 대상으로 삼은 미국의 한 연구에서 나온 결과도 마찬가지다. 외상 후 스트레스 장애를 앓는 과거 전쟁 포로들과 퇴역 군인들은 치매 위험이 각각 1.6배와 1.5배 높았다. 그뿐만 아니라 양쪽 경험을 모두 한 사람들은 치매 위험이 2.2배 높았다.

살면서 겪는 충격적인 사건도 익숙한 알츠하이머병의 증상들이 이른 나이에 나타나는 결과를 가져올 수 있다. 여성들을 대상으로 35년 동안 진행한 한 장기 연구는 중년의 잦은/만성적인 스트레스가 알츠하이머병 위험을 높인다는 결론에 도달했다. 배우자의 죽음은 사별 후 재혼하지 않은 여성들의 알츠하이머병 위험을 2배로 높인다. 그런 여성들 중에서도 특히 *APOE-ε4*를 보유한 사람은 알츠하이머병 위험이 더 높다.

당연한 말이지만, 배우자의 죽음은 남성보다 여성에게 큰 문제다. 왜냐하면 평균적으로 여성은 배우자보다 더 젊고 더 오래 사니까 말이다. 이 현상은 알츠하이머병이 남성보다 여성에게 더 자주 나타나는 원인 중 하나일 수 있다(먼로, 2014).

야간 노동은 밤낮 리듬과 사회생활을 방해하며 건강을 위태롭게 한다. 교대 노동은 만성 시차 장애jet lag를 유발하고 단기 기억을 저해하며 정보 처리 속도를 늦춘다. 또한 수면장애, 위궤양, 2형 당뇨병, 심혈관 질환, 뇌졸중, 유방암, 다발성 경화증의 위험을 높인다. 이처럼 다양한 부정적 효과들은 스트레스 호르몬 코르티솔의 수치 상승과 멜라토닌 리듬의 교란에서 비롯되는 것일 가능성이 있다. 이런 문제들을 감안하여 사람들은 교대 노동을 10년 하면 뇌의 노화가 30~40퍼센트 가속된다고 평가한다. 일부 분야에서는 교대 횟수를 늘려 노동 시간을 줄이면 건강에 긍정적인 효과가 날 것이다. 순행 순환 근무(야간 근무에서 오전 근무를 거쳐 오후 근무로 이행하는 방식)도 권장할 만하다. 교대 근무를 그만두고 5년이 지난 피험자들을 검사해 보니, 그들의 인지 기능들은 원래대로 복구되었지만 사고 속도는 같은 나이의 대조군보다 여전히 느렸다.

7. 자극을 통해 예비 역량을 추가로 키우기

노년에 뇌가 시들지 않도록

일찌감치 반복해서 뇌를 훈련한 사람,

그리고 뇌를 계속 사용해서

확실히 챙기는 사람은

운 좋은 사람.

— 로젠츠바이크, 베넷 (1996)

건강한 노화를 위해서는 우리의 유전적 소질이 엄청나게 중요하다. 비근한 예로, IQ가 높은 사람은 통계적으로 수명이 길다. 이 연관성은 IQ와 수명에 공통으로 관여하는 하나의 유전적 소실에서 비롯된다. 우리의 IQ는 80퍼센트 이상 우리의 부모에게서 유래한다(3장 3 참조). 스코틀랜드에서 이루어진 한 연구는 1947년에 11세 아동 7만 명 이상의 IQ를 검사하고 67년 뒤에 같은 피험자들에 대해서 IQ 검사를 다시 실시했다. 이 연구에서 입증되었듯이, 11세 때의 IQ는 78세 때의 뇌 건강을 예측하기 위해 참고할 수 있는 최선의 값이다. 노년의 사고 능력은 유년기의 IQ에 의해 50퍼센트 넘게 결정된다. 물론 모든 것이 처음부터 확정되어 있는 것은 아니다. 살아가면서 건강한 노화의 가망을 높이기 위해 무언가를 할 여지는 엄연히 있다. 평균보다 큰 뇌는 예비 역량을 추가로 보유하고 있으며, 이 사실은 알츠하이머병이 더 늦게 발병하는 것과 관련이 있다. 반대로 소두증 환자와 다운 증후군 환자는 뇌가 평균보다 작으며, 이 현상은 뇌의 노화와 알츠하이머병이 평균보다 일찍 시작되는 것과 짝을 이룬다.

이중 언어 사용

다양한 자극 요인들이 뇌의 노화와 알츠하이머병을 지연시킬 수 있다. 언어 학습은 뇌 발달을 자극하는 매우 강력한 요인이다. 언어 학습의 효과는 브로카 영역과 베르니케 영역 같은 전형적인 언어중추들에 국한되지 않고 다른 많은 뇌 구역들에도 미친다. 끊임없이 사용 언어를 교체하는 이중 언어 생활은 뇌 발달을 특히 강하게 촉진한다. 이중 언어 생활은 뇌의 예비 역량을 추가로 육성하고 노화 과정에서 좌뇌 관자엽 극의 크기가 대폭 줄어드는 것을 막는다. 이중 언어 사용자들의 추가 인지 예비 역량은 그들이 모어만 사용하는 사람들보다 4~5년쯤 뒤에야 치매에 걸리는 것을 가능케 한다. 이 효과는 알츠하이머병 환자뿐 아니라 이마 관자엽 치매 환자와 혈관성 치매 환자에게서도 나타난다. 물론 후자의 두 치매 형태에 대해서는 사후 부검을 통한 연구가 아직 이루어지지 않았지만 말이다.

이중 언어 사용의 효과는 이민자들에게서도 입증되고 두 가지 언어를 사용하는 토착민들에게서도 입증된다. 그 효과는 심지어 문맹자들에게서도 입증되므로 교육 수준에 의해 제한되지 않는다. 3개 이상의 언어를 사용하는 것은 몇몇 연구에 따르면 더욱 긍정적인 효과를 낸다. 그러나 다른 연구들은 그렇지 않다고 보고한다. 예컨대 흐로닝겐 저지 네덜란드어나 프리슬란트어 같은 사투리의 사용도 비슷한 작용을 하고 나중에 — 네덜란드인 대다수가 그렇게 하듯이 — 또 다른 언어를 배울 때 도움이 되는지 여부는 아쉽게도 아직 밝혀지지 않았다.

인지 자극 요인

이른 유년기가 지나고 나면 교육과 의욕을 돋우는 직업 활동이 치매의 지연을 위해 중요하다. 8년 이상 지속하는 교육은 *APOE-ε4*로 인한 치매의 위험을 절반으로 줄인다.

늙은 뇌를 자극하는 방법은 다양한데, 그런 자극을 통해 알츠하이머병을 연기할 수 있는지는 불확실하다. 통제된 실험들에서 드러나듯이, 변화가 풍부한 인지 자극은 노인들로 하여금 심리학적 검사들에서 더 나은 성적을 받게 한다. 물론 그 성적은 노인들의 유전적 소질에도 의존할 수 있지만 말이다. 다중 양상 조합 훈련은 60~75세 노인들의 인지 능력과 직업 관련 능력을 명백히 향상시키고 뇌 내부의 기능적 연결을 변화시켰다. 이 효과는 도파민-D3 유전자나 *COMT*(카테콜오메틸전달효소*Catechol-O-methyltransferase*) 유전자를 보유한 사람들에게서 가장 강하게 나타났다. 하지만 이 경우에도 관건은 환경 요인들과 유전적 소실 사이의 상호작용이다.

〈일상적인〉형태의 자극도 효과가 좋은 것으로 밝혀졌다. 한 연구에서 60세 이상의 피험자들은 초등학생들의 읽기 공부를 매주 15시간씩 돕고 도서관과 학급에서 초등학생들의 활동을 보조할 수 있기 위하여 훈련을 받았다. 아직 그 훈련을 위한 대기자 명단에 올라 있어 그 연구에서 대조군으로 채택된 사람들과 비교할 때 그 훈련을 받은 피험자들은 집행 기능과 기억검사 성적이 향상되었다. 또 다른 연구에서는 오랫동안 명상을 해온 사람들은 노화 과정에서 대조군에 비해 회색질의 위축을 덜 겪었다는 결과가 나왔다. 네덜란드 과학자 아일린 루더스는 명상과 뇌 위축의 완화 사이의 상관성에 관한 자신의 연구에 〈영원히 (더) 젊게Forever Young(er)〉라는 명칭을 붙였는데, 그 연구의 결과에도 불구하고 나는 이 명칭이 너무 과장되었다고 느낀다. 게다가 그 연구는 (교란 요인들이 배제되도록 설계된) 무작위 연구가 아니다. 따라서 그 연구의 결과는 자기선택에서 비롯된 것일 수도 있다.

운동

> 산책은 몸이 아니라 정신을 위한 활동이다.
> ─미다스 데커스

일부 사람들은 더 많은 스포츠를 통한 뇌 자극을 옹호한다. 전직 스피드스

케이트 선수 아르트 솅크Ard Schenk와 나는 1989년에 트벤테 대학의 초대로 그곳 스포츠 학부의 창립 행사에 참석했다. 세계선수권대회와 올림픽에서 여러 개의 금메달을 딴 아르트 솅크는 유명인이다. 그는 스포츠의 중요성에 대하여 열정적으로 강연했다. 주최 측이 나에게 의뢰한 강연의 제목은 〈건강한 몸 안에 건강한 정신〉이었다. 강연을 시작하자마자 나는 내가 그 문구를 늘 파시즘풍의 구호로 간주해 왔다고 밝혔다. 이어서 세계를 통틀어 가장 우수한 뇌로 꼽을 만한 스티븐 호킹의 뇌를 거론했다. 호킹의 뇌는 당시에 이미 루게릭병으로 기능을 거의 상실한 몸 안에서도 최고 수준으로 기능하고 있었다. 다음으로 나는 네덜란드에서 매년 발생하는 150만 건의 스포츠 부상 사례들, 예컨대 권투선수의 뇌출혈과 조발성 알츠하이머병 및 파킨슨병, 축구선수가 헤딩이나 갑작스러운 팔꿈치 가격으로 머리에 입는 부상, 마라톤 선수들의 사망을 언급했다. 끝으로 나는 학생들의 뇌를 스포츠를 통해 간접적으로 자극하는 대신에 시험 통과 기준을 높임으로써 직접적으로 자극할 것을 조언했다. 트벤테 대학 스포츠 학부는 그 후 다시는 나를 초대하지 않았다.

하지만 ― 꼭 스포츠에만 국한되지 않은 ― 신체 활동이 노인의 건강에 긍정적으로 작용한다는 보고들이 실제로 있다. 운동은 무엇보다도 먼저 당뇨병의 위험을 줄인다. 한 통제된 무작위 연구에서는 50세 이상의 피험자들에서 신체 활동이 인지 기능을 약간 향상시켰다는 것이 입증되었다. 그 향상은 통계적으로 유의미했지만 임상적으로 무의미했다. 향상의 폭이 워낙 작아서, 피험자들과 그 가족들과 의사들이 모두 그 향상을 알아채지 못했다. 피험자들의 알츠하이머병이 연기되었다는 증거도 나오지 않았다. 그런 증거를 얻기에는 피험자들의 나이가 너무 어렸다.

한 메타분석(수많은 기존 연구들의 결과를 종합하여 분석하는 일)은 (먼저 가설을 세워 놓고 검증하는) 전향 연구 15건을 종합했다. 그 연구들은 비치매 환자들 가운데 신체 활동이 인지 퇴행에 미치는 효과에 관한 것이었다. 종합적 분석의 결과, 신체 활동이 활발한 피험자들뿐 아니라 신체 활동 정도가 하급에서 중급인 사람들도 유의미한 정도로 인지 퇴행에 대한 저항력을 발휘하는 것으로 보였다. 그러나 신체 활동이 알츠하이머병을 연기시키는지 여부는 불확실하다. 하지만 한 연구에 따르면, 경미한 치매 환자들의 경우 적당한 정도의 신체 활동은 도우미가 필요할 만큼의 정신적 퇴화와 행동장애를 막는 효과를 낼 수 있다.

또 다른 연구에서도 유사한 결과가 나왔다. 그 연구에 따르면, 더 강한 신체 활동은 경도인지장애와 알츠하이머병의 위험이 더 낮은 것과 짝을 이룬다. 하지만 그 연구는 통제된 연구가 아니어서 단지 상관성을 밝혀냈을 뿐이다. 모든 가용한 통제된 무작위 연구들에 대한 체계적 분석에 따르면, 경도 인지장애 환자의 신체 활동은 인지 전반에 어느 정도 긍정적인 작용을 한다. 그러나 치매 환자의 신체 활동 효과는 대다수 연구들에서 부정적인 것으로 나타났다.

다른 형태의 자극들도 유익할 수 있다. 예컨대 노년에 악기 연주와 악보 읽기를 배우는 것이 그런 자극이다. 한 연구의 결과를 보면, 60~84세 노인들의 악기 연주 및 악보 읽기 학습은 신체 운동, 컴퓨터 배우기, 그림 배우기 같은 다른 여가 활동들에 비해 더 효과적으로 인지 능력을 향상시키고 기분을 개선하고 삶의 질을 높였다.

피아노 교습을 받은 피험자들은 앞이마엽 피질의 — 집행 기능들, 반응 억제 기능, 선택적 주의집중 기능 같은 — 특정 기능들을 시험하는 스트룹 검사에서 더 나은 점수를 받았다. 더 나아가 그 피험자 집단에서는 더 나은 기분, 더 적은 우울증, 더 높은 심리적·신체적 삶의 질이 확인되었다. 쌍둥이들을 대상으로 삼은 한 연구를 보면, 악기 연주는 치매의 연기와 짝을 이

룬다. 하지만 이 연구도 통제된
연구가 아니다.

중국 사회에서는 노인들이
활력을 얻기 위해 무언가를 하
는 모습을 거리에서 늘 볼 수 있
다. 내가 아는 한, 그런 운동의
효과에 대한 통제된 과학적 연
구는 지금까지 이루어지지 않았
지만, 태극권을 하고 노래하고
춤추는 노인들이 도처에서 눈에
띈다. 2014년 5월 항저우시 시

그림 18.10 나이가 76세인 이 중국인 여성은
뇌의 건강을 유지하기 위해 항저우시 시후 가의
〈잉글리시 코너〉에서 영어를 연습한다.

후(西湖) 가에서 한 작은 여성이 나에게 말을 걸어왔다. 나이가 76세인 그
녀는 훌륭한 영어를 구사했다. 자신은 그 호숫가의 〈잉글리시 코너English
Corner〉에서 영어를 배웠으며 영어 연습을 위해 외국인에게 말을 건다고
그녀는 설명했다. 그녀의 부탁으로 내가 그녀와 함께 사진을 찍는 동안, 그
녀는 〈내 나이가 되면 무엇이든지 꼭 해야 해요〉라고 말했다.

무리 지어 운동하는 것은 중국에서 늘 인기가 있었다. 문화혁명 이전에 학
교와 공장에서는 거대한 집단이 확성기에서 나오는 음악에 맞춰 체조를 했
다. 문화혁명 기간에 사람들은 마오쩌둥에 대한 충성을 다짐하는 춤을 추
었다. 항저우 저장 대학교에서 강의할 때는 중간에 20분짜리 〈긴 휴식 시
간〉을 두는 것이 통상적이다. 전통을 계승하여 사람들은 캠퍼스 곳곳에 녹
색-흰색 줄무늬가 그려진 50센티미터 높이의 스피커를 설치했다. 거기에
서 구호, 음악, 뉴스가 울려 퍼진다. 휴식 시간에 학생들은 유쾌한 음악에
맞춰 체조를 할 것을 권장받는다. 20분의 휴식 중 절반은 체조를 위한 시간,

나머지 절반은 소변을 보기 위한 시간이다. 음악은 확실히 열정적이지만, 나는 체조에 참여하는 학생을 이제껏 단 한 명도 보지 못했다. 이 전통 역시 중국에서 사양길에 접어든 것이다.

하지만 중국 노인들 사이에서는 대마(大媽) 광장무dama square dance가 건강을 위한 운동으로 여전히 큰 인기를 누린다. 특히 중산층 중년 여성들이 그 춤을 즐긴다. 〈대마〉란 〈늙은 엄마 혹은 이모〉를 뜻하는 별명이다. 중국에서 대마 광장무를 추는 여성은 약 1억 명에 달한다. 실제로 아침부터 저녁까지 모든 곳 ─ 공원, 광장, 다리 밑 ─ 에서 그런 여성들을 볼 수 있다. 과거 나의 박사과정 학생이었던 두 사람의 어머니들은 자신들이 대마 광장무 〈지도자〉로서 상을 받은 것을 자랑스러워한다. 대마 광장무가 직면한 큰 문제는 인구밀도가 높은 중국 도시들에 넓은 공터가 없다는 점이다. 사람들은 건물들에 둘러싸인 채로 춤을 춘다. 댄스음악을 틀기 위해 고출력 스피커가 동원되는데, 그것 때문에 거주자들이 항의하는 일이 자주 벌어진다. 사람들은 심지어 열차 안에서도 춤을 춘다. 그럴 때 음악이 너무 시끄러워서 격렬한 반발이 일어나기도 한다.

2013년과 2014년에 있었던 사건 몇 개를 예로 들겠다. 음악 때문에 극심한 스트레스를 받은 거주자 한 명이 기르던 대형견 세 마리를 춤추는 무리를 향해 풀어놓고 공중으로 총을 쏘았다. 그는 6개월 징역형을 받았지만, 그 야외 무도장은 더는 사용되지 않게 되었다. 다른 야외 무도장에서는 소음에 대한 항의로 인분(人糞)을 투척하는 사건이 일어났다. 한 중년 여성은 직접 제작한 권총으로 대마 광장무를 추는

그림 18.11 항저우시 시후 가에서 추는 대마 광장무.

사람의 머리를 쏘았다. 한 거주자 집단은 26만 위안짜리(2만 5,000유로에 해당하지만, 중국인의 경제 수준을 감안하면 그보다 8배 더 비싸다고 할 수 있다) 스피커를 구입했다. 그들은 그 스피커로 대항 소음을 일으켜 춤추는 사람들을 방해했다.

중국 당국은 소음 상한선을 45데시벨로 했지만, 요새 중국인은 과거처럼 고분고분하지 않으며, 지역 관청은 조치를 취할 여력이 없다. 해결책으로 춤추는 사람들에게 헤드폰을 지급하고 음악을 틀어 주는 방안이 제안되었다.

8. 쓰지 않으면 녹슨다

> 성인이 된 레오나르도는 평생 내내 몇몇 측면에서 아이 같았다. 모든 성인 남성이 어린애 같은 구석을 유지해야 한다고 사람들은 말한다. 그는 성인이 되어서도 계속 놀았고, 그래서 때로는 동시대인들에게 징그럽고 이해할 수 없는 존재가 되었다.
>
> — 지그문트 프로이트(1910)

알츠하이머병의 진행은 뇌세포들의 활동 감소와 뇌 조직의 위축을 특징으로 한다. 오래전에 나는 노인의 다양한 뇌 구역을 연구하면서 고령에도 활발히 활동하는 뇌세포들을 주목했다. 그 세포들은 알츠하이머병을 막는 대책을 갖춘 듯했다. 예컨대 시상하부의 커다란 호르몬 생산 신경세포들이 그러하다. 하지만 노화 과정에서 활동이 줄어들며, 보아하니 알츠하이머병에 더 취약한 뉴런들도 있었다. 이를테면 생물학적 시계 구역의 작은 세포들이 그러하다. 나는 이 현상을 〈쓰지 않으면 녹슨다〉는 문구로 요약했다.

이 현상의 메커니즘은 아직 정확히 밝혀지지 않았다. 어쩌면 뇌세포의 활성화가 DNA 손상의 수리를 촉진하여 노화와 알츠하이머병의 진행을 늦추는 것일지도 모른다.

녹록지 않은 직업 활동과 활발한 신체 활동은 알츠하이머병으로 인한 변화가 적은 것과 상관성이 있다. 이로부터 보편적으로 받아들여지는 다음과 같은 조언이 도출되었다. 노인들을 위한 그 조언은 고령에 이르더라도 항상 다시 새로운 일을 벌이라는 것이다. 과학적 관점에서 이 조언과 결부된 문제는 (나 자신도 이 조언을 늘 하지만) 무엇이 원인이고 무엇이 결과인지가 관련 연구들에서 쉽게 밝혀지지 않는다는 점이다.

라일리의 연구에서도, 70~95세에 사망했으며 고령까지 매우 활동적이었던 수녀들의 뇌가 아무 활동 없이 소일한 같은 또래 수녀들의 뇌보다 알츠하이머병으로 인한 변화를 덜 겪었다는 것이 밝혀졌다. 하지만 그 수녀들이 22세에 집으로 보낸 편지들을 분석한 연구진은 고령에도 활동적이었던 그 수녀들이 젊은 시절의 편지에서도 더 복잡한 문장을 구사했다는 점을 확인했다. 수녀들이 젊은 시절에 쓴 편지의 문법적 복잡도가 낮은 것은 노년에 뇌의 무게가 작은 것, 뇌의 위축이 심한 것, 신경 병리적 알츠하이머병 이상들이 뇌에 많은 것, 임상적 알츠하이머병 진단 기준에 부합하는 것과 상관성이 있었다. 요컨대 고령에 매우 활동적이었던 수녀들은 22세에도 이미 더 유능한 뇌를 가지고 있었다. 따라서 이런 질문이 제기된다. 기존의 통념대로 노년에 뇌 자극이 긍정적 효과를 내는 것이 아니라 오히려 유전적 소질이나 초기 뇌 발달이 노년에 활동이 많은 것과 알츠하이머병 위험이 낮은 것 둘 다의 원인이 아닐까? 앞서 언급한 스코틀랜드 IQ 연구에서도 유전적 소질이 고령의 뇌 성능을 위한 주요 인자라는 것이 밝혀졌다.

알츠하이머병의 예방이나 연기를 위한 처치 혹은 조언에 관한 잘 통제된 연구는 존재하지 않으며 또한 절대로 존재할 수 없다. 하지만 약 20건의 연구가 보여 주듯이, 신체 활동이 많은 사람들은 인지 퇴행과 치매에 이를 위험이 낮다. 그뿐만 아니라 뇌를 힘겹게 하는 체스 같은 놀이를 자주 하는 노인들은 그렇지 않은 노인들보다 알츠하이머병이 더 늦게 발병한다. 한 전향 연구는 피험자들을 약 21년 동안 관찰했다. 75세 이상에서 아직 치매에 걸리지 않았고 여가 시간에 체스, 독서, 악기 연주, 또는 춤추기를 함으로써 정신적 힘겨움을 자청한 사람들은 신체적 노력만 한 사람들보다 약 3년 늦게 치매에 걸렸다. 또 다른 연구에 따르면, 인지적으로 자극적인 여가 활동들은 혈관성 인지 장애들을 줄이는 효과가 가장 크다(반면에 신체적으로 자극적인 여가 활동들은 그렇지 않다). 하지만 이 연구들 역시 통제된 연구가 아니었다.

핀란드에서 이루어진 한 무작위 연구에서는 60~77세의 피험자들이 2년 동안 식이요법을 준수하고 인지 훈련과 신체 훈련을 수행했다. 그 와중에 연구진은 그들의 심혈관 관련 수치들을 측정했다. 대조군에 비해 그 피험자군은 인지 퇴행이 덜 나타났다. 하지만 그들이 받은 식이요법과 훈련들이 알츠하이머병 위험에 어떤 영향을 미치는지는 연구되지 않았다.

결론적으로 다양한 활동이 노인의 알츠하이머병 위험인자를 줄이고 인지 기능을 향상시킨다고 말할 수 있다. 하지만 그런 활동들이 실제로 알츠하이머병의 발생을 늦추는지는 아직 밝혀지지 않았다.

그림 18.12 레오나르도 다빈치, 「자화상」(?), 약 1510~1515년.

정년이 지나서도 계속 일할까?

나는 자신의 조언을 솔선수범하여 전력으로 계속 일함으로써 뇌를 자극하려 애쓴다. 하지만 일부 사람들은 이런 삶을 살기가 전혀 쉽지 않다. 내가 65세가 되었을 때, 사람들은 내가 나의 연구 팀과 함께 계속 일할 것을 요청했다. 당시에 나는 중국에서도 교수직을 맡고 있었는데 그 직책이 요구하는 주당 80시간의 노동을 그냥 계속 이어갔다. 네덜란드에서 교수는 박사학위를 줄 권리를 70세까지 보유한다. 덕분에 나는 70세 생일을 맞을 때까지 나의 박사과정 학생들에게 학위를 수여할 수 있었다. 교수가 70세가 되면, 그 권리는 즉각 사라진다. 당시 나는 박사과정 학생 2명을 데리고 있었는데, 그들에게는 내가 계속해서 그들을 지도하는 것이 매우 중요했다.

그리하여 나는 2014년 4월 3일에 담당자에게 청원하기를, 내가 계속해서 그들의 지도 교수로 남는 것을 허락해 달라고 했다. 내가 65세(2009) 이후에도 나의 팀과 함께 온 힘을 다해 연구에 참여했음을 입증하기 위해, 나는 청원서에 몇 건의 서류를 첨부했다. 2009년 이후에 내가 수여한 박사학위 11개의 목록, 2009년 이후 내가 출판한 SCI급 논문 97편의 목록, 내 논문의 인용에 관한 보고서(h지표 h-index =75)가 그 서류들이었다. 담당자는 나의 요구를 두둔하는 추천서를 써서 암스테르담 대학교 당국에 제출했다. 그러나 당국은 냉혹하게도 2014년 5월 13일에 나에게 해당 법규는 박사과정 학생들의 권리를 보호할 목적으로 제정되었다는 답변을 보내왔다(우리는 그 답변을 이해할 수 없었으며, 나는 나의 〈보호받아야 한다는〉 박사과정 학생들과 함께 그 답변을 실컷 비웃었다). 결론적으로 당국은 법규에 어긋나는 박사학위 수여를 허용할 수 없다고 했다. 하지만 내가 부심사위원을 맡는 것은 허용할 수 있다고 덧붙였는데, 어차피 부심사위원은 박사학위 소지자라면 누구나 맡을 수 있는 역할이었다.

그리하여 나는 박사학위에 관한 법규를 새삼 꼼꼼히 살펴보았다. 나는 그런 유형의 글을 몹시 싫어하지만, 거기에 이런 문장이 있었다. 〈10조. 박사 지도 교수의 지명: 1a. 외국 대학교에서 근무하는 교수를 박사 지도 교수로 지명할 때는 동시에 네덜란드 대학교에서 근무하는 교수도 지명해야 한다.〉

이 조항에는 나이 제한에 관한 내용이 전혀 없었다! 따라서 나는 담당자에게 문의했다. 나는 중국 항저우시 저장 대학교에서 차오 쿠앙-피우(曹光彪) 석좌교수로 재직 중인데, 만일 암스테르담 대학교의 교수 한 명이 박사 지도 교수로 지명된다면 나도 더불어 외국 교수로서 (부심사위원에 머물지 않고) 박사 지도 교수가 될 수 있느냐고 말이다. 다행히 그 담당자는 짜증을 내지 않고 오히려 내가 〈대단한 재치와 융통성으로 박사 지도 교수의 지위를 획득하려 노력하는 것에 감탄했다〉. 그는 내가 중국에서 교수직을 맡고 있다는 점을 내세운 것을 〈우리가 당연히 검토해 보아야 할 환상적인 해결책〉으로 평가했다. 나는 내가 중국에서 네덜란드 대학교의 교수직에 해당하는 직책을 맡고 있음을 증명하기만 하면 되었다. 그것은 일도 아니었다.

나의 청원은 우선 암스테르담 대학교 의학부 학장의 승인을 거쳐 다시 대학교 당국의 승인을 받아야 했다. AMC(암스테르담 대학 병원) 원장 겸 암스테르담 대학교 의학부 학장 마르셀 레비 교수는 나의 〈창조적인 해결책〉(레비 교수의 표현임)에 감격했다. 내가 계속 일하고자 하는 것을 〈멋지다고〉 여기면서 그는 나의 성과들이 대단하다고 말했다. 내가 제안한, 항저우 저장 대학교 교수직에 기댄 우회로는 그가 보기에 암스테르담 대학교의 박사학위 관련 법규에 전적으로 부합했다.

그러나 그 법규에 따르면 암스테르담 대학교의 교수 한 명이 제2의 박사 지도 교수를 맡아야 했다. 나중에 의학부는 그 형식상의 박사 지도 교수를 위한 수당을 챙기려 했고, AMC는 당연히 난색을 표했다. 하지만 이 장애

물도 결국 제거되어 나는 2014년 10월 9일에 대학교 당국으로부터 내가 중국 대학 교수로서 박사 지도 교수로 임명되었다는 편지를 받았다. 박사 학위 관련 법규에 들어 있는 이 구멍이 메워질지, 메워진다면 언제 메워질지 두고 볼 일이다.

이 사건이 명확히 보여 주듯이, 사람들은 인생에서 일하는 기간이 길어지는 것에 찬성한다고 말하면서도 타인이 정년을 넘어서도 계속 일하는 것은 되도록 어렵게 만들기 위해 온갖 노력을 한다.

9. 알츠하이머병 환자에게서 나타나는
   뇌세포들의 자발적 활성화와 재활성화

진행성 허혈을 앓는 노인들은 낮에 점점 더 몽롱해진다.
그러나 밤이 오면 시상하부 빈혈로 인해 벌떡 일어나 싸운다.
— T. H. 호월(1943)

네덜란드 뇌 은행은 사망 직전까지 상태가 매우 좋았던 노인 기증자들의 뇌 조직을 자주 입수한다. 그 뇌 조직들은 뇌 질병 연구에서 대조용으로 쓰인다. 연구되는 모든 뇌 조각 각각은 나이와 성별이 같은 대조인(人)의 해당 뇌 조각과 비교되어야 한다. 앞서 언급했듯이, 현미경으로 관찰하면 많은 노인 〈대조인들〉의 뇌 조직에서 이미 알츠하이머병의 초기 양상이 발견된다. 최근에 밝혀진 바에 따르면, 앞이마엽 피질과 기저핵은 아직 증상이 없는 알츠하이머병 단계에 시냅스 활동 및 물질대사와 관련이 있는 유전자 수백 개를 자발적으로 활성화한다.

우리는 이 조율된 활성화가 알츠하이머병의 초기 진행을 벌충하여 알츠하이머병 증상을 한동안 지연할 수 있다고 판단한다. 이 활성화는 몇 개의 분자들(마이크로 RNA들과 전사인자들)에 의해 지휘된다. 우리가 희망하는 바는, 그 분자들을 단서로 삼아서 알츠하이머병 후기에도 뇌를 자극하여 증상을 계속 지연할 수 있는 물질들을 발견하는 것이다. 현재 우리의 알츠하이머병 연구는 거기에 초점이 맞춰져 있다.

뇌세포들의 활동 감소가 알츠하이머병의 특징이라는 우리의 관찰을 감안할 때 핵심 질문은 이것이었다. 알츠하이머병에 침범된 뉴런들을 자극하여 본래의 기능을 회복하게 만들 수 있을까? 원리적인 검증을 위해 우리는 밤낮 리듬을 통제하는 시스템을 연구 대상으로 선택했다. 이 시스템의 기능은 알츠하이머병 초기에 벌써 교란된다. 그렇기 때문에 알츠하이머병 환자들은 밤에 소란을 피운다. 그들은 흔히 밤에 잠자리를 떠나고 때로는 집 밖으로 나간다. 주방에서 불판 위에 무언가를 올려놓거나 이리저리 돌아다니는 경우도 있다. 역시 노인인 파트너가 그런 위험 행동에 끊임없이 주의를 기울이는 것은 며칠 밤낮 정도만 가능하다. 밤낮 리듬의 교란이 환자를 돌봄 시설로 보내는 가장 흔한 이유라는 점은 충분히 납득할 만하다.

더 나아가 수면장애는 기억 능력에 해롭다. 수면 부족과 장기간의 불면증은 알츠하이머병 특유의 단백질 Aβ42의 뇌 조직 내 수치를 높이고, 따라서 알츠하이머병 위험도 높인다. 수면-깨어 있음 주기를 통제하는 일주기(日週期) 시스템의 실체는 생물학적 시계인 시신경교차상핵이다. 그 시계는 매일 외부 세계의 빛을 기준으로(그 빛에 관한 정보는 눈에서 직접 전달된다) 맞춰진다. 그 생물학적 시계는 수면 호르몬 멜라토닌이 솔방울샘에서 생산되는 것도 통제한다. 그 생물학적 시계가 낮에 활성화되어 몇몇 뇌 구역들을 더불어 활성화하기 때문에, 뇌는 언제나 낮인지 안다. 솔방울샘이 수면 호르몬 멜라토닌을 분비하면(멜라토닌 역시 여러 뇌 구역들에 영향을 미친다), 뇌는 지금이 밤이라는 것을 알아챈다.

돌봄 시설에 거주하는 치매 환자들의 생활환경을 더 밝게 꾸미고(꾸미거나) 잠자리에 들기 한 시간 전에 멜라토닌을 투여함으로써 그들의 일주기 시스템을 자극하는 시도가 실제 성공적으로 이어졌다. 그들의 밤낮 리듬은 회복되었고, 그들은 밤에 소란을 덜 피웠으며, 그들의 기분은 고양되었고, 그들의 간이정신상태검사 성적은 향상되었다. 당연히 이 치료법은 생물학적 시계에만 효과가 있고 나머지 뇌의 알츠하이머병에는 효과가 없다. 그럼에도 이 치료법은 알츠하이머병에 침범된 시스템에 적절한 자극을 가함으로써 환자의 뇌 기능들을 회복시키는 것이 원리적으로 가능함을 보여 준다.

멜라토닌 생산 시스템의 기능 회복은 어쩌면 알츠하이머병의 진행 자체에도 긍정적으로 작용할 것이다. 멜라토닌은 알츠하이머병 특유의 변화, 곧 딱지들과 엉킴들의 전조인 과다인산화된 타우 단백질과 베타아밀로이드 덩어리의 발생을 늦추는 항산화물질이다. 따라서 멜라토닌은 이 병리 현상의 전개에 긍정적으로 작용할 가능성이 있다.

초기 알츠하이머병에서 멜라토닌 투여 그리고(혹은) 빛 처방이 병의 진행에 임상적으로 측정 가능한 영향을 미치는지 여부는 아직 연구되지 않았다. 흥미롭게도 알츠하이머병의 생쥐 모형 하나(3xTg-AD)에서 멜라토닌 투여는 뇌의 알츠하이머병 변화들(용해되지 않는 베타아밀로이드 소중합체oligomer와 과다인산화된 타우 단백질)을 감소시켰으며, 자발적인 신체 활동과 짝을 이룬 멜라토닌 투여는 뇌의 (미토콘드리아들을 통한) 에너지 생산을 온전하게 유지시켰다. 이것은 그 생쥐들에게 좋은 소식일뿐더러 인간에게서 멜라토닌과 운동의 효과를 임상적으로 연구할 이유로서 부족함이 없다.

10. 알츠하이머병 치료법

> 흐름을 거슬러 노를 저으면 원천에 접근하게 된다.
> ― 로미나 겐티어의 박사 논문에서(마스트리히트, 2015)

요컨대 일찍부터 인지 예비 역량을 키우고, 규칙적으로 운동하고, 적당히 먹고, 심장과 혈관의 질병들을 치료하고, 고령까지 활동적으로 살면 알츠하이머병을 지연시킬 수 있다. 거기에 더해 빛과 멜라토닌은 밤에 소란을 피우는 증상에 효과가 있다. 또 알츠하이머병에 동반된 다른 행동장애들도 때로는 어느 정도 치료 가능하다. 하지만 증상들을 치료할 수 있다는 것이지, 병 자체를 치료할 수 있다는 것은 아니다. 이미 시작된 알츠하이머병에 대한 효과적인 약물 치료는 현재 불가능하며 조만간 가능해질 전망도 없다.

1981년에 말기 알츠하이머병 환자들의 뇌에서 발견된 뚜렷한 변화 중 하나는 기저핵 뇌세포들의 소멸과 활동 감소였다. 그 뇌세포들은 피질로 돌기를 뻗어 신호 물질 아세틸콜린을 분비하는 커다란 뉴런들이다. 그러한 기저핵의 변화에 대항하기 위해 연구자들은 아세틸콜린에스테라아제 억제제를 투여함으로써 아세틸콜린의 분해를 줄이는 방안을 시도한다. 하지만 이 방안은 초기 알츠하이머병 환자들 중 소수에서만 효과가 있고 그 경우에도 효과가 작다. 게다가 부작용들은 많다. 몇몇 연구에 따르면, 메만틴memantine(기억의 형성에 관여하는 NMDA 수용체를 차단하는 약물)은 어지간하거나 중한 알츠하이머병 환자의 인지 기능을 약간 향상시키는 효과가 있다. 하지만 유의미한 효과를 발견하지 못한 연구들도 있다. 요컨대 아세틸콜린에스테라아제 억제제는 효과적인 알츠하이머병 치료제가 아니다. 여성은 남성보다 알츠하이머병에 걸릴 위험이 더 높다. 이것은 여성이 50세 즈음에 갑작스러운 여성호르몬 감소를 겪기 때문일 가능성이 있다. 따라서 알츠하이머병 환자에게 에스트로겐을 처방하는 것이 논리적으로 합당한 듯했다. 그러나 그 처방은 현재까지 기대된 효과를 내지 못했다. 9건의 무작위 연구에서 에스트로겐 투여의 인지 기능 향상 효과는 발견되지 않았다. 심지어 한 건의 연구는 여성이 25세부터 에스트로겐과 프로게스테론을 투여받으면 알츠하이머병 위험이 높아진다는 것을 보여 준다. 이호르몬들을 알츠하이머병 진단을 받고 비로소 투여하는 대신에 진단이 없어도 50세부터 투여하면 알츠하이머병 위험이 감소한다는 주장이 있는데, 이 주장은 아직 검증을 거치는 중이다.

비교적 새롭고 아직 실험 단계에 가까운 다양한 뇌 자극술이 알츠하이머병 환자의 인지 기능과 뇌 물질대사에 긍정적으로 작용한다. 그 기술들 가운데 어떤 것들이 임상적으로 적용 가능하고 효과적인지는 앞으로 밝혀져야 한다. 뇌 시스템들을 자기와 전기로 자극하는 다양한 기술들도 마찬가지다. 한 예비 연구pilot study는 환자 6명에게 뇌 심부 자극술을 실시했다. 연구진은 환자들의 기저핵 근처에 전극을 설치했다. 기저핵은 기억을 위해 중요하며 나이가 들면 활동이 약간 감소하는데, 알츠하이머병에 걸리면 활동이 대폭 감소한다. 그 환자들 중 4명은 1년 뒤에 인지 기능의 향상과 피질의 포도당 대사량 증가를 나타냈다. 이런 연구의 뒤를 이어 뇌 자극술에 대한 통제된 연구들이 이루어져야 한다.

샌디에이고에서 활동하는 마크 투진스키의 연구 팀은 유전자 치료를 통한 자극의 가능성을 탐구한다. 그들은 알츠하이머병 환자의 피부세포로 하여금 〈신경 성장 인자Nerve Growth Factor, NGF〉라는 성장 인자를 생산하게 만든다. 첫 단계는 환자의 피부세포 —— 섬유아세포fibroblast —— 를 체외 배양하는 것이다. 연구진은 그 배양된 섬유아세포들에 *NGF* 유전자를 장착했다. 이때 특정 바이러스가 운반수단으로 쓰였다. 그 바이러스는 NGF 유전자를 싣고 그 피부세포들에 진입할 수는 있지만 더 증식하여 병을 일으킬 수는 없도록 처리된 상태였다. 그렇게 만들어진 NGF 생산 피부세포들은 뇌수술을 통해 기저핵 근처에 주입되었다.

그 뇌수술 후에 PET 스캔을 해보니, 대뇌피질의 활동 증가가 포착되었다. 뇌수술을 받은 환자들은 3~10년 뒤에 사망했는데, 그들의 뇌를 부검해보니 NGF가 기저핵 세포들을 활성화했음을 알 수 있었다. 연구진은 이 유전자 치료를 받은 알츠하이머병 환자들의 기억 감퇴가 대조군(이 유전자 치료를 받지 않은 알츠하이머병 환자들)에 비해 절반으로 느려졌다고 주장했다. 하지만 이것은 1단계 임상 연구였을 뿐, 잘 통제된 연구는 아니었다. 수술을 받은 지 5개월 후에 사망한 한 환자의 뇌에서 연구진은 NGF가 기저핵을 안정적으로 자극하고 있음을 발견했다. 이 발견은 이 유전자 치료의 효과에 기대를 걸게 만든다. 그러나 통제된 연구들에서 어떤 작용과 부작용이 나타날지 두고 봐야 한다.

11. 지난 20년 동안 저절로 일어난 알츠하이머병의 감소

알츠하이머병은 가까운 미래에 커다란 사회문제가 될 것이다. 왜냐하면 인구 전체가 고령화하는 중이고, 치매 인구는 나이에 따라 지수적으로 증가하기 때문이다. 그러나 긍정적인 조짐도 하나 있다. 지난 20년 동안의 알츠하이머병의 증가율은 인구의 고령화를 감안할 때 예상되는 수준보다 24퍼센트 낮다. 네덜란드, 영국, 스웨덴, 유럽 남부, 미국, 일본에서 80세 이상의 치매 환자는 눈에 띄게 줄었다. 내가 의학 공부를 시작할 당시에 나의 아버지는 두 가지 유형의 병이 존재한다고 말했다. 한 유형은 저절로 없어지는 병이고, 다른 유형의 병은 어차피 손쓸 도리가 없다고 했다. 인구 전체를 기준으로 보면 치매는 그 두 유형에 모두 속하는 듯하다. 오늘날 치매에 걸리는 인구는 우려했던 것보다 더 적으며, 우리는 왜 그런지 정확히 모른다. 연구자들은 심장 및 순환계 질병 치료의 긍정적 부작용이 치매 감소의 원인이라고 여긴다. 실제로 심장과 순환계의 질병은 알츠하이머병의 위험 요인이다(심장에 좋은 것은 뇌에도 좋다). 흡연율 감소와 교육 수준 상승도 치매 감소에 기여했을 가능성이 있다. 하지만 기뻐하기는 아직 이르다. 현재 노년기를 앞둔 세대는 엄청나게 과체중이기 때문이다. 그 세대에서는 2형 당뇨병이 증가하고 있는데, 이 질병도 알츠하이머병의 위험 요인이다.

19장
뇌 질병과 환경

유전자가 장전하고,
환경이 방아쇠를 당긴다.
— 미국 속담

1. 우울증

애당초 어머니의 자궁이 나를 내놓던 그때
어찌하여 나는 무덤 속으로 떨어지지 않았을까?
그랬다면 나는 변함없이 고요했을 테고
내 눈은 감긴 채로 머물러 어떤 슬픔도 보지 못했을 텐데.
— 제러미 테일러(1613~1667)

뇌의 스트레스 시스템들에 고단 기어를 넣는 유전적 요인들은 우울증의 발생에 중요한 역할을 한다. 그 유전적 소질은 아동을 환경 요인들에 더 민감하게 만들고, 그 결과로 그 환경 요인들은 강한 스트레스 반응을 일으킨다.

예컨대 임신 기간 중의 충격적인 사건들 — 전쟁, 가족의 죽음, 이혼 등 — 로 인해 임신부가 받는 강한 스트레스는 태아의 나중 삶에서 우울증 위험이 상승하는 결과로 이어질 수 있다. 태반의 기능 부전에서 비롯된 저체중 출생은 후성유전학적 변화 — 환경 요인들이 일으키는 DNA의 화학적 변화 — 를 통해 스트레스 시스템의 영구적인 활동성 상승을 초래할 수 있다.

출생 후에는 아동에 대한 방치, 학대, 악용이 역시 후성유전학적 변화를 통해 스트레스 시스템의 활동성을 장기적으로 상승시킨다. 이런 변화는 유전적 소질 때문에 스트레스에 유난히 민감한 아동들에게 특히 잘 일어난다. 다른 사람이라면 그저 분노나 슬픔으로 반응할 만한 사건이 그 아동들의 나중 삶에서 발생하면, 그들은 스트레스 시스템의 과잉 반응 때문에 우울증에 빠진다. 이 우울증은 시간이 지나면 치유되지만, 환경 요인에 대한 민감성은 그대로 존속하면서 드물지 않게 우울증을 재발시킨다. 따라서 우울증의 원인이 뇌냐 아니면 환경이냐, 양자택일식 질문은 부적절하다. 우울증의 원인은 늘 뇌와 환경의 상호작용이니까 말이다.

특정 정신병에 취약한 유전적 소질은 발달 과정에서 처음에는 다른 형태의 심리적 혹은 정신의학적 문제들로 표출될 수 있다. 조울병의 주요 요인은 유전적이다. 하지만 어린아이들은 유전적 조울병 소질이 수면장애, 과잉행동, 불안장애, 학습장애, A군 성격장애로 나타나는 경우가 많다. 청소년기에는 처음으로 기분장애가 나타날 수 있다. 그 후 초기 성인기에 최초의 우울증 에피소드가 나타나고, 훨씬 더 나중에 — 때로는 7년 뒤에 — 최초의 조증 에피소드가 나타난다. 그때에야 비로소 〈조울병〉 진단이 내려질 수 있다.

우울증에 취약한 사람들은 흔히 강렬한 감정적 사건이나 가족 내의 충격적 사건, 공적인 지위 하강 등에 의해 우울증 에피소드가 촉발된다. 가장 많이 처방되는 항우울제 SSRI(선택적 세로토닌 재흡수 억제제)의 효과는 앞

그림 19.1 빈센트 반 고흐의 소묘 작품들. 우울한 여자와 우울한 남자를 그렸다. 그들의 얼굴은 보이지 않지만, 그들의 우울감은 명백히 드러난다.

이마엽 피질의 활동 증가와 시상하부의 활동 감소에서 비롯된다. 그런데 이 효과의 50퍼센트는 플라시보 효과에서 나온다. 즉, 그 항우울제가 치유 효과를 내리라고 환자가 기대하는 것에서 나온다. 여기에서 알 수 있듯이, 뇌는 스스로 활동을 변화시킴으로써 여러 뇌 구역을 우울증으로부터 해방시킬 수 있다. 위약은 때때로 그런 활동 변화가 쉽게 일어나도록 만든다.

우울증은 외부 환경에 의해 촉발되기만 하는 것이 아니라, 앞이마엽 피질의 활동을 변화시키는 외적 작용에 의해 치료될 수도 있다. 인지행동치료는 효과적인 우울증 치료법으로 인정받는다. 이 치료에서 환자는 부정적인 생각을 더 긍정적인 생각으로 바꾸는 법을 배운다. 이를 통해 앞이마엽 피질의 활동이 강화되고 편도체와 해마를 비롯한 변연계 구조물들의 활동이 약화된다. 이런 식으로 자신의 부정적인 생각을 다루는 법을 터득한 환자는 평생 동안 그 효과를 누리며, 경우에 따라 우울증 에피소드는 항우울제를 사용했을 때보다 더 드물게 재발한다. 마음챙김은 부정적인 생각과 고민에 맞서는 한 방법이다. 이 방법은 불교에서 기원했다. 마음챙김과 명상은 인지행동치료와 마찬가지로 우울증에 효과적이다. 인터넷 치료와 침술도 우울증에 도움이 될 수 있다.

외적 영향을 이용하는 또 다른 효과적 치료법으로 빛 치료가 있다. 가장 좋은 방법은 야외에서 운동하면서 빛에 노출되는 것이다. 빛과 운동은 우울증 환자에게 활동이 감소하는 생물학적 시계를 자극한다. 생물학적 시계가 자극되면 스트레스 축이 억제된다. 그 밖에 경두개 자기 자극술이나 대상 피질 앞부분에 전극을 삽입하는 뇌 심부 자극술 등의 온갖 치료법들도 우울증에 효과가 있다.

모든 효과적인 우울증 치료법이 일으키는 궁극적 결과는 시상하부에서 한 스트레스 호르몬(부신 피질 자극 호르몬 분비 인자)을 생산하는 뉴런들의 활동 감소다. 그 뉴런들은 우울증 환자의 스트레스 축이 과도하게 활동하도록 만든다.

2. 자살

정말로 중요한 철학적 문제는 단 하나, 자살이다.
삶을 살 가치가 있는지 여부를 판단하는 것이야말로
철학의 근본 질문에 답하는 것이다. 세계는 3차원인가,
정신의 범주들은 9개인가 아니면 12개인가 같은
다른 모든 질문들은 나중이다. 그것들은 장난이다.
먼저 저 근본 질문에 답해야 한다.
― 알베르 카뮈, 『시지프 신화 Le Mythe de Sisyphe』

위험 요인들

자살은 큰 문제다. 네덜란드에서는 교통사고로 죽는 사람보다 자살로 죽는 사람이 2.5배 더 많다. 중국의 자살자는 서양 세계보다 3배 더 많다. 공식 통계에서 중국의 우울증 환자 수는 서양 세계의 30퍼센트에 불과한데도 말이다. 하지만 이 통계를 보고 우울증을 앓는 중국인이 실제로 더 적다는 결론을 내리는 것은 전혀 타당하지 않다. 이 통계는 많은 중국인이 정신과 환자라는 낙인이 두려워서 의사를 찾아가지 않는다는 사실을 보여 줄 따름이다.

우울증 치료의 부족은 중국의 자살률이 높은 원인 중 하나일 수 있다. 게다가 중국 시골의 많은 남성들은 도시로 이주하여 고된 조건에서 건설 노동으로 돈을 벌어 고향에 머물러 있는 가족과 부모를 부양한다. 빈부 격차는 나날이 커지고, 빈민들이 급상승하는 생계비를 따라잡지 못하는 경우가 자주 발생한다. 늙거나 병에 걸리면 엄청난 빚에 시달릴 수 있다. 왜냐하면 좋은 건강보험도 치료비의 일부만 보전해 주기 때문이다. 그래서 노인의 자살이 급격하게 증가하고 있다. 초등학교부터 대학교에서 교수직을 차지할 때까지 언제 어디서나 사람들을 짓누르는, 말 그대로 살인적인 경쟁도 비극적으로 높은 자살률에 기여하는 것이 틀림없다.

가장 중요한 자살 위험 요인은 정신의학적 장애다. 자살자의 약 90퍼센트는 우울증이나 조현병 같은 정신의학적 질병에 걸린 상태다. 군인과 인도주의적 봉사자의 외상 후 스트레스 장애, 그리고 경계성 성격장애도 자살로 이어질 수 있다. 자살 위험의 50퍼센트는 유전적으로 결정된다. 이 때문에 일부 가족에서는 자살이 거듭 발생한다.

그 밖에 위험 요인들로 유년기와 청소년기의 트라우마성 경험들(이런 경험들이 후성유전학적 메커니즘들이 맞물려 자살 위험 요인으로 된다), 고립되거나 차별받는다는 느낌, 앞선 자살 시도(앞선 자살 시도는 새로운 자살 시도를 가로막는 문턱을 낮춘다), 전쟁이나 재난, 알코올 중독, 파트너 상실, 무기(특히 미국에서 총기)나 (특히 중국 농촌에서) 치명적 살충제와 쥐약의 가용성을 꼽을 수 있다. 또한 실업과 부채도 자살을 유발할 수 있다. 이런 환경 요인들이 유전적 소질과 기본적인 정신의학적 질병과 더불어 자살에 영향을 미친다. 이때 자살을 촉발하는 마지막 방아쇠는 관계의 파탄이나 기타 사회적 따돌림 같은 환경 요인일 수 있다.

자살 결심은 흔히 충동적으로 이루어진다. 네덜란드에는 자살에 대해서 누군가와 대화하기를 원하는 사람을 위한 긴급전화 113이 마련되어 있다. 이 번호로 전화를 걸면 익명으로 통화할 수 있다. (독일에는 전국에서 사용 가능한 전화번호들이 다양하게 있다.) 하지만 이 긴급전화는 아직 충분히 알려져 있지 않다.

최근의 자살 증가는 경제 및 금융의 위기와 관련이 있다는 주장이 도처에서 제기된다. 하지만 자살 건수는 이미 몇십 년 전부터 증가 추세이며, 특히 노년층에서 그 증가가 가파르다. 이런 자살 증가의 실제 원인들은 아직 연구되어야 한다. 노인의 자율성이 모든 활동 영역에서 점점 더 향상되는 것도 한 원인일 것이 틀림없다.

자살 건수는 계절에 따라 요동하며 기온 및 일조량과 관련이 있다. 자살이 가장 많은 시기는 봄과 초여름이다. 자살하기로 계획한 날이나 그전 열흘 동안 햇빛이 평소보다 더 많으면, 실제로 자살이 이루어질 위험이 상승한다. 하지만 자살 예정일을 앞두고 14~16일 동안 햇빛이 평소보다 더 많으면, 자살 위험이 오히려 감소한다. 햇빛은 자살 위험자에게 곧바로 활력을 주지만, 그의 기분은 한동안 여전히 바닥에 머문다. 햇빛의 자살 위험 향상 효과는 여성들에게 더 강하게 나타나 더 공격적인 형태의 자살을 유발한다. 예컨대 달리는 열차 앞으로 뛰어들거나 높은 건물에서 뛰어내리는 방식의 자살을 유발한다. 그러나 몇 주가 지나면 일조량의 증가가 자살 위험자의 기분도 향상시킨다. 따라서 자살 위험은 감소한다.

이 같은 햇빛의 효과는 항우울제의 작용과 대체로 유사하다. 처음 투약한 후 몇 주 동안 항우울제는 환자에게 활기를 주고 약간의 동요를 일으키지만 환자의 기분은 개선하지 못한다. 따라서 이 기간에는 자살 위험이 상승한다. 하지만 투약 기간이 더 길어져 환자의 기분도 향상되면, 자살 위험이 하강한다. 이 문제는 우울증 치료의 마지막 단계에서도 발생한다. 우울증이 충분히 치료되었다는 판정을 받고 퇴원한 환자가 자살할 위험이 오히려 높다. 따라서 그런 환자에게는 안전한 환경을 마련해 주어야 한다.

대다수 자살 사례는 정신의학적 장애와 관련이 있다. 하지만 우울증이나 기타 정신의학적 장애를 치료하면 자살 확률이 자동으로 감소한다고 생각해서는 안 된다. 몇몇 증거들은 자살 성향을 독립적인 질병으로 간주해야 한다는 주장에 힘을 실어 준다. 연구자들의 핵심 질문은 이것이다. 왜 우울증 환자들과 조현병 환자들 중 일부는 자살을 시도하고 다른 일부는 시도하지 않을까? 입양아 및 쌍둥이 연구들이 입증하듯이, 자살 시도에서 유전적 요인의 비중은 약 50퍼센트다. 실제로 몇 세대에 걸쳐 여러 명의 구성원이 자살한 가문들이 존재한다. 따라서 자살 위험 요인의 하나로서 자살 유전자를 연구하는 일이 매우 중요한 듯하다.

약물 치료도 자살 예방에 이로울 수 있다. 리튬은 조울증 환자뿐 아니라 주요(중증) 우울증 환자에게서도 자살 위험을 80퍼센트 낮춘다. 자살자의 대상 피질 앞부분에서는 가장 중요한 신호 물질인 글루타메이트의 생산량이 대폭 증가한다는 것이 최근에 발견되었다. 따라서 글루타메이트 시스템을 억제하는 구식 마취제 케타민을 미량 투여함으로써 우울증도 완화하고 자살 위험도 줄이는 치료법이 큰 관심사로 떠올랐다.

거듭 말하지만, 대다수 자살 사례의 배후에는 정신의학적 문제가 있다. 하지만 당사자가 오랫동안 숙고한 끝에 더 이상의 삶은 무의미하다는 결론에 거듭 도달하여 신중하게 자살을 결심하는 예외적인 상황도 존재한다. 자신의 인생이 완결되었다고 여기는 노인들, 중병에 걸린 환자들, 끔찍한 형벌을 피하고자 하거나 미래의 극심한 고통을 두려워하는 사람들의 자살 결심이 그런 예외에 속한다. 그뿐만 아니라 단식 농성자들도 죽음의 가능성을 염두에 둔다. 또한 〈철학적 자살〉도 존재한다. 즉, 당사자가 순수한 논증을 통해 삶은 무의미하다는 결론에 이르러 자살하는 경우도 있다. 나는 그런 자살이 정말로 어떤 정신의학적 문제도 없이 완전히 차분하게 실행될 수 있는지 의문이다. 아무튼 적어도 거의 모든 자살자에서 자살은 정신의학적 혹은 신경학적 질병과 관련이 있다.

서양에서는 여성보다 3배 많은 남성이 자살로 사망한다. 반면에 자살 시도자는 남성보다 여성이 3배 많다. 중국에서는 남녀 비율이 정확히 거꾸로다. 중국에서는 자살로 사망하는 여성이 남성보다 3배 많다. 왜냐하면 서양 여성과 달리 중국 여성은 자살하려고 의료용 약을 먹는 경우가 드물기 때문이다. 자살하려고 약을 먹은 사람은 흔히 목숨을 건질 수 있다. 자살의 대다수가 발생하는 중국 시골에서 자살자들은 맹독성이며 치명적인 살충제나 쥐약을 사용한다.

삶의 의미

> 정신과 의사로서 나는 일상적인 업무의 유의미성에 대해서
> 한순간도 고민할 필요가 없다. 나는 내가 주당 80시간을
> 유익한 일에 헌신한다고 확신한다.
> ─정신과 의사 데미안 데니스(2015)

앞서 언급한 캠퍼스 내 자살자에 대하여 중국인 대학생들과 토론하는 중

에, 그 젊은이를 비롯한 일부 사람들은 자살에 앞서 흔히 삶이 무의미하다는 느낌을 갖는다는 발언이 나왔다. 나는 삶이 무의미하다는 결론에 동의한다고 말했고, 이에 대학생들은 깜짝 놀랐다.

저장 대학교는 특별히 지능이 높고 이미 탁월한 교육을 받은 학생들이 다니는 곳이다. 그런 학생들에게, 오늘날의 과학 지식에 따르면 생명은 38억 년 전 바다 밑바닥의 온천 근처 다공성 바위에서 분자들이 경쟁하던 중에 시작된 자기조직화를 통해 우연히 발생했다는 것을 가르치는 것은 쉬운 일이다. 프라하에서 이루어진 실험들 덕분에 우리는, 수많은 유성 충돌이 있던 초기 지구의 조건에서 도처의 포름아미드formamide로부터 RNA를 이루는 네 가지 뉴클레오티드가 모두 발생할 수 있음을 안다. RNA 세계는 DNA 세계로 진화했고, DNA 세계는 진화의 역사 속에서 우연한 돌연변이들과 적응 경쟁을 통해 지금 여기에 우리가 거주하기 위한 기반을 마련했다.

그 진화 과정에서 앞이마엽 피질도 발생했다. 앞이마엽 피질은 우리를 인간으로 만들어 주고 우리가 삶의 의미에 대하여 고민하는 것을 비로소 가능하게 한다. 생명의 발생과 진화의 바탕에는 어떤 〈고차원적인 사명〉도 없고 〈의미〉도 없다고 나는 생각한다. 하지만 우리는 누구나 우리의 삶에 의미를 부여하려 애쓴다. 우리의 가족, 자식, 직업, 취미 활동, 기타 우리를 즐겁게 하는 것들을 통해서 말이다.

네덜란드 시인 겸 화가 루세베르트(1924~1974)가 반어적으로 말했듯이, 삶의 의미는 우리가 삶을 좋아하는 것에 있다. 그리고 우울증 환자와 조현병 환자가 해내지 못하는 바가 바로 삶을 좋아하는 것이다. 그들은 그 무엇에서도 좋음이나 기쁨을 느끼지 못한다. 〈쾌락 불감증anhedonia〉으로 불리는 이 증상의 원인은 앞이마엽 피질, 편도체, 측좌핵 (즉, 뇌의 보상 시스템) 신경세포들의 활동 감소다. 따라서 저장 대학교의 철학자들이 했던 것처럼 우울한 젊은이들을 붙들고 삶의 의미에 대하여 흥미롭게 토론하는 것은 바람직하지 않다. 오히려 그 젊은이들이 가진 고민의 바탕에 깔린 정신의학적 질병이 치료되도록 배려하는 편이 더 낫다.

내 세미나에 참석한 한 학생은 내가 나의 직업을 제외한 나머지 삶에 어떻게 의미를 부여하는지 알아내려고 거듭 애썼으나 소득이 없자 결국 이렇게 물었다. 「삶에 어떤 의미도 없다면, 모든 사람이 자살하지 않는 이유는 무엇일까요?」 내가 알기로 — 단세포생물부터 인간까지 통틀어 — 모든 생물의 특징은 예컨대 나치의 강제수용소와 같은 최악의 조건에서도 삶을 부지하려고 최선을 다하는 것이다. 일찍이 스피노자가 말한 대로 〈모든 사물 각각은 자신의 존재를 고수하기 위해 최선을 다한다. 자신의 존재를 고수하는 것은 모든 사물 각각의 몫이다〉.

따라서 삶과 죽음에 대한 결정은 각자 내려야 한다는 그 철학 교수의 주장은 틀렸다. 살아남고자 하는 것이 모든 생명의 고유한 특징임을 감안할 때, 청년기나 중년기의 진지한 자살 계획은 거의 항상 심각한 뇌 질병의 징후다. 뇌 질병은 치료의 대상이지 선택의

그림 19.2 「광란De razernij」, 게리트 람베르츠(1662년 사망)의 작품으로 전해짐. 이 실물 크기의 사암 조각상은 광적인 섬망에 빠져 자기 머리카락을 쥐어뜯는 여성을 보여 준다. 그녀는 얼굴을 찡그리고 거의 발가벗은 채로 나무 그루터기 위에 앉아 있다. 받침대의 모든 면에서는 〈광인〉이 감옥의 창으로 바깥을 내다본다. 이 작품은 원래 암스테르담 시립 정신병원 정원에 놓여 있었다. 현재는 암스테르담 레이크스 미술관에 소장되어 있다.

대상이 아니다. 또한 높은 지능이 우리를 뇌 질병으로부터 보호하지 못한다는 점도 명심해야 한다. 일찍이 아리스토텔레스가 지적했듯이, 정반대로 중요한 철학자, 정치가, 시인, 미술가의 대다수는 우울증 환자였다. 실제로 우울증을 앓은 유명 인물을 수없이 꼽을 수 있다. 예컨대 괴테, 아이작 뉴턴, 루드비히 판 베토벤, 로베르트 슈만, 찰스 디킨스, 크리스티안 호이겐스, 빈센트 반 고흐, 에이브러햄 링컨, 샤를 드 골, 빌리 브란트, 메나헴 베긴이 우울증을 앓았다. 윈스턴 처칠은 자신의 우울증을 〈검은 개〉라고 불렀다. 자신이 우울증에 걸렸다는 것을 부끄러워할 이유는 전혀 없다.

캠퍼스 내의 자살

그는 매우 우수한 학생이었으므로 중국의 3대 명문 대학교 중 하나인 항저우시 저장 대학교에 입학했다. 항저우의 동화처럼 아름다운 시후 호숫가에 있다. 작은 산들과 사원들로 둘러싸인 그 호수는 여름에 연꽃으로 뒤덮이고 호안에서는 수양버들이 너울거린다.

중국의 관례를 감안할 때 특이하게도 그는 대학 생활을 시작하자마자 철학과 선생들을 찾아다니며 삶의 무의미성에 대한 자신의 증명을 놓고 열정적으로, 어쩌면 경조증 환자처럼 토론했다. 그는 대학이 제공할 수 있는 모든 것을 그 증명에 동원했지만 교수들의 소극적인 반응에 실망하고 또 실망했다.

마침내 한 교수로부터 삶과 죽음에 대한 결정은 각자 내려야 한다는 말

그림 19.3 에두아르 마네(1832~1883), 「자살Le Suicidé」.

을 들었을 때 그는 더는 참을 수 없는 지경에 이르렀다. 그는 중국 젊은이들이 온갖 주제에 대하여 열정적으로 토론하는 인터넷 사이트에 글을 올려, 자신이 저장 대학교에 온 유일한 이유는 그 엘리트 대학교가 자신과 자신의 사유에 지적으로 아무 도움도 되지 않음을 보여 주기 위해서라고 밝혔다. 그리고 삶은 무의미하기 때문에 자살하겠다고 예고했다. 그는 장소와 시간을 대지 않은 채, 자신과 해당 교수의 마지막 통화를 어느 웹사이트에서 11시 이후에 들을 수 있을 것이라는 말만 남겼다. 그는 10시에 저장 대학교 캠퍼스 내 도서관 4층에서 투신했다. 사람들은 심하게 다친 그를 병원으로 옮겼으나, 그는 병원에 도착한 직후에 사망했다.

저장 대학교 당국에 따르면, 대학교는 자살을 막기 위해 최선을 다하지만 총 4만 5,000명의 학생 가운데 매년 10명이 자살한다. 대학 생활을 시작하기 전에 학생들은 심리 검사를 받아야 한다. 이는 자살 위험이 있는 학생들을 선별하여 보살피기 위한 조치다. 하지만 나중에 조사해 보니 자살한 학생들은 그 위험군에 속해 있지 않았다. 요컨대 이 조치는 효과가 없다.

눈에 띄는 것은 지난 15년 동안 의학부에서는 자살이 한 건도 발생하지 않았다는 점이다. 의학부 학생들은 여러 명이 한 방에서 같이 살기 때문에 서로를 아주 잘 아는데, 이것은 중국의 모든 대학생들이 마찬가지다. 하지만 의학부 학생들은 전문적인 교육 덕분에 정신의학적 문제들을 더 잘 알아채고 도움을 청할 수 있다. 게다가 그들은 학교가 도움을 제공할 수 있도록 학생 자신의 문제를 알리라는 요청을 명시적으로 받는다. 매년 3,000명의 학생이 저장 대학교 소속의 심리학자 8명을 찾아와 일상의 문제들을 상담한다.

자살테러

테러리스트로 나서는 결정적 동기는 흔히 불만과 집단의 동역학(17장 1 참조)이다. 특히 자살테러범들에서는 외상 후 스트레스 장애나 기타 정신의학적 장애들이 평균보다 더 많이 발견된다.

최초의 팔레스타인 여성 자살테러범 와파 이드리스는 유산을 겪으면서 임신 능력을 잃고 남편과 이혼했다. 수치를 느끼며 부모 집으로 돌아온 그녀는 나중에 자살폭탄테러범이 되었다.

2001년 9월 11일에 월드트레이드센터를 들이받은 첫째 비행기를 조종한 무함마드 아타는 우울증의 11가지 증상 중 8가지를 나타냈던 것으로 보인다. 그 8가지 증상 중에는 자살 생각과 과거의 자살 시도도 포함된다. 어린 시절에 그는 사회적으로 고립되었으며 〈쾌락이 정신을 죽인다〉고 거듭 주장했다. 그는 웃음을 삼가려 애썼고 음악과 맛있는 음식을 결단코 거부했으며 27세에 분노에 찬 유서를 작성했고 섹스라는 주제에 관해서는 심하게 부끄러움을 탔다.

사회적 주변화와 가정과 학교에서의 문제들과 같은 정신적 장애들을 기준으로 보면, 자살테러범들은 학교나 직장이나 쇼핑센터에서 많은 타인들을 쏴 죽이고 결국 자살하는 사람들과 그리 다르지 않은 듯하다.

2011년에 알펀 안 덴 레인Alphen aan den Rijn의 한 쇼핑센터에서 무차별로 6명을 쏴 죽이고 자살한 트리스탄 판 데어 블리스는 그로부터 3년 전에 이미 자살을 시도하고 폐쇄병동에 수용된 일이 있었다. 미국에서 정신의학적 문제를 지닌 학생이 학교에서 총기를 난사했다는 소식은 어느새 우리에게 낯설지 않다.

3. 조현병

> 미망(迷妄)도 깨달음도 정신에서 유래한다.
> 또 마술사의 소매에서 온갖 것들이 나오는 것과 똑같이
> 눈에 보이는 모든 것이 정신의 활동에서 나온다.
> ─ 부처

조현병의 발생에서 결정적인 역할을 하는 것은 유전적 소질과 외적 환경의 상호작용이다. 쌍둥이 연구와 기타 연구들에 기초하여 추정한 조현병의 유전성은 40퍼센트에서 80퍼센트다. 유전적 요인들이 뇌 발달을 방해하면, 뇌세포들이 예정된 위치에 도달하지 못하고 정상적인 연결들이 형성되지 못한다. 하지만 환경 요인들도 조현병의 발생에 기여한다. 유전적 변이들과 환경 요인들의 유형에 따라서 조현병에 걸릴 위험은 크거나(최대 3배로) 작게(20퍼센트) 상승할 수 있다.

　조현병에 걸릴 확률을 높이는 환경 요인들은 이미 자궁 속 태아에게도 작용한다. 임신 기간의 톡소플라스마 감염과 바이러스 감염은 조현병 위험을 높인다. 정신과 의사 진 판 오스가 입증했듯이, 임신부가 겪는 결정적 사건들 ─ 예컨대 독일군의 1940년 5월 로테르담 폭격 ─ 도 아동의 조현병 위험을 높인다. 심한 스트레스는 스트레스 호르몬 코르티솔 수치의 상승을 일으키는데, 이 호르몬은 태반을 통과하여 태아의 뇌 발달에 영향을 미침으로써 조현병 위험을 상승시킨다.

　암스테르담의 겨울 기근(1944~1945) 중에 태어난 사람들에 대한 연구에서 드러났듯이, 임신 중의 영양 부족도 조현병 위험을 높인다(그 사람들이 70세가 되었을 때 시작된 한 연구는 지금도 그들을 관찰하고 있다). 겨울 기근 중에 태어난 사람들은 조현병, 우울증, 반사회적 성격장애, 비만증

그림 19.4 오딜롱 르동(1840~1915), 「부처Le Bouddha」(1904).

에 걸릴 위험이 유난히 높다. 중국 안후이성의 기근 중에 태어난 중국인들에게서도 평균보다 2배 높은 조현병 위험이 확인되었다. 그 파국적인 기근은 1958~1961년에 마오쩌둥이 주도했으나 철저히 실패한 〈대약진〉 운동으로 인해 발생했다. 마오쩌둥은 그 운동으로 농업 중심의 중국을 단번에 산업화된 공산주의 국가로 탈바꿈시키려 했다. 그 결과는 최소 1,400만 명의 사망자였다.

출생 후 처음 몇 년 동안은 방치와 학대 같은 스트레스 상황들이 아동의 조현병 위험을 높인다. 또한 한부모 양육, 불안정한 주거 환경, 대도시 거주 같은 복잡한 만성 스트레스 상황들에서 조현병 위험을 높이는 환경 요인들이 존재한다. 아동이 도시에서 시골로 이주하면, 조현병 위험은 곧바로 다시 낮아진다. 도시에서는 수많은 자극들뿐 아니라 환경오염(예컨대 납에 노출되는 것), 감염병, (대마초를 비롯한) 중독성 물질들도 조현병 위험의 상승에 기여한다. 조현병이 대마초 소비를 (일종의 자가 치료법으로) 부추긴다는 것을 시사하는 증거들뿐 아니라 대마초가 정신병을 유발할 수 있음을 시사하는 증거들도 있다(『우리는 우리 뇌다』 7장 1 참조).

자신이 사회적 지위가 낮고 사회적 지원을 충분히 받지 못한다는 자각도 발달 과정에서 스트레스를 일으킨다. 이민도 강한 스트레스 요인이어서 조현병 위험을 이민 1세대뿐 아니라 2세대에서도 2배로 높인다. 이때 이민자가 인종적 소수 집단에 속하는지 여부가 중요한 역할을 한다. 인종적 소수자는 만성적인 스트레스와 차별을 겪는다. 소수 집단의 규모가 작을수록, 위험은 더 커진다.

인종적 소수자가 겪는 스트레스는 뇌 변화들과 짝을 이룬다. 한 소수 집단을 연구해 보니, 그 구성원들에서는 대상 피질 앞부분의 활동이 평균보다 강하다는 측정 결과가 나왔다. 대상 피질 앞부분은 스트레스 조절을 위해 중요한 뇌 구역이며 스트레스 호르몬 코르티솔을 받아들이는 수용체를

그림 19.5 1442년 스헤르토헨보스에 설치된 〈가련한 광인 여섯 명을 위한 레이네루스 판 아켈스의 분수〉에 속한 판석. 1439년에 스헤르토헨보스에서 레이니어 판 아켈이라는 인물이 사망했다. 그는 자기 유산의 일부를 《(여섯 명의) 가련한 광인들》을 보살피는 데 쓰라고 유언했다. 그리하여 1442년 힌타머레인데 거리에 네덜란드에서 가장 오래되었으며 지금도 운영되는 정신병원인 레이니어 판 아켈 병원이 설립되었다.

많이 보유하고 있다. 그뿐만 아니라 한 인종적 소수 집단에서는 대상 피질 앞부분과 뒷부분 사이 연결이 평균보다 더 강한 것이 확인되었다. 지금까지 거론한 모든 사회적 스트레스 요인들은 공포와 스트레스를 조절하는 편도체와 학습 및 기억을 위해 결정적으로 중요한 해마의 변화도 일으킨다. 사회적 요인들이 이 같은 장기적인 조현병 위험 상승을 일으키는 신경생물학적 메커니즘은 대부분 후성유전학적이다. 즉, DNA에서 화학적 변화가 발생함으로써 — 예컨대 스트레스 반응이 장기적으로 변화하는 것과 더불어 — 조현병 위험이 상승한다. 하지만 뇌 손상과 메스암페타민 소비도 조현병 위험을 높인다.

과거에는 조현병 환자들을 감금하는 것이 통상적인 조치였지만, 그 조치는 확실히 엄청난 스트레스를 유발하고 환자들의 상황을 더 악화시킬 뿐이다. 정신병 환자들이 오늘날에도 여전히 겪는 고립 스트레스도 마찬가지다. 바꿔 말해, 조현병 증상들의 발현 여부는 환경에 의해 결정적으로 좌우된다. 하지만 치료를 기준으로 놓고 보면, 환경이 조현병 환자에게 미치는 영향은 우울증 환자에게 미치는 영향보다 더 작다. 조현병 약들은 대개 신경전달물질 도파민을 줄임으로써 효과를 낸다. 조기에 약물 치료를 받으면 조현병 환자의 뇌 시스템들이 퇴화하는 속도가 느려질 수도 있다.

과거와 현재의 천두술

천두술 — 두개골에 구멍을 뚫는
수술 — 은 조현병, 귀신 들림,
여러 정신병, 뇌전증, 두통, 다운
증후군의 치료법으로 까마득한
과거에 이미 쓰였으며 역사 속에
서 수많은 장소에서 실시되었다.
중국에서는 3,000~4,000년 전
천공된 두개골 한 점이 발견되었
는데, 그 두개골에 난 구멍을 보

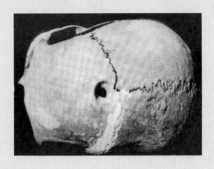

그림 19.6 3,000년 전 젊은 중국인 남성의 두
개골 M9:7. 천두술을 받아 생긴 구멍이 있는
데, 구멍의 앞쪽 가장자리가 다시 성장한 것을
보면, 이 환자가 수술 후에도 살아남았음을 알
수 있다.

면 천두술을 받은 환자가 수술 후에도 살아남았음을 알 수 있다. 천공된 두
개골이 가장 많이 발견된 곳은 페루 안데스 산맥의 고원들이다. 그곳에서
는 5세기에 최초로 천두술이 실시되었다. 천공된 두개골 400점에 기초하
여 연구자들은 고대 페루에서 천두술을 받은 환자들의 62.5퍼센트가 살아
남았다고 추정한다. 마취도 소독도 없던 시절에 그 정도의 생존율이라면
나쁜 성적이 전혀 아니다. 터키에서는 15세기에 천두술이 실시되었다.

비교적 최근인 1965년에는 암스테르담 출신의 바르트 휴스가 의식을 확
장하여 〈영원한 고양 상태permanent high〉를 누리기 위해서 스스로 자기 이
마에 구멍을 뚫어 세계적으로 유명해졌다. 그는 2004년에 사망했다. 휴스
는 요가, LSD, 마리화나를 이용한 실험들을 통해 자신의 이론을 개발했다.
심지어 그와 그의 아내는 어린 딸의 이름을 〈마리아 후아나Maria Juana〉로
짓기까지 했다. 1962년에 휴스는 고차원적인 의식과 뇌의 혈액 보유량 사
이에 상관성이 있다는 결론에 이르렀다. 아기들은 두개골 조각들이 아직
결합되지 않은 채로 태어난다. 그래서 아기의 두개골은 산도를 통과하면서

그림 19.7 스스로 자신의 두개골에 천두술을 실시하는 바르트 휴스. 암스테르담에서 활동한 사진가 코르 야링이 1965년에 촬영한 사진.

압력을 받을 때 조각들이 부분적으로 겹쳐지면서 전체적인 폭이 줄어들 수 있다. 나중에는 두개골 조각들이 빈틈없이 맞물리게 되는데, 휴스의 견해에 따르면, 그렇게 되면 뇌가 산소와 포도당을 공급받는 데 지장이 생긴다. 하지만 두개골에 작은 구멍을 뚫으면, 이 문제를 제거할 수 있다. 그러면 뇌는 뇌척수액을 덜 보유하게 되어 더 많은 혈액을 수용할 수 있게 된다.

휴스는 자신의 두개골에 구멍을 뚫어 줄 외과 의사를 구하기 위해 3년 동안 애썼다. 결국 1965년에 그는 발로 페달을 밟아 작동시키는 치과용 전동 드릴을 써서 스스로 자신의 두개골에 구멍을 냈다. 〈아이들의 장난처럼 쉬웠다〉라고 그는 말했다. 하지만 그 수술의 와중에 방 곳곳에 흩뿌려진 피를 닦아 내는 데 네 시간이 걸렸다. 사진가 코르 야링이 유일한 증인으로서 그 수술을 지켜보았다. 3년 뒤에 야링은 저서 『너는 너다 *Je bent die je bent*』에서 그 수술을 이렇게 묘사했다. 〈끔찍한 소음이 났다. 메마른 기계가 덜거덕거리는 소리 같았다. 곧이어 드릴이 휴스의 이마 피부를 관통하여 뼈에 닿았다. 소음은 더 부드러워지면서 낮게 윙윙거렸다. 그리고 갑자기 피가 튀었다.〉

휴스는 곧바로 자신이 〈정신적으로 확장된 것〉을 느꼈다. 마치 다시 열네 살로 돌아간 것 같았다. 그러나 X선 사진은 그의 드릴이 두개골을 절반만 관통했음을 보여 준다. 스스로 두개골에 구멍을 내는 행위는 당연히 엄청난 플라시보 효과를 낸다. 그가 자신의 행위를 정신과 의사들에게 이야기했을 때, 〈곧바로 간호사 10명이 나를 에워싸고 강제로 입원시켰다. 내가 원치 않았음에도 그들은 나를 3주 동안 가둬 놓고 관찰했다〉라고 나중에 휴스는 설명했다. 휴스의 친구인 영화감독 루이 판 가스터렌은 그 수술에 관한 영화를 찍었다. 그 촬영을 위해 휴스는 두 번째로 천두술을 실행했다. 이런 남다른 사연을 지닌 그가 네덜란드에서 유명한 텔레비전 쇼에 출연하자, 전문가들은 그의 이론이 터무니없다고 천명했다.

원래는 시인 시몬 빈케눅, 루이 판 가스터렌, 금연 운동에 앞장선 마술사 로베르트 야스퍼 그루트펠드 같은 친구들이 천두술을 집도할 계획이었다. 그러나 그들은 모두 마지막 순간에 꽁무니를 뺐다. 왜냐하면 ── 일간지 『헤트 파룰Het Parool』이 보도한 대로 ── 살인의 공범이 될까 봐 두려웠기 때문이다. 의과대 학생이던 휴스는 조현병에 걸렸던 것으로 추정된다. 그는 의과대학을 졸업하지 못했다. 훗날 휴스는 이렇게 주장했다. 「그리스도는 천두술사였다. 목수의 아들인 그는 최초로 슈퍼드릴을 써서 천두술을 실시했다. 슈퍼드릴을 쓰면 5회전이나 6회전에 두개골이 관통된다. 따라서 천두술을 받는 사람은 통증을 몇 초만 참으면 된다. 그리스도의 제자들은 그 천두술에 매우 만족했던 것 같다. 오직 유다만 이미 제3의 눈을 보유했기에 그 구멍에 대해서 아무것도 알아채지 못했다고 진실대로 선언한 것으로 우리는 판단해야 한다.」

휴스는 단 한 명의 제자를 두었다. 영국의 여성 예술가 아만다 페일링은 1966년에 휴스와 친분을 맺고 오랫동안 유지했다. 그녀도 1970년에 자기 두개골을 뚫으면서 단편영화 「뇌 속의 심장박동Heartbeat in the Brain」을 찍었다. 나중에 그녀는 〈국민 건강을 위한 천두술〉을 구호로 내세우며 영국 의회 진출을 두 번이나 시도했지만 1970년에는 40표, 1983년에는 139표를 얻는 것에 그쳤다. 〈천두술은 당신을 더 활기차고, 더 실행력 있고, 더 행복하게 만든다〉고 그녀는 주장했다.

4. 신생아 살해

번식을 위한 최적의 조건을 갖추기 위해 뇌에서 일어나는 온갖 생물학적 변화들을 감안할 때, 네덜란드에서 매년 아동 학대로 50~80건의 사망이 발생하고, 심지어 신생아 살해도 10~15건이나 발생한다는 것은 상상하기 어려운 일이다.

전체 신생아 살해의 4분의 1은 아동의 출생 후 24시간 안에 저질러진다. 일부 아동은 이혼 과정에서 복수심에 휩싸인 남성에 의해 살해되지만, 거의 3분의 2의 사례에서 신생아 살해범은 여성이다.

일부 고릴라와 침팬지 수컷은 새끼가 딸린 암컷을 차지하면 새끼를 죽인다. 그러면 수컷은 자신의 피가 섞이지 않은 새끼를 책임질 필요가 없게 되고, 암컷은 발정하여 다시 임신할 수 있게 된다. 따라서 이 경우에 신생아 살해는 진화의 관점에서 번식에 이로운 듯하다(『우리는 우리 뇌다』 2장 4 참조). 그러나 인간의 신생아 살해에서는 다른 요인들도 영향력을 발휘한다.

신생아 살해의 대다수는 아동의 출생 직후에 이루어지며, 어머니는 대개 어리고 미혼이며 비독립이고 무엇보다도 부모가 자신의 임신을 알게 되는 것을 가장 두려워한다. 그 두려움 때문에 어머니는 자신의 임신을 가족과 외부 세계에 알리지 않는다. 이것이 부모에게 살해되는 아동의 4분의 1이 맞닥뜨린 상황이다. 아동을 살해하는 동안 어머니는 〈몽롱한 상태〉이며 〈의식의 협소화〉를 겪는다. 이것은 새로운 현상이 아니다. 법조계에서는 이미 오래전부터 신생아 살해를 아동 살해의 특별한 형태로 인정한다. 네덜란드 법은 1854년부터 이 특별한 아동 살해를 유발하는 절망을 감안한다. 이미 당시에도 법은 미혼인 여성이 처음 출산한 아기를 24시간 내에 죽였을 경우에는 형량을 감경받도록 정했다.

때때로 유아 살해는 정신병적 상태의 어머니에 의해 저질러진다. 26세의 치과 위생사 시츠케 H는 2011년에 스스로 낳은 신생아 네 명을 죽인 혐의로 재판을 받아야 했다. 그녀는 여전히 부모님 집에서 살았으며 자신의 임신을 숨겼다. 그녀의 부모도 여자 형제도 남자 친구도 전혀 알아채지 못했다고 한다. 이는 이해하기 힘든 일이다. 시츠케가 첫 아기를 낳은 방은 그녀와 여자 형제가 함께 쓰는 침실이었으니까 말이다. 아기가 울기 시작하자, 그녀는 공황에 빠져 곧바로 아기를 죽였다. 그녀는 자신이 술에 취한 것처럼 행동했다고 말했다. 「전혀 나 자신이 아닌 것 같았습니다.」그녀는 신생아 시체 네 구를 가방에 넣어 다락에 보관했고, 부모와 함께 이사할 때 그 가방을 가지고 갔다. 처음 두 번의 출산은 전혀 기억이 안 난다고 그녀는 말했다. 들킬까 봐 겁나고 부끄러워서 그런 짓을 했다고 그녀는 진술했다.

이 엽기적인 사건의 바탕에 뇌 질병이 있음을 의심할 사람은 거의 없을 것이다. 그럼에도 검찰은 징역 12년을 구형했고, 그 구형대로 판결이 나왔다. 아동살해범에 대한 장기 징역은 교정 효과가 거의 없음을 많은 연구들이 보여 주는데도 말이다. 하지만 이 재판을 담당한 판사는 형량 감경을 고려할 길이 없었다는 점을 짚어 둘 필요가 있다. 판사는 오직 피고인이 법적 책임을 질 능력이 (부분적으로) 없을 때만 형량 감경을 고려할 권한이 있는데, 이 무능력을 확인하려면 검사가 필요하다. 요새 많은 피고인들과 마찬가지로 시츠케는 피터 반 센터Pieter Baan Centrum에서 실시되는 그 검사를 거부했다. 하지만 그녀가 정신의학적 도움을 요구할 의사가 없기 때문에 그렇게 한 것은 아니다. 이미 판결 전에 그녀는 재범을 막기 위해 구치소 심리학자와 면담한 바 있었다. 그녀가 검사를 거부한 것은 오히려 예방 구금이 얼마나 지속될지에 대한 두려움 때문이었다. 현재 그 기간은 평균 10년이다.

시츠케는 항소했고 나중에 징역 3년과 강제 입원을 선고받았다. 뇌 스캔 영상들은 그녀가 희귀한 발달 장애인 다뇌소뇌회증polymicrogyria을 앓았음을 보여 준다. 이 병을 감안하면 그녀의 충동적 행동과 빈약한 규범 의식을 비롯해서 많은 것을 이해할 수 있다. 치료를 통해 이 병을 완화할 가능성은 희박하다.

예방 구금의 불확실한 장기화에 대한 두려움 때문에 피고인이 신경학적·정신의학적 검사를 기피하는 일이 발생해서는 안 될 것이다. 이미 150년 전부터 우리는 신생아 살해의 핵심은 뇌 질병이라는 점을 안다.

5. 근위축성 측색경화증ALS

스물한 살에 루게릭병 진단을 받았을 때, 나는 몹시
부당하다고 느꼈다……. 그러나 50년이 지난 지금,
나는 내 삶에 평온하게 만족할 수 있다…….
나의 장애는 나의 과학 연구에서 심각한 걸림돌이
아니었다. 오히려 어떤 면에서는 장점이었던 것도 같다.
나는 학부생에 대한 강의나 교육의 의무를 지지 않았고
지루하고 따분한 각종 위원회에 참여하지 않아도
되었으므로 오롯이 연구에 몰두할 수 있었다.
— 스티븐 호킹(2013)

근위축성 측색경화증ALS은 뇌와 척수의 운동 시스템을 침범하는 드문 퇴행성 질병이다. ALS 환자는 결국 완전히 마비된다. 이 병의 발생에서 유전적 요인의 비중은 20퍼센트다. 대다수 환자는 발병 원인이 밝혀지지 않는다. 첫 증상은 경련, (운동뉴런들이 사멸을 앞두고 활동이 증가하는 것에서 비롯되는) 근섬유다발수축fasciculation, 넓적다리의 근육 약화다. 병이 진행되면 모든 운동 시스템이 차례로 기능을 잃고 환자는 운동 능력을 점점 더 상실한다. 결국 호흡근(호흡에 관여하는 근육들)도 기능을 잃고, 환자는 흔히 폐렴으로 사망한다. 환자의 20퍼센트에서 ALS에 대한 취약성은 다양한 유전적 요인들의 조합에 의해 결정된다. 하지만 현재 그 20퍼센트라는 추정치가 너무 낮게 설정되지 않았는가를 놓고 토론이 벌어지고 있다.

가장 유명한 ALS 환자는 당연히 케임브리지 대학교의 천체물리학자 스티븐 호킹이다. 그는 엄청나게 오래 지속해 온 특별한 형태의 ALS를 앓았다. 그 병의 발생은 호킹에게 이제부터 진지하게 공부하라는 신호였다. 통상적으로 ALS 환자는 발병 후 5년 내에 사망한다. 그러나 호킹은 휠체어 생활을 수십 년째 이어 갔다. 과거에 그는 기관에 이물질이 들어가는 일을 계속 겪었다. 그런 이물질은 폐렴의 원인이 된다. 그리하여 의료진은 그의 기관을 절개하고 호스를 삽입했고, 그는 말을 할 수 없게 되었다. 호킹은 가냘프고 단조로운 목소리를 내는 컴퓨터의 도움으로 질문에 대답하고 세미나와 강의를 했다. 그는 그 목소리의 미국식 악센트를 몹시 싫어했다. 「모든 것에 관한 이론The Theory about Everything」이라는 흥미로운 영화가 있다. ALS가 대학생인 스티븐 호킹을 덮치는 과정을 보여 주는 영화다. 에디 레드메인은 ALS로 인한 운동장애의 진행을 실감나게 연기한다. 영화 속에서 그는 스티븐 호킹을 빼닮았다. 여담이지만, 호킹 본인도 그렇게 느꼈다. 그는 자신이 이 영화를 볼 때보다 더 가까이 시간 여행에 접근하는 것은 아마 영영 불가능할 것이라고 논평했다.

최근에 나온 괄목할 만한 역학 조사 결과에 따르면, 지방이 많은 물고기나 기타 오메가3 지방산을 함유한 식품들(리놀렌산, 견과류, 유채씨유, 아마인유 등)을 많이 먹으면 ALS 위험이 35퍼센트 감소한다. 반면에 오메가

6 지방산의 ALS 예방 효과는 확인되지 않는다. 과거에 한 생쥐 모형에서는 정반대의 효과가 입증된 바 있다. 즉, 오메가3 지방산이 ALS를 촉발한다는 결론이 나왔었다. 이것은 동물 모형과 인간의 병 사이에 간극이 있음을 보여 주는 수많은 사례들 중 하나다. 그러나 ALS와 오메가3 지방산 사이의 관계는 상관성일 뿐이며, 양자의 인과관계는 아직 입증되어야 한다. 게다가 역학 조사는 다양한 교란 요인들에 노출되어 있다. 그럼에도 그 괄목할 만한 조사 결과는 ALS에 영향을 미칠 수 있는 환경 요인들이 존재하며 그것들의 도움으로 그 끔찍한 병을 지연시키거나 아예 막을 수 있다는 희망을 품게 한다.

6. 파킨슨병

파킨슨병의 특징은 진전(떨림), 보폭 축소, 무표정한 얼굴 같은 운동장애들이다. 이 병에 대해서는 유전적 요인들이 점점 더 많이 발견되는 중이다.

그림 19.8 중국 항저우시의 한 파킨슨병 환자가 걷기 연습을 하고 있다.

또한 반복적인 뇌 손상도 파킨슨병 위험을 높인다. 그뿐만 아니라 독성 물질들도 뇌의 선조체를 손상시킴으로써 파킨슨병을 일으킬 수 있다. 일부 광산 노동자나 공장 노동자가 다량으로 접하는 망간은 독성 물질로서 선조체에 해를 끼친다. 연기 흡입으로 인한 일산화탄소 중독은 뇌의 산소 결핍과 출혈로 이어지고 선조체의 퇴화를 일으킨다. 시안화물cyanide과 일부 살충제에 중독되어도 파킨슨병에 걸릴 수 있다. 캘리포니아에서 한 소규모 마약 중독자 집단이 MPT-P(1-methyl-4-phenyl-1,2,3,6-tetrahydropyridine) 중독으로 급성 파킨슨병에 걸린 사례가 있다. 사망한 한 환자의 뇌에서 선조체의 손상이 확인되었다. 오늘날 MPTP는 파킨슨병을 연구하는 실험실들에서 그 병의 동물 모형을 구현할 때 자주 쓰인다.

파킨슨병 치료제로는 엘도파L-Dopa가 처방된다. 이 물질은 도파민이 결핍된 파킨슨병 환자의 뇌에서 도파민으로 변환된다. 이 치료제가 더 이상 효과를 내지 못하면 뇌 심부 자극술을 실시하는데, 이 수술의 사례는 점점 더 증가하는 중이다(28장 참조). 그러나 음악과 춤도 파킨슨병 환자의 운동과 균형에 이로울 수 있다(14장 참조). 임상 신경심리학 교수 에릭 셰르더는 한 여성 파킨슨병 환자의 사례를 보고했다. 그 환자는 허리를 잔뜩 굽힌 자세로 뻣뻣하게 휠체어에 앉아 있었으며, 어떤 수단으로도 휠체어에서 일어나게 할 수 없었다. 그러나 그녀가 70년 전에 춤 교습을 받을 때 들었던 음악을 들려주자, 휠체어에서 일어나 방 안을 누비며 춤추기 시작했다.

7. 위험 요인으로서의 환경

내가 서양인들을 보면서 가장 크게 놀라는 것은
그들이 건강을 해쳐 가면서 많은 돈을 번 다음에
그 돈을 건강 회복을 위해 쓴다는 점이다.
— 달라이 라마

뇌 질병들의 발생에서 결정적인 역할을 하는 것은 유전적 소질과 환경 요인의 상호작용이다. 헌팅턴병을 비롯한 일부 뇌 질병들에서는 유전적 요인이 명백하게 주도권을 발휘한다. 알츠하이머병에서는 발병 위험의 50퍼센트가 유전적이다. 바꿔 말해, 삶의 방식을 바꿈으로써 알츠하이머병의 위험을 줄일 여지가 어느 정도 있다. 하지만 발병 시기가 이른 알츠하이머병일수록 유전적 요인의 비중이 더 크다. 벨기에에 사는 두 가족의 구성원들은 35세에 알츠하이머병이 발병한다. 그 가족들이 그런 조발성 알츠하이머병에 걸리는 것은 단 하나의 유전자 돌연변이 때문이다.

하지만 일반적으로는 온갖 유형의 환경이 뇌 질병의 발생과 경과에 중대한 영향을 미친다. 공업과 교통으로 인해 환경에 퍼지는 독성 물질들과 미세먼지는 자폐증 위험을 높일 수 있다. 임신부의 감염(예컨대 독감)은 면역학적 방어 반응을 유발함으로써 태아의 조현병 위험과 자폐증 위험을 높인다. 우리의 유전적 소질은 우리를 (뇌의 자가면역질환을 포함한) 자가면역질환들에 평균보다 더 취약하게 만들 수 있다. 2009년에 H1N1-독감(신종플루)의 세계적 대유행을 유발한 바이러스에 맞서기 위해 백신 접종을 받은 사람들 중 1,300명 이상이 발작적으로 수면에 빠지는 병인 기면병narcolepsy에 걸렸다. 그 병이 발생한 원인은 시상하부의 특별한 뇌세포 집단인 오렉신 뉴런들(히포크레틴hypocretin 뉴런들로도 불림)이 사멸한 것에 있었다. 독감 백신 속의 단백질이 오렉신 수용체와 분자적으로 일치했던 것이 분명하다. 따라서 백신 접종으로 생산된 항체들이 계획대로 독감 바이러스를 공격했을 뿐 아니라 오렉신 뉴런들도 공격했던 것이다. 그런데 중국에서는 그 백신이 사용되지 않았는데도 H1N1 대유행 후에 기면병 환자의 수가 증가했다. 이 사실은 그 바이러스에 맞서 인체가 자발적으로 생산하는 항체들도 그런 면역 반응을 일으킬 수 있다는 것을 시사한다. 환경 요인들과의 상호작용에서 비롯되는 면역학적 과정들이 뇌 질병의 원인으로 지목되는 사례가 최근 들어 점점 더 늘어나고 있다.

임신부의 사회적 환경도 태아의 뇌 발달과 훗날의 뇌 질병 위험에 영향을 미친다. 임신부가 극심한 스트레스를 받으면, 스트레스 호르몬 코르티솔이 태반을 통과하여 태아의 뇌 발달에 영향을 미친다. 한 예로 1998년 캐나다에서 얼음 폭풍이 몰아칠 때 일부 임신부들이 겪은 엄청난 스트레스를 들 수 있다. 그 임신부들이 낳은 아동들이 6세가 되었을 때 실시된 조사에서 드러났듯이, 그 스트레스는 아동이 자폐 행동을 나타낼 위험을 높였다.

태아에 대한 우량한 영양 공급은 최적의 뇌 발달을 위해 결정적으로 중요하다. 네덜란드에서 1944~1945년 겨울 기근 중에 임신된 아동들은 조현병, 우울증, 반사회적 성격장애, 비만에 걸릴 위험이 평균보다 높은 것으로 조사되었다. 비만과 관련해서는 자궁 속 태아가 영양의 부족을 알아챈 것이 분명하다. 따라서 태아는 기근에 잘 견디도록 자신의 모든 시스템을 프로그래밍하여 출생 후에도 평균보다 훨씬 더 느리게 배부름을 느끼게 된 것이다. 태아의 입장에서 그 프로그래밍은 출생 후의 삶에 이로운 적응인 듯했을 것이다. 그러나 그런 아동이 나중에 영양이 풍부한 환경에서 성장하면 기본적으로 비만에 걸릴 확률이 높다. 임신부의 비만도 출생 후 아동이 비만에 걸리는 원인일 수 있다. 물론 이 경우에는 다른 메커니즘이 작동하지만 말이다. 식이장애와 비만에 대한 취약성은 일찌감치 결정된다.

많은 국가들에서 비만 인구가 엄청나게 증가하는 것을 볼 때, 겨울 기근 중에 태아였던 아동들에게서 드러난 임신 중 영양 결핍의 문제는 이제 네덜란드에서 사라졌다고 볼 수 있을 듯하다. 그러나 지금도 태반의 기능이 부실한 탓에 저체중으로 태어나는 아동은 뇌 질병들에 걸릴 위험이 평균보다 더 높다. 그런 아동은 나중에 알츠하이머병에 걸릴 위험도 평균보다 더 높다. 네덜란드 겨울 기근 중에 임신된 아동들도 그러한지는 앞으로 몇 년에 걸쳐 밝혀질 것이다.

뇌 질병에 취약한 사람들은 성년기에 환경 요인이 정신의학적 증상을 발현시킬 수 있다. 스트레스와 사회적 문제는 경우에 따라 우울증이나 조현병을 유발하거나 자살 시도를 부추긴다. 영양 섭취도 뇌 질병의 발생에 관여한다. 겨울 기근 중에 임신된 아동들에게서 보듯이 특히 발달 초기의 영양 섭취가 그러하지만, 나중의 영양 섭취도 마찬가지다. 예컨대 근위축성 측색경화증의 발생이 영양 섭취와 관련이 있다. 따라서 좋은 환경은 사치가 아니라 뇌 질병들을 막기 위한 필요조건이다.

20장
뇌 질병의 치료: 환경의 치료 효과

1. 성인 뇌에서의 신경 생성

> 발달이 완결되면 축삭돌기들과 가지돌기들의 성장과
> 재생의 흐름은 돌이킬 수 없게 고갈된다. (······) 이 가혹한
> 판결을 변경할 가능성을 모색하는 것은 미래 과학의
> 중요한 관심사다. 높은 이상을 품은 과학은 뉴런들의
> 점진적 쇠퇴를 저지하거나 늦춰야 하고, 긴밀히
> 연결되었던 중심들 사이의 연결이 질병으로 인해 끊기면,
> 거의 손쓸 수 없을 만큼 완고한 연결들을 해체하고
> 정상적인 신경 경로들을 재생해야 한다.
> ― 산티아고 라몬 이 카할(1852~1934)

노벨상 수상자 라몬 이 카할은 뇌의 손상으로 인한 기능장애를 치료하는
것을 미래 과학의 과제로 여겼다(위 인용문 참조). 그런데 성인 뇌에서 줄
기세포들이 발견되었고 원리적으로 그것들에서 새로운 뇌세포들이 발생
할 수 있으므로, 라몬 이 카할이 말한 미래는 이제 현재가 된 듯하다. 그러

나 새로운 지식이 위험을 동반한다는 것은 틀림없는 사실이다.

독일과 중동과 동아시아의 몇몇 병원들은 뇌 질병 환자의 뇌척수액 속에 줄기세포를 주사함으로써 긍정적 결과를 성취했다고 주장한다. 그러나 그 병원들 중 어느 곳도 그 긍정적 효과를 통제된 실험을 통해 입증하지 못했다. 또한 그 병원들이 생존 가능한 줄기세포들을 실제로 주사하는 것이라면, 그 처치는 대단히 위험할 수도 있다. 왜냐하면 줄기세포는 암세포까지 포함해서 가능한 모든 세포를 산출할 수 있기 때문이다. 이 문제는 아직 완전히 극복되지 않았다. 그러므로 뇌 질병에 걸린 환자들은 환자의 곤경을 이용하여 이익을 챙기는 그런 줄기세포 카우보이들을 적어도 당분간 피하는 것이 바람직하다. 하지만 줄기세포 연구의 최근 발전들은 주목할 가치가 있다.

성숙한 뇌 안에 줄기세포들이 있다는 것, 그리고 실험동물들에게서는 환경에서 유래한 자극으로 그 줄기세포들을 자극하여 뇌세포를 발생시킬 수 있다는 것은 대단히 고무적인 발견이다. 대다수 뇌 구역들에서 신경세포의 형성은 3~4세 정도에 종결된다. 그러나 몇몇 뇌 구조물들에서는 성인기에도 뇌세포의 생성이 약간 일어난다. 이 사실은 관련 실험에 참여하는 데 동의한 암환자들에게서 입증되었다. 그들은 BrdU(브로모데옥시우리딘bromodeoxyuridine)라는 물질을 주입받았다. BrdU는 세포분열 시에 DNA에 흡수된다. 따라서 그 환자들이 사망한 후 그들의 해마 치아이랑에서 새로 형성된 세포들의 존재를 확인할 수 있었다. 다른 과학자들은 한 원자폭탄 실험 뒤에 대기 중으로 방출된 방사성탄소를 이용하여 뇌에서의 세포분열을 입증했다. 그 방사성탄소가 뇌세포들에 얼마나 많이 들어 있는지 측정한 결과, 그 원자폭탄 실험 이래로 해마에서 매일 새로운 뉴런 700개가 형성되었다는 것이 밝혀졌다. 우울증 연구를 위한 동물 모형들에서는 이 같은 해마 세포의 생성이 줄어들었지만, 실험동물에 항우울제를 투여하자 그 생성이 다시 증가했다. 또한 가쪽 뇌실 근처 〈뇌실 밑 구역〉에서도 새로운 뉴런들이 형성된다. 그 뉴런들은 그곳으로부터 선조체로, 또 후각 시스템에 속한 후각신경구olfactory bulb로 이동한다. 우리의 후각기관은 외부 세계와 접촉하기 때문에 후각기관의 세포들은 퇴화할 수밖에 없고, 따라서 다시 보충되어야 한다.

실험동물들에서는 이 같은 성체기의 뇌세포 생성 과정을 환경을 통해 조작할 수 있다. 이리저리 돌아다니는 쥐들은 그 활동을 통해 해마 뇌세포의 생성(신경 생성)을 촉진한다. 그러나 성체기의 신경 생성을 성인 뇌 손상의 치료와 심리치료의 생물학적 토대로 보는 시각은 약간 경솔하다. 그 신경 생성 메커니즘이 인간에게서는 실제로 어느 정도까지 역할을 할 수 있는지 아직 밝혀지지 않았다. 그러나 치료의 메커니즘을 모른다 하더라도, 환경이 뇌 손상의 회복과 뇌 질병의 치유를 위한 수단의 구실을 할 수 있을 듯하다. 환경이 뇌에 미치는 긍정적 효과들을 나는 이미 다양하게 언급했다. 미술(9장 8)과 음악(11장 2)의 뇌 자극 효과, 다채롭고 풍부한 환경이 뇌 발달을 촉진하는 효과(5장 4), 노화 과정에서 다양한 활동의 효과(18장 7), 우울증 환자와 밤에 소란을 피우는 알츠하이머병 환자의 빛 치료 효과(18장 9) 등이 그것들이다. 우울증은 심리치료와 인터넷 치료로도 다스릴 수 있다. 환경이 치료 효과를 내는 사례들을 몇 개 더 살펴보자.

2. 신경심리치료

오늘날 심리치료사들이 왜 성공적인지를 결국
신경과학자들이 설명해 낼 것이다.
— 게르 케이서스

심리치료도 뇌 기능의 긍정적 변화를 일으킬 수 있는 환경치료의 일종으로 보는 것이 전적으로 타당하다. 오래전에 내가 의과대 학생으로서 뇌과학을 공부하기 시작했을 때, 심리치료에 대한 과학적 연구가 뇌와 정신의 관계를 둘러싼 고전적 철학 논쟁에 기여할 수 있다고 생각한 사람은 아무도 없었다. 겨우 50년 전의 상황이 실제로 그러했다. 심리학자, 정신과 의사, 신경학자는 뇌과학에 전혀 관심이 없었다. 50년 전의 심리학과 정신의학에는 〈뇌가 없었다〉. 정신과 의사들은 모든 환자 각각에게 철저히 개인적인 정신과 치료가 필요하다고 확신했으며 흔히 정신분석에 기초를 두었던 정신과 치료를 과학적으로 연구하는 것은 무의미하다고 여겼다.

반면에 19세기 말과 20세기 초의 상황은 전혀 달랐다. 이 시기에 정신의학은 장-마르탱 샤르코, 테오도르 마이너르트, 콘스탄틴 폰 모나코프, 루드비히 에딩거, 카를 베르니케, 발터 슈필마이어, 아놀드 피크, 베른하르트 폰 구덴 같은 인물들이 선도하는 신경학의 한 분과로 여겨졌다. 당시 많은 교수들은 정신의학과 신경학을 둘 다 담당했으며 임상과 기초 연구 모두에 관심이 있었다. 정신과 의사 교육은 오랫동안 정신의학과 신경학을 아울렀다. 이 두 분야의 밀접한 관련성을 상징하기 위하여 〈신경정신의학 neuropsychiatry〉이라는 개념이 쓰였다.

지그문트 프로이트도 뇌에 관심이 아주 많았다. 그는 신경생물학 연구로 학자 경력을 시작했고, 1881년에 「하등 어류의 척수에 관하여」라는 제목의 논문으로 박사학위를 받았다. 1885년에 그는 〈한 심리학의 윤곽〉을 썼다. 그의 과학적 심리학은 정신분석과 뇌과학을 잇는 다리로서 구상되었다. 하지만 나중에 그는 이 구상을 실패작으로 평가했고, 〈한 심리학의 윤곽〉은 그의 생전에 출판되지 않았다. 프로이트가 평가하기에 뇌에 대한 당대의 지식, 당대의 신경과학들은 과학적 토대를 갖추고 인간 정신을 다루는 심리학의 형태로 그런 다리를 건설하기에 충분할 만큼 성숙해 있지 않았다.

당시로서는 정당한 평가였다. 프로이트가 개발한 심리치료는 1950년대까지도 정신과 환자들에 대한 검증된 치료법으로 통했다. 그러나 정신분석적 정신의학은 정신의학과 신경학이 차츰 멀어지게 만들었다. 네덜란드에서는 1974년에 정신의학회와 신경학회가 각각 따로 설립되었다(네덜란드는 이 변화가 가장 늦게 일어난 나라들 중 하나다). 따라서 내가 뇌과학을 연구하기 시작했을 때 신경과학자들에게는 〈정신이란 없었다〉. 신경학은 정신의학이나 철학과 관련이 있는 것이라면 무엇이든지 배척하고 있었다.

그러다가 1950년대에 최초의 항정신병약과 항우울제가 병원에서 차츰 쓰이기 시작했다. 이 약물들의 효과는 화학적 균형의 교란이 정신의학적 질병의 원인이라는 가설에 힘을 실어 주었다. 그 가설은 〈생물학적 정신의학〉의 발전을 위한 토대가 되었다. 생물학적 정신의학은 뇌 자체에, 그리고 우울증과 조현병 같은 질병들의 토대로서의 뇌 메커니즘들에 초점을 맞췄다. 그리하여 정신의학적 질병들이 유전적 소질과 초기 뇌 발달에서 유래한다는 것이 밝혀졌다. 그 원인들이 환자를 환경적 스트레스에 취약하게 만드는 듯했다. 그런 환자들에 대한 기능성 뇌 스캔에서 뇌 시스템들의 구조 및 분자적 조성의 변화들이 확인되었다. 이런 식으로 정신의학적 질병과 신경학적 질병이 겹치는 구역이 점점 더 커졌다. 이제 사람들은 100년 전의 선배들과 마찬가지로 차이보다 연결을 주목했다. 내 연구 팀의 명칭에 〈신경정신의학적 장애들〉이라는 표현이 들어 있는 것도 그렇게 정신의학과 신경학의 연결을 주목하기 때문이다.

지난 몇십 년 동안 신경과학들은 급속도로 발전했다. 이제는 뇌나 환경 중에 한쪽에만, 혹은 뇌나 정신 중에 한쪽에만 관심을 두지 않고 두 세계를 연결하는 작업에 관심을 기울이는 학자들이 점점 더 늘어나고 있다. 최첨단 뇌 스캔 기술과 전기생리학 기술 덕분에, 그리고 뇌 기능의 토대에 관한 분자해부학 및 분자생물학 연구 덕분에 최근 몇십 년에 걸쳐 새로운 분야

그림 20.1 랄프 스테드먼, 『지그문트 프로이트Sigmund Freud』(1979)의 표지. 책의 헌사는 다음과 같다. 〈나의 (아버지는 아니고) 어머니를 위하여 (좋아, 바로 이거야)〉

가 생겨났다. 그것은 신경심리치료이며, 이 전문 분야의 한 부분은 신경정신분석neuropsychoanalysis이다.

심리치료는 다양한 형태로 존재한다. 뇌의 가소성 덕분에 심리치료는 뇌 시스템들의 기능뿐만 아니라 환자의 행동, 감정, 태도에도 큰 영향을 미칠 수 있다. 연구자들은 인지행동치료, 대인관계치료, 정신역동 치료psychodynamic methods 같은 심리치료들의 효과를 강박장애, 공황장애, 우울증, 외상 후 스트레스 장애, 공포증, 조현병, 신체형 장애, 경계성 성격장애를 비롯한 수많은 정신의학적 질병에 걸린 환자들의 행동 및 뇌 기능의 변화와 관련지어 체계적으로 연구한다.

그 환자들의 휴지 상태 뇌 스캔에서 다양한 기능적 변화 패턴이 발견되었다. 흥미롭게도 강박장애, 우울증, 조현병 환자에게서 심리치료 후에 뇌 기능의 변화가 포착되었는데, 대체로 그 변화는 심리치료 이전에 나타났던 비정상적 뇌 활동의 정상화로 간주될 수 있었다. 예컨대 한 강박장애 환자의 경우 그 정상화는 안와 이마엽 피질과 꼬리핵 머리caput의 활동 감소였다. 변화는 물질대사 기능의 정상화에 국한되지 않았다. 우울증 환자들과 경계성 성격장애 환자들에게서는 세로토닌 시스템과 도파민 시스템의 활성화도 일어났다. 반면에 공황장애 환자들과 외상 후 스트레스 장애 환자들에게서는, 병이 발생할 때는 활동 변화를 나타내지 않았던 뇌 구역들에서 활동 변화가 일어남으로써 심리치료의 효과가 발생하는 듯하다. 또 하나 흥미로운 것은, 강박장애와 공황장애를 비롯한 몇몇 장애에서는 심리치료에 의한 뇌 기능의 변화가 약물 치료 시에 관찰되는 변화와 일치했다는 점이다. 현재는 심리치료의 효과를 정밀하게 알아내기 위해 뇌 기능의 변화를 측정하는 연구들이 진행되고 있다.

인지행동치료는 전체 우울증 환자의 절반이 효과를 나타낸다. 환자들은 근거 없고 부정적이며 자기 파괴적인 생각을 긍정적인 생각으로 대체하는 법을 배운다. 우울증의 특징은 앞이마엽 피질의 활동 감소와 편도체와 해마를 비롯한 변연계 구조물들의 활동 증가다. 인지행동치료는 이 두 가지 활동 변화를 정상화한다. 다양한 치료 효과를 기능성 뇌 스캔의 도움으로 예측하는 것도 가능하다. 우뇌 섬엽 앞부분의 활동이 증가한 우울증 환자들은 항우울제가 가장 효과적인 반면, 그 뇌 구조물의 활동이 너무 적은 환자들은 인지행동치료가 가장 좋은 효과를 낸다.

하지만 심리치료 연구들에서는 건강한 피험자들을 대조군으로 삼는 경우가 여전히 너무 많다. 이 경우에 연구자들은 자연적인 병의 경과를 간과하게 된다. 뇌 질병들도 저절로 나을 수 있으므로, 진정한 치료 효과를 알아내려면 대조군을 선정할 때 그런 자연 치유의 가능성도 고려해야 한다. 즉, 또 다른 대조군, 예컨대 치료 대기자 명단에 올라 있는 환자들도 연구에 참여시키는 것이 필수적이다. 그뿐만 아니라 심리치료의 심리적 효과로서의 플라시보 효과도 까다로운 문제로 불거진다. 치료가 유효하리라는 기대를 환자가 품기 때문에 발생하는 효과를 확실히 보정하려면, 통제된 무작위 실험을 설계할 때, 효과 없음이 입증된 치료를 효과 없는 줄 모르고 받는 피험자들을 하나의 대조군으로 삼아야 할 것이다. 하지만 그런 실험 설계가 공적으로 수용될 가망은 거의 없을 것이다.

아무튼, 심리치료에 대한 연구들은 심리치료 효과의 신경생물학적 토대를 다루기 시작했으며, 이 방향의 연구는 최근 들어 대폭 성장했다. 신경정신의학에 대한 연구, 심리치료적 개념들의 신경학적 상관항에 대한 연구가 훌륭하게 첫걸음을 디딘 것이다.

3. 플라시보 효과와 강제 치료

> 우리는 모든 유효한 약에 내재하는 플라시보 효과를
> 최대화하는 법을 배워야 한다.
> ─ 데 라 푸엔테-페르난데스 등 공저(2002)

플라시보 효과는 환자의 긍정적인 기대(placebo = 〈나는 좋아질 것이다〉)에서 유래하며 정신의학과 약물에서 특히 강하게 나타난다. 항우울제의 치료 효과에서 플라시보 효과가 차지하는 비중은 약 50퍼센트에 달한다. 플라시보 효과는 약물 치료에서만 나타나는 것이 아니라 외과수술과 심리치료를 비롯한 모든 형태의 치료에서 나타난다. 기본적으로 의료 행위의 성과는 상당 부분 환자의 긍정적인 기대에서 비롯된다.

플라시보 효과는 뇌 구역들의 활동이 뇌 기능에 이로운 방향으로 변화하는 것에서 유래한다. 따라서 플라시보 효과는 치료에 〈유익한〉 진짜 효과다. 적당한 가격의 위약은 비싼 위약보다 덜 효과적이다. 왜냐하면 사람들은 후자에 더 큰 기대를 걸기 때문이다. 위약의 불특정적 효과는 환자의 긍정적 기대를 통해 특정화되어 통증과 공포를 경감하고 기분을 개선한다 (『우리는 우리 뇌다』 17장 4 참조).

그러나 ─ 이를테면 자살 시도나 정신병의 악화 때문에 ─ 강제로 약물 치료를 받는 정신의학과 환자들은 치료에 긍정적 기대를 걸지 않는다. 그들은 원래 치료를 거부했던 환자들이다. 따라서 강제 치료에서는 플라시보 효과가 미미하게 나타나거나 아예 나타나지 않는다. 강제 치료에서 처음에 쓰는 약은 자발적으로 치료를 받는 환자들에게 쓰는 약과 다르지 않은데도 말이다. 심지어 강제 치료를 받는 환자의 고통이 증가하고 〈노시보nocebo〉 효과가 나타날 가능성도 배제할 수 없다(nocebo=〈나는 나빠질 것이다〉).

하지만 강제 치료에서 그런 부정적 효과가 실제로 발생하는지 여부는 아직 밝혀지지 않았다. 이에 관한 연구는 실행하기가 까다롭다. 네덜란드에서 환자에게 위약을 투여할 때는 위약을 투여한다는 사실을 환자에게 알리는 것이 법적인 의무로 정해져 있다. 이 의무의 준수는 당연히 플라시보 효과를 해친다. 물론 먼저 환자에게 위약을 투여하고 뚜렷한 효과가 있다는 진술을 들은 다음에 그 위약이 〈약학적으로 효과가 없는 약〉이라는 점을 환자에게 올바로 알린다면, 플라시보 효과를 일으킬 수 있겠지만 말이다. 또한 강제 약물 치료의 효과를 연구하기 위해서, 똑같은 정신의학적 질병에 걸렸지만 자발적으로 약물 치료를 받는 환자들 중에서 과학적 연구에 참여할 조건과 의지를 갖춘 사람들을 모아 대조군을 구성하는 일은 전혀 간단하지 않다. 더구나 응급 치료가 필요한 상황에서는 환자에게 연구에 참여할 것을 충분한 설명과 함께 요청하고 승낙을 받기가 어렵거나 아예 불가능하다. 이처럼 강제 치료는 윤리적·법적 문제뿐 아니라 다른 문제에도 봉착한다. 그 문제는 치료의 플라시보 효과와 노시보 효과에 대해서 우리가 아는 바가 터무니없이 적다는 것이다.

4. 뇌의 가소성과 간단한 환상통 치료법

뇌의 가소성은 치료에 이로울 수도 있고 해로울 수도 있다. 테리 월리스는 1964년 미국에서 심한 교통사고를 당했다. 발견 당시에 그는 이미 혼수상태였으며 양팔과 양다리가 마비되어 있었다. 윌리스는 19년 뒤에 기적처럼 저절로 혼수상태에서 깨어났다. 그가 혼수상태로 보낸 기간의 여러 단계에 촬영한 스캔 영상들은 그의 뇌에서 새로운 신경 돌기들이 형성되었음을 보여 주었다. 그의 사례는 성인의 뇌도 모종의 가소성을 보유하고 있음을 보여 주는 증거였다.

하지만 대뇌피질의 가소성이 치유에 이로운 것만은 아니다. 일부 절단 환자들은 절단된 신체 부위가 여전히 몸의 다른 위치에 있다고 느끼고 이 환상 때문에 통증을 동반한 경련에 시달리는데, 이 부정적인 현상도 대뇌 피질의 가소성에서 유래한다. 사일러스 위어 미첼은 미국 남북전쟁 중에 한 병원에서 외과 의사로 일했다. 당시에 사람들은 그 병원을 〈그루터기 병원Stump Hospital〉이라고 불렀다. 미첼의 보고에 따르면, 절단 수술을 받은 군인들은 사실상 모두 절단된 사지가 여전히 있다고 느꼈고, 50~80퍼센트는 그 사지의 통증까지 느꼈다. 통증을 느끼는 군인들 중 4분의 1에서는 통증이 아주 심해서 생활에 지장이 있을 정도였다. 미첼은 이 현상을 서술하기 위해 〈환상통phantom pain〉이라는 개념을 최초로 사용했다.

팔 절단 환자들 중 다수는 환상으로만 존재하는 자신의 팔을 움직일 수 있다고 강하게 느낀다. 그들은 그 환상 팔을 누군가를 향해 흔들거나 전화기를 향해 뻗는다고 느낀다. 이 느낌은 절단 전에는 팔의 운동을 통제했지만 이제 더는 존재하지 않는 팔로 부질없이 운동 명령을 보내는 대뇌피질의 활동에서 유래한다. 마루엽 피질은 절단 전과 똑같이 그 명령 신호를 알아채고, 그 결과로 환상 팔이 움직인다는 느낌이 발생한다.

철학자 루트비히 비트겐슈타인의 형이기도 한 빈 출신의 거장 피아니스트 파울 비트겐슈타인(1887~1961)은 1913년에 연주자로 데뷔했지만 얼마 지나지 않아 군대에 들어갔다. 그는 1914년 폴란드에서 오른팔에 부상을 당했고, 그 후 러시아 포로수용소에서 그 팔을 절단하는 수술을 받았다.

2년의 포로 생활 끝에 파울 비트겐슈타인은 시베리아에서 빈으로 돌아왔고, 왼손으로 피아노 연주를 연습하여 다시 피아니스트로 무대에 섰다. 그는 세르게이 프로코피예프, 벤저민 브리튼, 모리스 라벨 같은 유명 작곡가들에게 자신을 위한 곡을 지어 달라고 요청했다. 그가 그런 곡들의 운지법 연습에 몰두할 때, 사람들은 그의 오른팔이 잘려 나간 그루터기에서 격렬한 움직임을 보았다. 그는 자신의 운지법 선택을 안심하고 신뢰할 만하다고 여겼다. 그 근거는 그가 환상 손(절단된 오른손)의 모든 손가락 각각을 감지한다는 것이었다.

미국 신경학자 라마찬드란은 절단 환자에게서 흔히 나타나는, 대뇌피질 가소성의 한 형태를 발견했다. 그는 왼팔이 절단된 한 남성을 진찰했다. 신경학적 진찰 도중에 라마찬드란이 그 남성의 얼굴을 건드리자, 그 남성은 절단된 팔의 환상 손이 건드려진다고 느끼면서 깜짝 놀랐다. 체계적으로 검사해 보니, 환자의 절단된 손 전체의 감각이 얼굴의 왼쪽 절반에서 느껴진다는 것이 드러났다. 그 남성은 그 환상 손이 가려워서 미칠 지경이었던 적이 많았는데 이제 왼쪽 뺨을 긁음으로써 그 가려움을 가라앉힐 수 있었다. 팔의 피부 감각은 일반적으로 척수와 시상을 거쳐 감각피질로 전달되며, 그러면 우리는 팔의 통증과 접촉에 대한 감각을 의식하게 된다. 그런데 감각피질에서 팔을 담당하는 구역은 얼굴을 담당하는 구역 바로 위에 있다. 따라서 그 남성 환자의 경우 절단 수술 전에 감각피질의 팔 담당 구역으로 감각을 전달하던 신경섬유들이 수술 후에 인근의 얼굴 담당 구역과 기능적으로 연결된 것이다.

원숭이에게서는 절단 수술 후에 대뇌피질에서 그러한 기능적 전이가 일어나는 것이 실제로 전기생리학적으로도 확인되었다. 그 후 여러 환자에게서 이런 형태의 가소성이 거듭 보고되었다. 어느 환자는 손가락 하나를 절단한 뒤에 얼굴의 특정 부위에서 그 손가락의 감각을 느꼈는데, 연구진은 그 부위를 정확히 지적해 냈다. 거꾸로 한 환자는 얼굴 신경(삼차신경)이 손상되었는데, 그 후 그의 손바닥에서 얼굴 감각 부위가 발견되었다. 또 다른 환자는 발을 절단한 후 페니스에서 환상 감각을 느꼈고, 그 덕분에 성적인 쾌감이 향상되기까지 했다.

반면에 환상 팔이 마비된 채로 벽돌처럼 무겁게 매달려 있다거나 뒤틀린 자세로 통증을 유발한다고 느끼는 절단 환자들도 있다. 그들은 척수 근처의 신경이 끊어져 절단 전 몇 개월 동안 실제로 팔이 마비되었던 환자들이다. 그 기간에 그들의 뇌는 팔에 운동 명령을 전달하는 것이 부질없음을 학습한 것으로 보인다. 따라서 뇌는 그런 명령 전달을 중단했고, 따라서 이 환자들에게서는 뇌가 학습한 마비가 절단 수술 뒤에도 존속하는 것이다.

라마찬드란은 환자를 거울 앞에 앉히고 건강한 팔을 움직이게 하는 기발한 치료법을 고안했다. 그는 거울을 교묘하게 설치하여 환자가 건강한 팔을 움직이면 그의 절단된 팔이 함께 움직이는 것처럼 보이게 만들었다. 그러자 환자는 얼마 지나지 않아 절단된 팔을 되찾은 것처럼 느꼈다. 이런 식으로 몇 주 동안 훈련하자, 환자가 느끼던 환상 팔의 통증이 사라졌다. 때로는 이 훈련의 결과로 통증뿐 아니라 환상 팔 전체가 사라졌다. 라마찬드란은 이렇게 논평한다. 〈이것은 의학사에서 최초로 환상 팔 절단에 성공한 사례다.〉

이 거울 치료법은 통제된 연구에서도 그 효과가 입증되었으며 오늘날 뇌경색에 이은 마비를 더 빨리 극복하기 위한 치료에, 또한 뇌가 〈학습〉했기 때문에 통증의 원인이 이미 오래전에 제거되었음에도 여전히 지속하는 만성 통증을 없애기 위한 치료에 사용된다. 후속 연구에서는 환상 팔이나 환상 다리의 운동을 상상하는 것만으로도 거울 치료법에 못지않은 통증 완화가 이루어졌다고 한다. 그뿐만 아니라 거울 치료법이 때로는 환상통을 가중시키기도 한다는 것이 드러났다. 요컨대 거울 치료법은 만병통치의 비법이 전혀 아니다.

가장 인기 있는 환상통 이론은 헤르타 플로어의 연구에서 유래했다. 그녀의 주장에 따르면, 감각피질에서 기능적 전이가 심하게 일어날수록, 환상통이 더 강해진다. 런던 대학교 타마 마킨은 교수는 기능성 자기공명영상법으로 한 절단 환자의 감각피질에서 약간의 기능적 전이를 확인할 수 있었지만 그 전이와 환상통의 강도 사이에서 상관성을 발견할 수 없었다. 그녀는 환상통의 원인이 절단되고 남은 그루터기와 뇌를 이어 주는 신경에 위치한다고 주장한다.

어느 쪽이 옳든지 간에, 환상 팔다리에 관한 관찰 사실들은 몸과 정신의 관계에 대하여 전혀 새로운 통찰들로 이어졌으며 이미 신경재활치료 neurorehabilitation라는 신생 분야에 적용되고 있다. 신경계의 가소성, 곧 손상된 뇌 구역의 기능을 다른 뇌 구역이 넘겨받는 능력을 이용하면 치료를 촉진할 수 있다. 그러나 타마 마킨의 최근 관찰들은 그런 기능 넘겨받기의 정확한 메커니즘에 대하여 의문을 품게 한다. 게다가 성숙한 신경계의 가소성은 — 우리의 기억을 위해 필요한 가소성을 논외로 하면 — 제한적이다. 성숙한 뇌의 모든 구역들의 가소성이 일부 심리학자들이 주장하는 만큼 뚜렷하고 포괄적이라면, 심한 뇌 손상 후의 재활이 일반적으로 어렵고 흔히 불가능한 것을 이해할 수 없다. 그런 심리학자들의 주장이 옳다면, 신경학적 마비 환자들은 짧은 시간 안에 회복될 것이다. 그러나 안타깝게도 실상은 그렇지 않다.

5. 눈 운동 탈민감화 및 재처리 요법 EMDR

외상 후 스트레스 장애의 특징은 트라우마성 사건을 반복해서 매우 생생하게 회상하기, 그 사건을 연상시키는 모든 것을 기피하기, 부정적 기분과 예민성이다(16장 1 참조). 트라우마 중심 인지행동치료TF-CBT는 외상 후 스트레스 장애에 대한 효과적 치료법으로 인정받는다. 이 치료법의 기초는 환자가 문제의 트라우마를 생각 속에서 다시 체험하고, 집에서 그 트라우마를 서술하는 내용의 녹음을 경청하는 것이다. 목적은 환자가 트라우마에 대한 기억에 익숙해지고 트라우마에 대한 감정적 태도를 덜 감정적이고 더 객관적·정보적인 태도로 바꾸게 만드는 것이다. 그러나 트라우마를 다시 체험하는 것은 환자와 치료자 모두에게 매우 힘든 일이다. 그래서 전체 환자의 약 3분의 1은 트라우마 중심 인지행동치료를 중도에 그만둔다.

약 25년 전에 미국 심리학자 프랜사인 샤피로는 자발적으로 눈을 이리저리 움직이면 그녀 자신의 감정을 격하게 일으키는 나쁜 회상들이 힘을 잃는 것을 알아챘다. 진정한 행운으로 밝혀진 이 우연한 발견은 눈 운동 탈민감화 및 재처리 요법Eye Movement Desensitization and Reprocessing, EMDR의 개발로 이어졌다. 이 치료에서 환자는 트라우마성 사건을 회상하면서 눈으로는 이리저리 움직이는 치료자의 손가락을 추적해야 한다. 현재 진행 중인 한 메타분석에 따르면, EMDR의 효과는 TF-CBT의 효과와 대등하다. 그러나 전체 환자의 3분의 1에서는 EMDR의 효과가 없다.

EMDR가 효과를 내는 메커니즘을 밝혀내기 위해 현재 진행 중인 연구들은 〈작업 기억 이론〉에 힘을 실어 준다. 이 이론에 따르면, 트라우마를 회상하면서 동시에 작업 기억을 강하게 요구하는 과제 — 예컨대 눈을 이리저리 움직이기, 컴퓨터게임 하기, 계산 문제 풀기 — 를 수행하면, 그 회상이 덜 꺼려지고 덜 힘들게 된다. 그런 만만치 않은 추가 과제를 수행하면, 트라우마성 회상에 할애되는 작업 기억 용량이 줄어든다. 따라서 그 회상은 덜 생생해지고 덜 감정적이게 된다.

작업 기억 이론은 왜 추가 과제를 수행하면서 트라우마를 회상하면 환자가 괴로움을 덜 느끼는지 설명해 준다. 그러나 환자가 EMDR 치료를 받고 오랜 시간이 지난 다음에도 트라우마에 대한 회상을 덜 괴롭게 느낀다는 것이 여러 연구에서 입증되었다. 군의관 에릭 베르메텐의 설명에 따르면, 회상은 하드디스크에 있는 문서 파일을 열어서 가공한 다음에 다시 저장하는 작업과 같다. EMDR는 바로 이러한 회상의 메커니즘을 이용한다. 그 메커니즘은 우리의 기억을 신뢰할 수 없게 만든다. 즉, 우리가 기억을 회상할 때마다, 우리는 기억을 치장하고 쉽게 변경할 수 있다. 그러나 EMDR의 장기적 효과의 배후에 어떤 메커니즘이 작동하는가에 대해서는 아직 확실히 말할 수 없다.

6. 신경재활치료

> 의학은 자신의 존재 기반을 파괴하기 위해 끊임없이
> 애쓰는 유일한 직업 분야다.
> —제임스 브라이스 경

뇌 질병에 걸릴 위험은 다양한 요인에 의해 결정된다. 중요한 요인 하나는 발달 과정에서 육성된 인지 예비 역량이다. 예컨대 교육 수준이 높은 다발성 경화증 환자는 인지 퇴행을 겪을 위험이 평균보다 더 낮다. 마찬가지로 이중 언어 사용, 우수한 교육, 음악 활동, 노년에도 적극적 활동을 유지하기는 노화에 따른 인지 퇴행의 확률을 낮춘다(18장 7, 18장 8 참조). 뇌 질병에 걸린 환자들을 위한 기술과 처치는 점점 더 증가하고 있다. 그것들은 회복에 도움이 될 수 있다. 그 회복을 추구하는 전문 분야를 일컬어 신경재활치료라고 한다.

운동은 뇌를 위한 일반적인 자극제이며 노화 현상을 막는 효과적인 수단이다(18장 7, 18장 8 참조). 운동 프로그램들은 ADHD에 걸린 아동에게 충동 억제력, 정보 처리 속도, 주의력을 향상시킨다. 손쉬운 항우울제 처방에 대한 일부 환자들의 반발은 점점 더 강해지고 있다. 반면에 어지간한 우울증에 대한 대안적 치료법, 예컨대 요가나 스포츠는 점점 더 인기가 높아지고 있다. 이것은 바람직한 경향이다. 왜냐하면 실제로 항우울제는 심한 우울증에만 효과가 있기 때문이다. 게다가 이미프라민imipramine과 파록세틴paroxetine 같은 항우울제들은 청소년에게 효과가 없다. 이 약들은 심지어 청소년의 자살 위험을 높인다.

운동은 우울증 치료에 어중간한 효과가 있다고 알려져 있다. 전문가들은 그 효과의 배후에 신경전달물질, 성장 인자, 새로운 뇌세포의 형성, 혈관, 뇌의 가소성에 영향을 미치는 어떤 메커니즘이 있다고 추측한다. 그런데 놀랍게도 생물학적 시계는 전혀 언급되지 않는다. 운동이 생물학적 시계를 자극한다는 것은 실험동물들에서 입증되었으며, 생물학적 시계가 자극되면 스트레스 축이 억제되어 정확히 기분 개선에 필요한 일이 일어나는데도 말이다. 게다가 야외에서 스포츠를 하면 빛의 작용으로 생물학적 시계가 더 강하게 자극된다. 정신과 의사 브람 바커는 우울증 치료법으로 달리기를 열렬히 옹호한다.

한 통제된 실험에서 16주에 걸친 강도 높은 운동은 실제로 항우울제와 대등한 효과를 냈다. 성인이 일주일에 세 번 스포츠를 하면 우울증에 걸릴 위험이 20퍼센트 감소한다. 그러나 청소년기에는 스포츠가 우울증 위험을 낮추지 못한다. 메타분석들을 보면, 신체 활동의 우울증 완화 효과는 어중간하며(0.56점), 불안증 완화 효과는 작다(0.34점). 한 메타분석에 따르면, 신체 활동은 신경학적 질병에 걸린 성인들에게 긍정적인 효과를 냈지만 우울증 증상을 개선하는 효과는 0.23점에서 0.28점으로 미미했다. 스포츠로 우울증을 예방할 수는 없다. 더구나 스포츠의 긍정적 효과는 비교적 빠르게 잦아든다. 따라서 스포츠가 기적을 일으키기를 바라지는 말아야 한다.

음악을 뇌 질병의 치료에 동원하는 추세는 점점 더 강화되고 있다(14장 2 참조). 피아노 연주 배우기는 손 운동 장애에 유익하다. 더구나 이런 유형의 치료법은 환자의 동기와 참여를 유발하는 힘이 강하다. 음악, 노래, 춤은 파킨슨병 환자의 운동 능력에 긍정적 영향을 미친다(19장 6 참조). 미술 관람과 창작은 정신병 치료에 도움이 될 수 있다(9장 8 참조). 춤은 자폐장애 아동들의 언어적 작업 기억을 향상하고, 건강한 노인들의 인지 능력, 촉각 기능, 운동 능력, 주관적으로 건강하다는 느낌을 향상한다(18장 7 참조). 한 연구에서 10~13주에 걸쳐 주당 1시간 춤 치료를 받은 파킨슨병 환자들은 참을성과 균형 감각이 향상되었을 뿐 아니라 운동장애가 완화되었다. 뇌 시스템이 병들었을 경우에는 그 시스템을 훈련하는 것이 효과적일 때가 많다. 반맹(半盲) 환자의 시각 훈련은 눈 근육의 기능을 향상할 수 있다. 마찬가지로 걷기 훈련은 척수 손상 환자의 경직을 완화할 수 있다. 발 마사지나 다양한 활동 프로그램들은 뇌졸중 환자의 신체 기능을 향상한다.

최근 들어 뇌 시스템들을 자극하는 비침습적 방법들이 다양하게 개발되었다. 반복적 경두개 자기자극술rTMS은 이명과 우울증에 효과적일 수 있으며, 대뇌피질에 대한 rTMS는 손 근육 긴장 이상에 효과적일 수 있다. 경두개 직류자극술tDCS은 소아마비 환자들에게, 또 뇌졸중의 후유증으로 피로감과 수면장애에 시달리는 환자들에게 시험되었다. tDCS는 실어증 환자의 발화 능력을 향상하고 만성 통증을 완화한다. 또한 비만한 프래더윌리 증후군 환자의 극단적인 식이 행태를 완화한다. 늘 그렇듯이 사람들은 처음에는 새로운 치료법의 긍정적 효과에 환호하다가 나중에야 비로소 문제들과 부작용들을 알아챈다. 간질 환자들, 약물 치료를 받은 우울증 환자 한 명, 이명 환자 한 명, 다발성 경화증 환자 한 명, 혈중 알코올 수치가 높은 환자 한 명에게서 (반복적) 피질-경두개 자기자극술은 간질 발작을 일으켰다. 경두개 직류자극술은 일반적으로 두통, 어지럼증, 가려움, 메스꺼움 같은 사소한 부작용을 일으킨다. 이 부작용들은 주로 귀 위에 설치되는 전극을 통해 평형 감각이 자극되기 때문에 발생한다. 노인 환자에게 반복적 경두개 자기자극술과 경두개 직류자극술을 적용할 때는 특히 조심해야 한다.

일부 질병들에서는 심리학적 기법을 적용하는 것이 효과적이다. 노인 환자의 정보 처리 훈련은 인지 능력의 향상에 도움이 될 수 있다. 한 통제된 실험에서 드러난 바를 보면, 뇌경색 환자들의 마비된 팔을 가상현실의 도움으로 훈련시키자 기능 회복이 더 빨리 이루어졌다. 이명 환자는 청각피질의 뉴런 활동이 정상보다 강하다. 한 통제된 실험에서 연구진은 〈음향적 CR(협응적 초기화coordinated reset) 신경 조절〉이라는 새로운 탈동기화 기술을 적용하여 이명을 확연히 감소시켰다고 한다. 보청기와 잡음 발생기 등을 사용하는 습관화 치료와 인지행동치료도 이명 환자들에게 이로운 결과들을 산출했다. 이에 못지않게 침술과 항우울제도 이명에 효과적인 것으로 밝혀졌다. 경두개 직류자극술도 이명에 효과적인지에 대해서는 현재 연구가 진행되고 있다.

뇌와 컴퓨터의 상호작용을 개척하고 이용하는 분야는 현재 급속도로 발전하는 중이다. 예컨대 시각 정보를 음악 정보로 변환하여 맹인의 길 찾기를 돕는 장치가 개발되었다. 또한 양팔이 마비된 환자의 대뇌피질에 설치한 전극들을 통해 뇌의 전기적 활동을 포착하여 의수나 컴퓨터로 전달하면, 환자가 생각으로 의수를 조종하거나 컴퓨터를 사용하는 것이 가능해진다. 지금은 유연한 뇌 전극도 개발되었다. 그 전극은 환자의 뇌에 더 오랫동안 부작용 없이 설치할 수 있어서 인간과 기계의 장기적인 상호작용을 가능케 한다.

6부

뇌와 우리 자신에 대한 생각

21장
뇌에 대한 생각의 변화

1. 목적론: 우리 삶의 〈목적〉

> 생명의 수수께끼는 아직 해독되지 않았다.
> 그리고 나는 지구상에 등장한 최후의 포유동물들이
> 그 애끓는 수수께끼를 밝혀내기 전에
> 태양이 식어 버리지 않을까 염려한다.
> ― 카할

철학에서 목적론이란 만물의 배후에 있는 목적을 알아내려는 노력을 말한다. 유대교·기독교 신학은 신 ― 또는 신 곁에서 신의 규칙들에 따라 사는 삶 ― 을 궁극의 〈최고 목적〉으로 간주한다. 내가 아는 한에서 신앙과 과학은 신중하게 분리된 채로 머물러야 한다. 방금 언급한 것과 같은 목적론적 설명은 과학에 발을 들일 여지가 없다. 과학적 논증들에 근거를 둔 한 가설에 따르면, 생명은 41억 년 전에 바다 밑바닥의 화산성 온천(이른바 〈블랙 스모커Black Smoker〉) 근처의 구멍 많은 암석 속에서 발생했다. 어쩌면 우주에서 온 혜성들이 지구 생명의 구성 요소들이 생겨나는 데 도움을 주었을지도 모른다. 최초로 혜성에 부드럽게 착륙한 우주선 필라에Philae는 2015년에 혜성 67P(일명 〈추리Tschuri〉)에서 아미노산, 당, 핵염기의 형성에 결정적으로 기여한 유기물질 16종을 발견했다. 그러나 생명 없는 물질에서 살아 있는 물질로의 이행이 정확히 어떻게 일어났느냐는 아직 대체로 설명되지 않았다.

더 나중에 분자들의 경쟁 속에서 자기조직화를 통해 먼저 RNA 세계가 형성되었고 결국 DNA 세계가 형성되었다. 약 15억 년 전에는 최초의 다세포생물들이 발생했다. 생명의 진화는 우연한 변이들이 발생하고 환경에 가장 잘 적응한 변이들이 선택되는 과정을 통해 진행되었다. 생명이 정말로 우연히 발생했다면, 생명에게 〈더 높은 목적〉은 있을 수 없으며, 우리의 삶에 우리의 DNA와 지식을 다음 세대에 전달하기 위해 애쓰는 것 외에 어떤 다른 〈의미〉가 있다고 단언할 수는 없다. 주어진 환경에서 개체와 종의 생존은 진화 과정에서 먹이 섭취와 번식 활동이 보상과 연결됨을 통하여, 즉 쾌감을 일으키는 측좌핵에서의 도파민 분비와 연결됨을 통하여 촉진되었다. 세계 인구의 증가와 비만의 급증을 볼 때 우리는 이 보상 메커니즘이 무척 효과적이라는 결론을 내리지 않을 수 없다. 이 메커니즘은 오늘날 우리에게 해로울 정도로 효과적이다.

우리는 이 삶에서 어떤 〈더 높은〉 사명도 가지고 있지 않으므로, 삶에 의미를 부여하는 것은 우리의 몫이다. 현대인은 기초적인 영양 섭취 활동과 섹스 활동을 적어도 부분적으로 노동, 파트너 관계, 가족, 취미 생활, 학문, 예술을 통해 승화한다. 그런 승화된 활동들도 측좌핵에서의 도파민 분비를 통해 우리에게 쾌감을 제공할 수 있다. 일반적으로 우리는 이런 방식으로 〈유의미한〉 삶의 가상을 존속시키는 일을 썩 훌륭하게 해낸다.

이미 보았듯이, 우울증에 걸리면 이 메커니즘이 잘 작동하지 않는다. 우울증 환자들은 쾌감 상실을 겪는다. 그들은 아름답거나 쾌적하거나 맛 좋은 것을 발견하지 못한다. 따라서 삶이 무의미하다는 느낌이 그들을 덮친다. 이 증상의 토대는 과도하게 활동하는 스트레스 시스템이 보상 시스템(측좌핵)을 억제하는 것인 듯하다. 이 상태에서는 환자의 측좌핵이 작을수록 자살에 성공할 위험이 더 높다. 또한 우울증 환자들은 모든 생명체의 근본 속성인 생존 추구성이 없는 경우가 많다. 따라서 그들은 자살을 실행할 수 있다. 냉소적으로 들릴지 몰라도, 삶은 무의미하다는 진실에 부합하는 느낌을 가진 사람은 오직 우울증 환자뿐이다. 쾌감 상실을 겪는 사람들이 엄중한 자살의 위험에 직면한다는 사실은 삶이 유의미하다는 착각이 정상적인 삶을 위해 얼마나 중요한지 보여 준다.

치료에 저항하는 우울증 환자에게는 대상 피질 앞부분에 대한 뇌 심부 자극술이 적절한 치료법일 수 있다. 마르테 셔머는 강박장애를 다스리기 위해 뇌 심부 자극술을 받은 한 여성 환자의 사례를 서술했다. 그녀의 증상은 완화되지 않았지만, 뇌 자극을 받는 동안 그녀는 강한 행복감을 느꼈다. 따라서 미래에는 뇌 심부 자극술로 우울증을 치료할 뿐 아니라 강렬한 행복감도 일으킬 수 있을지 모른다. 물론 의학이 그런 작업에 뛰어들어야 할지는 몹시 의문스럽다. 아무튼 현재 우리는 자연적인 방식으로 행복에 도달하는 길보다 더 나은 길을 보유하고 있지 않다.

2. 정신 대 영혼

정신은 칼로 벨 수 없으며 촬영할 수도 없다.
―J. 데르크센 교수(2011)

인간 정신은 몸과 더불어 완전히 없앨 수 없다.

오히려 인간 정신에서 영원한 무언가가 남는다.

— 스피노자

〈정신〉과 〈영혼〉은 흔히 혼동되지만 주의 깊게 구별해야 한다. 스피노자도 『지성 개선론*Verhandeling over de verbetering van het verstand*』에서 〈정신mens〉의 개념과 〈영혼anima〉의 개념을 종종 불명확하게 사용한다. 나는 800억에서 1,000억 개의 신경세포들의 활동인 〈정신〉(Geist 혹은 Psyche)과 죽음 뒤에도 살아남는다고 여겨지는 비물질적인 〈영혼〉을 구별한다. 영혼에 관한 이 같은 견해는 내가 보기에 오류에 기초를 둔다. 포도주병 안에서 영혼이 발견된 적 없듯이, 중국인들이 영혼을 담기 위해 제작한 수많은 혼병들 안에서도 마찬가지다. 정신, 곧 활동하는 뇌는 얼마든지 칼로 벨 수 있으며 몸과 더불어 완전히 소멸한다. 그렇기 때문에 나는 위에 있는 (데르크센과 스피노자의) 두 인용문 모두에 동의하지 않을 수 있다.

물론 종교적 경험이 존재하지 않는다는 뜻은 아니다. 젊은이의 발달하는 뇌에 종교적 혹은 영적 표상들이 환경을 통해 입력되어 있다면, 국소적 뇌 활동을 통해 강렬한 종교적 또한/혹은 영적 경험이 발생할 수 있다. 종교적 경험을 일으키는 법은

그림 21.1 고대 중국의 혼병(魂甁). 〈영혼을 담는 병〉인 혼병은 주인의 지위에 따라서 흔히 인간, 동물, 건물의 문양들로 장식되었으며 주인의 죽음 후 삶을 위해 몇 가지 열매를 넣어 무덤에 함께 매장되었다. 메트로폴리탄 미술관의 설명에 따르면, 사람들은 사망자의 영혼이 혼병 안에서 편히 쉬기를 바랐다. 송대에 제작된 이 혼병은 중국 항저우시 서부에 있는 불교 사원 영은사(靈隱寺)의 박물관에 소장되어 있다.

그림 21.2 히에로니무스 보스(1450~1516) 작 「저승의 광경들Visioenen uit het hiernamaals」 중 일부. 이 작품은 본래 베니스 두칼레 궁전에 설치된, 최후의 심판을 주제로 한 세 폭짜리 제단화의 일부로 추정된다. 임사체험의 전형적인 요소 하나는 반대쪽 끝이 환히 빛나는 터널의 광경이다. 이 작품에서 그 광경은 천상의 낙원으로 올라가는 통로로 묘사되었다. 그 광경은 안구로 공급되는 혈액의 부족 때문에 발생한다. 혈액이 안구에 분배되는 방식 때문에, 혈액 부족의 효과는 시야의 주변부에서부터 나타난다. 따라서 시야의 중심은 여전히 환한데 주변부는 어두워지면서 반대쪽 끝이 환히 빛나는 터널의 광경이 발생한다. 거대한 원심분리기처럼 생긴 장치 안에서 훈련하는 전투기 조종사들도 (그 훈련 중에는 조종사의 안구에 공급되는 혈액이 감소한다) 그런 터널의 광경을 본다. 그 밖에 또 무엇이 보일지는 당사자의 기억에 무엇이 저장되어 있는가에 달려 있다.

기도나 명상을 통해 학습되지만, 그런 경험이 의지와 상관없이, 예컨대 흉터나 종양으로 인한 관자엽 뇌전증 발작을 통해 발생할 수도 있다(『우리는 우리 뇌다』 16장 참조).

환각과 꿈도 국소적 뇌 활동들에 의해 발생하며, 심지어 임사체험도 뇌졸중이나 격렬한 스트레스에 따른 산소 부족에 뇌가 반응할 때 발생하는 환각으로 잘 설명할 수 있다. 임사체험은 틀림없이 시대를 막론하고 사람들이 겪어 온 진짜 체험이며, 아마도 죽음 뒤의 일이나 천국의 모습에 관한 우리의 상상에 실마리를 제공했을 것이다. 임사체험을 한 사람들의 90퍼센트는 그 체험을 할 때 큰 행복을 느꼈고, 80퍼센트는 몸을 벗어났다고 느꼈으며, 78퍼센트는 시간이 심하게 왜곡되는 것을 느꼈다.

임사체험에 동반된 이례적인 행복감은 벨기에 뇌과학자 스티븐 로리스 (1968)로 하여금 〈죽음은 삶에서 가장 아름다운 사건이다〉라는 발언을 하게 했다. 그러나 임사체험의 모든 요소 ─ 몸을 벗어나 상승하는 느낌, 자신의 삶을 영화처럼 관람하고 죽은 친구들과 만나는 것 등 ─ 를 신경학적으로 설득력 있게 설명할 수 있다. 임사체험 중에 당사자가 잠시 저승에 갔다 온다는 일부 사람들의 해석은 과학적 근거가 전혀 없다. 우리가 영생하는 영혼을 지녔다는 생각도 마찬가지다.

3. 정신은 물질적(객관적)이다

> 가장 복잡한 심리학적 과정들까지 포함해서
> 모든 정신적 과정은 뇌의 활동에서 유래한다.
> ─ 에릭 캔들

데카르트 이래로 철학자들은 이원론을 붙들고 고민해 왔다. 어떻게 물질적/객관적인 것들이, 특히 신경 활동의 최종 단계에, 전혀 다른 것으로, 곧 정신의 비물질적/주관적인 체험들로 이행할 수 있을까? 어떻게 물질적 과정들이 이 주관적 과정들에 영향을 미칠 수 있을까? 〈정신철학〉을 다루는 문헌은 한없이 많다. 뇌과학은 정신이 비물질적/주관적이지 않고 물질적/객관적이라는 것을 출발점으로 삼는다. 정신은 우리의 뇌세포 800억에서 1,000억 개의 활동이다. 뇌세포들이 방출하는 신경전달물질들이 시냅스들의 변화를 일으키고, 그 변화가 다른 뇌 구역에 속한 뇌세포들의 활동을 변화시킨다. 자신의 활동을 변화시킴으로써 뇌는 자율신경계를 매개로 우리의 신체 기능들을 제어하고, 운동피질을 매개로 우리의 행동을, 시상하부를 매개로 호르몬 분비를 제어한다. 해부학적 관점에서 볼 때 정신은 우리가 진화 과정에서 〈추가로〉 발달시킨 뇌 조직의 산물이다. 즉, 우리의 기본적인 신체 기능을 제어하는 데 필요한 뇌 조직 이외의 추가 뇌 조직이 정신을 산출했다. 따라서 우리와 마찬가지로 생쥐도 정신을 지녔고 코끼리와 고래도 정신을 지녔다. 물론 코끼리와 고래의 뇌는 훨

그림 21.3 프란스 할스 「르네 데카르트René Descartes」(1648).

씬 더 큰 몸을 제어해야 하기 때문에 우리의 뇌보다 훨씬 더 크지만 말이다.

빨간색을 보고 지각하는 것과 같은 뇌 활동의 결과들과 고통, 기쁨, 행복 같은 정신적 상태들은 비물질적/주관적이지 않다. 왜냐하면 그것들은 오로지 신경전달물질 분비의 변화와 그 변화가 해당 정보를 담당하는 뇌 구역의 신경세포들의 활동에 미치는 영향에서 비롯되니까 말이다. 눈의 망막에서 빛을 수용하는 원뿔세포들은 다양한 파장의 빛에 반응한다. 〈색깔〉은 그 원뿔세포들의 전기 활동으로 암호화되고 색깔 시각을 위해 특화된 뇌 구역인 V4에서 해독된다(그림 7.21 참조). V4에 위치한 피질 세포들이 다양한 원뿔세포들의 상대적 활동을 평가함으로써 노란색 암호를 해독하기 때문에, 우리는 노란색을 본다.

다양한 정신적 활동의 토대는 항상 신경세포들의 활동 변화, 그리고 신경세포들과 기능적으로 특화된 다른 신경세포들 사이의 통신이다. 이 뇌 활동들이 질적 체험으로 나타난다. 사적인 정신 상태들은 자기 성찰을 통해 언어로 표현될 수 있는데, 자기 성찰과 언어의 토대 역시 〈오로지〉 신경세포들의 활동이다. 따라서 사적인 정신 상태들도 물질적이다.

우리의 의식에 관한 모든 임상 데이터와 실험 관찰이 보여 주듯이, 사적

인 자기의식 경험과 환경에 대한 의식은 기능적으로 연결된 여러 뇌 구역들 — 시상, 신피질(『우리는 우리 뇌다』8장 참조) 등 — 로 이루어진 한 신경연결망의 활동이다. 〈의식적인 경험〉은 물질적 뇌 시스템에 의해 산출되는 무언가가 아니라 한 신경연결망의 활동 그 자체다. 이 활동이, 정보가 저장되어 있는 더 작은 신경연결망들의 활동과 결합하는 것에서 되돌아보기review의 가능성이 열린다. 하지만 아래 인용문에서 보듯이, 올리버 색스는 (『고맙습니다 Gratitude』[원서 2015]에서) 이 되돌아보기를 가능케 하는 복잡한 메커니즘들을 너무 단순하게 취급한 면이 있다. 〈의식에 관한《어려운 문제》는 나에게 그리 큰 관심사가 아니라고 고백할 수밖에 없다. 솔직히 내가 보기에 그 문제는 전혀 문제가 아니다.〉

저장된 정보, 곧 기억은 그 기억에 특화된 뇌 구역의 시냅스들에 자리 잡는다. 전기생리학을 통해 알 수 있듯이, 관자엽에는 각각 단 한 명의 개인에게만 반응하는 뇌세포들이 있다. 해마에 접한 내후각 피질과 편도체가 손상되면, 과거를 돌아보는 능력이 30초 범위로 제한된다. 의학 문헌에서 H. M.으로 표기되는 한 환자는 양쪽 대뇌 반구의 뇌전증 때문에 편도체를 포함한 관자엽 극과 해마의 일부를 제거하는 수술을 받았다. 그 후 그는 그 수술 시점 이전만 기억했다. 수술 후 H. M.은 정보를 단기 기억에서 장기 기억으로 전달할 수 없게 되었다. 따라서 그를 연구한 심리학자 수잔 코킨이 그의 방에서 나간 다음에 몇 분이 지나서 다시 방에 들어오면, 그는 늘 이렇게 말했다. 「정말 반가워요. 참 오랜만이네요.」

현대 신경과학의 기술들은 얼핏 보면 신비로운 뇌와 정신 사이의 관계를 근본적으로 〈탈마술화〉(막스 베버가 고안한 개념이다)하는 것을 가능케 한다. 뇌의 활동은 객관적으로 측정 가능하다. 예컨대 전극, 고성능액체크로마토그래피HPLC, 분자생물학적 기술들, 현미경, 기능성 자기공명영상, 기타 스캔 기술들, 행동 관찰 등을 통해서 말이다. 점점 더 정밀해지는 뇌 스캔 기술들은 〈독심술〉마저도 차츰 가능케 하는 중이다. 한 실험에서 연구진은 피험자에게 일련의 대상들을 보여 주면서 그의 뇌를 스캔했다. 그리고 스캔된 뇌 활동 패턴들을 분석했다. 그 후 연구진은 피험자가 가위를 보았는지 아니면 병이나 자동차를 보았는지를 그의 뇌 활동 패턴을 보고 알아낼 수 있었다. 후속 실험에서는 피험자가 120장의 그림 가운데 어떤 것을 보았는지 알아낼 수 있었으며, 심지어 어떤 대상을 생각했는지도 알아낼 수 있었다. 현재는 피험자가 세 가지 주제, 곧 자동차, 남자, 여자 중에서 어떤 주제에 관한 꿈을 꾸는지를 60퍼센트의 정확도로 알아내는 것이 가능하다. 마스트리히트 대학의 연구진은 고성능 스캐너로 피험자의 대뇌 피질 활동을 관찰함으로써 그가 알파벳 중에서 어떤 철자를 생각하는지를 충분히 잘 알아낼 수 있다.

정신은 물질적이라는 견해를 뒷받침하는 사례를 하나만 더 살펴보자. 25세의 매튜 네이글(1979~2007)은 누군가에게 칼로 목을 찔린 후 온몸이 마비된 환자였다. 의료진은 그의 운동피질에 크기가 가로세로 4밀리미터이며 전극 96개가 장착된 칩을 이식했다. 그 전극들은 컴퓨터들과 연결되었다. 그 컴퓨터들은 네이글의 운동피질의 전기 활동을 처리하여 그의 개인용 컴퓨터로 전송했다. 이 장치들 덕분에 그는 오직 생각만으로 컴퓨터 마우스를 조작할 수 있게 되었다. 그는 화면 속의 커서를 손으로 짚어서 움직인다는 상상만으로 실제로 커서를 움직이는 법을 몇 분 안에 터득했다. 더 나아가 그는 상상력에 의지하여 화면에 원을 그리고, 이메일을 읽고, 컴퓨터게임을 하고, 심지어 의수를 펴고 오므리는 것까지 해냈다.

이 사례는 생각의 신경생물학적 상관물을 전극으로 포착하여 신체적 행위로 번역할 수 있음을 명확하게 보여 준다. 이런 신경과학적 실험들이 보여 주듯이, 뇌와 정신은 모두 물질적이며, 〈난해한 이원론 문제〉는 실은 전혀 존재하지 않는다. 우리 뇌의 기능 방식에 관한 데카르트적 이원론은 〈뇌

일원론)으로 대체되어야 마땅하다.

그러나 개별 뇌세포들을 관찰함으로써 인간의 행동을 예측하기는 어렵다. (혹은 복잡한 시스템인 뇌에서 창발적 속성들이 발생하기 때문에 그 예측은 불가능하다.) 자동차 한 대를 보고 교통 문제를 예측할 수는 없다. 흰개미 집단이 성장해야 비로소 생겨나는 흰개미 둔덕을 흰개미 한 마리가 지을 수는 없다. 세포 하나를 보고 뇌의 기능을 예측할 수는 없으며, 뇌 하나를 보고 우리 사회의 작동 방식을 예측할 수는 없다. 노벨상을 받은 물리학자 필립 앤더슨이 1972년에 말한 대로 〈많아지면 달라진다〉. 여기에서 환원주의는 한계에 봉착한다. 그러나 새로운 속성들의 창발은 신비로운 구석이 전혀 없다. 시스템이 〈단순한〉 조직화 수준에서 더 복잡한 다른 수준으로 이행할 뿐이다. 존재하는 것은 그 이행 이후에도 오직 뇌 활동뿐이다.

4. 무의식적 반응과 의식적 예측

> 동물들보다 우리가 우리 자신을 훨씬 더 많이 의식한다고
> 철학자 대니얼 데닛이 최근에 말했다.
> 그는 그것을 어떻게 알까?
> — 프란스 드 발(2014)

우리 인간은 진화 과정에서 기본적 신체 기능의 제어에 필요하지 않은 추가 뇌 조직을 발달시켰다. 우리는 그 〈추가 부분〉을 생각하기에 사용한다. 반응할 때 우리는 빠르고 자동적이고 무의식적으로 반응하거나 — 낯설거나 까다로운 상황에서는 — 의식적으로 예측하고 숙고하면서 반응한다. 우리가 운전 같은 새로운 솜씨를 터득하려면 먼저 그 솜씨를 의식적으로

학습해야 한다. 그 학습은 시간이 걸리고, 처음에는 많은 일들을 신속하게 해내야 한다는 것이 난감하게 느껴진다. 그러나 경험이 쌓이고 나면 우리는 자동차를 운전하면서 교통 상황을 무의식적으로 순식간에 판단하여 위험을 예방한다. 많은 과제들은, 우리가 의식적으로 그것들을 숙고하면서 수행하면, 더 나쁘게 수행된다.

하지만 의식은 새로운 것을 학습할 가능성과 다음 번 시도에서 이룰 수 있는 향상과 더 먼 미래에 대하여 숙고할 가능성을 열어 준다. 과거에 사람들은 생물 가운데 오직 인간만 미래를 의식한다고 여겼지만, 유인원들도 미래를 의식할 수 있으며 문화를 지녔고 도구를 사용한다는 것이 연구에 의해 밝혀졌다.

우리 인간은 유일무이하지 않다. 그러나 우리는 많은 것을 더 잘할 수 있다. 야생 침팬지도 미래를 생각한다. 예컨대 녀석들은 미래에 사용할 도구들을 따로 골라 둔다. 라이프치히 막스-플랑크 연구소에서 일하는 네덜란드 영장류학자 카를린 얀마트는 상아해안의 원시림을 누비는 침팬지들을 따라다녔다. 부드럽고 먹기 좋은 무화과를 얻기 위해 침팬지들은 경쟁자들보다 앞서려고 일찍 길을 나섰다. 맛있는 열매들이 달린 나무까지 가려면 때로는 무려 5킬로미터를 이동해야 했으므로, 침팬지들은 평소에 숙영지 근처에서 아침을 먹는 시각과 같은 때에 아침을 먹을 수 있도록 적절한 시점에 출발했다. 녀석들은 아침 식사 시기, 장소, 방식을 이동 계획에 반영했다. 이 사례에서 미래를 내다보는 관점의 진화적 장점은 곧장 눈에 띈다. 그 관점 덕분에 침팬지들은 맛있는 과일을 더 많이 얻는다. 어디에나 있는 질기고 딱딱한 열매들을 위해서라면 그렇게 애쓸 필요가 없다. 그런 열매들로 만족할 생각일 때 녀석들은 숙영지에서 더 오래 누워 있는다.

요컨대 그 침팬지들은 아침 식사를 미리 숙고했다. 따라서 녀석들은 미래 의식을 지녔다. 유인원들의 계획 행동을 보여 주는 사례를 하나 더 살펴보자. 동물원에 사는 수컷 침팬지 〈산티노〉는 동물원이 개장하기 오래전부터 물웅덩이에서 돌멩이들을 모아 웅덩이 가장자리에 감춰 두었다. 몇 시간 뒤에 관람객이 녀석의 우리 앞에 모이자, 녀석은 격하게 날뛰면서 그 돌멩이들을 던졌다. 또 다른 예도 있다. 오랑우탄 수컷은 잠자리에 들기 전에 숲을 향해 고함을 지른다. 그 고함으로 녀석은 이튿날 자신이 어느 방향으로 출발할지를 암컷들에게 알린다.

유인원들은 도덕적 규칙들을 지키는 공동체 안에서 사는데, 이것만으로도 녀석들이 미래 의식을 지녔음을 알 수 있다. 유인원과 인간이 얼마나 유사한지는 많은 연구들에 의해 입증되었다. 그러므로 부에노스아이레스의 한 법정에서 내려진 판결은 충분히 납득할 만하다. 2014년 12월에 그 법정은 어느 29세의 오랑우탄을 〈사물〉이 아닌 〈비인간 인격체non-human person〉로 인정하고 녀석이 동물원에 갇혀 있는 것은 〈불법〉이라고 판결했다. 그리하여 녀석은 해방되어 브라질의 한 자연보호구역으로 옮겨져야 했다. 오랑우탄에게 이런 판결이 나왔다면, 인간에 대한 감금형도 재고할 필요가 있지 않을까?

22장
뇌는 항상 활동한다

뇌는 경이로운 기관이다.
뇌는 당신이 아침에 일어나면 곧바로 일하기 시작하며
당신이 사무실에 있을 때까지는 일을 멈추지 않는다.
— 로버트 프로스트

1. 〈휴식〉하는 뇌

휴지 상태

뇌는 과제를 수행해야 할 때 비로소 활동하지 않는다. 오히려 뇌는 항상 활동한다. 그럼에도 우리가 우리 뇌의 10퍼센트밖에 활용하지 못한다는 이야기를 흔히 듣게 된다. 그 10퍼센트도 읽기, 운동하기, 말하기, 경청하기 등을 할 때만 활용한다고들 한다. 물론 어떤 사람들은 정말로 뇌의 10퍼센트만 활용하는 것처럼 보일 수 있겠지만, 그 이야기는 뿌리 깊은 오해다. 멋진 기능성 뇌 스캔 영상들은 특정 과제를 수행할 때 오로지 그 과제에 특화된 대뇌피질 구역만 반짝인다는 인상을 심어 줌으로써 그 오해를 부추긴다.

그림 22.1 휴식 상태에서도 뇌는 항상 활동한다.

그러나 실제로 뇌는 밤낮없이 항상 활동한다. 이렇다 할 과제를 수행하지 않을 때와 외적 자극이 제공되지 않을 때도 마찬가지다. 〈휴식〉 상태의 뇌에서 일어나는 물질대사는 최대로 활성화된 뇌에서의 물질대사의 약 95퍼센트에 달한다. 우리가 뇌의 작은 일부만 활용한다는 오해를 해소하는 좋은 방법은, 특정 과제를 수행할 때 뇌의 작은 구역 하나만 반짝이는 모습을 보여 주는 뇌 스캔 영상이 어떻게 제작되는지 이해하는 것이다. 우선 특별한 과제를 수행하지 않을 때의 뇌, 곧 휴지 상태의 뇌를 스캔하여 그 활동을 측정해야 한다. 이를 위해 피험자는 시선을 한 점에 고정시킨 채로 스캔을 받는다. 그다음에는 피험자에게 이를테면 단어들을 보여 주면서 그의 뇌를 스캔한다. 첫째 스캔 영상과 둘째 스캔 영상을 비교하면 뚜렷한 차이가 보이지 않는다. 하지만 두 영상을 포개 놓고 뺄셈하면 뇌의 맨 뒷부분인 일차시각피질(V1)에서의 추가 활동 몇 퍼센트만 남는다. 그 결과를 영상화한 것이 우리가 흔히 보는 뇌 스캔 영상이다.

뇌가 과제를 수행하지 않을 때 놓이는 기본 상태를 일컬어 〈휴지 상태〉라고 하는데, 이 용어는 오해를 유발한다. 왜냐하면 뇌의 휴지 상태는 뇌 활동이 멈춘 상태가 전혀 아니기 때문이다. 오히려 휴지 상태에서 뇌의 활동은 우리의 〈자아〉를 반영한다. 우리의 유전적 소질과 우리의 발달에 기여한 모든 과정의 영향 아래 형성된 우리의 〈자아〉를 말이다. 따라서 뇌의 휴지 상태는 뇌와 행동의 많은 문제들도 반영한다. 편도체의 연결 변화와 우

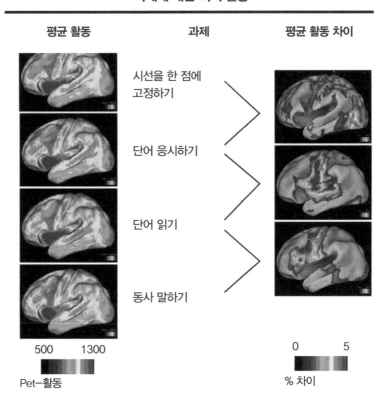

과제에 대한 뇌의 활동

평균 활동　　　　　과제　　　　　평균 활동 차이

시선을 한 점에
고정하기

단어 응시하기

단어 읽기

동사 말하기

500　　　1300

Pet-활동

0　　　5

% 차이

그림 22.2　휴지 상태에서(시선을 한 점에 고정했을 때)의 뇌 활동과 과제들(단어 응시하기, 단어 읽기, 동사 말하기)을 수행할 때의 뇌 활동을 기능성 스캔 영상을 통해 맨눈으로 보면 차이가 눈에 띄지 않는다(왼쪽 사진들). 두 영상을 뺄셈해야 비로소 여러 뇌 구역에서의 미세한 활동 차이가 포착된다(오른쪽 사진들).

울증 위험의 상관성을 탐구하기 위해 쌍둥이들을 대상으로 뇌의 휴지 상태를 스캔한 연구들에서 유전자의 영향과 환경의 영향이 둘 다 입증되었다. 예컨대 공격적인 젊은 범죄자들의 휴지 상태 뇌 영상에서는 우뇌 안쪽 앞이마엽과 꼬리핵을 잇는 연결망이 잘 작동하지 않음이 드러났다. 이 특징은 그들이 발달 과정의 초기에 획득한 것이다.

　뇌의 휴지 상태는 말하자면 뇌가 고속으로 공회전하는 상태라고 할 만하다. 이 상태는 뇌가 외부 자극에 반응하는 방식도 결정한다. 따라서 뇌의 휴지 상태를 보면 정신적 과정들과 행동 양식들도 예측할 수 있다. 이 예측 방법은 최근에 임상에 적용되었다. 우울증 환자의 휴지 상태 뇌를 촬영한 fMRI 영상을 분석하면, 전기충격요법이 그 환자에게 유효할지 여부를 80퍼센트의 정확도로 예측할 수 있다.

디폴트 연결망

휴지 상태에서 유난히 활발하게 활동하는 뇌 구조물들의 집단이 있는데, 그 집단을 일컬어 디폴트 연결망, 혹은 디폴트 모드 네트워크, 혹은 비작업 연결망이라고 한다. 어떤 과제도 수행하지 않는 뇌를 fMRI로 스캔하면 디폴트 연결망의 활동이 포착된다. 디폴트 연결망은 자기 성찰, 〈자아〉, 정신 이론, 몽상, 자동적인 생각의 흐름과 관련이 있다고 한다. 하지만 그 연결망은 창조성과도 관련이 있다. 우리가 장기 기억으로부터 자서전적 기억을 꺼낼 때, 혹은 미래 계획을 세울 때, 디폴트 연결망이 활동한다.

디폴트 연결망은 외적인 정보 원천(지각)의 처리에는 관여하지 않지만 아마도 내적인 (개념적) 원천의 처리와 문제의 해법에 대한 숙고에는 관여할 것이다. 뇌가 내면을 향해 있고 〈공회전하며〉 생각할 때, 뇌는 우리 인간에게 가장 특징적인 뇌 구역들을 특히 강하게 활용하는 것으로 보인다. 디폴트 연결망의 발견은 행운에 의한 발견의 한 예다. 기능성 스캔이 등장한 초기에 연구자들은 디폴트 연결망을 관찰하면서도 그것을 실험 조건 때문에 나타나는 인위적 현상으로 간주했다.

디폴트 연결망은 휴지 상태에서 내향적 기능들에 종사하며 외적인 과제를 해결할 때보다 그렇게 내향적으로 종사할 때 더 활발하게 활동한다. 디폴트 연결망은 이마엽과 마루엽의 여러 구역들을 아우르는데, 그 구역들은 특정한 과제가 부여되지 않았을 때 기능적으로 강하게 연결된다. 해부학적으로 서로 멀리 떨어져 있는 그 구역들은 백색질로 된 장거리 연결선들에

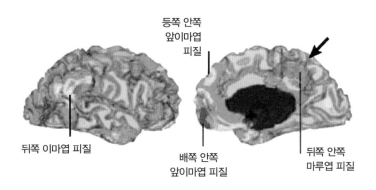

등쪽 안쪽
앞이마엽
피질

뒤쪽 이마엽 피질

배쪽 안쪽
앞이마엽 피질

뒤쪽 안쪽
마루엽 피질

그림 22.3 디폴트 연결망: 해결할 과제가 없어서 우리가 생각을 자유롭게 풀어놓을 수 있을 때 더 활발하게 활동하는, 서로 기능적으로 강하게 연결되어 있는 뇌 구조물들.

주로 의지하여 신호를 주고받는다. 디폴트 연결망을 가시화하려면, 피험자가 수동적인 과제, 예컨대 한 점을 응시하기나 생각을 자유롭게 풀어놓기를 수행할 때 fMRI 영상에서 뇌 구역들의 활동 수준을 측정하면 된다.

우리가 우리 자신의 이름을 들을 때 우리의 디폴트 연결망이 나타내는 반응은 타인의 이름을 들을 때 나타내는 반응과 다르다. 이런 식으로 형성되는 〈자아〉는 의식적 경험들을 가능케 한다. 이 견해를 뒷받침하는 실험이 있다. 뛰어난 여성 가수 한 명이 모차르트의 아리아를 들으면서 fMRI 스캔을 받았다. 연구진은 그녀 자신이 부른 아리아를 들려주기도 하고 다른 가수들의 노래를 들려주기도 했다. 전자와 후자에서 그녀의 뇌 활동이 나타낸 차이는, 피질 중앙선 구조물들(좌뇌와 우뇌의 경계선 근처에 위치한 구조물들)이 자아감 — 이 실험에서는 그 여성 가수의 정체성 — 에 관여한다는 것을 입증했다. 예컨대 안와 이마엽 피질, 등쪽 안쪽 앞이마엽 피질, 대상 피질 앞부분이 그러하다. 이 구역들은 외적인 과제가 부여되지 않은 상태에서도 매우 활발하게 활동한다.

코타르 증후군이라는 기이한 병증도 피질 중앙선 구조물들이 자기의식을 위해 중요함을 입증한다. 코타르 증후군의 특징은 허무주의적 망상이다. 한 남성은 전기포트를 욕조 안에 집어넣어 감전되는 방식으로 자살을 시도한 후 자신의 뇌가 죽었다는 망상에 빠졌다. 자신의 정신은 여전히 작동한다고 그는 말했다. 그런데도 그는 자신의 뇌가 죽었다는 믿음을 고수했다. 그는 그 무엇에도 감정을 느끼지 않았다. 코타르 증후군 환자는 자신이 죽었다는 상상을 넘어서 아예 존재하지 않는다는 믿음까지 품을 수 있다. 이 병증은 다양한 방식으로 표출된다. 예컨대 한 여성 환자는 자신에게 뇌와 신경과 내장이 없다고 말했다. 그녀는 자신이 뼈와 피부만으로 이루어졌다고 느꼈다. 자신의 특정 장기들이 없거나 부패하는 중이라고 믿는 환자들도 있다. 한 젊은 여성 환자는 자신의 자궁과 치아들이 없어졌으며 자신이 이미 죽었다고 말했다. 그녀는 전기충격요법으로 이 악몽 같은 망상에서 벗어났다. 위의 남성 환자는 디폴트 연결망의 활동이 현저히 감소했음이 PET 스캔에서 드러났다. 피질 중앙선 구조물들은 주로 자기의식에 관여하고 이마엽과 마루엽의 바깥쪽(가쪽) 피질은 주로 외부 세계 의식에 관여하는 것으로 보인다.

중독, 사이코패시, 성격장애, 우울증, 조현병 등에 걸린 환자의 자신에 대한 부정적 감정과 관련이 있는 기타 뇌 구역들의 변화도 디폴트 연결망의 변화와 짝을 이루는 듯하다. 한 여성 조현병 환자는 자살을 시도했는데, 그 결정을 그녀가 아니라 타인이 내렸다고, 어떤 외적인 힘이 그녀를 파멸시키려 한다고 말했다. 그녀는 자신이 더 이상 존재하지 않는다고 느꼈으며 강렬한 허무감에 빠졌다. 자살을 시도할 당시에 그녀는 자신을 외부인의 관점에서 바라보았다.

이인증(離人症)depersonaization도 자아감 상실을 동반한다. 이 병증은 극단적인 위험, 강한 공포, 약물 사용, 아동 학대를 계기로 발생할 수 있지만 모종의 유전적 소질을 전제 조건으로 가진다. 즉, 언급한 계기들이 있을 때 일부 사람들은 다른 사람들보다 더 신속하게 이인증으로 반응한다. 그들은 자기가 자기와 자기의 몸으로부터 격리되었다고 느낀다. 그들은 아무 감정도 느끼지 않으며 감정적 반응도 보이지 않는다. 일부 이인증 환자들은 자신이 죽었다고 생각한다. 그들은 몽환적인 상태에 빠져 환경을 낯설게 느낀다. 이 상태를 〈현실감 상실〉이라고 한다. 때로는 이런 상태가 몇 년 동안 지속된다. 이때 배쪽 가쪽 앞이마엽 피질의 활동이 줄어드는데, 이것 때문에 자기의식이 약해진다고 설명할 수 있다. 이인증 환자는 몸의 장기들에서 유래한 정보를 처리하는 뇌 구역인 섬엽의 앞부분에서도 활동 감소가 일어난다. 이 때문에 이인증 환자가 자신의 몸을 〈낯설게〉, 〈자신의 몸이 아닌 것처럼〉 느끼는 것일 가능성이 있다.

알츠하이머병도 환자에게서 〈자아〉를 앗아 간다. 더 나아가 알츠하이머병 환자는 흔히 자신의 병을 의식하지 못한다. 이와 관련해서 주목할 만한 것은 알츠하이머병 단백질 베타아밀로이드가 특히 디폴트 연결망에 잘 축적된다는 점이다. 그 축적이 진행됨에 따라 〈자아〉가 차츰 사라진다.

뇌 심부 자극술도 성격 특징들에 영향을 미치거나 음악적 취향을 갑자기 바꿔 놓거나(13장 1 참조) 소외감을 일으킬 수 있다. 예컨대 한 환자는 〈나는 수술 후의 나와 과거의 나가 다른 사람이라고 느낀다〉라고 말했다. 그러므로 그런 느낌을 갖는 환자들을 대상으로 디폴트 연결망의 변화를 살펴본다면 흥미로운 연구를 할 수 있을 듯하다.

2. 왜곡된 신체상

뇌가 발달하는 과정에서 우리의 신체 도식이 뇌 구조에 새겨진다. 이 일이 제대로 이루어지지 않으면, 자아감의 장애와 자기 신체 부위가 남의 것이라는 상상(신체 통합 정체성 장애BIID)이 발생한다. 다른 책에서 언급했듯이(『우리는 우리 뇌다』 3장 5 참조), BIID 환자들은 어려서부터 신체 일부가 자신의 것이 아니라고 느낀다. 그들은 어떤 대가를 치르더라도 그 부분을 절단하려 한다. 그 부분은 아무 문제 없이 잘 작동하는데도 말이다. 이런 환자 앞에서 외과 의사들은 당연히 딜레마에 빠진다. 18세기 말 프랑스에서 한 영국인은 외과 의사에게 권총을 겨누고 자신의 건강한 다리 하나를 절단하도록 강제했다. 그는 귀국한 후에 그 의사에게 250기니와 감사의 편지를 보냈다.

스코틀랜드 외과 의사 로버트 스미스는 공개적으로 여러 BIID 환자에게 절단 수술을 해주었다. 그러나 2000년에 그는 영국 당국으로부터 그런 수술을 그만두라는 명령을 받았다. BIID 환자들의 절단 욕구는 대개 왼쪽 아랫다리나 아래팔을 향한다. 뇌 기능과 몸은 좌우가 뒤바뀐 방식으로 연결되므로, BIID 환자들의 절단 욕구의 절박함과 우뇌 마루엽에 속한 한 구역의 크기 사이에 음의 상관성이 성립한다는 발견(Hilti 등, 2013)은 흥미롭게 다가온다. 연구들이 보여 주듯이, 뇌의 신체 지도와 실제 신체 사이의 불일치는 그 지도에 없는 신체 부위의 과민성을 초래한다. 이럴 경우 뇌는 항상 경보 발령 상태에 처한다.

BIID 환자의 사정은 성전환자들의 사정에 빗댈 만하다. 성전환자들도 자신의 페니스나 젖가슴이 자신의 것이 아니라고 느끼며 그 신체 부위를 제거하기 위해 가능한 모든 행동을 한다. 성전환자들의 뇌에서는 성별 분화의 역전이 일어난 것이다. BIID와 성전환 욕구가 뇌와 어떤 관련이 있는지에 대해서는 아직 더 자세한 연구가 필요하지만, 얼마 전까지만 해도 그저 〈광기〉로 치부되던 증상들의 신경학적 토대가 오늘날 이미 밝혀지고 있다. 그러나 현실적인 대응에서는 현격한 차이가 있다. 성전환은 의학적으로 받아들여진다. 성전환을 원하는 사람의 자아감에 적합하게 몸을 변형하는 수술은 허용된다. 반면에 BIID 환자가 원하는 수술은 아직 허용되지 않는다.

자기 자신이나 타인들의 얼굴 및 신체에 대한 지각도 왜곡될 수 있다(이 증상을 〈변형시dysmorphopsia〉라고 함). 아일랜드 화가 프랜시스 베이컨 (1909~1992)은 인물의 얼굴과 몸을 심하게 왜곡한 초상화들을 그렸다. 그래서 그의 회화들은 흔히 공포를 자아내고 시각적 충격을 준다. 왜냐하면 그 작품들은 정상적인 신체 도식에 관한 우리 뇌의 기대에 완전히 어긋나기 때문이다. 베이컨의 화풍은 격렬한 비판을 받았다. 황량하다, 구역질 난다, 악마적이다, 신경질적이다, 기괴하다는 평이 나왔고, 사람들은 베이컨의 회화들을 지옥 풍경과 악몽에 빗댔다. 마거릿 대처도 그의 화풍에 대해서 단호했다. 그녀는 베이컨을 〈그 끔찍한 그림들을 그리는 사람〉이라고 칭했다.

일부 해석자들은 베이컨이 모델의 심리와 감정 상태를 〈인상주의적 화풍으로〉 표현했다고 본다. 그러나 베이컨 본인은 자신이 항상 철저히 사실적인 회화를 제작하려 애쓰는데 제작 과정에서 작품이 늘 달라진다고 말했다. 아비노암 사프란Avinoam B. Safran의 견해(2014)에 따르면, 프랜시스 베이컨은 희귀병인 〈변형시〉(혹은 〈중심 변시증central metamorphopsia〉)를 앓았다. 이 병은 시각 지각을 점진적으로 왜곡시킨다. 실제로 여러 인터뷰에서 베이컨은 인물들의 얼굴에 대한 그의 지각이 끊임없이 변화하며, 그가 인물에 시선을 고정하면, 그 변화가 점점 더 심해진다고 밝혔다. 또한 그는 그 자신이 모델의 얼굴에서 보는 운동을 회화에 담으려 애썼다는 점을 강조했다. 집, 자동차, 의자 같은 사물을 볼 때는 그런 변형이 일어나지 않는다고 베이컨은 말했는데, 실제로 사물들의 시각적 인상은 다른 뇌 구역에서 처리된다.

제키Zeki와 이시즈Ishizu의 견해(2013)에 따르면, 얼굴과 신체를 인지하는 능력은 유전적으로 확정되지만 사물을 인지하는 능력은 그렇지 않다. 얼굴과 신체를 인지하지 못하는 것은 뇌 발달 과정에서 발생하며 부분적으

그림 22.4 프랜시스 베이컨, 「자화상Self Portrait」(약 1971년).

로 유전적 토대에서 유래하는 기능적 장애다. 이 장애는 뇌 구조에 새겨지며, 그 후에는 교정이 불가능하다. 반면에 세대에 따라 변화하는 사물들을 인지하는 능력은 학습되어야 하며, 따라서 뇌 발달 장애가 있더라도 쉽게 망가지지 않는다.

변형시는 마루엽·뒤통수엽 종양에 의해 유발될 수도 있다. 하지만 베이컨의 경우에는 뇌의 외상이 그의 지각장애의 원인으로 추정된다. 그 외상은 그가 어렸을 때 아버지가 그의 머리를 세게 때린 것이다. 게다가 베이컨은 어린 시절에 천식을 심하게 앓아서 발작을 겪을 때는 온종일 푸르스름한 얼굴로 숨 쉬기 위해 애쓰며 침대에 누워 있었다. 그런 천식 발작들도 뇌 손상을 일으킬 수 있다.

베이컨을 비롯한 변형시 환자들의 시각은 피카소의 시각과 비슷한 구석이 있다. 실제로 피카소의 초상화들에는 여러 관점에서 본 모습들로 구성한 얼굴이 등장하는데, 내가 아는 한, 피카소가 변형시 환자였다는 주장은 제기된 적이 없다.

3. 환각과 꿈

꿈은 뇌의 여가 활동이다.

— 로베르트 렘케

뇌는 정보를 국소적으로 저장한다. 저장 장소는 해당 정보가 도달하여 처리되는 장소와 같다. 그렇게 저장된 정보는 우리가 기억을 인출하면 의식적으로 가용하게 된다. 그러나 저장된 정보가 꿈과 환각의 형태로 솟아오를 수도 있다.

뇌 자극에서 유래하는 환각

관자엽에 뇌전증 발작 초점seizure focus(발작이 시작되는 부위 — 옮긴이)을 지닌 환자들은 발작 중에 황홀한 경험들을 할 수 있고, 때로는 그런 경험을 하면서 신이나 기타 종교적 존재들과 직접 만난다고 믿는다. 예컨대 한 환자는 발작 중에 환한 빛과 예수를 닮은 인물을 보았다. 뇌전증 발작을 유발하던 관자엽의 종양을 제거하고 나자, 그의 황홀한 경험들과 예수와의 직접 만남은 사라졌다.

여러 역사적 인물들이 이 드문 형태의 뇌전증을 앓았을 가능성이 있다. 예컨대 사도 바울은 아직 히브리어 이름 사울로 불리며 기독교인들을 박해하기 위해 다마스쿠스로 이동하던 때에 그런 뇌전증 발작을 겪었을 수 있다. 잔다르크, 빈센트 반 고흐, 도스토옙스키도 그런 관자엽 뇌전증의 모든 특징들을 나타냈다. 가용한 정보에 의거하여 판단하면, 예언자 무함마드 역시 황홀 체험을 동반한 뇌전증을 앓았던 듯하다. 추측하건대 그는 훗날 『쿠란』이 된 텍스트를 상당히 오랫동안 숙고했을 것이다. 그러나 환각을 겪는 중에 텍스트와 사상이 내면에서 솟아오르면, 그것들이 외부에서 들어온다고 당사자가 느끼는 일이 충분히 가능하다. 무함마드는 대천사 가브리엘이 그 텍스트를 불러 준다고 느꼈다.

황홀 경험은 항상 당사자가 속한 환경에 이미 있는 신의 이미지에 맞게 해석된다. 아이티 사람들은 관자엽 뇌전증을 죽은 이의 귀신에 씌는 것으로, 또 부두교의 저주로 해석한다. 종교가 없는 환경에서 성장한 사람이 관자엽 뇌전증에 걸릴 경우, 그가 발작 중에 겪는 환각의 내용은 종교적 색채가 없다. 한 30세 남성은 더 젊었을 때 환각을 일으키는 버섯과 약물을 실험 삼아 사용했었는데 갑자기 가끔씩 그때와 유사한 환각을 겪게 되었다. 그럴 때면 온갖 좋은 기억들이 되살아나서 처음에 그는 쾌감을 느꼈다. 그러다가 그는 본격적인 뇌전증 발작을 겪었고, 검사해 보니 그의 관자엽에서 커다란 종양이 발견되었다. 종양 제거 수술을 받고 나자 과거의 멋진 기억들이 저절로 되살아나는 현상도 사라졌다.

다양한 뇌 구역을 자극하면 다양한 환각이 발생한다. 작곡가 조지 거슈윈은 환각으로 고무가 타는 냄새를 맡았다. 검사해 보니 그의 갈고리이랑uncus(해마곁이랑의 앞쪽 끝 — 옮긴이)에 종양이 있었다. 갈고리이랑은 후각을 담당하는 뇌 부위다. 훗날 거슈윈은 그 종양 때문에 사망했다.

섬엽에 뇌전증 발작 초점을 지닌 한 40세 여성은 발작 중에 오르가슴을 느꼈다. 이처럼 특정 뇌 구역이 자극될 때 어떤 환각과 경험이 발생할지는 해당 구역의 위치와 기능에, 그리고 살아오는 동안 그 구역에서 어떤 정보가 처리되고 저장되었는지에 달려 있다.

입력의 결여에서 유래하는 환각

뇌 구조물들이 정보를 충분히 입력받지 못하면, 그것들 스스로 정보를 생산하기 시작한다. 이때 당사자는 그 정보가 외부에서 감각을 통해 들어온다고 여긴다. 한 중년 남성은 청각을 잃은 직후 밤낮으로 국가, 성서의 시편 낭송, 성탄절 노래, 부활절 노래, 동요까지 들었다. 때때로 그는 들리는 노래를 따라 불렀다. 이 현상은 이명의 일종이다.

찰스 보넷 증후군Charles Bonnet syndrome 환자에게서도 유사한 증상이 나타난다. 시력이 감퇴하는 노인이 이 병에 걸리며, 환자는 어스름할 때 고요한 환경에서 느닷없이 현란한 광경을 본다. 흔히 멋지게 차려입은 지인들이 나타난다.

기억상실 환자, 예컨대 코르사코프 증후군Korsakoff syndrome 환자에게서도 똑같은 증상이 나타난다. 코르사코프 증후군이란 알코올 남용에 따른 비타민 B1 결핍 때문에 발생하는 치매다. 코르사코프 증후군 환자에게서는 일어난 적 없는 사건들에 관한 이야기 — 가짜 기억 — 를 지어내는 증상(작화증)이 나타난다. 사지 절단 후의 환상 감각도 똑같은 원리에서 유래하는 것으로 보인다. 사지에서 늘 들어오던 정보가 들어오지 않으면, 뇌는 이제는 없는 팔이나 다리의 존재를 〈꾸며 낸다〉. 조현병 환자에게서도 대뇌피질로 입력되는 정보가 감소한다. 따라서 조현병에 동반된 환각도 똑같은 메커니즘들에 의해 발생하는 것일 가능성이 있다.

그러나 정상적으로 작동하는 뇌와 기능이 온전한 감각기관도 입력이 부족할 때 환각을 산출할 수 있다. 등산가들은 때때로 외로움이나 산소 부족 때문에, 예컨대 갑자기 누군가 곁에 있다고 느끼는 것 등의 강렬한 경험을 한다. 이 경험은 큰 공포를 동반할 수 있다. 임사체험에서도 환각이 일어난다. 그럴 때 당사자는 목소리들을 듣고 타인들을 보거나 자신의 몸을 외부인의 관점에서 본다. 무풍지대에서 한없이 오래 표류하는 범선 항해자는 갑자기 수평선에서 도시가 솟아오르는 것을 본다.

대 안토니우스Anthony the Great는 부모의 유산을 버리고 사막에서의 고독을 선택하여 은둔자로 살았다. 은거하는 그를 악마들이 찾아와 괴롭히며 그의 신앙이 얼마나 확고한지 시험했다는데, 이 전설 역시 입력의 결핍으로 인한 환각과 관련이 있는 듯하다. 히에로니무스 보스는 풍부한 상상력을 발휘하여 안토니우스가 받은 유혹을 괴물들, 상상의 존재들, 여성들로 표현했다.

그러므로 세계종교로 꼽히는 유대교와 이슬람교의 창시자들이 산속에 홀로 있을 때 종교적 계시를 받았다는 점은 의미심장하다. 모세는 시나이산에 있었다. 〈40일 밤낮 동안〉 그는 산속에 홀로 머물렀다. 〈그는 빵도 먹지 않고 물도 마시지 않았다.〉 내 기준으로는 정말 오랫동안 단식한 것인데, 아무튼 그 대가로 모세는 십계명을 받았다. 무함마드의 경우에는 뇌전증 외에 고독도 그의 종교적 체험에 기여했을 수 있다. 그는 히라산에 홀로 머물 때 대천사 가브리엘을 만났다. 이 체험은 환한 빛을 보기, 목소리를 듣기, 공포를 동반했는데, 등산가들도 그런 환각들을 보고한다.

몹시 외로울 때 뇌는 과거에 숙고하고 저장한 바를 생산하기 시작하는데, 이 활동은 종교적인 색채를 띨 수도 있다.

꿈

> 꿈은 이루어진다고 그들은 장담했다. 하지만 그들은
> 악몽도 꿈이라고 언급하는 것을 깜빡했다.
> ─ 오스카 와일드

잠들어 꿈꾸는 동안에 우리는 정신의학적·신경학적 환자의 특징들을 나타낸다. 우리는 정신병 환자처럼 환각을 경험하고, 우리의 상위 시각 중추들이 활성화된다. 우리는 일상의 규칙들과 물리법칙들이 무력화된 세계에서 더없이 기괴한 일들을 체험한다. 꿈은 흔히 감정적이며 드물지 않게 공격적이다. 따라서 우리가 꿈꿀 때 공격 행동 중추인 편도체가 활성화되는 것은 놀라운 일이 아니다. 꿈꿀 때 우리는 알코올성 치매 환자들처럼 이야기를 꾸며 낸다. 그 환자들은 기억 속의 빈자리들을 전혀 일어난 적 없는 사건들에 대한 가짜 기억들로 메워 이야기를 지어낸다. 우리가 깨어나 몇 분이 지나면, 꿈속에서 체험한 모든 것은 다시 잊힌다. 이는 알츠하이머병 환자의 망각과 유사하다. 탈력(脫力) 발작cataplexy을 동반한 기면병에 걸린 환자들이 낮에 경험하는 것과 마찬가지의 근육 이완을 우리는 꿈꾸는 동안에 겪는다. 그 환자들은 감정적으로 흥분하면 모든 근육의 힘이 풀린다. 꿈 꿀 때 이런 근육 이완이 일어나는 것은 이롭다. 근육이 이완되지 않는다면, 우리는 꿈을 현실화하기 시작할 것이다. 그러면 몽유가 발생할 수 있는데, 몽유 상태에서 심지어 살인이 자행된 사례들마저 있다.

꿈의 내용에 대해서도 다음과 같은 원리가 성립한다. 즉, 꿈의 구성 요소들은 먼저 뇌에 저장되어 있어야만 꿈이라는 기묘한 형태로 우리에게 나타날 수 있다. 이 사실을 중대한 시험을 보는 꿈과 맹인들의 꿈이 예증한다. 2014년 2월에 나는 모교인 암스테르담 리세움에서 열린, 자발적인 졸업 시험 준비에 관한 심포지엄에 초대받았다. 강연의 첫머리에 나는 내가 졸업 시험을 치르는 꿈을 다시는 꾸지 않기를 바란다고 밝혔다. 거의 20년 동안 나는 내 성적이 기준에 못 미치므로 2주 후에 다시 시험을 봐야 한다는 소식을 듣는 것으로 시작하는 악몽을 계속 반복해서 꾸었다. 그 소식에 이어 내가 다시 공부해야 할 모든 책들이 내 곁을 스쳐 지나갔다. 그리고 나는 필요한 공부를 2주 안에 해내는 것은 절대로 불가능하다는 것을 매번 절실히 느꼈다.

나의 꿈은 전혀 이례적이지 않았다. 시험 꿈의 97퍼센트는 현실에서 이미 치른 시험에 관한 것이고, 그런 사례의 84퍼센트에서 당사자는 그 시험을 성공적으로 통과한 사람이다. 실제로 나는 졸업 시험에서 나무랄 데 없이 좋은 성적을 받았다. 그러나 그 엄연한 현실은 악몽의 경악스러움을 누그러뜨리지 못했다. 하지만 언젠가부터 시험 꿈은 여행 꿈으로 대체되었다. 내가 직업 때문에 해야 하고 항상 모든 일정이 빡빡하게 짜여 있는 여행에 관한 꿈으로 말이다. 그 꿈에서도 모든 일이 어그러진다. 내가 엉뚱한 비행기에 타고, 강연용 슬라이드를 챙기는 것을 깜빡하고, 가야 할 대학교를 찾지 못하는 등의 난감한 사건들이 벌어진다. 언젠가 나는 아버지에게 나

그림 22.5 요한 하인리히 퓌슬리, 「악몽The Nightmare」(1781). 작품 속 여성은 환각 속에서 매우 생생하고 무서운 몽환적 경험을 하고 있으며, 보다시피 그녀의 근육은 모두 풀려 있다. 이 같은 〈수면마비〉를 탈력 발작이라고 한다. 기면병 환자는 수면에 진입할 때와 깨어날 때 탈력 발작이 일어난다. 그 경험은 매우 공포스러울 수 있다. 왜냐하면 환자는 아직 깨어 있는 상태에서 자신이 갑자기 마비되는 것을 알아채기 때문이다. 기면병의 원인은 시상하부의 오렉신 생산 세포들이 파괴되는 것에 있다. 그 파괴의 바탕에는 자가면역반응이 있을 가능성이 있다.

의 시험 꿈이 내용이 바뀌었는데 이 내용은 얼마나 오래갈지 궁금하다고 말했다. 「그건 내가 말해 줄 수 있지.」 아버지는 당신의 삶에서 얻은 지혜를 들려주었다. 「평생 가.」 옳은 말씀이었다. 이 악몽은 지금도 나를 괴롭힌다.

절대로 나처럼 일만 하는 바보는 되지 않겠다고 늘 다짐하던 내 아들이 파리에서 처음으로 국제적인 강연을 했을 때, 나는 아들에게 전화를 걸어 잘했냐고 물었다. 「꽤 잘했어요.」 아들은 대답하더니 이렇게 말을 이었다. 「그런데 이상한 꿈을 꿨어요. 꿈속에서 내가 청중으로 가득 찬 강당에서 연단에 섰는데, 무슨 이야기를 해야 할지 깜깜한 거예요…….」 그렇다. 3대째다. 우리의 성과 중심 사회가 내 아들마저 제물로 삼은 것이다.

램REM(빠른 눈 운동)수면 중에 활성화되는 뇌 구역들은 깨어 있을 때는 오직 환경에서 유래한 시각 정보를 수용할 때만 특히 활발하게 작동하는 구역들이다. 선천성 맹인들도 렘수면 중에 눈을 빠르게 움직인다. 맹인들도 꿈속에서 시각적 이미지들을 볼 수 있는데, 오직 사전에 뇌가 그 이미지들을 저장할 기회를 충분히 가졌을 때만 그럴 수 있다. 맹인으로 태어나거나 5세 이전에 실명한 아동은 꿈속에서 시각적 이미지를 볼 수 없다. 그러나 7세 이후에 실명한 아동은 꿈속에서 시각적 이미지를 보는 것이 얼마든지 가능하다. 더 나아가 비교적 늦게, 이를테면 16세 이후에 실명한 사람은 꿈속에서 색깔도 볼 수 있다.

이 현상은 안구 손상으로 완전히 실명한 사람들에게 나타난다. 그런 사람들의 시신경은 대개 퇴화하지만 나머지 시각 시스템은 여전히 온전하다. 어릴 때부터 시각적 이미지를 뇌 안으로 받아들이려면 눈과 시신경이 필요한 것으로 보인다. 그러나 꿈속에서 시각적 이미지를 보기 위해서 눈과 시신경이 필수적인 것은 아니다. 한편, 시각 시스템이 손상되어 예컨대 색깔이나 운동, 또는 얼굴을 알아볼 수 없게 되면, 꿈에서도 색깔이나 운동, 또는 얼굴이 제거된다. 그리하여 꿈이 흑백으로 되거나 정지 화면으로 된다.

환각과 꿈의 내용은 혼란스러울지 몰라도, 환각과 꿈에 대한 신경생물학적 설명은 명쾌하다.

23장
뇌 기능의 국소화와 자유 의지

1. 뇌 기능의 국소화

우리의 생각은 오류를 범할 수 있다.
― 대니얼 카너먼(2011)

우리의 뇌는 뚜렷하게 특화된 구역들로 이루어졌다. 정보의 처리와 저장은 정보의 유형에 따라서 다양한 뇌 구역들에 할당된다. 예컨대 시각 시스템에서 운동, 색깔, 얼굴은 각각 별개의 장소에서 처리되고 저장된다. 많은 기능들이 뇌의 특정 구역과, 때로는 심지어 특정 뇌 구조물과 짝을 이룬다. 하지만 그 기능들이 골상학자 프란츠 요제프 갈이 상상했던 방식으로 국소화되어 있는 것은 결코 아니다.

생물학적 시계는 뚜렷하게 국소화된 뇌 기능의 한 예다. 생물학적 시계, 곧 시신경교차상핵SCN은 우리의 모든 밤낮 리듬의 협응을 담당한다. 시신경교차상핵의 작용은 수면-깨어 있음 패턴뿐 아니라 호르몬 리듬과 행동 리듬에도 미친다. 이 뇌 구역이 예컨대 종양의 침범으로 손상되면, 우리는 모든 밤낮 리듬을 상실한다. SCN은 부피가 0.25세제곱미터이고 뇌세포

그림 23.1 프란츠 요제프 갈(1758~1828)은 두개골에서 불룩하게 튀어나온 부분들을 손으로 만져 보고 환자의 성격 특징들과 대조함으로써 뇌 기능들을 국소화했다. 그의 〈골상학〉은 인기 있는 사교 놀이로 발전했다. 왜냐하면 모임에서 이성의 머리를 만져 볼 기회를 훌륭한 〈과학적〉 명분과 함께 제공했기 때문이다. 줄 서서 기다리는 남자들의 두개골에 지닌 융기부는 어쩌면 언어적 재능이나 수학적 재능을 시사할지도 모른다.

2만 개로 이루어진 작은 구조물이며 전략적으로 적절하게도 시신경교차 위에 위치한다. 그 위치 덕분에 SCN은 외부 세계의 밝기에 관한 정보를 망막으로부터 시신경을 통해 직접 얻는다. 그러나 대다수의 뇌 기능들은 그런 별도의 작은 구조물 하나에 국소화되어 있지 않고 다양한 뇌 구조물들이 상호작용하며 이룬 회로에 국소화되어 있다.

뇌 분할 환자들과 외계인 손 증후군

최신 스캔 기술뿐 아니라 뇌 손상 환자들, 예컨대 뇌에 총상을 입은 군인들도 뇌 기능의 국소화, 좌뇌와 우뇌의 역할 분담, 우리의 의식에 관하여 많은 정보를 제공해 왔다. 〈뇌 분할 환자split-brain patient〉라는 특수한 환자들이 있는데, 노벨상 수상자 로저 스페리는 당시 지도하던 학생 마이클 가자니가와 함께 그들을 연구했다. 뇌 분할 환자들은 원래 중한 뇌전증 환자였다. 그들은 일주일에도 여러 번 심한 뇌전증 발작을 겪었으며, 그 발작은 뇌 전체로 확산되었다. 발작 후 회복에 며칠이 걸려야 했으므로, 그들은 정상적인 생활이 불가능했다. 그런데 한 환자에게서 종양 때문에 좌뇌와 우뇌의 연결부가 파괴되자 뇌전증이 사라진 것이 우연히 발견되었다. 그리하여 좌뇌와 우뇌의 연결부(뇌들보와 전교련anterior commissure)를 절단하는 실험적 수술이 이루어졌고, 기대한 대로 뇌전증이 완화되는 결과가 나왔다. 이같은 뇌 분할 수술을 받은 환자들에게서 뇌전증 발작이 60~70퍼센트 감소한 것이다. 더구나 뇌전증 발작이 뇌 전체로 확산할 수 없게 되었다.

　외과 의사들이 보기에 놀랍게도, 그 대수술을 받은 뇌 분할 환자들에게 대체로 특별한 문제가 나타나지 않았다. 그러나 스페리와 가자니가의 세심한 검사 끝에 환자의 뇌 기능들이 변화한 것이 드러났다. 인간의 시신경들은 시신경교차에서 50퍼센트가 교차하므로, 좌뇌와 우뇌 중 한쪽에만 시각 정보를 입력하는 것이 가능하다. 연구진은 한 뇌 분할 환자의 왼편 시야에 잠깐 동안 한 그림을 보여 주었다. 그러자 그는 아무것도 보지 못했다고 말했다. 그러면서도 그는 우뇌가 통제하는 왼손으로는 무언가를 보았다는 신호를 했다. 심지어 그는 연구진이 보여 준 대상을 왼손으로 그리거나 가리킬 수 있었는데, 그럼에도 말로는 계속 아무것도 못 보았다고 했다. 시각 정보가 우뇌에만 도달했기 때문에, 언어 능력을 담당하는 좌뇌는 그 정보에 대해서 보고할 수 없었던 것이다. 그 환자에게서는 양쪽 대뇌 반구 사이의 정보 교환이 전혀 일어나지 않았던 것으로 보인다.

같은 맥락의 흥미로운 증상으로 외계인 손 증후군이 있다. 이 신경학적 병증에 걸린 환자는 각각의 손이 다른 손에 대하여 독립적으로 행동하는데,

환자는 이를 의식하지 못한다. 1970년대에 과학자들은 이런 환자의 내면에 상호 독립적인 두 개의 의식적 주의집중의 흐름이 존재한다고 생각했다. 심지어 이 현상을 몸은 하나인데 머리는 둘인 샴쌍둥이에게서 나타나는 두 개의 상호 독립적 의식에 빗대기도 했다(1.6 참조).

외계인 손 증후군은 예컨대 뇌출혈로 뇌들보가 손상되었을 때 발생할 수 있다. 그러면 양손이 때때로 정반대의 행동을 한다. 이를테면 왼손은 바지를 입으려 하는데 오른손은 벗으려 한다. 왼손은 셔츠의 단추를 풀려 하는데 오른손은 끼우려 한다. 한 외계인 손 증후군 환자는 수면 중에 왼손이 목을 조르려 해서 자꾸 깨어났다고 보고했다. 이 사례는 영화 「닥터 스트레인지러브Dr. Strangelove」에서 차용되기도 했다. 그 영화에서 피터 셀러스가 연기한 주인공은 한 손이 끊임없이 그의 목을 조르려는 것을 다른 손으로 막는다. 외계인 손 증후군 환자는 각각 다른 것을 원하는 두 개의 뇌를 가진 것처럼 보인다.

따라서 1970년대에 가자니가는 그의 뇌 분할 환자들이 (적어도) 두 개의 독립적인 〈정신들〉을 지녔다는 결론에 이르렀다. 왼쪽 정신과 오른쪽 정신을 지녔다고 말이다. 그러나 두 개의 독립적인 정신들이 있다는 생각은 너무 단순한 것으로 밝혀졌다. 얼마 지나지 않아 뇌 분할 환자의 뇌 반구 각각이 전혀 다른 기능들을 수행한다는 것이 드러났다. 우뇌는 언어 능력은 아주 미미하게 보유한 반면에 시각적·공간적 과제들 — 예컨대 정육면체 그리기 — 에서는 훌륭한 성적을 냈다. 뇌 분할 환자들은 정육면체 그리기를 서투른 왼손으로 썩 잘 해낸 반면, 원래 그리기에 능숙한 오른손으로는 그렇게 잘 해내지 못했다.

우뇌는 복잡한 패턴을 해석하는 과제, 예컨대 착시를 해석하는 과제도 쉽게 해냈다. 배우들도 연극을 무의식중에 우뇌로 분석한다. 더 나아가 우뇌는 얼굴 인지와 주의집중에 특화되어 있는 반면, 추론에는 약하다는 것이 드러났다. 뇌 분할 환자들은 우뇌가 수많은 인지 기능을 잃었더라도 언어적 IQ는 감소하지 않았다. 요컨대 대뇌 반구 각각은 고유한 지적인 삶을 꾸려 가며 자기 안에서 처리되는 것만 의식한다. 뇌 분할 환자들은 이 문제를 부분적으로 해결하기 위해 무의식중에 머리를 이리저리 움직인다. 그렇게 하면 시야 양편의 모든 시각 정보들이 양쪽 대뇌 반구에 전달될 수 있기 때문이다.

2. 국소적 의식

우리는 우리 자신과 환경을 의식한다. 의식은 뇌의 특정 장소 하나에 위치하지 않는다. 대뇌피질 전역에 특화된 구역들이 있는데, 그 구역들이 다른 구역들과 상호작용하면서 감각기관들과 몸에서 유래한 정보들을 통합하고 의식의 발생에 기여한다. 그러나 우리 뇌는 개별 구역들에서 무슨 일이 일어나는지를 잘 굽어보지 못한다.

　망막의 퇴화나 시신경의 손상으로 시력의 일부를 잃으면, 환자는 이를 슬프고 안타깝게 느낀다. 왜냐하면 대뇌피질이 평소에 처리하던, 시야에서 유래한 정보의 결여를 〈알아채기〉 때문이다. 반면에 대뇌피질의 손상으로 똑같은 시야 결손에 이른 환자는 개탄하지 않는다. 왜냐하면 손상된 대뇌피질이 자기에게 무언가 결여되었음을 알아채지 못하기 때문이다. 기능을 잃은 뇌 구역은 뇌에게 더는 존재하지 않는 것과 마찬가지다.

무시증

〈무시증neglect〉이라는 특이한 증상도 비슷한 원리로 이해할 수 있다. 우뇌 뇌졸중의 후유증으로 자기의식과 왼쪽 환경에 대한 의식에 문제가 생길 수 있다. 그러면 환자는 몸의 왼쪽이 마비된 것을 의식하지 못하며 자신의 왼쪽에 있는 모든 것 — 몸의 왼쪽 절반과 왼쪽 환경 — 을 무시한다. 환자는 타인이 왼쪽에서 접근하는 것을 지각하지 못한다. 고개를 돌리면 그 타인을 볼 수 있는데도 말이다. 그 지각 정보는 원래 처리되던 구역에서 이제는 처리되지 못하기 때문에 환자에게 의식되지 않는다. 또한 환자는 자신에게 그 정보가 결여되었다는 것을 의식하지 못한다. 왜냐하면 그 의식을 담당하는 피질 구역이 기능을 상실했기 때문이다. 무시증은 왼쪽 신체 부위들에 대해서 나타날 수도 있다. 이 경우에 환자는 왼팔이나 왼다리를 자신의 신체 부위로 지각하지 못한다. 그는 몸의 왼편을 씻거나 왼편에 옷을 입지 않으며 머리를 빗을 때도 머리의 오른편만 빗는다.

그런 환자가 일으키는 기괴한 상황들은 흔히 기발한 설명을 통해 은폐된다. 왼팔을 움직여 보라는 요청을 받은 한 여성 환자는 이렇게 대꾸했다. 「물론 움직일 수 있는데, 의사가 말하기를, 왼팔을 아끼는 편이 더 좋다고 했어요.」 자기에게는 아무 문제도 없다고 말한 그녀에게 연구자가 몇 걸음 걸어 보라고 요청했을 때에도 그녀는 똑같이 반응했다. 그런 환자들은 신문을 읽을 때 신문의 오른편만 보고, 사물이나 사람을 그릴 때도 오른편만 그린다. 접시 위의 음식도 오른쪽 절반만 먹는데, 음식이 왼쪽 절반만 남았을 때 접시를 180도 돌려놓아 주면, 그 절반도 먹어 치운다.

뇌의 작동은 탈중심적이며 자동적이다

우리의 커다란 뇌가 탈중심적이며 자동적으로, 또한 대체로 무의식적으로 작동하는 것은 한마디로 필연적이다. 우리가 심장박동, 체온, 호흡, 물질대사를 비롯한 모든 신체 기능을 항상 의식적으로 제어한다는 것은 전혀 상상할 수 없다. 우리의 의식은 뇌가 하는 일의 작은 일부만 다룬다. 심지어 우리의 도덕적 판단도 무의식적으로 내려진다.

진화 과정에서 뇌세포들의 엄청난 증가는 모든 뇌세포가 다른 모든 뇌세포들과 연결되지 않는 결과를 가져왔다. 만약에 모든 뇌세포가 다른 모든 뇌세포들과 연결되어야 한다면, 우리 뇌는 지름이 20미터에 달할 것이다. 이 문제 앞에서 뇌가 발견한 해법은 연결선들의 길이를 최소화하는 것이다. 우리 뇌의 연결선들은 거의 다 빠른 단거리 연결선이며 장거리 연결선은 소수에 불과하다. 이런 구조를 일컬어 〈작은 세계 건축〉이라고 한다. 따라서 우리 뇌에서는 엄청나게 많은 과정이 동시에 일어나고, 그 와중에 수많은 장소에서 정보가 처리된다. 그 처리에 이어 국소적으로 최선의 선택이 내려지고 정보의 의식화를 향한 길이 열린다.

그러나 이 모든 모듈로부터 보고를 받는 〈뇌 대장〉 따위는 존재하지 않는다. 바로 이것이 복잡계(복잡한 시스템)의 특징이다. 복잡계는 단일한 중심 권위자의 지휘에 따라 작동하지 않는다. 날씨와 마찬가지로 여기에서

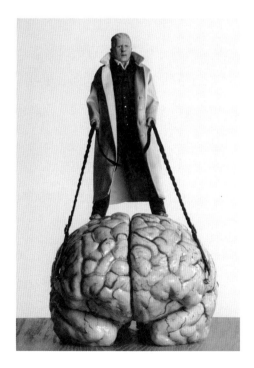

그림 23.2 얀 파브르, 「나는 나 자신의 뇌를 조종한다」(2007). 자유 의지라는 환상과 〈나〉와 〈나의 뇌〉가 구별된다는 구시대적 환상을 완벽하게 표현한 작품이다. 우리 뇌에서는 무수한 과정들이 동시에 일어나고 무수한 장소들에서 정보들이 처리된다. 정보 처리가 끝나면 매번 즉석에서 최선의 결정이 내려지고, 그제야 비로소 정보가 의식될 수 있다. 하지만 이 모든 모듈이 하나의 〈뇌 대장〉에게 보고를 올리는 것은 아니다. 그럼에도 우리가 하나의 통일체로서, 하나의 인격체로서 기능한다고 느끼는 것은 환상 때문이다.

도 상호 독립적인 국소적 과정들이 주인공이다. 그 과정들을 통해 다양한 결과들이 발생할 수 있고, 그 결과들은 시스템으로 하여금 — 가자니가의 말마따나 — 결정하고 탐구하고 적응할 수 있게 해준다. 복잡계는 일련의 자동적이며 국소적으로 실행되는 알고리즘들 덕분에 작동한다. 요컨대 뇌는 자기조직화 과정들에 의해 형성될 뿐 아니라(2장 1, 2장 2 참조) 자기조직화 방식으로 작동한다. 그럼에도 우리는 뇌가 하나의 통일체로서, 하나의 인격체로서 작동한다고 느낀다. 이것은 착각이다!

뇌 활동의 대부분이 무의식적으로 이루어진다는 점은 여러모로 장점이다. 뱀처럼 생긴 것 앞에서 펄쩍 뛰는 행동은 의식적으로 결정해야 할 때보다 무의식적 반사일 때 훨씬 더 빠르게 이루어질 수 있다. 급박한 위험은 편도체에 저장된 과거 정보의 도움으로 식별된다. 그러면 메시지가 지름길로 뇌줄기에 전달되고, 뇌줄기는 싸움 혹은 도주 반응을 일으킨다. 그리하여 우리는 순식간에 펄쩍 뛴다. 우리가 의식적으로 뱀을 보기도 전에 이 모든 일이 일어난다.

요컨대 우리는 우리 자신이 뱀을 보았기 때문에 펄쩍 뛴다는 것을 모른다. 이 설명은 좌뇌에 의해 나중에 비로소, 우리가 보기에 논리적인 방식으로 제시된다. 하지만 우리의 무의식적 반응의 이유에 관한 구체적 정보를 우리는 보유하지 못한다. 설명은 논리적으로 설득력이 있어야 하지만 반드시 사실에 근거를 두는 것은 아니다. 누군가가 자신이 어떤 행동을 한 이유를 나중에 설명하는 것을 들어 줘야 할 때는 항상 의심을 품는 것이 바람직하다.

자동으로 결정하고 처리하는 능력을 학습할 수도 있다. 악기 연주, 스포츠에서 특정 동작, 눈 감고 타자 치기, 임상의사의 눈썰미 등을 생각해 보라.

좌뇌에 깃든 해석자

좌뇌에는 모든 정보를 모아 하나의 이야기를 구성하는 시스템, 곧 〈해석자 interpreter〉 시스템이 존재한다. 한 실험에서 연구진은 뇌 분할 환자의 우뇌에 일어나서 걸어가라는 명령문을 보여 주었고, 환자는 그 명령대로 했다. 연구진이 환자에게 그 행동을 한 이유를 묻자, 환자는 〈당신이 그렇게 하라고 명령했으니까요〉라고 대답하지 않았다. 그는 그 명령을 의식하지 못했으니까 말이다. 따라서 그는 자신의 행동을 설명하기 위해 이유를 꾸며 냈다. 「초콜릿을 집으러 가는 거예요.」

해석자는 주어진 상황을 재료로 삼아 논리적 이야기를 구성함으로써 카오스에 질서를 부여하려 애쓴다. 이것은 우리 뇌의 고유한 속성이다. 그런데 정보가 불충분하면, 뇌는 무언가를 창작해야 한다. 바꿔 말해, 뇌는 이야기를 지어낸다.

감정과 도덕적 결정도 이런 식으로, 흔히 외부 세계에 속한 무언가와의 자의적인 연결을 통하여 설명된다. 미국 신경학자 라마찬드란의 주장에 따르면, 좌뇌와 우뇌의 소통이 정상적인 사람의 우뇌는 〈이상 탐지〉 능력을 보유하고 있을 가능성이 있다. 우뇌가 손상된 환자들(예컨대 무시증 환자들) 중 일부는 변명을 위해 터무니없는 이야기를 지어내는데, 이는 우뇌의 〈이상 탐지〉 능력이 상실된 탓일 수 있다.

요약하자면, 뇌에서 정보는 수많은 특화된 시스템들에서 처리되며, 그다음에 그 모든 작은 구역들에서 유래한 정보들이 〈해석자〉에 의해 통합된다. 주목받기 위한 경쟁에서 언제든지 다른 정보가 승리할 수 있다. 해석자는 일관된 이야기를 지어내기 위해 애쓰고, 그 이야기는 우리가 우리 자신을 통일체로 느낄 수 있게 해준다. 하지만 그 이야기는 사후 합리화이며 정보의 질에 따라 허구에 기초를 둘 수도 있다.

그림 23.3 눈속임 벽화.

의식을 속이기

우리의 의식은 항상 변화하는 뇌 속 정보 흐름으로부터 생겨나는 창발적 속성이다. 그런데 뇌는 환경과 몸으로부터 감각기관들을 통해 정보를 얻으며, 이를 위해서는 여러 뇌 구역들이 기능적으로 상호작용해야 한다. 빛을 파동으로 서술할 수도 있고 입자로 서술할 수도 있는 것처럼, 또 〈발레〉가 춤을 뜻할 수도 있고 무용단을 뜻할 수도 있는 것처럼, 우리가 경험하는 우리의 의식은 또한 우리 뇌의 활동이기도 하다.

그렇기 때문에 뇌에 거짓 정보를 제공함으로써 자기의식을 속이는 것이 가능하다. 한 예로 유명한 고무손 실험이 있다. 책상 위에 당신의 손처럼 보이는 고무손을 놓고, 당신의 손은 책상 밑으로 넣어 보이지 않게 한다. 그런 다음에 누군가가 붓으로 당신의 손과 고무손을 동시에 계속 쓰다듬으면,

당신의 뇌는 약 10초 후부터 눈앞의 고무손을 당신의 손으로 지각하기 시작한다. 고무손 실험의 한 발전된 버전에서 영국 과학자 헨릭 어손은 비디오카메라와 가상현실 안경을 이용하여 피험자로 하여금 자신의 몸을 벗어났다고 느끼게 만드는 데 성공했다. 피험자는 비디오 디스플레이 두 개가 장착된 안경을 썼다. 그 디스플레이들에는 피험자 뒤쪽에 설치된 카메라들에 포착된 장면이 나타났다. 따라서 피험자는 자신의 뒷모습을 보았고, 자기가 자기 몸의 뒤쪽에 서 있다고 느꼈다. 이때 어손은 피험자의 가슴을 막대기로 찌르는 것과 동시에 피험자의 가상 몸의 가슴이 위치한 (카메라 바로 아래) 장소를 막대기로 찌르는 동작을 반복했다. 그러자 피험자는 자신이 진짜 몸의 1미터 뒤에 위치한 가짜 몸 안에 있다는 착각에 빠졌다. 의식 〈속이기〉는 만성 환상통 환자의 치료에 적용되기도 한다(20장 4 참조). 미술에는 이와 유사한 기법으로 〈눈속임trompe-l'œil〉이 있다. 눈속임이란 그림을 실제 3차원 물체로 착각하게 만드는 기법이다.

3. 자유 의지?

알베르트 아인슈타인은 우리보다 더 똑똑한 존재는
〈자유 의지에서 비롯된 행위〉의 개념을 비웃을 것이라고
생각하며 위안을 얻었다. 인간은 삶을 꾸려 나가고
선택하고 결정을 내리는 것이 필수적이라고 느낀다.
하지만 인간의 삶은 달이 지구 주위를 도는 것과
마찬가지로 흘러간다.
— 모린 시 교수

우리는 자유 의지를 가지고 있을까? 통상적인 정의에 따르면 〈자유 의지〉는 사람이 똑같은 조건에서 다른 선택을 할 수 있을 가능성을 포함한다. 우리가 〈자유 의지〉의 느낌, 우리의 행동을 신중하게 조종한다는 느낌을 가진다는 것은 의심할 여지가 없다. 하지만 그 느낌은 — 저 앞에서 보여 주었듯이 — 편안한 착각일 뿐이다. 그 느낌은 좌뇌가 나중에 그럴싸한 이야기를 지어내어 왜 우리가 특정한 결정을 내렸는지 설명하기 때문에 생겨난다.

그럴싸한 설명이 우리에게 의식적 결정과 선택의 환상을 제공한다. 그렇기 때문에 우리는 진실은 — 실험들이 보여 주듯이 — 다르다는 점을 받아들이기 어려워한다. 나는 이 모든 것을 알고 나의 학생들에게 가르치지만, 나 역시 날마다 그 환상을 기쁘게 누린다. 좌뇌가 짓는 이야기가 우리에게 얼마나 설득력 있게 느껴질지는 여러 요인에 의해 결정되지만, 그중 하나는 우리 몸의 상태다. 자신의 상황에 대한 통제력이 비교적 약한 사람들, 뇌전증이나 공황장애를 앓는 사람들, 성욕이 강렬한 사람들, 소변이 몹시 마렵거나 매우 피곤한 사람들은 자유 의지를 덜 믿는다.

자유 의지와 책임

> 우리는 의지하는 바를 행할 자유가 있지만
> 의지하는 바를 의지할 자유는 전혀 없다.
> — 토머스 홉스

외적인 제약과 내적인 제약 때문에(더구나 전자와 후자가 흔히 맞물리기 때문에) 완전한 자유는 우리에게 결코 주어지지 않는다. 우리 사회의 존속에 필수적인 규칙들은 외부에서 우리에게 부과된 것처럼 보이지만 실은 내적인 도덕 원리에 기초를 두며, 그 원리의 기본 요소들은 우리의 유전 정보들 안에 확고히 적혀 있다. 그뿐만 아니라 우리의 뇌 구조와 뇌 회로들의 발달 과정에서 발생하여 우리의 기능들 — 성격, 성 행동, 지적 잠재력과 한계 — 에 결정적인 영향을 미치는 내적 제한들도 있다.

우리 뇌의 수많은 속성이 자유 의지의 개념을 반박한다. 방금 언급했듯이, 우리는 무의식적으로 결정을 내린다. 또한 뇌가 발달하는 과정과 방식도 자유 의지의 존재를 의문시하게 만든다. 우리의 유전적 소질뿐 아니라 뇌의 발달 과정에서 일어나는 구조적 변화들도 우리의 행동 방식에 결정적인 영향을 미친다. 도덕 규칙들도 마찬가지다. 그 규칙들의 기본 요소들은 우리 안에 유전적으로 확정되어 있다. 게다가 자유 의지의 존재를 몹시 의심스럽게 만드는 실험들도 있다.

무의식적 결정

> 인간의 자유란 사람들이 자신의 의지는 의식하지만 자신을 규정하는 원인들은 의식하지 못하는 것에 존립할 따름이다.
> — 스피노자

스페리와 가자니가가 보여 주었듯이, 우리 뇌에서 정보들은 각각 특화되었고 뇌 전역에 분포하는 무수한 시스템들에서 처리되며, 곧이어 국소적이고 무의식적으로 결정이 내려진다. 이것은 그 자체로 보면 나쁜 메커니즘이 아니다. 오늘날의 항공기가 자동조종 모드로 훌륭하게 비행하고 착륙할 수 있는 것과 마찬가지로, 우리 뇌는 무의식적으로 훌륭하고 신속하게 기능할 수 있다.

여러모로 우리 뇌는 전체 작동의 상당 부분이 자동조종 모드로 이루어질 수 있는 거대한 컴퓨터에 빗댈 만하다. 우리는 엄청난 정보의 폭격에 끊임없이 노출되고 그 정보로부터 우리에게 중요한 것을 건져 내기 위해 무의식적으로 선택적 주의집중을 한다. 우리는 〈순식간에〉 〈본능적으로〉 우리의 〈직관〉 혹은 〈느낌〉(이를테면 육감)에 의지하여 결정을 내리며, 이에 대하여 의식적으로 숙고하지 않는다.

지그문트 프로이트보다 한참 앞서 프랜시스 골턴은 뇌에서 무의식적으로 혹은 반(半)의식적으로 일어나는 수많은 과정을 1879년에 정기간행물 『브레인BRAIN』에서 언급했다. 결정들은 한 명의 대장 — 흔히 〈호문쿨루스〉로 불리는 우리 머릿속의 난쟁이 — 에 의해 내려지지 않고, 우리 뇌가 형성하는 연결망에 의해 내려진다. 그리고 인터넷과 마찬가지로 그 연결망에는 대장이 없다. 많은 사례들이 이를 예증한다. 우리는 첫눈에 사랑에 빠짐으로써 배우자를 선택한다. 잠재적 배우자를 선택할 이유들과 거부할 이유들을 의식적으로 따져 보고 사랑에 빠지는 사람은 아무도 없다. 사랑은 다짜고짜 우리를 덮친다. 그리고 1년이 지나야 스트레스 호르몬들의 수치가 하강하고 우리의 신피질은 정말로 이 남자 혹은 이 여자가 유일한 정답인가를 다시 숙고할 수 있게 된다.

물론 뇌는 우선 학습을 통해 적절한 배경 정보들을 획득해야 한다. 하지만 이 학습은 무의식적인 뇌가 오랫동안 방대한 지식을 공급받아야만 가능하다. 예컨대 매우 숙련된 미술 전문가는 위작들을 단박에 알아보는 솜씨를 터득하는데, 어째서 위작으로 확신하냐고 물으면 곧바로 대답하지 못하면서도 위작을 잡아낼 수 있다. 마찬가지로 전문의는 많은 환자를 진료해야만 〈임상적 눈썰미〉가 좋아져서 환자가 진료실에 들어서자마자 진단을 내릴 수 있다.

기능성 뇌 스캔 영상들이 보여 주었듯이, 의식적 정당화를 담당하는 뇌 회로와 직관적 결정을 담당하는 뇌 회로는 서로 다르다. 의식적 정당화에 기초한 결정은 시간이 걸리며 무의식적 결정보다 늘 더 좋은 것은 결코 아니다. 도리어 의식적 숙고가 좋은 결정을 방해할 수도 있다. 하지만 우리가 새로운 것과 마주치거나 새로운 것 — 예컨대 운전 — 을 학습해야 할 때, 우리는 의식적 숙고라는 느린 길을 거칠 수밖에 없다. 충분한 학습을 하면 결국 그 새로운 것도 자동으로 신속하게 해낼 수 있게 되지만 말이다.

자유로운 선택의 가능성은 뇌 발달 과정에서 차츰 사라진다

> 과학은 자유 의지가 환상임을 점점 더 명확하게
> 일깨워 왔다. 그러나 자유 의지는 참으로 멋진 환상,
> 절대적으로 필요한 환상이다.
> ─ 존 호건

우리가 태어나는 순간부터 뇌의 발달은 한결같이 우리의 선택 가능성이 제한되는 방향으로 일어난다. 우리의 유전적 소질은 IQ의 80퍼센트 이상, 성격 특징들의 50퍼센트를 결정한다. 우리의 유전적 소질, 우리 뇌의 자기조직화 능력, 그리고 발달 초기에 우리 뇌에서 이루어지는 프로그래밍의 조합을 통하여 우리 뇌는 — 설령 일란성 쌍둥이들처럼 우리의 유전적 소질이 타인의 그것과 동일하더라도 — 유일무이하게 되며 우리의 성격 특징, 재능, 한계도 대체로 이미 확정된다.

신경정신의학 연구들이 입증했듯이, 우리의 뇌는 성 정체성과 성적 지향에 관한 되돌릴 수 없는 분화를 이미 출생 전에 완료한다(3장 참조). 〈해부학은 숙명이다〉라는 지그문트 프로이트의 발언을 살짝 바꿔 말하자면 〈신경해부학은 숙명이다.〉

우리의 성 정체성, 성적 지향, 아침형 인간이거나 저녁형 인간인 정도,

신경증적, 정신병적, 공격적, 반사회적인 정도만 그런 것이 아니다. 우리가 드러내는 반항적 태도만 그런 것도 아니다. 조현병, 자폐증, ADHD, 우울증, 각종 중독에 걸릴 확률 역시 그러하다.

또한 출생 후에 우리의 선택 가능성들은 우리의 속성들이 뇌 구조에 프로그래밍 되는 것을 통하여 점진적으로 더욱더 제한된다. 출생 후에 모어(母語)가 우리 뇌에 프로그래밍 되어 많은 뇌 구역들의 구조와 기능에 영향을 미친다. 이 과정은 오로지 언어적 환경에 의해 좌우된다. 즉, 유전적 요인들은 어떤 역할도 하지 않는다. 또한 우리 모두는 영성spirituality의 정도를 타고난다. 각 개인의 영성이 얼마나 뚜렷한지는 뇌 안에서의 화학적 신호 전달에 관여하는 유전자들의 작은 변이에 의해 대체로 결정된다. 환경은 우리의 영성이 종교나 기타 양태로 — 어쩌면 심지어 과학으로 — 실현되는 것에 영향을 미친다. 우리가 성인이 되고 나면, 우리 뇌의 변형 가능성은 몹시 제한된다. 따라서 우리는 성 정체성, 성적 지향, 공격성의 정도, 성격, 종교적 태도, 모어를 바꾸기로 결정할 자유가 더는 없다.

우리의 자유로운 선택 가능성은 사회의 기능을 위해 필요한 도덕 규칙들에 의해서도 제한된다. 프란스 드 발을 비롯한 과학자들의 유인원 사회에 대한 실험적 연구에서 밝혀지고 있듯이, 우리의 도덕 규칙들과 행동 방식들의 기본 요소들은 이미 대형 유인원들에게서도 나타난다. 예컨대 이타적인 공감, 근친상간 금기, 규칙 위반에 대한 수치심, 처벌에 대한 두려움이 그러하다. 이는 이 도덕 규칙들과 행동 방식들이 진화적·유전적 토대를 지녔으며, 그 토대는 성서와 교회보다 몇백만 년 먼저 존재했음을 의미한다.

출생 후 발달 과정에서 아동은 이 같은 천성적인 속성들을 다루는 법을 학습한다. 유인원들도 미래 감각을 지녔다. 그들은 도구를 사용하며 문화적 학습 능력을 지녔다. 자기의식은 유인원, 코끼리, 돌고래에게서 발견된다. 유인원은 〈좀비〉라는 몇몇 철학자들의 생각은 생물학적 실험들이 아니라 고작 〈사고 실험들〉에 근거를 둔다. 우리의 발달 과정에서 형성된 뇌의 구조는 뇌의 기능을, 그리고 외부 세계의 사건에 대한 뇌의 반응을 결정한다. 바꿔 말해 우리는 우리 뇌다.

실험들

> 의지의 부자유에 대한 이 같은 깨달음은 내가 나 자신과
> 동료 인간들을 행위하고 판단하는 개인들로 너무 진지하게
> 대하며 나의 유머를 잃는 것을 막아 준다.
> — 알베르트 아인슈타인

여러 실험들 또한 자유 의지가 환상에 불과하지 않다는 견해에 대한 의심을 점점 더 북돋는다. 뉴턴이 우주 전체에서 통하는 물리학 법칙들을 발견한 순간부터 사람들은, 따라서 우주 안의 모든 것은 결정되어 있어야 한다는, 즉 전적으로 인과 법칙들의 지배를 받아야 한다는 결론을 내렸다. 이런 맥락에서 아인슈타인의 상대성이론과 결정론적 세계관은 뉴턴을 능가한다.

정말 그럴까? 모든 것이 인과적으로 결정되어 있을까? 실제로 우주가 나로 하여금 이 책을 쓰게 한 것일까? 이 질문에 긍정으로 답하기는 어렵다. 우리 모두는 우리가 자유롭다고, 자유롭게 선택할 수 있으며 자유롭게 목표를 추구한다고 여긴다. 그러나 정말로 그러할까? 앞서 상세히 서술했듯이, 과부하에 시달리는 우리의 뇌는 끊임없이 무의식적 과정들을 통해 결정을 내린다. 실험들이 입증했듯이, 우리가 어떤 결정을 의식하는 것보다 더 먼저 뇌가 그 결정을 내린다. 따라서 하버드 대학교의 심리학자 댄 웨그너는 자유 의지 대신에 〈무의식적 의지〉를 거론하자고 제안했다. 무의식적

인 뇌가 환경에서 벌어지는 일에 기초하여 순식간에 결정을 내리며, 이 과정은 주로 우리 뇌가 발달해 온 과정과 방식에, 그리고 우리가 이제껏 학습하고 기억에 저장해 놓은 바에 좌우된다.

자유 의지가 존재한다는 믿음은 우리가 늘 자유롭게 결정한다는 느낌에서 유래한다. 웨그너도 이 느낌을 착각으로 간주하는데, 이 견해는 그 자신의 시험들에 기초를 둔다. 한 실험에서 피험자 A는 거울 앞에 선다. 그런데 그 거울은 폭이 좁아서 그의 팔들이 보이지 않는다. 실험자 B는 그 거울 뒤에 서서 자신의 팔들이 거울에 비친 A의 팔들처럼 보이도록 자세를 잡는다. 이 상태에서 또 다른 실험자 C가 말로 동작들을 지시하면(이를테면 코를 긁으세요! 오른손을 흔드세요!) B는 자신의 양팔로 그 동작들을 실행한다. 이런 상황이 조금만 지속되면, A는 자신이 자신의 의지로 양팔을 움직인다는 착각에 빠진다. 이 실험은 B의 동작이 자신에 의해 이루어진다는 A의 〈의식적〉 견해가 A의 뇌에서 일어나는 무의식적 과정들에서 유래한다는 것을 입증한다. A의 착각은 거울 뉴런들 때문에 일어나는 것일 가능성이 있다.

자유 의지가 환상이라는 견해를 뒷받침하는 다른 실험들도 있다. 샌프란시스코에서 활동한 생리학자 벤저민 리벳은 의식이 있는 상태로 뇌수술을 받는 한 환자에게서, 환자의 대뇌피질의 손 담당 구역에 전기 자극을 가하는 시점과 환자가 그 자극을 의식하는 시점 사이에 어느 정도 간격이 있음을 최초로 확인했다. 그 후 리벳은 훗날 유명해진 실험에서, 우리 몸이 (문턱값에 가까운) 감각적 자극을 수용하면, 우리 뇌는 0.5초 후에야 그 자극을 의식적으로 지각한다는 것을 입증했다. 이로부터 그는 행위를 촉발하는 무의식적 뇌 활동(이른바 〈준비전위readiness potential〉)이 의식적 경험보다 0.5초 앞서 일어난다는 결론을 내렸다. 이 실험과 리벳의 결론은 처음에, 우리가 자유 의지로 행위할 수 있는 가능성을 심각하게 의심하게 만들었다. 어쩌면 행위하지 않을 자유 의지가 있을지도 모른다고 리벳은 생각했다. 즉, 무의식적으로 시작된 운동을 의식적으로 멈출 가능성은 열려 있다고(이 멈춤 행위에 선행하는 뇌 활동은 없어도 된다고) 생각했다. 그러나 이 가능성은 실험적으로 입증되지 않았다.

리벳의 실험들은 많은 토론을 유발했다. 하지만 최신 연구들은 뇌 활동과 의식 사이에 더 긴 시간 간격이 있을 수 있음을 시사한다. 이차크 프리트는 뇌에 전극을 이식한 피험자들을 탐구했다. 그의 실험들은 피험자가 단추를 누르기로 의식적으로 결정하는 시점보다 1.5초 전에 개별 뉴런들에서 뇌 활동이 포착된다는 것을 보여 주었다. 연구진은 피험자의 의식적 결정을 약 700밀리초 전에 80퍼센트 이상의 정확도로 예측할 수 있었다.

존-딜런 헤인스는 2007년에 피험자들을 fMRI 스캐너 안에 눕혔다. 스캐너 안의 화면에서는 알파벳 철자들이 무작위한 순서로 빠르게 바뀌며 나타났다. 연구진은 피험자에게 오른손 검지나 왼손 검지로 단추를 누르라고 요청했다. 그리고 피험자는 단추를 누를 욕구를 느끼는 순간에 화면에 나타난 철자를 기억해 둬야 했다. 실험 결과, 피험자가 단추를 누르기로 의식적으로 결정한 순간이라고 보고한 시점은 실제로 단추를 누른 시점보다 약 1초 앞섰다. 그러나 연구진은 그 의식적 결정보다 거의 7초 먼저 나타나는 특정한 뇌 활동 패턴에서 그 결정을 알 수 있음을 확인했다. 요컨대 피험자가 자신의 결정을 의식하기 훨씬 전에 그의 뇌가 결정을 내린 것이다.

이 실험들은 사건들의 시간적 순서를 탐구한다. 하지만 사건들의 연쇄에 개입함으로써 인과관계를 보여 줄 수도 있다. 한 실험에서 피험자들은 컴퓨터 화면에 점이 나타나면 최대한 빨리 손가락으로 그 점을 짚어야 했다. 측정해 보니 점이 나타나고 10분의 1초 후에 피험자들의 뇌는 동작을 개시하여 그 점을 짚기 위해 운동피질로 명령을 내렸다. 다음 시도에서 연구진은 자기 충격을 가하여 피험자의 시각피질에서 정보가 처리되는 것을 중단시켰다. 그러자 피험자는 화면에 점이 나타났다는 것을 의식하지 못하면서도 동작을 완벽하게 실행했다. 요컨대 의식은 나중에야 끼어들 뿐 아니라 과제의 원활한 수행에 필요하지도 않다. 일부 사람들은 이런 실험을 현실과 동떨어진 〈실험실 실험〉에 불과하다며 얕잡아 본다. 예컨대 〈양립가능론자compatibilist〉로 자처하는 철학자 대니얼 데닛이 그런 입장이다. 그는 자유 의지와 결정론을 조화시킬 수 있다고 여긴다. 그러나 그는 방금 서술한 실험들에 대해서 입증 가능한 비판을 내놓지도 않았고, 그 자신의 경험적 반증도 제시하지 않았다.

로스앤젤레스 소재 캘리포니아 대학교의 매튜 리버만과 에밀리 팔크가 한 다음과 같은 신경마케팅neuromarketing 실험에 대해서는 현실과 동떨어진 실험실 실험이라는 비판이 불가능하다. 모든 사람이 햇빛의 유해성을 엄청나게 염려하는 캘리포니아에서 자발적인 피험자들로 구성된 한 집단은 연구진의 설득으로 피부암의 공포까지 추가로 품게 되었다. 그런 다음에 연구진은 그들에게 자외선 차단 크림을 무료로 나눠 주고 fMRI 스캐너 안에 들어가게 한 후 다음 주에 그 크림을 바르겠느냐고 물었다. 나중에 설문을 통해 피험자들의 실제 행동을 확인해 보니, 그들의 행동과 스캐너 안에서의 대답은 50퍼센트 일치했다. 반면에 스캐너에 포착된 뇌 활동에 기초한 예측과 실제 행동의 일치율은 75퍼센트에 달했다. 요컨대 진실을 알고자 한다면, 피험자의 의식적 대답보다 무의식적 뇌 반응을 신뢰하는 것이 바람직하다. 이 실험 결과는 뇌 분할 실험들의 결과와도 완벽하게 일치한다. 양쪽에 일관된 교훈은, 뇌가 우리의 행위에 대하여 내놓는 설명을 의심해야 한다는 것이다.

4. 신경결정론

> 과학은 별에서 아름다움을 앗아 간다고 시인들은 말한다.
> 아름다움을 앗아 가고 기체 원자들의 집단만 남긴다고
> 한다. 하지만 나도 별을 볼 수 있고 느낄 수 있다.
> 내가 더 많이 보는 것일까, 아니면 더 적게 보는 것일까?
> ─ 리처드 파인만

자유 의지는 신화라는 것을 받아들이는 사람은 결정론자로 불린다. 철학자들은 사람에게 꼬리표를 붙이기를 아주 좋아한다. 그래서 나에게는 대개 자연주의자, 신경환원주의자, 혹은 신경결정론자라는 꼬리표가 붙는다. 전적으로 적합한 꼬리표다. 자연주의자란 〈초자연적〉 설명을 배제하려 애쓰는 사람이다. 자연적 설명에서는 진화론이 중요한 역할을 한다. 신경환원주의자는 뇌가 정신을 산출한다는, 더 정확히 말하면, 정신이란 작동하는 뇌라는 견해를 옹호한다. 따라서 신경환원주의자는 뇌-정신 문제의 존재 자체를 반박한다. 나는 실험들에 의해 뒷받침되었으며 옳은 한 입장의 옹호자로서 신경환원주의자라는 꼬리표를 명예로운 호칭으로 여긴다. 신경결정론자는 오직 뇌가 우리의 행동을 결정한다고 확신한다. 나는 이 확신에도 전적으로 동의한다.

결정론자들은 바뤼흐 드 스피노자, 버트런드 러셀, 프랜시스 크릭, 알베르트 아인슈타인과 사이가 좋다. 일부 철학자들과 심리학자들은 신경과학의 인기를 우려하는 기색이 역력하다. 레이먼드 탈리스는 심지어 저서의 제목을 『유인원화하는 인류: 신경강박과 다윈염, 그리고 인간성에 대한 오보 *Aping Mankind: Neuromania, Darwinitis and the Misrepresentation of Humanity*』(2011)로 지었다. 네이메헌 대학교 얀 데르크센 교수는 『엔에르

세 한델스블라트*NRC Handelsblad*』신문에서 도움을 호소했다. 〈심리학을 뇌과학자들의 마수로부터 구출하라!〉 이것은 이미 진 싸움일뿐더러 불필요한 우려이다. 왜냐하면 신경과학은 심리학의 전문 영역을 전혀 독차지하지 않으며 오히려 설명을 제공함으로써 심리학을 보완하니까 말이다.

철학자들은 한 입장을 취하고 근거들을 댐으로써 그 입장을 옹호한다. 양립가능론부터 자유지상주의까지 모든 입장 각각에 대해서 좋은 근거들을 댈 수 있다. 반면에 신경과학자들은 실험 결과들을 살펴보고 그것으로부터 결론을 끌어내는 전통을 반드시 따라야 한다고 느낀다. 한 문제를 다른 시각으로 보게 만드는 새 실험은 결론의 수정을 요구한다. 실험 결과가 〈직관〉과 꼭 일치해야 하는 것은 전혀 아니다(철학자들은 흔히 그 일치를 요구하지만). 자유 의지의 정반대를 증명하는 모든 실험적·임상적 관찰들에도 불구하고, 우리 모두는 삶이 우리 자신의 손아귀 안에 있으며 우리가 자유 의지를 지녔다는 견해를 공유한다. 그뿐만 아니라 사람들은 자유 의지의 존재를 믿을 때 더 유능하게 활동한다는 것이 입증되었다. 프랜시스 크릭의 〈결정론적〉 저서 『놀라운 가설*The Astonishing Hypothesis*』의 한 대목을 읽고 나서 심리학 시험을 본 학생들은 삶에 관하여 〈더 긍정적인〉 메시지를 전하는 책을 읽고 나서 시험을 본 학생들보다 부정행위를 더 많이 했다.

결정론에 대해서 숙고하다 보니 이런 감정이 생긴 듯했다. 〈이게 뭐야? 어차피 노력해 봐야 소용없잖아. 내 에너지를 쓸 이유가 없다고.〉 다른 실험들이 보여 준 바에 따르면 결정론적인 글은 더 큰 공격성을 일으키고 타인을 도우려는 마음을 약화한다. 요컨대 자유 의지를 지녔다는 느낌은 사람들을 덜 이기적이고 공격적으로 반응하게 유도한다. 자유 의지가 있다는 믿음은 우리 자신에게만 쾌적한 환상이 아니라 타인들에게도 유익하다.

과학이 확실성을 제공한다고 믿었다면,
잘못은 전적으로 당신에게 있다.
— 리처드 파인만

과학에서 확실해 보이는 모든 것이 그러하듯이, 결정론 역시 의문시된다. 예측의 가치는 애초의 측정 오류에 의존하는데, 그 오류를 없앨 길은 없다. 즉, 오류 없는 측정은 불가능하다. 일부 시스템에서 예측은 이 초기 측정 오류에 강하게 의존하기 때문에, 장기적으로 보면 그 예측은 개연적 진술에 지나지 않는다. 예컨대 날씨가 그러한데, 이런 시스템들을 일컬어 카오스 시스템chaotic system이라고 한다. 카오스 시스템에서는 관련 변수들이 너무 많기 때문에 장기적 예측이 불가능하다. 기상학자 에드워드 로렌츠는 1972년에 〈예측 가능성: 브라질에서 나비 한 마리가 날개를 퍼덕인 것 때문에 텍사스에서 토네이도가 발생할 수 있을까?〉라는 유명한 제목의 강연에서 카오스 시스템들의 예측 불가능성을 알기 쉽게 설명했다. 뇌에서도 그런 카오스적 과정들이 일어날지도 모른다. 하지만 그렇다 하더라도 결정론은 여전히 성립한다. 카오스 시스템의 예측 불가능성은, 비선형 시스템에서 원인의 작은 차이가 결과의 큰 차이를 가져온다는 것을 의미할 따름이다.

다음으로 양자물리학에서 말하는 불확정성원리가 있다. 이 원리를 제시한 베르너 하이젠베르크는 〈비결정론〉을 믿는다고 밝혔다. 얼마 전까지 네덜란드 왕립 과학 아카데미 회장을 지낸 로베르트 데이크라프는 이렇게 말했다. 「사람들은 불가사의한 문제들의 해답을 양자물리학에서 찾으려는 불가항력적 욕구를 가지고 있다.」 현재 일부 과학자들은 양자물리학적 속성들이 우리의 뇌 기능에 관여한다고 여긴다. 진실이 어떠하든 간에, 기본 입자의 층위와 뇌와 행동의 층위는 전혀 다른데, 전자에 관한 설명을 후자에 관한 설명으로 번역하기는 매우 어려울 것이 틀림없다. 한 층위에서 다른 층위로 옮겨 가면, 새로운 속성들이 발생한다. 따라서 그 새로운 속성들이 어떠할지 예측할 수 없다. 물리학자 리처드 파인만이 1961년에 말했듯이, 우리는 일어날 일을 예측할 수 없으며 확률 계산에 머물러야 한다. 마찬가지로 활동전위 — 신경세포의 전기 활동 — 의 층위에서 관념의 층위로의 이행도 어렵다. 그러나 25세의 전신마비 환자 매튜 네이글의 사례는 그 이행이 불가능하지는 않다는 생각을 품게 만든다. 운동피질의 손 담당 구역에 전극 96개를 이식받은 네이글은 생각만으로 이메일을 열어 보고 컴퓨터게임을 하는 법을 몇 분 내에 터득했다. 그는 생각만으로 컴퓨터 화면의 커서를 손으로 움직이듯이 움직일 수 있었다(21장 3 참조).

하지만 우리는 우리 자신의 행동을 스스로 통제하는 것이 가능함을 직접 경험으로 누구나 느낀다. 예컨대 맛이 끝내주는 아이스크림을 먹고 싶은 욕구가 끓어오르더라도 우리는 체중을 관리해야 한다고 믿기 때문에 그 아이스크림을 사지 않는다. 이 경우에는 정신적 상태 — 해변에서 날씬하고 탄탄한 몸매를 뽐내려는 생각 — 가 물리적 상태, 곧 뉴런들의 활동에 영향을 미치는 것이 아닐까? 바꿔 말해, 생각이 뇌를 통제할 수 있는 것이 아닐까? 하지만 그 생각도 뇌세포들의 활동이라는 점을 유념해야 한다. 무수한 뇌세포들과 뇌 시스템들의 활동으로부터 우리의 결정이 무의식적으로 발생하고, 그 직후에 의식적 생각이 발생한다. 내가 이 아이스크림을 사지 않는다는 것은 이미 오래전에 결정되었지만, 나의 좌뇌는 해변에서 나의 몸매에 관한 이야기를 나중에 지어내고 내가 나의 행동을 통제한다는 쾌적한 환상을 나에게 제공한다. 따라서 이 사례도 자유 의지를 증명하지 못한다.

요컨대 뇌는 무의식적으로 결정을 내리고, 나중에 그 결정이 의식에 진입한다. 그러므로 자유 의지가 존재할 여지는 없다. 혹시 우리가 뇌의 모든 자동적 결정들로부터 전혀 자유롭지 않기를 의지한다면, 그런 자유 의지는 존재할 수 있을지도 모르겠지만 말이다. 우리가 의식적 결정으로 뇌의 자동적 결정을 통제하려 하는 것은 몸의 기능들을 서투르게 통제하려 하는 것과 마찬가지일 터이다.

자유 의지란 환상이다

> 네가 너의 활동을 사랑한다면, 너는 살면서 다시는
> 노동하지 않게 될 것이다.
> ─ 마하트마 간디

우리 뇌의 발달 과정에서 자유로운 선택 가능성이 차츰 제한된다는 점, 진화 과정에서 우리가 획득한 도덕 규칙들, 이미 내려진 결정을 의식이 뒤따름을 보여 주는 실험실 실험들은 자유 의지의 존재를 지극히 의심스럽게 만든다. 모든 사람 각각의 뇌는 유일무이하게 발달한다. 설령 한 뇌가 유전적 소질에서 다른 뇌와 동일하더라도 말이다. 우리 모두는 우리가 동성애자인지, 이성애자인지, 양성애자인지, 성전환자인지, 인문학에 흥미를 느끼는지, 자연과학에 흥미를 느끼는지, 멍청하거나 영리한지, 공격성이 많거나 적은지, 공감을 잘하거나 못 하는지, 보수적이거나 진보적인지 등을 구별한다. 직업에 대한 관심도 적어도 부분적으로 우리의 성 정체성과 성적 지향의 영향을 받는다. 쾌적한 삶을 살려면, 우리 뇌의 발달에 적합한 직업과 사회적 기능을 선택할 기회가 우리에게 주어져야 한다. 스피노자는 〈본질〉이라는 단어를 썼다. 모든 것은 고유한 본질을 지녔다. 스피노자에 따르면, 〈모든 사물 각각은 자신의 존재를 고수하려 애쓰는데, 그 애씀이 바로 그 사물의 참된 본질이다〉. 인간 본성은 이 애씀에 적합한 것이 무엇인지를 감정을 통해 명확히 알려 준다. 우리의 생명력을 강화하는 모든 것에서 우리는 좋음을 느낀다. 그것이 사람마다 다르기 때문에, 또한 무엇보다도 자유 의지란 환상에 불과하기 때문에, 우리가 ─ 예컨대 파트너 선택이나 직업 선택에서 ─ 쾌적하다고 느끼는 방식으로 삶을 꾸려 가기 위하여 우리는 사회적·정치적 자유를 필요로 한다. 모든 각각의 개인은 이 자

그림 23.4 덴 하크에 살던 시절의 스피노자를 그린 작자 미상의 초상화(약 1665년).

유를 추구할 수 있어야 마땅하다.

그러나 인간은 사회적 맥락 안에서 산다. 사회는 인간의 생존 확률을 예로부터 대폭 높여 왔다. 따라서 개인의 자유는, 개인이 사회 내의 타인들이나 (평화와 안전을 보장할 책무가 있는) 국가에 해를 끼치지 않는 범위 안에서만 허용된다. 따라서 확실하고 안정적인 환경을 조성하기 위해 정확하게 서술된 명시적 규칙들이 필요하다. 예컨대 소아 성애는 설령 그것이 누군가의 뇌에 프로그래밍되어 있다 하더라도 허용될 수 없다. 왜냐하면 소아 성애는 아동에게 장기적인 피해를 입힐 수 있기 때문이다. 자유와 규제의 균형은 우리의 심리적·경제적·정치적 행복을 위해 가장 중요하며 자살률을 최저로 낮춘다.

나의 결론은 이러하다. 자유 의지란 환상이며 바로 그렇기 때문에 우리는 우리의 〈본질〉에 맞게 살 자유를 필요로 한다. 이 결론은 정치와 국가의 목적에 관한 스피노자의 사상과 완벽하게 일치한다. 2008년에 한 조각상이 과거 스피노자의 생가가 있던 곳인, 암스테르담 시청 근처 츠바넨부르크발Zwanenburgwal가에서 제막되었다. 니콜라스 딩이 제작한 그 조각상의 받침대에는 다음과 같은 인용문이 새겨져 있다. 〈국가의 목적은 자유다.〉 나는 이 문장이 어딘가 부족하다고 느꼈다. 스피노자 전문가 마르그리트 브란데스가 내게 알려 준, 『신학 정치론Theologisch Politiek Traktaat』에 나오는 더 완전한 인용문은 다음과 같다. 〈(사람들의) 정신과 몸이 안전하게 힘을 발휘하여 사람들이 자신의 이성을 자유롭게 사용하고 분노, 증오, 간계로 서로 싸우거나 서로에게 적개심을 품지 않도록 만드는 것〉이 국가의 목적이다. 요컨대 스피노자가 말한 자유는 더 포괄적인 의미를 가지며 암스

그림 23.5 니콜라스 딩, 「바뤼흐 드 스피노자Baruch de Spinoza」(2008). 스피노자의 고향 암스테르담에 세워진 조각상이다. 스피노자는 국가와 정치가 자유로운 발언과 삶의 가능성을 보장하는 것이 얼마나 중요한지를 몸소 체험했다. 스피노자의 삶의 좌우명은 〈조심하라Caute〉였지만, 그의 논쟁적인 사상은 결코 조심스럽지 않았다. 그는 예수의 기적들을 반박했으며 성서에 나오는 선지자들은 특별한 상상력을 지닌 평범한 인간들이었다고 주장했다. 또한 『탈무드Talmud』와 『토라Torah』는 신의 작품일 리 없고 단지 인간적 상상의 산물이라고 말했다. 더 나아가 그는 신과 자연은 동일하다고 주장했다. 그는 24세에 유대인 공동체에서 쫓겨났다. 공동체는 〈끔찍한 이단 사상〉과 〈혐오스러운 짓들〉을 비난하며 그를 저주했다. 아무도 말이나 글로 그와 접촉하면 안 되고 그에게 호의를 베풀면 안 되며, 실내에 그와 함께 머물면 안 되고 그에게 2.5미터 이내로 접근하면 안 되며, 그의 글을 읽으면 안 된다는 명령이 내려졌다. 이 명령 때문에 그의 가족들은 그와 접촉하거나 그를 지원할 수 없었다. 그렇게 추방된 후 스피노자는 렌즈를 가는 일로 생계를 꾸렸다. 스피노자 전문가 마르그리트 브란데스에 따르면, 데카르트와 달리 스피노자는 몸과 정신이 하나이며 자유 의지는 존재하지 않는다고 주장했다. 스피노자는 현대적인 사상을 가지고 있었다.

테르담의 특징이 되었다. 조각상 제막식에서 연설한 문화부 관료는 표현의 자유만 언급했다. 〈한 국가에 표현의 자유가 적으면 적을수록, 그 국가는 더 강압적으로 통치됩니다. 자유가 지배하는 국가에는 폐해가 없어야 마땅합니다. 그런 국가의 모범을 어렵지 않게 댈 수 있습니다. 암스테르담에서 우리는 시 당국이 폐해를 막고 사람들이 서로에게 해를 끼치지 못하게 하는 일을 아주 잘 해내는 것을 볼 수 있지 않습니까? 또한 시민들이 논란을 일으키는 견해를 공개적으로 내놓는 것이 허용됩니다. 암스테르담은 이 자유의 열매를 누가 봐도 경탄스러운 도시의 성장을 통해 수확하고 있습니다. 이 특별하고 생기 넘치는 도시에서 모든 가능한 종교를 지닌 모든 민족의 사람들이 화목하게 어울려 삽니다〉라고 그 관료는 낙관적으로 말했다. 그의 말은 실제로 사실일 때가 많지만, 늘 그런 것은 결코 아니다.

24장
공격성과 범죄

1. 폭력의 감소

> 유의미한 폭력도 있을까?
> 있고말고. 교육을 생각해 봐!
> ― 프리크 드 종

스피노자와 다윈은 다음과 같은 사실을 기뻐할 것이다. 사회는 개인에게 점점 더 큰 자유의 여지를 주고 폭력은 감소한다. 이 변화의 주요 원인 하나는 생활 형편의 향상이다. 또한 인간은 폭력에 대한 근본적 반감을 지녔다. 우리는 사회적 동물이다. 우리는 너무 공격적이거나 기타 방식으로 우리 집단에 해로운 개체들을 아주 긴 세월에 걸쳐 사회로부터 배제해 왔다. 이런 방식으로 우리는 살인, 절도, 사기, 학대를 허용하지 않는 삶의 형태를 발전시켜 왔다. 그러나 공격적인 변이들은 늘 새롭게 발생한다.

영국 역사학자 겸 고고학자 이언 모리스는 저서 『전쟁! 무엇에 좋을까?*War! What is it Good for?*』(1960)(한국어판 제목은 『전쟁의 역설』― 옮긴이)에서, 인간이 농업을 시작한 이래로 전쟁은 기술적 발전과 진보의 엔

그림 24.1 프란시스코 고야, 「1808년 5월 3일의 학살」(1814) 1808년 5월 2일 프랑스의 스페인 점령에 대항해 스페인 시민군이 봉기하자, 다음 날 보복 조치로 민중을 학살한 사건을 그렸다.

진이었다는 도발적인 주장을 내놓는다. 하지만 우리는 전쟁 없이도 진보가 가능함을 차츰 배워 가는 듯하다. 매일 전 세계에서 들려오는 뉴스를 생각하면 달리 예상해야 마땅하지만, 오늘날 세계는 과거 어느 때보다 더 평화롭고 유복하다. 서양 세계의 주민들은 대다수 감염병들에 대한 면역력을 갖췄으며 키가 10센티미터 가까이 커졌을 정도로 영양 섭취를 잘 한다. 그들은 1910년의 증조부모들보다 평균수명이 2배 길고 소득이 4배 많다.

석기시대에 인간이 폭력에 목숨을 잃을 위험은 20퍼센트에 달했다. 로마제국 시대에는 수많은 전쟁이 있었음에도 그 비율이 5퍼센트에 불과했으며, 세계대전이 두 번이나 일어난 20세기에 그 비율은 겨우 2퍼센트였다. 오늘날 폭력적 죽음의 위험은 전 세계에서 1퍼센트이고, 서유럽에서는 1/3000보다 더 낮다. 사람들은 평화롭고 좋은 삶을 원한다. 개인들의 삶이 향상되면, 그들의 공감 범위가 확장되고, 전쟁의 위험은 감소한다.

역사 속에서 평화로운 사회가 발전하는 데 적어도 네 가지 요인이 기여했다.

- 외국인에 대한 혐오와 공격성은 우리의 국제화된 정보사회에서 더는 유익하지 않다. 국제적 거래, 관광, 학문 교류는 외국인들을 이해하는 데 도움이 된다.
- 정부가 강제력을 독점하는 국가들이 형성됨으로써 사회의 평화가 이루어진다. 정부의 강제력 독점은 국내적 폭력을 제한하고 외부의 적을 위협하는 효과를 낸다.
- 과거에는 인쇄술을 통해 일어났고 지금은 인터넷을 통해 일어나며 지식의 증가와 짝을 이루는 인도주의 혁명humanitarian revolution, 혹은 문명화는 타인들에 대한 이해를 향상시킨다. 그리하여 고문과 기타 잔인한 형벌에 대한 사람들의 문제의식과 국제적 반응이 강화되어 그것들이 퇴조한다.
- 법의 지배로 소수자에 대한 폭력이 줄어들고 민주주의가 강화된다. 소수자 보호와 민주주의에 합의한 국제적 공동체가 형성된다.

이 느리고 지루한 메커니즘들이 범죄의 퇴조를 일으키는 것은 사실이지만, 오늘날에는 유난히 범죄의 감소가 확언되고 있다. 경찰서장과 정치인이 범죄율을 감소시켰다고 자랑할 때, 우리는 그들이 대는 수치가 보고된 사건들에만 기초를 둔다는 점을 유의해야 한다. 그럼에도 이 사실은 전혀 공지되지 않는다. 왜냐하면 오랜 절차 끝에 합리적 조치가 마련되기를 기대하는 시민은 드물기 때문이다. 그뿐만 아니라 나는 사회의 고령화도 현재의 범죄 감소와 관련이 있지 않을까 의심한다. 범죄 행위가 절정에 달하는 나이는 20세에서 24세다. 그 후에는 범죄로 처벌받을 위험이 감소한다. 늙어가는 우리의 사회에서는 범죄 행위를 저지르기에는 너무 늙은 사람들이 점점 더 많아지고 있다. 물론 생의 막바지에 신경 퇴화가 닥치면 그들이 기묘한 일들을 벌일 수도 있겠지만 말이다.

이 모든 긍정적 변화에도 불구하고, 유전적 차이와 뇌 발달의 영향에서 비롯된 사람들 간 변이의 폭 때문에 범죄자들은 늘 존재할 것이다. *MAOA* 유전자와 *CD13* 유전자의 몇몇 변이들은 특정 조건에서 범죄 행위의 확률을 높이며 다중범죄자들에게서 평균보다 더 자주 발견된다. 우리는 그 변이들을 합리적인 방식으로 다루는 법을 배워야 한다. 범죄 행위를 일으키는 뇌 메커니즘과 범죄의 신경학적·정신의학적 배후에 대해서 더 많은 통찰이 필요하다. 또한 사람들의 모방 행동에 더 많은 주의를 기울여야 한다. 예컨대 계속 모방 범죄를 유도하는 학교 내 총기 난사를 다룰 때 말이다. 어쩌면 미디어도 소극적인 보도를 통해 모방 범죄의 예방에 기여할 수 있을 것이다.

롬브로소 박물관

오래전에 나는 1909년에 사망한 이탈리아 범죄학자 체사레 롬브로소 교수의 머리가 포르말린 병 안에 보존되어 있는 모습을 찍은 소름끼치는 사진을 보았다(그림 24.2). 당시에 나는 유럽연합 산하 한 위원회(스트라스부르 소재)에 속해 있었는데, 이탈리아 교수 스트라타도 그 위원회의 위원이었다. 1983년에 내가 이탈리아에 갔을 때, 그는 토리노에 있는 롬브로소 박물관을 함께 관람할 기회를 만들어 주었다. 실은 건물 개축 공사 때문에 박물관이 폐관 중이었지만, 그 정도는 이탈리아에서 아무 문제도 아닌 것이 분명하다. 스트라타는 담당 법률가인 포르티올리아티 교수와 아는 사이였고, 그 교수가 우리를 박물관에 들여보내 주었다.

롬브로소는 범죄 행동에 기여할 가능성이 있는 선천적 요인들을 탐구했다. 사람들은 열악한 환경에서의 성장이 범죄 행동의 확률을 높인다는 사실을 그가 너무 등한시한다고 비판했다. 그는 이렇게 대꾸했다. 「옳은 지적이다. 하지만 그 사실은 다른 사람들이 이미 많이 주목했다. 태양이 빛난다는 것을 증명하는 것은 거의 무의미하다.」(MacDonald, 1893). 롬브로소는 범죄자들이 수백만 년 전 우리 조상들의 뇌와 유사한 뇌를 가지고 태어난다고 전제했다. 그의 견해에 따르면, 범죄자와 우리의 조상은 외견상으로도 어느 정도 유사했다.

그림 24.2 토리노 소재 롬브로소 박물관에는 체사레 롬브로소 교수의 머리가 포르말린 병 속에 보존되어 있다.

그림 24.3 독일인 소아 성애자, 토리노 롬 브로소 박물관 소장.

예컨대 범죄자들의 눈썹은 좌우가 연결되어 있었다. 그런데 나도 그렇다.

박물관은 정말 혼란스러운 상태였다. 포르티올리아티 교수가 소장품들에 관하여 상세히 설명한 뒤에 한 조수가 우리를 인계받았는데, 그는 하얀 재킷을 입긴 했지만 전문 지식이 전혀 없었으며 오직 이탈리아어만 했다. 벽에는 〈범죄형들〉을 보여 주는 포스터가 가득 걸려 있었다. 범죄자들과 그들의 무기들을 찍은 사진으로 가득 찬 상자들도 있었다. 예컨대 십자가처럼 생긴 단검의 사진이 있었다. 범죄자는 사제복 차림으로 그 십자가를 들고 있다가 윗부분을 잡고 뽑아서 단검의 날을 드러냈다. 범죄자들의 얼굴, 두개골, 뇌의 밀랍 모형들도 있었다.

원래 롬브로소 교수가 연구실로 쓰던 방에는 모든 것이 제자리에 놓여 있었다. 그의 책들, 안경, 초상화, 원고들이 있었다. 키가 꽤 작은 골격 앞에서 조수가 갑자기 호들갑을 떨며 〈롬브로소 교수님이에요!〉라고 외쳤다. 그 골격의 턱에는 치아가 딱 한 개만 남아 있었다. 그 골격에 두개골이 있다는 사실은 내가 보았던, 포르말린 병 속에 롬브로소 교수의 머리가 들어 있는 사진과 모순되는 듯했다. 하지만 나중에 물어보니, 당시에 사람들이 그의 머리 피부를 벗겨 냈다가 다시 씌웠다는 설명을 들었다. 그리하여……
20년 뒤에 나는 다시 그곳에 갔다. 그곳은 멋진 박물관이 되어 있었다.

2. 선과 악

모든 나라에서 미덕과 악덕, 선과 악은
사회에 이로운 것과 해로운 것이다.
— 볼테르

선과 악은 둘 다 우리 뇌에 프로그래밍 되어 있다. 선과 악은 우리가 사는 사회에 좋음과 나쁨을 뜻한다. 프란스 드 발은 선과 악을 우리의 보노보 행동과 침팬지 행동이라고 부른다. 일부 사람들은 그 두 측면 중 한쪽을 담당하는 뇌 시스템들이 우세하다. 그들의 뇌는 발달 과정에서 그렇게 되어졌다. 그러나 히틀러의 뒤틀린 뇌를 그의 만행을 처벌하지 않을 이유로 삼을 수는 없을 것이다. 우리의 도덕 규칙들은 상호 배려를 북돋우며 그렇게 사회의 기능에 기여한다. 도덕 규칙의 준수는 사회적 공동생활의 토대다. 이와 똑같은 원리가 유인원들의 도덕 규칙에서도 발견된다.

위대한 역사적 인물들, 과학자들, 미술가들도 첫째, 적당한 뇌를 지녀서 그런 인물이 될 수 있어야 하고, 둘째, 그들이 (즉, 그들의 뇌가) 적당한 시기에 적당한 장소에 있어서 큰 영향력을 발휘할 수 있어야 한다. 특별한 뇌를 가진 사람이 엉뚱한 환경에서 살았다면, 예컨대 에이브러햄 링컨이 오늘날의 네덜란드에서 살았다면, 그의 특별한 뇌는 그리 대단한 성취들을 이루지 못했을 것이다. 그러므로 이런 질문을 제기할 수 있다. 우리가 범죄자를 혐오하는 것은 영웅을 숭배하는 것과 마찬가지로 부당하지 않을까? 양쪽 모두 그들을 범죄자나 영웅으로 만든 것은 유전적 소질과 초기의 뇌 발달과 환경의 상호작용이다.

또한 한 행동이 〈범죄〉로 간주될지 혹은 〈영웅적 행동〉으로 간주될지가 상황에 의해 결정될 수도 있다. 우리는 제2차 세계대전 중에 네덜란드에서 독일 침령군의 지도자를 처형한 저항 세력의 투사들을 범죄자가 아니라 영웅으로 간주한다.

3. 자유 의지와 형벌

범죄 행동의 생물학적 요인들의 존재와 자유 의지에 관한 논쟁은 형법학자들을 불편하게 만든다. 예컨대 이런 말을 들어 보라. 〈이 토론과 상관없이 실용적인 관점에서 사람들은 자유롭다고 전제합시다. 그래야 범죄 혐의자에게 도덕적·법적 책임을 물을 수 있고, 형사 변호인은 강제된 행동, 빈곤, 병 등을 이유로 들면서 피고인의 책임 능력이 약했음을 호소할 수 있습니다.〉 법과 형벌에 관한 논의에서 사람들은 자유 의지는 환상이라는 결론이, 사람에게 그 자신의 행동에 대한 개인적(도덕적) 책임을 물어도 되느냐는 질문과 관련해서 심각한 귀결들을 함축한다고 흔히 말한다. 예컨대 하랄드 메르켈바흐 교수는 2011년 5월 7일자 『데 텔레그라프 *De Telegraaf*』 신문에서 이렇게 주장했다. 〈사람들은 어쩔 수 없이 범죄를 저지른다. 범죄는 단지 뇌의 이상에서 비롯된다. 이로써 사람들은 도덕적 책임에서 풀려난다. 그리고 그 효과는 사회에 파괴적이다. 범죄자들에게 면죄부를 주는 것이다.〉

우리가 자유 의지를 토대로 삼아서 사람들에게 자기 행동의 책임을 지운다면, 우리는 실제로 자연과학에 맞게 행동하는 것이다. 하지만 그렇게 책임을 지우는 이유는 사람들의 행동이 그들이 속한 사회에 끼치는 폐해에 있다. 범죄자들의 집단이 주로 정신의학적·신경학적으로 병든 사람들로 이루어졌다 하더라도, 그들에게 형벌이나 기타 조치를 가하지 말아야 한다는 결론이 설득력 있게 나오는 것은 아니다. 사회는 구성원들이 서로를 배려할 때만 원활히 기능할 수 있다. 바로 이 원리에 따라 도덕 규칙들이 진화했다.

유인원 공동체도 도덕 규칙들을 지녔다. 어린 유인원이 규칙을 지키지 않을 때 늙은 유인원이 제재를 가함으로써 그 규칙들이 관철된다. 우리는 이 기능을 경찰과 사법부에 위임했다. 하지만 사회의 구성원으로서 우리는 매우 정당하게 보복을 요구하며, 이것이 형벌의 가장 중요한 근거 중 하나다. 사법부가 처벌하지 않으면, 우리 자신이 판사의 역할을 맡기 시작할 것이다. 따라서 사회에 해를 끼치는 사람들은, 설령 그들의 악행이 유전적 소질로 인한 충동 억제력 결핍이나 그들의 어머니가 임신 중에 담배를 피운 것, 혹은 어떤 다른 이유로 그들의 뇌가 잘 작동하지 못하는 것에 기인하더라도 벌을 받아야 한다. 그러나 우리가 형벌을 가하는 방식이 과연 적절한지는 의문스럽다.

사람을 도덕적으로 비난하고 자유 의지에 기초하여 처벌하는 것은 흐르는 모래 위에 집을 짓는 것과 같다. 물론 도덕감이 우리의 진화 과정에 깊이 뿌리내린 것은 사실이다. 도덕감은 집단의 생존을 위해 중대한 귀결들을 가진다. 흔히 사람들은 자아와 뇌를 작위적으로 맞세워 이렇게 묻는다. 나의 행동에 대한 책임을 누가 져야 할까? 나일까, 혹은 나의 뇌일까? 그러나 이 질문은 시대에 뒤떨어진 이분법을 전제한다. 우리는 우리 뇌다. 우리의 뇌가 정상으로 기능하든, 치매에 걸렸든, 정신병에 걸렸든, 극단적으로 반사회적이든 간에 상관없이, 우리는 우리 뇌다. 따라서 자신은 부지불식간에 피해자를 총격했다고 범인이 변명하더라도, 그 변명은 무의미하다. 왜냐하면 우리 사회에 해로운 그 총격 결정을 내린 것은 엄연히 그의 뇌이니까 말이다.

사회는 규칙을 지키지 않은 사람이 벌을 받는 것을 요구한다. 그뿐만 아니라 징역형은 범죄자로부터 사회를 보호하는 데 도움이 된다. 비록 이 효과는 범죄자가 철창 안에 갇혀 있을 동안에만 발생하지만 말이다. 더 나아가 특히 정치인들은 형벌을 잠재적 범죄자들에 대한 경고로 활용하는 것을 옹호한다. 엄한 형벌이 범죄 예방 효과를 낸다는 것은 한 번도 입증된 적이 없는데도 말이다. 범죄 피해자에 대한 배려를 강화한다면, 형법의 틀 안에서 배상 명령이나 배상을 통한 감형을 제도화할 수도 있을 것이다.

그 밖에 심리학적, 정신의학적, 또는 약학적 치료의 가능성도 있다. ADHD를 앓는 아동이 리탈린 처방을 받으면, 경찰이나 사법부의 제재를 받을 행동을 할 위험이 감소한다. 소아 성애자에 대해서는 화학적 거세라는 논란 많은 조치가 있다. 하지만 일부 사람들은 행동이 워낙 위험해서 ── 네덜란드에서 TBS(⟨정부 위임⟩을 뜻함)로 불리는 ── 법적 조치를 통해 정신의학적 치료 없는 구금 상태(네덜란드에서는 이를 ⟨롱스테이Longstay⟩라고 함)에 둠으로써 사회로부터 격리해야 한다.

규칙을 지키지 않는 사람은 사회에 의해 처벌되어야 하는 것이 당연하다. 하지만 어떤 벌을 받아야 하는가는 또 다른 문제다. 만일 형벌들의 효과를 검증하여 어떤 형벌을 내릴지를 증거에 입각하여 (더구나 재범률을 최대한 낮추는 방향으로) 정할 수 있다면 좋을 것이다. 많은 국가에서 이런저런 뇌 질병을 가진 사람은 원리적으로 형사범으로 구금할 수 없다. 그러나 수형자들 중에는 정신의학적 장애와 신경학적 장애를 가진 사람들의 비율이

그림 24.4 폴 세잔, 「교살당하는 여자La femme étranglée」(1875~1876).

매우 높다는 점을 감안할 때, 오늘날 우리는 다음 질문들을 진지하게 던져야 한다. 우리는 그 사람들에게 법을 올바로 적용하고 있을까? 왜 그들은 치료받지 않을까? 그들은 적절한 방식으로 벌을 받고 있을까?

리처드 도킨스는 한걸음 더 나아가 이렇게 물었다. 대체 왜 우리 인간들은 반사회적 행동을 처벌할까? 자동차가 고장 나면, 우리는 자동차를 처벌하지 않고 수리하지 않는가. 이에 맞서 마이클 가자니가(2011)는 이렇게 반론했다. 「말이 기수를 내동댕이칠 때는 말을 한번 살짝 때려 주는 것이 정비소에 가는 것보다 더 효과적이다.」 규칙을 위반하고 폐해를 일으키는 것이 허용되지 않는다는 점이 우리 모두에게 명확해야 한다. 그래야만 사회가 제대로 돌아갈 수 있다. 그럼에도 형벌은 적당해야 하며 그 효과를 검증해야 한다. 하지만 사법 시스템은 형벌의 효과를 검증하는 연구의 전통을 가지고 있지 않다. 증거에 입각한 사법 처리의 중요성은 이제 막 부각되기 시작했다.

범죄자에 대한 처벌이 이익보다 손해를 더 많이 야기하지 않는가라는 질문도 제기된다. 청소년들에게는 학교 교육과 직업 교육을 중단시키지 않는 형벌을 내리는 것이 바람직하다. 교육이 중단되면 그들이 사회로 복귀할 전망이 추가로 나빠지니까 말이다. 구금 기간에도 학교 교육과 직업 교육이 계속되어 훗날의 직업적 전망이 향상되고 재범의 가능성이 낮아져야 할 것이다. 비교적 경미한 범죄자들은 〈교화〉되어 결국 감옥에서 나설 때는 감옥에 들어올 때보다 더 나은 사람이 되는 것이 바람직하다.

4. 뇌 발달과 책임

상식은 정신의 집사다. 상식의 임무는 수상쩍은 생각들을 들어보내거나 내보내지 않는 것이다.

— 대니얼 스턴

형벌을 정할 때는 형벌을 받는 사람의 뇌가 어떻게 작동하는지를 고려해야
한다. 형식적으로는 오직 건강한 뇌를 가진 사람만이 형벌을 받을 수 있다.
우리 모두 〈정신병자〉는 처벌할 수 없다고 여긴다. 이 원리는 고대 그리스
와 로마에 있었을 뿐 아니라 『탈무드』에도 나온다. 또한 이 원리는 생물학
적 토대를 지녔다. 프란스 드 발이 관찰한 한 레수스 원숭이 새끼는 정신지
체를 동반한 다운 증후군 환자였는데, 녀석은 다른 개체들에게는 허용되지
않는 온갖 행동을 해도 되었다.

이처럼 오직 건강한 뇌를 가진 사람에 대한 처벌만 허용됨에도 불구하
고, 테오 도렐레이어스 교수가 1995년에 박사학위논문 「형법과 전문가의
도움 사이에서의 진단평가Diagnostic Assessment between Criminal Law and
Professional Assistance」에서 지적했듯이, 네덜란드에서 소년법에 따라 처분
받는 범죄자의 90퍼센트는 정신의학적 장애를 앓고 있다. 그 청소년들을
구금하는 것은 사회적 보복의 필요성을 통해 정당화될 수 있지만, 그들은
또한 치료를 받는 것이 바람직하다.

형법과 관련해서 항상 거론되는 것은 책임이다. 그러나 개인이 경찰과
사법부의 제재를 받을지 여부는 유전적 변이와 출생 전후 발달의 차이에
의해서도 결정된다. 소년들은 임신 기간의 후반기에 테스토스테론에 노출
되고 사춘기에 테스토스테론 수치가 더 높기 때문에 소녀들보다 더 공격적
이다. 하지만 일부 아동은 다른 아동들보다 뚜렷이 더 공격적이다. 쌍둥이
연구들이 보여 주듯이, 그런 공격성에서는 유전적 요인들이 중요한 역할을
한다. 하지만 개인은 그 자신의 유전적 기질에 대해서 책임이 없다. 다낭성
난소 증후군polycystic ovarian syndrome을 앓아서 테스토스테론 수치가 평

균보다 높은 여성이 낳은 아동은 범죄를 저지르고 공격적 행동을 할 확률이 평균보다 더 높다. 다낭성 난소 증후군 같은 질병에 대해서도 환자 개인에게 책임을 물을 수는 없다.

어린 시절에 성폭력을 당한 경험이 있는 아동 성범죄자에게 그의 범죄에 대한 책임을 물어야 할까? 사춘기 청소년의 뇌가 갑자기 성호르몬들로 넘쳐나고 그것들이 거의 모든 뇌 부위의 기능을 바꿔 놓는 것에 대한 책임을 그 청소년 본인이 어느 정도까지 져야 할까? 사춘기의 청소년은 전혀 다른 뇌를 다루는 법을 학습해야 한다. 하지만 충동을 억제하고 도덕적 행위를 전반적으로 제어하는 앞이마엽 피질은 24세에야 성숙한다. 또 중독 장애의 한 원인이 DNA의 미세한 변이나 자궁 내에서의 영양 부족이라면, 중독자는 자신의 장애에 대해서 어느 정도까지 책임을 져야 할까? 유전적 소질과 이례적인 뇌 발달에서 비롯된 소아 성애 성향을 지닌 사람은 자신의 성적 지향에 대해서 도덕적 책임을 져야 할까? 겨울 기근 연구에서 밝혀졌듯이, 자궁 내에서의 영양 부족은 반사회적 행동의 위험을 높인다. 아동의 유전적 소질과 어머니의 임신 중 흡연의 조합으로 인해 아동이 ADHD에 걸리고 범죄를 저질렀다면, 그 책임을 아동에게 물어야 할까? 아동이 치료받지 않거나 치료받을 수 없다면, 그것에 대한 책임을 누가 져야 할까? 영화 「말로니의 두 번째 이야기La Tête Haute」는 참을성 많은 청소년 도우미와 청소년 본인이 함께 휩쓸려 들 수 있는 절망적인 추락의 과정을 묘사한다. 주인공인 소년은 공격적이며 ADHD와 반사회적 성격장애를 앓고 있다. 그는 그 자신보다 더욱 심각한 정신적 문제를 지닌 너무 어린 어머니로부터 필요한 지원을 전혀 받지 못했다. 지혜로운 중년의 소년법원 판사 역할을 멋지게 소화한 카트린 드뇌브는 그 소년을 7세부터 17세까지(그녀 자신이 퇴직할 때까지) 지켜보며 옳은 길로 이끌고자 애쓴다.

메르켈바흐의 기고문(24장 3)이 암시하는 바와 정반대로, 〈도덕적 책임)이라는 개념은 현실적으로 유의미하기 어려울 뿐만 아니라 — 사유 의지의 개념과 마찬가지로 — 형벌에 관한 논의에서 불필요하다. 구성원들이 규칙을 지키지 않으면 사회가 제대로 돌아갈 수 없다는 것이 핵심이다. 따라서 규칙은 지켜져야 한다. 우리의 고령화 사회에서 한 가지 새로운 현상이 불거지고 있다. 전과가 없는 중년의 사람들이 갑자기 범죄를 저지르는 것이 그 현상이다. 샌프란시스코에서는 이마 관자엽 치매 환자의 37퍼센트와 진행성 실어증 환자의 27퍼센트가 전과자다. 한 조사에 따르면, 그곳의 〈기억 노화 센터Memory and Aging Center〉에 맡겨진 모든 노인들 중 8.5퍼센트가 전과자였다. 대다수 범죄는 사소한 절도였지만, 알츠하이머병 환자들은 교통사고 때문에 유죄 판결을 받은 경우도 많았다. 다른 범죄들은 강도, 모욕, 성추행, 주거침입 등이었다. 그러므로 노인 범죄자들에 대해서는 치매 검사를 실시하는 것이 바람직하다. 치매라는 질병 역시 〈도덕적 책임〉과 〈자유 의지〉 같은 개념들을 강하게 의문시하게 만든다.

5. 책임 능력

개인이 실제로 정상적으로 기능하는 뇌를 가졌는지, 아니면 책임 능력이 약하거나 아예 없는지는 간단히 판정할 수 없다. 이 문제는 2011년에 노르웨이에서 단 한 번의 테러로 77명을 죽인 아네르스 브레이비크(1979~)가 책임 능력을 지녔는지 여부를 놓고 〈전문가들〉이 논쟁을 벌이면서 새삼 여론의 주목을 받았다. 결국 법원은 브레이비크가 책임 능력을 지녔다고 판결했다. 그는 노르웨이에서의 최고 형량인 징역 21년을 선고받았으며 최소 10년을 복역해야만 석방의 가능성을 이론적으로 획득할 수 있다. 그의 형기가 종료되면, 그가 여전히 사회에 위험한 인물인지를 심사하게 될 것이다.

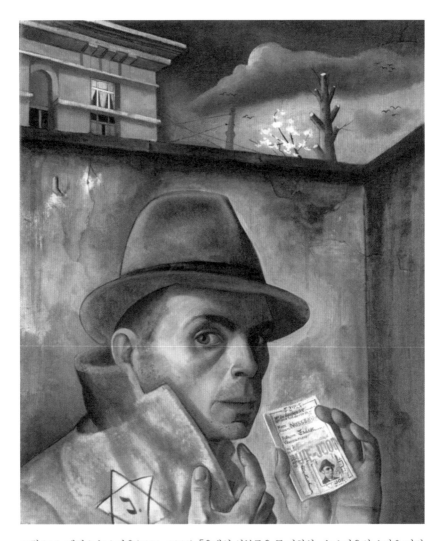

그림 24.5 펠릭스 누스바움(1904~1944), 「유대인 신분증을 든 자화상」. 누스바움의 소망은 이러했다. 〈내가 죽더라도 내 그림들은 죽게 놔두지 말라. 내 그림들을 사람들에게 보여 주라.〉 누스바움은 1940년 프랑스 남부에서 독일 국적자라는 이유로 체포되고 구금되었다. 용케 탈출한 그는 독일에 점령된 브뤼셀에서 종적을 감췄다. 그는 해방 직전에 체포되어 1944년 아우슈비츠에서 죽임을 당했다.

2007년에 한 어머니는 두 살 난 딸이 악마 숭배자들에게 살해되리라는 믿음에 빠져 스스로 딸을 〈데 비엔코프〉 백화점 5층에서 밖으로 내던졌다. 그 어머니는 책임 능력이 있었을까? 그녀가 편집성 망상장애를 앓고 있다는 것이 빤히 보였는데도, 감정을 맡은 사람들은 견해가 엇갈렸다. 1843년에 대니얼 맥노턴도 똑같은 병을 앓고 있었다. 그는 토리당원들이 자신을 박해한다고 느껴 토리당 출신의 총리 로버트 필 경을 죽이려 했으나 실수로 그의 비서를 죽였다. 법원은 그에게 책임 능력이 없다고 판결했다. 이를 계기로 판사들은 〈맥노턴 규칙McNaughton rules〉이라는 책임 능력 없음의 기준을 마련했다. 그 기준에 따르면, 개인이 정신병으로 인해 자신이 무엇을 하는지 모르거나 자신의 행위가 그릇됨을 모를 경우, 그 개인은 책임 능력이 없다.

맥노턴 규칙은 자신의 행위에 대한 앎을 거론하지만 그 앎과 상관없이, 행위자가 환각 속에서 받은 지시를 반드시 이행해야 한다고 믿는 경우도 있다. 예컨대 25세의 조현병 환자 미하일로 미하일로비치는 어떤 목소리로부터 스웨덴 외교 장관 안나 린드를 죽이라는 지시를 받았다고 주장했다. 실제로 그는 그 지시를 이행했다.

절도 강박 환자는 자신의 행위가 그릇됨을 알면서도 계속 절도를 한다. 이처럼 정신의학적 질병은 환자의 앎을 저해하지 않으면서 그의 행동에 큰 영향을 미칠 수 있다. 이 때문에 맥노턴 규칙에도 〈통제control〉라는 개념이 추가되었다. 개인이 자신의 충동을 통제할 수 없는 경우에도 그 개인은 책임 능력이 없다. 틱tic 장애가 있어서 타인을 때리는 투렛 증후군 환자는 처벌할 수 없다.

네덜란드에서는 이 문제를 형법 39조에 다음과 같이 정리해 놓았다. 〈정신 능력의 불충분한 발달이나 장애 때문에 그의 책임으로 볼 수 없는 범죄를 저지른 사람은 처벌할 수 없다.〉 이 조문은 책임 능력 없음의 정확한 조건들에 대해서 아무 말도 하지 않기 때문에 맥노턴 규칙과 같은 유용한 기준이 아니다. 정신적 장애의 영향에 관한 질문들을 논하기 위한 틀은 이 조문을 통해 마련되었지만, 사법적 기준이 제시된 것은 아니다.

법정신의학자forensic psychiatrist는 정신의학적 환자의 범법 행위를 다룬다. 그러나 형법상의 책임 능력은 형사 사건에서 판사가 판단해야 할 법률적 사안이다. 현재 정신의학자들은 책임 능력의 등급을 다섯 개에서 세 개로 줄인 새로운 지침을 따라야 한다. 그 세 등급은 책임 능력 있음, 책임 능력 약함, 책임 능력 없음이다. 하지만 정신의학자들은 〈책임 능력〉이라는 개념을 강제 입원이나 강제 치료와 관련지어 사용하지 않는다. 또한 그 개념은 의학의 영역에서 나온 것도 아니다. 의료계의 일상에서 의사들은 환자의 치료에 무엇이 필요한지를 증상, 장애, 치료, 안전성 등의 개념들을 써서 판단한다. 그들은 책임 능력을 들먹이지 않는다. 요컨대 게르벤 마이넨 교수가 지적했듯이(Meynen, 2013), 형사부 판사와 달리 정신의학자는 환자의 미래에 대하여 발언하고자 할 때 책임 능력이라는 개념을 사용할 필요가 없다고 여긴다.

마이넨을 비롯한 일부 사람들은 머지않아 신경과학의 기법들이 충분히 발전하여 범죄자들의 정신 상태를 그들 자신의 발언에 의지하지 않고 파악할 수 있게 되기를 희망한다. 이 전망의 중요성은 예컨대 2015년 3월 24일에 저먼윙스Germanwings 항공사의 부기장 안드레아스 루비츠가 기장이 화장실에 간 사이에 승객 144명, 승무원 4명, 조종사 2명이 탄 비행기를 고의로 프랑스 알프스 산맥에 충돌시킨 사건에서 명백히 드러났다. 그 부기장은 자살 충동 때문에 치료를 받고 있었지만 그 사실을 항공사에 알리지 않았다. 누군가가 자신은 정신적으로 완전히 건강하다고 선언하면, 현재로서는 그를 반박할 길이 없다.

6. 도덕적 책임

> 누군가는 저녁에 괴테와 릴케를 읽고 아침에 아우슈비츠
> 수용소로 출근할 수 있음을 우리는 안다.
> ― 조지 스타이너

우리는 사회에 해를 끼치는 행동을 처벌한다. 그런 행동의 극단적인 형태는 사이코패스들에게서 나타날 수 있다. 사이코패스는 공감 능력이 없기 때문에 자신이 타인들에게 어떤 고통을 가하는지 알아채지 못하며 오로지 자신의 이익만 고려한다. 이 장애는 뇌 변화와 짝을 이룬다. 사이코패스들은 안와 이마엽 피질의 구조물들과 앞이마엽 피질의 중앙선 구조물들이 평균보다 20퍼센트 작을 수 있으며, 대상 피질 앞부분과 편도체, 섬엽도 정상적으로 발달해 있지 않다.

히틀러, 마오쩌둥, 스탈린은 얼마나 심한 정신장애를 앓았을까? 공식적으로 1,400만 명, 어쩌면 그보다 3배 많은 사람의 목숨을 빼앗아 간 〈대약진〉 운동 중에 벌어진 일들이나 문화혁명 중에 일어난 일들에 대해서 마오는 죄책감을 느꼈을까? 마오의 자식 3명, 그러니까 아들 하나와 딸 둘이 조현병 환자였다는 것은 중국에서 공공연한 비밀이다. 마오 본인도 편집성 조현병을 앓았다고 한다. 따라서 그의 병은 부분적으로 유전적 소질에서 유래한 것으로 보인다. 스탈린은 편집증이 극도로 심했고, 그로 인해 많은 사람이 목숨을 잃었다.

히틀러는 파킨슨병을 앓았으며 그 때문에 암페타민을 투약받았다. 오랜 기간에 걸쳐 그는 온갖 정신의학적 병들을 진단받았다. 그것들은 편집성 조현병, 약물 사용으로 인한 정신병, 사이코패시, 반사회적 성격장애, 가학성 성격장애, 경계성 성격장애, 양극성 장애, 아스퍼거 증후군 등이다. 독일

저자 노르만 올러가 저서 『완전한 도취Der totale Rausch』에서 제기한 주장에 따르면, 게다가 히틀러는 호르몬들과 약물들을 끊임없이 섭취했다. 1944년에 마지막 공세를 펼 때 히틀러는 정신이 취하지 않은 날이 단 하루도 없었다고 한다. 헤로인을 사용하면 그는 처음에 행복감에 빠졌다가 이내 거침없는 분노에 휩싸였다. 그는 수면장애 때문에 바르비투르산 주사와 암페타민 주사도 맞았다. 결론적으로 그의 성격, 약물 남용, 정신병은 각각 어떤 비중으로 그의 충동적 결정들, 흥분, 분노 폭발, 공감 결핍, 증오, 기타 행동장애들에 기여했을까?

어쩌면 히틀러 같은 괴물에게도 그의 행동에 대한 도덕적 책임을 물을 수 없을지도 모른다. 하지만 그렇다고 해서 그가 처벌받아야 했다는 사실이 달라지지는 않는다. 그 처벌의 토대는 자유 의지가 아니라 그가 세계에 끼친 엄청난 폐해, 그리고 희생자들을 위한 보상이다. (세뇌 과정을 거친 후) 히틀러를 추종하며 홀로코스트를 가능하게 만든 수많은 독일 민중을 생각하면, 문제는 더 어려워진다. 그들도 책임이 있으니 처벌해야 할까? 처벌해야 한다면, 한 나라의 민중 전체를 어떻게 처벌할 것인가? 초유기체처럼 기능한 민중의 행동에 대하여 누가 책임을 져야 할까? 다음과 같은 질문을 과감하게 던지면, 문제는 더욱 어려워진다. 내가 그 상황에 처했다면 어떻게 행동했을까? 따지고 보면 전쟁 중에는 모든 국가들이 범죄를 저지른다. 강제수용소의 참상을 경험한 변호사 아벨 헤르츠베르크는 전후에 그 경험에 관한 강연들을 했다. 한번은 강연장에서 한 유대인 여성이 일어나 이렇게 물었다. 「헤르츠베르크 씨, 우리 아이들이 다시 희생자가 되는 것을 막으려면 우리는 무엇을 해야 할까요?」 그의 대답은 이러했다. 「진짜 문제는 그것이 아니라고 생각합니다. 도리어 우리 아이들이 잔인한 살인자가 되는 것을 막으려면 우리가 무엇을 해야 하는지가 문제입니다.」 이 정도의 지혜를 갖춘 사람은 드물다.

적당한 상황이 조성되면(전쟁이 나거나 다른 이유에서 일부 사람들이 다른 사람들에 대하여 권력을 행사하게 되면) 사이코패스적인 행동을 한껏 펼칠 뇌들은 항상 존재할 것이다. 따라서 헤르츠베르크의 취지에 전적으로 동의하면서 내놓을 수 있는 유일한 대답은 다음과 같다. 우리는 그런 상황이 최대한 드물게 조성되도록 애써야 한다. 내가 보기에 이를 위한 최고의 해법은 우수한 교육을 받고 독립적이며 비판적으로 사고하는 법을 터득한 시민들로 구성된 개방적·민주적 사회인 듯하다. 하지만 IS 지하드 전사로 나선 젊은 유럽인들의 모습은 우리의 해법이 얼마나 쉽게 물거품으로 돌아갈 수 있는지를 똑똑히 보여 준다.

범죄 행동에 대해서 도덕적 책임의 문제를 제기할 수 있는 것과 마찬가지로 영웅적 행동에 대해서도 그것이 과연 칭찬할 만한 행동일까라는 질문을 던질 수 있다. 일부 사람들은 전쟁 중에 유대인을 숨겨 주었다는 이유로 체포되어 목숨을 잃었다. 다른 사람들은 그런 행동을 할 생각을 추호도 하지 않았다. 우리는 이 상반된 행동들을 어떻게 평가해야 할까? 우리(=사회)는 유전적 소질과 초기 발달 과정으로 인해 자신의 이득을 취하지 않고 타인을 돕도록 구조화되고 발달한 뇌를 가진 사람들을 존경한다. 순수한 이타성은 사회에 이롭다. 그리고 우리는 무엇보다도 먼저 자신의 이익을 추구하기 때문에 타인에게 해를 끼치는 사람들과 뇌들을 경멸한다. 영웅적인 개인이나 특별한 도덕적 행동을 한 개인을 존경하지 말아야 할 이유는 전혀 없다. 중요한 것은 사회가 원활히 기능하는 것이다. 영웅적으로 또는 도덕적으로 행동하겠다는 결정이 개인의 뇌 구조에서 유래하며 충동적으로 내려진다는 점과 상관없이, 그런 결정을 내리는 뇌들은 사회의 원활한 기능에 기여하는 존경할 만한 뇌들이라는 것은 엄연한 사실이다.

이 분야의 전문가인 프란스 드 발의 지적을 여담 삼아 덧붙이자면, 거의 모든 경우에 사람은 자신의 도덕적 행동을 전혀 숙고하지 않으며 오히려 자신의 생물학적 소질에 기초하여 본능적이고 신속하게 행동한다. 그런 다음에 비로소 — 다른 결정들에서와 마찬가지로 — 자신이 순식간에 무의식적으로 한 행동의 이유를 고안한다. 전쟁이라는 극단적인 상황에서 사이코패스적 행동과 영웅적 행동은 서로 유사하게 보일 수 있다.

사람들이 타인을 돕는 동기는 매우 다양하다. 한 사람이 진정한 공감으로 하는 행동을 다른 사람은 어쩌면 그것이 자기에게 득이 되기 때문에 할 것이다. 제2차 세계대전 중에 은신해야 했던 어느 부유한 유대인을 도와준 사람이 그 대가로 큰돈을 요구했다면, 그 사람이 그 돈으로 무엇을 했는지가 중요하다. 그는 그 돈으로 역시 은신해야 했던 다른 사람들을 도왔을까, 아니면 그 돈을 자기 주머니에 넣고 말았을까? 이 질문의 답에서 그 사람이 어떤 부류인지 알 수 있다. 따라서 행위자의 의도와 그 행위의 의미에 대한 검토는 사회의 원활한 기능을 위해 필요하다.

7부

새로운 발전과 사회적 귀결

25장
뇌 질병의 예방과 치료

지식을 보유할 특권을 가진 사람은 행동할 의무도 가진다.
— 알베르트 아인슈타인

우리의 창조적인 뇌는 예술, 과학, 기술의 발전에서 엔진의 구실을 했다. 신경생물학은 앞으로 몇 년 동안 사회에 관한 귀결들을 점점 더 많이 내놓을 것이 틀림없다. 뇌 질병들의 예방과 치료를 위해 필요한 지식과 관련해서만 그러한 것이 아니다. 신경경제학과 신경마케팅에서처럼 신경생물학 지식을 사회과학에 적용하는 것과 관련해서도 그러하다. 그뿐만 아니라 우리는 범죄 행동의 배후에 관한 통찰들도 새로 얻었으며, 그 통찰들은 형법에 관한 귀결들을 가진다. 노인들의 독립성과 높은 교육 수준은 27장에서 다룰 임종에 관한 문제들을 전반적으로 변화시킬 것이다. 여전히 뇌 질병들과 얽혀 있는 금기가 뇌과학에 대한 일반적이고 공개적인 관심을 통해 깨지기를 희망해 본다.

1. 뇌 발달의 복잡성

뇌 발달의 시초부터 우리 뇌와 몸의 유전적 소질과 우리의 환경 사이에서 활발하고 역동적인 상호작용이 끊임없이 일어난다. 출생 전 환경은 주로 화학적이지만, 임신부의 스트레스와 같은 사회적 요인들도 중요하다. 태반을 통과하여 태아에 도달하는 새로운 병원체들은 항상 예상 외로 등장할 것이다. 1980년대에 에이즈 바이러스가 그러했고, 2016년에 지카 바이러스가 그러했듯이 말이다. 태반의 손상도 아동의 훗날 삶에서 신경학적 문제들을 일으킬 수 있다. 출생 후 환경은 주로 사회적이다. (그러나 전적으로 사회적인 것은 아니다.) 4세 아동의 뇌세포 개수는 이미 성인과 맞먹지만, 뇌세포들 간 연결은 출생 후 오랫동안 계속 발달한다. 앞이마엽 피질에서 연결들의 개수는 심지어 24세까지 증가한다.

그렇기 때문에 출생 후에도 가정, 학교, 문화적 환경에서 뇌 발달을 촉진할 가능성이 오랫동안 열려 있다. 물론 그 민감한 단계에서 해로운 환경 요인들이 우리의 뇌 발달에 장기적인, 심지어 영구적인 영향을 미칠 수도 있지만 말이다. 발달 단계에서는 스트레스 상황이 DNA의 장기적인 화학적 변화(이른바 후성유전학적 변화)를 일으킬 수 있다. 그렇기 때문에 방치되거나 학대당한 아동들은 우울증에 걸릴 위험이 평생 동안 높다. 출생 후의 비유전적 발달 과정들, 예컨대 뇌의 자기조직화와 환경 요인들 아래에서의 발달은 — 우리가 이미 보았듯이 — 모든 뇌 각각을 (따라서 우리 각자를) 유일무이하게 만든다. 설령 우리가 발달의 출발점에서 유전적 소질이 같았다 하더라도 말이다.

대단히 복잡한 뇌 발달에 관여하는 우연들 때문에, 그러니까 예컨대 어머니의 DNA와 아버지의 DNA 조합과 우주 복사선으로 인해 발생하는 새로운 변이들 때문에, 뇌 발달에서 한마디로 〈운이 없는〉 소수의 아동은 항상 존재할 것이다. 그 불운은 나중에 정신적 결함이나 정신의학적 문제들로 표출될 수 있다. 뇌 발달에 영향을 끼치는 모든 요인을 잘 아는 사람에게 이것은 그리 놀라운 일이 아니다. 오히려 정말로 놀라운 일은, 엄청나게 복잡한 뇌 발달 과정의 산물로 잘 작동하는 창조적인 뇌가 무척 자주 발생한다는 것이다.

2. 뇌 질병의 조기 진단과 치료

정신의학적 질병은 개인의 유전적 소질과 초기 발달 요인들의 상호작용을 통해 발생한다. 중요한 발달 요인들로 임신부가 인생 사건들(인생에서 손꼽을 만큼 결정적인 사건들)을 겪으며 받는 스트레스, 화학물질들이 일으키는 부담, 아동에 대한 방치나 학대나 악용을 들 수 있으며, 더 나중에는 도시화와 이주와 차별로 인한 스트레스도 중요한 역할을 한다. 이 요인들을 잘 알면 정신의학적 질병에 대한 예방이 가능하다.

정신의학적 질병들은 환자 인생의 큰 부분이나 심지어 전부를 파괴할 뿐 아니라 환자의 수명도 단축한다. 29개국에서 이루어진 203건의 연구에 대한 메타분석에서 드러났듯이, 정신의학적 환자는 정신장애가 없는 사람보다 수명이 10년 짧다. 자살은 이 차이의 일부만 설명해 준다. 하지만 긍정적인 변화도 간과하지 말아야 할 것이다. 형제가 많은 집안에서 여섯째 이상의 순번으로 태어난 여성들은 기분장애, 조현병, 자살 충동 같은 정신장애를 앓을 위험이 평균보다 높다. 이 현상은 아직 설명되지 않았는데, 피임이 일반화된 덕분에 현재 대다수의 국가들은 이 문제에 더는 직면하지 않는다.

몇몇 유전적 물질대사 질병들과 선천성 신경학적 질병(예컨대 척추갈림증), 대뇌의 부재(무뇌증), 다운 증후군은 이미 임신 중에 양수 검사, 융모막 조직검사, 임신부 혈액 속의 태아 DNA 검사, 초음파 검사를 통해 식별할 수 있으므로, 관계자들은 태아에 대한 임신중절을 고려할 수 있다.

새로운 기술들은 건강한 배아의 선택을 가능하게 한다. 네덜란드 폴렌담 주민의 3분의 1은 그 도시에서 흔히 발생하는 네 가지 질병 중 하나나 다수의 유전자를 보유하고 있다. 왜냐하면 그곳 주민의 대다수는 폴렌담을 건설한 소규모 집단의 후손이고, 그 집단은 몇 개의 가족들로 이루어졌기 때문이다. 현재 폴렌담에서는 그 네 가지 유전병에 대한 검사가 실시되고 있다. 그 유전병들 중 하나는 PCH2(제2형 다리뇌소뇌 형성 부전Pontocerebellar hypoplasia)인데, 소뇌 발달 장애인 이 병은 심각한 정신적 장애와 기대수명의 대폭 감축을 일으킨다. 오늘날 이런 유전병 소질을 지닌 사람들은 〈착상전 유전 진단〉의 도움을 받을 수 있다. 이 의료 기술의 절차는 다음과 같다. 여성의 난자들을 채취한 다음에 체외에서 정자세포들과 수정시킨다. 이어서 수정란들을 배양하면 다수의 배아들이 발생한다. 수정란이 거듭 분열하여 8개의 세포가 배아를 이룬 단계에서 배아 하나당 세포 하나를 채취하여 유전병 검사를 한다. 이어서 건강하다고 판명된 배아들을 자궁에 착상시킨다. 폴렌담에 사는 여성의 약 20퍼센트가 이 절차를 거쳐 임신한다.

몇몇 유전적 요인들은 아동의 출생 후에도 (신생아의 발뒤꿈치를 찔러 혈액을 채취하는 방식의) 신생아 검사에서 식별하고 약물 투여나 식사 조절을 통해 치료할 수 있다. 이 방법으로 심각한 뇌 손상들을 예방할 수 있다. 이미 언급한 대로 사회적 요인들도 유전적 요인에 못지않게 작용력이 크다. 사회적 요인들은 정신의학적 질병들의 예방과 치료에서 중요한 역할을 한다. 때로는 어린 아동을 일찌감치 가정에서 끄집어내는 최후의 조치를 취해야 한다. 왜냐하면 매우 나쁜 환경은 아동의 뇌 발달에 영구적인 폐해를 끼칠 수 있기 때문이다.

모든 예방 조치에도 불구하고 아동이 정신의학적 질병에 걸리는 일이 어느 가정에서나 발생할 수 있다. 그럴 경우에는 가정뿐 아니라 사회도 책임감을 가지고 대처해야 한다. 가장 먼저 해야 할 일은 환자를 전문의에게 보내 진단과 치료를 받게 하는 것이다.

고야가 1812~1819년에 정신병원의 광경을 그린 이래로, 또한 필리페 피넬 박사가 1776년에 파리의 정신병원 비세트르Bicetre의 환자들을 사슬에서 해방시킨 이래로, 유럽은 엄청나게 진보했다. 그러나 방글라데시에서는 조현병 환자들이 여전히 감방 안에 발이 묶인 채로 누워 있다.

그림 25.1 프란시스코 데 고야(1746~1828), 「정신병원」.

그림 25.2 토니 로버트-플루리, 「파리 살페트리에르 병원Hôpital de salpêtrière」(1796). 필리페 피넬 박사(1745~1826)가 파리의 정신병원 비세트르에서 환자들이 사슬에서 풀려나는 모습을 지켜보고 있다. 화면 중앙부의 한 남성 환자는 뇌전증 발작을 겪는 중이다. 피넬은 그 환자들이 사슬에서 풀려난 사건에 구체적으로 관여한 바가 전혀 없다. 피넬이 그들을 해방시켰다는 신화는 그가 정신장애 환자들을 더 인간적으로 대우할 것을 호소한 후 몇십 년에 걸쳐 생겨났다.

그림 25.3 쇼엡 파루키 촬영, 암스테르담 월드 프레스 포토 2005. 18세 청년이 방글라데시에 있는 한 정신병원의 감방 안에 결박된 채로 누워 있다. 그 병원에는 이런 감방이 24개 있다. 병원장에 따르면, 1880년에 설립된 이래로 그 정신병원은 수천 명의 환자를 이 조치로 〈치유했다〉. 중국에서 나의 강의를 들은 한 방글라데시 의과대 학생이 나에게 설명한 바에 따르면, 그의 나라 사람들은 여전히 정신병자는 악령에 씐 것이며 이런 방식으로 악령을 쫓아낼 수 있다고 믿는다.

3. 임신 전과 중의 예방조치들

> 일찍 투자할수록, 수익이 더 높다.
> — 제임스 헤크먼, 노벨 경제학상 수상자

이미 임신 전에 몇몇 요인들이 훗날 아동의 뇌가 잘 기능할지 여부에 영향을 미친다. 부모의 나이는 아동의 유병 위험을 결정하는 중요한 인자다. 임신부의 나이가 35세를 넘으면 아동의 다운 증후군 위험이 크게 상승한다는 것은 오래전부터 알려진 사실이다. 하지만 최근에 밝혀진 바에 따르면, 아버지의 나이가 45세를 넘으면, 아동이 양극성 우울증, ADHD, 자폐증, 정신병, 자살 충동, 중독 질환 같은 정신의학적 질병에 걸린 위험이 대폭 상승한다. 많은 쌍이 직업 경력 때문에 출산을 뒤로 미루는데, 이 선택은 어느 정도 위험을 동반한다.

척추갈림증이나 무뇌증을 예방하려면, 여성은 계획된 임신을 4주 앞둔 시점부터 엽산을 (하루 0.4밀리그램) 섭취하는 것이 좋다. 또한 계획된 임신을 몇 달 앞둔 때부터 흡연을 중단하고 알코올과 약물의 소비를 금하는 것이 바람직하다는 점을 누구도 의심하지 말아야 할 것이다. 그뿐만 아니라 계획된 임신 기간에 병에 걸리거나 직장에서 살충제 같은 화학물질에 노출되지 않도록 조심하는 것이 바람직하다. 하지만 요새 임신을 세심히 계획하고 이런 조언들을 새겨듣는 쌍들이 얼마나 될까라는 의문이 든다. 임신 전 의료는 앞으로 더 중요해질 것이 틀림없다.

가장 중시해야 할 것은 뇌 발달 장애의 예방이다. 왜냐하면 일찍이 언론인이자 정치인, 개혁가였던 프레더릭 더글라스(1818~1895)가 지적한 대로 〈아동을 강하게 키우는 것이 부서진 성인을 수리하는 것보다 더 쉽기〉 때문이다. 임신 중에 알코올, 니코틴, 약물은 금기다. 왜냐하면 이것들은 아동의 뇌 발달에 장기적인 부정적 영향을 미칠 수 있기 때문이다. 2015년에 네덜란드 형법 적용 및 청소년 보호 위원회는 임신 중에 계속 흡연하고 음주하는 여성의 태아를 부득이할 경우 정부의 감독 대상으로 지정할 것을 총리에게 권고했다.

그렇게 하면 사회복지사가 개입하여 행동의 변화를 일으키기가 더 쉬워질 것이라는 취지였다. 물론 좋은 의도에서 나온 권고지만, 중독은 처벌 가능한 행동이 아니라 치료해야 할 병이다.

의약품 사용은 극도로 삼가야 한다. (한 달에 1센티미터 자라는) 모발 한 가닥만 검사하면, 임신부가 어떤 물질들을 소비했는지 알아낼 수 있다. 임신부가 수태 시기와 임신 기간의 처음 3분의 2 동안 대마초나 코카인, 또는 엑스터시를 소비했다는 것을 그녀의 머리카락을 검사하면 알 수 있는데, 그런 임신부가 낳는 아동은 뇌 질병에 걸릴 위험이 평균보다 3배 높다.

전체 여성의 80퍼센트는 임신 중에 의약품을 사용한다. 가정의, 산파, 약사는 네덜란드 기형학 정보센터TIC에서 의약품이 일으키는 선천성 질병들에 관한 정보를 얻을 수 있다. 하지만 고전적이며 단박에 눈에 띄는 기형학적 선천성 질병들에 관한 정보가 주로 제공되는데, 이 유형의 기형은 빙산의 일각에 불과하다.

대표적인 예로 발프로산valproic acid을 들 수 있다. 많은 환자에게 효과가 있는 뇌전증 치료제인 발프로산은 임신부가 섭취할 경우 아동이 척추갈림증에 걸릴 위험을 높인다. 이 때문에 기형학 명예교수 파울 페터스는 2015년에, 태아의 뇌와 척수(이른바 신경관)가 형성되기 시작하는 시기 즈음에는 임신부에게 다른 뇌전증 치료제를 사용할 것을 제안했다. 하지만 임신 기간의 더 나중 시기에 화학물질들로 인해 선천성 기능장애들이 생기는 경우가 훨씬 더 많다. 이 장애들은 아동의 학습 및 행동의 문제로 표출된다. 임신 중의 발프로산 섭취는 아동의 IQ가 낮아질 위험, 아동이 자폐증과 기억장애를 타고날 위험도 높인다. 따라서 내가 판단하기에 임신부는 임신 기간 내내 다른 뇌전증 치료제를 사용하는 것이 바람직하다. 카르바마제핀carbamazepine은 많은 기능적 연구들에서 발프로산보다 훨씬 더 나은 결과를 냈다.

환경에서 유래하여 태반을 통과할 수 있는 물질들의 효과는 점점 더 우려를 자아낸다. 예컨대 미세먼지는 자폐증 위험을 높이고, 플라스틱 속의 가소제를 비롯한 내분비계 교란물질들은 뇌의 성별 분화를 교란하고 IQ를 낮출 수 있다. 임신부가 걸리는 질병도 아동의 뇌 발달을 위협하므로 조기에 잘 치료해야 한다.

정상 아동에 비해 자폐증이나 발달 장애를 앓는 아동은 임신 기간에 임신중독증을 앓은 어머니를 두었을 확률이 2배, 중증 임신중독증을 앓은 어머니를 두었을 확률이 무려 5배 높다. 참고로 자폐 스펙트럼 장애는 임신중독증의 영향이 통계적으로 미미한 뇌 발달 장애다. 훨씬 더 중요한 것은 유전적 요인이다. 그러나 임신중독증 같은 환경 요인들을 통해 발생하는 위험도 엄연히 있으므로, 적절한 대처로 — 이를테면 통상적으로 그렇게 하듯이, 아스피린 투여량을 줄임으로써 — 그 위험을 낮추려 노력할 수 있다.

선천성 정신장애의 60퍼센트 이상은 아동 DNA의 부정적 변화에서 유래하는 것으로 보인다. 자궁 속 아동의 DNA는 임신부의 혈류를 타고 순환하는데, 그 DNA를 사멸한 태반 세포에서 검출할 수 있다. 가까운 장래에 아동의 선천성 정신장애의 대부분을 임신 기간에 판별하여 임신중절을 고려하는 것이 가능해질 것이다. 소규모 기독교 정당들이 이 발전을 얼마나 오래 가로막을지 두고 볼 일이지만, 결국 그들은 성공하지 못할 것이다.

4. 영양 섭취와 음식 문화

> 임신부와 두 살 이하 아동의 영양 섭취를 향상시키는 것은
> 우리 모두가 실행할 수 있는 가장 영리한 투자 중
> 하나라고 우리는 확신합니다.
> ─ 힐러리 클린턴(2011)

온갖 중대한 영양 문제들이 더는 존재하지 않는 나라에 사는 것이 행운임을 나는 여행하면서 자주 실감한다. 여전히 전 세계에서 1억 명의 아동이 네덜란드의 겨울 기근에 빗댈 만한 영양 부족으로 뇌 발달에 심각하고 장기적인 해를 입는다. 영양 부족은 장기적으로 지적 능력의 저하를 가져올 수 있을 뿐 아니라 조현병, 우울증, 반사회적 행동의 위험도 높인다.

자궁 안의 아동은 주어진 영양 조건에 적응한다. 자궁 내 영양 부족은 아동의 뇌 시스템들로 하여금 가용한 열량을 모두 섭취하게 만든다. 그러면 아동은 훗날 음식 섭취를 멈추기 어렵게 된다. 만일 출생 후에도 실제로 영양 부족 상태가 지속된다면, 이것은 이로운 특징이다. 반면에 출생 후 아동의 환경에 영양이 풍부하거나 자궁 내 영양 부족이 태반의 기능 부전에서 유래한 것이었다면, 그 적응적 특징은 과체중, 비만, 당뇨병의 위험을 높인다. 태아 뇌의 적응들은 단기적으로만 이롭게 작용한다. 사실 태아의 뇌가 장기적인 계획을 세우기를 기대하는 것은 무리일 터이다.

임신부의 비만은 임신 기간의 출발부터 반드시 예방해야 한다. 그래야 아동이 훗날 비만 문제에 시달리지 않게 된다. 비만 임신부의 태아는 포도당을 너무 많이 공급받기 때문에 태아 자신의 인슐린 작용으로 과체중이 된다. 이런 식으로 어머니의 당뇨병이 임신 기간에 자식의 당뇨병을 유발할 수 있다.

그림 25.4 마리우스 메이뷤, 「투인가의 헨키 홀바스트Henkie Holvast uit de Tuinstraat」. 겨울 기근 중인 1944년 네덜란드에서 촬영.

갑상선 호르몬은 태아의 뇌와 내이(內耳)가 정상적으로 발달하기 위해 결정적으로 중요하다. 그런데 그 호르몬은 갑상선 안에서 분자 하나당 요오드 원자 3개가 장착되어야 잘 기능할 수 있다. 따라서 토양에 — 따라서 음식물에 — 요오드가 부족하면, 갑상선 호르몬의 기능 저하로 인해 아동의 정신적 발달 지체와 청각장애가 발생할 수 있다. 이 발달 장애를 일컬어 크레틴병cretinism이라고 한다. 크레틴병 환자는 갑상선이 확대되어 생긴 혹을 지닌 경우가 많다. 환자의 갑상선은 음식물이 함유한 소량의 요오드를 추출하려 애쓴다. 스위스에서 식용 소금에 요오드를 첨가한 후, 청각 장애인 시설들이 문을 닫는 쾌거가 일어났다. 하지만 요오드 결핍은 지금도 세계 곳곳에서 문제를 일으킨다. 중국 중부 안후이성의 산악지대에서 나는 여전히 크레틴병 환자들과 마주친다. 네덜란드에서는 식용 소금과 빵에 요오드를 첨가하기 시작한 이래로 크레틴병이 더는 중요하지 않게 되었다. 하지만 미래에도 그러할지는 전혀 장담할 수 없다. 왜냐하면 요새 사람들은 요오드를 함유하지 않은 〈건강한 바이오 빵〉을 더 자주 먹거나, 글루텐gluten 알레르기에 대해서 흔히 근거 없는 공포를 품은 탓에 빵을 아예 먹지 않기 때문이다. 하지만 요오드를 너무 많이 섭취하는 것도 해롭다. 그래서 사람들은 임신부에게 해조류로 감싼 초밥이나 해조류 수프를 먹지 말라고 권한다. 먹더라도 너무 많이 먹지는 말라고 말이다.

자궁 안의 태아는 공급되리라 기대되는 영양의 양뿐만 아니라 성분에도 적응한다. 출생 후에 아기는 이미 출생 전에 어머니를 통해 접한 음식들을 (주로 그 냄새를 기억하여) 선호한다. 임신부가 마늘을 먹으면, 양수의 냄새가 바뀐다. 그러면 아동은 출생 후에 마늘 냄새를 꺼리지 않게 된다. 아동이 특정 음식들에 대한 선호를 민감하게 학습하는 기간은 출생후 몇 달까지 이어진다. 따라서 수유도 아동이 두 살 때 무엇을 즐겨 먹을지에 영향을 미칠 수 있다. 네덜란드

그림 25.5 프란스 할스, 「말레 바베Malle Babbe」(1633~1635). 그녀의 본명은 바바라 클레스였다. 〈말레 바베〉라는 별명은 〈말레 바바라Malle Barbara〉를 변형하여 만든 것이다. 그녀는 정신장애인이었기 때문에 1646년부터 하를럼의 구빈원 workhouse에서 살다가 1663년에 사망했다. 그녀는 크레틴병 환자였다.

국립 보건환경 연구소RIVM에 따르면, 채소를 충분히 섭취하는 네덜란드 아동은 1퍼센트에 불과하다. 많은 아동은 야채 섭취를 몹시 꺼린다. 따라서 어머니들은 자신이 수유 기간에 야채를 너무 적게 먹었기 때문에 자식도 야채를 꺼리게 되지 않았는지 반성할 필요가 있을지도 모른다.

5. 출생 후 환경

> 내가 보기에 빈민은 분재(盆栽)와 같다. 그들의 씨앗은
> 정상이다. 그러나 사회가 땅을 제공하지 않아서 그들이
> 자라지 못한 것이다.
> ─무함마드 유누스

출생 후 아동의 뇌 발달은 사회적·문화적 환경의 영향을 받는다. 아동에게 가장 좋은 것은 사랑이 넘치고 안전하며 자극이 풍부한 환경에서 성장하는 것이다. 집중적인 격려와 지원은 어쩌면 있을지도 모르는 발달 장애들도 완화할 수 있다. 조산아나 저체중 신생아가 인큐베이터 안에서 듣는 모차르트의 음악은 긍정적인 발달 자극제의 구실을 한다. 방치, 학대, 악용에 효과적으로 대처할 수 있으려면, 아동의 사회적 환경에 주의를 기울여야 한다. 우리의 문화적·언어적 환경은 개인에 따라 다르기만 한 것이 아니다. 그 밖에도 개별 국가들 사이의 차이, 동양과 서양의 차이, 북반구와 남반구의 차이, 민족들 간 차이, 도시와 농촌의 차이, 다양한 직업들 사이의 차이, 사회경제적 계층들 간 차이, 종교의 차이가 존재한다. 또한 전쟁 상황에서 성장하느냐, 아니면 평화 상황에서 성장하느냐도 큰 차이다. 많은 아동은 사랑이 넘치고 안전한 것과는 전혀 딴판인 상황에서 성장한다. 유니세프에 따르면 2014년은 아동들에게 극단적인 재난의 해였다. 약 1,500만 명의 아동이 전쟁, 테러, 에볼라, 기근에 시달렸다. 따라서 그들 중 다수는 뇌 발달에 장기적인 피해를 입었을 것이다.

이 모든 부정적 조건들이 우리 뇌의 구조와 기능에 흔적을 남긴다. 문화가 아동의 뇌 발달에 미치는 영향과 관련해서 나는 현재 중국 항저우에 건설 중인 뇌 은행이 보유하게 될 자료를 가지고 차세대 뇌과학자들이 수행할 연구에 큰 기대를 걸고 있다. 그 자료를 네덜란드 뇌 은행의 자료와 체계적으로 비교하면 놀라운 결과들이 나올 수 있다. 왜냐하면 언어를 비롯한 문화적 요인들도 개인 간 차이의 발생에 기여하니까 말이다.

수유는 어머니-자식 유대를 강화한다. 아기가 젖꼭지를 빨면 어머니의 뇌 호르몬 옥시토신이 분비되고, 그 결과로 젖의 흐름이 촉진된다. 옥시토신은 뇌에도 뿌려져 어머니와 아동의 유대에 중요한 역할을 한다. 하지만 옥

그림 25.6 렘브란트 판 레인, 「가족의 초상Familieportret」(약 1665년).

시토신이 수유 중에만 분비되는 것은 아니다. 그 호르몬은 어머니와 자식이 다른 방식으로 다정하게 접촉할 때도 분비된다. 따라서 출생 후 몇 달이 지나면, 수유를 계속하느냐 아니면 젖병을 사용하느냐는 어머니-자식 유대에 더는 중요하지 않게 된다.

방치당하고 어머니와 다정하게 접촉하지 못한 아동들은 나중의 삶에서도 다정한 관계를 맺기 어려워한다. 어릴 때 학습한 내용은 더 확고하게 새겨진다. 하지만 발달 지체가 반드시 지속되는 것은 아니다. 자메이카에서 발달 지체가 있는 아동들을 대상으로 2년 동안 단순 심리학적 무작위 개입 연구를 한 뒤 20년이 지나서 후속 연구가 실행되었다. 과거 연구에서 개입이란 보건 상담사가 매주 방문하여 부모에게 교육 요령들을 전해 주고 어머니와 아동이 인지 능력과 사회적·감정적 능력이 발달하는 방향으로 상호작용하도록 격려하는 것이었다. 그 후 20년이 지나 실행한 면담에서 다음 사실이 뚜렷이 드러났다. 그 개입은 아동의 훗날 소득을 25퍼센트 상승시켜 발달 지체가 없는 대조군의 소득과 동등하게 만들었다. 요컨대 비교적 단순한 조치만으로도 환경을 통해 큰 성과를 낼 수 있다.

6. 화학물질과 마취가 뇌 발달에 미치는 영향

출생 전과 후 모두에서 많은 화학물질이 아동의 뇌 발달에 장기적인 영향을 미칠 수 있다. 임신부는 흡연, 알코올, 약물 소비를 반드시 피해야 한다. 또한 농장이나 일부 공장과 실험실처럼 화학물질에 노출될 가능성이 있는 직업 환경도 멀리하는 것이 바람직하다. 임신 중과 출생 후 1년 동안 아동이 도시와 공업 지역에서 미세먼지에 노출되면 자폐증 위험이 높아진다. 스히폴Schiphol 공항 근처에서는 항공기 연료가 탈 때 나오는 초미세먼지의 농도가 다른 곳에서보다 높게 측정되었다. 이 물질들이 일으킬 수 있는 폐해에 대한 후속 연구들이 반드시 필요하다. 임신 중의 의약품 섭취도 최대한 피하는 것이 좋다. 임신부가 예컨대 경미한 우울증으로 치료를 받아야 할 경우, 약물 치료보다 빛 치료나 인터넷 치료 같은 다른 형태의 치료들을 선호하는 것이 바람직하다.

비인간 영장류를 대상으로 한 동물실험들에서 마취가 어린 개체의 뇌 발달을 장기적으로 저해한다는 것이 입증되었다. 특히 학습, 기억, 주의력, 사회적 행동, 공간적 상상력에 부정적인 영향이 미쳤다. 후향 연구들retrospective studies에서 입증되었듯이, 3세 이전에 탈장 수술을 위해 전신마취를 받은 적이 있는 아동은 정신 발달 지체, 자폐증, 언어 및 발화 장애에 걸릴 위험이 평균보다 더 높다. 4세 이전에 전신마취 수술을 2회 이상 받은 아동들에 대한 다른 후향 연구들에서는 학습장애, 낮은 IQ, ADHD의 위험이 평균보다 더 높게 나타났다. 마취 시간이 길수록, 훗날 아동의 최종 학력이 더 낮았다.

치료를 요구한 질병 때문이 아니라 실제로 전신마취 때문에 이 효과들이 발생했음을 입증하는, 유일하게 적절하며 윤리적으로 문제가 없는 연구는 전신마취 환자들과 국소마취 환자들을 비교하는 무작위 연구뿐이다. 그런 연구의 첫 결과들은 2018년에 나올 것이다. 그때까지는 아동에 대한 수술을 최대한 — 적어도 4세 이후로 — 미루고 불가피할 경우에는 되도록 국소마취로 실시하는 것이 바람직할 듯하다. 더 나아가 효과가 입증되지 않은 수술들, 예컨대 상기도upper airway 감염 환자에 대한 편도선 절제술은 아동을 대상으로는 전적으로 금해야 할 것이다. 어린 아동이 마취를 포함한 치과 진료를 거듭해서 받는 것도 바람직하지 않다.

7. 취학 아동

초등학교에서의 음악, 미술, 스포츠 수업은 아동의 뇌 발달에 이롭다. 음악 수업은 아동의 IQ와 인지 성적을 향상시킨다. 한 연구에서 7~10세 아동들이 15주에 걸친 미술 수업을 받은 후 집행 기능, 기분, 대뇌피질의 두께가 향상되었다. 개인적으로 나는 학생 시

그림 25.7 내 손자 알렉산더는 네 살 때 고대 이집트 미술에 감동하여 나와 내 아내가 파리에 갈 때마다 우리를 루브르 박물관의 이집트 미술 전시실로 끌고 갔다.

절에 암스테르담 시립 미술관을 방문했을 때 카럴 빌링크의 마술적 리얼리즘 회화들에 무척 감동했던 것을 지금도 생생히 기억한다. 아동들은 정말로 미술에 감동할 수 있다.

스포츠 수업도 학업 성적을 전반적으로 향상시킨다. 스포츠 수업은 특히 집행 기능을 향상시키며 더 나아가 비만의 위험을 낮춘다. 안타깝게도 네덜란드 초등학교들은 음악 수업과 스포츠 수업을 대폭 줄였다. 음악 교사와 스포츠 교사가 희귀 자원인 학교들이 많다. 특히 남학생들은 엄청난 운동 욕구를 지녔는데, 스포츠가 없으면 그 욕구를 실컷 풀 수 없다. 우리의 여성화된 교육 시스템에서 일부 초등학교 여교사들은 이 운동 욕구를 안타깝게도 전혀 무시한다. 그 결과로 어린 남학생들은 너무나도 신속하게 ADHD 환자가 된다. 중국에서 6~8세 아동은 스포츠 수업을 주당 4시간, 9~11세 아동은 3시간 받는다. 그뿐만 아니라 〈긴 휴식〉 시간이 주당 3회 있는데, 그 시간도 스포츠 활동에 할애된다. 더 나아가 초등학생은 음악 수업과 미술 수업을 주당 2시간씩 받는다. 게다가 수요일과 금요일에 〈동아리 활동〉에서 노래하고 춤추고 악기를 연주한다. 바라건대 네덜란드 정부와 기타 교육 관계자들도 노선을 바꿔 학교들에서 음악과 스포츠가 다시 충분히 실행되도록 해야 할 것이다.

사춘기에 소녀는 소년보다 발달 수준이 2년 앞선다. 하지만 남녀 간의 이 같은 발달의 차이를 근거로 여학생 학급과 남학생 학급을 분리하던 과거 제도로의 복귀를 옹호할 수는 없다. 왜냐하면 여학생 집단 내부에서의 개인차와 남학생 집단 내부에서의 개인차도 매우 크기 때문이다. 양쪽 집단 모두에 발달이 빠른 개인들과 느린 개인들이 있다. 한 아동의 발달이 더디다는 것은 그의 뇌 발달이 낮은 수준에서 종결되리라는 것을 전혀 의미하지 않는다. 뇌 발달의 경로는 매우 다양할 수 있다. 따라서 초등학교 시험 성적을 대할 때는 매우 신중할 필요가 있다. 아동이 12세에서 16세로 성장하는 동안에 언어적 IQ와 비언어적 IQ는 10점 변동할 수 있다. 따라서 네덜란드에서 상급학교 선택에 도움을 주기 위해 11세 아동을 대상으로 치르는 이른바 〈시토 시험Cito Test〉의 의미는 절대적이지 않다.

더구나 일부 사람들은 자기가 정말로 좋아하는 것을 배울 수 있을 때 비로소 능력을 발휘한다. 스티븐 호킹은 2013년에 자신의 학생 시절에 대해서 이렇게 썼다. 〈나는 학급에서 중간 이상이었던 적이 한 번도 없다(우리 학급은 대단히 영리했다). 나는 과제물을 매우 너저분하게 작성했고, 나의 필체는 선생들을 절망시켰다.〉 21세에 루게릭병 진단을 받고 나서 어쩌면 남은 시간이 얼마 없음을 명확히 깨달았을 때에야 비로소 그는 진지하게 공부하기 시작했다. 그때부터 그는 썩 우수한 학생이 되었다.

학교는 개별 아동 각각의 발달 단계, 관심, 가능성에 더 많은 주의를 기울여야 한다. 본격적인 개인 맞춤형 수업은 재정적인 이유에서 불가능하다고 사람들은 흔히 말한다. 똑같은 이유에서 나의 부모는 과거에 내가 예쁜 여자 가정교사를 원한다고 말했을 때 내 말을 무시했다. 하지만 내가 이 문제에 대해서 논의한 소수의 열정적인 교사들은 학생들을 지금보다 더 개인적으로 교육하는 것이 얼마든지 가능하다는 입장이었다.

청소년들은 늦게 잠자리에 들고 흔히 책상 위에 엎드려 잠자기 때문에, 일부 학교들은 수업을 더 늦게 시작하는 방안을 고려하고 있다. 각각 18세와 19세 여학생인 아미 피퍼와 안네 시어세마는 고등학교 졸업을 앞두고 이 주제에 관한 논문을 썼다. 그들은 동료 학생 741명이 수업 중에 작성한 과제물 4,743건에 매겨진 성적과 그 과제물들이 작성된 시각을 조사했다. 그뿐만 아니라 그들은 동료 학생들이 아침형 인간인지, 저녁형 인간인지를 설문지를 통해 조사했다. 조사 결과를 분석해 보니, 아침형 인간들이 저녁형 인간들보다 성적이 더 좋았고, 하루의 첫 수업에서 작성된 과제물의 성적이 더 나중에 작성된 과제물의 성적보다 0.5점 낮았다.

두 여학생의 논문은 저자들에게 최고 점수와 여러 상을 안겨 주었을 뿐 아니라 저명한 국제 학술지인 『생물학적 리듬 저널Journal of Biological Rhythms』에 실리기까지 했다. 두 여학생의 학교는 수업 시간의 변경을 시도할 계획을 세웠다.

그러나 그 시도는 무의미하다고 레이던 대학교의 생리학 교수 요케 메이어는 옳게 지적한다. 왜냐하면 청소년들은 사춘기에 25시간 주기의 리듬을 따르기 때문이다. 이 리듬에 맞추려면, 학교 수업이 매일 한 시간씩 늦게 시작되어야 할 것이다. 더구나 수업이 늦게 시작되면, 일하는 부모와 학생들을 학교로 실어 나르는 운송 노동자들에게 어려움이 생길 수 있다. 청소년들이 학교에서 피로를 느끼는 원인은 그들이 늦게 잠자리에 들고, 저녁에 조명을 너무 늦게 어둡게 하고, 아이패드와 컴퓨터를 통해 사회적 연결망들을 한없이 누비는 것에 있다. 밝은 파란색 빛과 끝없이 들어오는 뉴스는 그들이 잠드는 것을 방해한다. 아침에 빛을 많이 쪼이면, 밤에 쉽게 잠드는 데 도움이 된다. 그 밖에 과제물 작성과 시험은 늦은 시각에 실시하는 것이 바람직하다. 이에 대해서는 요케 메이어도 같은 의견이다.

특별한 재능은 이른 나이에도 나타날 수 있다. 신동들은 어린 나이에도 흔히 놀랄 만큼 풍부한 어휘를 구사하거나 일찌감치 숫자와 철자를 깨친다. 그들은 대상이 어떻게 작동하는지, 사물이 이러저러한 것은 무엇 때문인지에 관심을 기울인다. 때때로 신동들은 풍부하고 다채로운 상상력을 발휘한다. 그들은 손위 아이들과 즐겨 놀며 유머 감각이 좋고 성인들의 농담을 이해한다. 신동들은 또한 기억력이 좋다. 그들은 사람들이 아이들의 어투로 자신과 대화하는 것을 거부하며 옳고 그름에 대한 감각이 또렷하고 부당한 일이 벌어지면 흥분한다. 하지만 이런 긍정적인 속성들이 행동 변화들을 동반하면서 신동들에게 문제를 안겨 주기도 한다. 일부 신동들의 행동 특징들은 ADHD, 난독증, 자폐증과 어느 정도 유사하다. 그들은 집에서의 행동과 학교에서의 행동이 서로 다르다. 일부 신동들은 학교에서 매우 조용하거나 수줍음이 많거나 반항적이다. 혹은 성적이 자신의 가능성에 못 미치면서 점점 더 나빠지거나 지루함 때문에 몹시 들쭉날쭉하다. 스티븐 호킹은 2013년에 이렇게 썼다. 〈학교에서 물리학은 가장 지루한 과목이었다. 왜냐하면 모든 것이 너무 쉽고 뻔했기 때문이다.〉 신동들에게는 특별히 까다로운 학습 과제 — 예컨대 체스, 영어, 중국어, 브리지 게임 등 — 를 제공하여 학교 생활이 지루하지 않게 해주어야 한다.

수학이나 음악, 미술, 스포츠에 재능이 있는 아동들에게는 특별한 관심을 기울일 필요가 있다. 그들은 특별한 (영재)학교들에서 자신의 재능을 발전시킬 기회를 얻어야 한다. 결국 국가는 그들의 〈특별한〉 능력으로부터 이익을 거두게 될 것이다. 재능을 최적으로 펼칠 수 있으려면, 능력과 의욕을 갖춘 교사들이 아동을 자극하여 옳은 방향으로 이끌어야 하고, 이를 위해 그런 특별한 학교들이 설립되어 있는 것이다. 더구나 그런 특별한 자극은 신동들이 사회적으로 고립되는 것을 막아 준다. 거꾸로 신동들의 보답도 필요하다. 사회가 신동들에게 그런 특별한 기회들을 제공한다면, 나중에 그들이 자신의 재능과 특별한 지식을 다음 세대의 교육을 위해 제공할 기회도 마련해 주는 것이 정당하고 합리적이다. 학교에서 음악, 스포츠, 미술이 심하게 홀대당하는 이 시대에 특혜를 입은 신동들의 교육적 보답은 정말 좋은 일일 것이다.

8. 후천성 뇌 손상들

뇌 손상은 (교통)사고나 스포츠의 와중에, 혹은 뇌출혈, 뇌경색, 뇌종양, 기타 뇌 질병을 통해서, 혹은 폭력의 피해로 발생할 수 있다. 군인은 폭발로 뇌 부상을 입기도 한다. 후천성 뇌 손상은 손상의 위치와 범위에 따라 매우 다양한 신경학적·정신의학적 증상들 — 예컨대 마비, 언어장애, 만성 피로, 집중력 장애, 격한 감정, 행동장애, 학습장애, 수면장애, 기억장애, 뇌전증 — 을 일으킬 수 있다. 군대 내 폭발 사고 후에 시상하부의 기능장애가 발생한 사례도 있다. 구체적으로 호르몬 장애, 피로, 공포, 성 장애가 발생했다. 뇌 부상을 당한 사람은 흔히 직업을 잃거나 어쩔 수 없이 학업을 중단한다. 그뿐만 아니라 뇌 부상을 당하고 나면 범죄를 저질러 처벌받을 위험이 높아진다. 뇌 부상자는 흔히 자신의 병을 자각하지 못하기 때문에, 후천성 뇌 손상자의 행동을 교정하기는 쉽지 않다.

후천성 뇌 손상은 아동과 청소년에게서 가장 흔한 사망원인이다. 네덜란드에서 매일 최소 50명의 아동, 청소년, 젊은 성인이 뇌 부상을 당한다. 뇌 부상의 귀결들은 과거의 통념보다 훨씬 더 심각하다. 과거에 사람들은 어린 뇌가 부상에서 더 잘 회복하리라 생각했지만, 오히려 진실은 정반대다. 어린 나이의 뇌 손상은 뇌 발달을 심각하게 저해할 수 있다. 이로 인한 문제는 아동과 청소년의 삶에서 중대한 변화가 일어날 때, 이를테면 상급학교에 진학하거나 첫사랑을 경험하거나 부모의 집을 떠날 때 특히 뚜렷하게 드러난다. 얼핏 보면 그들은 부상에서 잘 회복한 듯하지만, 처음에는 눈에 띄지 않던 귀결들이 나중에 비로소 중대한 문제들로 불거질 수 있다.

18세에 이른 여성은 더는 충동적으로 행동하지 않으리라고 예상되지만, 후천성 뇌 부상을 입은 18세 여성은 흔히 충동적으로 행동한다. 외상성 뇌 손상 환자의 약 15퍼센트는 식별되지 않은 뇌하수체 손상을 보유하고 있으며, 그 손상의 대다수는 성장호르몬의 결핍과 연결된다. 그런 손상은 원리적으로 식별 가능하고 치유도 가능하지만, 성장호르몬 결핍의 증상들(예컨대 심한 피로)이 장기적인 뇌 손상과 인지 능력 손상으로 해석되어 또 다른 원인을 탐색하지 않는 경우가 많다. 뇌 부상의 치료는 예나 지금이나 손상된 시스템을 훈련시키는 것이 그 본질이다. 이때 치료자는 부상자의 신경계가 여전히 보유한 가소성에 희망을 건다. 음악치료는 집행 기능, 감정, 기분, 걸음 속도에 긍정적으로 작용하고 주목받으려는 욕망과 공포를 줄인다.

9. 뇌출혈과 뇌경색

뇌출혈과 뇌경색도 심한 뇌 손상을 일으킬 수 있다. 네덜란드에서 매년 2만(독일에서는 약 20만) 명이 뇌경색으로 입원한다. 최근에 뇌경색 치료에서 중요한 발전이 이루어졌다. 뇌경색 발생 후 4시간 반 이내에는 〈조직 플라스미노겐 활성제tissue plasminogen activator〉라는 약물을 투여하여 뇌혈관 속의 혈전을 녹일 수 있다.

비교적 큰 혈관이 막혔을 경우, 요새는 혈관에서 혈전을 끄집어내는 시술을 할 수 있다. 의료진은 서혜부의 혈관 속으로 관(카테터)을 삽입하여 뇌혈관 속 혈전까지 밀어 넣는다. 그다음에는 스텐트(작은 그물망)를 혈전 속으로 집어넣는다. 그 스텐트가 펼쳐지면, 혈전이 제거되어 다시 뇌의 동맥들로 혈액이 흐를 수 있게 된다. 이 시술이 없던 시절에는 뇌경색 환자의 다수가 후유증으로 장기적인 장애를 얻었지만, 지금은 전체 환자의 3분의 1이 건강을 회복하여 독립성을 고스란히 되찾는다. 이 시술이 속한 새로운 분야, 곧 개입영상의학interventional radiology은 뇌경색 치료에서 획기적인 혁신이다.

스텐트 시술 뒤에도 당연히 재활 치료가 결정적으로 중요하다. 통제된 연구들에서 드러났듯이, 음악은 인지 능력 회복에 도움이 되며 기분을 향상시킨다. 뇌경색 뒤에도 매일 음악을 들으면 뇌 기능의 회복에 긍정적인 효과가 나며, 그 효과는 뇌의 해부학적 변화와 짝을 이룬다. 한 연구에서 6개월 동안 매일 음악을 들은 피험자들에게서는 이마엽과 배쪽 선조체의 회색질이 증가한 것이 확인되었다.

10. 가소성

뇌 발달 기간에 한 감각기관에서 정보가 들어오지 않으면, 그 결여를 다른 감각기관들이 벌충한다. 이 현상을 보상 가소성compensatory plasticity이라고 한다. 보상 가소성은 두 가지 양상으로 나타나는데, 그것들은 대뇌피질에서 다른 감각 시스템들이 발달하는 것과 다른 감각기관들에서 오는 정보에 대한 주의집중이 향상되는 것이다. 청각을 잃은 사람들은 청각피질에서 예컨대 시각 정보를 일반인보다 더 많이 처리한다. 그들은 수화를 이차청각피질에서 처리한다.

또한 농인들은 몸짓 언어와 표정에서 더 많은 정보를 뽑아낼 수 있다. 독순술lipreading(입 모양 보고 말을 알아듣기)뿐 아니라 표정도 수화에서 의미론적으로 또 문법적으로 중요한 구실을 한다. 뉴스에서 수화 통역사의 표정을 유심히 관찰해 보라! 농인들은 음악가의 얼굴에 나타나는 감정과 몸동작을 통해 음악의 몇몇 특징들을 알아채고, 진동을 통해 음악의 리듬을 감지한다. 그래미상 수상자 에벌린 글레니는 12세부터 청각을 거의 잃었다. 그럼에도 그녀는 탁월한 타악기 연주자다. 그녀는 몸의 모든 부분들로 음악을 느낄 수 있다고 스스로 말한다.

하지만 대뇌피질의 보상 가소성은 초기 발달 단계에서 한 감각이 결여될 때 주로 나타난다. 아마도 2~3세까지가 임계 단계인 것으로 보인다. 따라서 주로 심리학 진영의 일부 사람들은 우리가 의지력을 발휘하기만 하면 뇌의 모든 문제를 해결할 수 있다고 말하곤 하지만, 진실은 그리 단순하지 않다. 그들은 뇌가 가소성을 지녔으므로 우리가 뇌를 변화시킬 수 있다고 말한다. 실제로 우리 뇌는 가변적이다. 어느 정도의 가소성은 적어도 일부 뇌 구역과 시스템과 기능에서는 존속한다. 우리가 학습하는 모든 것은 궁극적으로 개별 뇌세포들 간 연결의 분자적·구조적 변화로서 고착된다. 이것이 시냅스의 가소적 변화다. 그뿐만 아니라 노인에게서도 뇌 기능의 향상을 이뤄 낼 수 있다(18장 7~9 참조). 그러나 우리 뇌의 많은 시스템에서 가소성은 매우 제한적이다. 만약에 뇌의 가소성이 일부 사람들이 믿고 싶어 하는 만큼 크다면, 뇌 손상은 더 잘 치유될 테고, 뇌 손상 환자들은 그 모든 심각하고 장기적인 신경학적 장애들을 후유증으로 얻지 않을 터이다.

또한 정신의학적 질병들의 바탕에는 뇌 발달 장애가 있는데, 우울증 성향이나 조현병 성향, 경계성 성격장애 성향을 제거하기 위해 성년기에 뇌 발달 과정을 다시 거칠 수는 없다. 더구나 이 질병들에서는 유전적 소질도 결정적으로 중요한데, 아쉽게도 유전적 소질은 불변적이다. 뇌 질병들의 치료법이 점점 더 발전하고 있는 것은 사실이지만, 예방에 대한 강조는 확실히 필수적이다. 그리고 뇌 질병들의 예방은 이미 임신 계획 단계에서부터 시작되어야 한다.

11. 자살

> 자살은 정말이지 내가 가장 할 법하지 않은 행동이다.
> ─ 허먼 핑커스

자살은 큰 문제다. 매년 전 세계에서 100만 명이 자살한다. 전쟁과 살인을 통해 목숨을 잃는 인구보다 더 많은 사람이 자살하는 것이다. 자살 시도는 그보다 10~20배 더 많다. 네덜란드에서는 2014년에 약 9만 4,000명이 자살을 시도했고, 그중 1,839명이 사망했다(독일의 자살자는 약 1만 명). 자살은 그 배후의 정신의학적 질병보다 더 강한 금기이기 때문에, 환자들은 자살에 대한 자신의 생각을 쉽게 털어놓지 못한다. 자살한 사람들의 60퍼센트는 정신의학적 치료를 받지 않았다. 하지만 그들 중 4분의 1은 이런저런 방식으로 자살 의사를 드러냈다.

정신과 의사들은 환자의 자살을 자신의 실패로 여기며 괴로워한다. 〈환자가 자살할 때마다 나는 강렬한 실패감에 휩싸인다〉라고 암스테르담 대학 병원 AMC의 정신과 의사 다미안 데니스 교수는 말했다. 한편, 일부 정신과 의사는 환자의 자살을 불가피한 직업적 위험으로 여긴다. 〈사람이 작심하고 죽으려 하면, 말릴 길이 없을 것이다.〉 하지만 이것도 올바른 태도는 아니다. 자살 생각을 털어놓고 대화하는 것은 큰 도움이 될 수 있다. 위기 상황을 위해서 응급전화 서비스들이 마련되어 있다. 그러나 많은 사람은 그런 서비스를 모르며, 환자가 정신과 의사와의 면담 기회를 얻으려면 일반적으로 오랜 시간이 걸린다. 네덜란드에서는 (훨씬 더 많은 관심을 받아야 할) 자살 충동 환자에 대한 치료 지침이 2012년에 마련되었다. 그런 환자가 더 쉽게 병원에 올 수 있게 하고 대기 시간을 줄이며 자살 생각에 대해서 체계적이고 명료하게 물음으로써 정신과 의사는 자살을 예방할 수 있다.

하지만 사회도 이 주제에 관한 어려운 대화를 기피하지 말아야 한다. 우리는 더 세심하게 반응하고 위험에 처한 사람을 도울 길을 모색해야 한다. 환자에게 이로울 수 있는 대처법 하나는 매일 세 번 정해진 시각에 〈15분 동안의 심사숙고〉 시간을 가지는 것이다. 그러면 자살로 이어질 수 있는 괴로운 생각에 끊임없이 골몰하는 것을 제한할 수 있다. 환자는 정말로 죽기를 원해서 자살하는 것이 아니라 단지 그 끝없는 부정적인 생각의 흐름을 종결하기 위해서 자살할 수도 있으니까 말이다.

네덜란드 정신보건 당국은 2014년에 〈자살 제로 마음가짐〉 운동을 시작했다. 이 운동이 모범으로 삼은 것은 미국 헨리 포드 재단이 우울증 환자들을 위해 벌이는 성공적인 사업이다. 몇 년 전부터 그 재단은 관리 중인 환자들의 자살 건수를 0으로 낮추는 데 성공하고 있다. 네덜란드의 프로그램은 돌봄 인력의 양성, 환자에 대한 집중적 지원, 그리고 위험 환자에 대한 강제 입원과 강제 치료를 드물지 않게 포함한다. 나는 이 운동의 성과에 큰 기대를 걸고 있다. 그러나 ─ 그 성과가 어떻게 나올 것인지와 전혀 상관없이 ─ 현재 정신보건 분야에서 실행되는 예산 절약 때문에 치료와 지원을 받는 환자의 수가 줄어들 것이며, 따라서 이 운동의 외부에서 자살 건수가 증가할 가능성이 충분히 있음을 간과하지 말아야 할 것이다.

중증 우울증 환자들의 자살 시점은 인생 사건들, 곧 직업이나 건강의 측면에서 결정적인 체험들과 관련이 있다는 점을 유념할 필요가 있다. 따라서 그런 사건들을 특히 주목할 필요가 있다. 경계성 성격장애 환자에게서는 이런 관련성이 나타나지 않는다. 때때로 사람들은 바탕에 깔린 우울증이나 조현병이 치료되면 자살 위험도 제거된다고 추측한다. 하지만 반드시 그런 것은 아니다. 오히려 환자가 〈치유〉되었다는 판정을 받고 정신병원에서 퇴원한 직후에 자살하는 경우가 비교적 흔하다. 이 경우에 무시할 수 없는 자살 요인은 환자가 〈안전한〉 환경을 벗어나는 것에 따른 스트레스다.

세계보건기구WHO의 2014년 보고서 「자살 예방」도 같은 취지의 조치들을 촉구했다. 그 보고서는 자살 수단에 접근하는 것을 어렵게 만들라고 제안했다. 점검할 만한 것들은 총기(다행히 네덜란드에서 총기는 가장 선호되는 자살 수단이 아니다), 특정 의약품, 교량과 철도 등이다. 나는 왜 많은 정신의학과 진료 시설들이 철도 노선 근처에 건설되어 있는지에 대해서 늘 의문을 품어 왔다. 어떤 조현병 환자는 〈열차가 부른다〉는 말을 늘 되풀이했다. 그의 아내가 의료진에게 그 사실을 알렸지만, 의료진은 그가 열차 앞으로 몸을 던지는 것을 막지 못했다.

독자적인 질병으로서의 자살 충동

안드레 알레만 교수와 다미안 데니스 교수는 2014년에 『네이처』에 실린 독자투고에서 자살 충동을 독자적인 병으로서 정신의학 진단 매뉴얼인 DSM(정신 질환 진단 및 통계 편람)에 수록할 것을 제안했다. 이를 통해 정신과 의사들로 하여금 자살 충동 환자에 대하여 즉각적인 책임감을 느끼게 하고, 치료의 필요성을 건강보험 당국을 향해 선언하자는 취지였다. 그러나 다른 전문가 동료들은 그 제안에 반대한다. 그들은 자살 행동이 매우 다양한 원인을 가질 수 있고, 따라서 다양한 방식으로 치료되어야 한다는 점을 지적한다. 실제로 파트너와 친구들의 사망과 더불어 자신의 삶도 종결되었다고 여기는 노인의 심사숙고한 자살을 우울증이나 조현병에 걸린 환자의 충동적 자살과 동일시할 수는 없다. 심한 신체적 또는 심리적 고통으로부터 해방되고자 하는 사람의 자살도 마찬가지다. 하지만 그렇다고 해서 자살에 명시적으로 주의를 기울일 이유가 없다는 결론이 나오는 것은 아니다.

자살자의 뇌에 대한 사후 부검에서 발견되는 분자적 변화들은 자살이 실제로 독자적인 질병일 수 있다는 견해를 뒷받침한다. 세로토닌, 글루타메이트, 가바GABA 등의 신경전달물질뿐 아니라 호르몬인 코르티솔도 자살의 생물학적 토대를 이룰 가능성이 있다. 우리 연구 팀의 앞이마엽 피질에 대한 연구도 〈자살 성향의 뇌suicidal brain〉라고 할 만한 것이 존재한다는 견

그림 25.8 렘브란트 판 레인,「루크레티아Lucretia」(1666). 로마 전설에 따르면, 루크레티아는 강간의 수치를 견딜 수 없어 자살했다.

해에 힘을 실어 준다. 자살 성향의 뇌는 글루타메이트 시스템이 강하게 활성화되는 것이 특징이다. 이것은 글루타메이트 시스템을 억제하는 약물인 케타민이 자살 예방 효과를 내는 것에 대한 한 가지 설명일 수 있다. 몇몇 연구들에 따르면, 글루타메이트 길항제인 케타민을 우울증 환자와 자살 충동 환자에게 주사로 소량 투여하면 치료 효과가 난다. 케타민을 콧속 분무 방식으로 투여할 수도 있다. 또한 알약의 형태로 섭취할 수 있는 유사 약물들을 제조하기 위한 연구들도 진행 중이다. 행위(이 경우에는, 자살)의 목적은 앞이마엽 피질에서 결정되는 것으로 보인다. 보상 시스템의 주요 부분인 측좌핵은 인지, 감정, 행위가 서로 만나는 접촉면이다. 이 측좌핵이 작을수록 (따라서 덜 효과적으로 작동할수록), 당사자는 쾌락 불감증에 걸리기가 더 쉽고, 따라서 자살할 위험이 더 높다.

12. 신경과학과 사회과학의 연결

최근 들어 신경과학은 연구 프로젝트들에서 전통적으로 사회적 환경이 인간에 미치는 영향을 다뤄 온 다양한 학문 분야들과 협동하기 시작했다. 오늘날 사람들은 신경언어학, 신경신학, 신경정신분석, 신경미학, 신경철학, 사회적 신경과학, 신경마케팅 등을 거론한다.

때때로 사회과학자들은 뇌과학이 이 분야들을 독차지하려는 듯하다고 투덜거린다. 〈신경환원주의〉 곧 사회적 상호작용과 문화적 현상 같은 일반적 층위에 적용되는 개념들을 배제하려는 경향을 우려하는 목소리도 있다. 이것은 이상한 반응이다. 왜냐하면 독차지나 환원을 거론하는 것은 터무니없기 때문이다. 사회과학과 인문학이 자기 분야의 연구에 뇌를 끌어들이는 것은 전적으로 합리적이다. 그 분야들은 궁극적으로 뇌에서 나오고, 우리의 성장 배경인 문화는 부분적으로 우리의 뇌를 형성시키니까 말이다. 연구 기법들이 전반적으로 복잡해지고 학문 분과들이 매우 전문화되었기 때문에 오늘날의 연구는 오직 다양한 분과들의 협동을 통해서만 풍성한 성과를 낼 수 있으며, 그런 연구에서 각각의 분과는 본질적이며 상보적인 의미를 지닌다.

실험에 중점을 둔 신경과학은 서술에 중점을 둔 사회과학과 인문학에 새로운 차원을 추가할 수 있고, 거꾸로 사회과학과 인문학은 문화와 인간의 상호작용을 신경과학에 들여올 수 있다. 그런데 여러 분과의 협동을 위해서는 학자들이 다른 분과의 학술 언어를 이해하고 각 분과의 연구 방법이 지닌 가능성과 한계를 숙고할 필요가 있다.

하지만 이 조건은 신경과학의 내부에서도 그리 쉽게 갖춰지지 않는다. 전기생리학자와 분자생물학자는 서로의 연구 결과를 충분히 이해하지 못하는 경우가 많다. 그래서 우리는 1982년에 암스테르담 신경과학 연구학교를 열 때부터 박사과정 학생들에게 각자의 박사 논문 주제와 직접 관련이 없는 강좌들도 수강하는 것이 얼마나 중요한지를 명심시켰다. 그렇게 해야만 다른 분과들의 학문 언어를 배워서 박사학위를 받은 뒤에 여러 분과의 공동 연구에 더 쉽게 참여할 수 있다고 말이다. 이런 조치는 미래에 신경과학자들과 사회과학자들이 서로를 이해하는 데 긍정적으로 기여할 것이다.

13. 신경건축학

신경과학과 건축학의 협동은 우리의 생활환경과 심리적·물리적 복지에 장기적인 영향을 미칠 수 있다. 신경건축학은 한편으로 우리의 심리 상태와 다른 한편으로 우리의 생활환경과 노동환경 사이의 연관성을 탐구하고 거기에서 얻은 지식을 건축 설계에 적용하려 애쓴다. 우리는 나무, 풀밭, 물 같은 자연적 요소들을 갖춘 공간에 호감을 느낀다. 빛도 중요하다. 환한 환경은 치유 기간의 단축에 기여할 수 있다. 원래 신경건축학의 초점은 병원, 교도소, 학교에 놓였다. 오늘날 신경건축학은 평범한 살림집의 설계에서 점점 더 많이 고려된다.

주거환경과 생활환경에서 빛은 점점 더 주목받고 있다. 펜로에 있는 피큐리 메디컬 센터VieCuri Medical Center는 네덜란드 병원들 가운데 최초로 2015년에 새로 연 응급실과 순환기내과 집중치료실의 모든 조명을 자연광과 유사한 빛을 내는 LED로 설치했다. 하지만 빛이 우리의 안녕을 위해 중요하다는 생각은 새로운 것이 아니다. 내가 다닌 초등학교를 지은 사람들도 그 사실을 알았다.

빛과 통풍

나는 암스테르담에 있는 〈건강한 아동을 위한 제일 공기개방학교Open air school〉라는 초등학교에 다녔다. 요하네스 두이커(1890~1935)와 버나드 베이보트(1889~1979)가 설계한 그 학교의 교실 벽들은 재료가 유리였고 트인 복도를 향해 열 수 있었다.

그 학교는 사람들이 결핵을 퇴치하기 위해 보건위생의 향상에 큰 가치를 두던 시절에 건축되었다. 두이커는 유리, 강철, 콘크리트로 된 날씬한 건물을 설계했다. 많은 햇빛이 건물 안으로 들어오고, 창들을 열 수 있고, 학생들이 야외에서도 수업을 받을 수 있게 하는 것이 그의 의도였다. 실제로 야외에서의 수업은 — 네덜란드의 날씨 때문에 — 건축가의 의도보다 훨씬 더 드물게 이루어졌지만, 이루어질 때는 우리 학생들에게 잔칫날과 같았다.

1930년대의 결핵 문제는 극복되었지만, 개방적이고 환한 학교 건축 양식은 오늘날에도 중요한 개념으로 남아 있다. 왜냐하면 우리는 풍부한 빛이 기분, 학업 성취도, 집중력을 위해서도 매우 중요함을 알기 때문이다.

치매 노인들을 위한 건축

치매 환자가 요양소에 들어가는 가장 흔한 이유는 밤에 소란을 피우는 것 때문이다. 밤에 이리저리 돌아다니는 환자들은 때때로 가스레인지를 켜거나 집 밖으로 나가 길을 잃는다. 환자를 밤낮으로 보살피는 일을 며칠 넘게 해낼 수 있는 파트너는 없다. 우리의 모든 밤낮 리듬은 일주기 시스템에 의해 통제된다. 그런데 알츠하이머병이 진행되면 이 시스템이 일찌감치 망가진다. 우리 연구 팀은 그 원인이 생물학적 시계인 시신경교차상핵에 있음을 입증했다.

일주기 시스템이 망가지면, 뇌가 생물학적 시계를 통해 자극받는 일도

그림 25.9

a) 내가 다닌 초등학교인 암스테르담 클리오스트라트가의 〈건강한 아동을 위한 제일 공기개방학교〉. 건축가 요하네스 두이커와 버나드 베이보트의 설계로 1930년에 건축되었다.

b) 옥상 위 개방된 공간에서 수업을 받는 학생들(약 1938년).

없어지고 뇌하수체에서 생산되는 수면호르몬 멜라토닌이 밤에 다량으로 뿌려지는 일도 없어진다.

생물학적 시계는 간단히 생활환경에 빛이 많아지면 자극된다. 에우스 판 소메렌 교수가 이끄는 연구 팀이 3년 반에 걸친 연구로 입증한 바에 따르면, 치매 노인의 생활환경이 빛이 더 많으면 일주기 리듬이 안정화될뿐더러 기분도 향상되고 심지어 기억력 감퇴도 느려진다. 낮에 빛을 더 많이 쪼이는 조치와 잠자리에 들기 한 시간 전에 멜라토닌 2밀리그램을 투여하는 조치를 병행하면 몇 가지 측면에서 더 큰 효과가 난다. 이 간단한 처방은 최소한 현재 가용한 알츠하이머병 약들에 못지않게 긍정적으로 작용한다. 또한 부작용은 이 처방이 그 약들보다 더 적다.

알츠하이머병 환자들 자신도 빛이 본인의 쾌적함을 향상시키는 것을 자각하는 것으로 보인다. 바젤에 있는 한 시설에서는 치매 노인들이 폐쇄된 구역 안에서 돌아다녔는데, 그곳에서 일하는 한 동료에 따르면, 그 노인 환자들은 늘 자동인형처럼 이동하여 복도 중앙으로, 빛이 드는 돔 아래로 갔다. 노인을 위한 주택과 치매 환자를 위한 요양소를 건축할 때는 빛의 긍정적 효과를 고려할 필요가 있다. 정원도 중요하다. 실외에서는 실내에서보다 더 많은 빛을 쪼일 수 있을뿐더러 운동은 생물학적 시계를 추가로 자극하고 밤중의 소란을 줄이는 좋은 수단이다. 일본에서 치매 환자들은 돌보미들과 함께 최대한 오랫동안 야외에 머무른다. 네덜란드는 최소한 일본만큼 부유한데, 우리 네덜란드 사람들은 충분히 훈련된 돌보미들을 고용할 돈을 마련하지 못해서, 환자가 자원봉사자와 함께 야외로 나가도록 할 수밖에 없는 모양이다.

치매 환자들은 문을 보면 열고 나가고 싶어 한다. 그들이 나가 버리는 것을 막기 위하여, 예컨대 렐리스타트에 있는 요양소 〈데 우이테르톤〉의 문들에는 〈책꽂이 무늬 벽지〉가 붙어 있다. 문이 보이지 않으면 치매 노인들은 끊임없이 출구를 찾아 헤매지 않고, 따라서 훨씬 더 고요해진다. 엘리베이터 옆에는 열차의 좌석이 설치되어 있다. 그 좌석에 앉아서 영화를 관람할 수 있는데, 그러면 인접 도시인 알메러로 가는 열차에 탄 기분이 든다. 치매 환자가 집에 가고 싶다고 하면, 돌보미는 그를 그 좌석에 앉히고 영화를 보여 줄 수 있다. 15분이 지나면 환자는 자신이 떠나고 싶어 했음을 잊은 채로 공동생활실로 가서 커피를 마신다.

요양소의 신경건축학

에릭 셰르더 교수는 요양소 거주자들의 — 각자의 생리학적 한계 내에서 — 정신적·신체적으로 최대한 많은 요구에 부응하도록 요양소를 건축하라고 제안한다. 낮에 환자들은 되도록 햇빛을 받아야 하고 또한 걸어 다니는 것이 가장 좋다. 이를 위해 유리벽이 있는 긴 복도가 필요하다. 오늘날 요양소에 있는 개인용 방은 많은 경우에 〈격리되어〉 있다. 각자의 방에 앉아 있는 거주자는 복도나 그 밖에 무슨 일이건 벌어지는 다른 장소를 내다보지 못한다. 따라서 거주자는 움직일 동기를 얻지 못한다. 거주자가 자기 방 안에 오랫동안 앉아 있는 것을 제한하려면, 예컨대 다른 거주자들이 복도에서 지나가는 것을 볼 기회를 제공해야 한다. 작은 건물은 긴 복도가 없고 거주자들이 다 함께 모여 예컨대 음악 활동을 할 공간이 없다는 단점이 있다.

오스트리아에는 개인용 방들이 넓은 복도의 일부인 요양소가 있다. 그곳의 노인들은 동료 거주자들이 돌아다니는 것을 보면 그냥 일어나서 따라다닐 수 있다. 그런 공간 배치는 아직 작동하는 거울 뉴런들을 자극하는 듯하다. 타인이 걷는 것을 보면 스스로 걷고 싶어진다. 씹기 같은 다른 동작들도 마찬가지다. 따라서 씹기 동작을 멈춘 노인은 여전히 그 동작을 하는 노인들 곁에 앉히는 것이 좋다. 혹은 씹기 동작을 왕성하게 하는 직원 곁에 앉히는 것도 좋다. 많은 사례들이 보여 주듯이, 그렇게 하면 강화 효과를 얻을 수 있다. 연구들에서 입증되었듯이, 거주자들이 (가능하면 침대에 누운 상태에서도) 화장실을 볼 수 있기만 해도 실금(失禁)이 대폭 감소할 수 있다. 화장실을 보면 거주자는 화장실에 가야 한다는 것을 상기한다.

노인들이 길을 잃을 염려 없이 안전하게 돌아다닐 수 있는 정원은 훌륭한 시설이지만, 그런 정원에는 어차피 돌아다니는 거주자들이 주로 머무르기 마련이다. 따라서 〈운동용 정원〉을 설치하는 것만으로는 충분치 않은 듯하다. 자기 스스로는 안락의자에서 거의 일어나지 않는 거주자들을 움직이게 만드는 것이 중요하니까 말이다. 정원이나 요양소 주변의 〈운동 기구들〉도 마찬가지다. 이상적인 요양소에는 엘리베이터가(최소한 늘 사용하는 엘리베이터는) 없고 대신에 완만한 경사로가 있어서 거주자들이 보행기에 의지하며 걸어서 위층으로 이동할 수 있다. 그런 경사로를 만들려면 건축적으로 충분히 넓은 공간이 필요하다. 왜냐하면 거주자들이 다시 아래층으로 내려올 수도 있을 만큼 경사로가 충분히 완만해야 하기 때문이다. 특히 위층으로 걸어가기가 꽤 힘들 텐데, 바로 그런 힘든 활동이 거주자들에게 필요하다. 또한 경사로는 반신마비 환자나 파킨슨병 환자에게 재활 훈련의 기회를 제공한다.

14. 뇌를 들여다보기

사람이 무엇을 생각하는지를 기능성 뇌 스캔을 보고 알아낼 가능성은 급속도로 높아지고 있다. 뇌 스캐너들은 피험자가 무엇을 보는지를 점점 더 정확하게 알아낼뿐더러 무엇을 생각하거나 꿈꾸는지도 초보적으로 알아내는 수준에 이르렀다. 우리는 뇌 스캐너의 도움으로 혼수 환자와도 소통할수 있다. 기능성 뇌 스캔은 미래에 우리의 삶, 의학, 광고, 사법(司法)에서 점점 더 중요한 역할을 하게 될 것이다.

뇌 스캔과 광고의 결합인 신경마케팅도 대유행이다. 뇌가 특정 상품, 포장, 혹은 표지에 어떻게 반응하는지 알면, 소비자들이 그 상품을 구매할지여부를 예측할 수 있다. 뇌 활동의 변화를 보여 주는 스캔 영상에 의지하면 피험자의 진술에 의지할 때보다 미래 행동을 더 잘 예측할 수 있다. 암스테르담 대학교 인지신경과학 교수 빅터 람메는 텔레비전 광고의 효과를 예측할 수 있게 해주는 fMRI 스캔 실험을 개발했다. 그의 연구 팀은 우선 상을받은 광고들을 자료로 삼아서 성공적인 광고의 〈필체〉를 그 광고를 볼 때나타나는 뇌의 기능적 변화의 형태로 파악했다. 이어서 연구 팀은 그 〈필체〉를 기초로 삼아서 다음 수상작을 실제 심사 결과 발표보다 6개월 먼저지목할 수 있었다.

어떤 신곡이 잘 팔릴지도 이런 식으로 더 잘 예측할 수 있다. 즉, 구매 예상 집단에 속한 일부 사람들을 스캐너 안에 눕히고 새 음악의 몇 구절을 들려주면서 측좌핵과 안쪽 앞이마엽 피질의 활동 변화를 측정하면 된다. 뇌활동의 변화가 피험자들의 진술보다 예측의 증거로서 더 신뢰할 만하다는관찰 사실은 자유 의지란 환상이라는 견해를 뒷받침한다.

이런 예측의 의학적 적용 가능성들도 열리기 시작했다. 일부 혼수 환자들은 질문을 받으면 뇌 활동의 변화를 통해 옳게 대답한다(『우리는 우리 뇌다』8장 4 참조). 이 사실은 그 환자들의 뇌에서 일어나는 일을 전혀 다른 시각으로 보게 만든다. 또한 어쩌면 그런 환자의 안락사를 둘러싼 논의에 도움을 줄지도 모른다.

뇌 스캐너는 치료의 효과를 예측하는 데도 유용할 수 있다. 금연 권고들에 대한 반응으로 뇌 스캐너에 나타나는 안쪽 앞이마엽 피질의 활동 변화를 보면, 피험자들 가운데 누가 특정 치료를 통해 금연에 성공할지 여부를 그들 자신이나 전문가들의 진술에 의지하여 예측할 때보다 더 정확하게 예측할 수 있다. 전기충격요법은 우울증 환자의 절반에게서 효과가 있다. 그러나 그 치료법이 효과가 없을 경우에는 환자가 전기충격으로 인해 기억장애를 겪을 수 있다. 따라서 우울증 환자의 뇌를 휴지 상태에서 fMRI로 스캔하여 전기충격요법이 그에게 효과가 있을지 여부를 80퍼센트 이상의 정확도로 예측할 수 있게 해주는 연결망 2개를 가시화했다는 것은 매우 기쁜 소식이 아닐 수 없다. 그 연결망들은 등쪽 안쪽 앞이마엽 피질과 대상 피질 앞부분에 있다. 사회불안장애 환자에게 인지행동치료가 얼마나 효과적일지도 뇌 스캔을 통해 편도체와 기타 뇌 구역들 간 기능적 연결을 검사함으로써 매우 정확하게(약 80퍼센트의 정확도로) 예측할 수 있다.

26장
범죄와 뇌

1. 범죄자에 대한 정신의학적 치료

법은 너무나 중요해서 법률가들에게 위임할 수 없다.

— 프랑크 쿠이텐브루버

법정에서는 범죄 혐의로 기소된 사람들에 대한 재판이 끊임없이 열린다. 그런데 일부 범죄의 바탕에는 정신의학적 장애나 신경학적 장애가 놓여 있을 수 있다. 예컨대 한밤중에 남편의 복부에 총을 쏜 한 여성은 그 행동을 기억하지 못할뿐더러 평소에 자신이 잠든 채로 돌아다니는 일이 꽤 자주 있다고 진술한다. 이웃의 8세 소녀를 강간한 한 남성은 파킨슨병과 치매에 걸려 있다. 코카인을 상습적으로 소비하는 한 남성은 함께 사는 사람을 칼로 찔러 죽였다. 한 사이비종교 교주는 살인을 여러 건 저질렀다. 한 남성은 인도로 차를 몰아 보행자들을 다치게 했는데, 자신이 검은색 차량을 피하기 위해 핸들을 돌릴 수밖에 없었다는 것만 기억한다. 그런데 그 검은색 차량은 끝내 발견되지 않았다. 캐나다 포르노 배우 루카 로코 매그노타는 자신의 중국인 친구를 살해한 후 그 33세 피살자의 신체 일부를 오타와의 정당들과 밴쿠버의 학교들에 우편으로 보내 세계적으로 악명을 떨쳤다. 우루과이 축구선수 루이스 수아레스는 2014년 월드컵에서 세 번째로 상대 선수를 물었다. 다행히 법정에는 서지 않아도 되었지만 그는 그 일로 국제축구연맹의 제재를 받았다.

항우울제 처방도 일부 환자에게 행동 변화를 일으킬 수 있다. 아동과 청소년에게서 항우울제는 자살 생각과 공격 행동의 위험을 높일 수 있다. 일부 성인들에게서도 항우울제가 부작용으로 극단적 공격 행동과 자살을 유발할 수 있는지에 관한 논의는 현재 진행 중이다. 성격장애를 앓으면서 클로니딘 clonidine을 복용하는 한 남성 우울증 환자는 자신의 아내를 살해했다. 항우울제를 복용하는 한 여성은 자신의 두 살배기 아들을 목 졸라 죽이고 일곱 살짜리 딸과 함께 탄 차를 몰아 물속으로 뛰어들었다. 파록세틴paroxetine을 복용하는 전직 스튜어디스는 자신의 딸과 남편을 살해했다. 사람들은 프로작Prozac 살인을 종종 거론하지만, 문제의 원인을 그 약물로만 한정할 수는 없는 듯하다.

수감자들 중 과반수는 정신의학적 문제를 지녔다. 공격적 범행으로 유죄 판결을 받은 수감자들의 뇌를 MRI로 스캔하면 구조적 이상이 높은 비율로 발견된다. 영국 내 수감자의 60퍼센트 이상은 과거에 머리 부상을 당한 적이 있고, 16퍼센트는 그 부상으로 웬만하거나 심각한 뇌 손상을 입었다. 한 메타분석은 수감자들의 집행 기능 장애를 입증했다. 그 장애는 특히 집중력, 기억, 작업 기억, 문제 해결 능력을 저해했다. 요컨대 범죄자의 대다수는 정신의학적·신경학적 환자인 것이 틀림없다고 할 만하다. 그러나 판사들과 변호사들은 훈련 과정에서 정신의학적·신경학적 질병들에 대하여 자세히 배우지 않는다. 이와 관련한 법률가 훈련 과정의 개편이 시급히 필요하다.

2. 법정에서의 뇌 스캔

> 자유와 권리에 대한 느낌이나 사회적 정의를 향한 노력의
> 바탕에 뇌 속의 흥분 과정들이 있다 하더라도,
> 그 느낌과 노력의 가치를 절하할 근거는 전혀 없다.
> 이는 꽃이 땅속에 뿌리를 두었다는 이유로 꽃의
> 아름다움의 가치를 절하할 수 없는 것과 마찬가지다.
> ── 후베르트 로라허, 오스트리아 심리학자(1903~1972)

신경과학은 현재 법정에 진입하는 중이다. 법정에서 뇌 스캔이 얼마나 가치 있는가라는 질문은 오늘날 뜨거운 토론의 주제다. 네덜란드에서는 2002년부터 2012년까지 230건의 형사소송에 신경정보학이 동원되었다. 이 숫자는 앞으로 더 늘어날 것이 틀림없다. 미국에서는 DNA 분석이나 뇌 검사를 통한 생물학적 증거가 대개 감형의 이유로 채택된다. 이제 미국에서는 신경법학neurolaw을 전혀 무시할 수 없다.

한 예로 돈타 페이지Donta Page의 사례를 들 수 있다. 그는 미국에서 젊은 여성을 강간하고 살인했다. 처음에 그는 사형선고를 받았다. 그러나 2심에서 변호인은 페이지의 뇌를 fMRI로 스캔하여 대조인 56명과 비교하니 페이지의 앞이마엽 피질의 활동이 훨씬 더 약한 것으로 드러났다는 증거를 제시했다. 앞이마엽 피질은 충동 조절, 도덕적 금기에 대한 생각, 공감을 담당하는 뇌 부위다. 항소심에서 드러났듯이, 페이지의 앞이마엽 피질의 활동 약화는 그가 어린 시절에 겪은 신체적·정신적 학대의 결과였다. 그는 자주 구타당했고, 그로 인한 뇌 손상은 방치되었다. 그는 강간을 당한 적도 있었다. 게다가 그는 극도의 빈곤 상태에서 성장했다. 2심 판결에서 형량은 사형에서 종신형으로 바뀌었다. 물론 뇌 스캔 없이 그의 인생사만 증거로

제시했더라도 충분히 감형을 이끌어 냈을 테지만, 신경학적 증거는 법정에서 때때로 더 강한 힘을 발휘한다. 하지만 늘 그렇지는 않다는 것을 한 62세 남성의 사례가 보여 준다. 그는 아내를 목 졸라 죽인 후 12층에서 밖으로 내던졌다. 법정에서 피고 측은 낭포cyst 하나가 그 남성의 앞이마엽 피질의 한 부분을 압박하고 있다는 것을 입증했다. 그럼에도 판결은 바뀌지 않았다.

전문가 증인으로서 재판에 자주 참여하는 마스트리히트 대학교의 심리학 교수 하랄드 메르켈바흐는 법정에서 신경심리학적 검사 결과와 뇌 스캔이 점점 더 많이 활용되는 것을 비난한다(2014년 7월 5일자 『폴크스크란트 Volkskrant』 신문에 실린 인터뷰). 그는 신경과학이 사법 시스템을 완전히 뒤엎기로 작정했다고 여기며, 그런 신경과학이 재판에 끼어드는 것에 전율을 느낀다. 그는 사람들이 뇌를 범죄의 원인으로 받아들이면 〈죄〉, 〈책임 능력〉, 〈의도〉 같은 개념들이 폐기될지도 모른다고 우려한다.

신경과학이 법정에 들어서는 것과 관련하여 메르켈바흐가 우려하는 변화는 흔히 위험으로 불린다. 하지만 이런 태도의 배후에는 시대에 뒤진 이원론이 있다. 무슨 말이냐면, 죄와 책임 능력과 의도도 다름 아니라 우리 뇌의 속성들이다. 더 나아가 방금 언급한 인터뷰에서 빅터 람메가 옳게 지적했듯이, 메르켈바흐는 우리가 우리의 의도대로 우리의 뇌를 조종한다는 의문스러운 전제를 품고 있다. 그러나 람메는 이렇게 반론한다. 인과관계에 관한 이 같은 전제는 자유 의지에 대한 연구에 기초하여 평가할 때 탄탄한 기반을 갖추지 못했다. 한 사람이 범죄를 저지른다면, 틀림없이 그의 사회적 발달 과정에서 무언가 문제가 발생한 것이고, 바로 그 문제가 수정되어야 한다. 이 상황에서 자유 의지와 같은 환상에 의지해서는 안 된다.

메르켈바흐에 따르면, 법정 심리에서 가장 중시해야 할 것은 피고인의 행동이다. 결국 판결은 그의 행동에 대해서 내려지니까 말이다. 뇌 질병에 걸린 사람들 중 일부는 비정상적 행동을 보이지만, 나머지는 그렇지 않다. 따라서 뇌 스캔은 전혀 도움이 되지 않는다. 사건 전체가 이례적일 때는 전문가들이 그 이례성을 더 쉽게 간파하며, 의사들은 미리 이례성을 예상하지 않으면 이례성을 간과한다고 메르켈바흐는 지적한다. 그뿐만 아니라 전문가들의 판단은 그들에게 돈을 지불하는 정당

그림 26.1 테오도르 제리코, 「어느 절도광의 초상Portrait of a Kleptomaniac」. 제리코는 범죄자들과 정신의학적 환자들을 〈평범한〉 사람으로 묘사한 최초의 화가다.

의 영향을 받는데, 전문가들에게 피고인에 관한 사전 정보를 주지 않으면 이 문제를 막을 수 있다는 것이 메르켈바흐의 견해다. 이것은 좋은 아이디어지만 법정에서 신경학적 증거의 의미에 관한 토론과 아무 상관이 없다.

메르켈바흐가 지적하는 또 하나의 문제는 피고인이 형량을 낮추거나 무죄 판결을 받기 위해 정신의학적 질병의 증상들을 꾸며 낼 수 있다는 것이다(2011년 5월 7일자 『데 텔레그라프』). 하지만 이 문제를 해결할 수 있는 심리학적 증상 타당성 검사가 존재한다. 더 나아가 메르켈바흐는 몇몇 연구들의 결과를 언급하면서, 사람이 특수한 성격 구조를 꾸며 내어 그에 상응하는 fMRI 스캔 영상을 얻을 수 있다고 말한다. 또 의약품들을 사용함으로써 fMRI에 일시적으로 영향을 미칠 수 있다는 점도 지적한다. 이것들은 흥미로운 가능성들이지만, fMRI에 포착되는 반응들은 흔히 너무 빠르기 때문에 그 반응들에 의식적으로 영향을 끼치는 것은 불가능하다. 게다가 fMRI를 조작하려는 시도는 세심하게 실행하지 않으면 일찌감치 실패로 돌아갈 수 있다. 또한 fMRI 스캐너를 이미 보유하고 있어서 조작을 시

도할 수 있는 사람이 과연 있겠는가?

　단지 추측으로 그 가능성이 제기될 뿐인 fMRI 조작이 법정에서 정말로 문제를 일으킨다는 증거는 아직 없다. 내가 보기에 fMRI 조작에 대한 문제 제기는 현재의 상황을 감안할 때 터무니없이 억지스럽다. 지금 사람들은 구조적 MRI 스캔을 〈표준에 따라〉 너무 드물게 실시하기 때문에 가장 두드러진 뇌 이상들조차도 간과하지 않는가. 예컨대 한 남성은 비교적 경미한 범죄들로 17년 동안 교도소를 들락거렸다. 마지막 5년 동안 그는 범죄를 20건 넘게 저질러 그 기간의 절반을 교도소에서 보냈다. 마지막에 그는 슈퍼마켓에서 비프스테이크 10개를 몰래 훔쳐 나오다가 체포되었다. 그가 그 비프스테이크들로 무엇을 하려 했는지 이해할 길이 없었다. 결국 그의 어머니는 그가 자동차 사고로 혼수상태에 빠져 몇 주를 보내고 깨어난 뒤부터 그 모든 일이 시작되었다고 설명했다. 병원에서 퇴원한 직후에 그는 다시 쓰러져 또 한 번 2주를 혼수상태로 보냈다고 했다. 그제야 MRI 스캔을 해보니, 그의 앞이마엽 피질이 신피질부터 뇌실들까지 심하게 손상된 것이 드러났다. 특히 좌뇌에는 관자엽 피질에 광범위한 손상이 있었다. 따라서 그가 충동을 통제하지 못한 것은 놀라운 일이 아니었다. 사회의 안전을 해칠 위험이 큰 수감자들을 대상으로 삼은 독일의 한 스캔 연구에서 드러난 바에 따르면, 그 수감자들 중 거의 절반은 뇌에 다소 심한 구조적 이상을 가지고 있었다.

　범죄자의 행동을 주목해야 한다는 메르켈바흐의 생각에 맞서서 람메는 문제에 적합한 최선의 방법을 채택해야 한다고 반발한다. 나는 람메의 견해에 전적으로 동의한다. 최선의 방법은 유전자 검사일 수도 있고, 스캔이나 행동 검사일 수도 있지만, 다양한 기술들의 조합이 최선일 때가 많다.

　기능성 뇌 스캔의 활용은 더 널리 확산될 것이 틀림없다. 피험자에게 다양한 나이의 남자, 여자, 소년, 소녀들의 사진을 보여 주면서 그의 뇌를 기능성 뇌 스캔 기술로 관찰하면, 그가 이성애자인지, 동성애자인지, 또는 아동 성애자인지, 소년과 소녀 중에 어느 쪽을 좋아하는지, 또는 소년과 소녀를 모두 좋아하는지 알 수 있다. 이 스캔 검사가 얼마나 신뢰할 만한지는 아직 연구되어야 한다. 아무튼 가까운 미래에 사람들은 예컨대 아동과 접촉하는 직업에 종사할 인물을 선택할 때 아동 성애자를 걸러 내기 위해 그런 스캔을 활용해도 될지를 놓고 논쟁을 벌이게 될 것이다. 아동 성범죄자 가운데 아동 성애자의 비율은 겨우 40에서 50퍼센트이며, 아동 성애자 가운데 실제로 아동을 상대로 한 성행위에 이르는 비율은 43퍼센트에 불과하다. 나머지 57퍼센트에 대해서는 당연히 다음과 같은 원리적인 문제가 제기된다. 잘못을 저지른 적이 없는 사람을 특정 직업이나 역할에서 배제해도 될까?

법정에서 신경학적 증거가 채택되는 것과 같은 새로운 변화에 맞선 선동이 아무리 요란하더라도, 내가 보기에 이 변화를 막을 길은 없다. 뇌 스캔뿐 아니라 유전자 변이 검사, 그리고 가까운 미래에는 아마도 후성유전학적 검사까지 법정에 진입하게 될 것이다. 예컨대 발달 과정에서 아동이 학대당하거나 방치된 결과로 생긴 후성유전학적 변화가 법정에서 증거로 채택될 것이다. 새로운 기술들은 당연히 체계적이며 과학적으로 개발되고 적용되어야 한다. 또 하나의 문제는 집단에 관한 데이터를 개인에 적용해도 되는가라는 것이다. 그러나 이 문제는 의학에서도 발생한다. 뇌과학은 범죄자의 행동의 배후에 놓인 발달 조건들에 대해서 많은 이야기를 해줄 수 있다. 그 이야기는 우리로 하여금 피고인에 대해서 더 이해심 많고 심지어 더 온정적인 태도를 취하게 한다. 그리고 그런 태도는 단지 보복만이 아니라 예방을 위하여 형벌을 정하려 할 때 도움이 될 수 있다.

3. 억압 말고 다른 가능성들도 있다

> 수감자를 범죄자로 대우하면,
> 그는 틀림없이 범죄자가 될 것이다.
> ─ 존 골즈워디

과거에 우리의 정부는 보복과 더 강한 억압에 중점을 두었지만, 이제는 범죄 예방과 재범 방지에 더 큰 관심을 기울일 때가 되었다. 일차적으로는 범죄자와 피해자의 관계를 원래의 동등한 관계로 되돌리는 배상의 가능성을 모색하는 것이 바람직하다. 감금형이 불가피할 때는 수감자의 활동성을 스포츠와 교육을 통해 유지시키는 것이 중요하다. 수감자가 추가 교육이나 취직에 관한 긍정적 전망을 가지고 수감 시설을 나설 수 있어야 한다. 최근에 중국에서 이루어진 한 연구에 따르면, 수감자들이 음악치료에 능동적으로 참여하면 불안 및 우울 증상들이 감소하고 자신감이 상승한다.

가해자와 피해자 사이의 제3자는 판사다. 판사는 가해자가 처벌받고 피해자가 배상받는 것을 추구한다. 하지만 억압 말고 다른 가능성들도 있다. 예컨대 법정 밖에서 조정이 이루어질 수 있다. 남아프리카 공화국에서 아파르트헤이트apartheid 시대가 끝난 후 투투Tutu 주교는 진실화해위원회라는 이례적인 실험에 착수했다. 그 위원회는 피해자들의 바람을 우선했지만 가해자들이 자신들의 사연을 피해자들에게 설명할 기회도 주었다. 그 설명에 이어 대화를 하고 나면, 피해자들은 만족하고 가해자들은 자신의 행위에 대하여 기꺼이 책임을 질 확률이 높아진다. 이런 형태의 배상은 어쩌면 우리 네덜란드인에게도 교훈을 줄 수 있을 것이다. 이 색다른 처리 방식은 개별 가해자들만 억압하는 대신에 가해자, 피해자, 공동체의 미래까지 고려한다. 따라서 가해자가 처벌받는 것에서 그치지 않고 물질적 손해가 배상되고 감정과 관계가 치유될 가능성까지 열린다. 남아프리카 공화국에서는 이 처리 방식이 때로는 형사소송과 더불어, 또 때로는 형사소송의 대안으로 채택된다. 이 시스템은 피해자가 품었을 수 있는 복수심을 부정하지 않지만 합목적적으로 해결에 이를 가능성을 제공한다. 실험들이 보여 주듯이, 피해자의 바람이 더 많이 존중되면 가해자를 처벌하라는 외침은 줄어든다. 다음 절들에서는 억압을 우선하지 않는 다른 처리 방식들을 살펴볼 것이다.

4. 정신장애인을 위한 일자리

> 삶은 오직 아무것도 모를 때만 참으로 아름답지.
> — 로테르담의 에라스뮈스가 쓴 『우신예찬 *Encomium Moriae*』에서
> 소포클레스의 대사

정신장애는 사람이 자유롭게 선택할 수 있는 사안이 아니다. 어느 가정에서나 정신장애아가 태어날 수 있다. 이 불운의 희생자는 늘 존재할 것이다. 왜냐하면 정신장애는 늘 새롭게 발생하는 유전적 변이에서 유래하니까 말이다. 하지만 우리가 정신장애인을 다루는 방식은 얼마든지 변화한다. 낮은 IQ는 정신장애의 16퍼센트에서 나타나는데, IQ가 낮다는 것이 반드시 우리의 복잡한 사회에서 즐겁게 직업을 추구할 수 없음을 의미하지는 않는다. 하지만 그러려면 정신장애인에게 적합한 직업이 주어져야 한다. 나는 1960년대와 1970년대에 암스테르담의 대학 병원 두 곳, 즉 빌헬미나 가스트후이스Wilhelmina Gasthuis와 빈넨가스트후이스Binnengasthuis에서(현재 이 두 병원은 암스테르담 대학 병원 AMC로 통합되어 있다) 교육을 받았

다. 그곳들에는 짧은 흰색 재킷 차림으로 돌아다니는 사람들이 있었다. 그들은 사소한 일들을 매우 즐겁게 처리했다. 우편물을 배달하고, 커피를 만들고, 환자를 이송하고, 혈액 샘플을 검사실에 제출했다. 여기저기에서 잠깐씩 수다를 떨기도 하는 그들은 대학 병원의 일상에 완벽하게 녹아들어 있었다. 시장에서도 그와 유사한 풍경을 볼 수 있었다. 그 사람들은 IQ가 50에서 70인 정신장애인이었다. 그들은 타인의 영향을 쉽게 받는 만큼 적응력도 좋았다.

그러나 세월이 지나면서 재정이 긴축되어 그들의 일자리는 사라졌다. 그것은 시대정신에 따른 변화이기도 했다. 병원 직원은 젊고 활력 있어야 한다고 사람들은 믿었다. 그 정신장애인들의 단순한 업무는 오늘날 대학과 시장에서 커피 자동판매기, 주차권 자동발매기, 자동 검표 시스템, 자동세차기 등으로 대체되었다. 그리하여 그들은 직업 없이 거리를 떠돌며 예나 다름없이 타인의 영향을 쉽게 받고 역시나 잘 적응한다. 다만, 범죄의 세계에 적응한다는 것이 문제다. 범죄 혐의로 재판을 받는 사람들 중 절반은 IQ가 낮다. 그들은 많은 사회적 비용을 유발할 뿐 아니라 많은 고민과 고통도 야기한다.

범죄의 세계와 교도소에서 IQ가 낮은 사람들의 비율이 전체 사회에서 그 비율보다 훨씬 더 높다는 사실은 그들의 능력에 적합한 단순한 일자리를 그들에게 제공하는 데 드는 비용보다 몇 배나 큰 비용을 우리 사회가 이미 지불하고 있음을 의미한다. 그러나 그런 유형의 일자리는 여전히 드물다. 호헤 벨루베 국립공원 내 성 후베르투스 별장의 티하우스에서는 그런 사람들이 관리자의 지시에 따라 매우 즐겁게 차를 만들고 손님을 접대한다. 내가 방문한 로마의 기차역 식당에서는 유쾌하고 성실한 다운 증후군 환자들이 일했다. 다행히 정신장애인을 고용하는 식당들이 점점 더 늘어나고 있다.

5. 사회화를 통한 행동 개선

1980년대 캐나다 몬트리올 동부에는 과잉행동이나 공격성 같은 행동 문제를 지닌 아동들이 유난히 많이 사는 구역들이 있었다. 당국은 몬트리올 대학교의 젊은 심리학자 리처드 트랑블레에게 도움을 청했다. 트랑블레는 문제 아동들의 부모가 학력이 낮으며 많은 어머니들이 20세도 안 되는 어린 나이에 첫 아이를 낳았다는 점을 주목했다. 그리하여 1985년에 사람들은 2년에 걸친 통제된 무작위 개입에 착수했다. 그 프로그램은 몇몇 위험 가정을 지원하고 관리했다. 학자들은 부모와 교사의 곁을 지켰으며 위험 가정의 아동들에게 역할 모델을 제공하기 위해 문제 아동과 정상 아동을 통합했다.

개입의 장기적인 결과는 이러했다. 개입군의 아동들은 15년 후에 학교를 졸업한 비율이 더 높았고(개입군 46퍼센트, 대조군 32퍼센트) 24세까지 범죄를 덜 저질렀다(개입군의 전과자 비율 22퍼센트, 대조군 33퍼센트). 이 장기 연구에서 밝혀진 또 하나의 사실은 반사회적 행동과 범죄 행동이 매우 이른 나이인 6세에 시작되었다는 것이다. 트랑블레는 현재 더블린에서 한 문제 구역에 사는 여성 200명을 위한 집중적 예방 개입 프로그램에 참여하고 있는데, 그 프로그램이 주목하는 것은 임신부의 흡연, 알코올 소비, 영양 섭취, 배우자와의 관계다. 그 여성들은 자식이 4세일 때까지 지원을 받는다. 임신부의 삶의 질이 개선되면, 어쩌면 그들의 자식에게도 도움이 될 것이다.

현재 〈로테르담의 어머니들Moeders van Rotterdam〉이라는 프로젝트에 참여 중인 대학교 3학년생들이 하는 일도 그와 유사한 문제 가정 지원이다. 〈뷔로 프론틀레인Bureau Frontlijn〉이 주관하는 이 프로젝트의 주요 목표는 문제 구역 아동들의 건강한 발달, 더 정확히 말해서 출생부터 취학 연령까지의 건강한 발달이다. 문제 구역의 임신부들은 흔히 많은 문제에 직면하는데, 그들의 스트레스는 태아에게 해를 끼친다. 아동이 태어난 뒤에도 대개 스트레스, 가정 문제 등이 안정적인 유대와 양호한 양육을 방해한다. 임신 기간과 아동의 출생 후 4년에 걸친 의학적·사회적·교육적 개입을 통하여 뷔로 프론틀레인은 문제 구역 아동들의 성공 전망을 개선하려 애쓴다.

6. 청소년기의 범죄 예방

> 똑똑한 사람은 문제를 해결한다. 천재는 문제를 예방한다.
> — 알베르트 아인슈타인

심각한 행동장애를 지닌 청소년은 섬엽, 편도체, 이마엽, 관자엽의 (뇌세포들과 뇌세포들 간 연결들로 이루어진) 회색질의 부피가 평균보다 더 작다. 바꿔 말해, 그런 청소년은 뇌 발달 장애를 지녔다. 암스테르담 자유대학교 아동정신의학 명예교수 테오 도렐레이어스는 수감자들 중에 정신의학적 환자의 비율이 높다는 사실을 다룬 논문으로 박사학위를 받은 최초의 인물이다. 그는 위험 행동을 나타내는 12세 미만 아동들을 조기에 보살펴야 한다고 주장한다. 8세에서 12세 아동, 특히 남아의 문제 행동은 대개 공공기물파손 같은 경미한 범행이다. 그 아동들의 범행은 충분히 심각하지 않기 때문에, 대개 사람들은 곧바로 보살핌 조치를 취하지 않는다. 하지만 그 아동들 중 3분의 1은 정신의학적 문제나 심리사회적 문제를 지녔다.

더 나아가 그 아동들의 집단에 속한 모로코 출신자들은 언어 발달이 2년 뒤처진 것으로 나타났는데, 이 언어 발달 지체는 범행의 재발과 강한 상관성을 보였다. 그 모로코 출신 아동들은 갈등을 말로 풀지 못하고 주먹을 사용한다. 그들은 흔히 복합 문제 가족 출신이며 범죄자인 손위 형제의 영향으로 범죄에 휘말리는 경우가 많다. 이 아동들을 휴식과 교육과 치료를 제공하는 방과 후 보살핌을 통해 관리할 수 있다. 그들은 스스로 원하는 활동을 통해 자유를 얻을 수 있다. 대표적인 예로 암스테르담의 〈포르위트VoorUit(앞으로)〉 프로젝트를 언급할 만하다. 이 프로젝트에 참여하는 대학생들은 주당 10시간 동안 이민 가정의 12세 미만 아동들과 놀이, 요리, 숙제, 스포츠를 하는 대가로 주거비를 전액 지원받는다.

도렐레이어스가 강력하게 제기하는 또 하나의 주장은 성범죄를 저지른 청소년들에게는 경찰뿐 아니라 정신의학의 개입도 필요하다는 것이다. 왜냐하면 그들은 흔히 자폐장애와 반사회적 행동장애를 지녔기 때문이다. 바탕에 놓인 장애를 치료하지 않고 억압만 하는 것은 재범을 부추기는 것과 같다.

아동이 매우 이른 나이에 — 대개 7세부터 — 심각한 사회적 문제 때문에 범죄의 세계에 발을 들이는 것을 막기 위하여 암스테르담 예방 개입 팀Preventief Interventie Team, PIT이 설립되었다. 이 팀은 심지어 임신부들까지 예방적으로 보살핀다. 다양한 보건 및 과학 분야의 전문가들이 이 팀에서 함께 일한다. 그들은 위험군에 속한 문제 아동들에 관한 모든 가용한 정보를 공유하며 신고가 접수되면 48시간 내에 2인 1조로 가정을 방문한다. 2014년 초에 259가정의 아동 535명이 암스테르담 예방 개입 팀의 보살핌을 받았다. 팀원들은 부드러운 압박으로 점차 가족들의 신뢰를 얻는다. 이를테면 사춘기 청소년에게 스포츠 활동이나 아르바이트를 권하는 방식으로 말이다. 이런 식으로 그들은 대상 가정 전체의 98퍼센트와 접촉을 유지한다. 일부 아동들은 레이던 대학교에서 전문적인 검진을 받는다. 한 선별절차는 아동이 감정을 알아채는 능력을 검사한다. 또 아동이 주변에서 일어나는 일을 이해하는지, 타인의 관점에서 논증할 수 있는지, 어떤 사회적 규범들을 채택하는지, 자신의 충동을 다스릴 수 있는지도 검사한다. 그리하여 아동의 강점과 약점에 관한 목록이 신경교육자에 의해 작성되고, 예방 개입 팀은 이를테면 훈련을 통해 문제의 해결을 추구한다. 이를 위한 비용은 — 아동 한 명당 연간 6,500유로 정도로 — 막대하지만, 좋은 출발의 가치는 그보다 훨씬 더 크다.

예방조치를 취하기에는 너무 늦었다 하더라도 여전히 많은 일을 할 수 있다. 네덜란드 정부는 범죄 위험이 매우 높은 청소년 600명을 범죄의 세계에서 구해 내기 위하여 모든 수단을 동원한다. 폭행, 노상강도, 주거침입을 거듭 저지르는 그 상습범들을 길거리에서 구해 내기 위한 노력이 2011년부터 수감 시설 안팎에서 활발히 이루어지고 있다. 그 프로그램의 세 기둥은 처벌, 보살핌, 예방이다. 범죄자 각각에게 〈감독〉 한 명이 지정되는데, 감독의 임무는 범죄자가 범죄에서 헤어나도록 돕는 것이다. 렐리스타트와 아메러에 있는 수감 시설들의 지도부가 다른 기관 50곳과 함께 이 프로그램에 참여한다.

첫 단계는 대상 청소년들을 정신의학적 기준으로 선별하는 것이다. 이 청소년 집단에서도 범죄자들의 절반은 지능이 낮은 것으로 드러났다. 또 범죄자들의 과반수는 정신의학적 문제와 중독 문제를 지녔다. 지금까지 약 350명의 청소년이 프로그램을 거쳤는데, 프로그램에 참가하는 청소년은 지원, 직업 훈련의 기회, 한정된 기간 동안의 숙소를 제공받는다. 프로그램 이수자의 재범 위험은 53퍼센트 감소했다. 이 성공에 기초하여 대상 청소년들의 목록은 상습범 1,000명으로 확대되었다. 그러나 예방 개입 팀처럼 애당초 청소년이 범죄의 세계에 발을 들이는 것을 막기 위해 애쓰는 것이 당연히 더 효과가 좋다.

7. 정신적 장애를 지닌 문제 청소년

예방 작업이 모든 분야에서 그렇게 활발히 이루어지는 것은 아니다. 다양하고 복잡한 문제들을 지닌 미성년자들이 적절한 시료 없이 수감되고 있다. 2014년에 한 소년법원 판사는 암스테르담에 거주하던 청소년 〈페르디 Ferdi〉를 정신적 장애를 지닌 청소년을 위해 특화된 폐쇄형 청소년보호시설 〈알마타Almata〉(덴 돌더Den Dolder 소재)에 집어넣은 조치에 대하여 위와 같이 평가했다. 처음에는 정신보건 당국의 치료사 한 명이 그 시설을 찾아와 페르디를 면담하곤 했지만, 여행 경비가 지급되지 않았기 때문에 그 상담 치료는 중단되었다. 폐쇄형 청소년보호시설에 수용된 아동의 정신의학적 문제들을 치료할 수 있으려면 청소년보호와 정신보건 서비스의 협력을 가장 우선시해야 한다.

네덜란드에 있는 폐쇄형 청소년보호시설이 1,300곳이다. 폐쇄형 청소년보호는 주로 안전과 위기 관리를 목적으로 삼는다. 청소년을 위한 정신보건 서비스는 중대한 정신의학적 문제를 지닌 청소년들을 담당한다. 그들은 그들 자신과 환경으로부터 보호받아야 한다. 이 청소년들을 단지 격리하여 감금하는 조치는 그들에게 도움이 되지 않는다. 왜냐하면 언젠가 그들은 정신의학적 문제들을 치료받지 못한 채로 다시 사회로 돌아올 테니까 말이다. 더 나아가 그들은 흔히 개인적인 보살핌 계획을 필요로 하는데, 청소년보호 제도에는 그런 계획이 없다. 요컨대 문제 청소년을 위한 〈도움 제공의 사슬〉 전반을 개선할 필요가 있다.

8. 정부 위임

정부 위임terbeschikkingstelling aan de regering, TBS은 네덜란드에 있는 독특한 형법상의 조치다. 〈정신 능력의 발달이 불충분하거나 정신 능력에 병적 장애가 있으며〉 금고 4년 이상의 형벌에 해당하는 범죄를 저지른 사람들이 정부 위임의 대상이 될 수 있다. 피고인의 책임 능력이 약할 경우에는 최소 형량이 선고될 수 있다. 하지만 판사는 정신의학적 치료를 지시할 수도 있다.

매년 약 150건의 형사재판에서 TBS가 선고된다. TBS는 감금형과 더불어 선고되기도 한다. 이 경우에 수감자는 선고된 형기의 3분의 2를 채운 뒤에 TBS 병원에 입원한다. 이것은 나로서는 이해할 수 없는 제도다. 당사자가 뇌 질병에 걸렸음을 이미 확인했는데도 그를 처벌하고, 그런 다음에야 그를 치료한다는 것이 말이 되는가. 처벌과 치료를 동시에 해야 할 것이다.

TBS 대상자의 과반수는 마약중독치료시설이나 청소년보호시설에서 치료를 받은 전력이 있으며, 그들 중 다수는 반사회적 성격장애 진단을 받은 바 있다. TBS 전문가 할마르 판 마를 교수의 견해에 따르면, 현재 TBS 병원들의 입원자 가운데 60퍼센트는 치료가 불가능하다. 그럼에도 TBS 치료는 원칙적으로 6년 내에 종결되어야 한다. 그 종료 시점까지 재범 위험이 충분히 낮아지지 않으면, TBS가 이른바 〈롱스테이〉로 이어질 수 있다. 〈롱스테이〉는 뇌 발달 장애나 뇌 질병으로 인해 사회로부터 격리되어야 하는 사람들에게 내려지는 조치다. 그들의 뇌 문제들은 그들 자신이 선택한 바가 아니므로 롱스테이 대상자들에게 제공되는 생활 조건은 최대한 양호해야 한다.

27장
임종을 둘러싼 문제들

자식들에게 잘하라.
그들이 당신의 요양소를 선택할 것이다.
— 내가 딸에게 선물한 커피 잔에 새겨진 문구

우리는 누구나 결국 죽는다. 일부 사람들, 예컨대 자신의 종교와 배우자의 종교가 다른 사람들(과거 종교적 분열이 심했던 네덜란드에서 그런 사람과 그 배우자는 묘지에 나란히 누울 수 없었다)은 죽을 때까지도 여러 문제에 부딪힐 것이다. 우리가 원하는 죽음의 방식에 관한 논의에서 네덜란드는 선봉의 역할을 맡고 있다. 이 주제에 관한 윤리적 논의에서는 뇌 질병들로 인해 발생하는 추가 문제들도 중요하게 다뤄져야 한다.

우리에게 삶을 의무로 부과하는 더 높은 힘은 없다는 견해를 받아들이는 사람들은 점점 더 많아지고, 고통이 영혼을 정화한다고 믿는 사람들은 갈수록 감소하기 때문에, 어떻게 죽기를 원하는가라는 질문이 점점 더 주목받고 있다. 나는 〈좋은 죽음보다 나쁜 삶이 더 좋다〉는 중국 속담에 전혀 동의하지 않는다. 〈좋은 죽음은 좋은 삶의 일부다〉라는 인본주의협회 Humanist Association의 태도가 더 낫다고 느낀다. 네덜란드에서는 2002년에 안락사법이 통과된 이래로 사람들이 무조건 삶을 선택할 필요가 없어졌다. 좋은 삶을 선택할 수도 있고 좋은 죽음을 선택할 수도 있게 된 것이다.

아카데미상을 받은 감동적인 영화 「아무르Amour」는 한 상황을 묘사하는데, 네덜란드 안락사법의 취지는 바로 그런 상황의 발생을 막는 것이다. 은퇴한 80대 음악 강사 부부의 삶에서 음악에 대한 열정은 여전히 중심적인 역할을 한다. 어느 날 아내가 뇌졸중에 걸려 반신마비가 된다. 의사가 위험성이 거의 없다고 한 수술을 받은 후, 아내는 더 심한 뇌졸중을 겪는다. 아내가 바라는 대로 남편은 남은 힘을 다하여 아내를 파리의 자택에서 헌신적으로 돌본다. 외국에 사는 딸은 도움이 되지 않고, 갑자기 닥친 상황 때문에 딸과의 관계가 몹시 불편해진다. 아내의 상태가 점점 더 악화되자, 남편은 사적으로 고용한 간호사를 해고한다. 이제 아내를 돌보는 일은 그에게 견딜 수 없는 고역이다. 결국 늙고 쇠약한 남편은 아내의 얼굴을 베개로 짓눌러 그녀의 삶을 종결시킨다. 안타깝게도 프랑스에서는 적극적 안락사가 여전히 허용되지 않는다.

1. 적극적 안락사/조력자살

> 죽은 것과 태어나지 않은 것은 아마 다를 바 없지 싶다.
> —마크 트웨인

지난 몇 년 사이에 네덜란드에서 보고된 안락사와 조력자살의 건수는 증가하는 추세다. 2016년에 의사들이 보고한 적극적 안락사와 조력자살은 6,091건이었다. 2009년에는 2,636건으로 훨씬 더 적었다. 이 통계자료의 출처는 안락사 지역 심사위원회의 2016년 연감이다. 오늘날 네덜란드 의사들은 적극적 안락사와 조력자살을 보고할 만큼 대담해졌다. 안락사 희망 사례의 압도적인 다수에서 환자를 괴롭히는 것은 암이다. 안락사법 덕분에 네덜란드에서는 멋지게 죽을 길이 열려 있는데, 이는 커다란 자산이다. 하지만 그 길을 가기 위해서는 임종에 관한 일련의 결정들을 내리고 가장 가까운 친지들과 논의하는 과정이 필수적이다.

신경학적 질병과 정신의학적 질병의 사례에도 안락사법을 제한 없이 적용하는 것을 찬성하는 사람들이 점점 더 많아지고 있다. 초기 치매 환자에 대한 안락사 허용도 마찬가지다. 알츠하이머병 환자들은 고통의 조짐을 나타내지 않는다고 주장하는 사람들도 있긴 하지만, 그런 사람들은 초기 알츠하이머병 환자도 미래에 자신에게 닥칠 일을 충분히 의식하며 불안과 우울에 시달린다는 점을 간과하는 경우가 많다. 게다가 알츠하이머병 말기에는 흔히 통증과 호흡곤란이 발생한다. 알츠하이머병 초기에 일부 환자는 자신의 인지 능력이 망가지리라는 전망이 자신에게 견딜 수 없는 고통임을 명확히 밝히고 안락사를 요청한다. 그러면 의사는 더 홀가분하게 조력 행동에 나설 수 있다.

하지만 알츠하이머병 환자가 뇌출혈이나 뇌경색으로 쓰러져 졸지에 환자와 의사의 소통이 불가능해지는 경우도 있다. 치매와 연결된 존엄 훼손은 자신에게 견딜 수 없는 고통이므로 자신이 치매에 걸릴 경우 적극적 안락사나 조력자살을 실시해 달라는 환자의 사전 의료 지시가 얼마나 큰 구속력을 가졌는지에 대해서는 현재 토론이 진행되고 있다. 안락사법의 네덜란드 상원 및 하원 통과를 주도한 엘스 보르스트 교수는 환자의 바람이 존중되어야 한다는 입장이다. 몇몇 개별 사례에서는 그런 상황에서 적극적 안락사가 실시되었고 후차적으로 심사위원회에서 그 정당성을 인정받았다. 2013년에 보고된 치매 환자에 대한 적극적 안락사는 97건이었다. 안타깝게도 엘스 보르스트 본인은 평온한 죽음을 누리지 못했다. 그녀는 안락사에 반대하는 한 정신의학적 환자에 의해 2014년에 살해되었다.

적극적 안락사와 조력자살의 가능성과 상관없이, 일부 환자들은 병의 진행을 끝까지 체험하기를 바란다. 그런 환자들에게는 완화의료palliative medicines가 점점 더 좋은 지원을 제공한다. 다른 국가들에 비해 네덜란드에서는 완화의료가 꽤 늦게 발달했다. 최근에야 일부 병원과 요양소에 소규모 완화의료시설이 설치되었다. 죽음에 다가가는 환자는 통증 외에도 체중 감소, 소화기관 문제, 가려움, 호흡곤란 등의 다른 고통들을 겪을 수 있다. 완화의료는 그런 고통들도 중시해야 한다. 신체적이지 않은 고통, 예컨대 미래에 대한 불안, 의사에 대한 분노, 자식들에 대한 걱정 등도 마찬가지다.

2. 정신의학

> 죽음은 지루하고 씁쓸한 사안이다.
> 나는 당신에게 절대로 죽음에 말려들지 말라고 조언한다.
> ─ 서머싯 몸

2002년에 제정된 네덜란드 안락사법에 따르면, 만성 정신의학적 질병으로 심각한 고통을 겪는 환자에 대해서도 능동적 안락사가 가능하다. 네덜란드에서 정신의학적 환자가 제기하는 안락사 요청은 전체 안락사 요청의 3분의 1을 차지한다. 정신과 의사들이 그 요청에 응하는 비율은 최근 들어 조금 더 상승했다. 2013년에 만성 정신의학적 환자 42명이 적극적 안락사로 삶을 마무리했다. 이것은 2012년(14명)과 2011년(13명)에 비해 훨씬 더 많은 숫자다. 그런 요청에 따른 적극적 안락사는 안락사법 시행규칙에 전적으로 부합할뿐더러 최소한 일부 노인이 외롭게 자살하는 것을 막는 효과가 있다.

안락사가 허용되려면 당사자의 자발적이며 심사숙고한 요청이 있어야 하고, 당사자의 고통이 견딜 수 없을 지경이며 개선될 전망이 없어야 하고, 다른 합리적 해법이 없어야 한다. 치료의 전망이 긍정적이라면 정신의학적 환자에 대한 안락사는 고려할 사안이 아니다. 이 경우에는 자살을 막기 위한 노력이 이루어져야 한다. 다행히 최근 들어 자살 충동 환자를 위한 의약품이 개량될 조짐이 보인다.

네덜란드 정신의학회는 정신과 의사들에게 의사 한 명이 아니라 상호 독립적인 의사 두 명과 상의하라고 조언한다. 환자의 질병을 전문적으로 다루는 정신과 의사와 상의하고, 또 SCEN(네덜란드 안락사 상담 및 지원) 담당 의사와 상의하라고 말이다. 전문 교육을 받은 SCEN 담당 의사는 안락사에 관한 정보를 제공하고 해당 사례가 법적인 조건에 부합하는지 여부를 심사할 수 있다. 예상하건대 머지않아 또 다른 정신과 전문의와 상의하는 것이 법적 의무로 지정될 것이다. 그런데 문제는 정신과 의사가 부족해서 법이 그렇게 바뀌면 안락사 희망자가 길게는 5개월 동안 기다려야 하는 상황이 벌어질 수 있다는 점이다.

안락사를 원하지만 어디에서도 요청을 들어주지 않을 때 환자는 〈임종 병원End of Life Clinic〉을 찾을 수 있다. 그 병원은 2013년에 총 1,035건의 안락사 요청을 받았고 적극적 안락사와 조력자살을 232건 실시했다. 그렇게 죽음을 맞은 환자들 가운데 신체적으로 건강한 정신의학적 환자는 17명이었다. 임종 병원의 의뢰를 받아 35개 팀이 전국에서 활동한다. 임종 병원을 찾는 환자들의 3분의 1은 기존 담당 의사의 안락사 경험이 부족하기 때문에 그렇게 한다. 따라서 능숙한 상담원으로 하여금 그런 의사들을 지원하게 하는 사업이 시작되었다. 목표는 점점 더 많은 의사를 안락사에 익숙하게 만듦으로써 임종 병원은 이례적이고 까다로운 사례들에 집중할 수 있게 하는 것이다.

2014년 벨기에에서 새로운 발전이 이루어졌다. 연쇄강간살인범 프랑크 판 덴 블리켄은 견딜 수 없는 신체적 고통과 수감 시설 내 정신의학적 치료의 부재 때문에 능동적 안락사를 요청하기로 결심했다. 그는 이렇게 말했다. 「나는 영영 석방되지 않을 것이며, 그것이 옳다. 나는 그저 석관 안에 앉아서 죽기를 기다리고 있다. 이것은 심리적 고통 정도가 아니라 심리적 고문이다.」그러나 그의 안락사를 담당하기로 한 의사는 마지막 순간에 계획을 취소했다. 당국자들은 〈보건 제도의 결함 때문에 수감자를 안락사시키다〉 같은 표제를 단 기사들이 언론에 실리는 것을 바라지 않았다. 곧바로 수치와 이미지 손상에 관한 갑론을박이 이어졌다.

네덜란드나 독일과 달리 벨기에에는 네덜란드의 〈정부 위임TBS〉에 해당하는 제도가 없다. 정신의학적 문제를 지닌 수감자들은 벨기에에서 치료를 거의 혹은 전혀 받지 못한다. 재범 위험이 높은 성범죄자들에 대한 특별 치료와 보살핌도 없다. 유럽인권법원은 이미 14건의 재판에서 벨기에 정부에 유죄를 선고했다. 그러나 정치인들에게 이것은 인기 없는 주제다. 판 덴 블리켄은 결국 네덜란드 TBS 병원으로의 이감을 요청했다. 당시 벨기에 법무 장관의 성향으로 볼 때 처음에 그 이감은 가능할 듯했다. 하지만 그의 후임자는 이감 조치에 대한 동의를 거부했다. 나는 프랑크 판 덴 블리켄처럼 뇌 발달 장애에 시달리고 있는 사람이라면, 석방할 경우 타인들에게 위험이 될 인물이라 할지라도 사회 바깥에서 인간적으로 살 수 있게 해줘야 한다고 본다.

안락사 상담원

죽기는 간단하다. 누구나 할 수 있다.
— 르네 구데

네덜란드인의 압도적 다수는 2002년에 제정된 안락사법을 중요한 성취로 평가한다. 실제로 그 법이 신중하게 적용됨에 따라 그 법을 신뢰하는 의사가 점점 더 늘어나고 있으며, 그 결과로 안락사가 보고되는 비율도 상승하고 있다. 그럼에도 환자를 치료하고 치유하는 것을 자신의 사명으로 여기는 의사들은 환자를 상대로 그의 임종에 관하여 대화하기를 꺼리는 경우가 많다.

따라서 안락사 상담원을 두는 것은 훌륭한 모범적 제도다. 베르트 판 덴 엔데는 1997년부터 2014년까지 도르트레이트 소재 알베르트 슈바이처 병원에서 안락사 상담원으로 일했다. 그 병원에서는 〈안락사〉라는 주제를 전담하는 상담원이 있고, 그 상담원이 안락사 과정에 참여하는 모든 사람들을 지원한다. 그는 환자와 그 친척들뿐 아니라 간호사와 기타 도우미들에게도 법적·윤리적 측면과 실용적 측면에 관한 조언과 지원을 제공한다. 알베르트 슈바이처 병원은 2년 연속으로 〈네덜란드에서 가장 좋은 병원〉이라는 평가를 받은 바 있다. 그런데 놀랍게도 안락사 상담원을 둔 병원은 지금도 이곳이 유일하다.

3. 완결된 삶

> 자신의 앞날을 감안할 때
> 스스로 적당하다고 느끼는 순간에
> 받아들일 만한 방식으로 삶을 마감할 수단을 보유하고
> 있다면 많은 노인들은 매우 안심할 것이라는 점을
> 나는 일말의 의심도 없이 확신한다.
> ── 후입 드리온(1917~2004), 네덜란드 대법원 부원장(1991)

은폐되었으며 치료 가능한 우울증을 앓고 있지 않은데도 자신의 삶이 완결되었다고 여기는 사람들은 조력자살을 할 권리가 있다고 나는 생각한다. 네덜란드 자발적 안락사 협회NVVE가 2010년에 조사한 바에 따르면, 네덜란드 인구의 85퍼센트가 이 같은 나의 생각에 동의한다. 자살이 반드시 은밀하고 공격적인 방식으로 실행되어야 하는 것은 아니다. 사랑하는 사람들에게 둘러싸여서 능숙한 의사들의 도움으로 자살하는 것도 가능해야 마땅하다.

〈드리온 알약Drion's pil〉이라는 이상적인 자살용 약물이 종종 거론되지만, 그런 알약은 존재하지 않는다. 만약에 당신의 조력자살이 허용된다면, 의료진은 드리온 알약이 아니라 2002년의 안락사법에 따라 안락사나 조력자살에 처방되는 약물들을 당신에게 투여할 것이다. 그러나 그 법은 병에 걸린 사람들에게 그 약물들을 투여하는 것만 허용한다. 따라서 당사자가 충분히 숙고한 뒤에 자신의 삶이 완결되었다고 여기는 경우에도 안락사나 조력자살을 허용하도록 법을 개정하는 것이 반드시 필요하다.

이 같은 법 개정을 이뤄 내기 위하여 우리는 2009년에 〈자유로운 의지로 Uit Vrije Wil〉 운동을 시작했다. 이 명칭은 적절하다. 비록 나의 과학적 확신

에 따르면 자유 의지는 환상이지만 말이다. 이 운동은 곧바로 폭넓은 사회적 지지를 받았다. 하지만 법 개정은 아직 이루어지지 않았다. 왜냐하면 다른 사안들에서 소수 기독교 정당들의 협조를 얻어 내기 위한 수단으로 하원에서 새 안락사 법안이 번번이 양보용 카드로 버려지기 때문이다. 자신이 안락사를 요구할 것인지 여부, 요구한다면 언제 어떻게 안락사할지를 누구나 각자 결정하게 하자는 법안을 왜 그 정당들은 이토록 받아들이기 어려워하는 것일까? 누군가에게 안락사 선택을 강요하는 법안도 아닌데다가 안락사 허용에 관한 엄격하고 신중한 기준이 마련되어 있는데도 말이다.

하지만 〈자유로운 의지로〉 운동에 대한 뜨거운 관심이 압력으로 작용하여 어느 정도 변화가 일어났다. 네덜란드 의사협회는 치명적이지 않은 개별 질병들의 축적을 통해서도 환자의 고통이 견딜 수 없고 개선될 전망이 없는 지경에 이를 수 있으므로 그런 (노인들에게서 자주 발생하는) 경우에도 안락사를 실시할 수 있다고 통보했다. 안락사법에 대한 이 같은 잠정적 확대 해석은 실제로 일부 환자들에게 도움이 될 수 있다.

스스로 삶을 끝내는 길

엄밀히 말하면 죽음이야말로 우리 삶의 참된 최종
목표이기 때문에, 몇 년 전부터 저는 인간의 진정한
최고의 친구인 죽음과 아주 잘 사귀었습니다.
그래서 이제 죽음의 이미지는 나에게 전혀
끔찍하지 않아요.
— 모차르트, 아버지에게 (1787년 4월 4일에) 보낸 편지에서

자신의 삶이 완결되었다고 여기는 사람들에 대한 안락사 법규는 아직 존재
하지 않지만, 지금도 스스로 삶을 끝낼 길이 있다. 이 〈자율적인 길〉을 가려
면 인터넷을 통해서 의약품들을 모으면 된다. 이런 식으로 스스로 선택하
여 삶을 끝내기를 바라는 사람들은 〈데 에인더De Einder(지평선)〉 재단의
조언을 받을 수 있다. 그 재단은 — (안락사가 엄격히 금지되어 있는 나라
인) 중국에서 발송된 생일 축하 카드를 통해 — 치명적인 가루약을 구하는
방법을 잘 안다. 그러나 그 재단의 정보 제공은 조력자살의 수준에 이르면
안 된다. 왜냐하면 그러면 처벌받을 수 있기 때문이다. 식음을 전폐하고
〈결사 단식〉하면서 의사가 그 과정을 잘 관리해 주기를 바라는 방법도 있
다. 하지만 나라면 이 방법을 선택하지 않을 것이다.

4. 치료 금지와 심폐소생술 거부

> 뚱보 바커 씨는 여성으로부터 심폐소생술을 받는 것에는
> 전혀 불만이 없었지만 남성에 의해 소생되는 것은 절대로
> 바라지 않았다.
>
> —『아드보카트를 마시는 나날: 83세 헨드릭 그로언의 비밀 일기』

의사들은 자신의 의학적 판단을 따른다. 그들에게 가장 중요한 것은 환자의 치유다. 그런데 환자의 치유를 위해 애쓰는 와중에 때때로 의사들은 환자의 바람을 간과한다. 치료 계약에 관한 법률WGBO에 따르면, 의사는 환자의 동의 없이 치료 행위를 하면 안 된다. 환자는 치료 금지나 심폐소생술의 거부를 선택할 수 있다. 요양소 거주자와 죽음을 목전에 둔 환자의 약 5~10퍼센트는 자신의 치료 금지권이 명기된 치료 계약서에 서명했다. 오늘날 노인들은 자신의 자율권을 강력히 주장할뿐더러 임종 문제에 관해서 많은 정보를 얻을 수 있다.

간호사로 일하면서 심폐소생술을 받는 노인들의 비참함을 너무도 많이 본 넬 볼텐은 이렇게 말한다. 「나는 펌프질 당한 뒤에 식물처럼 연명하고 싶지 않아요.」 그래서 그녀는 〈소생시키지 말아요. 나는 91세도 넘었어요〉라는 문구를 가슴에 문신했다. 네덜란드 자발적 안락사 협회는 〈나를 소생시키지 말아요〉 배지를 배포한다. 원하는 사람은 그 배지를 목걸이처럼 착용할 수 있다. 의료인들은 이 요구에 따를 의무가 있다. 2014년에 그 배지를 착용한 네덜란드인은 3만 2,000명이다. 그러나 넬 볼텐은 그 배지를 신뢰하지 않는다. 환자가 누워 있는 상태에서 배지가 등쪽으로 돌아가면 의료진의 눈에 띄지 않을 수 있다고 염려한다. 보건 장관 에디트 시퍼스는 2015년에 몇 차례의 토론 끝에 넬 볼텐이 한 것과 같은 문신이 법적 구속력

을 가진다고 선언했다.

과거에 노인이 심근경색에 걸린 뒤에 회복할 확률은 실제로 매우 낮았다. 요양소에서 일하는 의사 베르트 카이저가 심폐소생술을 〈극단적인 학대〉라고 칭하며 이렇게 말한 것은 일리가 있었다. 「이 순간에 이미 충분히 자리 잡은 죽음을 거친 폭력으로 다시 몰아내기 위하여 환자에게 엄청난 피해를 입힌다.」 그러나 오늘날 거의 모든 곳에 걸려 있는 AED(자동 체외 제세동기automated external defibrillator, 일명 심장충격기) 덕분에 지금은 심폐소생술 후의 회복률이 어느 정도 향상되었다. 물론 여전히 대다수 사람들은 심정지 후에 사망하지만, 병원 바깥에서 심정지를 겪었는데도 심폐소생술을 거쳐 살아남은 노인의 90퍼센트는 경미한 손상만 입은 채로 의식을 되찾는다. 이것은 암스테르담 대학 병원에서 행한 한 연구의 결과다. 이처럼 효과가 더 좋아졌기 때문에, 심폐소생술에 대한 나의 태도는 여러 해에 걸쳐서 차츰 바뀌었다.

그림 27.1 91세의 전직 간호사 넬 볼텐은 위험을 감수할 생각이 없다. 그녀는 자신이 바라는 바를 담은 다음과 같은 문구를 가슴에 문신했다. 〈소생시키지 말아요. 나는 91세도 넘었어요.〉

28장
전망

예측은 어렵다, 특히 미래에 관해서는.

—A. J. P. 테일러

1. 컴퓨터 대 뇌

기계가 — 무작위로 생성된 기호들을 통해서가 아니라 —
감지된 생각과 감정에 기초하여 소네트를 짓고 협주곡을
작곡한다면, 그때 비로소 우리는 기계가 우리 뇌와
동등해졌다는 것에 동의할 수 있다.

— 조프리 제퍼슨 경

스티븐 호킹은 2014년에 한 공개편지에서 고유한 의지를 지닌 인공지능의
출현을 경고했다. 그런 인공지능이 인류를 밀어낼 것이라면서 말이다. 그
러나 그것은 먼 미래에나 있을 법한 일이다. 컴퓨터가 점점 더 영리해지는
것은 사실이지만, 컴퓨터의 능력은 여전히 매우 제한적이다. 슈퍼컴퓨터

딥 블루Deep Blue는 이미 1997년에 체스 세계 챔피언 가리 카스파로프를 이겼다. 딥 블루에는 모든 체스 규칙들과 수많은 고수들의 게임 내용이 프로그래밍 되어 있었다. 그런데도 그 프로그램이 할 수 있는 것은 오로지 체스뿐이다. 그 프로그램은 인도 사람들이 즐기는 단순한 보드게임 〈파치시Pachisi〉조차도 하지 못한다. 새로운 게임의 고안은 말할 것도 없다.

물론 인공지능은 딥 블루 이후에도 주로 컴퓨터게임 분야에서 더욱 발전했다. 컴퓨터 회사 〈딥마인드DeepMind〉는 스스로 학습하는 알고리즘 하나를 2015년에 『네이처』에 발표했다. 그 알고리즘은 신경망과 통제된 학습을 결합한 산물이다. 그 프로그램 〈딥큐DeepQ〉의 학습 방식은 기본적으로 우리의 학습 방식과 다르지 않다. 딥큐는 시도하고 결과를 보고 기억한다. 그 프로그램은 때때로 게임에서 어떤 전략이 가장 적합한지 알아내고 해법을 찾아내 딥마인드의 직원들마저 놀라게 했다.

이 기술은 계속 발전되어 2016년에 구글 딥마인드가 개발한 바둑 프로그램 알파고가 인간 고수를 이기는 성과에 이르렀다. 알파고는 최근 10년 간의 성적이 세계 최고인 한국의 바둑 선수 이세돌을 상대로 4 대 1의 승리를 거뒀다. 바둑은 체스보다 훨씬 더 복잡하다. 그래서 최근까지만 해도 사람들은 컴퓨터가 바둑을 두는 것은 불가능하다고 확신했다. 알파고는 바둑 고수들의 행마를 무수히 학습했을 뿐 아니라 딥 러닝Deep Learning의 도움으로 자기 자신을 상대로 매일 수천 판의 바둑을 엄청난 속도로 두었다.

그림을 그리는 알고리즘도 개발되었다. 연구자들은 우선 딥 러닝 알고리즘과 얼굴 인식 기술과 특수한 3D 프린터를 이용하여 렘브란트의 회화 346점을 분석했다. 이어서 2016년에 그들은 한 컴퓨터로 하여금 〈새로운〉 렘브란트의 작품을 그리게 했다. 이 렘브란트 연구 프로젝트의 지휘자인 에른스트 판 데 베터링 교수는 몇 가지 결함들을 곧바로 알아챘다. 컴퓨터는 몇 가지 기법을 학습하지 못한 것이 분명했다. 렘브란트가 눈 밑의 눈물을 암시하기 위해 사용하는 희미한 광채, 콧등에 드리운 환한 빛을 표현하는 흰색 반점, 목을 대충 그리는 렘브란트의 방식 등이 컴퓨터가 학습하지 못한 부분들이었다. 하지만 알고리즘이 그린 〈얄팍한〉 3D 회화에 결여되어 있는 것은 무엇보다도 렘브란트의 비교할 수 없는 창조성이다. 그 알고리즘은 복제본을 만드는 기술로서 훌륭하지만, 그 알고리즘이 새롭고 멋진 회화를 그리기를 기대하지는 말아야 한다.

딥 러닝은 머지않아 자율주행차와 로봇에도 적용될 것이다. 하지만 구두끈을 묶을 수 있는 로봇조차도 아직 없다. 가변적인 조건 아래에서 로봇의 눈-손 협응과 미세 동작은 전혀 우수하지 않다.

인공지능에 관하여 많은 글을 쓴 미국 인지과학 교수 더글러스 호프스테터에 따르면, 원리적으로 컴퓨터는 뇌에서 일어나는 모든 심리적 과정을 모방할 수 있으며, 따라서 모든 지적 과정을 모형화할 수 있다. 병렬로 진행하는 뇌 활동을 모형화한 신경망들neural networks은 오늘날 성능이 점점 더 향상되는 얼굴 인지 연결망과 언어 인지 연결망의 토대를 이룬다. 호프스테터는 내다볼 수 있는 장래에 컴퓨터가 인간과 동등한 지능을 갖출 가능성은 낮다고 본다. 호프스테터가 보기에 인지의 본질은 유추analogy인데, 컴퓨터를 개발할 때 과학자들은 그런 인지 — 통찰, 지능, 이해 — 를 파악하려 애쓰지 않는다.

인간 뇌는 패턴을 알아볼 수 있다는 점에서 동물들의 뇌보다 월등히 우월하다. 이 능력은 진화 과정에서 생존을 위해 중요한 것으로 판명되었다. 예컨대 먹을거리를 제공하는 식물을 알아보는 능력, 먹을거리로 삼을 수 있는 동물이나 위험천만한 동물을 알아보는 능력이 그러하다. 또한 얼굴과 얼굴에서 드러나는 감정을 알아보는 능력과 몸짓으로 소통하는 능력도 우리의 복잡한 사회에서 원만하게 살아가기 위해 중요했다. 패턴 인지의 측면에서는 오늘날의 컴퓨터들이 그리 우수하지 않다. 최근까지만 해도 컴퓨터에게 개와 고양이를 구별하는 법을 가르치기가 무척 어려웠다. 우리가 기르는 개는 이미 강아지 시절에 그 구별법을 놀면서 터득하는데 말이다.

하지만 컴퓨터의 얼굴 인지 능력은 점점 더 향상되는 중이며 언어 인지에서도 큰 발전이 이루어졌다. 지금은 발화된 텍스트를 곧바로 화면에 띄우는 것뿐 아니라 컴퓨터로 하여금 동시에 번역하여 발화하게 하는 것도 가능하다. 비록 아직은 완벽하지 않더라도 말이다.

컴퓨터가 인간과 똑같거나 무언가 다른 방식으로, 심지어 인간보다 더 우수하게 창조성을 갖추거나 공감을 표현하거나 두통을 앓거나 사유하게 되는 날이 언젠가 올까? 그런 날을 실현하기 위한 노력은 당연히 이루어질 것이다. 예컨대 런던 임페리얼 칼리지의 인공지능 프로젝트 〈페인팅 풀 Painting Fool〉이 추구하는 바는 창조적인 그림을 그리는 컴퓨터프로그램을 개발하는 것이다. 프로젝트의 성패를 판가름하는 기준은 〈페인팅 풀〉이 정말로 창조적이게 되어 (그 프로그램의 개발자들은 업신여기지만) 사람들에게 예술로 평가받을 수 있는 작품을 생산하는 날이 올지 여부다. 분명한 것은 그날이 아직 오지 않았다는 점이다.

물론 커다란 기술적 진보들이 실현되었다는 것에 대해서는 이론의 여지가 없다. 오늘날 우리는 선형으로 작동하는 통상적인 프로세서 대신에 IBM이 개발한 트루노스TrueNorth 프로세서를 보유하고 있다. 이 프로세서의 구조는 우리 뇌 속 뉴런 연결망의 구조와 유사하다. 트루노스 프로세서 칩 하나에는 100만 개의 〈뉴런〉과 2억 5,600만 개의 〈시냅스〉가 있다. 시냅스란 뉴런들이 서로 연결되는 접합부다. 100만 개와 2억 5,600만 개면 충분히 많은 듯하지만, 이 규모는 작은 곤충의 뇌에도 못 미친다. 인간 뇌는 약 800억에서 1,000억 개의 뉴런을 보유하고 있으며, 그 뉴런 각각이 1,000에서 10만 개의 다른 뉴런들과 연결되어 있다. IBM의 트루노스는 데이터 속의 패턴을 알아볼 수 있다. 이 능력은 〈사유〉의 시초라고 할 만하다.

그러나 트루노스 시스템을 대폭 확대하지 않으면, 이 시스템과 현재 우리가 사용하는 컴퓨터들의 차이는 그리 크지 않다. IBM은 트루노스 칩 16개를 연결했는데, 그래 봐야 뉴런 1,600만 개로 이루어진 시스템에 도달했을 따름이다. 현재 설정된 목표는 4,096개의 칩을 연결하는 것이다.

그 밖에 다른 발전들도 있다. 예컨대 이른바 멤리스터memristor(〈메모리〉와 〈레지스터〉의 합성어 — 옮긴이)가 개발되고 있다. 멤리스터는 시냅스와 똑같이 독자적으로 정보를 저장할 수 있는 스위치다. 기대되는 또 하나의 혁신은 — 적어도 이론적으로는 — 수백만 개의 연산을 한꺼번에 해낼 수 있는 양자컴퓨터다. IBM이 연구 중이며 전망이 밝은 새로운 기술은 나노튜브를 양자컴퓨터의 기초로 삼는 것이다. 나노튜브의 정보 전달 속도는 실리콘 회로보다 100에서 200배 더 빠르다. 나노튜브를 기초로 삼으면, 트랜지스터가 축소됨에 따라 전극들 사이의 〈포트port〉도 축소되어 전자가 포트를 통과하기가 점점 더 어려워지는 문제를 극복할 수 있다. 나노튜브를 통한 정보 전달은 엄청나게 빨라질 수 있을 것이다.

유럽 연합은 〈인간 뇌 프로젝트〉를 출범시켰다(그리고 10억 유로를 투입하기로 했다). 이 프로젝트의 목표는 인간 뇌에 관한 모든 데이터를 하나의 소프트웨어에 입력하여 인간 뇌 전체의 작동 방식을 슈퍼컴퓨터로 모방하는 것이다. 이 프로젝트의 상향식bottom-up 연구를 통해 분자 수준의 데이터부터 세포 수준의 데이터를 거쳐 해부학적 수준의 데이터까지 종합할 수 있을 것이다. 그러나 콜레주 드 프랑스의 교수인 프랑스 신경과학자 스타니슬라스 데헤네는 이런 식으로는 뇌의 기능들과 질병들을 모방할 수 없을 것이라고 본다. 이는 새의 모든 깃털 각각을 모방하더라도 새의 비행을 모방할 수 없는 것과 마찬가지라는 것이 그의 견해다. 그는 행동과 뇌의 전기 활동을 출발점으로 삼아서 전체를 하향식top-down으로 종합할 것을 제안했다. 합리적인 제안인 듯한데, 그럼에도 인간 뇌 프로젝트는 그런 하향식 연구 주제들을 배제했다. 이 때문에 데헤네는 그 프로젝트에서 발을 뺐다.

지금까지 150명의 과학자가 인간 뇌 프로젝트의 진행 방식에 반발하면서 서면으로 항의했다. 컴퓨터가 인간 뇌처럼 통찰력, 지능, 유머 감각을 보유하고서 일하고, 삶에 매달리고, 번식하고, 획득한 지식을 다음 세대에 전달할 수 있게 되려면 어느 정도 시간이 필요할 것으로 추정된다.

앨런 튜링의 업적과 비극적인 삶

「이미테이션 게임The Imitation Game」은 천재적인 영국 컴퓨터 개척자 앨런 튜링(1912~1954)에 관한 훌륭한 영화다. 튜링은 제2차 세계대전 중에 독일군이 통신에 사용한 암호 〈에니그마Enigma〉를 해독하는 기계를 개발했다. 이 업적으로 튜링은 전쟁을 2년 단축하고 무수한 사람들의 목숨을 구했다. 그러나 전후에 그는 동성애 때문에 체포되어 에스트로겐을 투여하는 화학적 거세 처분을 받았다. 그는 젖샘이 확대되는 것을 비롯한 수많은 부작용에 시달리다가 어느 저녁에 주방용 칼로 다리의 피부를 째고 그 속에 이식되어 있는 호르몬 투여 장치를 끄집어냈다(여담인데, 이 장면은 영화에 나오지 않는다). 결국 튜링은 41세에 청산칼륨이 든 사과를 먹고 자살했다. 그가 정말로 자살한 것인지 아니면 살해된 것인지에 대한 논쟁은 지금도 진행 중이다.

배우 베네딕트 컴버배치는 경미한 자폐장애가 있고 사회적으로 미숙하며 내성적이고 비극적인 수학자 앨런 튜링을 인상 깊게 연기했다. 2009년에 영국 정부는 튜링에 대한 부적절한 처분을 사과했고, 엘리자베스 2세 여왕은 튜링이 죽은 지 거의 60년 지난 2013년에야 그를 사면했다.

튜링에 대한 기억은 지금도 〈튜링 검사Turing test〉라는 명칭 속에 살아 있다. 튜링 검사란 컴퓨터가 인간과 동등한 지적 능력을 갖췄는지 판별하는 절차인데, 판별 기준은 인간과 대화하는 상대가 인간인지 아니면 컴퓨터인지 알아낼 수 있느냐 하는 것이다. 튜링 검사와 관련해서도 몇 가지 발전이 이루어졌다. 예컨대 〈유진 구스트만Eugene Goostman〉이라는 소프트웨어는 한 튜링 검사에서 서투른 영어를 구사하는 13세의 우크라이나 소년으로 행세했는데, 판정단의 3분의 1은 그 소프트웨어가 실제로 그런 소년이라고 판정했다. 관건은 그런 소프트웨어의 정체를 밝혀내기에 적합한 질문을 던지는 것이다. 스페인 영화 「에바Eva」(2011)에는 다음과 같은 좋은 질문이 등장한다. 〈눈을 감으면 당신은 무엇을 보나요?〉

2. 왜 뇌과학이 중요할까?

> 늙은 과학자들이 성공할 수 없다고 여기는 실험을
> 실행하는 젊은 과학자들이 진보를 이뤄 낸다.
> — 프랭크 웨스타이머

엔 데르크센 교수는 2011년 『엔에르세 한델스블라트』 신문에 기고한 글에서 이렇게 물었다. 〈뇌에 관한 이 모든 지식에서 우리가 대체 어떤 임상적 적용 가능성들을 얻었는가?〉 하지만 이 질문은 그릇된 전제에서 나온 것이다. 뇌 질병들의 치료법을 신속하게 변화시키는 것은 현재 뇌과학의 임무가 전혀 아니다. 현재의 뇌과학이 그런 변화를 장담한다면, 그것은 허풍일 것이다. 우리는 미래 세대에서 뇌과학이 새로운 치료의 가능성들을 열기를 희망할 수 있을 따름이다. 다른 한편으로 일부 사람들은 뇌에 대한 관심이 급증하는 것을 무시하면서 뇌를 〈블랙박스〉로 간주하고 싶어 한다. 이것은 과거에 심리학자들과 정신의학자들이 취했던 것과 똑같은 태도다. 그들은 오로지 뇌로 들어가는 것과 뇌에서 나오는 것만 중시했다. 정작 뇌에서 일어나는 일은 그들의 관심사가 아니었다.

이 태도는 뇌의 작동과 오작동의 과학적 기반에 대한 호기심의 결핍을 증언한다. 또한 역사에서 늘 그렇듯이, 기초연구는 결국 사회와 의술에 적용 가능한 성과들을 낼 것이다. 한 가지 예만 들겠다. 엘도파는 뇌과학 덕분에 파킨슨병 치료에 가장 많이 쓰이는 약물이 되었다.

다양한 치료법으로 뇌에 영향을 미칠 수 있다. 약물, 대화, 음악, 위약(僞藥) 등이 치료의 수단으로 쓰일 수 있다. 그 모든 수단들의 공통점은 특정한 뇌 구역들의 활동을 변화시킨다는 것이다. 뇌는 확실히 복잡하고, 뇌 질병들을 치유할 가능성은 앞으로도 늘 심하게 제한될 것이다. 치료보다 예방이 훨씬 더 낫다. 이 원리는 뇌 질병과 관련해서 지당할 뿐 아니라 뇌 질병의 진행 메커니즘과 뇌의 작동 방식에 관한 통찰을 요구한다.

뇌과학자들이 내세울 만한 성과들도 이미 있다. 그 성과들이 항상 치료와 관련이 있는 것은 아니다. 지식 그 자체만으로도 중요한 의미가 있다. 예컨대 우리는 성 정체성 장애(성전환증) 진단을 내리고 환자가 스스로 느끼는 정체성에 그의 몸을 맞춰 주는 것으로 만족할 수도 있다. 그러나 그런 성 정체성 혼란이라는 몹시 괴로운 상황이 어떤 원인들에서 비롯되는지, 그 원인들을 제거할 수 있는지 알아내는 것에도 관심을 기울여야 마땅하다. 실제로 그 원인들에 관한 연구가 진행되고 있다(3장 1, 3장 2 참조).

성전환자의 뇌 조직에는 성별 특징의 뒤바뀜이 있으며 그 때문에 뇌 구조들이 당사자가 스스로 경험하는 자신의 성 정체성과 일치한다는 발견은 우리의 지식에만 보탬이 된 것이 아니다. 그 발견은 다양한 나라의 성전환자들을 돕는 데도 유용했다. 우리의 연구 결과들은 예컨대 영국에서 성전환자의 출생증명서 및 여권상의 성별을 수정하는 법안이 통과되는 데 기여했으며, 유럽재판소에서도 성전환자 관련 재판들의 결정적 증거로 채택되었다.

자살자들의 뇌 속 글루타메이트 시스템의 분자적 변화 과정에 관한 지식 덕분에 오늘날 우리는 NMDA 수용체 차단제인 케타민의 효과를 더 잘 이해한다. 어쩌면 그 분자적 변화에 관한 지식과 뇌 스캔 기술의 도움으로 자살 위험이 높은 우울증 환자를 가려내는 것도 머지않아 가능해질 것이다. 자살 위험을 알려 주는 혈액 검사가 현재 자살자들의 혈액에 대한 연구를 통해 개발되고 있다. *SKA2* 유전자는 스트레스 반응에 관여하는데, 유전적 변이 때문이거나 환경 요인에 의한 메틸화에서 귀결된 후성유전학적 변화 때문에 그 유전자의 활동이 약하면, 자살 위험과 외상 후 스트레스 장애의 위험이 상승한다. 그런데 이 후성유전학적 변화는 백혈구에서도 감지된다. 연구보고서를 작성한 저자들은 혈액 검사를 통해 자살 생각과 시도를 80퍼센트의 정확도로 예견할 수 있다고 주장한다. 이 중대한 발견이 최대한 신속하게 검증되고, 바라건대 입증되어야 할 것이다.

외상 후 스트레스 장애 환자들 가운데 누구에게 트라우마 치료가 효과가 있고 누구에게 효과가 없는지를 뇌 스캔을 통해 예견하는 것도 가능하다. 따라서 의료진은 불필요한 치료를 피하고 경우에 따라 대안적인 치료법들을 모색할 수 있다.

뇌 심부 자극술과 기타 새로운 치료법들

뇌 심부 자극술은 약물 치료로 다스릴 수 없게 된 파킨슨병 환자들의 떨림을 치료하기 위해 개발되었다. 오늘날 뇌 심부 자극술은 달리 치료할 길이 없는 우울증, 강박장애, 중독, 본태 떨림essential tremor, 투렛 증후군, 신경성 식욕 부진증, 통증, 근육 긴장 이상dystonia, 최소 의식 상태, 뇌전증, 정신지체 환자의 공격성에도 적용된다. 또한 알츠하이머병 환자에게서도 뇌 심부 자극술이 인지 능력 개선 효과를 낸다.

코를 통해 추출한 신경교세포들을 척수에 이식하는 수술을 받은 불가리아 출신의 38세 하반신 마비 환자는 2년의 재활 기간 뒤에 상태가 부분적으로 호전되었다. 다렉 피디카는 하반신이 마비되고 4년 뒤에 폴란드에서 그 수술을 받았다. 그로부터 2년 뒤에 그는 다리의 감각을 되찾았고 다시 몇 걸음을 뗄 수 있게 되었다. 그는 다시 태어난 느낌이라고 말한다. 그 수술은 제프리 레이즈먼에 의해 개발되었다. 그는 그 수술이 쥐의 하반신 마비를 개선한다는 것을 실험으로 입증한 바 있다. 물론 단 한 명의 환자에게서 거둔 성공으로 그 수술의 효과가 증명된 것은 아니지만, 하반신 마비 환자에 대한 치료의 단초는 확보된 듯하다.

손상된 시스템들을 자극하는 것에 기초를 둔 효과적인 신경재활치료법들도 개발되었다. 형법에서도 뇌과학의 적용이 점점 더 증가하고 있다. 더 나아가 인지심리치료 같은 심리학적 기법들의 효과가 입증되었을 뿐 아니라, 음악치료의 효과를 검증하는 통제된 실험들도 이루어졌다(14장 2, 20장 6, 26장 3 참조).

기초연구에서 밝혀졌듯이, 옥시토신은 말초신경 호르몬으로 구실할 뿐 아니라 뇌에서 신경조절물질로도 기능한다. 옥시토신은 앞이마엽 피질과 대상 피질 앞부분에서 사회적 펩티드로서 작용한다. 콧속 분무 방식으로 옥시토신을 투여하면 공감, 감정, 알아보기, 정신 이론에 관한 문제들을 비롯한 자폐 증상이 완화되는 것도 밝혀졌다. 외상 후 스트레스 장애의 치료에도 옥시토신을 투입할 수 있는지 여부는 현재 암스테르담 대학 병원에서 연구되고 있다.

인간과 기계의 상호작용

> 기계는 평범한 인간 50명이 할 일을 할 수 있다. 그러나
> 기계는 단 한 명의 특별한 인간을 대체할 수 없다.
> — 엘버트 허버드

뉴로피드백은 아동 ADHD에 효과적인 것으로 판명되었다. 인간과 기계의 상호작용도 급속도로 발전하여 하반신 마비나 루게릭병 환자들에게 새로운 가능성들을 제공하고 있다. 마비 환자들은 생각의 힘으로 인공 팔다리와 컴퓨터를 조종할 수 있다. 컨설팅 회사 액센츄어Accenture는 아무것도 움직일 수 없는 말기 루게릭병 환자를 위한 전자 머리띠를 필립스사와 함께 개발했다. 그 장치는 환자가 생각하는 명령을 파악하여 태블릿컴퓨터로 전달한다. 텔레비전이 꺼져야 한다고 환자가 생각하면, 실제로 텔레비전이 꺼진다. 채널을 돌리고 싶을 때는 어떻게 할까? 채널을 돌린다고 생각하기

만 하면 된다. 방의 조명을 켜고 끌 때는 어떨까? 명령을 생각하면, 그 명령이 실행된다.

맹인을 위한 장비도 대폭 발전했다. 그 장비는 환경을 촬영하는 카메라를 포함한다. 그 카메라에 포착된 이미지들은 사용자의 시각피질을 자극한다. 이를 통해 그는 눈이 기능하지 못하는데도 〈볼〉 수 있다. 이 대단한 장비에 대한 최초의 임상실험들이 곧 이루어질 것이다.

10년째 양팔과 양다리가 마비된 한 환자의 뇌를 fMRI로 스캔한 결과, 마루엽 피질의 어느 구역에서 운동이 계획되고 생각 속에서 실행되는지 판독할 수 있었다. 의료진은 그 구역에 전극들을 이식했고, 그 환자는 그 전극들을 통해 의수를 조종하는 데 성공했다. 한 실험에서 그는 손을 입으로 움직이는 것이나 턱으로 움직이는 것을 생각함으로써 개별 뇌세포들을 켜고 끄는 것까지 해냈다.

오스트리아에서는 남성 세 명이 마비된 손을 절단하고 의수로 교체했는데, 그들은 그 의수로 칼을 사용하고 열쇠를 구멍에 꽂아 돌리고 커피를 잔에 따를 수 있었다. 그들은 등산이나 바이크 운전 중에 사고를 당해 팔 신경이 절단되었으며 외과수술 후에도 손의 미세 운동 능력을 되찾지 못한 환자들이었다. 그들에게 장착된 생체공학적 의수는 팔 근육에서 임펄스를 수용한다. 그 의수를 이식하려면 경우에 따라 먼저 넓적다리의 근육을 팔에 이식하여 신호의 세기를 충분히 높이는 사전 작업이 필요하다. 신호를 신경에서 직접 수용할 수 있는 전극이 현재 연구되고 있지만, 그런 전극이 개발되기까지는 어느 정도 시간이 필요할 것이다.

3. 낙인과 금기

심근경색과 달리 뇌 질병들은 환자와 그 가족에게 낙인으로 작용한다. 마치 정신병은 지금도 여전히 죄인에게 내리는 신의 형벌이고, 정신병 환자는 악마에게 썬 사람이라도 되는 것처럼 말이다. 당연히 우리 모두는 고통스러운 질병들을 두려워한다. 그러나 정신병을 낙인으로 간주하는 태도를 수용할 수는 없다. 그뿐만 아니라 뇌 질병에 대한 금기화는 그 자체로 위험하다.

네덜란드에서 성인의 16퍼센트는 인생의 어느 시점에선가 우울증을 앓은 경험이 있다. 이 비율은 다른 서양 국가들 대부분에서도 비슷하게 높은 수준이다. 공식 통계에 따르면 중국에서 평생 동안 우울증에 걸리는 사람들은 인구의 5퍼센트에 불과하다. 수치가 이렇게 낮은 것은 중국인이 네덜란드인보다 훨씬 더 건강하기 때문이 아니라 우울증을 앓는 중국인의 상당수가 자신과 가족 전체에 낙인이 찍히는 것을 두려워하여 감히 정신과 의사를 찾아가지 못하기 때문이다. 우울증을 앓는 사람들이 정신과 의사를 찾아갈 용기를 내지 못하기 때문에, 중국에서 자살률은 서양 세계에서보다 3배나 높다. 학습 및 행동 장애를 앓는 아동을 소아정신과 의사에게 데려가는 것은 중국에서 완전히 금기다. 과잉행동 아동들은 전통적인 중국 의술로 효과 없이 치료받는다. 그런 자식을 둔 어머니는 자식이 취학 연령이 되었을 때 절망에 빠지지만 그럼에도 소아정신과 의사를 찾아가지 않는다.

다행히 서양 세계에서는 뇌 질병에 얽힌 금기가 이제는 중국에서처럼 강하지 않지만, 네덜란드 사회에도 여전히 그 금기가 엄연히 존재한다. 이리스 좀머 교수는 네덜란드 뇌 재단과 함께 『더듬거리는 뇌들*Haperende hersenen*』(2015)이라는 책을 저술했다. 이 책은 신경학 및 정신의학의 질병 아홉 가지를 상세히 서술한다. 내가 눈여겨본 것은 신경학적 병에 걸린 환자와 정신의학적 병에 걸린 환자의 차이였다. 신경학적 병에 걸린 환자들은 자신의 병력을 실명으로 공개하는 것에 거리낌이 없었던 반면, 정신의학적 환자들은 익명을 선택했다. 신경학적 환자들은 친지들에게 자신의 병을 이야기한 반면, 정신의학적 환자들은 대체로 자신의 병에 대해서 함구했다. 이처럼 정신의학적 병을 금기로 취급하는 분위기는 네덜란드에 지금도 엄연히 존재한다.

물론 정신의학적 문제들에 대해서 함구할 합리적인 이유들도 있다. 자신의 정신의학적 문제를 털어놓는 사람은 흔히 지원이나 승진에서 배제되며, 자기소개 시간은 자신의 정신의학적 병을 이야기하기에 적절한 때가 결코 아니다. 하지만 다른 한편으로 직장에서 자신의 병에 대해 함구해야 하는 환자는 심한 스트레스를 추가로 받는다. 그런 환자는 갑자기 병이 더 뚜렷하게 드러날 때 난감한 상황에 처한다. 몰이해와 무지는 신경학적 환자들도 곤경으로 몰아간다. 한 루게릭병 환자는 아내가 잠깐 바다에 들어간 동안에 휠체어를 타고 해변 식당의 테라스에 있었는데, 종업원이 그에게 다가와 음식을 주문하지 않으면 거기에 머무를 수 없다고 말했다. 일부 종업원들은 그가 그 말에 동의한다는 것을 몰랐고, 그는 말을 할 수 없는 상태였다. 그는 아이패드를 이용하여 소통할 수 있었지만, 그 종업원은 명백한 장애인이 소통을 시도하자 깜짝 놀라며 물러섰다. 또 다른 루게릭병 환자는 거리에서 경찰관에게 멈추라는 지시를 받았다. 왜냐하면 엉망으로 취한 것처럼 보였기 때문이다. 그는 비틀거리는 듯했고 알아들을 수 없는 말을 웅얼거렸다.

뇌 질병과 관련한 이 같은 낙인과 금기, 몰이해, 무지에 효과적으로 맞서는 유일한 방책은 우리의 뇌라는 경이로운 기계에 대한 관심을 불러일으키는 것이라고 나는 확신한다. 이 기계는 우리가 인간일 수 있게 해주고 삶과 문화를 누릴 수 있게 해준다. 더 나아가 우리는 이 복잡한 기계가 출생 시점부터 얼마나 망가지기 쉬운지 명심해야 한다. 뇌가 망가지는 것에 대한 〈책임〉을 누구에게도 돌리지 말아야 한다. 뇌의 취약성은 뇌 기능의 저하를 유발하고 정신적 장애나 정신의학적·신경학적 질병으로 이어질 수 있다.

뇌는 엄청나게 복잡하기 때문에 뇌 질병에 대한 효과적 치료법을 개발하는 것은 어려운 일이다. 그럼에도 우리는 이 과제를 해결하기 위해 모든 노력을 기울여야 한다. 왜냐하면 그것이 미래 세대들의 처지를 개선할 가망이 있는 유일한 길이기 때문이다. 뇌 질병들은 신비롭거나 끔찍하지 않으며, 뇌 질병 환자에 대한 낙인찍기나 사회로부터의 격리는 어떤 명분으로도 허용될 수 없다. 나는 이 책이 뇌 질병에 대한 낙인찍기를 무력화하고 우리 뇌에 대한 이해와 관심과 경탄을 북돋는 데 기여하기를 바란다.

감사의 말

50년 전에 내가 의과대 학생으로서 암스테르담에 있는 네덜란드 뇌과학 연구소에서 연구를 시작할 당시에는 전 세계에 뇌과학자들이 비교적 적었다. 우리는 감시의 눈초리를 받았다. 왜냐하면 사람들은 우리가 인간을 조작하려 한다고 짐작했기 때문이다. 하지만 대체 어떻게 인간을 조작한다는 것인지 우리로서는 도무지 모를 일이었다. 단지 우리는 무수한 뇌세포들로 이루어진 경이로운 세계에 매혹되었을 따름이었다. 오늘날 전 세계의 주요 대학들 가운데 독자적인 뇌과학 센터를 보유하지 않은 곳은 하나도 없다. 과학의 분야들과 뇌과학자들의 수가 말 그대로 폭발적으로 증가한 그 흥미진진한 세월 동안 나는 수많은 탁월한 과학자들로부터 통찰과 영감을 얻었다. 그들 모두의 이름을 열거하는 것은 불가능하다. 요새는 나의 스승들 — 나의 학생들과 동료들 — 이 점점 더 젊어지는 듯한데, 그런 지금까지도 나는 스승들이 나에게 쥐여 준 신경문화Neuroculture에 큰 고마움을 느낀다. 나의 전문 분야를 약간 벗어나서 말하면, 나는 찰스 다윈과 프란스 드 발 같은 거장들로부터 영감을 얻었다. 방금 언급한 세월 동안에 진화론적 인지 과학 — 프란스 드 발이 개척한 전문 분야 — 과 신경과학은 서로 접근했을 뿐 아니라 영향을 주고받기 시작했는데, 나는 이것을 주목할 만한 일로 느끈다. 더 나아가 오늘날 신경과학은 사회과학의 많은 측면에 기여하기 시작했다. 지난 50년은 흥미로웠다. 그리고 앞으로 50년은 더욱더 흥미로울 것이다.

우연히 나는 창조적이며 선도적인 의학자들이 자주 드나드는 집안에서 태어났다. 게다가 우리 집안은 책, 미술, 음악, 그리고 전 세계의 문화에서 보고 체험할 수 있는 모든 것에 대한 관심이 많았다. 이런 배경과 문화에 대한 나의 관심이 나의 전문 분야인 신경과학과 더불어 이 책의 자연적 토대를 이뤘다.

이 책이 다루는 주제는 신경과학과 그 밖에 많은 전문 분야들 사이의 접촉면에 위치한다. 그럼에도 이 책이 추구하는 바는 폭넓은 대중에게 어려움 없이 읽히는 것이다. 따라서 나는 책 전체를 비판적으로 읽어 준 이들에게 감사해야 마땅하다. 키스 보어, 야네테 콜레베인과 린스케 콜레베인, 예네케 크루이스브링크, 패티 스왑, 린다 피서가 그들이다. 이들은 책의 질을 향상시키는 데 본질적으로 기여했다. 그뿐만 아니라 매우 다양한 분야의 많은 사람들이 원고의 일부를 검토하거나 개별 주제들에 관하여 진지하게 토론해 주었다. 이 책은 그들의 기여를 반영했다. 아이민 바오, 리민 바오, 마그릿 브란데스, 아델베르트 고데, 미셸 호브먼, 티코 호글란드, 라틴 카머만스, 딩에만 쿠일만, 딕 메슬란드, 게르벤 마이넨, 티니 에이켈봄, 톤 풋, 빌마 페리베이의 전문적인 도움에 감사한다.

베르트람 무리츠 편집장의 지칠 줄 모르는 참여가 없었다면 이 책은 실현되지 못했을 것이다. 그는 나에게 대대적인 원고 수정의 장점을 거듭 즐겁게 일깨웠다. 그런 수정은 때때로 필수적이었지만, 나는 수정의 필요성을 전혀 알아채지 못할 때가 많았다. 그는 텍스트를 다듬는 작업을 아주 즐겁게 반복했다. 원고에서 손을 떼고 인쇄소에 넘기는 것이 그에게는 어려운 일이 아닐까 하는 생각이 들 정도였다. 출판사 사장 미치 판 데어 플루에

임의 열정과 격려에 감사한다. 그녀는 나에게 또 한 번 책을 출판하라고 격려했다. 이 책이 만들어지는 과정의 다양한 단계에 관여한 아틀라스 콘탁트 출판사의 뛰어난 직원들에게도 감사한다.

나와 거래하는 독일 출판사가 이 책을 신뢰해 준 것에 대해서도 감사하고 싶다. 베르벨 예니케, 미리암 마틀룽, 일카 하이네만이 이 책을 더없이 꼼꼼하게 독일어로 번역하고 편집해 준 것에 감사한다. 펠릭스 크라이어 박사는 이렇게 마지막으로 언급하지만 감사받아야 할 순서로는 결코 마지막이 아니다. 그는 과학적 내용에 관한 편집을 담당했다.

용어 설명

가소성 학습, 훈련, 경험을 통해 뇌의 구조가 변화할 가능성. 발달 과정에서는 뇌의 가소성이 크다. 성년기에도 학습을 통한 시냅스 변화의 수준에서는 여전히 뇌의 가소성이 존재한다. 또한 성인에게서도 해마에서 새로운 뇌세포들이 형성되고(신경 생성) 새로운 연결들이 발생하는 것이 매우 제한적으로나마 가능하다.

가지돌기 신경세포(뉴런)에서 돌출한 신경섬유들로 이루어진 나무 모양의 구조물. 가지돌기는 다른 신경세포들에서 뻗어 온 신경섬유 1만에서 10만 개의 말단과 접촉한다(그 접촉부를 시냅스라고 함). 요컨대 가지돌기(그림 2.2)는 신경세포에서 정보를 수용하는 구조물이다. 뉴런은 수용한 정보에 대해서 판단을 내리고 그 정보를 축삭돌기를 통해 다른 뉴런으로 전달한다.

가쪽 슬상체 시상의 한 부분. 시신경에서 온 시각 정보는 가쪽 슬상체를 거쳐 일차시각피질로 이동한다(그림 7.13).

각이랑 관자엽과 마루엽의 경계에 위치한 대뇌피질 이랑. 몸과 환경에서 유래한 감각 정보들이 통합되는 곳이다. 따라서 각이랑은 자기의식을 위해 중요하다. 또한 각이랑은 사회적 상호작용에 관여한다. 이 대뇌피질 부위는 알츠하이머병이 진행됨에 따라 점점 더 심하게 손상된다. 임사체험 중에도 각이랑의 기능이 교란된다. 그렇기 때문에 임사체험자는 자신의 몸을 벗어난 듯한 착각을 겪는다.

감마 아미노부티르산 GABA 가바. 가장 중요한 억제성 신경전달물질이다.

감정 전염 역겨운 얼굴 표정 앞에서 섬엽이 활성화되는 메커니즘. 섬엽은 맛과 냄새를 처리하고 내장을 통제하는 대뇌피질 구역이다(그림 A3).

거울 뉴런 배쪽 전운동피질과 마루엽 피질 뒷부분에 위치한 뇌세포들로, 타인들의 행동이나 감정을 모방한다. 거울 뉴런은 사람이 타인의 감정을 따라 느끼는 것을 가능케 한다.

게슈탈트 효과 평면 위의 단순한 선들의 집합으로부터 3차원 형태를 도출하는 우리 뇌의 능력.

관자엽(관자엽 피질) 청각, 음악, 언어, 기억에 관여하며 시각 정보도 처리한다(그림 A2).

교감신경계 자율신경계에서 활성화를 담당하는 부분으로 우리로 하여금 싸움이나 도주를 준비하게 한다.

교세포 신경계에 속하지만 뉴런이 아닌 다양한 세포. 교세포는 뉴런을 위한 영양 공급과 신경 전달에 관여하고(성상세포), 신경세포를 감싼 절연성 미엘린 층을 형성하고(희소돌기아교세포), 스트레스 반응과 면역 반응에 관여한다(미세아교세포).

극 평면 청각피질의 뒷부분으로 관자엽에 속하며 베르니케 언어중추와 부분적으로 겹친다(그림 11.5).

글루타메이트 뇌에서 작용하는 가장 중요한 흥분성 신경전달물질.

기면병 시상하부에 속한 오렉신-히포크레틴 세포들의 사멸에서 비롯되는 수면병. 일부 기면병 환자는 감정이 격해질 때 탈력 발작을 겪는다. 기면병의 근본 원인은 자가면역반응일 가능성이 있다.

기저핵 뇌의 바닥면에 위치한 구역으로, 신피질에서의 아세틸콜린 생산을 제어하고 기억을 위해 중요하다. 기저핵의 활동은 나이가 듦에 따라 약간 감소하고 알츠하이머병에 걸리면 대폭 감소한다.

꼬리핵 선조체의 한 부분으로, 운동과 보상에 관여한다(그림 10.3).

내후각 피질 해마 바로 옆에 위치한 대뇌피질 구역(그림 A3). 내후각 피질은 기억을 위해 중요하며 알츠하이머병에 걸리면 가장 먼저 손상된다.

뇌 손상 외상, 출혈, 경색, 종양 등에 의해 뇌 손상이 발생할 수 있다.

뇌 수도관 제3 뇌실과 제4 뇌실을 연결하는 관.

뇌 수도관 주위 회색질 중심 회색질이라고도 한다. 뇌 수도관 주위 뇌세포들(과 뇌세포들 간 접촉부들)을 아우른다. 이 구역은 주로 통증 반응, 스트레스 반응, 경고(경보) 반응, 그리고 체온 조절, 성 행동, 자율적 과정들에 관여한다.

뇌들보 좌뇌 반구와 우뇌 반구를 연결하는 구조물(그림 A1).

뇌실 뇌 속의 빈 공간들이며 뇌척수액으로 채워져 있다. 가쪽 뇌실들, 제3 뇌실, 제4 뇌실로 구분된다. 제3 뇌실과 제4 뇌실은 뇌 수도관이라는 가느다란 통로로 연결되어 있다.

뇌실 밑 구역 뇌실들을 둘러싼 세포층으로 성상세포들과 선조세포들로 이루어졌다. 성년기에도 그 선조세포들에서 새로운 뇌세포(뉴런)들과 교세포들이 분화할 수 있다.

뇌전도 뇌전도는 두피에서 탐지한 뇌의 전기 활동을 보여 준다. 뇌파의 진동수는 예컨대 당사자가 이완되어 있는지 아니면 긴장해 있는지 보여 준다. 또 수면 단계들과 뇌전증을 비롯한 병들의 진행도 뇌전도에서 식별할 수 있다.

뇌줄기 대뇌와 척수 사이에 위치한 뇌 구역(그림 A2). 체온, 호흡, 심장박동을 통제하는, 생명에 필수적인 중추들을 포함한다.

눈 운동 탈민감화 및 재처리 요법 EMDR 이 치료법에서 환자는 트라우마성 기억을 회상하면서 시선으로는 이리저리 움직이는 치료사의 손가락을 추적해야 한다.

뉴런 정보를 처리하고 저장하고 다른 뉴런들로 전달하는 뇌세포.

뉴로피드백 뇌의 전기 활동(뇌전도)을 그림이나 소리로 변환하여, (주의를 집중했을 때처럼) 빠른 뇌파가 우세한지 아니면 (긴장을 풀었을 때처럼) 느린 뇌파가 우세한지를 환자 본인이 확인하고 스스로 자신의 뇌 활동을 변화시키는 법을 학습하게 하는 새로운 치료법. 환자는 부정적 증상과 연관된 뇌파를 억제하고 그 증상을 줄이는 뇌파를 강화하는 방법을 학습할 수 있다.

다형태 유전자를 이루는 요소들의 미세한 변이로, 우리 각자의 유일무이성에 기여하며 우리를 (뇌)질병에 다소 취약하게 만들 수 있다.

단일 뉴클레오티드 다형태 SNP 유전자를 이루는 요소들의 변이로, 우리를 (뇌)질병에 다소 취약하게 만들 수 있다.

대뇌피질 대뇌의 겉면에 위치한 몇 밀리미터 두께의 회색질(뇌세포들과 시냅스들로 이루어진) 층. 정보가 처리되고 저장되는 장소다. 의식이 존재하려면 대뇌피질이 다른 뇌 구역들과 상호작용하는 것이 본질적으로 중요하다.

대상 피질 뇌들보 위에 위치한 대뇌피질의 이랑(그림 A4). 대상 피질은 주도권 장악, 스트레스에 대한 반응, 갈등 감시, 정신 이론에 관여한다. 발달 초기에 정신적 트라우마를 겪으면 대상 피질이 평균보다 얇아지며, 우울증 환자와 자살 충동 환자에게서는 대상 피질의 활동이 변화한다.

도파민　도파민은 신경전달물질(뇌 속의 화학적 신호 물질)이다. 파킨슨병 환자에게서는 도파민 결핍이 발생한다. 보상 시스템의 일부인 측좌핵(그림 10.3)에 도파민이 뿌려지면, 우리는 쾌감을 느낀다. 우울증은 이 과정을 방해하여 쾌락 불감증을 일으킨다.

도파민 시스템　도파민은 (운동을 위해 중요한) 흑질과 (보상을 위해 중요한) 배쪽 피개에서 생산되어 선조체(그림 A3, 운동 관련), 측좌핵(그림 10.3, 보상 관련), 대뇌피질(기분 관련)을 비롯한 여러 뇌 구역에 뿌려진다.

(돌연)변이　DNA 암호의 변화. 진화를 가능케 한 유전적 변화의 토대지만 또한 유전병의 토대이기도 하다.

등명도 기법　한 그림 속의 구조물 2개를 같은 명도로 그리는 기법.

디폴트 연결망/디폴트 모드 네트워크　대뇌피질 중앙선 근처에 위치하며 우리가 어떤 과제도 수행하지 않고 우리의 생각이 자유롭게 흘러다닐 수 있을 때 주로 활동하는 뇌 구조물들(그림 22.3).

마루엽(마루엽 피질)　마루엽의 앞쪽 경계부는 중심고랑과 일차감각피질이다(그림 A2). 마루엽 피질은 감각기관들과 기타 뇌 구역들에서 온 정보를 통합하는 연합 피질이며 계산을 위해서도 중요하다.

무뇌증　초기 태아 단계에서 신경판이 닫혀 신경관으로 되는 변화가 일어나지 않았고 나중에 대뇌의 맹아가 퇴화한 결과로 대뇌가 없는 상태.

바소프레신　아미노산 9개로 이루어진 작은 단백질(신경펩티드)로, 시상하부의 신경세포들에 의해 생산된다. 일부 바소프레신은 뇌하수체 후엽에서 혈류로 방출되어 항이뇨 호르몬으로서 신장과 뇌하수체 전엽에 영향을 미친다. 뇌하수체 전엽에서 바소프레신은 스트레스 통제와 부신피질자극호르몬ACTH 분비에 관여한다. 그뿐만 아니라 바소프레신은 뇌에도 뿌려져서 사회적 상호작용에 영향을 미친다.

방추형이랑 관자엽의 안쪽 면에 위치한 시각 시스템의 한 부분으로, 얼굴 인지를 담당한다.

배아기 장기들이 발생하는 초기 발달 단계.

배쪽 담창구 배쪽 선조체와 측좌핵을 보상 시스템의 일부로서 가리킬 때 사용하는 별칭. 배쪽 담창구는 도파민이 뿌려지는 곳이다.

배쪽 선조체 선조체의 한 부분으로, 측좌핵 또는 배쪽 담창구로도 불린다. 배쪽 피개에 있는 뇌세포들의 축삭돌기가 배쪽 선조체에서 도파민을 방출한다. 배쪽 피개와 배쪽 선조체는 보상 시스템의 부분들이다(그림 10.3).

배쪽 피개 중간뇌의 배쪽 피개에 보상 시스템에 속한 뇌세포들이 있는데, 그 뇌세포들의 축삭돌기는 측좌핵으로 뻗어 있으며, 우리가 호감이나 아름다움이나 쾌감을 느낄 때 도파민을 방출한다(그림 10.3).

백색질 뇌 구역들 사이를 연결하는, 절연층(미엘린 층)으로 감싸인 신경 섬유들로 이루어진 조직.

베르니케 영역 베르니케 언어중추는 언어 이해를 담당한다. 관자엽 뒷부분에 위치하며(그림 9.2) 청각과 음악 지각을 위해 중요한 극 평면과 부분적으로 겹친다.

변연계 뇌실들 근처에 위치하며 감정에 관여하는 일련의 뇌 구역들. 해마, 편도체, 시상하부, 앞이마엽 피질 등을 아우른다.

부교감신경계 자율신경계의 한 부분으로, 주로 억제하고 진정시키는 작용을 한다.

브로카 영역 브로카 언어중추는 아래 이마이랑에 있으며(그림 9.2) 말하기 운동을 담당한다.

서번트 단 하나의 분야, 예컨대 수학이나 미술에서만 아주 특별한 재능을 지닌 사람. 서번트의 대다수는 자폐장애 그리고/또는 정신지체를 지넸다.

선조체 꼬리핵, 조가비핵, 담창구로 이루어진 뇌 부위(그림 A3). 운동의 학습과 실행, 그리고 보상에 관여한다.

선천성 타고난, 즉 유전적으로 결정되거나 자궁 안에서 발생한 성질.

섬엽 맛과 냄새를 처리하고 내장을 통제하는 뇌 구역(그림 A3). 이 구역을 전기로 자극하면 위 수축과 구토 충동이 유발된다.

성 정체성 자신이 남성 또는 여성이라는 느낌.

성적 지향 성적 감정이 이성을 향하는 것(이성애), 혹은 동성을 향하는 것(동성애), 혹은 양성 모두를 향하는 것(양성애). 성적 지향과 성 정체성은 원리적으로 상호 독립적이다.

세로토닌 식욕 촉진, 기분, 공격성 감소, 사회적 상호작용, 행복감 등의 많은 기능에 관여하는 신경전달물질.

소뇌 자동화된 운동(암묵 기억)과 미세 운동의 조종을 담당한다(그림 A1).

소두증 태어날 때부터 두개골과 뇌가 너무 작은 증상. 소두증은 흔히 정신적 장애와 짝을 이룬다.

솔방울샘 뇌간 위 한가운데 있는 솔방울샘(그림 A1)은 일주기 시스템의 주요 부분이며 밤에 수면호르몬 멜라토닌을 생산한다.

수용장 특정 범위 (예컨대 시야나 피부의 특정 구역) 내의 자극(빛점이나 접촉)이 뉴런의 전기 활동(점화율)의 변화를 일으키면, 그 범위를 그 뉴런의 수용장이라고 한다.

수용체 신경전달물질이 신호를 세포에 전달하려면 수용체와 결합해야 한다. 수용체는 단백질이다.

스트레스 축 스트레스 반응의 통제에 관여하는 뇌 시스템들. 스트레스 축의 주요 시스템 하나는 시상하부–뇌하수체–부신 시스템인데, 우울증에 걸리면 이 시스템이 과도하게 활성화된다.

시각교차앞구역 시상하부의 한 구역으로, 성 행동과 체온 조절에 관여한다. 폐경기가 시작될 때 이 구역의 활동이 지나치게 활발해진다.

시각피질 시각 정보가 처리되고 저장되는 대뇌피질 구역(그림 7.13). 시각피질의 일부인 일차시각피질(V1)에서는 이미지 속 구조물들의 경계가 파악된다. V1에서 2개의 정보 처리 경로가 뻗어 나가는데, 등쪽 경로는 〈어디?〉 정보를 담당하고 운동을 처리하며 중간 관자이랑(V5)을 향한다. 배쪽 경로는 〈무엇?〉 정보를 담당하고 색깔(V4), 얼굴(방추형이랑), 물체(해마곁이랑)를 처리한다(그림 7.18).

시냅스 뉴런들 사이의 접촉부. 시냅스에서 정보는 신경전달물질의 도움으로 다음 뉴런의 가지돌기로 전달된다. 시냅스의 형태 변화나 새로운 시냅스의 형성을 통해 정보가 기억에 저장된다.

시상 뇌의 중앙에 위치한 구역으로(그림 A3), 냄새 정보를 제외한 나머지 모든 감각 정보가 이 구역을 거친다. 시상과 신피질의 상호작용은 의식을 위해서도 중요하다.

시상하부 시상하부는 성 정체성과 성적 지향에 관여하며, 이 두 가지 특징에 따라 구조와 기능에서 차이를 나타낸다. 이 뇌 구조물은 (번식을 통제함으로써) 종의 생존과 (영양 섭취, 싸움 또는 도주 충동, 체온, 혈압, 심장박동, 수면-깨어 있음 리듬 등을 통제함으로써) 개체의 생존에 결정적으로 기여한다(그림 A1).

시신경교차 시신경이 교차하는 지점(그림 7.13).

시신경교차상핵SCN 시상하부에 속하며 시신경교차 위에 위치한 중심적인 생물학적 시계로, 우리의 모든 밤낮 리듬을 담당한다.

신경 생성 새로운 뇌세포(뉴런)의 형성. 신경 생성은 주로 발달 과정에서 이루어지지만, 몇몇 뇌 구역들(해마, 뇌실 밑 구역)에서는 성년기에도 소수의 새로운 뉴런들이 발생할 수 있다.

신경 성장 인자 NGF 뇌세포들이 생산하는 성장 인자. 발달 과정에서는 신경섬유의 성장에 관여하지만 성년기에는 다른 많은 뇌 기능들에도 관여한다.

신경 퇴화성 질병 뇌세포들의 기능 상실, 그리고/또는 위축, 사멸을 일으키는 뇌 질병들. 알츠하이머병, 파킨슨병, 헌팅턴병 등이 있다.

신경전달물질 뇌세포들 간 시냅스 틈새를 건너는 정보 전달(신경 전달)을 담당하는 화학적 신호 물질. 뉴런의 전기 활동에 의해 신경전달물질의 방출이 촉발된다. 신경전달물질의 예로 글루타메이트, 가바, 아세틸콜린, 도파민 등이 있다.

신경조절물질 신경전달물질의 작용에 영향을 미치는 화학적 신호 물질. 예컨대 신경펩티드.

신경펩티드 뉴런이 생산하는 작은 단백질로, 다른 뉴런으로의 정보 전달에서 화학적 신호 물질로 기능한다.

신피질 대뇌피질에서 진화적으로 가장 최근에 생겨난 부분(그림 A1, A2). 6개의 층으로 이루어졌다. 신피질의 여러 구역은 시각 정보의 처리와 저장, 시각, 청각, 촉각, 운동, 언어, 의식에 관여한다.

안드로겐 테스토스테론을 비롯한 남성호르몬들의 총칭. 안드로겐 무감성 증후군을 지닌 남성들은 유전적 관점에서 볼 때 남성이지만 이성애 여성으로 발달한다. 왜냐하면 그들의 뇌와 몸은 안드로겐 수용체의 돌연변이 때문에 테스토스테론에 감응하지 않기 때문이다.

안와 이마엽 피질 OFC 앞이마엽 피질의 한 구역으로, 충동 조절, 성격, 도덕적 규범에 대한 의식, 감정, 의사결정, 보상, 창조성을 위해 중요하다. 안와(눈구멍) 위에 위치한다(그림 A4).

알츠하이머병 가장 흔한 형태의 치매. 환자의 뇌에서는 미시적인 딱지(베타아밀로이드 단백질을 함유한 흉터)와 엉킴(화학적으로 변형된 수송단백질 타우들이 뭉친 덩어리)이 발생한다(그림 18.3).

암묵 기억 걷기, 헤엄치기, 자전거 타기, 피아노 치기 같은 복잡한 운동을 위한 프로그램. 반복 연습을 통해 소뇌에 저장되고 다듬어진다. 이 모든 운동은 암묵 기억 덕분에 완전히 자동으로 이루어진다.

앞이마엽 피질 PFC 신피질의 앞부분(그림 A4). 작업 기억, 계획, 결정, 감정 조절에 관여한다. 또한 앞이마엽 피질은 시상과 상호작용하면서 우리의 의식에 관여한다. 공감도 앞이마엽 피질의 관여로 작동하는 기능이다. 사이코패스는 앞이마엽 피질의 활동이 평균보다 약하다. 앞이마엽 피질의 연결들은 24세가 되어야 비로소 성숙한다.

옥시토신 아미노산들로 이루어진 작은 단백질이며 시상하부에서 생산되는 신경펩티드다. 생산된 옥시토신은 혈류를 타고 이동하여 분만 시에는 자궁의 수축을 촉발하고 수유 시에는 젖의 분비를 촉진한다. 옥시토신은 뇌에도 뿌려져서 사회적 상호작용에 영향을 미친다.

외상 후 스트레스 장애 PTSD 전쟁 경험 같은 충격적인 체험에 의해 유발된다. 이 장애의 특징은 트라우마성 체험에 대한 반복적이며 매우 생생한 회상, 높은 경계 태세, 공격성, 수치심, 죄책감, 빠른 심장박동, 얕은 수면, 수면 도중에 자주 깨어남, 과도한 민감성 등이다.

우성 유전병을 일으키는 우성 돌연변이를 보유한 사람에게서는 대개 그 유전병이 다소 뚜렷한 형태로 나타난다.

위 관자고랑 위 관자이랑과 중간 관자이랑 사이에 위치한다(그림 A2). 실망을 느낄 때, 사회적 규칙 위반에 반응할 때 이 구역에서 활동의 변화가 나타난다.

위 관자이랑, 중간 관자이랑, 아래 관자이랑 관자엽의 이랑들. 기능은 관자엽 참조.

위 이마이랑, 중간 이마이랑, 아래 이마이랑　이마엽의 이랑들. 이마엽의 뒤쪽 경계부는 일차운동피질과 중심고랑이다(그림 A2). 이마엽 이랑들의 기능은 앞이마엽 피질 참조.

윌슨 효과　다양한 발달 단계에서 다양한 유전적 프로그램이 발현한다. 예컨대 나이를 먹음에 따라 IQ의 유전성은 증가하고 IQ에 미치는 환경의 영향은 감소한다. 이 현상을 윌슨 효과라고 한다.

유전자 치료　작은 DNA 토막을 약으로 삼아 투여하는 치료법. 바이러스의 도움으로 그 DNA 토막을 (뇌)세포 내부에 집어넣을 수 있다.

이마 관자엽 치매　뇌의 앞부분에서 시작되며 맨 먼저 행동 변화를 통해 뚜렷이 드러나는 치매의 한 형태. 이마 관자엽 치매에서는 기억장애가 나중에야 시작된다.

인생 사건　인생에서 손꼽을 만큼 중대하며 스트레스를 유발하는 사건. 예컨대 전쟁, 이혼, 사랑하는 사람의 죽음.

인지　정보를 획득하고 처리하는 뇌 기능.

인지 억제　외부 세계에서 유래하여 감각들을 통해 끊임없이 다량으로 뇌에 유입되어 우리의 의식으로 상승하는 정보의 수용을 억제하는 메커니즘. 이 억제를 줄이는 메커니즘은 인지 탈억제라고 한다. 정보 유입의 억제를 위해 중요한 뇌 구조물들은 시상(그림 A3)과 앞이마엽 피질(그림 A4)이다.

일주기 시스템　우리의 밤낮 리듬과 수면-깨어 있음 리듬, 호르몬 리듬을 통제하는 시스템. 이 시스템의 주요 요소들은 생물학적 시계(시신경 교차상핵)와 솔방울샘이다.

자연 대 문화　특정 속성이나 병과 관련해서 그것이 선천적(자연적)인 것이냐 아니면 획득된(문화적인) 것이냐라는 질문이 흔히 제기된다. 그러나 진짜 원인은 항상 자연적 과정과 문화적 과정의 상호작용이다.

점화 뇌세포의 전기 활동. 뇌세포가 점화하면 활동전위가 발생하여 축삭돌기를 따라 전파되고, 그 결과로 축삭돌기 말단에서 화학적 신호 물질(신경전달물질과 신경조절물질)이 방출된다.

정신 이론 타인이 무엇을 생각하거나 느끼거나 의도하는지 헤아리는 능력. 거울 뉴런들, 앞이마엽 피질PFC, 옥시토신이 이 능력에 관여한다.

정점 이동 형태를 과장할 때 나타나는 효과로, 미술에서 자주 활용된다.

조가비핵 선조체의 한 부분(그림 A3)으로, 주로 운동의 학습과 제어에 관여한다.

주의력 결핍 과잉 행동 장애ADHD 주의 산만, 과다 활동, 충동성과 학습 장애를 보인다. 주로 남아에게서 발생한다.

질병 실인증 자신의 질병을 알아채지 못하는 증상. 정신의학적 질병에 걸린 환자와 초기 치매 환자에게서 흔히 나타난다.

청각피질 청각 정보는 뇌에서 일차청각피질에 도달한다. 일차청각피질은 관자엽과 마루엽 사이의 고랑 속에 숨어 있다(그림 11.5).

축삭돌기 뉴런의 세포 본체로부터 다른 여러 뉴런들로 정보를 운반하는 신경조직(그림 2.2).

치매 사고 능력과 기억력 같은 정신적 능력들을 침해하는 질병들. 예컨대 알츠하이머병, 헌팅턴 무도병, 혈관성 치매, 이마 관자엽 치매, 일부 파킨슨병이 그런 질병들이다.

케타민 오래된 마취제의 일종으로 글루타메이트 시스템을 억제하는데, 환각을 일으키는 부작용이 있다. 오늘날 미량의 케타민 처방은 우울증과 자살 생각을 다스리는 효과적 수단으로 입증되었다.

코르티솔 부신에서 분비되어 뇌와 장기들에 영향을 미치는 스트레스 호르몬. 우리로 하여금 싸움이나 도주를 준비하게 한다.

쾌락 불감증 쾌감을 느끼지 못하는 상태. 우울증의 한 증상이다.

탈력 발작 감정적으로 흥분할 때 근육들이 갑자기 이완되는 증상으로, 일부 기면병 환자에게서 나타난다.

페로몬 소변과 땀에 섞여 분비되는 냄새 물질들. 남성이냐 여성이냐에 따라 분비되는 페로몬이 다르다. 우리는 이 물질들의 냄새를 의식하지 못하지만, 이 물질들은 우리의 성 행동과 파트너 선택에 영향을 미친다.

편도체 관자엽의 해마 앞에 위치하며(그림 A3) 감정, 공격성, 기억, 성 행동에 관여한다. 사이코패스와 외상 후 스트레스 장애 환자의 편도체는 활동의 변화를 나타낸다.

해마 대뇌피질에서 진화적으로 가장 오래된 부위(그림 A3). 해마는 세 층으로 이루어졌으며(그림 18.4) 기억, 감정, 공간적 정향을 위해 가장 중요한 뇌 구조물 중 하나다. 알츠하이머병은 해마를 심하게 손상시킨다.

해마곁이랑(해마곁피질) 해마를 감싸고 있으며 내후각 피질을 포함하는 뇌 이랑(피질). 이 구조물은 기억을 위해 중요하며 시각 정보도 처리한다.

헤실 이랑들 청각피질에 속한 이랑들(그림 11.5).

활꼴신경다발 운동 담당 구역과 청각 담당 구역을 연결하는 신경 경로 시스템.

회색질 뇌세포들과 뇌세포 간 접촉부들로 이루어진 뇌 조직. 회색질 1세제곱밀리미터 속에 뇌세포 5만 개와 뇌세포들 간 접촉부(시냅스) 5000만 개가 들어 있다.

후성유전학적 변화 환경 요인에 의해 일어나는 DNA의 화학적 변화. 후성유전학적 변화를 통해 유전자가 장기적으로, 심지어 때로는 영구적으로 켜지거나 꺼질 수 있다.

그림 출처 및 정보

그림 2 ⓒ Salvador Dalí, Fundació Gala-Salvador Dalí, SACK, 2021

그림 6.5 ⓒ Melle Oldeboerrigter / Pictoright, Amstelveen-SACK, Seoul, 2021

그림 7.6 ⓒ Salvador Dalí, Fundació Gala-Salvador Dalí, SACK, 2021

그림 7.10 M. C. Escher's Relativiteit ⓒ 2020 The M. C. Escher Company-The Netherlands. All rights reserved. www.mcescher.com

그림 8.10
상단 첫 번째 | William Utermohlen (1933-2007), Self Portrait 1967, Mixed media on paper, 26,5 x 20cm, ⓒ Courtesy of Chris Boïcos Fine Arts, Paris.
상단 두 번째 | William Utermohlen (1933-2007), Self Portrait (with Easel - Yellow and Green) 1996, Mixed media on paper, 46 x 35cm, ⓒ Courtesy of Chris Boïcos Fine Arts, Paris.
상단 세 번째 | William Utermohlen (1933-2007), Self Portrait (Green), 1997, Oil on canvas, Size of original: 35.5 x 35.5cm, Estate of the artist, Paris, ⓒ Courtesy of Chris Boïcos Fine Arts, Paris.
하단 첫 번째 | William Utermohlen (1933-2007), Self Portrait (with easel) 1998, oil on canvas, 35.5 x 25cm, ⓒ Courtesy of Chris Boïcos Fine Arts, Paris.
하단 두 번째 | William Utermohlen (1933-2007), Erased Self Portrait 1999, 45.5 x 35.5cm, Oil and pencil on canvas, ⓒ Courtesy of Chris Boïcos Fine Arts, Paris.
하단 세 번째 | William Utermohlen (1933-2007), Head I 2000 (August 30), Pencil on

paper, Size of original: 40.5 x 33cm, Estate of the artist, Paris, ⓒ Courtesy of Chris Boïcos Fine Arts, Paris.

그림 11.1, 11.2, 11.3, 18.10, 18.11, 19.8, 21.1, 22.1, 25.7, 27.1 ⓒ Dick Swaab

그림 15.2 ⓒ The Estate of Sigmar Polke / VG Bild-Kunst, Bonn / SACK, Seoul, 2021

그림 19.7 ⓒ Cor Jaring/Amsterdam City Archives (ANWP00105000010)

그림 23.2 ⓒ Jan Fabre / SABAM, Belgium-SACK, Seoul, 2021

참고 문헌

전체

Aleman, A. (2012). *Het seniorenbrein. De ontwikkeling van onze hersenen na ons vijftigste.* Atlas Contact Cajal y Ramon, S. (1991). Recollections of my life. American Philosophical Society. mit Press

Darwin, C. (1859). *On the Origin of Species by Means of Natural Selection.* Broadview Press

Darwin, C. (1871). *The Descent of Man, and Selection in Relation to Sex.* Princeton University Press

Dutton, D. (2009). *The Art Instinct: Beauty, Pleasure, & Human Evolution.* Oxford University Press

Finger, S. (1994). *Origins of Neuroscience: A History of Explorations Into Brain function.* Oxford University Press

Gazzaniga, M.S. (2011). *Who is in Charge? Free Will and the Science of the Brain.* Harper Collins New York

Ginneken J. van, (2015). *Het profiel van de leider. De oerkenmerken van invloed en overwicht.* Business Contact

Honing, H. (2012). *Iedereen is muzikaal. Wat we weten over het luisteren naar muziek.* Nieuw Amsterdam Uitgevers

Kandel, E.R. (2012). *The Age of Insight: The Quest to Understand the Unconscious in*

Art, Mind, and Brain, from Vienna 1900 to the Present. Random House

Kandel, E.R., J.H. Schwartz, T.H. Jessell, Steven A. Siegelbaum, A.J. Hudspeth et al. (2012). *Principles of Neural Science.* Fifth Edition. McGraw-Hill

Kandel, E.R. (2016). *Reductionism in Art and Brain Science. Bridging the Two Cultures.* Columbia University Press

Keysers, C. (2012). *Het empathische brein. Waarom we socialer zijn dan we denken.* Bert Bakker

Livingstone, M. (2014). *Vision and Art, the Biology of Seeing.* Abrams

Mallgrave, H.F. (2011). *The Architect's Brain. Neuroscience, Creativity and Architecture.* Wiley-Blackwell

Sacks, O. (2007) *Musicofilia.* Meulenhoff

Scherder, E.J. (2014). *Laat je hersenen niet zitten.* Athenaeum-Polak & Van Gennep

Scull, A .(2015). *Madness in Civilization: A Cultural History of Insanity, from the Bible to Freud, from the Madhouse to Modern Medicine.* Thames and Hudson Ltd.

Swaab, D.F. (2010). *Wij zijn ons brein. Van baarmoeder tot Alzheimer.* Atlas Contact (afgekort in de tekst als wzob)

Waal F. de, (2013). *De bonobo en de tien geboden. Moraal is ouder dan de mens.* Atlas Contact

Waal F. de, (2016). *Zijn we slim genoeg om te weten hoe slim dieren zijn?* Atlas Contact, Amsterdam.

Wijdicks, E.F.M. (2015). *Neurocinema: When Film Meets Neurology.* CRC Press

Witteman, P. (2007). *Het geluid van de wolken.* Balans

Witteman, P. (2009). *De onvoltooiden.* Balans

Westendorp, R. (2014). *Oud worden zonder het te zijn.* Atlas Contact

들어가는 말

Kooi, C. vander, (2012). 'Hieronymus Bosch and Ergotism.' *Wisconsin Medical Journal.* 111:4

Koubeissi, M.Z., F. Bartolomei, A. Beltagy, F. Picard (2014). 'Electrical Stimulation of a Small Brain Area Reversibly Disrupts Consciousness.' *Epilepsy & Behavior* 37:

32-35

Noe, A. (2010). *Out of our Heads: Why You Are Not your Brain, and Other Lessons from the biology of Consciousness.* Holl and Wang

1~5장

Adelstein, J.S., Z. Shehzad, M. Mennes, C.G. Deyoung, X.N. Zuo et al. (2011). 'Personality is Reflected in the Brain's Intrinsic Functional Architecture.' *PLOS ONE.* 6: e27633

Akdeniz, C., H. Tost, F. Streit, L. Haddad, S. Wust et al. (2014). 'Neuroimaging Evidence for a Role of Neural Social Stress Processing in Ethnic Minority-Associated Environmental Risk.' *JAMA Psychiatry* 71: 672-680

Alexander, G.M., M. Hines (2002). 'Sex Differences in Response to Children's Toys in Nonhuman Primates (Cercopithecus Aethiops Sabaeus).' *Evolution and Human Behavior* 23: 467-479.

Andersen, S.L., A. Tomada, E.S. Vincow, E. Valente, A. Polcari et al. (2008). 'Preliminary Evidence for Sensitive Periods in the Effect of Childhood Sexual Abuse on Regional Brain Development.' *The Journal of Neuropsychiatry and Clinical Neurosciences* 20: 292-301

Aoki, Y., T. Watanabe, O. Abe, H. Kuwabara, N. Yahata et al. (2015). 'Oxytocin's Neurochemical Effects in the Medial Prefrontal Cortex Underlie Recovery of Task-Specific Brain Activity in Autism: A Randomized Controlled Trial.' *Molecular Psychiatry* 20: 447-453

Bao, A.M., G. Meynen, D.F. Swaab (2008). 'The Stress System in Depression and Neurodegeneration: Focus on the Human Hypothalamus.' *Brain Research Reviews* 57: 531-553

Bao, A.M., D.F. Swaab (2010). 'Sex Differences in the Brain, Behavior, and Neuropsychiatric Disorders.' *The Neuroscientist* 16: 550-565

Barrett, E.S., J.B. Redmon, C. Wang, A. Sparks, S.H. Swan (2014). 'Exposure to Prenatal Life Events Stress is Associated with Masculinized Play Behavior in Girls.' *NeuroToxicology* 41: 20-27

Beltz, A.M., J.L. Swanson, S.A. Berenbaum (2011). 'Gendered Occupational Interests: Prenatal Androgen Effects on Psychological Orientation to Things Versus People.' *Hormones and Behavior* 60: 313–317

Benyamin, B., B. Pourcain, O.S. Davis, G. Davies, N.K Hansell et al. (2014). 'Childhood Intelligence is Heritable, Highly Polygenic and Associated with fnbp11.' *Molecular Psychiatry* 19: 253–258

Bergink, V., S.A. Kushner (2014). 'Lithium During Pregnancy.' *American Journal of Psychiatry* 171: 712–715

Berglund, H., P. Lindstrom, I. Savic (2006). 'Brain Response to Putative Pheromones in Lesbian Women.' *Proceedings of the National Academy of Sciences of the United States of America* 103: 8269–826974

Bialystok, E., F.I. Craik, G. Luk (2012). 'Bilingualism: Consequences for Mind and Brain.' *Trends in Cognitive Sciences* 16: 240–250

Bolk, L. (1932). *Hersenen en cultuur*. Scheltema & Holkema's Boekhandel en Uitgevers-maatschappij

Bouchard, T.J. (2013). 'The Wilson Effect: The Increase in Heritability of iq with Age.' *Twin Research and Human Genetics* 16: 923–930

Chiao, J.Y., B.K. Cheon, N. Pornpattanangkul, A.J. Mrazek, K.D. Blizinsky (2013). 'Cultural Neuroscience: Progress and Promise.' *Psychological Inquiry* 24: 1–19

Corbo, V., D.H. Salat, M.M. Amick, E.C. Leritz, W.P. Milberg et al. (2014). 'Reduced Cortical Thickness in Veterans Exposed to Early Life Trauma.' *Psychiatry Research* 223: 53–60

Crinion, J.T., D.W. Green, R. Chung, N. Ali, A. Grogan et al. (2009). 'Neuroanatomical Markers of Speaking Chinese.' *Human Brain Mapping* 30: 4108–41015

Crinion, J., R. Turner, A. Grogan, T. Hanakawa, U. Noppeney et al. (2006). 'Language Control in the Bilingual Brain.' *Science* 312: 1537–1540

Desco, M., F.J. Navas-Sanchez, J. Sanchez-Gonzalez, S. Reig, O. Robles et al. (2011). 'Mathematically Gifted Adolescents Use more Extensive and More Bilateral Areas of the Fronto-Parietal Network than Controls During Executive Functioning and Fluid Reasoning Tasks.' *NeuroImage* 57: 281–292

DeYoung, C.G., J.B. Hirsh, M.S. Shane, X. Papademetris, N. Rajeevan et al. (2010). 'Testing Predictions from Personality Neuroscience. Brain Structure and the Big

Five.' *Psychological Science* 21: 820-828

Diav-Citrin, O., S. Shechtman, E. Tahover, V. Finkel-Pekarsky, J. Arnon et al. (2014). 'Pregnancy Outcome Following in Utero Exposure to Lithium: A Prospective, Comparative, Observational Study.' *American Journal of Psychiatry* 171: 785-794

Durante, K.M., A. Rae, V. Griskevicius (2013). 'The Fluctuating Female Vote: Politics, Religion, and the Ovulatory Cycle.' *Psychological Science* 24: 1007-1016

Edelson, M., T. Sharot, R.J. Dolan, Y. Dudai (2011). 'Following the Crowd: Brain Substrates of Long-Term Memory Conformity.' *Science* 333: 108-11

Eisenberger, N.I., S.W. Cole (2012). 'Social Neuroscience and Health: Neurophysiological Mechanisms Linking Social Ties with Physical Health.' *Nature Neuroscience* 15: 669-674

Ericsson, K.A., R.T. Krampe, C. Tesch-Romer (1993). 'The Role of Deliberate Practice in the Aquisition of Expert Performance.' *Psychological Review* 100: 363-406

Factor-Litvak, P., B. Insel, A.M. Calafat, X. Liu, F. Perera et al. (2014). 'Persistent Associations Between Maternal Prenatal Exposure to Phthalates on Child iq at age 7 Years.' *PLOS ONE* 9: e114003

Farroni, T., A.M. Chiarelli, S. Lloyd-Fox, S. Massaccesi, A. Merla et al. (2013). 'Infant Cortex Responds to Other Humans from Shortly After Birth.' *Scientific Reports* 3: 2851

Feingold, A. (1992). 'Sex Differences in Variability in Intellectual Abilities: A New Look on an Old Controversy.' *Review of Educational Research* 62: 61-84

Ferguson, K.K., K.E. Peterson, J.M. Lee, A. Mercado-Garcia, C. Blank-Goldenberg et al. (2014). 'Prenatal and Peripubertal Phthalates and Bisphenol A in Relation to Sex Hormones and Puberty in Boys.' *Reproductive Toxicology* 47: 70-76

Fink, S., L. Excoffier, G. Heckel (2006). 'Mammalian Monogamy is Not Controlled by a Single Gene.' *Proceedings of the National Academy of Sciences of the United States of America* 103: 10956-109560

Fletcher, G.J., J.A. Simpson, L. Campbell, N.C. Overall (2015). 'Pair-Bonding, Romantic Love, and Evolution: The Curious Case of Homo Sapiens.' *Perspectives on Psychological Science* 10: 20-36

Gertler, P., J. Heckman, R. Pinto, A. Zanolini, C. Vermeersch et al. (2014). 'Labor

Market Returns to an Early Childhood Stimulation Intervention in Jamaica.' *Science* 344: 998–1001

Gianaros, P.J., D.A. Hackman (2013). 'Contributions of Neuroscience to the Study of Socioeconomic Health Disparities.' *Psychosomatic Medicine* 75: 610–615

Gladwell, M. (2009). *Outliers. The story of Success.* Penguin Books

Golombok, S., L. Mellish, S. Jennings, P. Casey, F. Tasker et al. 'Adoptive Gay Father Families: Parent–Child Relationships and Children's Psychological Adjustment.' *Child Development* 85: 456–468

Greenfeld, D.A. (2005). 'Reproduction in Same Sex Couples: Quality of Parenting and Child Development.' *Current Opinion in Obstetrics and Gynecology* 17: 309–312

Gu, J., R. Kanai (2014). 'What Contributes to Individual Differences in Brain Structure?' *Frontiers in Human Neuroscience* 8: 262

Guiso, L., F. Monte, P. Sapienz, L. Zingales (2008). 'Diversity. Culture, Gender, and Math.' *Science* 320: 1164–1165.

Hackman, D.A., M.J. Farah (2009). 'Socioeconomic Status and the Developing Brain.' *Trends in Cognitive Sciences* 13: 65–73

Han, S., G. Northoff, K. Vogeley, B.E. Wexler, S. Kitayama et al. (2013). 'A Cultural Neuro-science Approach to the Biosocial Nature of the Human Brain.' *Current Opinion in Obstetrics and Gynecology* 64: 335–359

Han, S., Y. Ma (2014). 'Cultural Differences in Human Brain Activity: A Quantitative Meta-Analysis.' *NeuroImage* 99: 293–300

Hanson, J.L., N. Hair, D.G. Shen, F. Shi, J.H. Gilmore et al. (2013). 'Family Poverty Affects The Rate of Human Infant Brain Growth.' *PLOS ONE* 8: e80954

Harris, C.R., C. Prouvost (2014). 'Jealousy in Dogs.' *PLOS ONE* 9: e94597

Hawkes, N. (2014). 'Children of Women with Fertility Problems are More Likely to Have Psychiatric Disorders, Study Finds.' *BMJ* 349: g4350

Hebb, D.O. (1949). 'The Organization of Behavior.' *Wiley*

Hines, M. (2010). 'Sex-Related Variation in Human Behavior and the Brain.' *Trends in Cognitive Sciences* 14: 448–456

Hoekzema E., E. Barba-Muller, C. Pozzobon, M. Picado, F. Lucco, D. Garcia-Garcia, J.C. Soliva, A. Tobena, M. Desco, E.A. Crone, A. Ballesteros, S. Carmona, O. Villarroya (2016). 'Pregnancy leads to long-lasting changes in human brain structure.' *Nature Neuroscience* doi: 10.1038/nn.4458

Hofman, M.A. (2014). 'Evolution of the Human Brain: When Bigger is Better.' *Frontiers in Neuroanatomy* 8:15

Insel, T.R. (2010). 'The Challenge of Translation in Social Neuroscience: A Review of Oxytocin, Vasopressin, and Affiliative Behavior.' *Neuron* 65:768-779

Jones, S. (2009). 'Is Human Evolution Over?' Dr. J Tans Lecture, Studium Generale Maastricht University

Jost, J.T., H.H. Nam, D.M. Amodio, J.J. Van Bavel (2014). 'Political Neuroscience: The Beginning of a Beautiful Friendship.' *Advances in Political Psychology* 35 (S1): 3-42

Kan, K.J., J.M. Wicherts, C.V. Dolan, H.L. van der Maas (2013). 'On the Nature and Nurture of Intelligence and Specific Cognitive Abilities: The more Heritable, the more Culture Dependent.' *Psychological Science* 24:2420-2428

Kanai, R., T. Feilden, C. Firth, G. Rees (2011). 'Political Orientations are Correlated with Brain Structure in Young Adults.' *Current Biology* 21:677-680.

Kandler, C. (2012). 'Nature and Nurture in Personality Development: The Case of Neuroticism and Extraversion.' *Current Directions in Psychological Science* 21: 290-296

Kim, K.H., N.R. Relkin, K.M. Lee, J. Hirsch (1997). 'Distinct Cortical Areas Associated with Native and Second Languages.' *Nature* 388:171-174

Klucharev, V., K. Hytonen, M. Rijpkema, A. Smidts, G. Fernandez (2009). 'Reinforcement Learning Signal Predicts Social Conformity.' *Neuron* 61:140-151

Krishnadas, R., J. McLean, G.D. Batty, H. Burns, K.A. Deans et al. (2013). 'Socioeconomic Deprivation and Cortical Morphology: Psychological, Social, and Biological Determinants of Ill Health Study.' *Psychosomatic Medicine* 75: 616-623

Lamminmaki, A., M. Hines, T. Kuiri-Hanninen, L. Kilpelainen, L. Dunkel et al. (2012). 'Testosterone Measured in Infancy Predicts Subsequent Sex-Typed Behavior in Boys and in Girls.' *Hormones and Behavior* 61:611-616

Lewis, K.P., R. A. Barton (2006). 'Amygdala Size and Hypothalamus Size Predict Social Play Frequency in Nonhuman Primates: A Comparative Analysis Using

Independent Contrasts.' *Journal of Comparative Psychology* 120: 31-37.

Lee, K.W., R. Richmond, P. Hu, L. French, J. Shin et al. (2015). 'Prenatal Exposure to Maternal Cigarette Smoking and DNA Methylation: Epigenome-Wide Association in a Discovery Sample of Adolescents and Replication in an Independent Cohort at Birth Through 17 Years of Age.' *Environmental Health Perspectives* 123: 193-139

Ligt, J. De, M.H. Willemsen, B.W. van Bon, T. Kleefstra, H.G. Yntema et al. (2012). 'Diagnostic Exome Sequencing in Persons with Severe Intellectual Disability.' *The New England Journal of Medicine* 367: 1921-1929

Lim, L., J. Radua, K. Rubia (2014). 'Gray Matter Abnormalities in Childhood Maltreatment: A Voxel-Wise Meta-Analysis.' *American Journal of Psychiatry* 171: 854-863

LoParo, D., I.D. Waldman (2015). 'The Oxytocin Receptor Gene (oxtr) Is Associated with Autism Spectrum Disorder: A Meta-Analysis.' *Molecular Psychiatry* 20: 640-646

Luby, J.L., D.M. Barch, A. Belden, M.S. Gaffrey, R. Tillman et al. (2012). 'Maternal Support in Early Childhood Predicts Larger Hippocampal Volumes at School Age.' *Proceedings of the National Academy of Sciences of the United States of America* 109: 2854-2859

Lundstrom, J.N., M. Jones-Gotman (2009). 'Romantic Love Modulates Women's Identification of Men's Body Odors.' *Hormones and Behavior* 55: 280-284

Macnamara, B.N., D.Z. Hambrick, F.L. Oswald (2014). 'Deliberate Practice and Performance in Music, Games, Sports, Education, and Professions: A Meta-Analysis.' *Psychological Science* 25: 1608-1618.

Marioni, R.E., G. Davies, C. Hayward, D. Liewald, S.M. Kerr et al (2014). 'Molecular Genetic Contributions to Socioeconomic Status and Intelligence.' *Intelligence* 44: 26-32

McGeoch, P.D. (2007). 'Does Cortical Reorganisation Explain the Enduring Popularity of Foot-Binding in Medieval China?' *Medical Hypotheses* 69: 938-941

McQuaid, R.J., O.A. McInnis, A. Abizaid, H. Anisman (2014). 'Making Room for Oxytocin in Understanding Depression.' *Neuroscience & Biobehavioral Reviews* 45: 305-322

Meynen, G., U.A. Unmehopa, J.J. van Heerikhuize, M.A. Hofman, D.F. Swaab et al. (2006). 'Increased Arginine Vasopressin mrna Expression in the Human Hypothalamus in Depression: A Preliminary Report.' *Biological Psychiatry* 60: 892-895

Meynen, G., U.A. Unmehopa, M.A. Hofman, D.F. Swaab, W.J. Hoogendijk (2007). 'Hypothalamic Oxytocin mrna Expression and Melancholic Depression.' *Molecular Psychiatry* 12: 118-119

Mohades, S.G., E. Struys, P. Van Schuerbeek, K. Mondt, P. Van De Craen et al. (2012). 'dti Reveals Structural Differences in White Matter Tracts Between Bilingual and Monolingual Children.' *Brain Research* 1435: 72-80

Moor, M.H. De, P.T. Costa, A. Terracciano, R.F. Krueger, E.J. de Geus et al. (2012). 'Meta-Analysis of Genome-Wide Association Studies for Personality.' *Molecular Psychiatry* 17: 337-349

Nagasawa, M., S. Mitsui, S. En, N. Ohtani, M. Ohta et al. (2015). 'Social Evolution.n Oxytocin-Gaze Positive Loop and the Coevolution of Human-Dog Bonds.' *Science* 348: 333-336

Neuman, R.J., E. Lobos, W. Reich, C.A. Henderson, L.W. Sun et al. (2007). 'Prenatal Smoking Exposure and Dopaminergic Genotypes Interact to Cause a Severe ADHD Subtype.' *Biological Psychiatry* 61: 1320-1328

Noble, K.G., S.M. Houston, N.H. Brito, H. Bartsch, E. Kan, et al. (2015). 'Family Income, Parental ducation and Brain Structure in Children and Adolescents.' *Nature Neuroscience* 18: 773-778

Nordenstrom, A., A. Servin, G. Bohlin, A. Larsson, A. Wedell (2002). 'Sex-Typed Toy Play Behavior Correlates with the Degree of Prenatal Androgen Exposure Assessed by cyp21 Genotype in Girls with Congenital Adrenal Hyperplasia.' *The Journal of Clinical Endocrinology and Metabolism* 87: 5119-5124

O'Boyle, M.W., R. Cunnington, T.J. Silk, D. Vaughan, G. Jackson et al. (2005). 'Mathematically Gifted Male Adolescents Activate a Unique Brain Network During Mental Rotation.' *Cognitive Brain Research* 25: 583-587

Ope, N., R. Redlich, P. Zwanzger, D. Grotegerd, V. Arolt et al. (2014). 'Hippocampal Atro-phy in Major Depression: A Function of Childhood Maltreatment Rather than Diagnosis?' *Neuropsychopharmacology* 39: 2723-2731.

Pechtel, P., K. Lyons-Ruth, C.M. Anderson, M.H. Teicher (2014). 'Sensitive Periods of Amygdala Development: The Role of Maltreatment in Preadolescence.' *NeuroImage* 97: 236-244

Peleg, G., G. Katzir, O. Peleg, M. Kamara, L. Brodsky et al. (2006). 'Hereditary Family Signature of Facial Expression.' *Proceedings of the National Academy of Sciences of the United States of America* 103: 15921-15926

Pierce, L.J., D. Klein, J.K. Chen, A. Delcenserie, F. Genesee (2014). 'Mapping the Unconscious Maintenance of a Lost First Language.' *Proceedings of the National Academy of Sciences of the United States of America* 111: 17314-17319

Rakic, P., A.E. Ayoub, J.J. Breunig, M.H. Dominguez (2009). 'Decision by Division: Making Cortical Maps.' *Trends in Neurosciences* 32: 291-301

Ramsde, S., F.M. Richardson, G. Josse, M.S. Thomas, C. Ellis et al. (2011). 'Verbal and Non-Verbal Intelligence Changes in the Teenage Brain.' *Nature* 479: 113-116

Roberts, A.L., M. Rosario, N. Slopen, J.P. Calzo, S.B. Austin (2013). 'Childhood Gender Nonconformity, Bullying Victimization, and Depressive Symptoms Across Adolescence and Early Adulthood: An 11-Year Longitudinal Study.' *Journal of the American Academy of Child and Adolescent Psychiatry* 52: 143-152

Robin, E.D. (1973). 'The Evolutionary Advantages of Being Stupid.' *Perspectives in Biology and Medicine* 16: 369-380

Rocchetti, M, J. Radua, Y. Paloyelis, L.A. Xenaki, M. Frascarelli et al. (2014). 'Neurofunctional Maps of the "Maternal Brain" and the Effects of Oxytocin: A Multimodal Voxel-Based Meta-Analysis.' *Psychiatry and Clinical Neurosciences* 68: 733-751

Sanders, A.R., E.R. Martin, G.W. Beecham, S. Guo, K. Dawood et al. (2015). 'Genome-Wide Scan Demonstrates Significant Linkage for Male Sexual Orientation.' *Psychological Medicine* 45: 1379-1388

Sandin, S., K.G. Nygren, A. Iliadou, C.M. Hultman, A. Reichenberg (2013). 'Autism and Mental Retardation Among Offspring Born After In Vitro Fertilization.' *JAMA* 310: 75-84

Sandman, C.A., C. Buss, K. Head, E.P. Davis (2015). 'Fetal Exposure to Maternal Depressive Symptoms is Associated with Cortical Thickness in Late Childhood.'

Biological Psychiatry 77: 324-34

Sarkar, S., M.C. Craig, F. Dell'Acqua, T.G. O'Connor, M. Catani et al. (2014). 'Prenatal Stress and Limbic-Prefrontal White Matter Microstructure in Children Aged 6-9 Years: A Preliminary Diffusion Tensor Imaging Study.' *The World Journal of Biological Psychiatry* 15: 346-352

Savic, I., H. Berglund, P. Lindstrom (2005). 'Brain Response to Putative Pheromones in Homosexual Men.' *Proceedings of the National Academy of Sciences of the United States of America* 102: 7356-7361

Scheele, D., N. Striepens, K.M. Kendrick, C. Schwering, J. Noelle et al. (2014). 'Opposing Effects of Oxytocin on Moral Judgment in Males and Females.' *Human Brain Mapping* 35: 6067-6076

Schlaggar, B.L., D.D. O'Leary (1991). 'Potential of Visual Cortex to Develop an Array of Functional Units Unique to Somatosensory cortex.' *Science* 252: 1556-1560

Schneiderman, I., Y. Kanat-Maymon, R.P. Ebstein, R. Feldman (2014). 'Cumulative Risk on the

Oxytocin Receptor Gene (oxtr) Underpins Empathic Communication Difficulties at the First Stages of Romantic Love.' *Social Cognitive and Affective Neuroscience* 9: 1524-1529

Schneiderman, I., O. Zagoory-Sharon, J.F. Leckman, R. Feldman (2012). 'Oxytocin During the Initial Stages of Romantic Attachment: Relations to Couples' Interactive Reciprocity.' *Psychoneuroendocrinology* 37: 1277-1285

Schreiber, D., G. Fonzo, A.N. Simmons, C.T. Dawes, T. Flagan et al. (2013). 'Red Brain, Blue Brain: Evaluative Processes Differ in Democrats and Republicans.' *PLOS ONE* 8: e52970 Sercombe, H. (2014). 'Risk, Adaptation and the Functional Teenage Brain.' *Brain and Cognition* 89: 61-69

Shakeshaft, N.G., M. Trzaskowski, A. McMillan, E. Krapohl, M.A. Simpson et al. (2015). 'Thinking Positively: The Genetics of High Intelligence.' *Intelligence* 48: 1231-1232

Shaw, P., D. Greenstein, J. Lerch, L. Clasen, R. Lenroot et al. (2006). 'Intellectual Ability and Cortical Development in Children and Adolescents.' *Nature* 440: 676-679

Sinai, C., T. Hirvikoski, A.L. Nordstrom, P. Nordstrom, A. Nilsonne et al. (2014).

'Hypothalamic Pituitary Thyroid Axis and Exposure to Interpersonal Violence in Childhood Among Women with Borderline Personality Disorder.' *European Journal of Psychotraumatology* 5: 23911

Singer, W. (1986). 'The Brain as a Self-Organizing System.' *European Archives of Psychiatry and Neurological Sciences* 236: 4-9

Skuse, D. (2014). 'Oxytocin and Social Cognition.' *Journal of Neurology, Neurosurgery, and Psychiatry* 85: e3.

Stanley, D.A., R. Adolphs (2013). 'Toward a Neural Basis for Social Behavior.' *Neuron* 80: 816-826.

Steinmetz, H., A. Herzog, Y. Huang, T. Hacklander (1994). 'Discordant Brain-Surface Anatomy in Monozygotic Twins.' *The New England Journal of Medicine* 331: 951-952

Sternberg, R.J. (2012). 'Intelligence.' *Dialogues in Clinical NeuroSciences* 14: 19-27.

Supekar, K., A.G. Swigart, C. Tenison, D.D. Jolles, M. Rosenberg-Lee et al. (2013). 'Neural Predictors of Individual Differences in Response to Math Tutoring in Primary-Grade School Children.' *Proceedings of the National Academy of Sciences of the United States of America* 110: 8230-8235

Sur, M., A. Angelucci, J. Sharma (1999). 'Rewiring Cortex: The Role of Patterned Activity in Development and Plasticity of Neocortical Circuits.' *Journal of Neurobiology* 41: 33-43

Swan, S.H., F. Liu, M. Hines, R.L. Kruse, C. Wang et al. (2010). 'Prenatal Phthalate Exposure and Reduced Masculine Play in Boys.' *International Journal of Andrology* 33: 259-286

Takahashi, H., M. Matsuura, N. Yahata, M. Koeda, T. Suhara et al. (2006). 'Men and Women Show Distinct Brain Activations During Imagery of Sexual and Emotional Infidelity.' *NeuroImage* 32: 1299-1307

Teicher, M.H., J.A. Samson, (2016) Annual Research Review: Enduring Neurobiological Effects of Childhood Abuse and Neglect. *Journal of Child Psychology and Psychiatry* 57, 241-246.

Ten Brink, M., A.A. Ghazanfar (2012). 'Social Neuroscience: More Friends, More Problems⋯ More Gray Matter?' *Current Biology* 22: r84-85.

Testa-Silva, G., M.B. Verhoog, D. Linaro, C.P. de Kock, J.C. Baayen et al. (2014). 'High

Bandwidth Synaptic Communication and Frequency Tracking in Human Neocortex.' *PLOS Biology* 12: e1002007

Uylings, H.B., G. Rajkowska, E. Sanz-Arigita, K. Amunts, K. Zilles (2005). 'Consequences of Large Interindividual Variability for Human Brain Atlases: Converging Macroscopical Imaging and Microscopical Neuroanatomy.' *Anatomy and Embryology* 210: 423-431

Vandervert L. (2016). 'The prominent role of the cerebellum in the learning, origin and advancement of culture'. *Cerebellum Ataxias.* 3:10.

Victora, C.G., B.L. Horta, C. Loret de Mola, L. Quevedo, R.T. Pinheiro et al. (2015). 'Association Between Breastfeeding and Intelligence, Educational Attainment, and Income at 30 Years of Age: A Prospective Birth Cohort Study from Brazil.' *The Lancet Global Health* 3: e199-205

Wade, M., T.J. Hoffmann, K. Wigg, J.M. Jenkins (2014). 'Association Between the Oxytocin Receptor (oxtr) Gene and Children's Social Cognition at 18 Months.' *Genes, Brain and Behavior* 13: 603-610

Wade, M., T.J. Hoffmann, J.M. Jenkins (2014). 'Association Between the Arginine Vasopressin Receptor 1A (avpr1a) Gene and Preschoolers' Executive Functioning.' *Brain and Cognition* 90: 116-123

Wager, T.D., P.J. Gianaros (2014). 'The Social Brain, Stress, and Psychopathology.' *JAMA Psychiatry* 71: 622-624

Walum, H., L. Westberg, S. Henningsson, J.M. Neiderhiser, D. Reiss et al. (2008). 'Genetic Variation in the Vasopressin Receptor 1a Gene (avpr1a) Associates With Pair-Bonding Behavior in Humans.' *Proceedings of the National Academy of Sciences of the United States of America* 105: 14153-14156

Westerhoff, H.V., A.N. Brooks, E. Simeonidis, R. Garcia-Contreras, F. He et al. (2014). 'Macromolecular Networks and Intelligence in Microorganisms.' *Frontiers in Microbiology* 5: 379

Winick, M., P. Rosso (1969). 'Head Circumference and Cellular Growth of the Brain in Normal and Marasmic Children.' *Journal of Pediatrics* 74: 774-778

Yu, C.C., M. Furukawa, K. Kobayashi, C. Shikishima, P.C. Cha et al. (2012). 'Genome-Wide DNA Methylation and Gene Expression Analyses of Monozygotic Twins Discordant for Intelligence Levels.' *PLOS ONE* 7: e47081

Zhu, J.L., J. Olsen, Z. Liew, J. Li, J. Niclasen et al. (2014). 'Parental Smoking During Pregnancy and ADHD in Children: The Danish National Birth Cohort.' *Pediatrics* 134: e382-388

Zwijnenburg, P.J., H. Meijers-Heijboer, D.I. Boomsma (2010). 'Identical but Not the same: The Value of Discordant Monozygotic Twins in Genetic Research.' *American Journal of Medical Genetics Part B: Neuropsychiatric Genetics* 153B: 1134-1149

6~10장

Andreasen, N.C., Ramchandran, K. (2012). 'Creativity in Art and Science: Are There Two Cultures?' *Dialogues in Clinical Neuroscience* 14: 49-54

Aviv, V. (2014). 'What Does the Brain Tell Us About Abstract Art?' *Frontiers in Human Neuroscience* 8: 85

Bachner-Melman, R., C. Dina, A.H. Zohar, N. Constantini, E. Lerer et al. (2005). 'avpr1a and slc6a4 Gene Polymorphisms Are Associated with Creative Dance Performance.' *PLOS Genetics* 1: e42

Bella, S. Di, F. Taglietti, A. Iacobuzio, E. Johnson, A. Baiocchini et al. (2015). 'The "Delivery" of Adam: A medical Interpretation of Michelangelo.' *Mayo Clinic Proceedings* 90: 505-508

Bhattacharyya, K.B., S. Rai (2015). 'The Neuropsychiatric Ailment of Vincent van Gogh.' *Annals of Indian Academy of Neurology* 18: 6-9

Bolwerk, A., J. Mack-Andrick, F.R. Lang, A. Dorfler, C. Maihofner (2014). 'How Art Changes Your Brain: Differential Effects of Visual Art Production and Cognitive Art Evaluation on Functional Brain Connectivity.' *PLOS ONE* 9: e101035

Carafoli, E. (2013). On Beauty and Truth in Art and Science.' *Rendiconti Lincei* 24: 67-88

Cattaneo, Z., C. Lega, A. Flexas, M. Nadal, E. Munar, C.J. Cela-Conde (2014). 'The World CanLook Better: Enhancing Beauty Experience with Brain Stimulation.' *Social Cognitive and Affective Neuroscience* 9: 1713-1721

Chatterjee, A., O. Vartanian (2014). 'Neuroaesthetics.' *Trends in Cognitive Sciences* 18:

370-375

Chelnokova, O., B. Laeng, M. Eikemo, J. Riegels, G. Loseth et al. (2014). 'Rewards of Beauty: The Opioid System Mediates Social Motivation in Humans.' *Molecular Psychiatry* 19: 746-747

Cocteau, J. et al. (1961) *Insania pingens.* CIBA Limited

Crutch, S.J., R. Isaacs, M.N. Rossor (2001). 'Some Workmen Can Blame Their Tools: Artistic Change in an Individual with Alzheimer's Disease.' *The Lancet* 357: 2129-2133

Dio, C. Di, E. Macaluso, G. Rizzolatti (2007). 'The Golden Beauty: Brain Response to Classical and Renaissance Sculptures.' *PLOS ONE* 2: e1201

Dovern, A., G.R. Fink, A.C. Fromme, A.M. Wohlschlager, P.H. Weiss et al. (2012). 'Intrinsic Network Connectivity Reflects Consistency of Synesthetic Experiences.' *The Journal of Neuroscience* 32: 7614-7621

Dreu C.K. De, M. Baas, M. Roskes, D.J. Sligte, R.P. Ebstein et al. (2014). 'Oxytonergic Circuitry Sustains and Enables Creative Cognition in Humans.' *Social Cognitive and Affective Neuroscience* 9: 1159-1165

Emde Boas Van, C. (1969). *Essays in erotiek.* Athenaeum

Garcia-Diez, M., D. Garrido, D. Hoffmann, P. Pettitt, A. Pike et al. (2015). 'The Chronology of Hand Stencils in European Palaeolithic Rock Art: Implications of New u-series Results from El Castillo Cave (Cantabria, Spain).' *Journal of Anthropological Sciences* 93: 135-152

Halligan, P.W., J.C. Marshall (1997). 'The Art of Visual Neglect.' *Lancet* 350: 139-140

Horvath, G., E. Farkas, I. Boncz, M. Blaho, G. Kriska (2012). 'Cavemen Were Better at Depicting Quadruped Walking than Modern Artists: Erroneous Walking Illustrations in the Fine Arts from Prehistory to Today.' *PLOS ONE* 7: e49786

Ishizu, T., S. Zeki (2011). 'Toward a Brain-Based Theory of Beauty.' *PLOS ONE* 6: e21852

Jarosz, A.F., G.J. Colflesh, J.Wiley (2012). 'Uncorking the Muse: Alcohol Intoxication Facilitates Creative Problem Solving.' *Conscious and Cognition* 21: 487-493

Johnson, S.L., G. Murray, B. Fredrickson, E.A. Youngstrom, S. Hinshaw et al. (2012). 'Creativity and Bipolar Disorder: Touched by Fire or Burning with Questions?' *Clinical Psychology Review* 32: 1-12

Jung, R.E., R. Grazioplene, A. Caprihan, R.S. Chavez, R.J. Haier (2010). 'White Matter Integrity, Creativity, and Psychopathology: Disentangling Constructs with Diffusion Tensor Imaging.' *PLOS ONE* 5: e9818

Kammer, C. (2014, 15 November). 'Schooltrap Eschers Inspiratie.' *nrc Handelsblad*

Krentz, U.C., R.K. Earl (2013). 'The Baby as Beholder: Adults and Infants Have Common Preferences for Original Art.' *Psychology of Aesthetics, Creativity, and the Arts* 7: 181-190

Kyaga, S., P. Lichtenstein, M. Boman, C. Hultman, N. Langstrom et al. (2011). 'Creativity and Mental Disorder: Family Study of 300,000 People with Severe Mental Disorder.' *The British Journal of Psychiatry* 199: 373-379

Ladino, L.D., G. Hunter, J.F. Tellez-Zenteno (2013). 'Art and Epilepsy Surgery.' *Epilepsy & Behavior* 29: 82-89

Latto, R., D. Brain, B. Kelly (2000). 'An Oblique Effect in Aesthetics: Homage to Mondrian (1872-1944).' *Perception* 29: 981-987

Lee, M.A., B. Shlain (1994). *Acid Dreams: The Complete Social History of LSD.* Grove Press

Lhommee, E., A. Batir, J.L. Quesada, C. Ardouin, V. Fraix et al. (2014). 'Dopamine and the Biology of Creativity: Lessons from Parkinson's Disease.' *Frontiers in Neurology* 5: 55

Li, W., X. Li, L. Huang, X. Kong, W. Yang et al. (2015). 'Brain Structure Links Trait Creativity to Openness to Experience.' *Social Cognitive and Affective Neuroscience* 10: 191-198

Lopez-Gonzalez, M., C.J. Limb (2012). 'Musical Creativity and the Brain.' *Cerebrum* 2012: 2

Markowsky, G. (1992), 'Misconceptions about the Golden Ratio.' *The College Mathematics Journal* 23: 2-19

Meshberger, F.L. (1990). 'An Interpretation of Michelangelo's Creation of Adam Based on Neuroanatomy.' *JAMA* 264: 1837-1841.

Nanda, U., S. Eisen, R.S. Zadeh, D. Owen (2011). 'Effect of Visual Art on Patient Anxiety and Agitation in a Mental Health Facility and Implications for the Business Case.' *Journal of Psychiatric and Mental Health Nursing* 18: 386-393

Neitz, J., J. Carroll, Y. Yamauchi, M. Neitz, D.R. Williams (2002). 'Color Perception is

Mediated by a Plastic Neural Mechanism that Is Adjustable in Adults.' *Neuron* 35: 783-792

Ramachandran, V.S., W. Hirstein (1999). 'The Science of Art, a Neurological Theory of Aesthetic Experience.' *Journal of Consciousness Studies* 6: 15 – 51

Ridder, D. De, S. Vanneste (2013). 'The Artful Mind: Sexual Selection and an Evolutionary Neurobiological Approach to Aesthetic Appreciation.' *Perspectives in Biology and Medicine* 56: 327-340

Sachs, M.E., R.I. Ellis, G. Schlaug, P. Loui (2016). Brain connectivity reflects human aesthetic responses to music. *Social Cognitive and Affective Neuroscience* ii : 884- 891

Safran, A.B., N. Sanda (2015). 'Color Synesthesia. Insight into Perception, Emotion, and Consciousness.' *Current Opinion in Neurology* 28: 36-44

Sbriscia-Fioretti, B., C. Berchio, D. Freedberg, V. Gallese, M.A. Umilta (2013). 'erp Modulation During Observation of Abstract Paintings by Franz Kline.' *PLOS ONE* 8: e75241

Schlegel, A., P. Alexander, S.V. Fogelson, X. Li, Z. Lu et al. (2015). 'The Artist Emerges: Visual Art Learning Alters Neural Structure and Function.' *NeuroImage* 105: 440-451

Schou, M. (1979). 'Artistic Productivity and Lithium Prophylaxis in Manic-Depressive Illness.' *The British Journal of Psychiatry* 135: 97-103

Silveri, M.C., I. Ferrante, A.C. Brita, P. Rossi, R. Liperoti, et al. (2015). '"The Memory of Beauty" Survives Alzheimer's Disease (but Cannot Help Memory).' *Journal of Alzheimer's Disease* 45: 483-494

Simonton, D.K. (2014). 'More Method in the Mad-Genius Controversy: A Historiometric Study of 204 Historic Creators.' *Psychology of Aesthetics, Creativity, and the Arts* 8: 53-61

Snapper, L., C. Oranc, A. Hawley-Dolan, J. Nissel, E. Winner (2015). 'Your Kid Could Not Have Done That: Even Untutored Observers Can Discern Intentionality and Structure in Abstract Expressionist Art.' *Cognition* 137: 154-165

Soeiro-de-Souza, M.G., R.M. Post, M.L. de Sousa, G. Missio, C.M. do Prado et al. (2012). 'Does bdnf Genotype Influence Creative Output in Bipolar i Manic Patients?' *The Journal of Affective Disorders* 139: 181-186

Souza, L.C. De, H.C. Guimaraes, A.L. Teixeira, P. Caramelli, R. Levy et al. (2014). 'Frontal Lobe Neurology and the Creative Mind.' *Frontiers in Psychology* 5: 761

Stafford, P. (2003). *Psychedelics.* Ronin Publishing Inc

Sun, J., Q. Chen, Q. Zhang, Y. Li, H. Li, D. Wei, W. Yang, J. Qiu (2016). 'Training your brain to be more creative: brain functional and structural changes induced by divergent thinking and training.' *Human Brain Mapping* 10: 3375-3387

Thys, E., B. Sabbe, M. De Hert (2014). 'Creativity and Psychopathology: A Systematic Review. *Psychopathology* 47: 141-147

Ukkola, L.T., P. Onkamo, P. Raijas, K. Karma, I. Jarvela (2009). 'Musical Aptitude is Associated with avpr1a-Haplotypes.' *PLOS ONE* 4: e5534

Ukkola-Vuoti, L., C. Kanduri, J. Oikkonen, G. Buck, C. Blancher et al. (2013). 'Genome-Wide Copy Number Variation Analysis in Extended Families and Unrelated Individuals Characterized for Musical Aptitude and Creativity in Music.' *PLOS ONE* 8: e56356

Voskuil P (2013). 'Diagnosing Vincent van Gogh, an Expedition from the Sources to the Present "mer a boire".' *Epilepsy & Behavior* 28: 177-180

Wang, T., L. Mo, O. Vartanian, J.S. Cant, G. Cupchik (2015). 'An Investigation of the Neural Substrates of Mind Wandering Induced by Viewing Traditional Chinese Landscape Paintings.' *Frontiers in Human Neuroscience* 8: 1018

Zeki, S., J.P. Romaya, D.M. Benincasa, M.F. Atiyah (2014). 'The Experience of Mathematical Beauty and its Neural Correlates.' *Frontiers in Human Neuroscience* 8: 68

Zhang, S., M. Zhang, J. Zhang (2014). 'Association of comt and comt-drd2 Interaction with Creative Potential.' *Frontiers in Human Neuroscience* 8: 216

11~14장

Amer, T., B. Kalender, L. Hasher, S.E. Trehub, Y. Wong (2013). 'Do Older Professional Musicians Have Cognitive Advantages?' *PLOS ONE* 8: e71630

Angulo-Perkins, A., W. Aube, I. Peretz, F.A. Barrios, J.L. Armony et al. (2014). 'Music Listening Engages Specific Cortical Regions within the Temporal Lobes:

Differences Between Musicians and Non-Musicians.' *Cortex* 59: 126-137

Arya, R., M. Chansoria, R. Konanki, D.K. Tiwari (2012). 'Maternal Music Exposure During Pregnancy Influences Neonatal Behaviour: An Open-Label Randomized Controlled Trial.' *International Journal of Pediatrics* 2012: 901812

Balbag, M.A., N.L. Pedersen, M. Gatz (2014). 'Playing a Musical Instrument as a Protective Factor Against Dementia and Cognitive Impairment: A Population-Based Twin Study.' *International Journal of Alzheimer's Disease* 2014: 836748

Barrett, K.C., R. Ashley, D.L. Strait, N. Kraus (2013). 'Art and Science: How Musical Training Shapes the Brain.' *Frontiers in Psychology* 4: 713

Berns, G.S., S.E. Moore (2012). 'A Neural Predictor of Cultural Popularity.' *Journal of Consumer Psychology* 22: 154-160

Bowman, A., F.J. Dowell, N.P. Evans, Scottish spca: Animal Welfare Charity (2015). '"Four Seasons" in an Animal Rescue Centre; Classical Music Reduces Environmental Stress in Kennelled Dogs.' *Physiology & Behavior* 143: 70-82

Boxtel, R. Van (2015). Van trilling tot rilling. De magie van muziek. Prometheus Bert Bakker Castro, M., B. Tillmann, J. Luaute, A. Corneyllie, F. Dailler et al. (2015). 'Boosting Cognition with Music in Patients with Disorders of Consciousness.' *Neurorehabilitation & Neural Repair* 29: 734-742

Chanda, M.L., D.J. Levitin (2013). 'The Neurochemistry of Music.' *Trends in Cognitive Sciences* 17: 179-193

Charlton, B.D. (2014). 'Menstrual Cycle Phase Alters Women's Sexual Preferences for Composers of more Complex Music.' *Proceedings: Biological Sciences* 281: 20140403

Chu, H., C.Y. Yang, Y. Lin, K.L. Ou, T.Y. Lee et al. (2014). 'The Impact of Group Music Therapy on Depression and Cognition in Elderly per Sons with Dementia: A Randomized Controlled Study.' *Biological Research For Nursing* 16: 209-217

Cross, E.S., L. Kirsch, L.F. Ticini, S. Schutz-Bosbach (2011). 'The Impact of Aesthetic Evaluation and Physical Ability on Dance Perception.' *Frontiers in Human Neuroscience* 5: 102

Dastgheib, S.S., P. Layegh, R. Sadeghi, M. Foroughipur, A. Shoeibi et al. (2014). 'The Effects of Mozart's Music on Interictal Activity in Epileptic Patients: Systematic Review and Meta-Analysis of the Literature.' *Current Neurology and*

Neuroscience Reports 14: 420

Dunbar, R.I., K. Kaskatis, I. MacDonald, V. Barra (2012). 'Performance of Music Elevates Pain Threshold and Positive Affect: Implications for the Evolutionary Function of Music.' *Evolutionary Psychology* 10: 688-702

Fauvel, B., M. Groussard, G. Chetelat, M. Fouquet, B. Landeau et al. (2014). 'Morphological Brain Plasticity Induced by Musical Expertise is Accompanied by Modulation of Functional Connectivity at Rest.' *NeuroImage* 90: 179-188

Fletcher, P.D., L.E. Downey, P. Witoonpanich, J.D. Warren (2013). 'The Brain Basis of Musicophilia: Evidence from Frontotemporal Lobar Degeneration.' *Frontiers in Psychology* 4: 347

Fukui, H., K. Toyoshima (2013). 'Influence of Music on Steroid Hormones and the Relationship Between Receptor Polymorphisms and Musical Ability: A Pilot Study.' *Frontiers in Psychology* 4: 910

Gartner, H., M. Minnerop, P. Pieperhoff, A. Schleicher, K. Zilles et al. (2013). 'Brain Morphometry Shows Effects of Long-Term Musical Practice in Middle-Aged Keyboard Players.' *Frontiers in Psychology* 4: 636

Geretsegger, M., C. Elefant, K.A. Mossler, C. Gold (2014). Music Therapy for People with Autism Spectrum Disorder.' *Cochrane Database of Systematic Reviews* 6: cd004381

Groussard, M., F. Viader, B. Landeau, B. Desgranges, F. Eustache et al. (2014). 'The Effects of Musical Practice on Structural Plasticity: The Dynamics of Grey Matter Changes.' *Brain and Cognition* 90: 174-180

Hambrick, D.Z., E.M. Tucker-Drob (2015). 'The Genetics of Music Accomplishment: Evidence for Gene-Environment Correlation and Interaction.' *Psychonomic Bulletin & Review* 22: 112-120

Hanna-Pladdy, B., A. MacKay (2011). 'The Relation Between Instrumental Musical Activity and Cognitive Aging.' *Neuropsychology* 25: 378-386

Hatada, S., K. Sawada, M. Akamatsu, E. Doi, M. Minese et al. (2014). 'Impaired Musical Ability in People with Schizophrenia.' *Journal of Psychiatry & Neuroscience* 39: 118-126

Hatzinger, M., D. Voge, M. Stastny, F. Moll, M. Sohn (2012). 'Castrati Singers — All for Fame.' *The Journal of Sexual Medicine* 9: 2233-2237

Herzfeld-Schild, M.L. (2013). '"He Plays on the Pillory". The Use of Musical Instruments for Punishment in the Middle Ages and the Early Modern Era.' *Torture: Journal on Rehabilitation of Torture Victims and Prevention of Torture* 23: 14-23

Hsieh, C., J. Kong, I. Kirsch, R.R. Edwards, K.B. Jensen et al. (2014). 'Well-Loved Music Robustly Relieves Pain: A Randomized, Controlled Trial.' *PLOS ONE* 9: e107390

Jacobsen, J.H., J. Stelzer, T.H. Fritz, G. Chetelat, R. La Joie et al. (2015). 'Why Musical Memory Can be Preserved in Advanced Alzheimer's Disease.' *Brain* 138: 2438-2450

James, C.E., M.S. Oechslin, D. Van De Ville, C.A. Hauert, C. Descloux et al. (2014). 'Musical Training Intensity Yields Opposite Effects on Grey Matter Density in Cognitive Versus Sensorimotor Networks.' *Brain Structure & Function* 219: 353-366

Kaviani, H., H. Mirbaha, M. Pournaseh, O. Sagan (2014). 'Can Music Lessons Increase the Performance of Preschool Children in iq Tests?' *Cognitive Processing* 15: 77-84

Keidar, H.R., D. Mandel, F.B. Mimouni, R. Lubetzky (2014). 'Bach Music in Preterm Infants: No "Mozart Effect" on Resting Energy Expenditure.' *Journal of Perinatology* 34: 153-155

Klause, I. (2013). 'Music and "Re-Education" in the Soviet Gulag.' *Torture: Journal on Rehabilitation of Torture Victims and Prevention of Torture* 23: 24-33

Koelsch, S., S. Skouras, T. Fritz, P. Herrera, C. Bonhage et al. (2013). 'The Roles of Superficial Amygdala and Auditory Cortex in Music-Evoked Fear and Joy.' *NeuroImage* 81: 49-60

Koelsch, S. (2014). 'Brain Correlates of Music-Evoked Emotions.' Nature Reviews Neuroscience 15: 170-180 Koutsiaris, E.A., C. Alamanis, A. Eftychiadis, A. Zervas (2014). 'Castrati Singers: Surgery for Religion and Art.' *Italian Journal of Anatomy and Embryology* 119: 106-110

Mantione, M., M. Figee, D. Denys (2014). 'A Case of Musical Preference for Johnny Cash Following Deep Brain Stimulation of the Nucleus Accumbens.' *Frontiers in Behavioral Neuroscience* 8: 152

Masataka, N., L. Perlovsky (2013). 'Cognitive Interference Can be Mitigated by Consonant Music and Facilitated by Dissonant Music.' *Scientific Reports* 3: 2028

Metzler, M.J., D.M. Saucier, G.A. Metz (2013). 'Enriched Childhood Experiences Moderate Age- Related Motor and Cognitive Decline.' *Frontiers in Behavioral Neuroscience* 7: 1

Papoutsoglou, S.E., N. Karakatsouli, A. Psarrou, S. Apostolidou, E.S. Papoutsoglou et al. (2015). 'Gilthead Seabream (Sparus Aurata) Response to Three Music Stimuli (Mozart-"Eine Kleine Nachtmusik", Anonymous-"Romanza", Bach-"Violin Concerto No. 1") and White Noise under Recirculating Water Conditions.' *Fish Physiology and Biochemistry* 41: 219-232

Parbery-Clark, A., S. Anderson, E. Hittner, N. Kraus (2012). 'Musical Experience Strengthens the Neural Representation of Sounds Important for Communication in Middle-Aged Adults.' *Frontiers in Aging Neuroscience* 4: 30

Platz, F., R. Kopiez, A.C. Lehmann, A. Wolf (2014). 'The Influence of Deliberate Practice on Musical Achievement: A Meta-Analysis.' *Frontiers in Psychology* 5: 646

Salimpoor, V.N., I. van den Bosch, N. Kovacevic, A.R. McIntosh, A. Dagher et al. (2013) 'Interactions Between the Nucleus Accumbens and Auditory Cortices Predict Music Reward Value.' *Science* 340: 216-219

Sacks, O. (2013). 'Hallucinations of Musical Notation.' *Brain* 136: 2318-2322

Sarkamo, T., P. Ripolles, H. Vepsalainen, T. Autti, H.M. Silvennoinen et al. (2014). 'Structural Changes Induced by Daily Music Listening in the Recovering Brain After Middle Cerebral Artery Stroke: A Voxel-Based Morphometry Study.' *Frontiers in Human Neuroscience* 8: 245

Schwilling, D., M. Vogeser, F. Kirchhoff, F. Schwaiblmair, A.L. Boulesteix et al. (2015). 'Live Music Reduces Stress Levels in Very Low-Birthweight Infants.' *Acta Paediatrica* 104: 360-367

Seinfeld, S., H. Figueroa, J. Ortiz-Gil, M.V. Sanchez-Vives (2013). 'Effects of Music Learning and Piano Practice on Cognitive Function, Mood and Quality of Life in Older Adults.' *Frontiers in Psychology* 4: 810

Serby, M.J., M. Hagiwara, L. O'Connor, A.K. Lalwani (2013). 'Musical Hallucinations Associated with Pontine Lacunar Lesions.' *The Journal of Neuropsychiatry and*

Clinical Neurosciences 25: 153-156

Sharp, K., J. Hewitt (2014). 'Dance as an Intervention for People with Parkinson's Disease: A Systematic Review and Meta-Analysis.' *Neuroscience & Biobehavioral Reviews* 47: 445-456

Sihvonen A.J., Ripolles P., Leo V., Rodriguez-Fornells A., Soinila S., Sarkamo T. (2016) 'Neural Basis of Acquired Amusia and Its Recovery after Stroke.' *J Neurosci.* 36 (34): 8872-8881

Simavli, S., I. Kaygusuz, I. Gumus, B. Usluogullari, M. Yildirim et al. (2014). 'Effect of Music Therapy During Vaginal Delivery on Postpartum Pain Relief and Mental Health.' *Journal of Affective Disorders* 156: 194-199

Standley, J. (2012). 'Music Therapy Research in the nicu: An Updated Meta-Analysis.' *Neonatal Network* 31: 311-316

Steele, C.J., J.A. Bailey, R.J. Zatorre, V.B. Penhune (2013). 'Early Musical Training and White-Matter Plasticity in the Corpus Callosum: Evidence for a Sensitive Period.' *The Journal of Neuroscience* 33: 1282-1290

Stevens, M.H., T. Jacobsen, A.K. Crofts (2013). 'Lead and the Deafness of Ludwig van Beethoven.' *The Laryngoscope* 123: 2854-2858

Tan, Y.T., G.E. McPherson, I. Peretz, S.F. Berkovic, S.J. Wilson (2014). 'The Genetic Basis of Music Ability.' *Frontiers in Psychology* 5: 658

Taylor, S., D. McKay, E.C. Miguel, M.A. De Mathis, C. Andrade et al. (2014). Musical Obsessions: A Comprehensive Review of Neglected Clinical Phenomena.' *Journal of Anxiety Disorders* 28: 580-589

Tillmann, B., P. Albouy, A. Caclin (2015). 'Congenital Amusias.' *Handbook of Clinical Neurology* 129:589-605

Trost, W., T. Ethofer, M. Zentner, P. Vuilleumier (2012). 'Mapping Aesthetic Musical Emotions in the Brain.' *Cerebral Cortex* 22: 2769-2783

Tsai, P.L., M.C. Chen, Y.T. Huang, K.C. Lin, K.L. Chen et al. (2013). 'Listening to Classical Music Ameliorates Unilateral Neglect After Stroke.' *The American Journal of Occupational Therapy* 67: 328-35

Virji-Babul, N., A. Moiseev, W. Sun, T. Feng, N. Moiseeva et al. (2013). 'Neural Correlates of Music Recognition in Down Syndrome.' *Brain and Cognition* 81: 256-262

Waller, J.C. (2008). 'In a Spin: The Mysterious Dancing Epidemic of 1518.' *Endeavour* 32: 117-121

White-Schwoch, T., K.W. Carr, S. Anderson, D.L. Strait, N. Kraus (2013). 'Older Adults Benefit from Music Training Early in Life: Biological Evidence for Long-Term Training-Driven Plasticity.' *The Journal of Neuroscience* 33: 17667-17674

Wintersgill, P. (1994). 'Music and Melancholia.' *Journal of the Royal Society of Medicine* 87: 76476-76476

Witek, M.A., E.F. Clarke, M. Wallentin, M.L. Kringelbach, P. Vuust (2014). 'Syncopation, Body-Movement and Pleasure in Groove Music.' *PLOS ONE* 9: e94446

Zamm, A., G. Schlaug, D.M. Eagleman, P. Loui (2013). 'Pathways to Seeing Music: Enhanced Structural Connectivity in Colored-Music Synesthesia.' *NeuroImage* 74: 359-366

Zendel, B.R., C. Alain (2012). 'Musicians Experience less Age-Related Decline in Central Auditory Processing.' *Psychology and Aging* 27: 410-417

Zhou, L. (2014). 'Music is Not our Enemy, but Noise Should Be Regulated: Thoughts on Shooting/ Conflicts Related to Dama Square Dance in China.' *Research Quarterly for Exercise and Sport* 85: 279-281

Zuk, J., C. Benjamin, A. Kenyon, N. Gaab (2014). 'Behavioral and Neural Correlates of Executive Functioning in Musicians and Non-Musicians.' *PLOS ONE* 9: e99868

15~17장

Ando, V., G. Claridge, K. Clark (2014). 'Psychotic Traits in Comedians.' *The British Journal of Psychiatry* 204: 341-345

Anstey, M.L., S.M. Rogers, S.R. Ott, M. Burrow, S.J. Simpson (2009). 'Serotonin Mediates Behavioral Gregarization Underlying Swarm Formation in Desert Locusts.' *Science* 323: 627-623

Beltz, A.M., J.L. Swanson, S.A. Berenbaum (2011). 'Gendered Occupational Interests: Prenatal Androgen Effects on Psychological Orientation to Things Versus

People.' *Hormones and Behavior* 60: 313-317

Bouwmans, T. (2015). *Een schitterend vergeten leven. De eeuw van Frieda Belinfante.* Balans

Breydo, L., V.N. Uversky (2011). 'Role of Metal Ions in Aggregation of Intrinsically Disordered Proteins in Neurodegenerative Diseases.' *Metallomics* 3: 1163-1180

Buijs, R.M., C. Escobar, D.F. Swaab (2013). 'The Circadian System and the Balance of the Autonomic Nervous System.' *Handbook of Clinical Neurology* 117: 173-191

Campbell, B.C., S.S. Wang (2012). 'Familial Linkage between Neuropsychiatric Disorders and Intellectual Interests.' *PLOS ONE* 7: e30405

Corbo, V., D.H. Salat, M.M. Amick, E.C. Leritz, W.P. Milberg et al. (2014). 'Reduced Cortical Thickness in Veterans Exposed to Early Life Trauma.' *Psychiatry Research* 223: 53-60

Ehrenstein, O.S. Von, H. Aralis, M. Cockburn, B. Ritz (2014). 'In Utero Exposure to Toxic Air Pollutants and Risk of Childhood Autism.' *Epidemiology* 25: 851-858

Feder, A., M.K. Parides, J.W. Murrough, A.M. Perez, J.E. Morgan et al. (2014). 'Efficacy of Intravenous Ketamine for Treatment of Chronic Posttraumatic Stress Disorder: A Randomized Clinical Trial.' *JAMA Psychiatry* 71: 681-688

Graaf, L.J. De, G. Hageman, B.C. Gouders, M.F. Mulder (2014). 'Het aerotoxisch syndroom: feit of fabel?' *Nederlands Tijdschrift voor Geneeskunde* 158: A6912

Gu, J., R. Kanai (2014). 'What Contributes to Individual Differences in Brain Structure?' *Frontiers in Human Neuroscience* 8:262

Hanggi, J., K. Brutsch, A.M. Siegel, L. Jancke (2014). 'The Architecture of the Chess Player's Brain.' *Neuropsychologia* 62: 152-162

Harb, F., M.P. Hidalgo, B. Martau (2015). 'Lack of Exposure to Natural Light in the Workspace is Associated with Physiological, Sleep and Depressive Symptoms.' *Chronobiology International* 123: 827-833

Holzel, B.K., J. Carmody, M. Vangel, C. Congleton, S. M. Yerramsetti et al. (2011). 'Mindfulness Practice Leads to Increases in Regional Brain Gray Matter Density.' *Psychiatry Research* 191: 36-43

Hufner, K., C. Binetti, D.A. Hamilton, T. Stephan, V.L. Flanagin et al. (2011). 'Structural and Functional Plasticity of the Hippocampal Formation in Professional Dancers and Slackliners.' *Hippocampus* 21: 855-865

Jacobson, J.L., G. Muckle, P. Ayotte, E. Dewailly, S.W. Jacobson (2015). 'Relation of Prenatal Methylmercury Exposure from Environmental Sources to Childhood iq.' *Environmental Health Perspectives* 123: 827-833

Kesebir, S. (2012). 'The Superorganism Account of Human Sociality: How and when Human Groups are like Beehives.' *Personality and Social Psychology Review* 16: 233-261

Kiser, D., B. Steemers, I. Branchi, J.R. Homberg (2012). 'The Reciprocal Interaction Between Serotonin and Social Behaviour.' *Neuroscience & Biobehavioral Reviews* 36: 786-798

Konicar, L., R. Veit, H. Eisenbarth, B. Barth, P. Tonin et al. (2015). 'Brain Self-Regulation in Criminal Psychopaths.' *Scientific Reports* 5: 9426

Kox, M., L.T. van Eijk, J. Zwaag, J. van den Wildenberg, F.C. Sweep et al. (2014). 'Voluntary Activation of the Sympathetic Nervous System and Attenuation of the Innate Immune Response in Humans.' *Proceedings of the National Academy of Sciences of the United States of America* 111: 7379-7384

Kurth, F., E. Luders, B. Wu, D.S. Black (2014). 'Brain Gray Matter Changes Associated with Mindfulness Meditation in Older Adults: An Exploratory Pilot Study Using Voxel-Based Morphometry.' *Neuro* 1: 23-26

Lacasana, M., H. Vazquez-Grameix, V.H. Borja-Aburto, J. Blanco-Munoz, I. Romieu, C. Aguilar-Garduno, A.M. Garcia (2006). 'Maternal and Paternal Occupational Exposure to Agricultural Work and the Risk of Anencephaly.' *Journal of Occupational and Environmental Medicine* 63: 649-656

Luyendijk, J. (2015). *Dit kan niet waar zijn. Onder bankiers.* Atlas Contact

Maguire, E.A., D.G. Gadian, I.S. Johnsrude, C.D. Good, J. Ashburner et al. (2000). 'Navigation- Related Structural Change in the Hippocampi of Taxi Drivers.' *Proceedings of the National Academy of Sciences of the United States of America* 97: 4398-4403

Maguire, E.A., H.J. Spiers, C.D. Good, T. Hartley, R.S. Frackowiak et al. (2003). 'Navigation Expertise and the Human Hippocampus: A Structural Brain Imaging Analysis.' *Hippocampus* 13: 250-259

Maguire, E.A., R. Nannery, H.J. Spiers (2006). 'Navigation Around London by a Taxi Driver with Bilateral Hippocampal Lesions.' *Brain* 129: 2894-2907

Martensson, J., J. Eriksson, N.C. Bodammer, M. Lindgren, M. Johansson et al. (2012). 'Growth of Language-Related Brain Areas After Foreign Language Learning.' *NeuroImage* 63: 240-244

McGuire, S.A., D.F. Tate, J. Wood, J.H. Sladky, K. McDonald et al. (2014). 'Lower Neurocognitive Function in u-2 Pilots: Relationship to White Matter Hyperintensities.' *Neurology* 83: 638-645

Midorikawa, A., M. Kawamura (2015). 'The Emergence of Artistic Ability Following Traumatic Brain Injury.' *Neurocase* 21: 90-94

Mosing, M.A., K.L. Verweij, C. Abe, O. de Manzano, F. Ullen (2016) 'On the Relationship Between Domain-Specific Creative Achievement and Sexual Orientation in Swedish Twins'. *Archives Sexual Behaviour.* [e-pub ahead of print]

Perroud, N., E. Rutembesa, A. Paoloni-Giacobino, J. Mutabaruka, L. Mutesa et al. (2014). 'The Tutsi Genocide and Transgenerational Transmission of Maternal Stress: Epigenetics and Biology of the hpa Axis.' *The World Journal of Biological Psychiatry* 15: 334-345

Raskindj, M.A., C. McCaslin, M. Jakupcak. (2014). 'Violence in War and Violence back Home.' *American Journal of Psychiatry* 171: 701-704

Savic, I. (2015). 'Structural Changes of the Brain in Relation to Occupational Stress.' *Cerebral Cortex* 25: 1554-1564

Semenyna, S.W., P.L. Vasey (2016). 'The Relationship between Adult Occupational Preferences and Childhood Gender Nonconformity among Samoan Women, Men and Fa'afafine.' *Human Nature* 27 (3): 283-295

Sens, J. (2008). *De dood als erfenis.* FortMedia Uitgeverij

Smith, S.F., S.O. Lilienfeld, K. Coffey, J.M. Dabbs (2013). 'Are Psychopaths and Heroes Twigs off the Same Branch? Evidence from College, Community, and Presidential Samples.' *Journal of Research in Personality* 47: 634-646

Stramrood, C.A., K.M. Paarlberg, E.M. Huis In 't Veld, L.W. Berger, A.J. Vingerhoets et al. (2011). 'Posttraumatic Stress Following Childbirth in Homelike and Hospital Settings.' *Journal of Psychosomatic Obstetrics & Gynecology* 32: 88-97

Takeuchi, H., Y. Taki, A. Sekiguchi, R. Nouchi, Y. Kotozaki et al. (2015). 'Brain Structures in the Sciences and Humanities.' *Brain Structure & Function* 220:

3295-3305

Thienel, M., M. Heinrichs, S. Fischer, V. Ott, J. Born et al. (2014). 'Oxytocin's Impact on Social Face Processing is Stronger in Homosexual than Heterosexual Men.' *Psychoneuroendocrinology.* 39:194-203

Verbeke, W., R.P. Bagozzi, W.E. van den Berg, A. Lemmens (2013). 'Polymorphisms of the oxtr Gene Explain why Sales Professionals Love to Help Customers.' *Frontiers in Behavioral Neuroscience* 7: 171

Vermetten, H.G. (2014). *Strijd van binnen.* Oratie. Universteit Leiden

Walder, D.J., D.P. Laplante, A. Sousa-Pires, F. Veru, A. Brunet et al. (2014). 'Prenatal Maternal Stress Predicts Autism Traits in 6,5 Year-Old Children: Project Ice Storm.' *Psychiatry Research* 219: 353-360

Woollett, K., E.A. Maguire (2009). 'Navigational Expertise May Compromise Anterograde Associative Memory.' *Neuropsychologia* 47: 1088-1095

Yonkers, K.A., M.V. Smith, A. Forray, C.N. Epperson, D. Costello et al. (2014). Pregnant Women with Posttraumatic Stress Disorder and Risk of Preterm Birth.' *JAMA Psychiatry* 71: 897-904

18~19장

Abutalebi, J., M. Canini, P.A. Della Rosa, L.P. Sheung, D.W. Green et al. (2014). 'Bilingualism Protects Anterior Temporal Lobe Integrity in Aging.' *Neurobiology of Aging* 35: 2126-33

Ahlskog, J.E., Y.E. Geda, N.R. Graff-Radford, R.C. Petersen (2011). 'Physical Exercise as a Preventive or Disease-Modifying Treatment of Dementia and Brain Aging.' *Mayo Clinic Proceedings* 86: 876-884

Akdeniz, C., H. Tost, A. Meyer-Lindenberg (2014). 'The Neurobiology of Social Environmental Risk for Schizophrenia: An Evolving Research Field.' *Social Psychiatry and Psychiatric Epidemiology* 49: 507-517

Akdeniz, C., H. Tos, F. Streit, L. Haddad, S. Wust et al. (2014). 'Neuroimaging Evidence for a Role of Neural Social Stress Processing in Ethnic Minority-Associated Environmental Risk.' *JAMA Psychiatry* 71: 672-680

Akyar, I., N. Akdemir (2013-2014). 'The Effect of Light Therapy on the Sleep Quality of the Elderly: An Intervention Study.' *Australian Journal of Advanced Nursing* 31: 31-38

Alladi, S., T.H. Bak, V. Duggirala, B. Surampudi, M. Shailaja et al. (2013). 'Bilingualism Delays Age at Onset of Dementia, Independent of Education and Immigration Status.' *Neurology* 81: 1938-1944

Arcoverde, C., A. Deslandes, H. Moraes, C. Almeida, N.B. de Araujoet al. (2014). 'Treadmill Training as an Augmentation Treatment for Alzheimer's Disease: a Pilot Randomized Controlled Study.' *Arquivos de Neuro-Psiquiatria* 72: 190-196

Balbag, M.A., N.L. Pedersen, M. Gatz (2014). 'Playing a Musical Instrument as a Protective Factor Against Dementia and Cognitive Impairment: A Population-Based Twin Study.' *International Journal of Alzheimer's Disease* 2014: 836748

Barnes, D.E., A. Kaup, K.A. Kirby, A.L. Byers, R. Diaz-Arrastia et al. (2014). 'Traumatic Brain Injury and Risk of Dementia in Older Veterans.' *Neurology* 83: 312-319

Bernick, C., S.J. Banks, W. Shin, N. Obuchowski, S. Butler et al. (2015). 'Repeated Head Trauma is Associated with Smaller Thalamic Volumes and Slower Processing Speed: The Professional Fighters' Brain Health Study.' *British Journal of Sports Medicine* 49: 1007-1011

Bettens, K., K. Sleegers, C. Van Broeckhoven (2013). 'Genetic Insights in Alzheimer's Disease.' *The Lancet Neurology* 12: 92-104

Bialystok, E., F.I.Craik, G. Luk (2012). 'Bilingualism: Consequences for Mind and Brain.' *Trends in Cognitive Sciences* 16: 240-250

Billioti de Gage, S., Y. Moride, T. Ducruet, T. Kurth, H. Verdoux et al. (2014). 'Benzodiazepine Use and Risk of Alzheimer's Disease: Case-Control Study.' *British Medical Journal* 349: g5205

Bossers, K., K. Wirz, G. Meerhoff, A. Essing, J. Van Dongen et al. (2010). 'Concerted Changes in Transcripts in the Prefrontal Cortex Precede Neuropathology in Alzheimer's Disease.' *Brain* 133: 3699-3723

Carlson, M.C., J.S. Saczynski, G.W. Rebok, T. Seeman, T.A. Glass et al. (2008). Exploring the Effects of an "Everyday" Activity Program on Executive Function and Memory in Older Adults: Experience Corps.' *The Gerontologist* 48: 793-801

Carvalho, A., I.M. Rea, T. Parimon, B.J. Cusack (2014). 'Physical Activity and Cognitive Function in Individuals over 60 Years of Age: A Systematic Review.' *Clinical Interventions in Aging* 9: 661-682

Chuang, L.Y., H.Y. Hung, C.J. Huang, Y.K. Chang, T.M. Hung (2015). 'A 3-month Intervention of Dance Dance Revolution Improves Interference Control in Elderly Females: A Preliminary Investigation.' *Experimental Brain Research* 233: 1181-1188

Coyle, J.T. (2003). 'Use It or Lose It – Do Effortful Mental Activities Protect Against Dementia?' *The New England Journal of Medicine* 348: 2489-2490

D'Onofrio, B.M., M.E. Rickert, E. Frans, R. Kuja-Halkola, C. Almqvist et al. (2014). Paternal Age at Childbearing and Offspring Psychiatric and Academic Morbidity. *JAMA Psychiatry* 71: 432-438

Dubelaar, E.J., R.W. Verwer, M.A. Hofman, J.J. Van Heerikhuize, R. Ravid et al. (2004). 'ApoE ε4 Genotype is Accompanied by Lower Metabolic Activity in Nucleus Basalis of Meynert Neurons in Alzheimer Patients and Controls as Indicated by the Size of the Golgi Apparatus.' *Journal of Neuropathology and Experimental Neurology* 63: 159-169

Dubelaar, E.J., E.J. Mufson, W.G. ter Meulen, J.J. Van Heerikhuize , R. W. Verwer et al. (2006). 'Increased Metabolic Activity in Nucleus Basalis of Meynert Neurons in Elderly Individuals with Mild Cognitive Impairment as Indicated by the Size of the Golgi Apparatus.' *Journal of Neuropathology and Experimental Neurology* 65: 257-266

Duffy, A. (2010). 'The Early Natural History of Bipolar Disorder: What We Have Learned from Longitudinal High-Risk Research.' *Canadian Journal of Psychiatry* 55: 477-485.

Dunnen, W.F. Den, W.H. Brouwer, E. Bijlard, J. Kamphuis, K. van Linschoten et al. (2008). 'No Disease in the Brain of a 115-Year-Old Woman.' *Neurobiology of Aging* 29: 1127-1132

Eggermont, L.H., D.F. Swaab, P. Luiten, E.J. Scherder (2006). 'Exercise, Cognition and Alzheimer's Disease: More Is Not Necessarily Better.' *Neuroscience & Biobehavioral Reviews* 30: 562-575

Eggermont, L.H., D.F. Swaab, E.M. Hol, E.J. Scherder (2009). 'Walking the Line: A

Randomized Trial on the Effects of a Short Term Walking Programme on Cognition in Dementia.' *Journal of Neurology, Neurosurgery, and Psychiatry* 80: 802-804

Fitzgerald, K.C., E.J. O'Reilly, G.J. Falcone, M.L. McCullough, Y. Park et al. (2014). 'Dietary ω-3 Polyunsaturated Fatty Acid Intake and Risk for Amyotrophic Lateral Sclerosis.' *JAMA Neurology* 71: 1102-1110

Fratiglioni, L., S. Paillard-Borg, B. Winblad (2004). 'An Active and Socially Integrated Lifestyle in Late Life Might Protect Against Dementia.' *The Lancet Neurology* 3: 343-353

Garcia-Mesa, Y., L. Gimenez-Llort, L.C. Lopez, C. Venegas, R. Cristofol et al. (2012). 'Melatonin plus Physical Exercise Are Highly Neuroprotective in the 3xTg-AD Mouse.' *Neurobiology of Aging* 33: 1124.e13-29

Gatz, M., C.A. Reynolds, L. Fratiglioni, B. Johansson, J.A. Mortimer et al. (2006). 'Role of Genes and Environments for Explaining Alzheimer Disease.' *Archives of General Psychiatry* 63: 168-174

Greenberg, M.S., K. Tanev, M.F. Marin, R.K. Pitman (2014). 'Stress, pt sd, and Dementia.' *Alzheimer's & Dementia* 10: S155-165

Hamer, M., Y. Chida (2009). 'Physical Activity and Risk of Neurodegenerative Disease: A Systematic Review of Prospective Evidence.' *Psychological Medicine* 39: 3-11

Han K., Chen X. (2007). 'The Archaeological Evidence of Trepanation in Early China.' *Bulletin of the Indo-Pacific Prehistory Association* (bippa) 27: 22-27

Hansen, N. (2014). 'Brain Stimulation for Combating Alzheimer's Disease.' *Frontiers in Neurology* 5: 80

Henderson, V.W. (2014). 'Alzheimer's Disease: Review of Hormone Therapy Trials and Implications for Treatment and Prevention After Menopause.' *The Journal of Steroid Biochemistry and Molecular Biology* 142: 99-106

Heyn, P., B.C. Abreu, K.J. Ottenbacher (2004). 'The Effects of Exercise Training on Elderly Persons with Cognitive Impairment and Dementia: A Meta-Analysis.' *Archives of Physical Medicine and Rehabilitation* 85: 1694-1704

Jellinger, K.A., J. Attems (2015). 'Challenges of Multimorbidity of the Aging Brain: a Critical Update.' *Journal of Neural Transmission* 122: 505-521

Kattenstroth, J.C., T. Kalisch, S. Holt, M. Tegenthoff, H.R. Dinse (2013). 'Six Months of Dance Intervention Enhances Postural, Sensorimotor, and Cognitive Performance in Elderly Without Affecting Cardio-Respiratory Functions.' *Frontiers in Aging Neuroscience* 5: 5

Khachaturian, A.S., Z.S. Khachaturian (2014). 'Military Risk Factors for Alzheimer's Dementia and Neurodegenerative Disease.' *Alzheimer's & Dementia* 10: S90-91

Kuhn, J., K. Hardenacke, D. Lenartz, T. Gruendler, M. Ullsperger et al. (2015). 'Deep Brain Stimulation of the Nucleus Basalis of Meynert in Alzheimer's Dementia.' *Molecular Psychiatry* 20: 353-360

Kwak, Y.S., S.Y. Um, T.G. Son, D.J. Kim (2008). 'Effect of Regular Exercise on Senile Dementia Patients.' *International Journal of Sports Medicine* 29: 471-474

Lai, F., E. Kammann, G.W. Rebeck, A. Anderson, Y. Chen et al. (1999). 'apo e Genotype and Gender Effects on Alzheimer Disease in 100 Adults with Down Syndrome.' *Neurology* 53: 331-316

Lankford, A. (2014). 'Precis of the Myth of Martyrdom: What Really Drives Suicide Bombers, Rampage Shooters, and Other Self-Destructive Killers.' *Behavioral and Brain Sciences* 37: 351-362

Larson, E.B. (2008). 'Physical Activity for Older Adults at Risk for Alzheimer Disease.' *JAMA* 300: 1077-1079

Lautenschlager, N.T., K. Cox, E.V. Cyarto (2012). 'The Influence of Exercise on Brain Aging and Dementia.' *Biochimica et Biophysica Acta* 1822: 474-481

Liang, K.Y., M.A. Mintun, A.M. Fagan, A.M. Goate, J.M. Bugg et al. (2010). 'Exercise and Alzheimer's Disease Biomarkers in Cognitively Normal Older Adults.' *Annals of Neurology* 68: 311-318

Lin, L., Q.X. Huang, S.S. Yang, J. Chu, J.Z. Wang et al. (2013). 'Melatonin in Alzheimer's Disease.' *International Journal of Molecular Sciences* 14: 14575-145793

Littbrand, H., M. Stenvall, E. Rosendahl (2011). 'Applicability and Effects of Physical Exercise on Physical and Cognitive Functions and Activities of Daily Living Among People with Dementia: A Systematic Review.' *American Journal of Physical Medicine & Rehabilitation* 90: 495-518

Lu, T., L. Aron, J. Zullo, Y. Pan, H. Kim et al. (2014). 'rest and Stress Resistance in

Ageing and Alzheimer's Disease.' *Nature* 507: 448-454

Luders, E., N. Cherbuin, F. Kurth (2015). 'Forever Young(er): Potential Age-Defying Effects of Long-Term Meditation on Gray Matter Atrophy.' *Frontiers in Psychology* 5: 1551

Margallo-Lana, M.L., P.B. Moore, D.W. Kay, R.H. Perry, B.E. Reid et al. (2007). 'Fifteen-Year Follow-Up of 92 Hospitalized Adults with Down's Syndrome: Incidence of Cognitive Decline, its Relationship to Age and Neuropathology.' *Journal of Intellectual Disability Research* 51: 463-477

Marquie, J.C., P. Tucker, S. Folkard, C. Gentil, D. Ansiau (2015). 'Chronic Effects of Shift Work on Cognition: Findings from the visat Longitudinal Study.' *Journal of Occupational and Environmental Medicine* 72: 258-264

Matthews, F.E., A. Arthur, L.E. Barnes, J. Bond, C. Jagger et al. (2013). 'A Two-Decade Comparison of Prevalence of Dementia in Individuals Aged 65 Years and Older from Three Geographical Areas of England: Results of the Cognitive Function and Ageing Study i and ii.' *The Lancet* 382: 1405-1412

Metzler, M.J., D.M. Saucier, G.A. Metz (2013). 'Enriched Childhood Experiences Moderate Age- Related Motor and Cognitive Decline.' *Frontiers in Behavioral Neuroscience* 7:1

Meziab, O., K.A. Kirby, B. Williams, K. Yaffe, A.L. Byers et al. (2014). 'Prisoner of War Status, Posttraumatic Stress Disorder, and Dementia in Older Veterans.' *Alzheimer's & Dementia* 10: S236-2341

Munro, C.A. (2014). 'Sex Differences in Alzheimer's Disease Risk: Are We Looking at the Wrong Hormones?' *International Psychogeriatrics* 26: 1579-1584

Ohman, H., N. Savikko, T.E. Strandberg, K.H. Pitkala (2014). 'Effect of Physical Exercise on Cognitive Performance in Older Adults with Mild Cognitive Impairment or Dementia: A Systematic Review.' *Dementia and Geriatric Cognitive Disorders* 38: 347-365

Ooms, S., S. Overeem, K. Besse, M.O. Rikkert, M. Verbeek et al. (2014). 'Effect of 1 Night of Total Sleep Deprivation on Cerebrospinal Fluid β-Amyloid 42 in Healthy Middle-Aged Men: A Randomized Clinical Trial.' *JAMA Neurology* 71: 971-977

Os, J. Van, J.P. Selten (1998). 'Prenatal Exposure to Maternal Stress and Subsequent

Schizophrenia. The May 1940 Invasion of The Netherlands.' *The British Journal of Psychiatry* 172: 324-326

Os, J. Van, G. Kenis, B.P. Rutten (2010). 'The Environment and Schizophrenia.' *Nature* 468: 203-212

Pedersen, N.L., M. Gatz, S. Berg, B. Johansson (2004). 'How Heritable is Alzheimer's Disease Late in Life? Findings from Swedish Twins.' *Annals of Neurology* 55: 180-185

Phillips, C., M.A. Baktir, M. Srivatsan, A. Salehi (2014). 'Neuroprotective Effects of Physical Activity on the Brain: A Closer Look at Trophic Factor Signaling.' *Frontiers in Cellular Neurosciencei* 8: 170

Pieramico, V., R. Esposito, F. Sensi, F. Cilli, D. Mantini et al. (2012). 'Combination Training in Aging Individuals Modifies Functional Connectivity and Cognition, and is Potentially Affected by Dopamine-Related Genes.' *PLOS ONE* 7: e43901

Riemersma-van der Lek, R.F., D.F. Swaab, J. Twisk, E.M. Hol, W.J. Hoogendijk et al. (2008). 'Effect of Bright Light and Melatonin on Cognitive and Noncognitive Function in Elderly Residents of Group Care Facilities: A Randomized Controlled Trial.' *JAMA* 299: 2642-2655

Riley, K.P., D.A. Snowdon, M.F. Desrosiers, W.R. Markesbery (2005). 'Early Life Linguistic Ability, Late Life Cognitive Function, and Neuropathology: Findings from the Nun Study.' *Neurobiology of Aging* 26: 341-347

Rolland, Y., G. Abellan van Kan, B. Vellas (2008). 'Physical Activity and Alzheimer's Disease: From Prevention to Therapeutic Perspectives.' *Journal of the American Medical Directors Association* 9: 390-405

Salehi, A., E.J. Dubelaar, M. Mulder, D.F. Swaab (1998). 'Aggravated Decrease in the Activity of Nucleus Basalis Neurons in Alzheimer's Disease is Apolipoprotein e-type Dependent.' *Proceedings of the National Academy of Sciences of the United States of America* 95: 11445-11449

Satoh, M., J. Ogawa, T. Tokita, N. Nakaguchi, K. Nakao et al. (2014). 'The Effects of Physical Exercise with Music on Cognitive Function of Elderly People: Mihama-Kiho Project.' *PLOS ONE* 9: e95230

Scherder, E.J., R. Scherder, L. Verburgh, M. Konigs, M. Blom et al. (2014). 'Executive Functions of Sedentary Elderly May Benefit from Walking: A Systematic Review and Meta-Analysis.' *The American Journal of Geriatric Psychiatry* 22: 782-791

Schlosser Covell, G.E., C.R. Hoffman-Snyder, K.E. Wellik, B.K. Woodruff, Y.E. Geda et al. (2015). 'Physical Activity Level and Future Risk of Mild Cognitive Impairment or Dementia: A Critically Appraised Topic.' *The Neurologist* 19: 89-91

Schnohr, P., J.H. O'Keefe, J.L. Marott, P. Lange, G.B. Jensen (2015). 'Dose of Jogging and Long-Term Mortality: The Copenhagen City Heart Study.' *Journal of the American College of Cardiology* 65: 411-419

Schofield, P.W., G. Logroscino, H.F. Andrews, S. Albert, Y. Stern (1997). 'An Association Between Head Circumference and Alzheimer's Disease in a Population-Based Study of Aging and Dementia.' *Neurology* 49: 303-307

Seinfeld, S., H. Figueroa, J. Ortiz-Gil, M.V. Sanchez-Vives (2013). 'Effects of Music Learning and Piano Practice on Cognitive Function, Mood and Quality of Life in Older Adults.' *Frontiers in Psychology* 4: 810

Sofi, F., D. Valecchi, D. Bacci, R. Abbate, G.F. Gensini et al. (2011). 'Physical Activity and Risk of Cognitive Decline: A Meta-Analysis of Prospective Studies.' *Journal of Internal Medicine* 269: 107-117

Spinney, L. (2014). 'Alzheimer's Disease: The Forgetting Gene.' *Nature* 510: 26-28

Swaab, D.F. (1991). 'Brain Aging and Alzheimer's Disease: "Wear and Tear" Versus "Use It or Lose It".' *Neurobiology of Aging* 12: 317-324

Swaab, D.F., A.M. Bao (2011). '(Re-)Activation of Neurons in Aging and Dementia: Lessons from the Hypothalamus.' *Experimental Gerontology* 46: 178-184

Toseeb, U., S. Brage, K. Corder, V.J. Dunn, P.B. Jones et al. (2014). 'Exercise and Depressive Symptoms in Adolescents: A Longitudinal Cohort Study.' *JAMA Pediatrics* 168: 1093-1100

Toth, M. (2015). 'Mechanisms of Non-Genetic Inheritance and Psychiatric Disorders.' *Neuropsychopharmacology* 40: 129-140

Tremblay, S., L.C. Henry, C. Bedetti, C. Larson-Dupuis, J.F. Gagnon et al. (2014). 'Diffuse White Matter Tract Abnormalities in Clinically Normal Ageing Retired Athletes with a History of Sports-Related Concussions.' *Brain* 137: 2997-3011

Tsai, L.H., R. Madabhushi (2014). 'Alzheimer's Disease: A Protective Factor for the Ageing Brain.' *Nature* 507: 439-440

Tuszynski, M.H., L. Thal, M. Pay, D.P. Salmon et al. (2005). A Phase 1 Clinical Trial
of Nerve Growth Factor Gene Therapy for Alzheimer Disease. *Nature Medicine*
11: 551-555

Verghese, J., R.B. Lipton, M.J. Katz, C.B. Hall, C.A. Derby et al. (2003). 'Leisure
Activities and the Risk of Dementia in the Elderly.' *The New England Journal of
Medicine* 348: 2508-2516

Verghese, J., Cuiling Wang, M.J. Katz, A. Sanders, R.B. Lipton (2009). 'Leisure
Activities and Risk of Vascular Cognitive Impairment in Older Adults.' *Journal
of Geriatric Psychiatry and Neurology* 22: 110-118

Volk, H.E., F. Lurmann, B. Penfold, I. Hertz-Picciotto, R. McConnell (2013). 'Traffic-
Related Air Pollution, Particulate Matter, and Autism.' *JAMA Psychiatry* 70: 71-
77

Vyssoki, B., N.D. Kapusta, N. Praschak-Rieder, G. Dorffner, M. Willeit (2014). 'Direct
Effect of Sunshine on Suicide.' *JAMA Psychiatry* 71: 1231-1237

Wang, H.X., D.R. Gustafson, M. Kivipelto, N.M.L. Pedersen, I. Skoog et al. (2012).
'Education Halves the Risk of Dementia due to Apolipoprotein ε4 Allele: A
Collaborative Studyfrom the Swedish Brain Power Initiative.' *Neurobiology of
Aging* 33: 1007.e1-7

Weigmann, K. (2014). 'Why Exercise is Good for Your Brain: A Closer Look at The
Underlying Mechanisms Suggests that Some Sports, Especially Combined with
Mental Activity, May be More Effective than Others.' *EMBO Reports* 15: 745-
758

Whalley, L.J., I.J. Deary (2001). 'Longitudinal Cohort Study of Childhood iq and
Survival up to Age 76.' *BMJ* 322: 819-823

Wu, Y.H., D.F. Swaab (2007). 'Disturbance and Strategies for Reactivation of the
Circadian Rhythm System in Aging and Alzheimer's Disease.' *Sleep Medicine* 8:
623-636

Zigman, W., N. Schupf, M. Haveman, W. Silverman (1997). 'The Epidemiology of
Alzheimer Disease in Intellectual Disability: Results and Recommendations from
an International Conference.' *Journal of Intellectual Disability Research* 41: 76-
80

20장

Abbass, A.A., S.J. Nowoweiski, D. Bernier, R. Tarzwell, M.E. Beutel (2014). 'Review of Psychodynamic Psychotherapy Neuroimaging Studies.' *Psychotherapy And Psychosomatics* 83: 142-147

Adamson, B.C., I. Ensari, R.W. Motl (2015). 'Effect of Exercise on Depressive Symptoms in Adults with Neurologic Disorders: A Systematic Review and Meta-Analysis.' *Archives of Physical Medicine and Rehabilitation* 96: 1329-1338

Barsaglini, A., G. Sartori, S. Benetti, W. Pettersson-Yeo, A. Mechelli (2014). 'The Effects of Psychotherapy on Brain Function: a Systematic and Critical Review.' *Progress in Neurobiology* 114: 1-14

Bola, M., S. Prilloff, S. Matzke, P. Henrich-Noack (2013). 'Brain Restoration as an Emerging Field in Neurology and Neuroscience.' *Restorative Neurology and Neuroscience* 31: 669-679

Cooney, G., K. Dwan, G. Mead (2014). 'Exercise for Depression'. *JAMA* 311: 2432-3

Da Silva Cameirao, M., I. Bermudez, S. Badia, E. Duarte, P.F. Verschure (2011). 'Virtual Reality Based Rehabilitation Speeds Up Functional Recovery of the Upper Extremities After Stroke: A Randomized Controlled Pilot Study in the Acute Phase of Stroke Using the Rehabilitation Gaming System.' *Restorative Neurology and Neuroscience* 29: 287-298

Fuchs, E., G. Flugge (2014). 'Adult Neuroplasticity: More than 40 Years of Research.' *Neural Plasticity* 2014: 541870

Manella, K.J., E.C. Field-Fote (2013). 'Modulatory Effects of Locomotor Training on Extensor Spasticity in Individuals with Motor-Incomplete Spinal Cord Injury.' *Restorative Neurology and Neuroscience* 31: 6336-6346

Meynen G., Swaab, D.F. (2011). 'Why Medication in Involuntary Treatment May be Less Effective: The Placebo/Nocebo Effect.' *Medical Hypotheses* 77: 993-995

Minen, M.T., J. Camprodon, R. Nehme, Z. Chemali (2014). 'The Neuropsychiatry of Tinnitus: A Circuit-Based Approach to the Causes and Treatments Available.' *Journal of Neurology, Neurosurgery, and Psychiatry* 85: 1138-1144

Noort, M.W. Van den, S. Lim, M.P. Bosch (2014). 'Recognizing the Risks of Brain

Stimulation.' *Science,* 346: 1307

Northoff, G. (2012). 'Psychoanalysis and the Brain-Why Did Freud Abandon Neuroscience?' *Frontiers in Psychology* 3:71

Rossi, S., M. Hallett, P.M. Rossini, A. Pascual-Leone, Safety of tms Consensus Group (2009). 'Safety, Ethical Considerations, and Application Guidelines for the use of Transcranial Magnetic Stimulation in Clinical Practice and Research.' *Clinical Neurophysiology* 120: 2008-2039

Scarpazza, C., D. Braghittoni, B. Casale, S. Malagu, F. Mattioli et al. (2013). 'Education Protects Against Cognitive Changes Associated with Multiple Sclerosis.' *Restorative Neurology and Neuroscience* 31: 619-631

Shanahan, J., M.E. Morris, O.N. Bhriain, J. Saunders, A.M. Clifford (2015). 'Dance for People with Parkinson Disease: What is the Evidence Telling Us?' *Archives of Physical Medicine and Rehabilitation* 96: 141-153

Szelag, E., J. Skolimowska (2012). 'Cognitive Function in Elderly Can be Ameliorated by Training in Temporal Information Processing.' *Restorative Neurology and Neuroscience* 30: 419-434

Tass, P.A., I. Adamchic, H.J. Freund, T. von Stackelberg, C. Hauptmann (2012). 'Counteracting Tinnitus by Acoustic Coordinated Reset Neuromodulation.' *Restorative Neurology and Neuroscience* 30: 137-159

Tatu, L., J. Bogousslavsky, F. Boller (2014). 'Phantoms in Artists: The Lost Limbs of Blaise Cendrars, Arthur Rimbaud, and Paul Wittgenstein.' *Journal of the History of the Neurosciences* 23: 355-366

Wegner, M., I. Helmich, S. Machado, A.E. Nardi, O. Arias-Carrion et al. (2014). 'Effects of Exercise on Anxiety and Depression Disorders: Review of Meta-Analyses and Neurobiological Mechanisms.' *CNS & Neurological Disorders-Drug Targets* 13: 1002-1014

21~24장

Ananthaswamy, A. (2015) *The Man Who Wasn't There: Investigations into the Strange New Science of the Self.* Penguin Random House LLC.

Beaty, R.E., M. Benedek, R.W. Wilkins, E. Jauk, A. Fink et al. (2014). 'Creativity and the Default Network: A Functional Connectivity Analysis of the Creative Brain at Rest.' *Neuropsychologia* 64: 92-98

Boyer, J.L., S. Harrison, T. Ro (2005). 'Unconscious Processing of Orientation and Color Without Primary Visual Cortex.' *Proceedings of the National Academy of Sciences of the United States of America* 102: 16875-16879

Buckner, R.L. (2012). 'The Serendipitous Discovery of the Brain's Default Network.' *NeuroImage* 62: 1137-1145

Draaisma, D. (2013). De dromenwever. Historische Uitgeverij Ent, M.R., R.F. Baumeister (2014). 'Embodied Free Will Beliefs: Some Effects of Physical States on Metaphysical Opinions.' *Consciousness and Cognition* 27:147-154

Filevich, E., S. Kuhn, P. Haggard (2013). 'There Is No Free Won't: Antecedent Brain Activity Predicts Decisions to Inhibit.' *PLOS ONE* 8: e53053

Fried, I., R. Mukamel, G. Kreiman (2011). 'Internally Generated Preactivation of Single Neurons in Human Medial Frontal Cortex Predicts Volition.' *Neuron* 69: 548-562

Gifuni, A.J., Y. Ding, E. Olie, N. Lawrence, F. Cyprien et al. (2016). 'Subcortical Nuclei Volumes in Suicidal Behavior: Nucleus Accumbens May Modulate the Lethality of Acts.' *Brain Imaging and Behavior* 10: 96-104

Gladwell, M. (2005). *Blink, the Power of Thinking Without Thinking.* Penguin Books

Hamer, D.H. (2004). *The God Gene: How Faith is Hardwired into Our Genes.* Doubleday Harrington, J.R., P. Boski, M.J. Gelfand (2015). 'Culture and National Well-Being: Should Societies Emphasize Freedom or Constraint?' *PLOS ONE* 10: e0127173

Hilti, L.M., J. Hanggi, D.A. Vitacco, B. Kraemer, A. Palla et al. (2013). 'The Desire for Healthy Limb Amputation: Structural Brain Correlates and Clinical Features of Xenomelia.' *Brain* 136: 318-329

Hochberg, L.R., M.D. Serruya, G.M. Friehs, J.A. Mukand, M. Saleh et al. (2006). 'Neuronal Ensemble Control of Prosthetic Devices by a Human with Tetraplegia.' *Nature* 442: 164-171

Kaiser, R.H., J.R. Andrews-Hanna, T.D. Wager, D.A. Pizzagalli (2015). 'Large-Scale Network Dysfunction in Major Depressive Disorder: A Meta-Analysis of Resting-State Functional Connectivity.' *JAMA Psychiatry* 72: 603-611

Kargel, C., C. Massau, S. Weis, M. Walter, T.H. Kruger et al. (2015). 'Diminished Functional Connectivity on the Road to Child Sexual Abuse in Pedophilia.' *The Journal of Sexual Medicine* 12: 783-795

Kreiman, G., C. Koch, I. Fried (2000). 'Category-Specific Visual Responses of Single Neurons in the Human Medial Temporal Lobe.' *Nature Neuroscience* 3: 946-953

Kreiman, G., C. Koch, I. Fried (2000). 'Imagery Neurons in the Human Brain.' *Nature* 408: 357-61

Kuiper, A. (1998). *Een wijze ging voorbij, het leven van Abel J. Hetzberg.* Querido

Libet, B., C.A. Gleason, E.W. Wright, D.K. Pearl (1983). 'Time of Conscious Intention to Act in Relation to Onset of Cerebral Activity (Readiness-Potential). The Unconscious Initiation of a Freely Voluntary Act.' *Brain* 106: 623-642

Liljegren, M., G. Naasan, J. Temlett, D.C. Perry, K.P. Rankin et al. (2015). 'Criminal Behavior in Frontotemporal Dementia and Alzheimer Disease.' *JAMA Neurology* 72: 295-300

Mecacci, G., W.F. Haselager (2014). 'Stimulating the Self: The Influence of Conceptual Frameworks on Reactions to Deep Brainstimulation.' *American Journal of Bioethics Neuro-science* 5: 30-39

Meynen, G. (2013). *Mad or bad? Over de grenzen van de psychiatrie. Inauguratierede.* Tilburg University Nelson, K. (2011). *De goddelijke hersenstam.* Ten Have

Northoff, G. (2014). 'How Is Our Self Altered in Psychiatric Disorders? A Neurophenomenal Approach to Psychopathological Symptoms.' *Psychopathology* 47: 365-376

Perkins, S. (2014). 'From Hell on Earth, Life's Building Blocks.' *Science* 346: 1279

Raichle, M.E. (2010). 'Two Views of Brain Function.' *Trends in Cognitive Sciences* 14: 180-190

Ro, T., D. Shelton, O.L. Lee, E. Chang (2004). 'Extrageniculate Mediation of Unconscious Vision in Transcranial Magnetic Stimulation-Induced Blindsight.' *Proceedings of the National Academy of Sciences of the United States of America* 101: 9933-9935

Roache, R. (2014). 'Can Brain Scans Prove Criminals Unaccountable?' *American Journal of Bioethics Neuroscience* 5: 35-37

Safran, A.B., N. Sanda, J.A. Sahel (2014). 'A Neurological Disorder Presumably

Underlies Painter Francis Bacon Distorted World Depiction.' *Frontiers in Human Neuroscience* 8:581

Savic, I., P. Lindstrom (2008). 'pet and mri Show Differences in Cerebral Asymmetry and Functional Connectivity Between Homo- and Heterosexual Subjects.' *Proceedings of the National Academy of Sciences of the United States of America* 105: 9403-9408

Soon, C.S., M. Brass, H.J. Heinze, J.D. Haynes (2008). 'Unconscious Determinants of Free Decisions in the Human Brain.' *Nature Neuroscience* 11: 543-545

Tiihonen, J., M.R. Rautiainen, H.M. Ollila, E. Repo-Tiihonen, M. Virkkunen et al. (2015). 'Genetic Background of Extreme Violent Behavior.' *Molecular Psychiatry* 20: 786-792

Waarde, J.A. Van, L.J. van Oudheusden, O.B. Heslinga, B. Verwey, R.C. van der Mast et al. (2013). 'Patient, Treatment, and Anatomical Predictors of Outcome in Electroconvulsive Therapy: A Prospective Study.' *The Journal of ECT* 29: 113-121

Wegner, D.M. (2003). 'The Mind's Best Trick: How We Experience Conscious Will.' *Trends in Cognitive Sciences* 7: 65-69

Wegner, D.M. (2004). 'Precis of the Illusion of Conscious Will.' *Behavioral and Brain Sciences* 27: 649-692

Zaytseva, Y., E. Gutyrchik, Y. Bao, E. Poppel, S. Han et al. (2014). 'Self Processing in the Brain: A Paradigmatic fmri Case Study With a Professional Singer.' *Brain and Cognition* 87:104-108

Zeki, S., T. Ishizu (2013). 'The "Visual Shock" of Francis Bacon: An Essay in Neuroesthetics.' *Frontiers in Human Neuroscience* 7: 850

Zhou, J.N., M.A. Hofman, L.J. Gooren, D.F. Swaab (1995). 'A Sex Difference in the Human Brain and Its Relation to Transsexuality.' *Nature* 378: 68-70

25~28장

Balbag, M.A., N.L. Pedersen, M. Gatz (2014). 'Playing a Musical Instrument as a Protective Factor Against Dementia and Cognitive Impairment: A Population-

Based Twin Study.' *International Journal of Alzheimer's Disease* 2014: 836748

Berlin, L. (2014). 'Neuroimaging, Expert Witnesses, and Ethics: Convergence and Conflict in the Courtroom.' *American Journal of Bioethics Neuroscience* 5: 3–4

Boer, K., A. van Ruitenberg (2014). *Eten voor je kind, kook- en voedingsboek voor (aanstaande) zwangeren en jonge ouders.* Fontaine Uitgevers

Chen, X.J., N. Hannibal, C. Gold (2016). 'Randomized Trial of Group Music Therapy with Chinese Prisoners: Impact on Anxiety, Depression, and Self-Esteem.' *International Journal of Offender Therapy and Comparative Criminology* 60: 1064–1081

Colins, O., R. Vermeiren, C. Vreugdenhil, W. van den Brink, T. Doreleijers et al. (2010). 'Psychiatric Disorders in Detained Male Adolescents: A Systematic Literature Review.' *Canadian Journal of Psychiatry* 55: 255–263

Colton, S. (2012). 'The Painting Fool. Stories from Building an Automated Painter.' *Computers and Creativity.* Springer

David, A.L., A. Holloway, L. Thomasson, A. Syngelaki, K. Nicolaides et al. (2014). 'A Case-Control Study of Maternal Periconceptual and Pregnancy Recreational Drug Use and Fetal Malformation Using Hair Analysis.' *PLOS ONE* 9: e111038

Falk, E.B., E.T. Berkman, D. Whalen, M.D. Lieberman (2011). 'Neural Activity During Health Messaging Predicts Reductions in Smoking Above and Beyond Self-Report.' *International Journal of Clinical and Health Psychology* 30: 177–185

Good, A., M.J. Reed, F.A. Russo (2014). 'Compensatory Plasticity in the Deaf Brain: Effects on Perception of Music.' *Brain Sciences* 4: 560–574

Graaff, J.C. De, D.B. Van der Werff, C.J. Kalkman (2013). 'Beschadigt anesthesie de hersenontwikkeling bij kinderen?' *Nederlands Tijdschrift voor Geneeskunde* 157: AS198

Gross, S.R., B. O'Brien, C. Hu, E.H. Kennedy (2014). 'Rate of False Conviction of Criminal Defendants Who are Sentenced to Death.' *Proceedings of the National Academy of Sciences of the United States of America* 111: 7230–7235

Guintivano, J., T. Brown, A. Newcomer, M. Jones, O. Cox et al. (2014). 'Identification and Replication of a Combined Epigenetic and Genetic Biomarker Predicting Suicide and Suicidal Behaviors.' *American Journal of Psychiatry* 171: 1287–1296

Jevtovic-Todorovic, V. (2013). 'Functional Implications of an Early Exposure to

General Anesthesia: Are We Changing the Behavior of our Children?' *Molecular Neurobiology* 48: 288-293

Jonker, C., I. Matthaei, S.N. Schouws, E.P. Sikkens (2011). 'Twee verdachten met hersenletsel en crimineel gedrag. De bijdrage van de neuroloog aan forensisch psychiatrische diagnostiek.' *Tijdschrift voor Psychiatrie* 53: 181-187

Lahti, M., J.G. Eriksson, K. Heinonen, E. Kajantie, J. Lahti et al. (2014). 'Maternal Grand Multiparity and the Risk of Severe Mental Disorders in Adult Offspring.' *PLOS ONE* 9: e114679

Mattson, M.P. (2014). 'Superior Pattern Processing is the Essence of the Evolved Human Brain.' *Frontiers in Neuroscience* 8: 265

Meijers, J., J.M. Harte, F.A. Jonker, G. Meynen (2015). 'Prison Brain? Executive Dysfunction in Prisoners.' *Frontiers in Psychology* 6: 43

Merckelbach, H.L., S.E. Merckelbach (2014). 'Neurobewijs in de rechtszaal? Eerst een protocol.' *Nederlands Tijdschrift voor Geneeskunde* 158: A7020.

Oquendo, M.A., M.M. Perez-Rodriguez, E. Poh, G. Sullivan, A.K. Burke et al. (2014). 'Life Events: A Complex Role in the Timing of Suicidal Behavior Among Depressed Patients.' *Molecular Psychiatry* 19: 902-909

Park, S., J.M. Lee, Y. Baik, K. Kim, H.J. Yun et al. (2015). 'A Preliminary Study of the Effects of an Arts Education Program on Executive Function, Behavior, and Brain Structure in a Sample of Nonclinical School-Aged Children.' *Journal of Child Neurology* 30: 1757-1766

Roache, R. (2014). 'Can Brain Scans Prove Criminals Unaccountable?' *American Journal of Bioethics Neuroscience* 5: 35-37

Roescher, A.M., A. Timmer, J.J. Erwich, A.F. Bos (2014). 'Placental Pathology, Perinatal Death, Neonatal Outcome, and Neurological Development: A Systematic Review.' *PLOS ONE* 9: e89419

Ponseti, J., O. Granert, O. Jansen, S. Wolff, K. Beier et al. (2012). 'Assessment of Pedophilia Using Hemodynamic Brain Response to Sexual Stimuli.' *Archives of General Psychiatry* 69: 187-194

Schiltz, K., J.G. Witzel, J. Bausch-Holterhoff, B. Bogerts (2013). 'High Prevalence of Brain Pathology in Violent Prisoners: A Qualitative ct and mri Scan Study.' *European Archives of Psychiatry and Clinical Neurosciences* 263: 607-616

Sigman, M., M. Pena, A.P. Goldin, S. Ribeiro (2014). 'Neuroscience and Education: Prime Time to Build the Bridge.' *Nature Neuroscience* 17: 497–502

Tabakow, P., G. Raisman, W. Fortuna, M. Czyz, J. Huber et al. (2014). 'Functional Regeneration of Supraspinal Connections in a Patient with Transected Spinal Cord Following Transplantation of Bulbar Olfactory Ensheathing Cells with Peripheral Nerve Bridging.' *Cell Transplantation: The Regenerative Medicine Journal* 23: 1631–1655

Tomporowski, P.D., K. Lambourne, M.S. Okumura (2011). 'Physical Activity Interventions and Children's Mental Function: An Introduction and Overview.' *Preventive Medicine* 52: S3–9

Walker, C.K., P. Krakowiak, A. Baker, R.L. Hansen, S. Ozonoff et al. (2015). 'Preeclampsia, Placental Insufficiency, and Autism Spectrum Disorder or Developmental Delay.' *JAMA Pediatrics* 169: 154–162

Winner, E. (2000). 'The Origins and Ends of Giftedness.' *American Psychologist* 55: 159–169

찾아보기

옮긴이

전대호 서울대학교 물리학과와 동 대학원 철학과에서 박사과정을 수료했고, 독일 쾰른 대학교에서 철학을 공부했다. 1993년 조선일보 신춘문예 시 부문에 당선되어 등단했으며, 현재는 과학 및 철학 분야의 전문번역가로 활동 중이다. 지은 책으로 『정신현상학 강독1』, 『철학은 뿔이다』, 시집 『가끔 중세를 꿈꾼다』, 『성찰』이 있다. 옮긴 책으로는 『나는 뇌가 아니다』, 『더 브레인』, 『신은 주사위 놀이를 하지 않는다』, 『인터스텔라의 과학』, 『로지코믹스』, 『위대한 설계』 외 다수 있다.

감수

김영보 한양대학교 의과대학을 졸업하고 동 대학원에서 의학 박사 학위를 받았다. 미국 캘리포니아 대학교 어바인 캠퍼스 교환교수로 있었다. 현재 가천대학교 길병원 신경외과 교수로 재직 중이며, 가천대 길병원 인공지능병원추진단 연구센터장으로 있다.

세계를 창조하는 뇌 뇌를 창조하는 세계
뇌과학으로 인간과 세상을 읽는 방법

발행일 2021년 4월 10일 초판 1쇄

지은이   디크 스왑
옮긴이   전대호
발행인   홍예빈 · 홍유진
발행처   주식회사 열린책들

경기도 파주시 문발로 253 파주출판도시
전화 031-955-4000 팩스 031-955-4004
www.openbooks.co.kr